Strategisches Marketing

Klaus Backhaus/Helmut Schneider

Strategisches Marketing

3., überarbeitete Auflage

Schäffer-Poeschel Verlag Stuttgart

Verfasser:
Prof. Dr. Dr. h.c. Klaus Backhaus, Seniorprofessor, Marketing Centrum Münster, Universität Münster
Prof. Dr. Dr. Helmut Schneider, Deutsche Post Stiftungslehrstuhl für Marketing und Dialogmarketing, Steinbeis-Hochschule Berlin

Dozenten finden die Abbildungen des Buches unter: http://www.sp-dozenten.de (Registrierung erforderlich).

Bibliografische Information der Deutschen Nationalbibliothek

Die Deutsche Nationalbibliothek verzeichnet diese Publikation in der Deutschen Nationalbibliografie; detaillierte bibliografische Daten sind im Internet über http://dnb.dnb.de abrufbar.

Print: ISBN 978-3-7910-4694-5 Bestell-Nr. 20010-0002
ePub: ISBN 978-3-7910-4695-2 Bestell-Nr. 20010-0100
ePDF: ISBN 978-3-7910-4696-9 Bestell-Nr. 20010-0150

Klaus Backhaus/Helmut Schneider
Strategisches Marketing
3. Auflage, Januar 2020

www.schaeffer-poeschel.de
service@schaeffer-poeschel.de

Bildnachweis (Cover): ©twobee, shutterstock.com

Schäffer-Poeschel Verlag Stuttgart
Ein Unternehmen der Haufe Group

Vorwort zur dritten Auflage

(das ohne die Vorwörter zur zweiten und ersten Auflage kein schlüssiges Bild unseres Ringens mit der Materie deutlich machen würde)

Die dritte Auflage des Buches »Strategisches Marketing« ist gekennzeichnet durch die Handschrift von Helmut Schneider. Während das Grundkonzept primär von Klaus Backhaus stammt und später unter dem Einfluss von Helmut Schneider weiterentwickelt wurde, ist die dritte Auflage zwar noch von der Grundstruktur der vorherigen Auflagen beeinflusst, hat aber einen eigenen Charakter bekommen.

Wir waren uns immer einig, dass wir nicht irgendein Buch zum Strategischen Marketing schreiben wollten. Es ging uns vielmehr darum, etwas Neues, etwas Interessantes und nicht zuletzt etwas methodisch-didaktisch Ungewöhnliches auf den Markt zu bringen. Offenbar ist uns dies in den beiden Vorauflagen gelungen. Das Buch hat mehrere repräsentative Preise gewonnen (vgl. hierzu das Vorwort zur zweiten Auflage).

Die dritte Auflage ist ein neues Buch geworden. Der Grund für diese komplette Überarbeitung liegt nicht in der Tatsache, dass wir uns von den Ausführungen der beiden Vorauflagen distanzieren – ganz im Gegenteil: In den vielen Diskussionen untereinander sowie mit Studierenden und Praktikern ist deutlich geworden, dass das Prinzip des KKV und der didaktische Aufbau des Buches mit dem Dreiklang aus Spielarena, Spielverhalten und Spielregeln nach wie vor überzeugen. Allerdings ist uns auch klar geworden, dass die schon zuvor aufgegriffene Opportunitätskostenperspektive konsequenter eingenommen werden muss, woraus unter anderem völlig neue Überlegungen zum Spielverhalten resultierten (vgl. hierzu auch das erste Kapitel dieses Buches). Ob wir damit den »Next Level des Strategischen Marketings« erreicht haben, überlassen wir selbstredend der Beurteilung durch unsere Leser. Wir sind dankbar für jedes Feedback:

Klaus Backhaus: backhaus@wiwi.uni-muenster.de

Helmut Schneider: h.schneider@steinbeis-smi.de

Auch bei der dritten Auflage haben wir vielfältige Unterstützung erfahren. Unser Dank gilt zunächst zwei Kollegen, die wesentliche Hilfeleistungen erbracht haben: Prof. Dr. Michael Lister, Berlin, der die Erstfassung des Buches gelesen und hierbei viele Anregungen gegeben hat sowie Prof. Dr. Rolf Weiber, Trier, der ein kritisch-konstruktiver Diskutant bei der Neuinterpretation des Wertschöpfungs-Phänomens war, und dazu Formulierungsvorschläge geleistet hat.

Unser Dank gilt auch unseren wissenschaftlichen Mitarbeitern in Berlin und Münster. Markus Gerold und Viktoria Ritter haben uns bei der Recherche nach Beispielen tatkräftig unterstützt. Die Schnittstellenkoordination zwischen den beiden Standorten Berlin und Münster hat Niklas Blanke übernommen. Dr. Ann-Kathrin Veenendaal war in kniffligen Situationen stets sehr wertvoller Diskussionspartner. Dr. Frederik Ferié schließlich hat die aufwendige Schlussredaktion mit großer Akribie gewohnt umsichtig übernommen. Auf der Verlagsseite hatten wir mit Marita Mollenhauer die gewohnt engagierte Partnerin, die uns immer wieder angetrieben hat, das Manuskript (endlich) fertigzustellen. Allen gilt noch einmal unser herzlicher Dank.

Wir wünschen Ihnen viel Spaß beim Lesen!

Münster und Berlin, im Sommer 2019 *Klaus Backhaus, Helmut Schneider*

Vorwort zur zweiten Auflage

(das die Benutzungsanleitung im Vorwort zur ersten Auflage nicht überflüssig macht)

»Dieses Buch ist kein Lehr-, sondern ein Lernbuch«, so beginnt das Vorwort zur ersten Auflage. Was das heißt, ist dort ebenfalls dokumentiert. Für ein solches Lernbuch bestand offenbar eine Marktlücke. Bereits nach kurzer Zeit war die erste Auflage vergriffen. Dazu hat sicherlich beigetragen, dass das Buch mehrere Preise gewonnen hat: Den Lehrbuchpreis 2008 des Verbandes der Hochschullehrer für Betriebswirtschaft, der das Buch aus der Vielzahl von Neuerscheinungen in der Betriebswirtschaftslehre besonders hervorhebt. Darüber hinaus hat die Erstauflage den hoch dotierten Georg-Bergler-Preis für das beste in 2007 erschienene Marketing-Lehrbuch erhalten. Auch die Kommentare im Internet – z. B. bei Amazon – belegen, dass das Buch bei der von uns anvisierten Zielgruppe angekommen ist. So schreiben Leser »Welche Wohltat: Endlich mal ein deutschsprachiges Buch zum Thema Strategisches Marketing, das man wirklich gerne liest.« oder »Bei diesem Buch handelt es sich um das erste Lehrbuch, welches sich einfach spannend in einem Stück durchlesen lässt!«

Sowohl die positiven Rückmeldungen der Leser als auch die beschriebenen Auszeichnungen haben uns natürlich sehr gefreut und darin bestärkt, auch in der zweiten Auflage das Grundkonzept beizubehalten. Dennoch gibt es einige Neuigkeiten. Das Kapitel zur Zeitführerschaft ist grundsätzlich neu geschrieben. Hier sind wir in der ersten Auflage nicht konsequent genug gewesen. Darüber hinaus wurde die Darstellung der generischen Strategien nun in das Konzept der KKV-Analyse eingeordnet und relativiert. Wir sind der Meinung, dass rein generische Strategien am Markt praktisch nicht existent sind. Ebenso haben wir eine Reihe von Beispielen und Fallstudien ergänzt, beziehungsweise ausgetauscht und durch neue, aktuelle ersetzt. Schließlich wurde auch die Abschlussfallstudie aktualisiert und um weitere Fragen ergänzt, für deren Beantwortung wir den Lehrenden Lösungshinweise zur Verfügung stellen.

Insgesamt ist das Buch im Hinblick auf die verwendete Literatur aktualisiert worden, indem die Zitationen auf den neuesten Stand gebracht wurden. Wir glauben, mit dieser nun veränderten, aktualisierten und bereinigten Konzeption eine noch schlüssigere Struktur für ein Lernbuch zum Strategischen Marketing vorzulegen.

Ein solches Werk lässt sich nicht überarbeiten, ohne dass auf die Hilfe anderer zurückgegriffen wird. Obwohl wir die inhaltliche Überarbeitung weitgehend selbst gemacht haben, sind in die Herstellung dieses Buches viele Hilfeleistungen eingeflossen. Unser Dank gilt zu erst Herrn Dipl.-Ing. Harald Neun (Münster), der im Wesentlichen die arbeitsteilige Überarbeitung koordiniert hat, sowie Herrn Dipl.-Kfm. Ralf Kiene (Berlin), der die Aktualität der zahlreichen Beispiele geprüft hat. Darüber hinaus hat Frau cand. rer. pol. Theresa

Hunecke die Aktualisierung der zitierten Quellen übernommen und Korrekturarbeiten durchgeführt. Ihnen gilt unser herzlicher Dank. Dank gilt es an dieser Stelle auch Frau Ass. jur. Marita Rollnik-Mollenhauer, Mitglied der Geschäftsleitung des Schäffer-Poeschel Verlages, auszusprechen. Sie hat mit großem Engagement das Entstehen der zweiten Auflage forciert und dafür gesorgt, dass wir unsere Termine weitgehend einhalten haben. Es ist gut, eine solche zielorientierte Partnerin aus der Verlagsleitung an seiner Seite zu wissen.

Obwohl mehrere Beteiligte an diesem Buch mitgearbeitet haben, gehen selbstverständlich alle Fehler zulasten der Autoren.

Münster und Berlin, im Sommer 2009 *Klaus Backhaus, Helmut Schneider*

Vorwort zur ersten Auflage

Eine Benutzungsanleitung

Dieses Buch ist kein Lehr-, sondern ein Lernbuch. Was heißt das? Das heißt primär, dass dieses Lernbuch nicht als durchgehender Fließtext geschrieben ist, sondern immer wieder durch unterschiedliche Typen von Inserts in seinem Argumentationsfluss unterbrochen wird, um durch

- authentische Fallbeispiele den realen Bezug des zuvor Beschriebenen zu dokumentieren,
- längere Fallstudien ein tieferes Verständnis für die vorhergehenden konzeptionellen Äußerungen zu erzeugen,
- Methodenkästen für die Informationsgewinnung und -auswertung methodisches Rüstzeug zur Verfügung zu stellen.

Die verschiedenen Inserts sind im Text entsprechend markiert: Fallbeispiele und Fallstudien durch einen Balken am Text, Methodenkästen durch eine grau unterlegte Rasterung. Fallbeispiele, die ganze Kapitel ausmachen, werden durch die Kapitelüberschrift entsprechend gekennzeichnet. Der Leser, der an den praktischen Bezügen und methodischen Fundierungen nicht interessiert ist, kann sich den Grundlagentext, bei dem wir uns auf das Wesentliche beschränkt haben, auch ohne diese praktischen Bezüge erarbeiten. Dazu kann er alle entsprechend markierten Fallbeispiele, Fallstudien und Methoden überspringen und sich so relativ schnell einen komprimierten Überblick über unser Verständnis von Strategischem Marketing verschaffen. Für denjenigen, der gerne auch auf praktisches Anschauungsmaterial zurückgreift – sei es, weil es das Verständnis für ihn erleichtert, sei es, weil er wie z. B. Studenten noch nicht über entsprechendes praktisches Anschauungsmaterial verfügt oder methodisch nicht entsprechend vorgebildet ist –, empfehlen wir nachdrücklich die Lektüre der jeweiligen spezifischen Beispiele, Fallstudien und Methodenkästen. Für die Leser, die ihr erworbenes Wissen überprüfen wollen, haben wir als Schlusskapitel eine Fallstudie angefügt, die auf veröffentlichten Texten basiert und für die wir konkrete Fragen formuliert haben, die zu großen Teilen den behandelten Stoff in diesem Lehrbuch wiedergeben. Für Dozenten werden über den Verlag auf Anfrage entsprechende Lösungshinweise für die einzelnen Aufgaben sowie das vollständige Abbildungsset zur Verfügung gestellt (www.sp-dozenten.de). Ein solches Lehrbuch lässt sich nicht schreiben, ohne dass auf die Hilfe anderer zurückgegriffen werden kann. Wir hatten das Glück, eine hoch motivierte Mitarbeitermannschaft zu haben, die die Erstellung dieses Buches tatkräftig unterstützt hat. Unser Dank gilt unseren jetzigen und früheren Mitarbeitern Dipl.-Kfm. Ralf Kiene (Berlin) sowie Dipl.-Kfm. Marco Reinhard, Dr. Robert Wilken und Dr. Jens Hardenacke (alle Münster), die in unermüdlichem Einsatz recherchiert und inhaltliche Beiträge geliefert haben. Besonderer Dank gebührt Herrn Dipl.-Kfm. Matthias Koch, der die mühevolle Koordination der arbeitsteiligen Bucherstellung übernommen hat. Daneben waren die Einsatzstudenten cand. rer. pol. Alexander Heck, Kai Lügger,

Katrin Parthe, Jasper Sauer und Nico Wiegand bei der Literaturbeschaffung, der Erstellung des Stichwortverzeichnisses und beim Korrekturlesen der Fahnen unermüdlich tätig. Ihnen gilt ebenso unser herzlicher Dank. Ohne diese Hilfestellung läge das Buch zu diesem Zeitpunkt noch nicht vor. Auch unseren Sekretärinnen Małgorzata Malinska und Gabriele Rüter (beide Münster) sowie Juliane Latzke (Berlin) danken wir für das Schreiben einzelner Vorlagen sowie die Durchsicht der Fahnen. Dank gilt auch der stv. Verlagsleiterin des Schäffer-Poeschel Verlages, Frau Ass. jur. Marita Rollnik-Mollenhauer, die mit großem Einsatz für die rechtzeitige Fertigstellung des Manuskriptes und vielfältige Anregungen zum Layout des Buches gesorgt hat. Alle Fehler im Buch gehen selbstverständlich zulasten der Autoren.

Münster und Berlin, im Frühjahr 2007 *Klaus Backhaus, Helmut Schneider*

Inhaltsverzeichnis

Abbildungsverzeichnis

Tabellenverzeichnis

1 Einführung: Warum ein »ausgezeichnetes« Buch grundlegend verändern?

5 Gründe für die erste Auflage

In der ersten Auflage dieses Buches haben wir die Frage gestellt »Warum noch ein Lehrbuch zum Strategischen Marketing?« Wir haben fünf Gründe angeführt, die wir gerne wiederholen, weil sie zielführend waren:

1. Es wird z. T. nicht deutlich gemacht, wodurch sich Strategisches Management von Strategischem Marketing unterscheidet.
2. Es wird z. T. nicht hinreichend abgegrenzt, wodurch sich Strategisches Marketing von operativem Marketing unterscheidet.
3. Es wird unseres Erachtens in manchen Lehrbüchern der dynamische Aspekt, also die Anpassung strategischer Marketingentscheidungen an sich ständig schneller verändernde Umweltbedingungen, zu wenig betrachtet.
4. Die enge Anlehnung an Marketingklassiker, die sich generell mit Marketing befassen, lässt die Abgrenzung des Strategischen gegenüber dem operativen Marketing wenig überzeugend erscheinen.
5. Unser Buch verfolgt einen eigenständigen didaktisch-methodischen Ansatz, der einerseits mit Analogiebezügen zum Sport einen intuitiv gestützten Zugang zum Stoff ermöglicht und andererseits durch die exemplarische Umsetzung an Fällen des realen Lebens immer wieder einen Praxistransfer sicherstellt.

Positives Feedback

Diese Argumente haben offenbar nicht nur uns, sondern auch eine Vielzahl von Lesern überzeugt: Wir haben daher die Gelegenheit bekommen, das Buch in überarbeiteter Version in der dritten Auflage erneut aufzulegen.

Dennoch oder gerade deshalb: grundlegende Überarbeitung

Dieser Leserzuspruch als auch die Auszeichnungen, die das Buch erhalten hat (Lehrbuchpreis des Verbandes der Hochschullehrer für Betriebswirtschaft e.V. und Georg-Bergler-Preis für Absatzwirtschaft), haben uns motiviert, unser Konzept weiter zu entwickeln. Wir lernen genauso mit dem Buch wie hoffentlich unsere Leser. Das »ausgezeichnete Buch« begründet somit Wissenszuwachs auf beiden Seiten: Lesern und Autoren. Für uns sind »Auszeichnungen« kein Grund, sich zufrieden zurückzulehnen, um sich auf den erarbeiteten Lorbeeren auszuruhen. Ganz im Gegenteil, das Lob für unsere Konzeption ist Ansporn für uns nach dem Motto »Der Bessere ist der Feind des Guten« uns besonders anzustrengen. Insofern sind wir stets dabei, in manchmal heftigen Diskussionen das Buch voranzubringen.

Das ist auch notwendig, weil sich seit der letzten Auflage unseres Buches einiges getan hat. Energiewende, Digitalisierung, Brexit, Sharing Economy oder bedingungsloses Grundeinkommen sind nur ein paar Schlagwörter, die diese Veränderungen markieren. Dies war bei der Neuauflage zu berücksichtigen.

Opportunitätskosten

Zudem stellen wir auch konzeptionell neue Ideen zur Diskussion:

- So erhält der KKV-Navigator, insbesondere auf der Opferseite, eine Auffrischung. Wir betrachten hier nicht mehr länger ausschließlich den Preis. In den hoch entwickelten Industrieländern können neue Engpassfaktoren für Konsumenten beobachtet werden, wie zum Beispiel Zeit oder kognitive Energie. Wir haben die Opferseite des KKV unter Rückgriff auf das Konzept der Opportunitätskosten entsprechend neu modelliert.
- Wertschöpfung — Zweitens haben wir unsere Ausführungen zum Spielverhalten vollständig neu konzipiert und die Trennung zwischen Preis, Qualität und Zeit aufgegeben. Stattdessen greifen wir auf das alte Konstrukt der Wertschöpfung zurück und differenzieren zwischen Wertschöpfungserstellung und Wertschöpfungsverteilung.
- Dynamischer Teil neu — Schließlich haben wir auch den dynamischen Teil des KKV-Managements grundlegend neu durchdacht. Dies bezieht sich nicht nur auf das Spielverhalten, das angesichts seiner Neukonzeption logischerweise auch in der dynamischen Perspektive neu gedacht werden muss, sondern auch auf das Brechen von endogenen Regeln und den Wechsel der Spielarena. Zudem haben wir mit dem Konzept der Effizienzfalle die Notwendigkeit die Dynamik des Spielverhaltens konzeptionell neu untermauert.

Unveränderte Grundidee

Auch in der Neuauflage halten wir an unserem didaktischen Konzept des Dreiklangs aus Spielarena, Spielregeln und Spielverhalten fest und differenzieren zwischen einer statischen und dynamischen Perspektive. Die unveränderte Grundidee unseres Ansatzes wird in der »KKV-Raute« (KKV: Komparativer Konkurrenzvorteil) verdeutlicht, aus der auch die Struktur des Buches hervorgeht (vgl. Abb. 1).

Kapitel 2.1

Zunächst arbeiten wir im zweiten Kapitel den Gegenstand des Strategischen Marketings heraus. Dazu setzen wir uns in Kapitel 2.1 ausführlich mit dem Strategiebegriff auseinander und zeigen die unterschiedlichen Strategieaufgaben auf Ebene des Gesamtunternehmens, der Strategischen Geschäftsfelder (Strategic Business Units, SBU) und der unterschiedlichen Funktionsbereiche eines Unternehmens auf. Anschließend begründen wir in Kapitel 2.2 unser Verständnis von Marketing als der Lehre vom Herbeiführen wünschenswerter Austauschprozesse im Wettbewerb, kurz HWAIW [hawei]. Daraus schlussfolgern wir die Kernaufgabe des Strategischen Marketings, nämlich die geschäftsfeldbezogene Planung von Routen nach hawei, wobei dem KKV die Aufgabe des Navigators zukommt (Kapitel 2.3). Das Management von KKVs ist in unserem Verständnis entsprechend der Nukleus des Strategischen Marketings. Diese Aufgabe muss logischerweise auf der SBU-Ebene angesiedelt sein. Das Kapitel endet mit einer ausführlichen Erörterung des KKV (Kapitel 2.4). Dabei grenzen wir den KKV von anderen Konzepten wie beispielsweise der Unique Selling Proposition (USP) oder der Value Proposition bzw. dem Kundenvorteil ab und gehen insbesondere auf das dem KKV inhärente Spannungsfeld aus Gleichzeitigkeit der Effektivität und Effizienz des Marktverhaltens ein.

Kapitel 2.3

Kapitel 2.4

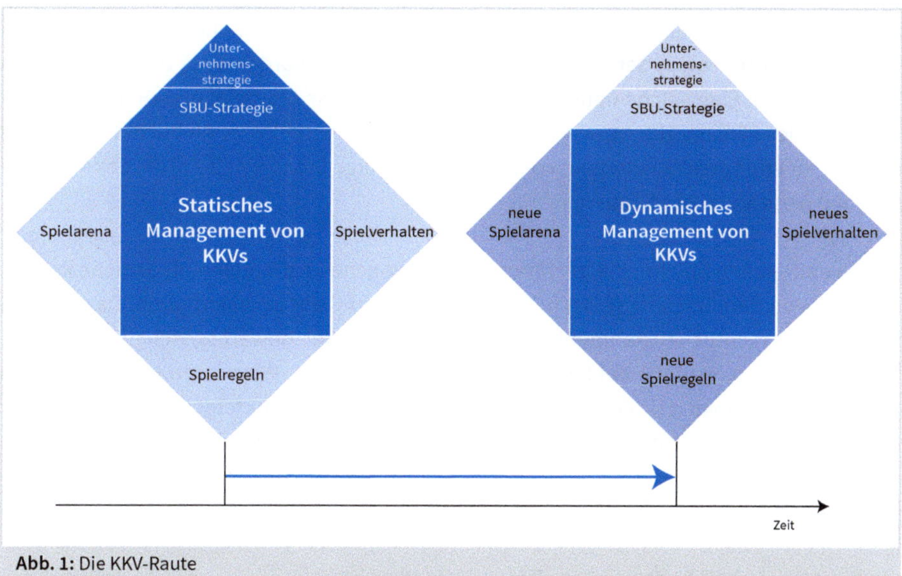

Abb. 1: Die KKV-Raute

Im dritten Kapitel geht es um das Wie des Strategischen Marketings, oder anders formuliert um die Frage, wie man KKV-Position realisieren kann. Zunächst erörtern wir dabei auf Basis von Analogien zum (Leistungs-)Sport unsere drei marktstrategischen Dimensionen Spielarena, Spielregeln und Spielverhalten (Kapitel 3.1). Kapitel 3.1

Es folgt die ausführliche Auseinandersetzung mit der Spielarena (Kapitel 3.2). Das Management von KKVs setzt voraus, dass der relevante Markt bzw. die Wettbewerbsarena, in der der Geschäftsbereich agieren will, klar definiert ist. Nicht nur an dieser Stelle helfen uns Analogien zum (Leistungs-)Sport: Für den Sportler ist völlig klar, dass er sorgfältig definieren muss, welche Disziplinen er z.B. in der Leichtathletik bestreiten will. Ein Zehnkämpfer trainiert anders als ein 100-Meter-Läufer, obwohl der Zehnkämpfer auch 100 Meter läuft. Aber er muss bedenken, dass er auch noch andere Disziplinen zu bewältigen hat, die vielleicht die Förderung anderer Muskelpartien verlangen (vgl. Lasko/Busemann/Busch, 2005, S. 23). Eine mangelhafte Abgrenzung der Spielarena kann verheerende Folgen für Management von KKVs haben. Wir haben den Eindruck, dass hier im Gegensatz zum Sport in der Unternehmenspraxis noch erheblicher Nachholbedarf besteht. Allzu oft gehen Unternehmen noch von (Gott) gegebenen relevanten Märkten aus, ohne zu hinterfragen, ob ihren Entscheidungen eine zweckmäßige Definition der Wettbewerbsarena zugrunde liegt. Kapitel 3.2

Strategisches Marketingverhalten bewegt sich nicht im luftleeren Raum. Wie bei sportlichen Wettbewerben, existieren auch im ökonomischen Wettbewerb Spielregeln, die insbesondere bei der Bestimmung des Spielverhaltens beachtet werden müssen. Entsprechend befasst sich das Kapitel 3.3 mit den Spielregeln der zuvor definierten Spielarena. Diese Spielregeln können endogener und exogener Natur sein. Als endogene Spielregeln Kapitel 3.3

bezeichnen wir solche, die sich im Markt quasi etabliert haben, ohne dass die Spieler in irgendeiner Form von außen – z.B. rechtlich – gezwungen worden sind, diese Spielregeln zu akzeptieren. Eine solche neue endogene Spielregel war z.B. beim ersten Internethype die Regel des »Follow the free« – im Internet ist alles kostenlos zugänglich. Ein anderes Beispiel für endogene Spielregeln können z.B. freiwillige Standards sein, die das Marktgeschehen wesentlich bestimmen.

Neben endogenen Spielregeln bestimmen auch exogene Spielregeln – also solche Regeln, die nicht von den Spielern selbst initiiert worden sind – das Spielverhalten. Dazu zählen vor allem die rechtlichen Rahmenbedingungen, die das Wettbewerbsgeschehen auf Märkten beeinflussen. Manche beklagen diese exogenen Regeln. Wir wissen jedoch aus dem Sport, dass ein Spiel nur Sinn hat, wenn es bestimmten Regeln folgt. Lasko/Busemann/Busch (2005, S. 138) demonstrieren das an einem Beispiel aus dem Tennis (vgl. Beispiel 1).

Beispiel 1

Kein Spiel ohne Regeln! – Tennis

»Spielen Sie Tennis? Zumindest haben Sie schon einmal gesehen, wie zwei Menschen mit großen Schlägern einen gelben Filzball von einer Seite des Spielfeldes auf die andere schlagen und wieder zurück. Der Haken an der Sache ist, dass der Ball zum einen über das in der Mitte gespannte Netz fliegen muss und zum zweiten nicht über die Begrenzungen des Spielfeldes hinaus befördert werden darf. Nun könnte Ihr Gegner sagen, er habe einen super Aufschlag, der aber oft dazu führt, dass der Ball im Netz hängen bleibt. Seine Bitte: das Netz ein wenig tiefer zu hängen. Außerdem habe er eine so knallharte Vorhand, ein echter Gewinner! Der Nachteil ist lediglich die Spielfeld-Linie hinter dem Gegner. Dort fliegt der Ball immer zu weit, ob man nicht die Linie etwas nach hinten verlegen könne. Vermutlich werden Sie keine Lust auf dieses Spiel haben. Wenn jeder die Spielregeln nach Belieben verändert oder bricht, gibt es keine Gewinner.«

Kapitel 3.4

Kapitel 3.4 schließlich beschreibt Optionen des Spielverhaltens zur Erreichung einer KKV-Position. Angesichts der notwendigen Gleichzeitigkeit von Effektivität und Effizienz des Marktverhaltens ist es dabei erforderlich, einen im Verhältnis zum Wettbewerber überlegenen Nettonutzen für den Kunden zu stiften, der gleichzeitig wirtschaftlich und widerstandsfähig ist. Mit anderen Worten muss das Unternehmen sich um eine möglichst große Wertschöpfung bemühen, die anschließend über die Festlegung des Preises zwischen Unternehmen und Kunde verteilt wird. Nachdem wir unser Konzept der Wertschöpfung erläutert haben, diskutieren wir anschließend ausführlich unterschiedliche Optionen wertschöpfungssteigernden Spielverhaltens. Im Rahmen der Wertschöpfungsverteilung zwischen Kunde und Unternehmen beleuchten wir auch die höchst subjektive Konstruktion des Nettonutzens durch den Kunden. Dabei zeigen wir Möglichkeiten für Unternehmen auf, wie eine etwaige Lücke zwischen objektiven Bestandteilen des Leistungsangebotes (z. B. Preis in Höhe von 10 Euro oder Länge eines Kundenprozesses von 45 Minuten) und der Beurteilung seitens des Kunden (z. B. teuer oder langsam) vermindert werden kann.

Ein KKV muss zwar widerstandsfähig sein, gleichwohl hält er nicht ewig. Veränderte Kundenanforderungen, neue Wettbewerber oder Produktionstechnologien lassen bestehende KKV-Positionen erodieren. Entsprechend muss das Management von KKV dynamisch angelegt sein. Diesem Aspekt widmen wir uns im Kapitel 4. Dabei zeigen wir in Kapitel 4.1 zunächst die Notwendigkeit eines dynamischen KKV-Managements systematisch auf und differenzieren zwischen der evolutionären Weiterentwicklung eines KKV im Sinne von Besser-Machen und der revolutionären Neuschaffung eines KKV im Sinne von anders machen. Kapitel 4.1

Kapitel 4.2 adressiert Veränderungen der Spielarena. Diese können einerseits exogen bestimmt sein, zum Beispiel aufgrund von durch technologische Entwicklungen bedingtem Zusammenwachsen ehemals getrennter Spielarenen. Andererseits können Unternehmen aktiv den Wechsel einer Spielarena anstreben, etwa weil die alte Spielarena an ökonomischer Attraktivität verliert. Ein solcher Wechsel bedarf eines geschickten Zusammenspiels aus der Analyse der eigenen Kompetenzen (Was kann ich eigentlich?) und der Auswahl entsprechender Spielarenen (Was kann ich damit anfangen?). Kapitel 4.2

Auch das Regelwerk einer Spielarena unterliegt kontinuierlichen Veränderungen. Diesen Aspekt thematisieren wir in Kapitel 4.3. Exogene Regeländerungen, wie z. B. Fahrverbote in Innenstädten, können KKV-Positionen massiv bedrohen. Auch wenn ein einzelnes Unternehmen im Hinblick auf die Modifikation exogener Regeln eher Objekt ist, zeigen wir Möglichkeiten auf, wie Risiken infolge exogener Regeländerungen vermindert und Chancen, die sich aus einer Änderung exogener Regeln ergeben, genutzt werden können. In Bezug auf endogene Regeln ist das Unternehmen hingegen Subjekt, es kann also von etablierten Verhaltensweisen eines Marktes bewusst abweichen und selbst neue Standards kreieren. Wir zeigen ausführlich auf, wie dies gelingen kann. Kapitel 4.3

In Kapitel 4.4 diskutieren wir Optionen für ein verändertes Spielverhalten. Dabei unterscheiden wir zwischen der evolutionären Weiterentwicklung einer bereits bestehenden Wertschöpfung und der Möglichkeit einen bislang nicht wertschöpfenden Prozess im Sinne einer Wertschöpfungsrevolution in einen wertschöpfenden Prozess zu transformieren. In diesem Zusammenhang beleuchten wir auch die Digitalisierung als einen Impuls, der hohes Potenzial für Wertschöpfungsrevolutionen beinhaltet. Kapitel 4.4

2 Strategisches Marketing: »Was Sie schon immer wissen wollten, aber bisher nie zu fragen wagten«

Ziel und Struktur des Kapitels

Ziel des Kapitels ist die Konkretisierung des Entscheidungsspektrums im Strategischen Marketing. Mit anderen Worten geht es darum, herauszuarbeiten, was in diesem Buch unter Strategischem Marketing verstanden wird und was nicht. Insbesondere gilt es, strategische Marketingentscheidungen einerseits von strategischen Managemententscheidungen und andererseits von sonstigen, offenbar nicht strategischen, Marketingentscheidungen abzugrenzen. Dazu ist das Kapitel wie folgt aufgebaut (vgl. Abb. 2).

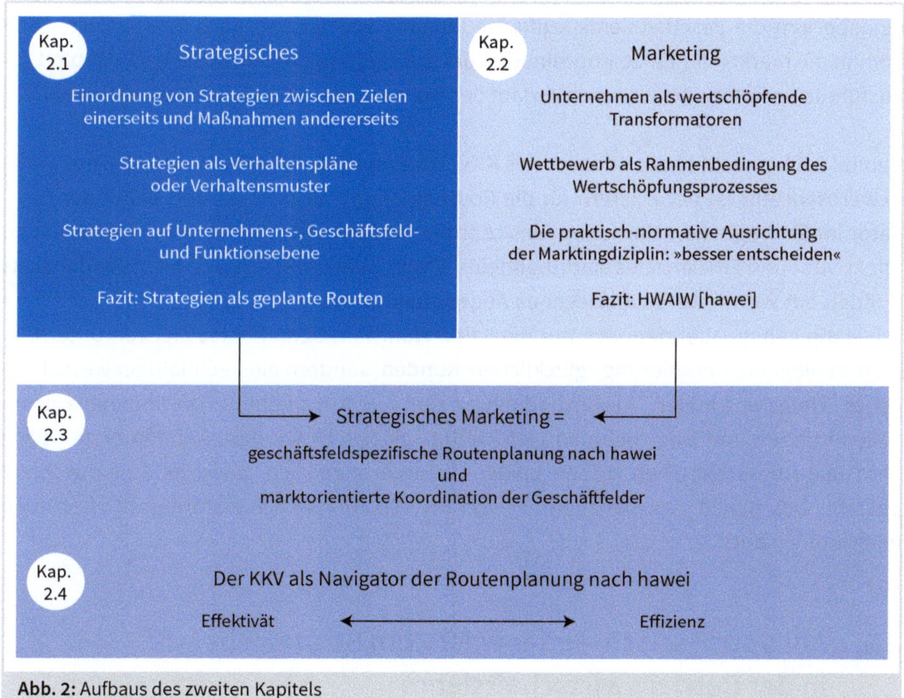

Abb. 2: Aufbaus des zweiten Kapitels

Kapitel 2.1

Der Dualität des Begriffes Strategisches Marketing folgend, wird in Kapitel 2.1 zunächst der Strategiebegriff beleuchtet. In diesem Zusammenhang wird erstens der für die Betriebswirtschaftslehre typische (vgl. etwa Hungenberg, 2014, S. 7 ff.; Welge/Al-Laham/Eulerich 2017, S. 18) Dreiklang aus Zielen, Strategien und Maßnahmen erörtert. Zweitens wird der Diskurs über die Interpretation von Strategien als entweder ex ante definierte Verhaltenspläne oder ex post identifizierbare Verhaltensmuster nachgezeichnet. Drittens schließlich wird der Frage nachgegangen, wo, d. h. auf welcher Ebene eines Unternehmens, strategische Entscheidungen getroffen werden. Kapitel 2.1 endet mit einem kurzen Fazit zum Strategieverständnis dieses Buches.

Kapitel 2.2

Kapitel 2.2 ist dem Marketingbegriff gewidmet. Ausgehend von der Auffassung von Unternehmen als wertschöpfenden Transformatoren, die in ihrem Wertschöpfungsbestreben auf Input- und Outputseite in einen wettbewerblichen Rahmen eingebettet sind, sowie dem Bekenntnis (und der kritischen Reflexion) zu einer praktisch-normativen Ausrichtung der Marketingdisziplin (Stichwort »bessere Entscheidungen«), wird Marketing als die Lehre vom Herbeiführen wünschenswerter Austauschprozesse im Wettbewerb, kurz HWAIW [hawei] interpretiert.

Kapitel 2.3

Über die Integration des Strategie- und Marketingbegriffes wird in Kapitel 2.3 sodann die Reichweite des Strategischen Marketings, wie wir es verstehen, erörtert. Im Kern geht es dabei um die geschäftsfeldspezifische Planung von Routen nach hawei. Ergänzend kommt die marktorientierte Koordination der Geschäftsfelder hinzu, die wir in Kapitel 2.3 ausführlich erörtern, im weiteren Verlauf des Buches dann aber ausklammern werden.

Kapitel 2.4

Kapitel 2.4 beleuchtet das Konzept des KKV. Diese spezifische Interpretation eines Wettbewerbsvorteils ist der Fixstern für die Routenplanung nach hawei und damit der Navigator im Strategischen Marketing. Das zentrale Merkmal des KKV ist die Integration von Effektivität und Effizienz des Markthandelns. Effektivität heißt letztlich nichts anderes als Kunden ein wettbewerbsüberlegenes Angebot zu unterbreiten. Dies ist mitunter schon schwierig genug, aber dennoch nur die halbe Wahrheit. Denn finales Ziel von Unternehmen ist nicht die Generierung »glücklicher« Kunden, sondern ein nachhaltiger wirtschaftlicher Erfolg, was in der Effizienzbedingung zum Ausdruck kommt. Mit anderen Worten sollen Kunden und Unternehmen gleichzeitig »glücklich« werden. Auf den ersten Blick ahnt man, dass zwischen diesen beiden Anforderungen ein gewisses Spannungsfeld besteht. Das macht das Management von KKV-Positionen herausfordernd, aber eben auch interessant.

2.1 Alles strategisch – oder was? Zum Strategiebegriff in der Betriebswirtschaftslehre

2.1.1 Wozu Strategie? Zum Dreiklang aus Zielen, Strategien und Maßnahmen

Begriffsinflation

Kaum ein Terminus wird in der Betriebswirtschaftslehre derart inflationär verwendet wie der Strategiebegriff (vgl. Abb. 3). Mitunter gewinnt man den Eindruck, dass durch das Anhängsel Strategie auch noch der banalsten Fragestellung ein besonderes Gewicht, eine »strategische Bedeutung« eben, verliehen werden soll.

... Marktanteilsstrategie; Imitationsstrategie; Intensivierungsstrategie; Strategie der differenzierten Marktbearbeitung; Hochpreisstrategie; Angriffsstrategie; Umzingelungsstrategie; Push- und Pull-Strategie; Bewahrungsstrategie; Neuheitsstrategie; Marktentwicklungsstrategie; Ausbruchsstrategie; Durchdringungsstrategie; Diversifikationsstrategie, Schrotschuss-Strategie; Exklusivstrategie; Wettbewerbsstrategie; Pionierstrategie; Lückenbüßer-Strategie; Bestseller-Strategie; Horizontalisierungsstrategie; Image-Strategie; Durchbruchstrategie; Kompensationsstrategie; Innovationsstrategie; Ausweichstrategie; Profilierungsstrategie; Opportunitätenstrategie; Risikoausgleichsstrategie; Abgrenzungsstrategie; Durchhaltestrategie; Variationsstrategie; Servicestrategie; Rückzugsstrategie; Konsolidierungsstrategie; Expansionsstrategie; Schrumpfungsstrategie; Zielgruppenstrategie; Doppelstrategie; Kampfstrategie; Anpassungsstrategie; Kooperationsstrategie; Basisstrategie; Nischenstrategie; Defensivstrategie; Positionsverteidigungsstrategie; Sortimentsstrategie; Markenstrategie; Mischstrategie; Qualitätslagen-Strategie; Branching-out-Strategie; Umschichtungsstrategie; Preislagen-Strategie; Preisfolgerstrategie; Sonderpreisstrategie ...

Abb. 3: Inflationäre Verwendung des Strategiebegriffs

Begriffsherkunft

Auch wenn Definitionen keine Frage von falsch oder richtig, sondern vielmehr der Zweckmäßigkeit sind, ist ein Begriff, der nichts ausschließt, entbehrlich. Um das Aufgabenspektrum des Strategischen Marketings beschreiben zu können, gilt es somit zunächst einmal transparent zu machen, was in diesem Buch unter Strategie verstanden wird.

Beim Blick in die Literatur ist zu konstatieren, dass weitgehende Einigkeit über die Herkunft des Strategiebegriffes aus dem Altgriechischen besteht. Umstritten hingegen ist seine etymologische Bedeutung. Weit verbreitet (vgl. bspw. Hungenberg, 2014, S. 5; von Oetinger, 2003, S. 37; Tarlatt, 2001, S. 10) ist die Ansicht, dass der Strategiebegriff auf das Wort »stratego« zurückgeht, welches die »Kunst der Heeresführung« bezeichnet und aus den Worten stratos (Heer) und agein (Führen) zusammengesetzt ist. Zu einer anderen Interpretation führt die Rückführung auf den Begriff »strataegeo«, wobei die Bedeutung des Bestandteils »stratos« hier unpräzise bleibt und etwas Umfassendes, den Zielen und Zwecken Übergeordnetes beschreibt (Wüthrich, 1991, S. 15; Gälweiler, 2005, S. 65 f.; Wündrich, 1977, S. 84).

Militärhistorische Bezüge

Auch im deutschsprachigen Raum hat der Strategiebegriff militärische Wurzeln. Bereits im frühen 19. Jahrhundert beschreibt von Clausewitz Strategie als »Gebrauch des Gefechts zum Zweck des Krieges, sie muss also dem ganzen kriegerischen Akt ein Ziel setzen, welches dem Zweck desselben entspricht, d. h. sie entwirft einen Kriegsplan, und an dieses Ziel knüpft sie die Reihe der Handlungen an, welche zu demselben führen sollen, d. h. sie macht die Entwürfe zu den einzelnen Feldzügen und ordnet in diesen die einzelnen Gefechte an.« (von Clausewitz, 1973, S. 345). Analog zur griechischen Wortherkunft ist also auch bei von Clausewitz der Strategiebegriff durch ein Mittel-Zweck-Denken geprägt. Die Strategie entspricht dem großen Rahmen, der die Vielzahl von Einzelentscheidungen, von einzelnen Gefechten, in Beziehung zur übergeordneten Zielsetzung setzt.

Dreiklang aus Zielen, Strategien und Maßnahmen

Schon in der entstehungsgeschichtlichen Rückschau des Strategiebegriffes wird somit ein hierarchischer Dreiklang aus Zielen, Strategien und Maßnahmen offenbar (vgl. Abb. 4).

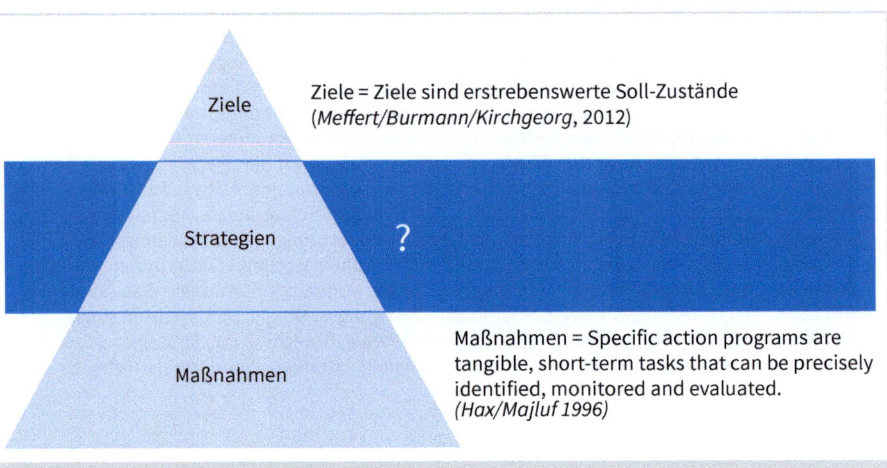

Abb. 4: Dreiklang aus Zielen, Strategien und Maßnahmen

Ziele als Ausdruck von etwas Wünschenswertem dienen als normativer Referenzpunkt des Handelns. Sie sind damit vor dem Hintergrund eines vermuteten Zielerreichungsbeitrags Grundlage für die Beurteilung einer Maßnahme als geeignet oder ungeeignet. Maßnahmen lassen sich präzise beschreiben, erfassen und evaluieren. Dabei ist zunächst zu konstatieren, dass Ziele nur durch konkrete Maßnahmen erreicht werden können. Die Strategie leistet hingegen keinen unmittelbaren Zielerreichungsbeitrag. Wenn Sie sich bspw. vornehmen, in den nächsten sechs Monaten fünf Kilogramm abzunehmen, hilft Ihnen dabei keine noch so ausgeklügelte »Abnehm-Strategie«, sondern ausschließlich konkrete Maßnahmen, wie zum Beispiel eine Umstellung ihrer Ernährung oder vermehrte sportliche Aktivitäten.

Wozu Strategie?

Vor diesem Hintergrund könnte man sich die Frage nach der Existenzberechtigung von Strategien stellen. Wenn der Begriff angesichts seiner inflationären Verwendung ohnehin unscharf ist, und Ziele durch konkretes Handeln, nicht aber durch eine Strategie erreicht werden, wozu braucht man dann noch Strategien? Zur Beantwortung dieser Frage wird auf eine Metapher von Becker (2019, S. 4 f.) zurückgegriffen, der den Dreiklang aus Zielen, Strategien und Maßnahmen mit Wunschorten (Ziele), Routen (Strategien) und Beförderungsmitteln (Maßnahmen) umschreibt. In diesem Bild wird deutlich, dass Wunschorte zwar nur durch ein konkretes Beförderungsmittel erreicht werden, hierfür aber dennoch so etwas wie eine Orientierung, eine Route erforderlich ist. Anderenfalls bewegt man sich zwar, fraglich ist nur, ob man auch das angestrebte Ziel erreicht. Strategien sollen in diesem Sinne den vielen einzelnen Handlungen einen richtungweisenden Rahmen verleihen. So ist Joggen sicher geeignet, um das

Koordinativer Rahmen

Körpergewicht zu reduzieren. Gleichzeitig finden aber auch unzählige andere Handlungen mit Bezug zum Körpergewicht statt, wie z. B. Essen, Trinken oder die sonstigen körperlichen Aktivitäten. Eine Strategie soll diesen vielen Einzelmaßnahmen mit Bezug zum Ziel einen Orientierungsrahmen bieten, sodass diese in ihrer Summe ein sinnvolles Ganzes ergeben. Insgesamt erfährt in dieser Perspektive eine Strategie somit ihre Berechtigung aus der ihr zugeschriebenen koordinativen Funktion in Bezug auf die zur Zielerreichung eingesetzten Maßnahmen.

Dieses Verständnis von Strategien als Routen, welche die Ziel- und Maßnahmenebene koordinativ verbindet, korrespondiert mit dem planerischen Strategiebegriff von Autoren wie Chandler (1962) oder Andrews (1971). Mintzberg (1978) hat dazu eine prominente Gegenposition entwickelt, die weniger geplantes, sondern tatsächliches Verhalten in den Blick nimmt. Die Routenmetapher aufgreifend, geht es also um die Frage, ob es sich bei Strategien um die geplante (*intended strategy*) oder nicht vielmehr um die tatsächlich realisierte (*realized strategy*) Route handelt. Dieser Diskurs wird im Folgekapitel nachgezeichnet und unser Standpunkt zu dieser Debatte verdeutlicht.

2.1.2 Intendiertes oder tatsächliches Verhalten als Ausdruck strategischen Handelns in Unternehmen?

Strategien als Verhaltensplan

Die Einführung des Strategiebegriffes in den Kontext betriebswirtschaftlicher Fragestellungen ist eng mit dem Namen Chandler verbunden. Nach Chandler (1962, S. 13) ist eine Strategie »the determination of the basic long-term goals and objectives of an enterprise, and the adoption of courses of action and the resources necessary for carrying out these goals.« Es wird deutlich, dass analog zum militärhistorischen Ursprung auch Chandlers Strategiedefinition durch ein Mittel-Zweck-Verständnis geprägt ist, wobei seiner Auffassung nach eine Strategie sich nicht auf die einzusetzenden Mittel zur Zielerreichung beschränkt, sondern auch die Festlegung der Zwecke in Form der Unternehmensziele beinhaltet. Andrews hat 1971 diesen Strategiebegriff von Chandler weiter konkretisiert und deutlicher zwischen der eigentlichen Strategie und dem Strategiefindungsprozess differenziert (Hofer/Schendel, 1978, S. 16). Nach Andrews (1971, S. 28) ist eine Strategie »the pattern of major objectives, purposes, or goals and essential policies and plans for achieving those goals, stated in such way as to define what business the company is in or is to be in and the kind of the company it is or it is to be.« Insofern ist der planerische Mittel-Zweck-Charakter einer Strategie auch für die Definition von Andrews kennzeichnend. Er konkretisiert den Inhalt einer Strategie aber dahin gehend, dass die Bestimmung des Unternehmenszwecks sowie der zu bearbeitenden Märkte wesentliche Parameter des Strategiebegriffs darstellen. Die Notwendigkeit der separaten Darstellung des Strategiefindungsprozesses resultiert nach Meinung von Andrews unter anderem aus der Unsicherheit hinsichtlich zukünftiger Umweltzustände, die eine abgeschlossene, statische Festlegung auf eine Strategie unmöglich macht (Andrews, 1987, S. 113 f.).

Verhaltenspläne bei sich verändernder Umwelt?

Das Spannungsfeld zwischen Strategiefestlegung und sich verändernden Umweltbedingungen wurde in der Folgezeit von Mintzberg (1977) aufgegriffen, dessen Strategieverständnis sich deutlich von dem die managementorientierte Betriebswirtschaftslehre bis heute prägenden Strategieverständnis von Chandler (1962) und Andrews (1971) (vgl. auch Ansoff, 1965) unterscheidet.

Grundlage für die Position von Mintzberg ist die Beobachtung, dass die längerfristige Konstanz von Umweltbedingungen einer Unternehmung immer weniger gegeben ist (Brews/

Hunt, 1999, S. 889). Die für eine Strategiebestimmung im Sinne Chandlers notwendige Prognose der unternehmensrelevanten zukünftigen Zustände durch die Manager wird somit erschwert und Strategien in Form aufeinander abgestimmter Maßnahmen können nur noch bedingt entwickelt werden (Macharzina, 2008, S. 238).

Mintzberg: Strategien als Verhaltensmuster

Nach Mintzbergs Verständnis kann unter diesen Umständen eine Strategie nicht ausschließlich a priori festgelegt werden. Entscheidungsträger treffen aufgrund einer sich rasch ändernden Unternehmensumwelt Entscheidungen, die mit den Richtlinien im Rahmen vorher formulierter Strategien nicht konsistent sind. Der normative Charakter einer Strategie, ausschließlich ein Vorgabenplan mit zielgerichteten Inhalten zu sein, verfällt damit (Mintzberg, 1978, S. 935). Eine im Chandler'schen Sinne verstandene Strategie führt also zu einer Starrheit, die der notwendigen Flexibilität hinsichtlich der Anpassung an ein neues Umfeld nicht gerecht wird. Dies bedeutet aber nicht, dass Unternehmen angesichts turbulenter Umweltbedingungen zwangsläufig über keine Strategie verfügen. Vielmehr entstehen Strategien u. U. erst aus der Kombination einer Vielzahl ex ante so nicht geplanter Maßnahmen. Folgerichtig definiert Mintzberg (1977, S. 28) eine Strategie im Sinne eines erkennbaren Handlungsmusters als »a pattern in a stream of decisions«.

Vergleich mit Künstlern

Verdeutlicht werden Mintzbergs Gedanken durch eine von ihm erläuterte Metapher (Mintzberg, 1987, S. 66 f.). Er vergleicht den Prozess der Strategiefindung innerhalb einer Unternehmung mit der Arbeit von Künstlern. Hierbei verfügt ein Künstler über erlernte Fähigkeiten seines Handwerks sowie Erfahrungen aus den bereits erstellten Werken. Mit diesem Wissen entscheidet er über jeden Handgriff, wobei die Möglichkeit besteht, ursprüngliche Zielvorstellungen im Moment der Bearbeitung abzuwandeln. Sein Vorgehen entspricht dabei einem von Wahrnehmungen gesteuerten Prozess, rationale und analytische Schritte sind weniger relevant. Strategie-Designer sind ebenfalls ausgestattet mit Erfahrungen aus zurückliegenden Entscheidungen und können weiterhin auf spezielle Qualifikationen eines Unternehmens zurückgreifen, um dessen strategische Richtung zu bestimmen. Der Künstler und der Manager durchlaufen bei der Ausführung ihrer jeweiligen Aufgaben iterative Prozesse, wobei anstehende Handlungen immer auf der Grundlage von Bewertungen vergangener Aktionen und Reaktionen sowie zukünftiger Zielvorstellungen ausgeführt werden.

Intended vs. realized strategy

Es wird deutlich, dass Strategien nach dieser Denkweise neben einem vorher festgelegten Teil auch über Elemente verfügen, die als Reaktion auf sich verändernde Rahmenbedingungen entstanden sind (Thompson/Strickland, 1999, S. 7 ff.). Ursprünglich geplante Strategien bezeichnet Mintzberg (1978, S. 935) als beabsichtigte Strategien (*intended strategies*), die tatsächlich resultierenden Strategien nennt er realisierte Strategien (*realized strategies*). Diese Strategietypen weichen regelmäßig voneinander ab, weil aus den geplanten Strategien nur bestimmte Komponenten (bewusste Strategien, *deliberate strategies*) realisiert werden. Andere Teile werden in Form von nicht realisierten Strategien (*unrealized strategies*) verworfen. Als weiteren Bestandteil neben den ursprünglich entworfenen Elementen beinhalten realisierte Strategien emergente Elemente. Diese beschreiben jenen Teil, der vor der Strategieumsetzung nicht bis in alle Einzelheiten durchdacht wurde. Vielmehr ist ihr Vorhandensein durch externe und interne Vorkommnisse und die daraus resultierenden Umsetzungen durch Manager und Mitarbeiter begründet (Hinterhuber, 2015, S. 62 f.). Die unterschiedlichen Strategieformen nach Mintzberg sind in Abb. 5 dargestellt.

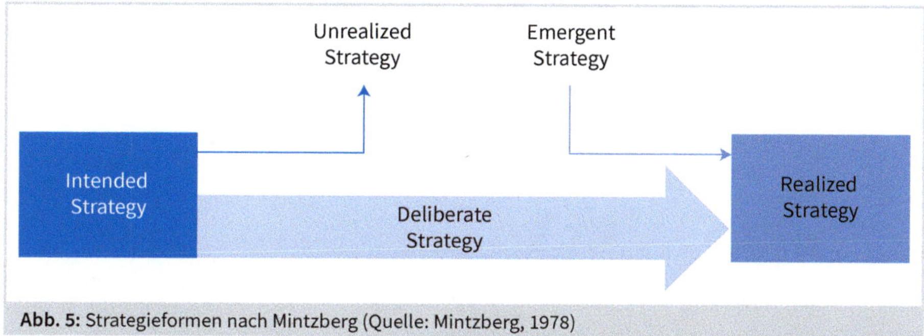

Abb. 5: Strategieformen nach Mintzberg (Quelle: Mintzberg, 1978)

Zusammengefasst entstehen Strategien nach diesem Verständnis nicht ausschließlich durch die Formulierung von Plänen (Burmann, 2002, S. 83), sondern ebenso durch Lernprozesse im Zeitablauf (Mintzberg, 1987, S. 69).

Fazit

Im Vergleich der unterschiedlichen Strategieauffassungen kann festgehalten werden, dass Strategien nicht auf einen konkreten Zeitpunkt Bezug nehmen, vielmehr stehen Zeitabläufe mit längerfristigem Charakter im Mittelpunkt. Strategien verbinden innerhalb derartiger Zeitfenster den Ausgangszeitpunkt mit einem nachfolgenden Zeitpunkt, wobei das innerhalb dieser Spanne in speziellen Situationen durchgeführte Handeln bzw. Denken ähnliche Merkmale aufweist. Während damit der gemeinsame Nenner der vorgestellten Strategiebegriffe umschrieben wird, unterscheiden sich die Auffassungen darüber hinaus erheblich. Strategien werden mit unterschiedlichen Attributen verbunden, sie sind je nach Ansicht ein Plan, ein Muster, ein System oder auch eine Kunst. Während die überwiegende Anzahl der dargestellten Auffassungen Strategien als Orientierungslinie für zukünftiges Verhalten sieht, befasst sich Mintzberg unter anderem mit der Annahme, dass Strategien gleichermaßen den Charakter eines erst retrospektiv identifizierbaren Konstrukts annehmen können. Weiterhin bestehen ebenfalls hinsichtlich des Umfangs des Strategiebegriffs beträchtliche Unterschiede zwischen den dargelegten Ansichten. Einige Autoren sehen Strategie als ein komplexes System aus Zielen und Handlungsmaßnahmen, andere fokussieren bei ihrer Darstellung hingegen die Orientierung an festgelegten Zielen.

Unser Strategieverständnis

Hier sollen Strategien in Anlehnung an Chandler als ein auf die Ziele abgestellter Orientierungsrahmen für operative Maßnahmen verstanden werden. Allerdings sind Ziele unserer Auffassung nach nicht Bestandteil einer Strategieformulierung, sondern vielmehr die Vorgabe dafür. Nur so ist es möglich, alternative Strategieentwürfe im Hinblick auf ein vorgegebenes Ziel zu vergleichen und zu bewerten. Unser Bekenntnis zum ex ante Charakter von Strategien erfolgt jedoch nicht aus der Annahme, dass Strategien unveränderlich sind. Ganz im Gegenteil werden Strategien angesichts sich verändernder Rahmenbedingungen immer wieder auf ihre Zweckmäßigkeit überprüft werden müssen, wie es Beispiel 2 illustrieren soll.

Ein Beispiel

Beispiel 2

Die Familie Müller plant eine Reise von Münster nach Venedig (Wunschort)

Abb. 6: Geplante oder tatsächliche Routen – ein Beispiel (Quelle: google.de)

Die Familie Müller plant eine Reise von Münster nach Venedig (Wunschort). Zur Erreichung dieses Ziels stehen mehrere alternative Routen (Strategien) zur Verfügung, die zum Teil an bestimmte Beförderungsmittel geknüpft sind (Interdependenz zwischen Ziel, Strategie und Marketing-Mix). Herr Müller sammelt vor Festlegung der Route (Strategie) ausgiebige Informationen über Straßen- und Zugverbindungen, Übernachtungsmöglichkeiten, Kosten der Routen etc. Nach Abwägen aller Vor- und Nachteile kommt er zu dem Schluss, dass die Route über den Brenner für ihn die optimale Alternative darstellt. Als Beförderungsmittel wählt er den eigenen PKW. Während der Fahrt erhält Herr Müller die Information, dass in Südtirol größere Demonstrationen von Anwohnern der Brenner-Autobahn geplant sind, die für eine Verlagerung des Schwerlastverkehres auf die Schiene protestieren wollen. Gerechnet wird sogar mit einer zeitweisen Blockade der Autobahn.

> Vor diesem Hintergrund beschließt Herr Müller seine Route zu ändern und statt über den Brennerpass zu fahren lieber den Weg über die Schweiz zu nutzen (vgl. Abb. 6).
>
> Die Strategie von Herrn Müller hat sich geändert. Aufgrund der ihm zum Planungszeitpunkt nicht bekannten Information hielt er es nun für ratsamer, seine ursprüngliche Strategie zu modifizieren. Gleichwohl wäre es nicht sinnvoll gewesen, in Erwartung sich verändernder Rahmenbedingungen von vorneherein auf die Festlegung einer Route zu verzichten, denn dann wären die Müllers vielleicht statt im sonnigen Süden im Baltikum gelandet.

Das Beispiel verdeutlicht, dass ganz im Sinne Mintzbergs die realisierten Strategien mit den geplanten Strategien durchaus nicht übereinstimmen können, vermutlich sogar in aller Regel angesichts sich verändernder Rahmenbedingungen nicht übereinstimmen werden.

Fazit Strategiebegriff

Im Kontext eines Lernbuches macht eine Fokussierung auf die realisierten Strategien nach unserer Auffassung jedoch wenig Sinn, da es sich hierbei letztlich um eine empirische Fragestellung handelt. Vielmehr sollen im Rahmen dieses entscheidungsorientiert ausgerichteten Lernbuches denkbare Orientierungsrahmen für auf Absatzmärkte ausgerichtetes Handeln aufgezeigt werden. Wir fassen deshalb zusammen:

3-Ebenen-Konzept

- Eine Strategie bietet einen mittel-/bis langfristigen (flexiblen) Orientierungsrahmen für zukünftiges Handeln. Insofern sind Strategien das koordinative Bindeglied zwischen Zielen und operativen Entscheidungen (Maßnahmen). Ziele sind demnach kein Bestandteil einer Strategie, sondern ihr normativer Referenzpunkt. Sie werden nicht durch eine Strategie, sondern durch konkrete Maßnahmen erreicht.
- Strategien liefern kein starres Gerüst, sondern einen Rahmen, der unter sich ändernden Bedingungen der Umwelt u. U. angepasst werden muss. Das Bewusstsein einer Abweichung zwischen geplanter und realisierter Strategie entbindet aber nicht von der Aufgabe der strategischen Planung, da die Alternative einer ausschließlichen ad-hoc-Orientierung das Risiko weder effektiver (Ziel wird nicht erreicht) noch effizienter (Ziel wird auf unnötigen Umwegen erreicht) Entscheidungen impliziert.

2.1.3 Strategien sind Chef-Chefsache – wirklich? Ebenen und Inhalte strategischer Entscheidungen in Unternehmen

In diesem Kapitel soll der Frage nachgegangen werden, wo in einem Unternehmen über Strategien im Sinne geplanter Routen entschieden wird. Dazu gilt es zunächst einmal, das »Wo« zu konkretisieren. Gemeint ist damit nicht eine bestimmte Abteilung oder gar ein Ort in Form von bspw. Raum 3.012, sondern die Hierarchieebene eines Unternehmens. Zur hierarchischen Strukturierung von Unternehmen kann zwischen drei Ebenen differenziert werden (vgl. Hax/Majluf, 1996, S. 24 ff.): Der Corporate-Ebene (z. B. Bertelsmann

SE & Co. KGaA), der Ebene Strategischer Geschäftsfelder (z. B. RTL Group, Gruner+Jahr, Penguin Random House) und der Funktionsebene (z. B. Einkauf, Produktion, Vertrieb).

Angesichts der hohen Bedeutung, die Strategien mit Recht zugeschrieben wird, könnte man zunächst vermuten, dass Strategien »Chef-Chefsache« sind und dementsprechend auf der Corporate-Ebene durch die Unternehmensleitung formuliert werden. Die Strategischen Geschäftsfelder und die Funktionsebene müssten sich folglich den durch die Corporate-Ebene definierten strategischen Vorgaben unterordnen. Auch wenn dieser Anfangsverdacht durchaus berechtigt erscheint, trifft er nur bedingt zu.

Strategien werden nicht nur auf der Corporate-, sondern ebenso auf der Geschäftsfeld- und Funktionsebene definiert. Allerdings unterscheiden sich die Inhalte der Corporate-, Geschäftsfeld- und Funktionsstrategie grundlegend.

Corporate Strategies

Corporate Strategies befassen sich mit Grundsatzentscheidungen, die das gesamte Unternehmen betreffen. Es handelt sich dabei um solche strategischen Entscheidungen, die nicht dezentralisiert werden können, ohne dass erhebliche Synergieeffekte verloren gehen. Dazu zählt insbesondere die Zusammensetzung des Geschäftsfeldportfolios, also die Frage, in welchen Geschäftsfeldern ein Unternehmen tätig sein will. In aller Regel verfolgen Unternehmen erwerbswirtschaftliche Ziele, sind also unter bestimmten Nebenbedingungen, auf Maximierung des Gewinns oder des Shareholder Values ausgerichtet. Im Rahmen der Corporate Strategy werden Routen zu diesen ökonomischen Oberzielen geplant. Von essenzieller Bedeutung ist dabei das Portfolio der Geschäftsaktivitäten.

Business Strategies

Geschäftsfeldstrategien (Business Strategies) sind darauf gerichtet, das jeweilige Geschäftsfeld in eine wettbewerbsdominante Position zu bringen (vgl. Hax/Majluf, 1996, S. 25). Dieser Strategieinhalt ergibt sich konsequent aus der Frage, warum ein Unternehmen überhaupt in Form Strategische Geschäftsfelder organisiert ist. Warum also leistet sich z. B. die Bertelsmann AG den »Luxus«, nicht nur einen Vorstand für das Gesamtunternehmen zu haben, sondern auch noch diverse Leiter der Strategischen Geschäftseinheiten.

Warum überhaupt Geschäftsfelder?

Die Antwort auf diese Frage resultiert aus der Unterschiedlichkeit der geschäftlichen Aktivitäten eines Unternehmens. Andere Kunden mit logischerweise anderen Bedürfnissen, andere Wettbewerber und Rahmenbedingungen erfordern spezifische, auf die besonderen Erfordernisse eines Geschäftsfeldes zugeschnittene Verhaltensweisen. So steht hinter der Einteilung in die Geschäftsfelder RTL Group (TV), Gruner+Jahr (Zeitschriften) und Penguin Random House (Buch) der Gedanke, dass sich die Anforderungen dieser drei Geschäftsfelder so grundlegend unterscheiden, dass sie spezifische Verhaltensweisen erfordern. Der Markt für Bücher ist grundlegend anders als der Markt für Fernsehen oder Zeitschriften.

Typischerweise gibt also die Corporate-Ebene der Geschäftsfeldebene ökonomische Ziele vor (z. B. ein bestimmter Umsatz, Cash-Flow oder Ebit). Wie dieses Ziel von den verantwortlichen Managern in den einzelnen Geschäftsfeldern erreicht wird, liegt jedoch in deren Ermessen. Anderenfalls könnte ein Unternehmen auch gleich auf die Ebene Strategischer Geschäftsfelder verzichten. Ihre Existenz basiert ja eben auf der Notwendigkeit differenzierten Verhaltens. Im Kern der Geschäftsfeldstrategie steht also die Planung von Routen für eine wettbewerbsüberlegene Position des Geschäftsfeldes, die das Erreichen der von der Corporate Ebene definierten Ziele ermöglicht.

Functional Strategies

Schließlich werden auch auf der letzten Hierarchieebene, den Funktionsbereichen, Strategien definiert. Im Fokus steht dabei die Maximierung der jeweiligen Ressourcenproduktivität. So werden bspw. dem Einkäufer in einem Strategischen Geschäftsfeld vermutlich Vorgaben über Margen und Qualitätsanforderungen gemacht. Auf welchen Routen er diese Ziele erreicht, ist seine Entscheidung und damit Gegenstand der Funktions-, hier Einkaufsstrategie.

Abb. 7 fasst die Ausführungen über Ebenen strategischer Entscheidungen in Unternehmen zusammen.

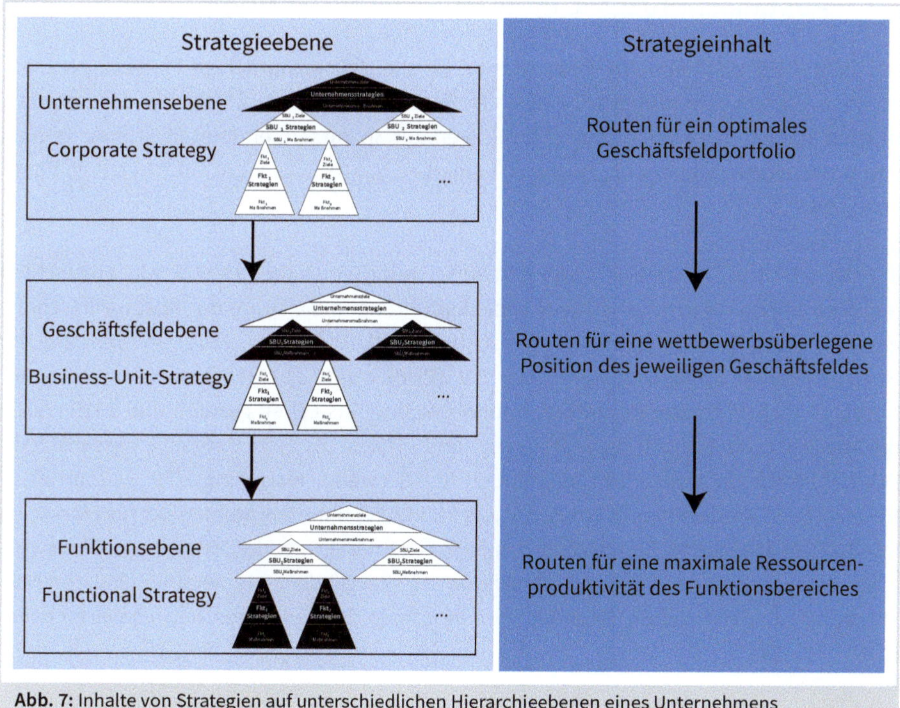

Abb. 7: Inhalte von Strategien auf unterschiedlichen Hierarchieebenen eines Unternehmens

Ebenen und Inhalte von Strategien

Dabei ist erstens festzuhalten, dass auf allen drei Ebenen eines Unternehmens Strategien im Sinne von geplanten Routen definiert werden. Auf allen drei Ebenen existiert der Dreiklang aus Zielen, Strategien und Maßnahmen. Folglich besteht sowohl auf Corporate- als auch auf Geschäftsfeld- und Funktionsebene die Notwenigkeit einer strategisch-koordi-

Unterschiedliche Strategieinhalte

nativen Planung als Bindeglied zwischen den Zielen und konkreten Maßnahmen zur Erreichung dieser Ziele. Zweitens ist zu konstatieren, dass sich die Strategieinhalte, obgleich hierarchisch aufeinander aufbauend, zwischen den drei Ebenen deutlich unterscheiden. Im Fokus der Corporate Strategy steht die Optimierung des Geschäftsfeldportfolios. Auf der Geschäftsfeldebene geht es um die Erlangung einer wettbewerbsüberlegenen Position. Kern der Funktionsstrategie schließlich ist die Maximierung der Ressourcenproduktivität.

Mit diesen drei ebenenspezifischen Aufgaben sind die Kerninhalte des Strategischen **Managements** definiert. Welchen Teil davon wir als Gegenstand des Strategischen **Marketings** ansehen, ergibt sich nicht zuletzt aus der Frage, was wir unter Marketing verstehen. Diesem Aspekt ist das Folgekapitel gewidmet.

2.2 Marketing – die Lehre vom Herbeiführen wünschenswerter Austauschprozesse im Wettbewerb (HWAIW)

Wie alles begann …

Das Jahr 1969 markiert eine Zeitenwende für die deutschsprachige Marketingwissenschaft. In diesem Jahr gründete Heribert Meffert an der Universität Münster das erste Institut für Marketing an einer deutschen Universität. In kurzer Zeit folgten Gründungen an den Universitäten Mannheim, Bochum, Frankfurt, Saarbrücken und München (vgl. Voeth et al., 2011).

In Folge erlebte das Fach einen rasanten Aufschwung (vgl. Sabel, 1998, S. 12). So erschien im Jahre 1971 das zuvor unter dem Titel »Einführung in die Lehre der Absatzwirtschaft« geführte erste Marketinglehrbuch (Nieschlag/Dichtl/Hörschgen, 1971), im Verband der Hochschullehrer für Betriebswirtschaft e.V. (VHB) wurde 1970/71 eine Kommission für Absatzwirtschaft (später Kommission für Marketing) ins Leben gerufen und 1979 wurde die Marketing Z(eitschrift) für F(orschung) und P(raxis) als erste deutsche wissenschaftliche Marketingfachzeitschrift gegründet (mittlerweile: Marketing ZFP – Journal of Research and Management). Heute (Stand Mai 2019) hat die Kommission für Marketing im VHB 376 Mitglieder. Damit zählt das Fach – gemessen an der Mitgliederzahl im VHB – gemeinsam mit den Fächern Organisation (430 Mitglieder) und Rechnungswesen (401 Mitglieder) zu den größten Teildisziplinen innerhalb der deutschen Betriebswirtschaftslehre (VHB, 2019).

Ausdifferenzierung des Faches

Mit dem starken Wachstum des Faches ging auch eine Spezialisierung und Ausdifferenzierung einher. Damit ist nicht nur die insbesondere von der Beraterzunft getriebene Diffusion unterschiedlicher »Bindestrich-Marketing-Konzepte« (etwa Turbo-Marketing, Guerilla-Marketing, Aktien-Marketing usw.; vgl. Meffert, 1994), sondern auch ernst zu nehmende Spezialisierungen in der Wissenschaft gemeint. So finden sich heute beispielsweise etablierte Lehrbücher zum Industriegüter- (vgl. z. B. Backhaus/Voeth, 2014), Dienstleistungs- (vgl. z. B. Meffert/Bruhn/Hadwich, 2018), Handels- (vgl. z. B. Ahlert/Kenning/Brock, 2018), Relationship- (vgl. z. B. Bruhn, 2016), Nonprofit- (vgl. z. B. Sargeant, 2009) und nicht zuletzt Strategischen Marketing. Ebenso gibt es an den Universitäten spezialisierte Marketinglehrstühle respektive -institute – z. B. für Dienstleistungsmarketing an den Universitäten Rostock und München (TU), für Industriegütermarketing an den Universitäten Regensburg und Münster oder für Nonprofit-Marketing bzw. -Management an den Universitäten Hamburg und Mannheim.

Marketing = HWAIW [hawei]

Für das Verständnis des (Strategischen) Marketings erscheint es angesichts der zahlreichen divergierenden Spezialisierungen unentbehrlich, die Frage nach dem gemeinsamen Kern der Disziplin zu stellen. Was verbindet beispielsweise Dienstleistungs-, Industriegüter-, Handels- und Strategisches Marketing? Die Antwort lautet kurz gesagt: HWAIW [hawei]. Marketing ist die Lehre vom **H**erbeiführen **w**ünschenswerter **A**ustauschprozesse **i**m **W**ettbewerb (vgl. Schneider, 2015a).

Diese These soll nachfolgend begründet werden. Dazu sind zwei Argumentationsschritte erforderlich. Erstens soll der Erkenntnisgegenstand der Marketingwissenschaft beleuchtet werden. Dieser Teil bezieht sich auf die letzten drei Buchstaben aus HWAIW, also AIW: Austauschprozesse im Wettbewerb. Zweitens wird der spezifische Gestaltungsanspruch der Disziplin erörtert. Dabei geht es um die ersten beiden Buchstaben aus HWAIW: Herbeiführen wünschenswerter …

2.2.1 Wettbewerbliche Austauschprozesse als Erkenntnisobjekt des Marketing

In Deutschland (Stand: September 2018) existieren knapp 3,5 Mio. Unternehmen (Statistisches Bundesamt, 2018). Selbst für einen Nicht-Betriebswirt könnte allein schon diese große Zahl Anlass genug sein, darüber nachzudenken, warum es in unserer Gesellschaft überhaupt Unternehmen gibt. Oder anders gefragt: Welche Aufgabe haben Unternehmen in einer marktwirtschaftlich verfassten Gesellschaft?

Unternehmen als wertschöpfende Transformatoren

Die Antwort ist im Prinzip ganz einfach: Letztlich sollen sie über intelligente Transformationsprozesse Mehrwert schaffen, also wertschöpfend tätig sein. Unternehmen beschaffen unterschiedliche Input-Faktoren (Material, Ideen, Personen, Kapital, Standorte etc.) und kombinieren diesen Input in irgendeiner Form zu einem Output (vgl. Abb. 8).

Wertschöpfung unter Wettbewerbsbedingungen

Allerdings ist dieser Transformationsprozess an eine kleine, aber folgenreiche Nebenbedingung geknüpft: Der Wert des Outputs muss größer sein als der Wert des Inputs. Mit anderen Worten ist für die dauerhafte Existenz eines Unternehmens ein Mindestmaß an Wertschöpfung, festgemacht an der wertmäßigen Differenz zwischen Output und Input, unerlässlich.

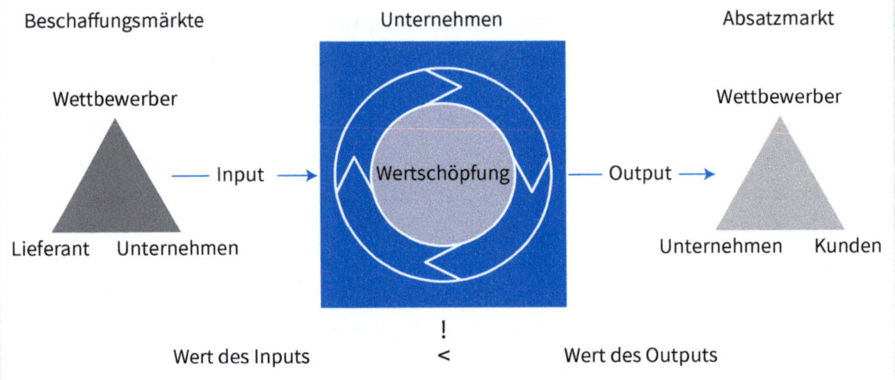

Beschaffungsmärkte | Unternehmen | Absatzmarkt

Wettbewerber

Lieferant Unternehmen

— Input →

Wertschöpfung

— Output →

Wettbewerber

Unternehmen Kunden

Wert des Inputs ! < Wert des Outputs

Abb. 8: Unternehmen als wertschöpfende Transformatoren

Untersuchungsobjekt der BWL

Letztlich befassen sich alle Teildisziplinen der Betriebswirtschaftslehre mit diesem Wertschöpfungsprozess, fokussieren dabei aber jeweils unterschiedliche Teilaspekte. So ist bspw. die Kosten- und Leistungsrechnung darum bemüht, den Transformationsprozess wertmäßig »richtig« zu erfassen, um so dem Management Hinweise auf dessen (noch) wertschöpfendere Gestaltung zu geben (vgl. Friedl/Hoffmann/Pedell, 2017, S. 12 ff.). Das externe Rechnungswesen ist auf die Dokumentation des Wertschöpfungsprozesses gerichtet, um die berechtigten Informationsinteressen diverser Stakeholder (Gläubiger, Lieferanten, Fiskus etc.) zu befriedigen (vgl. Coenenberg/Fischer/Günther, 2016, S. 22). Die Teildisziplin Finanzierung beleuchtet den Zu- und Abfluss von liquiden Mitteln im Laufe des Transformationsprozesses (vgl. Perridon/Steiner/Rathgeber, 2017, S. 9), der typischerweise im Zeitraum stattfindet und durch eine zeitliche Asymmetrie von Aus- und Einzahlungen gekennzeichnet ist. Die Liste ließe sich beliebig fortsetzen. Falls Sie selber BWL studieren oder studiert haben, können Sie ja einmal reflektieren, welche Aspekte des Wertschöpfungsprozesses in ihren einzelnen Vorlesungen und Seminaren behandelt werden respektive wurden.

Nun ist dies ja kein Buch zur Allgemeinen Betriebswirtschaftslehre, sondern zum Strategischen Marketing. Insofern ist zu fragen, welchem Teil des Wertschöpfungsprozesses sich die Marketingdisziplin widmet. Dazu bedarf das skizzierte Wertschöpfungsmodell einer marginalen, aber weitreichenden Erweiterung und die heißt Wettbewerb (vgl. Abb. 8). Unternehmen sind in ihrem Bemühen um Wertschöpfung sowohl auf der Input- als auch auf der Outputseite Wettbewerb ausgesetzt. Der Lieferant kann seine Vorprodukte auch an ein anderes Unternehmen liefern. Ebenso kann ein Mitarbeiter seinen Arbeitgeber frei wählen. Gleichermaßen herrscht Wettbewerb auf der Outputseite. Ein intendierter Wertschöpfungsprozess wird erst dann zu einer faktischen Wertschöpfung, wenn das Ergebnis des Transformationsprozesses einen Abnehmer gefunden hat. Kunden können ihre knappen monetären Ressourcen aber auch für weitere Zwecke verwenden und damit anderen Unternehmen zukommen lassen.

Zusammenfassend sind Unternehmen in ihrer Rolle als wertschöpfende Transformatoren sowohl auf der Input- wie auf der Outputseite auf Beiträge von Austauschpartnern angewiesen. Diese haben aufgrund der wettbewerblichen Grundordnung von Marktwirtschaften allerdings Alternativen, sodass ein Unternehmen den für sie bedeutsamen Austauschpartnern ein wettbewerbsüberlegenes Angebot unterbreiten muss, das gleichzeitig die Unternehmensinteressen berücksichtigt. Damit ist auch schon das Augenmerk der Marketingdisziplin im Kontext von Wertschöpfungsprozessen umschrieben: Ihr Erkenntnisobjekt sind wettbewerbliche Austauschprozesse, also die wettbewerblich organisierten Schnittstellen des Unternehmens auf Input- und Outputseite.

Wettbewerbliche Austauschprozesse als Erkenntnisobjekt

Aus der Vielzahl der für das Unternehmen wichtigen Austauschprozesse fokussiert sich das Fach typischerweise auf diejenigen mit Kunden. Ausschlaggebend dafür ist zum einen, dass der Beitrag des Kunden (sein Geld) für die Zielfunktion des Unternehmens (Gewinn) sehr bedeutsam ist. Zum anderen ist der Wettbewerb um diesen Transaktionspartner in der Regel besonders intensiv, sodass Kunden oftmals der zentrale Engpass einer intendierten unternehmerischen Wertschöpfung sind. Grundsätzlich können Sie aber das, was Sie im (Strategischen) Marketing lernen werden oder bereits gelernt haben, auch auf andere wettbewerbliche Austauschprozesse anwenden. So gewinnen etwa im Zuge der Veränderungen der Personalmärkte von Käufer- zu Verkäufermärkten zunehmend Erkenntnisse aus dem Fach Marketing Bedeutung für das Personalmanagement.

2.2.2 Zug zum Tor ... Gestaltungsanspruch (und Parteilichkeit) der Marketingdisziplin

Wettbewerbliche Austauschprozesse als Erkenntnisobjekt der Marketingwissenschaft, das Fazit des Vorkapitels, ist ein vielleicht aufschlussreicher Standpunkt, der aber nicht sonderlich aufregend sein dürfte. Jede Wissenschaftsdisziplin fokussiert einen bestimmten Teil der Wirklichkeit, oder dessen, was sie für Wirklichkeit hält. Sie stellt ihre Wahrnehmung im Hinblick auf die sie interessierenden Phänomene scharf, den Rest blendet sie mehr oder weniger aus: Glaziologen befassen sich mit dem Entstehen respektive Verschwinden von Gletschern; Stauforscher untersuchen Gründe für die Entstehung von Verkehrsstaus; Klimaforscher versuchen die Veränderungen des Klimas zu verstehen und Marketingwissenschaftler befassen sich mit wettbewerblichen Austauschprozessen. So weit, so gut.

Die Marketingwissenschaft weist jedoch im Hinblick auf ihr Erkenntnis**ziel** eine Besonderheit auf, die sie von den meisten anderen (Sozial-)Wissenschaften unterscheidet und die unseres Erachtens durchaus aufregend ist oder zumindest sein kann. In ihrem für das Fach charakteristischen Selbstverständnis ist der Marketingwissenschaftler nicht nur daran interessiert, wettbewerbliche Austauschprozesse zu beobachten, zu klassifizieren und zu erklären. Vielmehr sind dies alles nur Etappenziele, die dem letztlichen Wissenschaftsziel dienen sollen: der Ableitung von Gestaltungs- respektive Handlungsempfehlungen (vgl. Heinen, 1969, 209 ff.). Kaum ein marketingwissenschaftlicher Forschungsbeitrag (vermutlich auch kaum eine Dissertation, Bachelor- oder Masterarbeit) endet ohne Handlungs-

Gestaltung als Erkenntnisziel

empfehlungen im Sinne von Sollens-Aussagen: »Es wird empfohlen, dass ...« »Es erscheint vor dem Hintergrund der Ergebnisse sinnvoll, dass ...« So oder so ähnlich lesen sich Sätze im Implikationenteil wissenschaftlicher Arbeiten marketingwissenschaftlicher Provenienz.

Gut oder schlecht? – hängt vom Standpunkt ab

»Empfohlen wird ...«, »Sinnvoll erscheint ...«; bei derartigen Aussagen scheint eine gewisse Grundskepsis angebracht, da sie normativen Charakter haben, also wertender Natur sind. Ist das Wetter gut oder schlecht? Nun, darüber kann man trefflich streiten. Die Wertung hängt nämlich maßgeblich vom jeweiligen Adressaten der Frage ab. 30 Grad und Sonnenschein sind für die meisten Strandurlauber vermutlich gut, für einen Straßenbauarbeiter aber vielleicht nicht. Wertende Aussagen im Sinne von gut oder schlecht bedürfen mit anderen Worten immer einer Zielfunktion, vor deren Hintergrund die Bewertung eines Sachverhaltes überhaupt erst möglich ist. Und damit verlangen wertende Aussagen immer auch nach einer Akteursperspektive, da die Frage, was wünschenswert ist, vom Standpunkt des Betrachters, von seiner individuellen Zielfunktion abhängt.

An wettbewerblichen Austauschprozessen sind immer zumindest zwei – streng genommen eigentlich drei – Parteien beteiligt. Das Unternehmen, der mögliche Transaktionspartner, z. B. ein potenzieller Kunde, und die Wettbewerber des Unternehmens (die aber letztlich auch wieder Unternehmen sind). Für die Ableitung von Handlungsempfehlungen in Bezug auf wettbewerbliche Austauschprozesse bleiben somit grundsätzlich zwei Perspektivmöglichkeiten: die des Kunden oder die des Unternehmens.

Unternehmen und Kunden – Interessenskonflikt

Stellen Sie sich bitte nun einen Moment einen beliebigen Austauschprozess zwischen einem Unternehmen und einem Kunden vor. Welches Ziel verfolgt das Unternehmen mit dem Austauschprozess und welches Ziel verfolgt der Kunde? Abstrakt formuliert geht es beiden Parteien um einen Nutzenzuwachs, der ihnen aus der Transaktion erwachsen soll (vgl. Steffenhagen, 2004, S. 24 f.). Vor dem Hintergrund eines Wettbewerbsangebotes muss der Nutzenzuwachs dabei für beide Parteien größer sein als bei alternativen Austauschprozessen. Trotz dieser Gemeinsamkeit ist das Verhältnis zwischen Kunde und Unternehmen letztlich durch einen Interessengegensatz gekennzeichnet. Ein größerer Nutzenzuwachs für das Unternehmen geht typischerweise mit einem kleineren Nutzenzuwachs für den Kunden einher und umgekehrt. Beispielsweise steigert ein höherer Preis den Nutzen für das Unternehmen und mindert denjenigen für den Kunden. Zusätzliche Leistungen, z. B. ein kostenloser Lieferservice, steigern den Nutzen für den Kunden, führen aber aufgrund höherer Kosten in aller Regel zu einem geringeren Nutzen für das Unternehmen. Sie sehen: charakteristisch für das Verhältnis zwischen Kunden und Unternehmen ist ein Interessengegensatz. Wird ein wettbewerblicher Austauschprozess somit für eine Marktpartei »besser«, wird er in der Regel für die andere Seite »schlechter«.

Ausnahmen von dieser Regel sind in Verhandlungskonstellationen zu beobachten, in denen die Parteien integratives Verhalten zeigen. Hierbei geht es im Kern darum, Leistungsbewertungsunterschiede durch die beiden Parteien mit in die Verhandlungen einzubringen (vgl. Voeth/Herbst, 2015, S. 76).

Insofern ist die Frage der Akteursperspektive für die Ableitung von Handlungsempfehlungen in Bezug auf wettbewerbliche Austauschprozesse zentral. Aus Sicht von Kunden würde man zu anderen »Sollens-Aussagen« gelangen als aus der Sicht von Unternehmen. Die Marketingwissenschaft nimmt dabei typischerweise den Standpunkt von Unternehmen ein (vgl. Meffert et al., 2019, S. 17 ff.). Sie versucht also wettbewerbliche Austauschprozesse zu verstehen, um darauf aufbauend Vorschläge zu entwickeln, wie diese aus Sicht der Unternehmen besser gestaltet werden könnten. Diese Einseitigkeit hat der Disziplin (nicht zu Unrecht) den Vorwurf der Parteilichkeit eingebracht (vgl. etwa Fischer-Winkelmann/Rock, 1977).

Unternehmensperspektive

Die Tatsache, dass vor dem Hintergrund der Parteilichkeit die Marketingwissenschaft in ihrem Gestaltungsanspruch Kundeninteressen grundsätzlich nur soweit berücksichtigt, wie es der Wettbewerb erfordert, gleichzeitig aber Kundenorientierung ein konstitutives Element des Faches ist, hat Sackman (1998, S. 120) wie folgt treffend umschrieben:

Parteilichkeit

»Marketing is built upon a paradox; it starts with the consumer, is directed at the consumer, but is fundamentally concerned with the satisfaction of the producer's own interest.«

Zusammenfassend resultieren die beiden ersten Buchstaben aus **HW**AIW (Herbeiführen wünschenswerter ...) aus der praktisch-normativen Perspektive der Marketingdisziplin. Ähnlich wie eine Diagnose in der Medizin nur Mittel zum Zweck, dort einer passgenauen Therapie ist, ist die Erklärung wettbewerblicher Austauschprozesse für die Marketingwissenschaft nur Mittel, um Hinweise für deren bessere Gestaltung zu geben. Damit untrennbar verbunden ist die Perspektivität des Faches, denn die Ableitung von Handlungsempfehlungen verlangt nach einer Zielfunktion, die ihrerseits einer Akteurszentrierung bedarf. In der Regel nimmt der Marketingwissenschaftler dabei die Sichtweise von Unternehmen ein. Um es klar zu sagen: Das muss nicht so sein und es gibt auch zahlreiche Marketingwissenschaftler, insbesondere im Kontext der Konsumentenverhaltensforschung (vgl. Journal of Consumer Research, 2019; Kroeber-Riel/Gröppel-Klein, 2013, S. 5 f.), die sich ausdrücklich vom praktisch-normativen Ansatz distanzieren oder wettbewerbliche Austauschprozesse zum Vorteil von Kunden zu gestalten suchen (etwa im Kontext des Verbraucherschutzes). Zudem beruhen die Ausführungen zur Perspektivität des Faches nur bedingt auf empirischem Material, sondern auf der Einschätzung der Autoren und sind somit nur eingeschränkt belastbar. Klar ist aber auch, dass zumindest diesem Buch eine praktisch-normative Perspektive zugrunde liegt. Wir halten es für wichtig, dies deutlich zu machen und klarzustellen, dass wir uns der damit verbundenen Problematik bewusst sind.

Fazit

2.3 Synthese: Inhalte und Reichweite des Strategischen Marketings

Nachdem in Kapitel 2.1 der Strategiebegriff reflektiert wurde und wir in Kapitel 2.2 unser Marketingverständnis verdeutlicht haben, können die Argumentationsstränge nun integriert werden. Diese Synthese mündet in unserer Auffassung über Inhalt und Reichweite des Strategischen Marketings und ist insofern gleichermaßen Basis wie Leistungsversprechen für den Rest des Buches.

2.3.1 Der Kern: Strategisches Marketing als die geschäftsfeldbezogene Planung von Routen nach HWAIW [hawei]

Strategien wurden als koordinatives Bindeglied zwischen Zielen auf der einen und operativen Maßnahmen auf der anderen Seite interpretiert. Derartige Verhaltenspläne im Sinne von Routen werden auf Corporate-, SBU- und Funktionsebene aufgestellt, mit allerdings divergierenden Inhalten. Im Kern der Corporate-Strategy steht die Optimierung des Geschäftsfeldportfolios. Auf der SBU-Ebene geht es im Wesentlichen um die Erlangung einer wettbewerbsüberlegenen Position. Im Mittelpunkt der Funktionsstrategie schließlich stehen Pläne zur Maximierung der Ressourcenproduktivität.

Routen nach hawei

Wenn das Herbeiführen wünschenswerter Austauschprozesse im Wettbewerb (hawei) die Kernaufgabe des Marketings ist, dann folgt daraus konsequenterweise, dass im Zentrum des Strategischen Marketings die Planung von Routen nach hawei steht. Vor dem Hintergrund der unterschiedlichen Strategieaufgaben auf den einzelnen Ebenen eines Unternehmens werden solche Routen nach hawei auf der Geschäftsfeldebene geplant. Über die Routenplanung soll ein koordinativer Rahmen geschaffen werden, der die Vielzahl von operativen Einzelentscheidungen (nicht zuletzt im Funktionsbereich Marketing respektive Sales oder Vertrieb) sinnvoll kanalisiert und so im jeweiligen Geschäftsfeld Wettbewerbsvorteilspositionen ermöglicht.

KKV als Routennavigator

Im Rahmen dieser Planung kommt dem Konzept des Komparativen Konkurrenzvorteils (KKV) essenzielle Bedeutung zu. Der KKV ist eine spezifische Interpretation der Idee eines Wettbewerbsvorteils (vgl. ausführlich Kap. 2.4) und fungiert für die Planung von Routen nach hawei gleichsam als Navigator. Das Management von KKV-Positionen ist insofern eine Konkretisierung der Routenplanung nach hawei. Damit ist die Kernaufgabe des Strategischen Marketings aus unserer Sicht definiert: die geschäftsfeldbezogene Planung von Routen nach hawei durch das Management von KKV-Positionen.

2.3.2 Der Rahmen: Strategisches Marketing als marktorientierte Koordination strategischer Geschäftsfelder

Marketingstrategische Aufgaben auf Unternehmensebene

Obgleich die Kernaufgabe des Strategischen Marketings, das Management von KKVs, auf Geschäftsfeldebene angesiedelt ist, sind auch auf Unternehmensebene marketingstrategische Aufgabenstellungen zu identifizieren (vgl. Abb. 9). Da wir diese im weiteren Verlauf des Buches ausklammern, sie aber gleichwohl für wichtig erachten, wird ihnen im Rahmen dieses Kapitels etwas breiterer Raum eingeräumt.

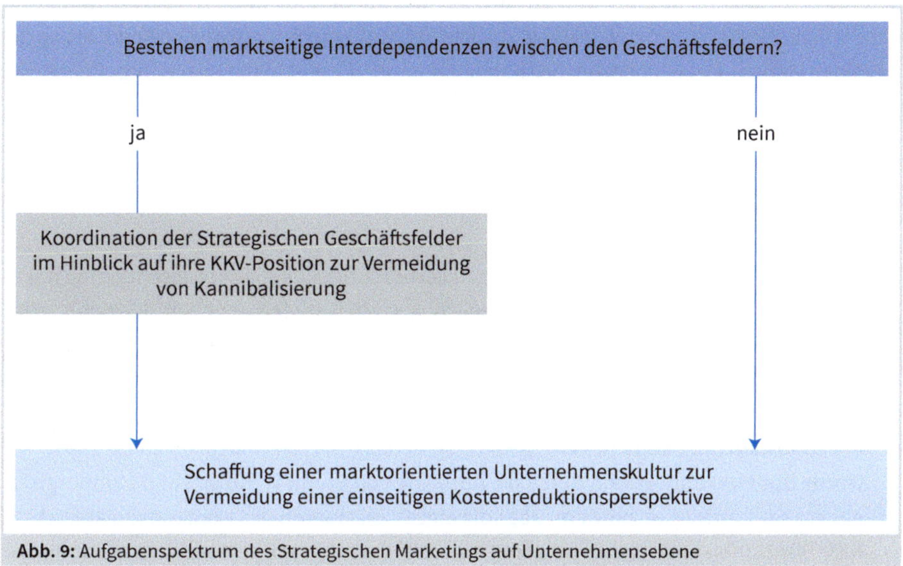

Abb. 9: Aufgabenspektrum des Strategischen Marketings auf Unternehmensebene

Erstens: marktbezogene Koordination

Der erste marketingstrategische Aufgabenbereich ergibt sich aus der Notwendigkeit einer marktbezogenen Koordination der Strategischen Geschäftsfelder. Eine solche Koordination ist dann nicht erforderlich, wenn es gelingt, die Geschäftsfelder so abzugrenzen, dass zwischen ihnen keine marktseitigen Interdependenzen bestehen. Allerdings stößt dieses lehrbuchmäßige Postulat in der Praxis regelmäßig an seine Grenzen. Zum einen, da ganz bewusst unterschiedliche Produkte in einem relevanten Markt angesiedelt werden, beispielsweise in Form einer Mehrmarkenstrategie (vgl. Burmann et al., 2018, S. 127 f.). Hierbei werden, vor allem unter der Zielsetzung einer besseren Marktdurchdringung, bewusst mehrere Marken parallel in einem Markt geführt. Hieraus ergibt sich ein Koordinationsbedarf, da das unkoordinierte Agieren der einzelnen Marken mit dem Risiko der Kannibalisierung verbunden ist (vgl. Koers, 2001, S. 93). Ein rein dezentrales Management von KKVs auf Geschäftsfeldebene könnte zur Folge haben, dass die einzelnen Marken, organisatorisch dezentral geführt, ähnliche KKV-Positionen im Markt anstreben und sich damit primär gegenseitig Wettbewerbspositionen streitig machen, was der übergeordneten Zielsetzung einer besseren Marktdurchdringung zuwiderliefe.

Zum anderen sind marktseitige Interdependenzen zwischen den Strategischen Geschäftsfeldern auch häufig das Resultat von Fusionen oder Übernahmen, bei denen die beteiligten Unternehmen in ähnlichen oder sogar gleichen Geschäftsfeldern agieren. Analog zur Mehrmarkenstrategie ergeben sich hieraus marktseitige Abhängigkeiten, die eine Koordination der KKV-Positionen der Geschäftsfelder erforderlich machen.

Koordination durch Markenleitbilder

Ein möglicher Ansatz zur marktseitigen Koordination der Geschäftsfelder im Hinblick auf ihre KKV-Positionen, und damit ein Gegenstandsbereich des Strategischen Marketings auf Unternehmensebene, ist die Vorgabe von Markenleitbildern (vgl. Burmann et al., 2018, S. 116 ff.) durch das Management auf Unternehmensebene. Damit wird zwar die KKV-Position der Geschäftsfelder nicht im Detail festgelegt, gleichwohl aber eine strategische Ausrichtung der einzelnen Marken vorgegeben, um das Kannibalisierungsrisiko zu minimieren (vgl. Beispiel 3).

Beispiel 3

Die VW-Mehrmarkenstrategie (vgl. Büchelhofer, 2002)

Unter der Zielsetzung einer nachhaltigen Verbesserung der Marktausschöpfung hat der Volkswagen-Konzern sein ursprünglich aus den Marken VW und Audi bestehendes Markenportfolio durch Aufkäufe sukzessive erweitert. So übernahm das Unternehmen 1986 51 % des Aktienkapitals des spanischen Automobilherstellers SEAT, der als dritte eigenständige Marke in den Volkswagen-Konzern integriert wurde. Im Dezember 1990 kam mit Skoda die vierte Kernmarke des Konzerns hinzu. Im Jahre 1998 wurde das Markenportfolio durch die Aufkäufe von Bentley, Bugatti und Lamborghini abgerundet. Um zu verhindern, dass die einzelnen Marken des Konzerns zu ähnliche KKV-Positionen anstreben und damit dem Ziel einer besseren Marktausschöpfung zuwiderlaufen, wurden auf Ebene des Konzerns – wenn auch in engem Dialog mit den Markenverantwortlichen der Strategischen Geschäftsfelder – Markenleitbilder entwickelt, die eine eindeutige und vor allem differenzierte Positionierung der Marken durch die Schaffung von Markenpersönlichkeiten sicherstellen sollten (vgl. Abb. 10).

Logo	Marke	Slogan	Leitbild
Volkswagen	**Volkswagen**	Das Auto	werthaltig • innovativ • verantwortungsvoll
Audi	**Audi**	Vorsprung durch Technik	sportlich • progressiv • hochwertig
ŠKODA	**Skoda**	Simplyclever!	präzise • funktional • geräumig
SEAT	**Seat**	Enjoyneering	designorientiert • jung • dynamisch
LAMBORGHINI	**Lamborghini**	Der ultimative Sportwagen	extrem • kompromisslos • italienisch
BUGATTI	**Bugatti**	Die Kunst des Automobils	Technik • Form • Kunst
BENTLEY	**Bentley**	DrivingLuxuryPerfomance	kraftvoll • exquisit • individuell

Abb. 10: Markenleitbilder des VW-Konzerns (Stand 2012)

Die zweite marketingstrategische Fragestellung auf Unternehmensebene, die unabhängig von einer möglichen marktseitigen Interdependenz der Strategischen Geschäftsfelder relevant ist, bezieht sich auf eine geschäftsfeldübergreifende marktorientierte Unternehmenskultur. Dem ließe sich entgegenhalten, dass es einer solchen gemeinsamen Unternehmenskultur über alle Geschäftsbereiche nicht bedarf. Eine kulturelle Marktorientierung sei nicht erforderlich, da es Aufgabe der Strategischen Geschäftsfelder sei, für angemessene Ergebnisüberschüsse Sorge zu tragen – wie sie dies tun, könne der Unternehmensleitung aber letztlich gleichgültig sein. Die Annahme einer rein ergebnisorientierten Steuerung der Geschäftsfelder und damit einer Indifferenz der Unternehmensleitung gegenüber der Frage, auf welchem Wege die geforderten Ergebnisse durch das Management auf Geschäftsfeldebene erreicht werden, ist aus der Perspektive des Strategischen Marketings so allerdings nicht tragfähig, wie nachfolgende Überlegungen verdeutlichen sollen.

Zweitens: marktorientierte Kultur

Angenommen es gebe seitens der Unternehmensführung die Vorgabe einer Ergebnisverbesserung von 5 Mio. Euro für den Leiter einer Strategischen Geschäftseinheit. Bei einer solchen ausschließlich ergebnisorientierten Vorgabe hätte der verantwortliche Manager auf Geschäftsfeldebene nun die Wahl, c. p. entweder die Kosten um 5 Mio. Euro zu senken oder den Umsatz (streng genommen natürlich den Deckungsbeitrag) um 5 Mio. Euro zu steigern. Da Kostensenkungen aufgrund ihres primär internen Charakters im Gegensatz zu Umsatzsteigerungen quasi über mit Sanktionsandrohungen verbundene Anweisungen in die Organisation hineingetragen werden können, besteht für den betroffenen Manager auf Geschäftsfeldebene ein systematischer Anreiz, die Ergebnisverbesserung zunächst einmal über eine Kostensenkung herbeizuführen.

Kostensenkung vs. Umsatzsteigerung

Für die Unternehmensleitung sind die Alternativen Kostensenkung oder Umsatzsteigerung – ungeachtet ihrer Indifferenz im Hinblick auf die Ergebnisperspektive – aber nicht indifferent. Eine einseitige Fokussierung auf die Kostenseite vernachlässigt die Wachstumsperspektiven und damit die zukünftigen Ergebnischancen des Geschäftsfeldes. Sind die Kosteneinsparungspotenziale ausgereizt, ist ein rascher Wechsel auf Umsatzzuwächse kaum möglich, etwa weil marktfähige neue Produkte fehlen. Insofern ist es im Interesse der Unternehmensleitung, ein Klima zu schaffen, das neben der Ergebnisperspektive auch eine Fokussierung auf Märkte beinhaltet, also auf aktuelle und vor allem zukünftige Umsätze. Somit kommt der Etablierung einer marktorientierten Unternehmenskultur, die als Gegengewicht zur ergebnisgetriebenen einseitigen Kostenreduktionsperspektive den Blick des Geschäftsfeldmanagements auf die Erfordernisse des Marktes lenkt, ein hoher Wert zu, der Bestandteil des Aufgabenspektrums im Strategischen Marketing auf Unternehmensebene ist. Die Bedeutung einer marktorientierten Unternehmenskultur verdeutlicht Beispiel 4.

Bedeutung marktorientierter Unternehmenskultur

Beispiel 4

Leitlinien der Bertelsmann AG

Bertelsmann ist ein Medien-, Dienstleistungs- und Bildungsunternehmen, das in rund 50 Ländern der Welt aktiv ist. Zum Konzernverbund gehören die Fernsehgruppe RTL Group, die Buchverlagsgruppe Penguin Random House, der Zeitschriftenverlag Gruner + Jahr, das Musikunternehmen BMG, der Dienstleister Arvato, die Bertelsmann Printing Group, die Bertelsmann Education Group sowie das internationale Fonds-Netzwerk Bertelsmann Investments (vgl. Abb. 11). Mit 117.000 Mitarbeitern erzielte das Unternehmen im Geschäftsjahr 2018 einen Umsatz von 17,7 Mrd. Euro.

Abb. 11: Geschäftsfelder der Bertelsmann SE & Co. KGaA

Die Bertelsmann- Strategie (Auszug)

Fernsehen, Radio, Bücher, Zeitschriften, Digitalgeschäfte, Dienstleistungen – Bertelsmann ist in unterschiedlichsten Geschäften tätig. Alle Aktivitäten des Unternehmens jedoch eint: Es sind Geschäfte, die künstlerische und unternehmerische Kreativität erfordern. Die Kerngeschäfte von Bertelsmann zu stärken bedeutet vor allem, die Kreativität zu stärken.

Die Bertelsmann Essentials (Auszug)

In einer sich immer schneller verändernden, zunehmend digitalen Welt ist die Art und Weise, wie wir arbeiten und miteinander umgehen, von größter Bedeutung. Unsere zentralen Werte Kreativität & Unternehmertum bestimmen unser tägliches Handeln. Durch ihr Zusammenspiel verstärken sie sich gegenseitig und bilden so die Grundpfeiler unserer Unternehmenskultur, die auf Partizipation und Partnerschaft setzt. Kreativität ist das Fundament unseres Erfolgs. Ideen sind unsere Leidenschaft.

> Wir ermutigen zu freiem und kritischem Denken. Wir stellen Althergebrachtes in Frage und erschließen neue Wege. Wir wissen, dass auch Fehler Teil des kreativen Prozesses sind. So schaffen wir die Voraussetzung für Innovationen. Die Vielfalt und Verschiedenheit von Menschen sind entscheidend für Kreativität. Wir fördern den Austausch unterschiedlicher Meinungen, Kommunikation und Zusammenarbeit. Unternehmerische Freiheit ist die Voraussetzung dafür, mit Mut, Weitblick und Entschlossenheit Risiken einzugehen, Ideen umzusetzen und Verantwortung zu übernehmen. Gegenseitiger Respekt und Vertrauen bestimmen das Verhältnis zwischen unseren Mitarbeitern und zu unseren Geschäftspartnern. Dabei behalten wir das Kundeninteresse fest im Blick. Kooperation macht uns alle stärker. Wir investieren in unsere Mitarbeiter, befähigen sie zu eigenständigen unternehmerischen Entscheidungen und bieten ein gerechtes und gesundes Arbeitsumfeld. Wir übernehmen Verantwortung in der Gesellschaft und für unsere Umwelt – mit dem Ziel, eine bessere Zukunft zu gestalten.
>
> Quelle: Bertelsmann (2019)

In diesen Grundsätzen der Bertelsmann AG kommt zum einen der partnerschaftliche Anspruch im internen und externen Miteinander, zum anderen aber auch die besondere Bedeutung von Kundenorientierung, Marktführerschaft und Wachstum zum Ausdruck, die unabhängig von den KKV-Positionen auf Geschäftsfeldebene für alle Strategischen Geschäftsfelder Gültigkeit besitzen sollen.

Für Veränderungsprozesse in Richtung einer marktorientierten Unternehmenskultur ist diese zunächst zu konkretisieren. Den Ausgangspunkt hierzu bildet das Modell von Schein, das die betriebswirtschaftliche Diskussion zum Konzept der Unternehmenskultur maßgeblich geprägt hat (vgl. Schmidt, 2003, S. 27).

3-Ebenen-Modell von Schein

Schein (1984, S. 3) beschreibt Organisationskultur[1] als ein Muster von gemeinsamen, existenzielle Sachverhalte berührenden Vermutungen der Organisationsmitglieder, z. B. über das Wesen der menschlichen Natur. Sie sind das Ergebnis von organisationalen Problemlösungsprozessen im Rahmen der externen Adaption (Anpassung an die Umwelt) und internen Integration (Eingliederung neuer Mitglieder). Das Inventar geteilter Basisvermutungen hat sich in diversen dieser Problemlösungsprozesse bewährt und wird neuen Organisationsmitgliedern daher als geeignete Denk- und Wahrnehmungsbasis vermittelt. Zur Analyse einer Unternehmenskultur unterscheidet Schein auf Grundlage von Bewusstseinsgrad und Sichtbarkeit drei Ebenen (vgl. Abb. 12).

1 Organisationskultur bezieht sich auf die Kultur jeder möglichen Art von Organisation im institutionellen Sinn (z. B. Schule, Verbände etc.). Eine Unternehmenskultur ist somit eine spezifische Ausprägung einer Organisationskultur für Institutionen, deren primäre Zielsetzung in Gewinnerzielung besteht (Nerdinger/Blickle/Schaper, 2011; Wien/Franzke, 2014).

Artefakte und Symbole

Artefakte und Symbole sind die offensichtlichste Ebene der Unternehmenskultur. Zu ihr gehören beispielsweise eine spezifische Unternehmenssprache, bestimmte Rituale, die typische Bekleidung der Organisationsmitglieder sowie die Architektur von Unternehmensgebäuden. Die Analyse von Artefakten und Symbolen erlaubt eine Beschreibung kulturell geprägter Verhaltensweisen der Organisationsmitglieder, ermöglicht aber keine Rückschlüsse auf die dahinterstehende Logik.

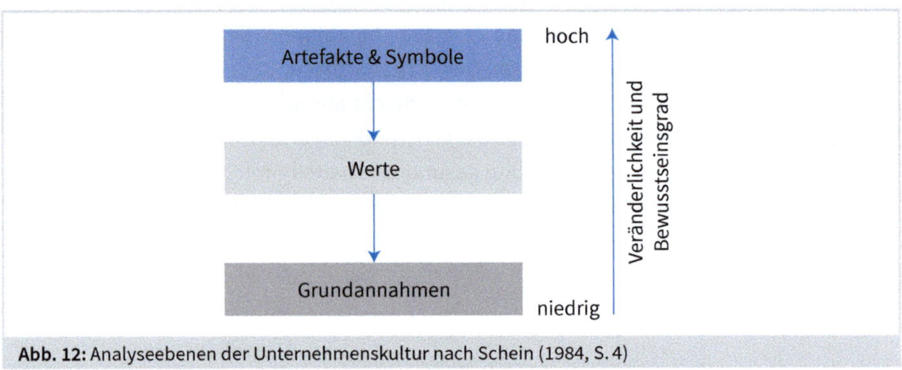

Abb. 12: Analyseebenen der Unternehmenskultur nach Schein (1984, S. 4)

Werte

Gemeinsame Werte, die Ausdruck von Wünschenswertem sind, steuern das sich in Artefakten und Symbolen niederschlagende Verhalten. Sie sind den Organisationsmitgliedern zwar bewusst, in der Regel aber von außen nicht sichtbar und schwer beeinflussbar.

Grundannahmen

Das Fundament des Ansatzes von Schein bilden die Grundannahmen der Organisationsmitglieder. Der Autor charakterisiert damit jenen Teil der Werte, die unbewusst, nicht verhandelbar und selbstverständlich sind. Sie konkretisieren sich in unverrückbaren Haltungen beispielsweise über die Bedeutung zwischenmenschlicher Beziehungen oder die Realität von Raum und Zeit. Obgleich die Grundannahmen unbewusst sind, bestimmen sie maßgeblich Wahrnehmung, Denken und Fühlen der Organisationsmitglieder.

In der Marketingwissenschaft wurde unter Bezugnahme auf Scheins Grundlagenarbeit die kulturelle Prägung eines Unternehmens intensiv beleuchtet. Insbesondere stand dabei die Frage im Mittelpunkt, was eine marktorientierte Unternehmenskultur kennzeichnet (vgl. Backhaus/Schlüter, 1994; Desphandé/Webster, 1989; Kohli/Jaworski, 1990; Narver/Slater, 1990).

Elemente einer marktorientierten Kultur

Homburg/Pflesser (2000) haben unter Bezugnahme auf Schein einerseits sowie Deshpandé/Webster (1989) andererseits ein mehrschichtiges Modell einer marktorientierten Unternehmenskultur entwickelt, das sie auf Grundlage einer Befragung von 160 Managern einer empirischen Überprüfung unterziehen. Aus Scheins Strukturierung übernehmen sie die Ebene der Artefakte und Werte; von Deshpandé/Webster (1989) stammen die Elemente Normen und Verhaltensweisen (vgl. Abb. 13).

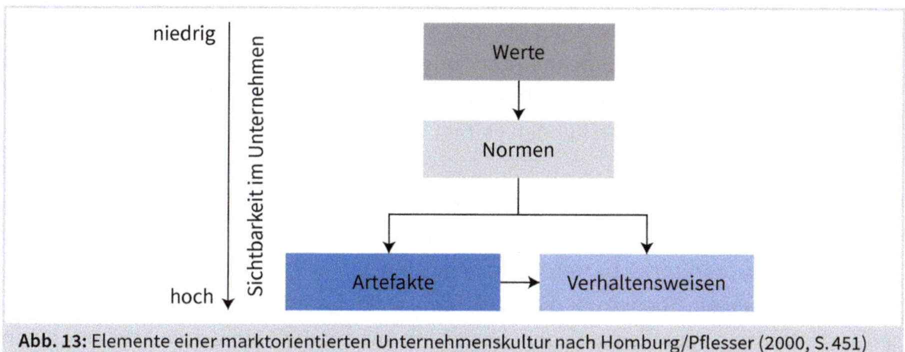

Abb. 13: Elemente einer marktorientierten Unternehmenskultur nach Homburg/Pflesser (2000, S. 451)

Werte

Werte bilden die Basis des Modells und inkludieren gemeinsame explizite und implizite Auffassungen der Organisationsmitglieder über Wünschenswertes, z. B. im Hinblick auf den Umgang mit Fehlern, das Zusammengehörigkeitsgefühl oder das Verantwortungsbewusstsein. Sie sind in der Regel nicht offensichtlich und können nicht zuletzt daher von außen kaum beeinflusst werden (vgl. Stock-Homburg, 2013). Beispiele für marktorientierte Werte sind etwa die Offenheit der internen Kommunikation, das Verantwortungsgefühl der Mitarbeiter oder das Bekenntnis zu einer interfunktionalen Zusammenarbeit (vgl. Homburg/Pflesser, 2000, S. 459).

Normen

Normen sind Ausdruck kollektiver Erwartungen an das Verhalten der Organisationsmitglieder. Sie werden von Werten beeinflusst, sind aber im Gegensatz zu diesen kontextspezifisch. Eine Verhaltenserwartung konkretisiert sich beispielsweise in einer Norm zur maximal tolerierten Bearbeitungsdauer einer Kundenanfrage. Der kontextunabhängige Wert hinter dieser Norm besteht in einer als wünschenswert erachteten hohen Geschwindigkeit aller Arbeitsprozesse. Beispiele für marktorientierte Normen sind die marktbezogene Erfolgsorientierung, die marktbezogene Qualitätsorientierung oder das marktbezogene Verantwortungsgefühl der Beschäftigten (vgl. Homburg/Pflesser, 2000, S. 459).

Artefakte

Die Dimension der Artefakte beinhaltet beispielsweise wahrnehmbare Rituale – etwa in Form von Auszeichnungen –, markante Geschichten über zurückliegendes, erfolgreiches Verhalten von Führungskräften, die Gestaltung von Räumen und Gebäuden sowie spezifische, im Unternehmen verwendete Ausdrucksweisen. Artefakte werden von Normen beeinflusst und haben eine hohe symbolische Bedeutung, die über ihre instrumentellen Funktionen hinausgeht.

Geschichten, die Ausdruck von Marktorientierung sind, handeln von vorbildhaftem kundenorientiertem Verhalten einer Führungskraft oder Abstimmungsproblemen zwischen Abteilungen, die negative Marktfolgen nach sich gezogen haben. In Bezug auf die Gestaltung der Gebäude sind eine einfache Orientierung für Kunden sowie räumliche Kommunikationsplattformen für Mitarbeiter Ausdruck einer marktorientierten Unternehmenskultur. Beispiele für marktorientierte Rituale sind die Auszeichnung besonders kundenorientierter Mitarbeiter oder der individuelle Empfang eines Kunden, falls dieser das Unternehmen besucht. Eine marktorientierte Sprache schließlich schlägt sich zum Beispiel darin nieder, wie häufig in Besprechungen die Kundenperspektive angemahnt oder nach dem Nutzen für den Kunden gefragt wird.

Verhaltensweisen

Die Ebene der Verhaltensweisen schließlich adressiert Muster in den beobachtbaren Aktivitäten der Organisationsmitglieder. Homburg/Pflesser fassen hierunter Handlungen, die Ausdruck eines marktorientierten Verhaltens sind, wie z. B. regelmäßig durchgeführte Kundenbefragungen. Ebenso wie die Artefakte werden im Modell auch die Verhaltensweisen durch Normen beeinflusst. Zudem üben nach Ansicht der Autoren die Artefakte einen direkten Einfluss auf das beobachtbare Verhalten der Organisationsmitglieder aus.

Empirische Befunde

In ihrer empirischen Überprüfung konnten die Autoren die im Modell postulierten Wirkungszusammenhänge (vgl. Abb. 13) weitestgehend bestätigen. Marktorientierte Werte beeinflussen erwartungsgemäß marktorientierte Normen, die ihrerseits wie vermutet Einfluss auf den marktorientierten Charakter der Artefakte ausüben. Ebenso konnte der Zusammenhang zwischen marktorientierten Artefakten und einem marktorientierten Verhalten der Organisationsmitglieder bestätigt werden. Keine empirische Entsprechung fanden die Autoren hingegen für ihre Vermutung hinsichtlich des (direkten) Einflusses von Normen auf das Verhalten. In der Interpretation ihrer Ergebnisse verweisen Homburg/Pflesser (2000, S. 458) auf die daraus resultierende besondere Bedeutung der Artefakte für das Management einer marktorientierten Unternehmenskultur. Normen entwickeln nur dann eine verhaltenssteuernde Wirkung, wenn sie auch ihren sichtbaren Niederschlag in den Artefakten finden.

Kulturveränderung

Elemente einer marktorientierten Unternehmenskultur zu identifizieren ist das Eine, eine Kultur in diese Richtung zu verändern das Andere. Während in der Vergangenheit intensiv diskutiert wurde, inwieweit Unternehmenskulturen überhaupt erfassbar und vor allem veränderbar sind (vgl. Steinmann/Schreyögg, 2005, S. 734 ff.), wird heute allgemein davon ausgegangen, dass Unternehmenskulturen grundsätzlich modifizierbar sind und dass dieser Veränderungsprozess mit einigen Einschränkungen auch steuerbar ist (vgl. von der Oelsnitz, 1999, S. 287 ff.). Hierzu ist es zunächst erforderlich, die im Unternehmen vorhandene Ist-Unternehmenskultur zu erfassen. Aufbauend auf einer Ist-Analyse muss die Soll-Unternehmenskultur und damit der kulturelle Änderungsbedarf abgeleitet werden. Für die Veränderung der Unternehmenskultur in Richtung der gewünschten Soll-Kultur können Anleihen an Empfehlungen zu unternehmerischen Wandlungsprozessen gemacht werden. Weite Verbreitung hat hier das 3-Phasen-Modell von Lewin (1947) gefunden. Lewin unterscheidet zwischen den Phasen »unfreezing«, »moving« und »freezing«.

3-Phasen-Modell von Lewin

Bewusst machen

Angesichts des in weiten Teilen eher unbewussten Charakters einer Unternehmenskultur, wird den drei Phasen von Lewin eine vierte Phase vorangestellt. Den Ausgangspunkt eines kulturellen Veränderungsprozesses bildet demnach die Bewusstmachung der bisherigen Unternehmenskultur (vgl. Schneider, 2015b).

In der Phase des »Bewusst Machens« müssen die den Organisationsmitgliedern häufig unbewussten Elemente der Unternehmenskultur gleichsam an die Bewusstseinsoberfläche gehievt werden. Dies gilt insbesondere für den informellen Teil der Normen, aber auch die vermeintlich offensichtlichen Artefakte sind angesichts ihres selbstverständlichen Charakters den Beschäftigten, zumindest wenn sie schon länger Teil des Unternehmens sind, häufig nicht bewusst. Das Leitmotiv der Phase des »Bewusst Machens« lautet daher »Fragen stellen«.

Auftauen

Die zweite Phase dient der kritischen Reflexion des bis dato als selbstverständlich Angenommenen. Das Leitmotiv dieser Phase lautet daher »infrage stellen«. Es geht (noch) nicht darum, alternative Handlungs-, Denk- und Gestaltungsmöglichkeiten aufzuzeigen, sondern zunächst nur darum, ein Fragezeichen hinter den Status quo der Unternehmenskultur zu setzen.

Verändern

Darauf aufbauend werden in der dritten Phase kulturelle Veränderungen angestoßen. Das Leitmotiv dieser Phase lautet »Alternativen eröffnen«. Mit dem Verb eröffnen soll betont werden, dass Kulturveränderungen nicht verordnet werden können, sondern von den Organisationsmitgliedern eigenständig ge- und erlebt werden müssen (vgl. Homma, 2014). Offensichtlich ist dies aufgrund ihres informellen Charakters bei den informellen Normen, aber auch Sprache und Geschichten als Teil der Artefakte entziehen sich einer Anweisungslogik. Gleichwohl können in Relation zur Ausgangssituation marktorientiertere Kulturausprägungen im Sinne eines Angebotes aufgezeigt werden. Für eine Kulturveränderung müssen diese aber aus Überzeugung und nicht aus Furcht vor Repressalien angenommen werden.

Einfrieren

Die abschließende Phase bildet die Fixierung der erreichten Veränderungen. Das Leitmotiv dieser Phase lautet »Ausrufezeichen setzen«. So sollten etwa positive Entwicklungen, die sich aus dem Veränderungsprozess ergeben, möglichst schnell und breit kommuniziert werden. Dabei sollte nicht nur auf Ebene einer größeren Marktorientierung argumentiert werden, sondern um die inhaltliche und personelle Reichweite zu erhöhen, auch weitere positive Folgen der Kulturveränderung hervorgehoben werden. In diesem Zusammenhang kann etwa auf betriebswirtschaftlich relevante Wirkungen rekurriert werden, die Ergebnis der kulturellen Veränderungen sind (z. B. Marktanteilsgewinne, positive Kundenfeedbacks etc.). Zudem sollten Strukturen – etwa im Hinblick auf den Zentralitätsgrad – und Systeme – etwa im Hinblick auf Anreizsysteme – an die veränderte Kultur angepasst werden (Hungenberg, 2014).

Fazit

Zusammenfassend war das Kapitel auf die Beschreibung von Aufgaben des Strategischen Marketings auf Unternehmensebene gerichtet. Zum einen ist es Aufgabe der Unternehmensebene, Impulse für eine marktorientierte Kultur aller Geschäftsbereiche zu setzen, da bei einer bloßen Ergebnissteuerung auf der Geschäftsfeldebene systematische Anreize zur Vernachlässigung zukünftiger Ertragspotenziale bestehen. Zum anderen unterliegen die Strategischen Geschäftsfelder mitunter einer marktseitigen Interdependenz, sodass aus Perspektive des Strategischen Geschäftsfeldes sinnvolle KKV-Positionen aus Sicht des Gesamtunternehmens möglicherweise nicht zielführend sind. In diesem Fall ist die Koordination der Strategischen Geschäftsfelder im Hinblick auf die angestrebten KKV-Positionen eine zentrale Aufgabe des Strategischen Marketings auf Unternehmensebene.

2.4 Der KKV als Navigator der Planung von Routen nach HWAIW

2.4.1 Die Grundidee des KKV: Gleichzeitigkeit von Effektivität und Effizienz des Markthandelns

Warum KKV?

Vor dem Hintergrund der Kernaufgabe des Marketing, dem Herbeiführen wünschenswerter Austauschprozesse im Wettbewerb, ist es nicht überraschend, dass sich die Marketingwissenschaft unter unterschiedlichen Überschriften intensiv mit den Möglichkeiten der Komposition eines wettbewerbsüberlegenen Leistungsangebotes befasst hat. USP (vgl. Reeves, 1963; Ries/Trout, 1981), Value Proposition (vgl. Anderson/Narus/van Rossum, 2006), Kundenvorteil (vgl. Plinke, 2000), Competitive Advantage (vgl. Porter, 1985) oder Wettbewerbsvorteil (vgl. Plinke, 2000): All diese in der Literatur mehr oder weniger intensiv diskutierten Konzepte eint, dass sie das Herbeiführen wünschenswerter Austauschprozesse im Wettbewerb in irgendeiner Form adressieren. Vor diesem Hintergrund könnte man mit Recht fragen, ob es dann noch eines weiteren Konzeptes, nämlich desjenigen des KKV bedarf, oder ob der KKV nur Ausdruck der üblichen Profilierungsneurose von Professoren ist. Diese wird anekdotenhaft so beschrieben, dass ein Professor eher die Zahnbürste eines Kollegen als ein von diesem entwickeltes Konzept benutzt. Da die Autoren dieses Buches selbstredend gegen diese Krankheit immun sind, muss es konzeptionelle Argumente für die Einführung des KKV geben. Diese ergeben sich aus der substanziellen Spezifität des KKV: Er vereint die Effektivitätsseite des Markthandelns mit seiner Effizienz.

Effektivität und Effizienz

Mit Effektivität meinen wir, dass ein Leistungsangebot wettbewerbsüberlegen sein muss (oder anders ausgedrückt dem Kunden »Spaß machen muss«). Dies ist die notwendige Bedingung erfolgreichen Markthandelns, die aus der wettbewerblichen Verfasstheit von Marktwirtschaften resultiert. Mit Effizienz wird ausgedrückt, dass das Markthandeln aber nicht nur dem Kunden, sondern auch dem Unternehmen »Spaß machen muss«. Mit anderen Worten macht das Angebot eines wettbewerbsüberlegenen Leistungsangebotes unter betriebswirtschaftlichen Gesichtspunkten nur dann Sinn, wenn es gleichzeitig den Unternehmenszielen dient. Dieser Gedanke der Gleichzeitigkeit von Effektivität und Effizienz des Markthandelns wird exklusiv vom KKV thematisiert (vgl. Backhaus, 2006).

Kapitelstruktur

Nachfolgend sollen dieses Prinzip und seine Bedeutung schrittweise erläutert werden. Dazu wird in Kapitel 2.4.1.1 zunächst die Effektivitäts-, anschließend die Effizienzseite des KKV (Kapitel. 2.4.1.2) beleuchtet. Das Kapitel schließt mit der Betrachtung des Verhältnisses zwischen Effektivität und Effizienz (Kapitel 2.4.1.3). Dieses Grundprinzip des KKV wird dann in Kapitel 2.4.2 um zwei weitreichende Modifikationen ergänzt. Diese ändern nichts am Prinzip, sind aber sehr wohl folgenreich. Dazu später mehr ...

2.4.1.1 Effektivität als notwendige, aber nicht hinreichende Bedingung erfolgreichen Marktverhaltens

Attraktiver als der Wettbewerber

Die Aufgabenstellung im Rahmen der Effektivitätsseite des KKV lässt sich relativ einfach umschreiben: Ein potenzieller Transaktionspartner[2] des Unternehmens besitzt etwas, was für das Unternehmen wertvoll ist[3]. Gleichzeitig hat dieser Transaktionspartner Alternativen, das heißt, es herrscht Wettbewerb. Soll der Transaktionspartner nun mit dem Unternehmen in Austausch treten und nicht mit dem Wettbewerber, so muss das Unternehmen ihm offensichtlich ein Angebot unterbreiten, das aus seiner Sicht attraktiver ist als das beste Wettbewerbsangebot. Die Attraktivität eines Angebotes aus Kundensicht machen wir dabei am Nettonutzen fest.

Nettonutzenvorteil

Im ersten Schritt unserer Modellierung ist der Nettonutzen das Ergebnis aus dem Nutzen eines Leistungsangebotes (z. B. Größe eines Hotelzimmers, Ausstattung des Zimmers, Lage des Hotels usw.) und dem dafür zu zahlenden Preis (z. B. 95 Euro pro Übernachtung). In der Regel stiften die Leistungskomponenten dabei einen positiven, der zu zahlende Preis hingegen einen negativen Nutzen, daher der Begriff Nettonutzen. An späterer Stelle werden wir den Nettonutzen unter Rückgriff auf das Konzept der Opportunitätskosten modifizieren; für das Verständnis der Effektivitätsseite des KKV ist das aber zunächst unerheblich.

Preis und Nutzen – ein Sowohl-als-auch

Ein aus Kundensicht wettbewerbsüberlegenes Angebot zu unterbreiten heißt damit nichts anderes, als für den Kunden einen höheren Nettonutzen zu stiften als der Wettbewerber. Angesichts der Dualität des Nettonutzens (Leistungsnutzen und Preis) ist es offensichtlich, dass zur Erzeugung eines wettbewerbsüberlegenen Nettonutzens zwei Variablen zur Verfügung stehen. Dabei wird mitunter in der Literatur fälschlicherweise unterstellt (vgl. bspw. Meffert et al., 2019, S. 338 f.; Benkenstein/Uhrich, 2009, 115 ff.), dass ein Unternehmen nur jeweils eine der beiden Komponenten beeinflussen kann, um einen Nettonutzenvorteil zu erzielen (**entweder** den Preis **oder** den Nutzen). Bei dieser entweder oder Modellierung handelt es sich jedoch nur um zwei analytische Grenzfälle. In der

2 Typischerweise fokussiert sich die Marketingdisziplin dabei auf den Kunden, weil Kunden mit ihren potentiellen Umsätzen einen zentralen Beitrag zur Zielfunktion des Unternehmens leisten. Grundsätzlich lässt sich die Idee des KKV aber auch auf andere für das Unternehmen relevante Transaktionspartner, wie z. B. potentielle Mitarbeiter oder Investoren, übertragen.

3 In der Regel stehen dabei monetäre Beiträge des Transaktionspartners, des Kunden (s. o.), im Vordergrund. Die Idee des KKV lässt sich aber auch anwenden, wenn es um andere für das Unternehmen wertvolle Zielbeiträge des Kunden geht, wie z. B. seine Kreativität oder seine Reputation.

Realität stehen jedem Unternehmen grundsätzlich immer beide Variablen zur Erzeugung eines wettbewerbsüberlegenen Nettonutzens zur Verfügung. Es ist also eher ein »sowohl als auch« als ein »entweder oder«.

Ein Beispiel

Die skizzierten Optionen zur Erzielung eines KKV unter Effektivitätsgesichtspunkten sollen nachfolgend mithilfe eines fiktiven Beispiels illustriert werden (vgl. Abb. 14). Im Beispiel stiftet das Wettbewerbsunternehmen für einen potenziellen Kunden einen Nettonutzen von 3. Dieser resultiert aus einem Leistungsnutzen von 9 und einer Preisforderung in Höhe von 6 (linker Teil in Abb. 14). Die Effektivitätsaufgabe im Rahmen des Schaffens einer KKV-Position besteht nun darin, aus Kundensicht einen Nettonutzen zu stiften, der größer als 3 ist. Hierzu stehen dem Unternehmen vier grundsätzliche Optionen zur Verfügung (vgl. Kotler, 1999):

- es stiftet einen höheren Nutzen (z. B. 11) bei gleichem Preis (6);
- es stiftet den gleichen Nutzen (9) bei einem niedrigeren Preis (z. B. 4);
- es stiftet einen höheren Nutzen (z. B. 11) bei unterproportional höherem Preis (z. B. 7) oder
- es stiftet einen niedrigeren Nutzen (z. B. 7) bei einem überproportional niedrigeren Preis (z. B. 3).

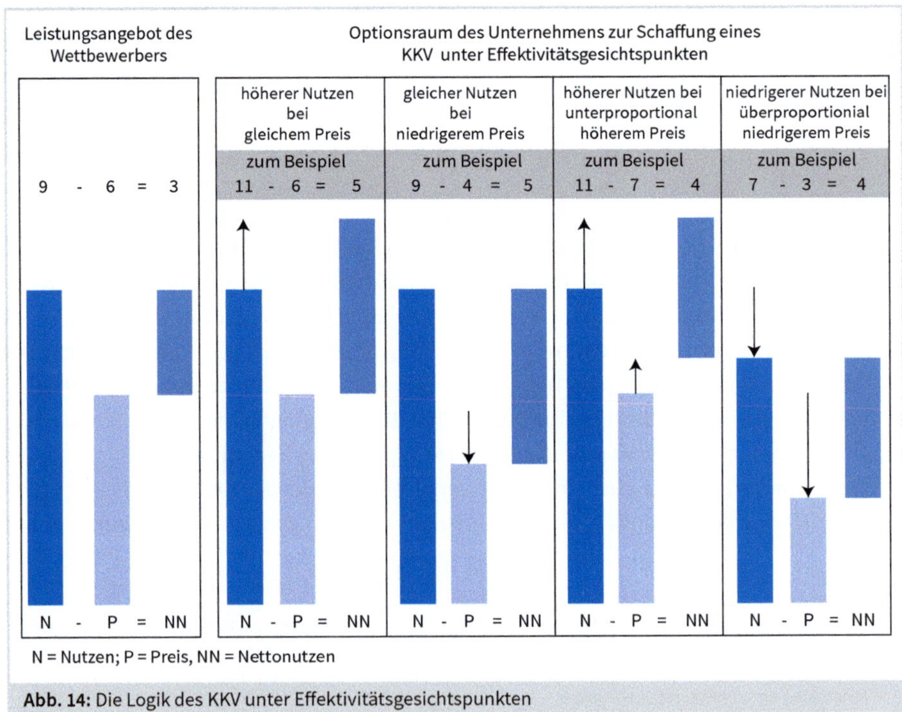

Abb. 14: Die Logik des KKV unter Effektivitätsgesichtspunkten

Hinter jeder dieser vier grundsätzlichen Möglichkeiten verbergen sich wiederum unzählige Kombinationen aus Nutzen und Preis, die im Ergebnis einen Nettonutzenvorteil erzeugen. Unter Effektivitätsgesichtspunkten steht einem Unternehmen für die Komposition einer KKV-Position damit ein unendlich großer Optionsraum zur Verfügung. Es muss »lediglich« eine Kombination aus Nutzen und Preis offerieren, die im Ergebnis für den Kunden einen größeren Nettonutzen stiftet als das Wettbewerbsangebot.

Unendliche viele Optionen

Die Erzeugung eines Nettonutzenvorteils im obigen Sinne hat eine methodische und zwei inhaltliche Voraussetzungen. Mit Blick auf die Methode müssen nutzenstiftende Leistungsmerkmale (z. B. Größe eines Hotelzimmers) und Preis (in Euro) auf einen gemeinsamen Nenner gebracht werden, um sowohl den eigenen Nettonutzen als auch denjenigen des Wettbewerbers messen zu können. Mit der Conjoint-Analyse existiert ein Verfahren, bei dem relevante Leistungsmerkmale und der Preis in einer Einheit, nämlich Teilnutzenwerten, ausgedrückt werden können (vgl. Backhaus et al., 2018, S. 497 ff.). Die Conjoint-Analyse wird an späterer Stelle des Buches noch ausführlich vorgestellt (vgl. Kapitel 3.4.2.1.1). Das Verfahren ist zwar nicht ganz einfach, aber grundsätzlich stellt das Gleichnamig-Machen von Nutzen und Preis kein methodisches Hindernis für die Komposition eines Nettonutzenvorteils (die Effektivitätsseite des KKV) dar.

Methodische Voraussetzung

Inhaltlich setzt die Erzeugung eines Nettonutzenvorteils erstens Kenntnis über nutzenstiftende Leistungsmerkmale aus Kundensicht voraus. Es geht also nicht um objektiv-technische Merkmale eines Produktes oder einer Dienstleistung, sondern immer um die Frage, inwieweit diese in der Lage sind, Kundennutzen zu erzeugen. Es ist offensichtlich, dass dabei insbesondere solche Leistungsmerkmale in den Blick zu nehmen sind, die für den Kunden einen sehr hohen Nutzen stiften, für ihn bei der Kaufentscheidung also ein besonderes Gewicht besitzen. Diese inhaltliche Anforderung an die Effektivitätsseite des KKV subsumieren wir daher unter dem Attribut **wichtig**. Für den Leser mag dieses Postulat auf den ersten Blick trivial erscheinen, ist es aber keineswegs, wie Beispiel 5 illustrieren soll:

Inhaltliche Voraussetzungen

Beispiel 5

Was ist wichtig beim Kauf einer Waschmaschine?

Vielleicht gehören Sie ja auch zu den Menschen, die zumindest ab und zu in die Prospekte großer Elektronikfachmärkte schauen. Uns ist dabei in Bezug auf die Werbung für Waschmaschinen zweierlei aufgefallen: Erstens haben die Produkte in der Regel »interessante« Namen, wie z. B. WF 37 14 oder WAQ 38422 (vgl. Abb. 15). Dies ist aus unserer Sicht ein Indiz dafür, dass eher produkt- und weniger kundenzentriert gedacht wird. Sonst würden die Produkte möglicherweise schon über ihren Namen ein zentrales Nutzenversprechen signalisieren (z. B. Silent Clean). Zweitens wird in den Werbeanzeigen (vgl. Abb. 15) häufig die Umdrehungszahl der Waschmaschine prominent angeführt (hier jeweils 1.400 U/min).

Abb. 15: Drehzahl als wichtiges Merkmal einer Waschmaschine?

Was ist für Kunden wichtig?

Dies mag möglicherweise ein technisch interessantes Merkmal einer Waschmaschine sein, aber es fehlt an der Übersetzung in Kundennutzen. Oder kennen Sie jemanden, der seine Waschmaschine (nicht sein Motorrad) aufgrund der Drehzahl gekauft hat? Diese Beobachtung hat uns zu der Frage geführt, was eigentlich nutzenstiftende Merkmale einer Waschmaschine sind? Nun, dazu können natürlich nur Kunden Auskunft geben, insofern bewegen wir uns hier im Bereich der Spekulationen. Aber die kleine Denksportaufgabe hilft, die Fallstricke der auf den ersten Blick so einfachen Wichtigkeitsanforderung des KKV besser zu verstehen.

Der zentrale Nutzenbeitrag einer Waschmaschine besteht vermutlich darin, schmutzige Wäsche zu reinigen. Darüber hinaus sind dann wahrscheinlich Merkmale wie Wasser- und Energieverbrauch oder die Waschdauer relevant. Dann aber wird es schon ein wenig knifflig ... Weitere, nutzenstiftende Attribute hängen nämlich wesentlich vom Standort der Waschmaschine ab. Der Einfachheit halber wollen wir hier drei mögliche Standorte unterscheiden: Waschkeller, Küche und Badezimmer.

Der Waschkeller stellt für die meisten Menschen wohl eher einen Funktionsraum, eine Art Handwerksraum dar. Es ist zu vermuten, dass in diesem Ambiente funktionale Eigenschaften einen hohen Nutzenbeitrag leisten, wie etwa Trocknungsgrad, Zuverlässigkeit, Energieverbrauch etc. Weniger wichtig sind vermutlich Eigenschaften wie Design oder Lautstärke. Steht die Waschmaschine hingegen in der Küche, ändert sich das Spektrum nutzenstiftender Merkmale schlagartig. Erstens wird die Maschine nun sozial sichtbar, was für Kunden wichtig sein könnte. Zweitens ist anzunehmen, dass die Lautstärke an Relevanz gewinnt. Drittens muss die Waschmaschine zum Rest der Küche passen. Damit meinen wir weniger die Einbaumaße der Maschine als ihr Design. Es könnte sinnvoll sein, dass ein Unternehmen zunächst Toaster (oder andere Kleingeräte, die in der Küche stehen) verschenkt, um anschließend Waschmaschinen zu verkaufen, die auf das Design des Toasters abgestimmt sind. Der dritte typische Standort einer Waschmaschine ist das Badezimmer. Auch hier ist zu vermuten, dass ganz andere Merkmale für Kunden wichtig sind. Badezimmer sind heute weniger Funktionsräume, sondern zunehmend die persönliche Wellness-Oase. Ein Ort, in dem man sich wohlfühlen möchte. Ein Ort, in dem man sich schön macht. Ein handwerkliches Gerät passt kaum zu einem solchen Setting. Der Waschmaschinenhersteller müsste jetzt darüber nachdenken, welchen Beitrag sein Gerät zum Wellness-Gefühl leisten könnte, zum Beispiel über Farb- oder Duftkonzepte.

Sie sehen, so einfach ist es mit der Wichtigkeitsanforderung nicht ... Die Effektivitätsseite des KKV verlangt ein kreatives Denken in Dimensionen des Kundennutzens. Welche Kundenprobleme können wir lösen? Welche Elemente der Problemlösung sind wie wichtig? Welche Teile eines Kundenproblems werden möglicherweise zurzeit noch schlecht oder gar nicht gelöst? Ohne ein tief greifendes Kundenverständnis ist es nahezu unmöglich, Nettonutzenvorteile zu erzeugen.

Strikte Subjektivität

Die zweite inhaltliche Anforderung an die Erzeugung eines Nettonutzenvorteils adressiert die Subjektivität des Nettonutzens. Über seine Höhe entscheidet ausschließlich der potenzielle Transaktionspartner. Der Nettonutzen ist somit subjektiver und nicht objektiver Natur. Dies bedeutet, dass ein Unternehmen sich mit der subjektiven Konstruktion des Nettonutzens durch den potenziellen Kunden auseinandersetzen muss. Wohl deshalb kann man vermutlich an kaum einer Universität der Welt Marketing ohne das Fach Konsumentenverhalten studieren.

Schön, schnell, leise, sauber, teuer, chic, spannend, lecker ... Die Liste potenziell nutzenstiftender Attribute ließe sich beliebig verlängern. Stets gilt aber, dass die Entscheidung, ob etwas schön, schnell, leise usw. ist, durch den Kunden getroffen wird. Nachfolgendes Beispiel aus der Automobilindustrie zeigt exemplarisch die Reichweite dieses Subjektivitäts-Paradigmas auf.

Beispiel 6

V8 Benziner-Sound im A6 Diesel Biturbo

313 PS, 500 Newtonmeter, Beschleunigung von 0 auf 100 km/h in 5,4 Sekunden. Das sind die Leistungswerte eines Sportwagens, sie gehören »aber nur« zum Audi A6 Avant 3.0 TDI Biturbo (ein Dieselfahrzeug). Objektiv, zumindest im Hinblick auf die Fahrdynamik, ein Sportwagen; dazu der nagelnde Sound eines TDI? Das passt nicht zusammen, dachten sich wohl die Audi-Ingenieure und entwickelten zur akustischen Untermauerung des sportlichen Fahrerlebnisses einen Sound-Aktuator. Dazu bemerkten die Tester von Auto, Motor und Sport:

»Der im Audi A6 Avant 3.0 TDI Biturbo verbaute Sound-Aktuator greift das bei geräuschreduzierten Kopfhörern verwandte Arbeitsprinzip auf: Ein Mikro empfängt die vom Motor erzeugten Schallwellen, ein Chip analysiert sie und sagt dem Sound-Modulator, Schallwellen welchen Schwingungsverhaltens zu erzeugen sind, damit der wenig attraktive Selbstzünder-Klang zum sonoren V8-Gebrabbel wird. So gefällt die Dieselfanfare auch Sportwagenfans.«

Quelle: Auto Motor und Sport (2019)

Von stabilen Brücken …

Der ein oder andere Leser wird ob des Beispiels vielleicht schmunzeln und sich selber immun gegen derartige Wahrnehmungskonstruktionen wähnen. Erfahrungsgemäß gilt dies insbesondere für ingenieurwissenschaftlich geprägte Studierende respektive Absolventen, da diese in einer Welt der Objektivität wissenschaftlich sozialisiert werden. »Und das ist auch gut so«, denn für die Statikprüfung einer Brücke beispielsweise ist der objektive Zugang wohl auch der tauglichere. Eine Statikprüfung, die darin besteht, dass der Prüfingenieur auf einer Brücke dreimal in die Luft springt und aufgrund seines subjektiven Eindrucks zum Urteil »fühlt sich stabil an« gelangt, klingt nicht sonderlich vertrauenserweckend. Die Marketingwelt hingegen ist strikt subjektiv; verhaltensrelevant ist stets das Urteil des Kunden und damit dessen subjektive Sicht der Welt. Diese inhaltliche Anforderung an die Effektivitätsseite des KKV subsumieren wir unter dem Attribut **wahrgenommen.**

wahrgenommen

Such-, Erfahrungs- und Vertrauenseigenschaften

Die Tragweite dieser Anforderung soll abschließend unter Rückgriff auf ein theoretisches Konzept der Neuen Institutionen Ökonomie (NIÖ, vgl. Richter/Furubotn, 2010) aufgezeigt werden. Die NIÖ ist ein Gedankengebäude, das endogene Unsicherheiten von Marktprozessen thematisiert. Sie besteht aus vier Säulen: der Transaktionskostentheorie, der Theorie der Verfügungsrechte, der Prinzipal-Agenten-Theorie und der Informationsökonomie. Für die Frage der subjektiven Wahrnehmung des Kundennutzens ist insbesondere die Informationsökonomie bedeutend (vgl. Kaas/Busch, 1996). Hierbei wird angenommen, dass Produkte respektive Dienstleistungen Eigenschaftsbündel für Nachfrager darstellen, wobei die einzelnen Eigenschaften für Kunden unterschiedlich gut beurteilbar (es geht also um das beurteilen **können**) sind. In diesem Zusammenhang werden drei Eigenschaftsarten unterschieden. Erstens Sucheigenschaften, die für Kunden vor dem Kauf zuverlässig beurteilbar sind (z. B. das Gewicht eines Laptops). Zweitens Erfahrungseigenschaften, die für Kunden erst nach einem Kauf zuverlässig beurteilbar sind (z. B. die Akkulaufzeit eins Laptops). Drittens schließlich Vertrauenseigenschaften, die für Kunden auch nach dem Kauf nicht zuverlässig beurteilbar sind. Dies kann erstens in der objektiven Unmöglichkeit der Prüfung begründet sein (z. B. die Klimaneutralität eines Logistikprozesses). Zweitens entstehen Vertrauenseigenschaften, wenn eine Eigenschaftsprüfung zwar grundsätzlich möglich ist, diese Prüfung aber prohibitiv hohe Kosten erzeugt (z. B. Airbag im Auto).

Risikosenkung als Marketingaufgabe

Wenn ein Unternehmen nun Kundennutzen über Eigenschaften stiften möchte, die Erfahrungs- oder Vertrauenscharakter besitzen, stellt sich unmittelbar die Frage, wie diese Eigenschaften dem Kunden glaubhaft vermittelt werden können, da er sie vor dem Kauf (Erfahrungseigenschaft) oder nie (Vertrauenseigenschaft) zuverlässig beurteilen kann (vgl. auch Kapitel 3.4.4). Hierzu kann das Unternehmen beispielsweise Garantien geben, Testkäufe ermöglichen oder seine Reputation in die Waagschale werfen. Alternativ kann das Unternehmen prüfen, welche Mechanismen Kunden einsetzen, um ihr aus Erfahrungs- und Vertrauenseigenschaften resultierendes Risiko zu reduzieren. Dazu zählen insbesondere der Rückgriff auf glaubwürdige Informationsquellen (z. B. Freunde, Testinstitute etc.), die Bindung an einen Anbieter, mit dem ein Kunde bereits positive Erfahrungen gesammelt hat sowie der Analogieschluss. Hierbei wird von Sucheigenschaften (z. B. die Bekleidung eines Mitarbeiters) auf Erfahrungs- oder Vertrauenseigenschaften geschlossen. Das Ihnen vielleicht bekannte Phänomen der sog. preisabhängigen Qualitätsbeurteilung (vgl. Simon/Fassnacht, 2016, S. 91), bei der von der Sucheigenschaft Preis auf die Erfahrungseigenschaft Qualität geschlossen wird, gehört in diese Kategorie von Analogieschlüssen.

Fazit

Zusammenfassend besteht die Effektivitätsaufgabe bei der Schaffung von KKV-Positionen darin, einen wettbewerbsüberlegenen Nettonutzen zu schaffen. Dazu müssen zum einen relevante Kundenanforderungen bekannt sein (wichtig) und zum anderen die subjektive Wirklichkeitskonstruktion des Kunden (wahrgenommen) berücksichtig werden.

Auch wenn die Erzeugung eines Nettonutzenvorteils vielleicht schon diffizil erscheint, sie ist nur ein Etappenziel. Kunden »glücklich« zu machen, ist nicht das finale Ziel von Unternehmen. Sie machen Kunden nur insoweit »glücklich«, wie sie der Wettbewerb dazu zwingt. Nettonutzenvorteile sind somit die notwendige Bedingung erfolgreichen Markthandelns. Als hinreichende Bedingung kommt hinzu, dass die Erzeugung dieser Nettonutzenvorteile auch für das Unternehmen vorteilhaft ist. Diese Anforderung wird in der Effizienzdimension des KKV beleuchtet.

2.4.1.2 Am Ende geht es um die Unternehmensseite: die Effizienzseite des KKV

Was heißt hier wünschenswert?

Ob ein Austauschprozess aus Sicht eines Unternehmens wünschenswert ist oder nicht, hängt davon ab, inwieweit dieser einen positiven Beitrag zur Zielfunktion des Unternehmens leistet. Insofern ist zunächst zu fragen, wie die Zielfunktion eines Unternehmens beschaffen ist. Welche Ziele ein konkretes Unternehmen verfolgt, kann hier natürlich nicht beantwortet werden; dazu haben lediglich die Eigentümer des Unternehmens ein Mandat. In der Betriebswirtschaftslehre wird allerdings grundsätzlich unterstellt (vgl. Schmalen/Pechtl, 2013, S. 2; Wöhe/Döring/Brösel, 2016, S. 29 f.), dass Unternehmen im Kern erwerbswirtschaftliche Ziele verfolgen, also auf Gewinnerzielung ausgerichtet sind. Selbst wenn man dieser Vermutung vor dem Hintergrund der Diskussion um eine soziale Verantwortung von Unternehmen, die nichts anderes bedeutet, als dass Unternehmen eine über die Gewinnerzielung hinausgehende gesellschaftliche Verantwortung besitzen, kritisch gegenübersteht (vgl. Balderjahn, 2013), lässt sich nicht leugnen, dass in Marktwirtschaften die Gewinnerzielung als Ausdruck von Wertschöpfung eines Unternehmens für seinen Fortbestand existenziell ist. Mit anderen Worten verliert ein Unternehmen seine Existenzberechtigung, wenn es (dauerhaft) Verluste erwirtschaftet, da dies Ausdruck von fehlender Wertschöpfung ist. Die erste Effizienzbedingung des KKV lautet daher **wirtschaftlich**.

Wertschöpfung erfordert Wirtschaftlichkeit

Zunächst modellieren wir die Wirtschaftlichkeit des Marktverhaltens am Verhältnis von Preis zu Stückkosten[4]. Im späteren Verlauf der Argumentation (vgl. Kapitel 2.4.2.2) werden wir diese Modellierung modifizieren. Für das Grundverständnis der Effizienzseite ist dies aber unerheblich. Der Nettonutzen (die Effektivitätsseite des KKV) ist das Ergebnis aus Leistungsnutzen einerseits und Preisforderung andererseits. Im Rahmen der Wirtschaftlichkeitsprüfung wird analysiert, ob der auf die Erstellung des Leistungsnutzens zurückzuführende Ressourcenverzehr (nichts anderes sind Kosten) größer oder kleiner als der Preis ist. Es geht mit anderen Worten also darum, zu prüfen, ob ein Nettonutzenvorteil wirtschaftlich abbildbar ist oder nicht. Ist dies nicht der Fall, so ist das Marktverhalten zwar effektiv, aber eben nicht wirtschaftlich und damit nicht effizient. Das skizzierte Prinzip verdeutlicht Abb. 16.

4 Hier wird der gesamte durch den Leistungsnutzen verursachte Ressourcenverbrauch berücksichtigt (also die totalen Stückkosten). Kurzfristig (aber eben auch nur kurzfristig) könnte die Wirtschaftlichkeit auch an der Deckung der variablen Kosten festgemacht werden. Dann würden in das Modell nur die variablen Kosten einfließen und das Ergebnis wäre nicht Gewinn pro Stück, sondern die Deckungsspanne.

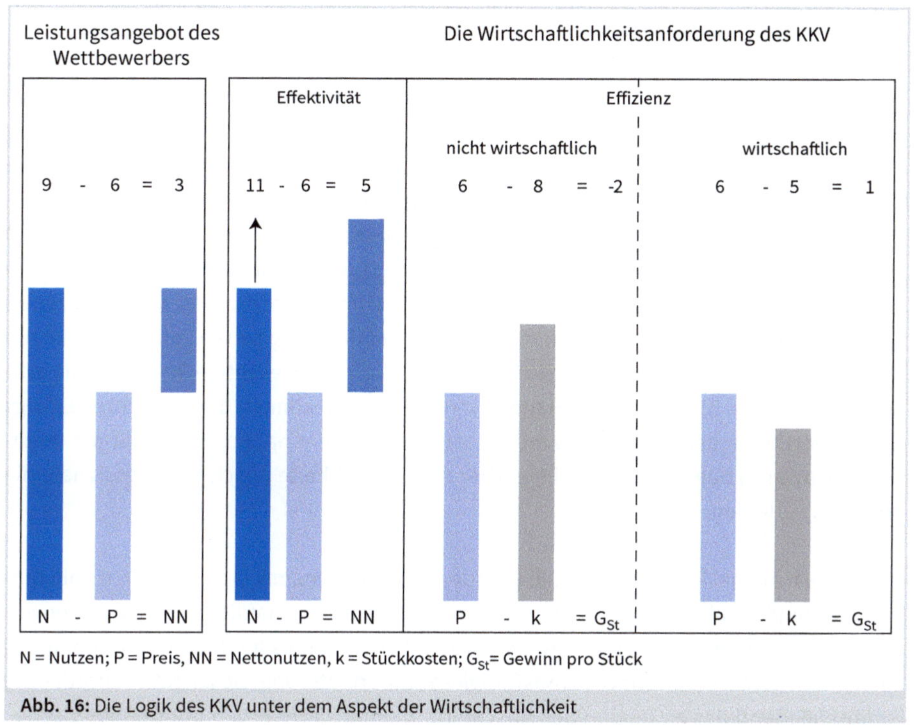

Abb. 16: Die Logik des KKV unter dem Aspekt der Wirtschaftlichkeit

Illustration

Im linken Teil der Abbildung ist die bereits bekannte Effektivitätsdimension des KKV dargestellt. Das Wettbewerbsunternehmen stiftet einen Nettonutzen von 3 (Leistungsnutzen = 9 und Preis = 6). Aufgrund eines höheren Leistungsnutzens (11) bei wettbewerbsidentischem Preis erreicht das Beispielunternehmen einen Nettonutzen von 5 und verfügt somit über einen Nettonutzenvorteil. Die Effektivitätsbedingung ist damit erfüllt. Im rechten Teil der Abbildung sind zwei unterschiedliche Wirtschaftlichkeitskonstellationen dargestellt. Im ersten Fall verursacht die Erzeugung des Leistungsnutzens von 11 einen bewerteten Ressourcenverbrauch in Höhe von 8. Bei einer Preisforderung von 6 erwirtschaftet das Unternehmen mit jedem Transaktionsprozess einen Verlust von 2 Geldeinheiten, es agiert nicht wirtschaftlich. Würden die Kosten für die Erbringung des Leistungsnutzens nur 5 Geldeinheiten betragen (zweiter Fall in der Abbildung), so wäre die Wirtschaftlichkeitsanforderung erfüllt: Pro verkauftem Stück würde das Unternehmen einen Gewinn von 1 Euro erzielen.

Zweite Effizienzbedingung

Die zweite Effizienzanforderung an den KKV resultiert aus der Dynamik des Wettbewerbs und dem Risiko unternehmerischen Handelns. Stellen Sie sich dazu bitte zunächst kurz vor, ein Unternehmen hätte es geschafft, einen wirtschaftlichen Nettonutzenvorteil zu kreieren. Es hätte also eine Position gefunden, bei der der Nettonutzen für den Kunden größer ist als der des Wettbewerbs und gleichzeitig die Kosten für die Erstellung des Leistungsnutzens kleiner sind als der Preis. Dieses Unternehmen ist erfolgreich: Es gewinnt aufgrund des Nettonutzenvorteils Kunden und verdient wegen der Wirtschaftlichkeit mit diesen Austauschprozessen gleichzeitig Geld. Nun kommt die Dynamik des Wettbewerbs zum Tragen, oder wie der Volksmund sagt: »Des einen Freud, des anderen Leid«: Die Wettbewerber werden versuchen, dem Unternehmen seine Position streitig zu machen. Genauer gesagt, müssen sie es versuchen, da anderenfalls mittelfristig die eigene Existenz gefährdet ist. Dieser Prozess aus Innovation und Imitation ist konstitutives Element wettbewerblich verfasster Wirtschaftsordnungen (vgl. Schumpeter, 1912) und damit für jedes Unternehmen unvermeidlich. Gleichwohl besitzen Unternehmen (legale) Möglichkeiten, die Geschwindigkeit dieses Imitationsprozesses zu reduzieren und damit ihren wirtschaftlichen Nettonutzenvorteil für eine gewisse Zeit zu verteidigen (vgl. Grant/Nippa, 2006, S. 298 ff.): Sie können beispielsweise wichtige Ressourcenpositionen besetzen (z. B. Lieferanten, Handelsstrukturen), sie können die Basis ihres Erfolgs für die Wettbewerbsunternehmen möglichst intransparent halten und damit die Imitation erschweren oder einem Wettbewerber durch glaubhafte Abschreckungssignale die Imitation verleiden.

Wettbewerbsdynamik erfordert Widerstandsfähigkeit

Um es noch einmal klar zu sagen: Die wettbewerbliche Dynamik lässt sich nicht vollständig unterbinden, aber wenn ein Unternehmen seinen wirtschaftlichen Nettonutzenvorteil nicht zumindest vorübergehend behaupten kann, fehlt es an der letzten Bedingung einer KKV-Position: der **Widerstandsfähigkeit**. Zu Erläuterung dieser KKV-Anforderung ist abschließend das zu Beginn des Abschnitts thematisierte Risiko unternehmerischen Handelns in den Blick zu nehmen. Jede unternehmerische Tätigkeit, so auch die Erzeugung einer wirtschaftlichen Nettonutzenvorteilsposition ist riskant. Im Prinzip werden sichere Auszahlungen gegen unsichere Einzahlungen getauscht. Zunächst muss also in eine potenzielle KKV-Position investiert werden, ohne vollständig sicher sein zu können, dass der geplante wirtschaftliche Nettonutzenvorteil auch tatsächlich eintritt. Wenn ein Unternehmen seine Wettbewerbsposition nun überhaupt nicht verteidigen kann, heißt dies nichts anderes, als dass es die Risiken des Markthandelns trägt, ohne die Chancen abzusichern, denn sobald sich ein wirtschaftlicher Nettonutzenvorteil eingestellt hat (was eben unsicher ist), wird dieser von Wettbewerbsunternehmen zerstört. Die Risiken des Markthandelns zu tragen, ohne die Chancen nicht zumindest ein Stück weit absichern zu können, kann nicht schlau sein.

Fazit

Zusammenfassend beleuchtet die Effizienzseite des KKV die Frage, inwieweit die Erzeugung eines Nettonutzenvorteils (Effektivitätsseite) auch für das Unternehmen vorteilhaft ist. Angesichts der grundsätzlich auf Wirtschaftlichkeit ausgerichteten Zielfunktion von Unternehmen muss ein Nettonutzenvorteil sowohl wirtschaftlich als auch widerstandsfähig sein. Nur wenn ein Leistungsangebot gleichzeitig effektiv und effizient ist, sprechen wir von einem Komparativen Konkurrenzvorteil (vgl. Abb. 17).

Dass dies kein so einfaches Unterfangen ist, wird im nachfolgenden Unterkapitel beleuchtet.

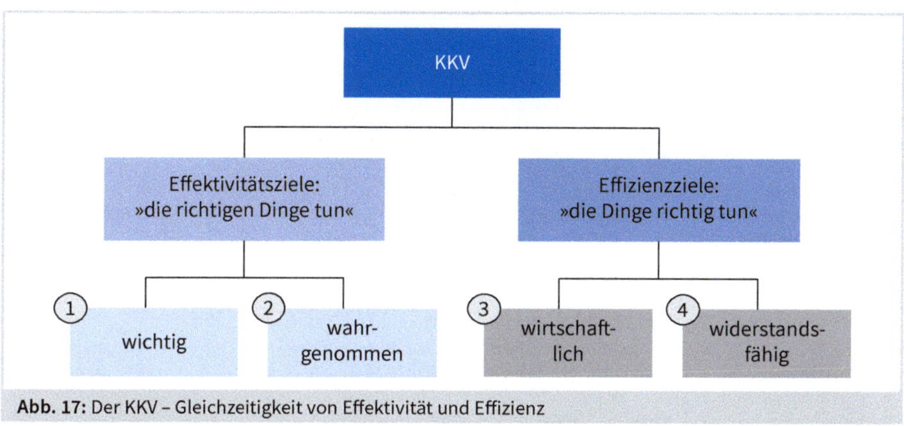

Abb. 17: Der KKV – Gleichzeitigkeit von Effektivität und Effizienz

2.4.1.3 Gar nicht so einfach …: zur Beziehung von Effektivitäts- und Effizienzbedingung des KKV

KKV-Positionen verlangen Simultanität von Effektivität und Effizienz. Abstrakt gesprochen bedeutet dies, dass eine Situation positiv bewertet wird, wenn die Bedingungen a (hier Effektivität) und b (hier Effizienz) gleichzeitig erfüllt sind. So könnte ein Mensch mit seinem Leben zufrieden sein, wenn er gleichzeitig beispielsweise schlank und gesund, reich und berühmt, schlau und sexy oder beruflich und familiär erfolgreich ist.

Verhältnis von Effektivität und Effizienz

In derartigen Konstellationen ist es hilfreich, sich das Zusammenspiel der beiden Zielvariablen, ihre Korrelation, näher anzusehen: Begünstigen sich die Variablen gegenseitig, stehen sie zueinander im Widerspruch oder haben sie keine Beziehung zueinander. Besteht eine positive Korrelation zwischen zwei Variablen, z. B. möglicherweise reich und berühmt, ist die Entscheidungssituation vergleichsweise einfach. Wird eine Variable, z. B. reich, positiv beeinflusst, entwickelt sich die andere Variable, z. B. berühmt, quasi automatisch ebenfalls in die gewünschte Richtung. Abstrakt gesprochen handelt es sich hierbei aufgrund der Zielharmonie um Maximierungs- respektive Minimierungsaufgaben: je mehr oder weniger von einer Variablen, desto besser (vgl. Adam, 1996, S. 106 ff.). Schwieriger gestalten sich hingegen Entscheidungen, bei denen die Variablen eine negative Korrelation aufweisen. Entwickelt sich die eine Variable in die gewünschte Richtung, z. B. beruflich erfolgreich, wird der andere wünschenswerte Zustand, z. B. familiär erfolgreich, negativ beeinflusst (vgl. Schneider, 2015b, S. 2 ff.). Hierbei handelt es sich angesichts des Zielkonflikts nicht um ein Maximierungs-, sondern um ein Optimierungsproblem. Ein Individuum muss abwägen, welche Kombination der Subvariablen a und b für ihn am attraktivsten ist.

Korrelation beachten

Maximierung vs. Optimierung

Von der abstrakten Welt der Entscheidungstheorie zurück zum KKV. Konkret ist zu prüfen, in welchem Verhältnis Effektivität und Effizienz des Marktverhaltens zueinanderstehen.

Effektivität und Effizienz i. d. R. negativ korreliert

Korrelieren die Variablen positiv, negativ oder haben sie keine Beziehung zueinander? Im Regelfall (zu den Ausnahmen später mehr) sind Effektivität und Effizienz des Marktverhaltens negativ korreliert: Steigende Effektivität führt zu sinkender Effizienz und umgekehrt. Dies soll nachfolgendes Beispiel verdeutlichen (vgl. Abb. 18).

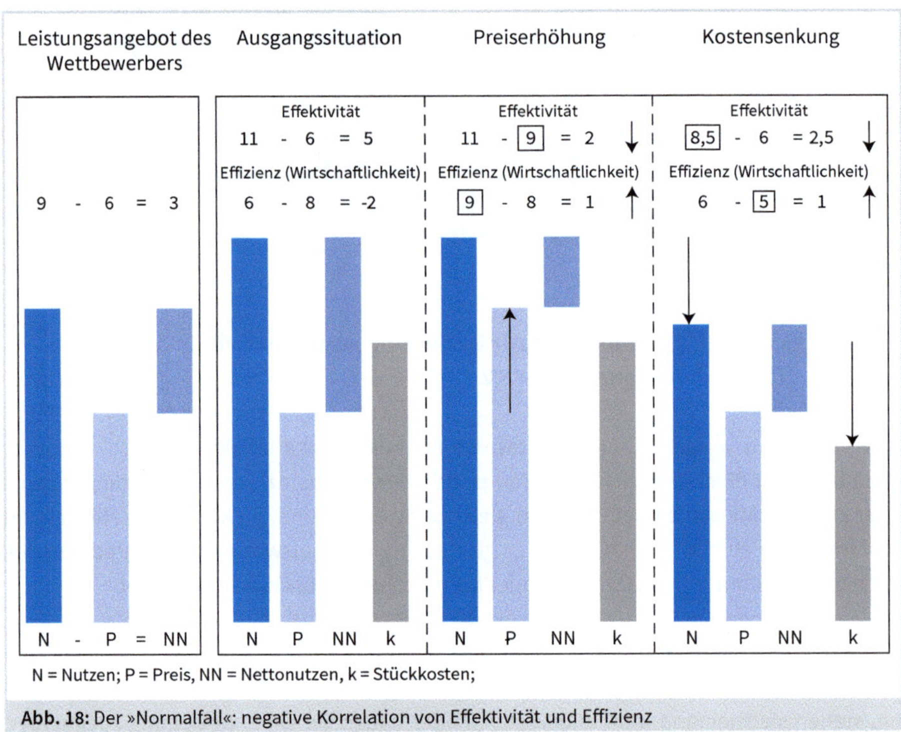

Abb. 18: Der »Normalfall«: negative Korrelation von Effektivität und Effizienz

Ausgangssituation: effektiv, aber nicht effizient

Die Ausgangssituation ist dadurch gekennzeichnet, dass das Unternehmen zwar effektiv, aber nicht effizient agiert. Der Nettonutzen von 5 ist Ergebnis eines Leistungsnutzens von 11 und einer Preisforderung von 6. Angesichts eines Nettonutzens von 3 des Wettbewerbers, verfügt das Unternehmen über einen Nettonutzenvorteil und handelt somit effektiv. Allerdings reicht der Preis nicht aus, um den Ressourcenverbrauch für die Erstellung des Leistungsnutzens in Höhe von 8 zu decken. Das Leistungsangebot ist unwirtschaftlich und damit nicht effizient.

Effizienzsteigerung durch höheren Preis

Um nun die Effizienz zu steigern, hat das Unternehmen zwei Möglichkeiten: Preiserhöhung oder Kostensenkung. Für den Fall der Preiserhöhung tritt die negative Korrelation zwischen Effektivität und Effizienz unmittelbar ein, da der Preis sowohl den Nettonutzen als auch die Wirtschaftlichkeit berührt. Eine Preiserhöhung wirkt sich positiv auf die Effizienz aus, vermindert aber in der Regel den Nettonutzen und damit die Effektivität. Im Beispiel erhöht das Unternehmen den Preis von 6 auf 9 und agiert damit wirtschaftlich.

Gleichzeitig vermindert sich aufgrund dieser Preiserhöhung der Nettonutzen von 5 auf 2. Der ursprüngliche Nettonutzenvorteil ist verloren gegangen.

Effizienzsteigerung durch niedrigere Kosten

Versucht das Unternehmen seine Effizienz durch eine Kostensenkung zu steigern, ist die negative Korrelation zur Effektivität mittelbarer Natur. In der Regel (wie gesagt: in der Regel, zu den Ausnahmen kommen wir etwas später) wird die Kostensenkung nicht ohne Wirkung auf den Leistungsnutzen für den Kunden bleiben, da eine Kostensenkung Ergebnis eines verminderten Leistungsangebotes ist. Im Beispiel senkt das Unternehmen die Kosten von 8 auf 5 und agiert damit wirtschaftlich. Diese Kostensenkung ist aber nur durch eine Leistungsmodifikation zu erreichen, die den Leistungsnutzen um 2,5 Einheiten reduziert. Auch hier geht der ursprüngliche Nettonutzenvorteil des Unternehmens verloren.

Gleichgültig, ob das Unternehmen seine Effizienz durch eine Preiserhöhung oder eine Kostensenkung zu steigern sucht, wird im Normalfall infolge der Effizienzsteigerung die Effektivität zurückgehen: Effizienz und Effektivität sind somit typischerweise negativ korreliert.

Wenn Effektivität und Effizienz positiv korrelieren

Mehrfach wurde betont, dass die negative Korrelation zwischen Effektivität und Effizienz des Marktverhaltens den Normalfall darstellt. Abschließend wollen wir uns zwei Ausnahmen von diesem Normalfall ansehen, bei denen also Effektivität und Effizienz nicht negativ, sondern positiv korreliert sind. Derartige Konstellationen sind fast immer Basis für ein erfolgreiches Geschäftsmodell. Sollten Sie also auf eine solche Möglichkeit stoßen (die natürlich noch kein anderer entdeckt haben darf), würde sich die Autoren über eine Kontaktaufnahme sehr freuen ...

Zwei Fälle

Vor dem Hintergrund der aufgezeigten Logik des Zusammenspiels aus Effektivität und Effizienz ist schnell ersichtlich, dass zwei Fälle einer positiven Korrelation denkbar sind (vgl. Abb. 19).

Höherer Preis führt zu höherem Nutzen

Erstens führt eine Preiserhöhung nicht zu einer Verminderung des Nettonutzens, da der höhere Preis gleichzeitig den Leistungsnutzen erhöht, und zwar überproportional. Dass ein höherer Preis einen höheren Leistungsnutzen nach sich zieht, kann zum einen in der informatorischen Signalwirkung des Preises begründet sein. Wir hatten diesen Effekt bereits im Kontext des Merkmals »wahrgenommen« kurz skizziert. Angesichts informatorischer Unsicherheit über den Leistungsnutzen verwenden Kunden möglicherweise den Preis als Informationssubstitut für den nicht zuverlässig abschätzbaren Leistungsnutzen (»preisabhängige Qualitätsbeurteilung«). Ein höherer Preis könnte dann zu einem höheren wahrgenommenen Leistungsnutzen führen. Damit es zu einer positiven Korrelation zwischen Effektivität und Effizienz kommt, müsste die positive Wirkung auf den Leistungsnutzen aber größer sein als die Verminderung des Nettonutzens aufgrund der Preiserhöhung. Zum anderen könnte ein höherer Preis von Kunden als Signal von Knappheit und Exklusivität interpretiert werden (»Veblen-Effekt«, vgl. Veblen, 1899; Bagwell/Bernheim,

1996, S. 349 f.). Mit steigendem Preis würde dann dieser Exklusivitätsnutzen als ein Teil des Leistungsnutzens zunehmen. Auch in diesem Fall müsste diese Zunahme aber überproportional zur Minderung des Nettonutzens als Folge des höheren Preises sein, damit eine positive Korrelation zwischen Effektivität und Effizienz eintritt.

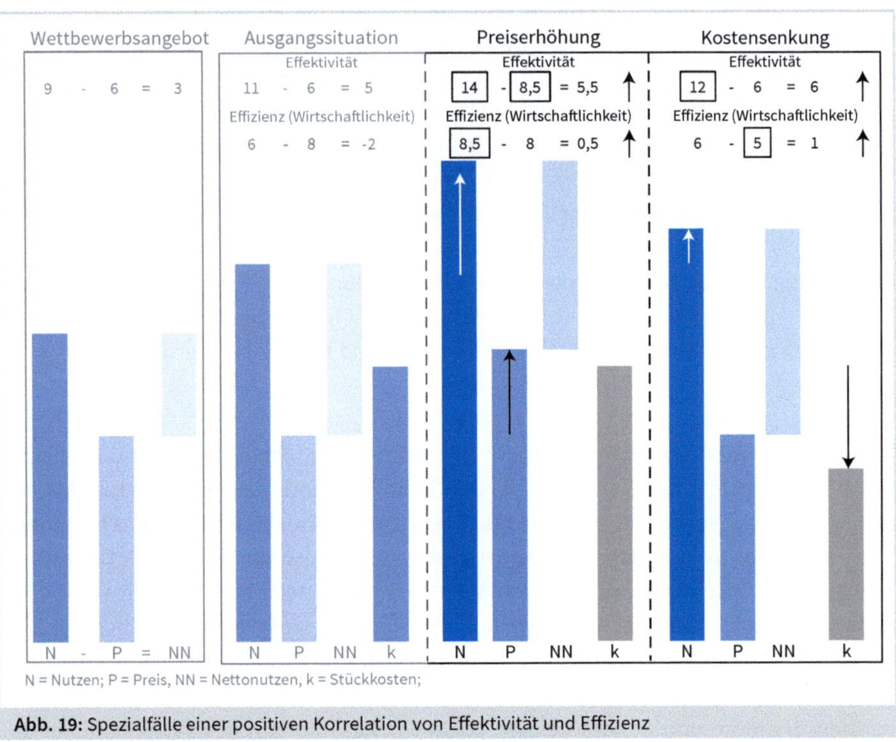

Abb. 19: Spezialfälle einer positiven Korrelation von Effektivität und Effizienz

Niedrigere Kosten führen zu höherem Nutzen

Die zweite denkbare Konstellation einer positiven Korrelation zwischen Effektivität und Effizienz betrifft den Zusammenhang zwischen Kosten und Leistungsnutzen (vgl. Kapitel 3.4.2.2.2.1). Eine Kostensenkung dürfte den Leistungsnutzen nicht vermindern, sondern müsste ihn erhöhen. Derartige Fälle sind insbesondere in Situationen denkbar, in denen ein Teil der Leistungserbringung auf den Kunden ausgelagert wird. Hierdurch können zum einen die Kosten des Unternehmens für die Leistungserstellung reduziert werden. Zum anderen ist es denkbar, dass für den Kunden durch dieses »selber Machen« ein größerer Leistungsnutzen entsteht, z. B. weil ihm dies eine stärkere Individualisierung ermöglicht, er eine größere Autonomie respektive Freiheit verspürt oder ihm die eigene Leistungserbringung schlicht Spaß macht.

Fazit

Zusammenfassend sind Effektivitäts- und Effizienzanforderung des KKV typischerweise negativ korreliert: Effizienzgewinne gehen zulasten der Effektivität, eine wachsende Effektivität mindert die Effizienz. Dieser Umstand macht das Management von KKV-Positionen zu einer anspruchsvollen Aufgabe. Gleichzeitig haben wir gezeigt, dass es Ausnahmen geben kann, in denen Effektivität und Effizienz des Markthandelns positiv korreliert sind. Solche Konstellationen sind selten, bieten aber für den Fall der »Erstentdeckung« eine sehr gute Basis für erfolgreiche Geschäftsmodelle. Was nicht bedeutet, dass eine negative Korrelation erfolgreiches Markthandeln unmöglich macht; es ist halt nur ein wenig komplizierter.

2.4.2 Der Teufel steckt im Detail: von Opportunitäten und Beziehungen …

Im letzten Schritt unserer Modellierung des KKV müssen wir das Basismodell modifizieren. Dies ändert nichts am Grundprinzip des KKV, ist aber für das Management von KKV-Positionen (und damit für den weiteren Verlauf des Buches) sehr folgenreich. Die Modifikationen berühren sowohl die Effektivitäts- als auch die Effizienzseite. Sie werden in den Folgekapiteln sukzessive eingeführt, um abschließend ein Gesamtfazit zum KKV ziehen zu können.

2.4.2.1 Die Effektivitätsseite des KKV und das Konzept der Opportunitätskosten

Warum ist der Preis für Kunden eigentlich ein »Opfer«?

Die Modellmodifikation hinsichtlich der Effektivität bezieht sich auf den Preis als nutzenminderndes Element des Nettonutzens. Vermutlich sind Sie unserem Vorschlag, den Nettonutzen als Differenz aus Leistungsnutzen als positivem Element und Preis als negativem Element zu konstruieren, bis hierhin ohne größere Fragezeichen im Kopf gefolgt. Die Autoren jedenfalls waren, so wie wohl der Großteil der marketingwissenschaftlichen Community, von dieser Saldierung auch lange überzeugt. Auch die Alltagssprache legt mit Begriffen wie »Preis-Leistungs-Verhältnis«, »preiswert« oder »good value for money« eine Fokussierung auf den Preis als Opferkomponente marktlicher Austauschprozesse nahe. Aber warum wird der Preis (abgesehen von den in Kapitel 2.4.1.3 skizzierten Ausnahmen) überhaupt als Opferkomponente interpretiert? Warum also wird angenommen, dass der aus der Preisforderung resultierende Abfluss von Zahlungsmitteln für den Transaktionspartner ein Opfer, einen Verzicht darstellt? Nun, für Ökonomen ist die Antwort auf diese Frage sehr einfach: Die abgeflossenen Zahlungsmittel stehen für alternative Verwendungszwecke nicht mehr zur Verfügung. Abstrakt gesprochen entzieht der Kauf dem Kunden eine Ressource (sein Geld), die für ihn auch anderweitig nutzenstiftend einsetzbar gewesen wäre und gleichzeitig knapp ist (also nicht unendlich zur Verfügung steht).

Opportunitätskosten

Das Zusammenspiel dieser beiden Bedingungen, alternative nutzenstiftende Verwendbarkeit und Knappheit einer Ressource, sind kennzeichnend für das Eintreten von Opportunitätskosten. Opportunitätskosten sind ein elementarer Eckpfeiler des ökonomischen Gedankengebäudes (vgl. Becker et al., 1974; S. 317; Mateer/Coppock, 2014, S. 13 f.; Perloff, 2018, S. 204 f.) und markieren die Verzichtskosten einer Entscheidung. Unter der Annahme von prinzipieller Knappheit verursacht die Entscheidung für eine Alternative (typischerweise die beste Alternative) aufgrund der abfließenden knappen Ressourcen immer die Verdrängung der zweitbesten Alternative. Der Nutzenentgang aufgrund der Verdrängung der nicht gewählten Alternativoption kennzeichnet die jeweiligen Opportunitätskosten.

Weitere Opportunitätskostentreiber

Aus Kundensicht, und um die geht es bei der Effektivitätsseite des KKV, ist also bei genauerem Hinsehen gar nicht der Preis entscheidend, sondern die aus der Preisforderung resultierenden Opportunitätskosten. Der Nettonutzen ist dann nicht mehr länger der Saldo aus Leistungsnutzen und Preis, sondern aus Leistungsnutzen und Opportunitätskosten oder anders formuliert ein Tausch von Nutzenzuwachs und Nutzenverzicht. Wenn man dieser Argumentation folgt und marktliche Austauschprozesse aus einer Opportunitätskostenperspektive beleuchtet, wird sehr schnell deutlich, dass Kunden im Tausch für einen Nutzenzuwachs nicht nur auf Geld, sondern auch auf andere für sie knappe und anderweitig nutzenstiftend einsetzbare Ressourcen verzichten müssen (Spiller, 2011, S. 606). Mit anderen Worten ist der Preis nicht der einzige Treiber der Opportunitätskosten. Welche sonstigen Opportunitätskostentreiber existieren, hängt vom konkreten Austauschprozess ab und kann damit auf abstraktem Niveau nicht abschließend beantwortet werden.

Zeit und Energie als »Hauptverdächtige«

Neben dem Preis existieren aus unserer Sicht aber zwei weitere »Hauptverdächtige«: Zeit und Energie. Bei Letzterer unterscheiden wir zwischen physischer, kognitiver und emotionaler Energie. Dahinter steht die Überlegung, dass Menschen für die Bewältigung beruflicher, familiärer und sonstiger Aktivitäten (darunter auch Konsum) ein begrenzter Ressourcenpool zur Verfügung steht, der durch diese Aktivitäten sukzessive aufgebraucht wird. Beispiele für energieverbrauchende Aktivitäten im Kontext von Konsum sind etwa das nach Hause Tragen des Supermarkteinkaufs (physische Energie), das Umprogrammieren der Speicherplätze eines TV-Gerätes (kognitive Energie) oder der Aufenthalt in einer als unangenehm groß empfundenen Menschenmasse (emotionale Energie).

Warum Zeit und Energie

Der Verdächtigtenstatus von Zeit und Energie als Opportunitätskostentreiber stützt sich auf folgende Indizien. Erstens sind Zeit und Energie knapp. Zweitens können sie für viele Verwendungszwecke nutzenstiftend eingesetzt werden. Und drittens schließlich müssen Kunden in zahlreichen Kauf- und Konsumprozessen Zeit und unterschiedliche Energiearten aufwenden, um in den Genuss eines Nutzenzuwachses zu kommen. Wenn sie zum Beispiel dieses Buch lesen, mussten Sie (vermutlich) einen Kaufpreis entrichten, Sie müssen Zeit investieren und Sie müssen sich konzentrieren (Verlust kognitiver Energie). Alle drei Ressourcen sind für den (hoffentlich großen) Nutzenzuwachs aus der Lektüre dieses Buches unabdingbar und stehen gleichzeitig für andere Verwendungszwecke nicht mehr zur Verfügung, erzeugen also Opportunitätskosten. Fast alle Gebrauchsgüter, also Güter, die erst durch ihre Nutzung einen Nutzenzuwachs beim Kunden erzeugen, binden Zeit- und Energieressourcen. Bei der Nutzung persönlicher Dienstleistungen (z. B. Friseur) sind regelmäßig Zeitressourcen von Kunden für die Erstellung eines Leistungsnutzens erforderlich. Aus unserer Sicht sind wettbewerbliche Austauschprozesse, die vom Kunden neben dem Preis als Opfer auch Zeit und/oder Energie verlangen, nicht die Ausnahme, sondern eher die Regel.

Schließlich existieren einige Anhaltspunkte dafür, dass sich die relative (!) Bedeutung der einzelnen Opportunitätskostentreiber in den hoch entwickelten Industrienationen verändert hat. Erstens sind die letzten Dekaden durch einen enormen ökonomischen Wohlstandsgewinn gekennzeichnet. So hat sich das Bruttoinlandprodukt pro Kopf in den OECD-Staaten seit 1970 mehr als verzehnfacht (OECD, 2019a). Die relative Knappheit monetärer Ressourcen hat in diesen Gesellschaften also abgenommen. Mit Blick auf die Zeit ist angesichts einer ebenfalls deutlich gestiegenen Lebenserwartung (OECD, 2019b) zwar auch zunächst ein Rückgang der relativen Knappheit zu konstatieren. Demgegenüber stehen jedoch, insbesondere aufgrund einer sehr viel höheren Erwerbsbeteiligung von Frauen sowie überproportional gewachsenen Zeitverwendungsmöglichkeiten, stark gestiegene Ansprüche an Zeitbudgets, die im Ergebnis Zeitressourcen für viele Menschen knapper erscheinen lassen (vgl. Deutscher Bundestag, 2012, S. 135). Die relative Bedeutung von Zeit als Opportunitätskostentreiber hat damit in der Tendenz eher zugenommen (vgl. Lynch et al. 2010; Zauberman/Lynch, 2005). Schließlich ist die Komplexität der Lebensführung, etwa aufgrund einer hohen Dynamik von Veränderungen (Partnerwechsel, Arbeitsplatzwechsel, Wohnortwechsel etc.) sowie einer hohen Aktivitätendichte, für viele Menschen stark angewachsen. Hieraus resultieren Ansprüche an kognitive und emotionale Energieressourcen, die in einem zumindest punktuellen Gefühl der Überforderung münden können. Ein Indikator hierfür ist das starke Wachstum psychischer Krankheitsbilder in den Industrienationen. So hat sich beispielsweise die Menge konsumierter Antidepressiva in den OECD-Staaten im Zeitraum 2000 bis 2013 verdoppelt (OECD, 2019c).

Veränderte Knappheiten von Geld, Zeit und Energie

Damit ist nicht gesagt, dass der Preis für viele Menschen in vielen Austauschprozessen nicht nach wie vor der wichtigste Treiber von Opportunitätskosten ist. Vielmehr vermuten wir aufgrund der skizzierten Entwicklungen lediglich, dass das relative Gewicht des Preises in Relation zu Zeit und Energie für bestimmte Menschen in den Austauschprozessen zurückgegangen ist.

Zusammenfassend haben wir die Modellierung des Nettonutzens verändert. An die Stelle des Preises als Opferkomponente treten nun die Opportunitätskosten. Das Kalkül aus Kundensicht ist nunmehr also nicht Tausch eines Leistungsnutzens gegen Geld, sondern der Tausch von Nutzenzuwachs gegen Nutzenverzicht. Neben monetären Ressourcen wurden Zeit und Energie als zumindest potenziell relevante Opportunitätskostentreiber identifiziert. Die Marketingrelevanz der Trias aus Geld, Zeit und Energie als Opportunitätskostentreiber verdeutlicht Beispiel 7.

Fazit

Beispiel 7

Der Thermomix TM5 von Vorwerk

Der »Thermomix TM5« (vgl. Abb. 20), die in 2014 in den Markt eingeführte Produktvariation des Thermomix, bescherte Vorwerk binnen eines Jahres einen Umsatz von 920 Mio. Euro. Die Küchenmaschine ist nicht nur in Deutschland ein großer Markt-

Ein Beispiel

erfolg. In Spanien beispielsweise verfügt bereits jeder zehnte Haushalt über das Gerät, in Portugal sogar annähernd jeder zweite.

Abb. 20: Der Thermomix TM 5

Funktionsweise

Die Funktionsweise des Thermomix ist so angelegt, dass sich möglichst viele einzelne Schritte eines Kochvorgangs vereinen und mit einer Maschine (parallel) erledigen lassen. Dazu verfügt der Thermomix über mehrere Behältnisse, in denen gleichzeitig Bestandteile einzelner Mahlzeiten zubereitet werden können. Er beherrscht zwölf Funktionen zur Nahrungszubereitung und mithilfe des »GuidedCooking« wird der Benutzer über die einzelnen Schritte des Kochvorgangs so angeleitet, dass größere Fehler beim Befolgen nahezu ausgeschlossen sind. Durch eine große Anzahl an auf das Gerät abgestimmten Rezepten, die dem Thermomix online zugeführt werden können, stehen viele Mahlzeiten zur Auswahl.

Fans im Netz

Im Netz genießt der Thermomix in bestimmten Kreisen mittlerweile Kultstatus. Bei YouTube finden sich zum Schlagwort »Thermomix« 191.000 Videos (Stand April 2019). Die TOP-Drei unter ihnen wurden von jeweils über einer Mio. Usern aufgerufen (2,6 Mio., 1,5 Mio., 1,1 Mio.). Es gibt auch ganze Kanäle von YouTube-Usern, die sich ausschließlich um das Thema »Thermomix« drehen. So zum Beispiel der Kanal von »Thermifee«, die Videos zu Kochrezepten und Anwendungshinweisen veröffentlicht. Insgesamt wurden ihre Videos 16,5 Millionen Mal aufgerufen und ihr Kanal hat mehr als 75.000 Abonnenten.

Woher kommt der Erfolg?

Kassenschlager, Kult im Netz. Wie lässt sich dieser enorme Erfolg erklären? Über den Preis? Wohl kaum: Der TM5 kostet 1.109 Euro! Die durchschnittlichen Anschaffungskosten eines oberen Mittelklasse-Herds liegen bei rund 700 Euro. Ähnliche Küchenmaschinen sind schon für 200 bis 300 Euro erhältlich. Über den Vertrieb? Auch eher nicht: Der TM5 ist nur im Direktvertrieb erhältlich, die Wartezeit auf das Gerät beträgt derzeit rund zwei Monate. Überragende Qualität? Wenn es nach der Stiftung Warentest geht, zumindest nicht: Die Warentester billigten dem Gerät nur Platz vier unter neun getesteten Produkten zu. Über hohen Werbedruck? Auch nicht: Vorwerk verzichtet vollständig auf Werbung für den TM5. Opportunitätskostenvorteile? Schon eher …

Zeitersparnis

Zunächst entsteht durch die Integration mehrerer Arbeitsschritte in einen Prozess der Vorteil der Zeitersparnis. Dies geschieht auf dem Wege, dass von derselben Maschine mehrere Arbeitsschritte folgerichtig nacheinander erledigt werden können, zum anderen aber auch dadurch, dass der Herstellungsprozess einer Mahlzeit insgesamt verkürzt wird.

Emotionale und kognitive Energie

Der Thermomix ermöglicht den Benutzern zudem, Rezepte zu erwerben und Mahlzeiten herzustellen, die ihnen bisher unbekannt waren bzw. von den Benutzern nicht beherrscht wurden. Durch die detailgenaue Anleitung des Kochenden können Lernprozesse und Fehlversuche übersprungen werden, die ansonsten vonnöten gewesen wären. Dank dieser Eliminierung der Fehlerquote werden zum einen Material- und Zeitkosten, aber auch kognitive und emotionale Energie gespart. Außerdem ermöglicht der Thermomix die Themenfelder »Gesunde Ernährung« und »Kochen« so zu vereinen, dass Kostenersparnisse durch die automatische Koordination zweier Bereiche, die für den Benutzer relevant aber bisher möglicherweise unverknüpft waren, entstehen. Dadurch, dass sich der Anwender nicht mehr selbst mit dem Thema »gesunde Ernährung« befassen muss, um sich tatsächlich gesund zu ernähren, spart er eine große Menge kognitiver Energie und Zeit, die ansonsten für die Koordination dieser beiden Bereiche erforderlich gewesen wären.

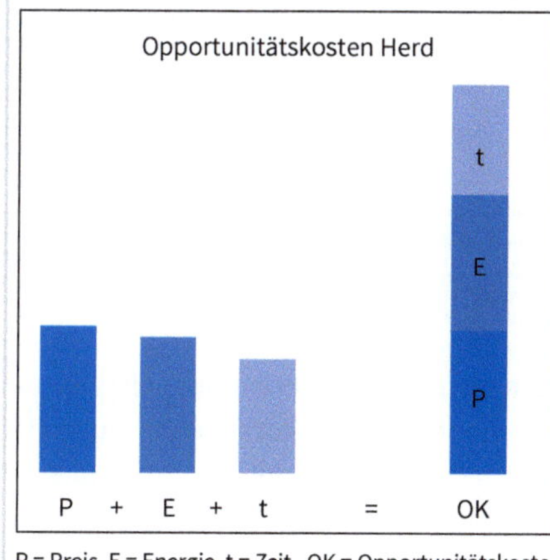

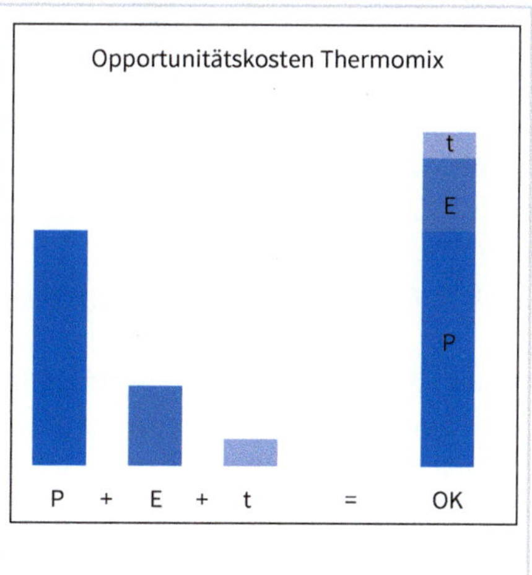

P = Preis, E = Energie, t = Zeit , OK = Opportunitätskosten

Abb. 21: Der Thermomix unter dem Aspekt der Opportunitätskosten

Fazit

Zusammenfassend lässt sich sagen, dass der Thermomix im Vergleich mit ähnlichen Produkten und Geräten zwar einen höheren Preis, dafür aber zugleich weit geringere andere Opportunitätskosten aufweist. Insgesamt ist eine Opportunitätskostenersparnis für den Kunden in den Bereichen Zeit, Material, kognitiver und emotionaler

Energie beobachtbar, die dem hohen Anschaffungspreis gegenüberstehen. Aufgrund der Verkaufszahlen kann davon ausgegangen werden, dass diese Kostenersparnis den Preis kompensiert und die Gesamtheit aller Opportunitätskosten (Zeit, Energie, Preis) damit unter dem der Konkurrenzprodukte liegt.

Konsequenzen für das KKV-Management

Die Konsequenzen dieser einfachen Modellmodifikation sind weitreichend, da der Preis nunmehr Effektivität und Effizienz des Markthandelns asymmetrisch beeinflusst. Für die Effektivität ist der Preis nur eine Variable unter anderen Opportunitätskostentreibern; für die Effizienz ist er in Kontrastierung zu den Kosten nach wie vor ausschlaggebend. Effektivität und Effizienz müssen dementsprechend separiert modelliert werden (vgl. Abb. 22).

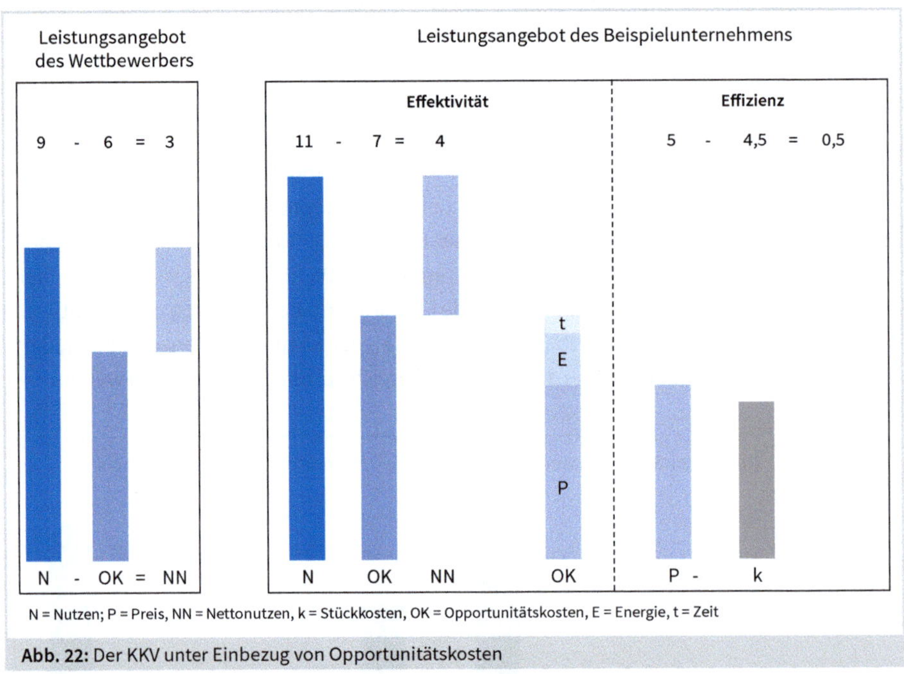

Abb. 22: Der KKV unter Einbezug von Opportunitätskosten

Separate Modellierung von Effektivität und Effizienz

Für die Erlangung einer KKV-Position muss nun erstens die Differenz aus Leistungsnutzen und Opportunitätskosten einen wettbewerbsüberlegenen Nettonutzen erzeugen (Effektivitätsbedingung). Zweitens muss der effizienzrelevante Teil der Opportunitätskosten, der Preis, hoch genug sein, um den Ressourcenverbrauch für die Erzeugung des Leistungsnutzens (die Kosten) abzudecken (Effizienzbedingung).

Erläuterung der Abbildung

Im Beispiel (vgl. Abb. 22) stiftet das Wettbewerbsunternehmen einen Leistungsnutzen von 9 und erzeugt im Tausch hierfür beim Kunden Opportunitätskosten in Höhe von 6. Die Effektivitätsbedingung verlangt also die Erzeugung eines Nettonutzens, der größer als 3 ist. Dem Beispielunternehmen gelingt dies über einen höheren Leistungsnutzen (11) und unterproportional höhere Opportunitätskosten (7). Diese setzen sich im Beispiel aus drei Komponenten zusammen: Preis (5), Energie (1,5) und Zeit (0,5). Für die Effizienz (Wirtschaftlichkeit) ist, wie auch bereits ohne die Berücksichtigung von Opportunitätskosten, zu prüfen, ob der Preis höher ist als die Kosten. Im Beispielunternehmen ist dies angesichts eines Preises von 5 und Kosten von 4,5 der Fall: Es agiert somit effektiv und wirtschaftlich. Ist diese Position auch noch hinreichend widerstandsfähig, verfügt das Beispielunternehmen über einen KKV.

Nach dieser, für die in Kapitel 3.4 diskutierten Spielverhaltensoptionen zentralen Modifikation der Effektivitätsseite des KKV, wird abschließend auf eine wichtige Differenzierung hinsichtlich der Effizienz des Marktverhaltens, genauer gesagt auf dessen Wirtschaftlichkeit eingegangen. Ausgangspunkt hierfür ist die Unterscheidung zwischen Transaktions- und Beziehungsmarketing (vgl. Meffert et al., 2019, S. 16).

2.4.2.2 Die Effizienzseite des KKV unter den Bedingungen von Transaktions- und Beziehungsmarketing

Entwicklung des Beziehungsmarketing

Ausgehend von Impulsen aus den USA und den skandinavischen Ländern wird in Marketingwissenschaft und -praxis seit den 1980er Jahren ein auf Kundenbeziehungen ausgerichtetes Marketing diskutiert (vgl. beispielhaft Berry, 1983; Gummesson, 1994). Diese Diskussion hat das Fach nachhaltig geprägt und zum Beispiel zu einer intensiven Auseinandersetzung mit Fragestellungen der Kundenzufriedenheit und -bindung geführt. Getrieben wurde diese mitunter auch als Paradigmenwechsel (vgl. Grönroos, 1994) charakterisierte Entwicklung von im Kern zwei Veränderungen. Erstens führten zunehmend gesättigte Märkte und eine damit einhergehende Wettbewerbsverschärfung zu einer Fokussierung auf bereits vorhandene Kunden und die Frage, wie diese Kunden an das Unternehmen gebunden und ökonomisch besser ausgeschöpft werden können. Zweitens zeigten einzelne Autoren (Reichheld/Sasser, 1990) auf, dass die Bearbeitung bereits vorhandener Kunden für Unternehmen sehr viel wirtschaftlicher sein kann als die Gewinnung neuer Kunden.

Wir verstehen das Beziehungsmarketing nicht als neues Paradigma im Marketing (vgl. Backhaus, 1997), sondern als eine andere Perspektive auf eine »klingelnde Kasse« – mit allerdings weitreichenden Folgen, nicht zuletzt für die Frage, woran die Wirtschaftlichkeit des Marktverhaltens festgemacht wird.

Einmalige Transaktion oder Beziehung?

Wirtschaftlichkeit im Transaktions- und Beziehungsmarketing

Im Kern unterscheiden sich Transaktions- und Beziehungsmarketing durch die variierende Berücksichtigung der Zeitdimension: Das Transaktionsmarketing ist zeitpunkt-, das Beziehungsmarketing zeitraumorientiert. Während im Transaktionsmarketing jede Transaktion isoliert betrachtet wird, wird im Beziehungsmarketing eine Transaktion als Element einer Sequenz von Kaufakten interpretiert (vgl. Plinke, 1989). Diese im Prinzip einfache Unterscheidung ist folgenreich, da im Falle der Interpretation eines Kaufes als Teil einer Sequenz von Kaufakten nicht mehr jede einzelne Transaktion dem Wirtschaftlichkeitspostulat genügen muss, sondern die Wirtschaftlichkeit an der Gesamtheit aller Transaktionen festgemacht wird. Der punktuelle Verkauf eines Produktes oder einer Dienstleistung mit Verlust ist in dieser Sichtweise nicht grundsätzlich negativ zu werten. Im Gegenteil kann es Ausdruck ökonomischer Vernunft sein, bei einer einzelnen Transaktion einen Verlust zu erleiden, wenn damit spätere Einzahlungsüberschüsse ermöglicht werden. Konsequenterweise ist für die Wirtschaftlichkeit im Beziehungsmarketing auch nicht mehr die Deckungsspanne (oder der Gewinn pro Stück) einer einzelnen Transaktion, sondern der ökonomische Wert aller Transaktionen eines Kunden, der sogenannte Kundenlebenszeitwert (vgl. Meffert et al., 2019, S. 936 ff.), maßgeblich (vgl. Methodenkasten 1).

Deckungsspanne vs. Kundenlebenszeitwert

Methodenkasten 1

Kundenlebenszeitwert

Grundmodell

Das Grundmodell zur Berechnung des Kundenwertes (Customer Lifetime Value, CLV) ähnelt der Formel zur Berechnung des Kapitalwertes:

$$CLV = -I_0 + \sum_{t=0}^{T} \frac{(E_t - A_t)}{(1+r)^t}$$	I_0 = Akquisitionsinvestition in t_0
	t = Periode
	T = voraussichtliche Dauer der Kundenbeziehung
	E_t = Kundenspezifische Einzahlung in Periode t
	A_t = Kundenspezifische Auszahlungen in Periode t
	r = Kalkulationszinsfuß

Demnach ergibt sich der Kundenwert als Summe aus Akquisitionskosten ($-I_0$) und den auf den Gegenwartszeitpunkt diskontierten Einzahlungsüberschüssen über die Laufzeit der Kundenbeziehung. Kunden sind demnach für ein Unternehmen umso wertvoller,

- je geringer die Akquisitionskosten sind,
- je höher die Einzahlungsüberschüsse in den einzelnen Perioden sind und
- je länger die Beziehung zum Kunden andauert.

Bindungsintensität

Bei obiger Formel wird nicht berücksichtigt, dass die Bindung eines Kunden an einen Anbieter unterschiedlich stark sein kann. Die Varianz der Bindungsintensität hat aber Auswirkungen auf den Wert eines Kunden. Kunden mit sehr hoher Bindung an ein Unternehmen können wertvoller sein als Kunden mit sehr niedriger Bindungsintensität, selbst wenn letztere möglicherweise einen potenziell längeren Lebenszyklus oder höhere Einzahlungsüberschüsse je Transaktion aufweisen. Dies ergibt sich daraus, dass die Sicherheit der Einzahlungsüberschüsse bei Kunden mit hoher Bindungsintensität größer ist als bei wenig gebundenen Kunden. Stellen Sie sich vor, die Wahrscheinlichkeit, dass ein Kunde auch die nachfolgende Transaktion bei dem Unternehmen durchführt, sei jeweils 80 %. Nach der zweiten Transaktion (Periode) ist ein solcher Kunde nur noch mit 64 %iger Wahrscheinlichkeit Kunde des Unternehmens (0,8*0,8). Nach rund 20 Perioden respektive Transaktionen ist dieser Kunde mit großer Wahrscheinlichkeit nicht mehr Kunde des Unternehmens. Vor diesem Hintergrund sind Modelle des Kundenwertes entwickelt worden, die die Bindungsintensität eines Kunden und damit das unternehmensseitige Risiko eines Abrisses der Einzahlungsüberschüsse in die Berechnung integrieren. Ein Beispiel für eine solche Integration zeigt nachfolgende Formel (vgl. Bruhn, 2016, S. 317):

$$CLV = -I_0 + \sum_{t=0}^{T} \frac{(E_t - A_t)}{(1+r)^t} * R_t$$	I_0 = Akquisitionsinvestition in t_0
	t = Periode
	T = voraussichtliche Dauer der Kundenbeziehung
	E_t = Kundenspezifische Einzahlung in Periode t
	A_t = Kundenspezifische Auszahlungen in Periode t
	r = Kalkulationszinsfuß
	R_t = Retention Rate (Kundenbindungswahrscheinlichkeit) in Periode t

Modifiziertes Modell

Im Unterschied zur ersten Formel zur Berechnung des Kundenwertes wird hier die Bindungswahrscheinlichkeit (Retention Rate) je Periode und damit das kundenspezifische Risiko der Einzahlungsüberschüsse über den Parameter R_t in die Berechnung integriert. R_t kann dabei zwischen 1 (sichere Weiterführung der Beziehung) und 0 (sichere Beendigung der Beziehung) schwanken. Der Wert eines Kunden steigt also neben den bei Diskussion der ersten Formel angeführten Variablen mit seiner Bindungsintensität.

Weiterempfehlung

Schließlich haben einzelne Autoren darauf verwiesen, dass sich der Wert eines Kunden für ein Unternehmen nicht nur aus den mit ihm erzielbaren Einzahlungsüberschüssen ergibt. So können Kunden etwa über ihre Weiterempfehlung die Einzahlungsüberschüsse anderer Kunden beeinflussen (vgl. Cornelsen, 2000). Demzufolge müsste das Referenzpotenzial eines Kunden in die Berechnung des Kundenwertes integriert werden. Darüber hinaus können Kunden aber auch wertvoll sein, weil sie dem Unternehmen zum Beispiel Hinweise zur Leistungsverbesserung oder -innovation geben. Insofern müsste auch ein Kreativitäts- oder Kooperationspotenzial bei der Berechnung des Kundenwertes berücksichtigt werden. Auch wenn vereinzelte Vorschläge zur Monetarisierung dieser Größen vorliegen (vgl. z. B. Braun/Cornelsen, 2006), ist offensichtlich, dass die Überführung von Referenz- oder Kreativitätspotenzialen in Geldeinheiten mit großen Unsicherheiten behaftet ist und die ohnehin schon schwierige informatorische Konkretisierung der Formeln zur Berechnung des Kundenwertes zusätzlich erschwert. Ungeachtet der Schwierigkeiten bei der Monetarisierung sollten Variablen wie das Referenzpotenzial bei Entscheidungen auf Grundlage von Kundenwerten, z. B. im Hinblick auf den Status in einem Kundenbindungsprogramm, angemessen berücksichtigt werden.

Wert- und Mengengerüst der Wirtschaftlichkeit

Unabhängig davon, ob die Wirtschaftlichkeit an der Deckungsspanne (Transaktionsmarketing) oder am Kundenlebenszeitwert (Beziehungsmarketing) festgemacht wird, ist für eine abschließende Beurteilung der Wirtschaftlichkeit einer KKV-Position zusätzlich das Mengengerüst hinzuziehen. Deckungsspanne und Kundenlebenszeitwert sind das Wertgerüst einer einzelnen Transaktion respektive eines einzelnen Kunden. Erst die multiplikative Verknüpfung mit der Absatzmenge oder der Anzahl der Kunden ermöglicht eine belastbare Aussage über die Wirtschaftlichkeit einer Strategischen Geschäftseinheit (vgl. Tab. 1).

	Wertgerüst		Mengengerüst		Wirtschaftlichkeitsindikator
Transaktions-marketing	Deckungsspanne	*	Absatzmenge	=	Deckungsbeitrag
Beziehungs-marketing	Kundenlebenszeit-wert[1]	*	Kundenanzahl	=	Kundenstammwert[2]
1: Customer Lifetime Value; 2: Customer Equity					

Tab. 1: Mengen- und Wertgerüst zur Beurteilung der Wirtschaftlichkeit

Bezug zur Marktabgrenzung

Insofern müssen in die Beurteilung der Wirtschaftlichkeit einer KKV-Position immer auch Überlegungen über die mögliche Absatzmenge respektive Kundenanzahl einfließen. Damit ist die in Kapitel 3.2.1 thematisierte Frage des relevanten Marktes angesprochen, da mit dessen Festlegung auch die Absatz- respektive Kundenpotenziale einer KKV-Position determiniert werden. Eine enge Marktabgrenzung mit entsprechend kleinen Absatz- respektive Kundenpotenzialen impliziert demnach, dass die Wirtschaftlichkeit aufgrund des kleinen Mengengerüstes über höhere Deckungsspannen respektive Kundenlebenszeitwerte hergestellt werden muss. Wird der Markt hingegen weiter abgegrenzt, ist die Wirtschaftlichkeit auch durch die Kombination größerer Absatzmengen bei geringen Deckungsspannen (Kundenlebenszeitwerten) erreichbar.

2.4.3 Fazit: KKV kompakt – »Die vier W«

Abschließend soll die bisherige Argumentationslinie zum Strategischen Marketing und insbesondere zum KKV zusammengefasst werden (vgl. Abb. 23).

Routenplanung nach hawei und der KKV

Strategisches Marketing im Sinne der Routenplanung nach hawei erfordert eine Navigationshilfe, einen Orientierungspunkt. Hierzu haben wir das Konzept des KKV eingeführt. Die Grundidee des KKV besteht in der Gleichzeitigkeit von Effektivität und Effizienz des Markthandelns. Im Rahmen der Effektivität müssen aus Kundensicht Nettonutzenvorteile erzeugt werden; anderenfalls wird sich ein potenzieller Kunde dem Wettbewerbsangebot zuwenden. Damit dies gelingen kann, müssen erstens die relevanten Nutzen- und Opportunitätskostentreiber potenzieller Kunden bekannt sein (Anforderung: wichtig). Zweitens wird der Nettonutzen stets vom potenziellen Transaktionspartner beurteilt. Das Unternehmen muss für die Komposition eines Nettonutzenvorteils also dessen subjektive Perspektive zugrunde legen (Anforderung: wahrgenommen).

Effektivität ...

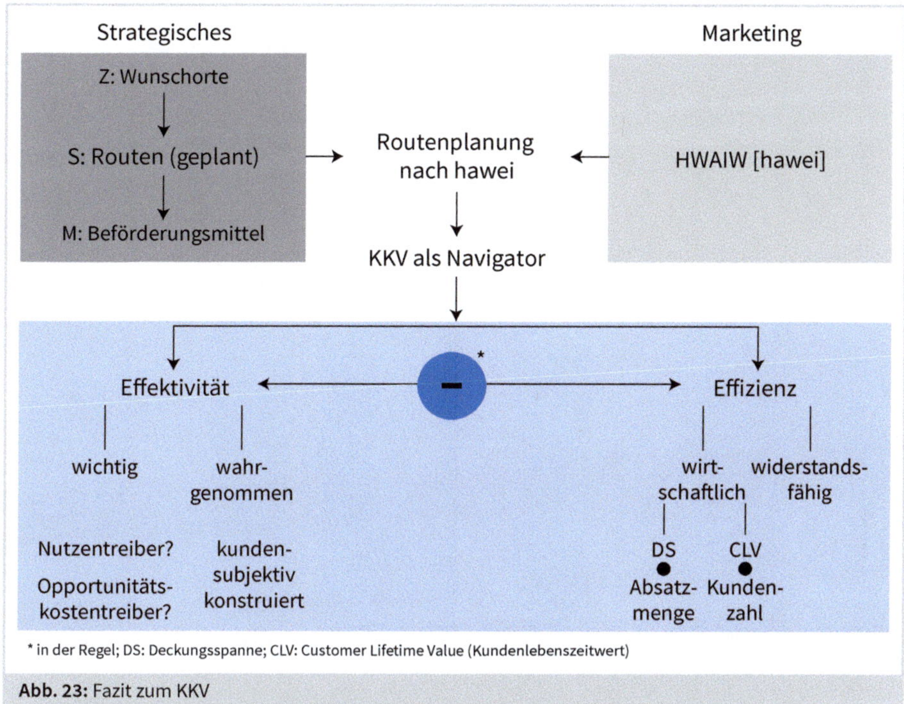

Abb. 23: Fazit zum KKV

Ein effektives Markthandeln erfreut zwar Kunden, nicht aber zwingend Unternehmen. Angesichts grundsätzlich erwerbswirtschaftlicher Ziele von Unternehmen ist ein effektives Markthandeln für Unternehmen nur erstrebenswert, wenn davon gleichzeitig ein Beitrag zu diesen erwerbswirtschaftlichen Zielen ausgeht. Neben die Effektivität tritt damit die Effizienz als zweite konstitutive Bedingung des KKV. Hierzu haben wir die Anforderungen wirtschaftlich und widerstandsfähig herausgearbeitet. Im Hinblick auf die Wirtschaftlichkeit haben wir zum einen zwischen zeitpunktorientierten Erfolgsgrößen im Transaktionsmarketing sowie zeitraumorientierten Erfolgsgrößen im Beziehungsmarketing differenziert. Zum anderen haben wir auf die Bedeutung der Unterscheidung zwischen Wert- und Mengengerüst der Wirtschaftlichkeit hingewiesen.

... und Effizienz

Schließlich haben wir deutlich gemacht, dass im Regelfall (!) Effektivitäts- und Effizienzbedingung des KKV negativ korrelieren: eine höhere Effektivität vermindert die Effizienz und umgekehrt. Dies macht das Management von KKV-Positionen, die Planung von Routen nach hawei so anspruchsvoll.

Typischerweise negativ korreliert

Nachdem das Ob des Strategischen Marketings damit aus unserer (und hoffentlich auch aus Ihrer) Sicht geklärt ist, widmen wir uns nachfolgend dem Wie. Wie also kann es Unternehmen gelingen, KKV-Positionen zu entwickeln und damit wünschenswerte Austauschprozesse im Wettbewerb herbeizuführen.

3 Routen nach hawei: das Management von KKV-Positionen in einer statischen Perspektive

Wir schlagen vor, die Routenplanung nach hawei in drei Teilfragen zu untergliedern (vgl. Abb. 24). Kapitelstruktur

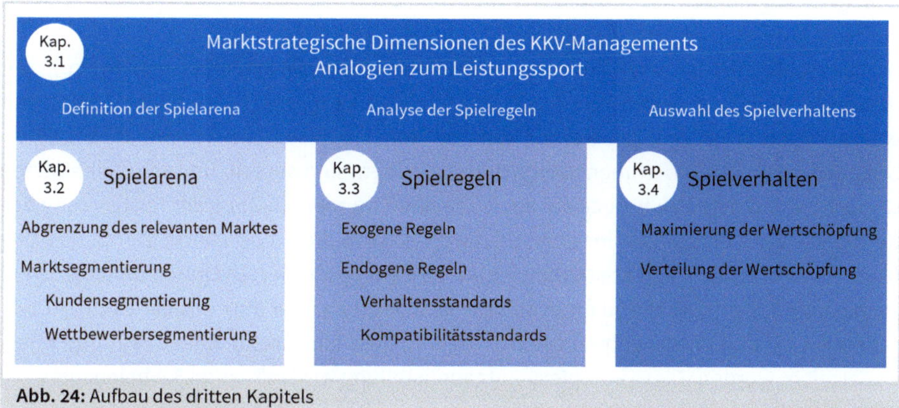

Abb. 24: Aufbau des dritten Kapitels

Erstens gilt es, die Aufgabenstellung zu konkretisieren. Welchen Teil der Milliarden wettbewerblicher Austauschprozesse möchte ein Unternehmen für sich gewinnen? Grundsätzlich könnte man annehmen, dass jeder mit Zahlungsmitteln versehene Austauschprozess für ein Unternehmen wünschenswert ist. Davon gibt es allerdings sehr viele, und vor allem sehr unterschiedliche. Diese Unterschiedlichkeit, oder auch Heterogenität, zwingt Unternehmen dazu, sich für einen Teil der Austauschprozesse zu entscheiden und damit die Heterogenität zu reduzieren. Mit dieser Entscheidung definiert das Unternehmen seine potenziellen Kunden und die dazugehörigen Wettbewerber, mit anderen Worten seinen relevanten Markt. Da die weitere Routenplanung nach hawei auf dieser Entscheidung fußt, scheint es ratsam, ihr große Aufmerksamkeit zu schenken. Fehler bei der Abgrenzung des relevanten Marktes können nicht wiedergutgemacht werden. Auch wenn durch die Marktabgrenzung die Heterogenität reduziert wurde, ist auch die definierte Spielarena nicht vollkommen homogen. Kunden haben unterschiedliche Anforderungen an die Problemlösung und Wettbewerber unterscheiden sich beispielsweise durch ihr Sortiment oder ihre Größe. Der Umgang mit dieser von als Restheterogenität charakterisierten Unterschiedlichkeit erörtern wir im Zuge der Marktsegmentierung. Der Definition der Spielarena und der Marktsegmentierung ist Kapitel 3.2 gewidmet. Kapitel 3.2

Zweitens muss der Möglichkeitenraum für die Schaffung von KKV-Positionen abgesteckt werden. Nicht alle Verhaltensweisen in einem relevanten Markt sind zulässig, da sich das Kapitel 3.3

Ringen um Wettbewerbsvorteile nach spezifischen Regeln vollzieht. Wir unterscheiden dabei zwischen exogenen und endogenen Regeln. Exogene Regeln werden den Marktparteien von außen vorgegeben und sind für alle Beteiligten verbindlich, d. h. ein Verstoß gegen eine exogene Regel wird sanktioniert. Endogene Regeln oder auch Standards hingegen sind Ergebnis von Prozessen innerhalb eines Marktes und sind für die Marktparteien nicht bindend. Wir unterscheiden dabei zwischen Kompatibilitäts- und Verhaltensstandards. Ein Verstoß gegen endogene Regeln wird folglich nicht zwingend sanktioniert, was noch nicht bedeutet, dass ein Brechen endogener Regeln sinnvoll ist. Exogene und endogene Regeln werden in Kapitel 3.3 analysiert.

Kapitel 3.4

Drittens schließlich ist zu reflektieren, wie ein Unternehmen in einem relevanten Markt mit dessen spezifischen Regeln KKV-Positionen erzielen kann. Hierzu ist zu überlegen, welcher Kundennutzen gestiftet werden soll und welchen Ressourcenverbrauch diese Nutzenstiftung beim Unternehmen nach sich zieht. Zudem sind die zeit- und energiebasierten Opportunitätskosten zu berücksichtigen, die beim Kunden im Zuge der Realisierung des Kundennutzens entstehen. Im ersten Schritt ist dann die so definierte Wertschöpfung (Nutzenstiftung abzüglich Kosten sowie zeit- und energiebasierten Opportunitätskosten) zu maximieren. Anschließend muss diese Wertschöpfung über die Preisfestlegung so zwischen Kunde und Unternehmen verteilt werden, dass gleichzeitig Effektivität und Effizienz erreicht werden. Diese komplexe Aufgabenstellung wird in Kapitel 3.4 beleuchtet.

Marktdynamik wird zunächst vernachlässigt

Diese drei Teilschritte führen wir zunächst unter Vernachlässigung der Dynamik von Marktprozessen durch, obwohl Märkte in vielerlei Hinsicht dynamisch sind. Die Struktur eines relevanten Marktes kann sich beispielsweise durch den Eintritt neuer Wettbewerber verändern. Die Spielregeln eines Marktes sind nicht »in Stein gemeißelt«, sondern unterliegen ständigen Modifikationen, was Auswirkungen auf KKV-Positionen haben kann. Ebenso können sich z. B. Kundenanforderungen verändern, was Konsequenzen für die Möglichkeiten zur Erzielung von KKV-Positionen hat. Wir abstrahieren also von der Marktdynamik nicht, weil wir sie nicht für bedeutsam halten, sondern schlicht, weil dies die Analyse im ersten Schritt zu komplex machen würde. Nachdem wir in diesem Hauptkapitel die Routen nach hawei unter Ausklammerung von Dynamik, also in einer statischen Perspektive, geplant haben, heben wir im vierten Hauptkapitel diese Vereinfachung auf und beleuchten das Management von KKV-Positionen unter dem Primat von Veränderungen, also in einer dynamischen Sichtweise.

Dem aufmerksamen Leser wird möglicherweise aufgefallen sein, dass die Nummerierung der Hauptkapitel unvollständig ist. Kapitel 3.2 beleuchtet die Frage der Spielarena, Kapitel 3.3 ist den Regeln gewidmet und Kapitel 3.4 adressiert Möglichkeiten zur Erzeugung von KKV-Positionen. 3.2, 3.3, 3.4 … und was ist mit Kapitel 3.1?

Kapitel 3.1

Kapitel 3.1 wollen wir nutzen, um unseren vorgeschlagenen Dreiklang der Routenplanung zu untermauern und gleichzeitig anschaulicher und damit hoffentlich noch verständlicher zu machen. Hierzu vergleichen wir das Ringen um Wettbewerbsvorteile mit Entscheidungen im Rahmen des Leistungssports.

3.1 Was wir vom (Leistungs-)Sport lernen können: Spielarena, Spielregeln und Spielverhalten als marktstrategische Dimensionen

KKV und Leistungssport

Der Begriff KKV betont explizit eine wettbewerbsorientierte Perspektive. Um diese Perspektive auszuleuchten, lässt sich zeigen, dass die Betrachtung von Sport-Wettbewerben interessante Analogien zutage fördert. Ähnlich wie im ökonomischen Wettbewerb geht es auch im (Spitzen-)Sport um relative Vorteilspositionen gegenüber den Wettbewerbern, die allerdings im Gegensatz zur subjektiven Komponente des KKVs hier in der Regel – Ausnahmen bilden Sportarten wie Eiskunstlaufen, Synchronschwimmen oder Turmspringen – anhand objektiver Merkmale (z. B. Zeitmessung, Tore) festgemacht werden. Ungeachtet dieses und weiterer Unterschiede zwischen ökonomischem und sportlichem Wettbewerb im Detail, stellen sich für den Spitzensportler ebenso wie für den Marketing-Strategen im Kern doch ähnliche Schlüsselfragen, die über den Erfolg oder Misserfolg seines Strebens nach Wettbewerbsvorteilen von herausragender Bedeutung sind:

Drei Schlüsselfragen

- Welches ist meine Spielarena?
- Nach welchen Regeln wird in einer Arena gespielt?
- Welches Spielverhalten hat das Potenzial für eine überlegene Wettbewerbsposition?

Wettbewerbsarena

Als Erstes richtet sich der Blick dabei auf die Frage nach der Wettbewerbsarena. Eine relative Vorteilsposition wird im Sport ganz maßgeblich durch die Fähigkeiten der Wettbewerber, durch ihre Stärken und Schwächen im Verhältnis zu den eigenen Stärken und Schwächen determiniert. Insofern ist die Entscheidung, in welcher Arena ein Sportler nach Wettbewerbsvorteilen strebt, elementar. So konnte etwa der deutsche Leichtathlet Frank Busemann bei den Olympischen Spielen in Atlanta im Jahre 1996 in seiner Arena, dem olympischen Zehnkampf, die Silbermedaille erringen (vgl. Lasko/Busemann/Busch, 2005, S. 19). Auch wenn es sich dabei »nur« um den zweiten Platz handelt, so ist doch zu konstatieren, dass Frank Busemann in der Arena olympischer Zehnkampf im Verhältnis zu (fast) allen Wettbewerbern eine überlegene Wettbewerbsposition innehatte. Hätte Frank Busemann als seine Arena nicht den Zehnkampf, sondern eine der zehn Teildisziplinen gewählt, hätten seine Leistungen in Atlanta nicht ausgereicht, um bei einer der zehn Disziplinen eine Medaille zu gewinnen. In den Einzeldisziplinen wäre Busemann also von einem Wettbewerbsvorteil weit entfernt gewesen. Zur Verdeutlichung dieses Beispiels zeigt Tab. 2 die Leistungen von Frank Busemann im Zehnkampf sowie der Gold-, Silber- und Bronzemedaillengewinner in den zehn Einzeldisziplinen. Die drei rechten Spalten drücken die Leistung Busemanns in % des jeweiligen Medaillengewinners aus und dokumentieren somit seine relative Wettbewerbsposition in den zehn Einzeldisziplinen.

Beispiel Frank Busemann

	Ergebnisse				Leistungen Busemanns in % der Leistung des jeweiligen Medaillengewinners		
	Busemann	Gewinner der					
		Gold-	Silber-	Bronze-	Gold	Silber	Bronze
		medaille					
100 m	10,60	9,84	9,89	9,90	92,8	93,3	93,4
Weitsprung	8,07	8,50	8,29	8,24	94,9	97,3	97,9
Kugel	13,60	21,62	20,79	20,75	62,9	65,4	65,5
Hochsprung	2,04	2,39	2,37	2,35	85,4	86,1	86,8
400 m	48,34	43,49	44,41	44,53	90,0	91,9	92,1
110 m Hürden	13,47	12,95	13,09	13,17	96,1	97,2	97,8
Diskus	45,04	69,40	66,60	65,80	64,9	67,6	68,4
Stab	4,80	5,92	5,92	5,92	81,1	81,1	81,1
Speer	66,86	88,16	87,44	86,98	75,8	76,5	76,9
1.500 m	4:31,41	3:35,78	3:36,40	3:36,72	79,5	79,7	79,8

Tab. 2: Zehnkämpfer oder Spezialist? Die Leistungen Frank Busemanns in Relation zu den Spezialisten bei den Olympischen Spielen 1996

Wettbewerbs-arena = relevanter Markt

Ähnliches gilt für den ökonomischen Wettbewerb, bei dem sich die Analyse der Arena aber nicht auf die Fähigkeiten potenzieller Wettbewerber beschränken kann. Vielmehr ist es für die Identifikation dieser Wettbewerber zunächst erforderlich, potenzielle Nachfrager der eigenen Problemlösung ausfindig zu machen, um auf Basis deren relevanten Alternativenspektrums Aussagen über mögliche Wettbewerber treffen zu können. Im ökonomischen Kontext ist damit die Frage nach dem relevanten Markt angesprochen.

Marketing Myopia

Auch hier ist die richtige Einschätzung der eigenen Wettbewerbsarena für das Management von Wettbewerbsvorteilen von elementarer Bedeutung. So hat Theodore Levitt (1960) in seinem berühmten Artikel »Marketing Myopia« als wesentliche Ursache der schwachen Wettbewerbsposition amerikanischer Eisenbahnen deren Fehleinschätzung hinsichtlich der Wettbewerbsarena ausgemacht. Amerikanische Eisenbahnunternehmen sahen andere, nicht schienengebundene Transportmöglichkeiten, wie etwa den LKW, nicht als Wettbewerber, obgleich diese aus Kundensicht sehr wohl eine relevante Alternative zur Eisenbahn darstellten.

Spielregeln

Die zweite der marktstrategischen Dimensionen bezieht sich auf die Regeln einer Wettbewerbsarena. Im Sport wie in der Ökonomie vollzieht sich das Ringen um Wettbewerbsvorteile nach bestimmten Regeln. Insofern sind es weniger die Regeln selbst als ihre limitierende Wirkung auf das Spielverhalten, die sie bedeutsam für das Management von

Wettbewerbsvorteilen erscheinen lassen. Regeln können unterteilt werden in exogene, respektive formale Regeln und endogene, respektive informelle Regeln. Exogene Regeln werden formal geschaffen, z.B. durch eine Verordnung oder ein Gesetz und besitzen damit Gültigkeit für alle beteiligten Spieler einer Wettbewerbsarena. Bei Verstoß gegen diese Regeln drohen Sanktionen. So ist es etwa beim Fußball verboten, den Ball mit der Hand zu spielen und Unternehmen ist es untersagt, Preisabsprachen zu treffen.

Exogene Regeln

Endogene Regeln haben einen völlig anderen Charakter. Sie sind nicht formal vorgegeben und ein Regelverstoß wird somit auch nicht mit einer formellen Sanktion geahndet. Den endogenen Regeln folgen die Spieler also quasi freiwillig. Endogene Regeln bilden sich in einer sportlichen oder ökonomischen Wettbewerbsarena allmählich heraus. Das Spielverhalten aller Spieler einer Wettbewerbsarena vollzieht sich dann nach diesen »ungeschriebenen Gesetzmäßigkeiten«. So ist es heute im Fußball üblich, in der Abwehr mit einer sogenannten Dreier- oder Viererkette im Raum zu spielen und nicht mehr wie noch vor einigen Jahrzehnten, als die gegnerischen Stürmer von je einem Abwehrspieler »gedeckt« und von einem Libero oder Ausputzer hinten abgesichert wurden. Auch im ökonomischen Kontext findet sich eine Vielzahl endogener Regeln, die Einfluss auf den Wettbewerb ausüben. So war es in Deutschland beispielsweise jahrzehntelang üblich, dass ein Taxi vom Hersteller Mercedes »zu sein hatte«. Darüber hinaus spielen in vielen technologischen Märkten so genannte de facto Standards eine bedeutende Rolle, etwa Computer-Betriebssysteme der Firma Microsoft.

Endogene Regeln

Drittens ist das Spielverhalten für das Erlangen von Wettbewerbsvorteilen im Sport ebenso wie in der Ökonomie relevant. In welchen Dimensionen wird der sportliche Wettbewerb ausgetragen? Stehen Kraft und Ausdauer oder technisches Geschick im Vordergrund? Wie verhalten sich die Wettbewerber, um ihrerseits zu Wettbewerbsvorteilen zu gelangen? Ist eine eher offensive oder eine eher defensivere Spielweise der richtige Weg zum Erfolg? So spielen etwa die Fußballvereine Real Madrid und Ajax Amsterdam zumindest partiell in der gleichen Wettbewerbsarena, nämlich der UEFA-Champions League. Allerdings weisen beide Clubs in ihrem Streben nach Wettbewerbsvorteilen in dieser Arena ein völlig unterschiedliches Spielverhalten auf (vgl. Diederichsen/Feddersen, 2003). Während Real Madrid Top-Spieler von anderen Vereinen für hohe Ablösesummen verpflichtet, setzt Ajax Amsterdam – nicht zuletzt aufgrund einer anderen Ressourcenausstattung – auf die Förderung eigener Nachwuchsspieler, um im europäischen Spitzenfußball erfolgreich zu sein.

Spielverhalten

Im ökonomischen Zusammenhang ist im Hinblick auf das Spielverhalten vor allem von Interesse, welche Spieldimension des Wettbewerbs KKV-Potenzial besitzt. Mit der Gestaltung des Nutzens und dem daraus resultierenden Ressourcenverbrauch auf der einen Seite sowie der kundenseitigen Opportunitätskosten mit den Treibern Geld, Zeit und Energie auf der anderen Seite stehen dem Unternehmen unendlich viele Optionen zur Erreichung einer effizienten Nettonutzenvorteilsposition, eben einer KKV-Position, zur Verfügung. Im Auswahlprozess geeigneter Spielverhaltensweisen geht es dabei zunächst um die Maximie-

Wertschöpfungsmaximierung und -verteilung

rung der Wertschöpfung, festgemacht an der Differenz zwischen Kundennutzen und nicht preislichen Opportunitätskosten sowie Kosten des Unternehmens. Anschließend muss der Preis so justiert werden, dass gleichzeitig Effektivität und Effizienz des Markthandelns gewährt sind. Gelingt dies nicht, ist eine andere Wertschöpfungskonfiguration zu wählen.

Auf Basis der vorgestellten Analogien zwischen Spitzensport und ökonomischem Wettbewerb in den marktstrategischen Dimensionen Spielarena, Spielregeln und Spielverhalten werden diese nachfolgend ausführlich in ihrer Bedeutung für das Management von KKVs diskutiert.

3.2 Womit alles beginnt ... die Spielarena

Abgrenzung der Spielarena als Basisentscheidung

So, wie Frank Busemann sich bewusst für den Zehnkampf und nicht für eine Einzeldisziplin entschieden hat, müssen auch Unternehmen die Arena definieren, in der sie agieren wollen. Mit anderen Worten: Ob eine bestimmte Marketing-Strategie erfolgversprechend ist, hängt wesentlich davon ab, auf welchen konkreten Markt sich die Maßnahmen beziehen sollen. Dennoch ist in der Praxis häufig zu beobachten, dass die Frage des relevanten Marktes entweder gar nicht gestellt wird oder aber Märkte produktzentriert definiert werden: Man agiert im Uhrenmarkt, im Markt für Tiefkühlpizzen oder im Biermarkt. Wir werden im weiteren Verlauf des Kapitels zeigen, dass ein solches Vorgehen nicht sinnvoll ist. Weil alle anderen Entscheidungen im Kontext des Strategischen Marketings auf der Abgrenzung des Marktes basieren, charakterisieren wir eine falsche Marktdefinition als Folgefehler. Wie man diesen Folgefehler vermeiden kann, ist Gegenstand von Kapitel 3.2.1. Dazu erläutern wir in

Kapitelstruktur

Kapitel 3.2.1.1 zunächst, das der Marktabgrenzung zugrunde liegende Prinzip. Anschließend zeigen wir in Kapitel 3.2.1.2 auf, wie man unserer Auffassung nach Märkte sinnvoll abgrenzt.

In Kapitel 3.2.2 beleuchten wir die Marktsegmentierung als Antwort auf das Phänomen der Restheterogenität. Damit ist der Umstand beschrieben, dass die Austauschprozesse in einer Spielarena zwar im Vergleich zu allen Austauschprozessen in allen Spielarenen relativ homogen sind. Dennoch verbleibt aber auch in einer definierten Spielarena ein Rest an Unterschiedlichkeit, der für das Management von KKV-Positionen bedeutsam ist. Diese Unterschiedlichkeit bezieht sich zum einen auf die Kunden, zum anderen auf die Wettbewerber einer Spielarena. Der Homogenisierung beider Marktparteien ist jeweils ein Unterkapitel gewidmet.

3.2.1 Vermeide den Folgefehler: Auswahl der Spielarena als Basisentscheidung

Es ist nicht auszuschließen, dass der ein oder andere unserer Leser in der Schule »richtig gut« in Mathe war. Für diesen Teil der Leserschaft müssen wir zunächst erklären, was ein

Folgefehler ist. Diejenigen unter Ihnen, die vielleicht nicht immer so richtig gut in Mathe waren, sind natürlich ebenso herzlich zur nachfolgenden Erläuterung des Phänomens Folgefehler eingeladen ...

Von Folgefehlern und netten Mathelehrern

Mit Folgefehler wird der Umstand beschrieben, dass man in die Lösung einer Mathematik-Aufgabe falsch eingestiegen ist und mit diesem Fehler konsequent »falsch« weitergerechnet hat. Das Ergebnis dieser Verkettung unglücklicher Umstände muss wegen des fehlerhaften Einstiegs natürlich auch falsch sein, wird aber eben nicht als vollständig falsch bewertet. Der »nette« Mathelehrer (oder vielleicht noch wahrscheinlicher die »nette« Mathelehrerin) zieht lediglich Punkte für den falschen Einstieg in den Lösungsalgorithmus ab, wird mit diesem Fehler dann allerdings folgerichtig weiter gerechnet, erfolgt kein weiterer Punktabzug.

Vermeide den Folgefehler

So ähnlich ist es mit der Auswahl der Spielarena und dem Management von KKV-Positionen. Die Auswahl der Spielarena bildet die Basis für alle folgenden Schritte zur Erreichung einer KKV-Position (Analyse der Spielregeln und Auswahl einer geeigneten Spielverhaltensweise). Wenn also die Auswahl der Spielarena fehlerhaft ist, sind auch alle folgenden Schritte zur Erreichung einer KKV-Position fehlerhaft: Es kann keine KKV-Position erzielt werden. Im Gegensatz zum Bewertungsmodus von Mathematikaufgaben während der Schulzeit gibt es im Strategischen Marketing aber keinen »netten« Mathelehrer: Ein falscher Einstieg in die Analyse wird – auch wenn er noch so konsequent durchgezogen wird – nicht nur mit partiellem, sondern totalem Punktabzug bestraft. Insofern ist die Auswahl der Spielarena höchst folgenreich und sollte daher mit besonderer Sorgfalt bedacht werden. Mit anderen Worten: Es gilt, den Folgefehler zu vermeiden!

3.2.1.1 Das Prinzip der Marktabgrenzung: Heterogenität des Marktes vs. Marktgröße

Auf der einen Seite: Marktgröße

Wir hatten Marketing als die Lehre vom Herbeiführen wünschenswerter Austauschprozesse im Wettbewerb definiert (vgl. Kapitel 2.2). Aus Sicht des Unternehmens ist ein Austauschprozess dann wünschenswert, wenn er einen positiven Beitrag zur Zielfunktion des Unternehmens leistet. Angesichts der in der Betriebswirtschaftslehre grundsätzlich unterstellten ökonomischen Zielfunktion, könnte ein Unternehmen auf den ersten Blick versucht sein, alle mit Zahlungsmitteln behafteten Austauschprozesse als für sich relevant zu erachten, also für sich gewinnen zu wollen. Das Charmante an dieser Vorstellung ist, dass der Markt des Unternehmens sehr groß wäre. Selbst wenn man sich »nur« auf Deutschland beschränken würde (damit ist die Frage der regionalen Marktabgrenzung angesprochen, auf die wir später noch eingehen werden), hätte der relevante Markt das Volumen des Bruttoinlandsprodukts. Dies belief sich im Jahr 2018 auf stattliche 3.388,2 Mrd. Euro (Statistisches Bundesamt, 2019a, S. 5). In einem derart großen Markt würde auch ein nur sehr kleiner Marktanteil von 1 Promille dem Unternehmen einen Umsatz von rund 3 Mrd. Euro bescheren.

Auf der anderen Seite: Heterogenität

Das weniger Charmante an unserem obigen Gedankenexperiment ist die Tatsache, dass das Unternehmen bei dieser Form der »Marktabgrenzung«, die in Wirklichkeit natürlich gar keine Abgrenzung ist, vermutlich noch nicht einmal einen Marktanteil von einem Zehntausendstel erreichen würde. Der Grund dafür liegt in der Heterogenität der hinter den Milliarden von Austauschprozessen stehenden Kundenproblemen: Der Kauf eines Bustickets, das Einsetzen einer künstlichen Hüfte, die Dienstleistung eines Steuerberaters usw. All diese Transaktionen sind zwar für Anbieter mit dem Zufluss von Zahlungsmitteln versehen und insofern prinzipiell wünschenswert, aber gleichzeitig so unterschiedlich, dass sie mit einem einzigen Leistungsangebot wohl kaum für ein Unternehmen gewonnen werden könnten.

Umgekehrt gilt, dass sehr kleine Märkte zwar wegen ihrer Homogenität für das Unternehmen gut zu bearbeiten sind, gleichzeitig aber eben aufgrund ihrer Größe die Wirtschaftlichkeit der Marktbearbeitung erschweren. Stellen Sie sich bitte dazu einmal kurz vor, ein Unternehmen würde sich auf einen einzigen Austauschprozess fokussieren, diesen also als seinen relevanten Markt interpretieren. Das Kundenproblem hinter diesem einen Austauschprozess ist entsprechend homogen, das Unternehmen hätte also gute Chancen, ihn für sich zu gewinnen. Allerdings wäre der Markt für das Unternehmen vermutlich deutlich zu klein.

Ausreichende Marktgröße und hinreichende Homogenität

Damit ist das Spannungsfeld bei der Abgrenzung des relevanten Marktes auch schon hinlänglich beschrieben: ausreichende Marktgröße auf der einen Seite, hinreichende Homogenität der Kundenprobleme auf der anderen Seite (vgl. Abb. 25).

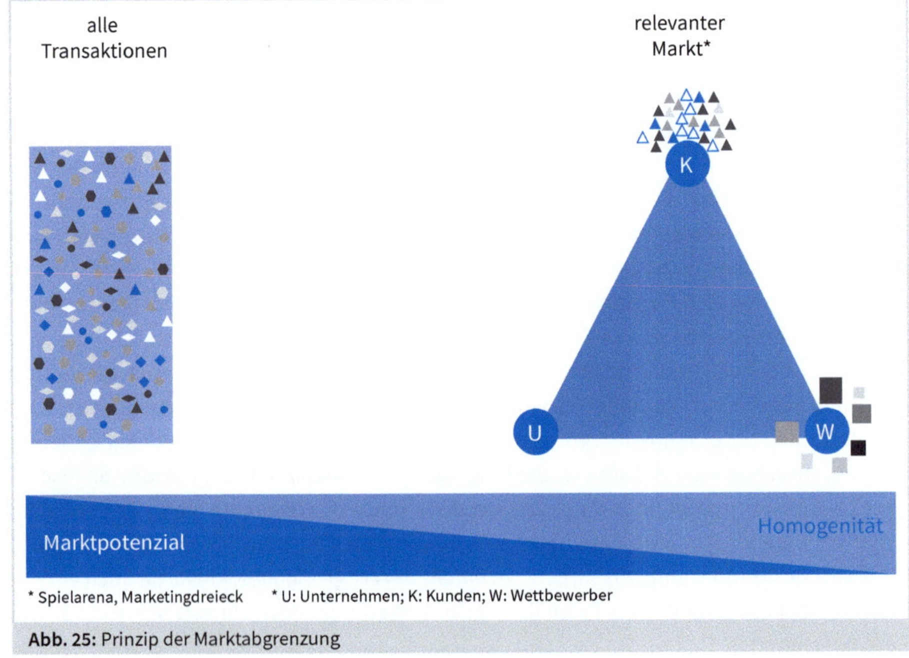

Abb. 25: Prinzip der Marktabgrenzung

Konkret heißt dies, dass ein Unternehmen aus der Menge aller heterogenen Kundentransaktionen einen homogeneren Teil auswählen muss. In Abb. 25 hat sich das Unternehmen aus der Gesamtzahl aller Transaktionen, die durch verschiedene Symbole und Farben gekennzeichnet sind, beispielsweise für alle Dreiecke entschieden.

Hierdurch wird das Volumen der Transaktionen, die das Unternehmen für sich gewinnen möchte, kleiner, gleichzeitig steigt aber aufgrund der größeren Homogenität die Wahrscheinlichkeit, dass dies gelingen kann.

Wettbewerber

Aus der Auswahl der relevanten Kundentransaktionen folgt gleichzeitig das Spektrum der Wettbewerber des Unternehmens, da für jeden der Austauschprozesse aus Sicht von Kunden Alternativen vorliegen. Das Wettbewerbsangebot ist dabei aus Sicht der Kunden mehr oder weniger ähnlich gut geeignet, ein spezifisches Kundenproblem zu lösen. Der Fachbegriff für dieses mehr oder weniger heißt Substitutionsintensität (vgl. Robinson, 1948). Je höher (niedriger) die Substitutionsintensität, desto eher (weniger) ist das Alternativangebot in der Lage, das Kundenproblem ebenso gut zu lösen.

Stufenweise Homogenisierung

Mit der Definition des relevanten Marktes, der Spielarena oder auch des Marketing-Dreiecks, hat das Unternehmen seine Grundsatzentscheidung für das Management von KKV-Positionen getroffen. Es hat festgelegt, welche Teilmenge aus der Gesamtzahl aller Transaktionen es für sich gewinnen möchte. Damit ist ein erster Homogenisierungsschritt getan, der erforderlich ist, um überhaupt wettbewerbsüberlegene Leistungsangebote machen zu können. Auch wenn die Austauschprozesse im relevanten Markt homogener sind als die Gesamtmenge aller Transaktionen, weisen auch sie einen Rest an Heterogenität auf. So sind zwar die Kundenprobleme im relevanten Markt relativ homogen, die Anforderungen an die Problemlösung sind jedoch noch unterschiedlich. Mit anderen Worten haben die Kunden des relevanten Marktes alle ein ähnliches Problem, aber variierende Vorstellungen von einer guten Problemlösung. In Abb. 25 wird dies durch die verschiedenen Farben der Dreiecke symbolisiert. Ebenso unterscheiden sich die Wettbewerber des relevanten Marktes, zum Beispiel hinsichtlich ihrer Größe, ihres Sortiments oder ihrer Fertigungstiefe. In Abb. 25 kommt dies in unterschiedlichen Farben und Größen der Vierecke zum Ausdruck, welche die Wettbewerber symbolisieren. Der Umgang mit dieser Restheterogenität wird im Kontext der Marktsegmentierung behandelt.

Fazit

Zusammenfassend geht es bei der Abgrenzung des relevanten Marktes im Prinzip darum, die zu adressierenden Austauschprozesse aus dem interdependenten Marktgeschehen heraus zu lösen, um die Heterogenität des zu bearbeitenden Marktausschnittes zu begrenzen. Dabei steht der einzelne Anbieter vor einem Dilemma. Einerseits soll der Markt möglichst groß sein. Das bedeutet aber andererseits die Inkaufnahme von relativ heterogenen Nachfragestrukturen. Soll das Angebot gezielter auf einen Markt ausgerichtet sein, bietet es sich an, den Markt enger zu definieren. Dann wird aber auch das Marktpotenzial wegen der geringeren Marktgröße kleiner ausfallen. In diesem Spannungsfeld zwischen einem größeren Markt, der mit der Inkaufnahme von mehr Heterogenität verbunden ist, sodass das Leistungsangebot die Marktbedürfnisse mehr oder weniger gut – hier v.a. weniger – trifft, und einem kleineren Markt, auf dem die Bedürfnisse homogener strukturiert sind, bewegt sich der Anbieter. Die zu fällende Entscheidung über die Inkaufnahme des Heterogenitätsgrades und der damit einhergehenden Marktgröße bezeichnen wir als die Abgrenzung des relevanten Marktes.

Nachdem wir das Prinzip bei der Abgrenzung des relevanten Marktes erläutert haben, wird nachfolgend beschrieben, wie dies konkret umgesetzt werden kann.

3.2.1.2 Festlegung des Wirklichkeitsausschnitts: Definition der Spielarena

Die Entscheidung, welche Markttransaktionen ein Unternehmen für sich gewinnen möchte, muss im Hinblick auf die »drei« Dimensionen sachlich, räumlich und zeitlich getroffen werden.

Sachliche Marktabgrenzung

Mit der sachlichen Marktabgrenzung ist die Frage des inhaltlichen Charakters der relevanten Austauschprozesse angesprochen: Welche Kundenprobleme möchte und kann das Unternehmen wettbewerbsüberlegen lösen und welche Unternehmen lösen diese Probleme noch? Da diese Fragen von herausragender Bedeutung sind, werden wir ihnen besondere Aufmerksamkeit schenken. Bei der räumlichen Marktabgrenzung ist die geografische Ausdehnung des Marktes festzulegen. Wenn sich ein Unternehmen bei der sachlichen Marktabgrenzung beispielsweise für das Lösen von Mobilitätsproblemen entschieden hat, ist bei der räumlichen Marktabgrenzung dann zu fragen, ob es um Mobilitätsprobleme in einer bestimmten Stadt, einer bestimmten Region, einem Land, einem Kontinent oder der ganzen Welt geht. Drittens schließlich ist die zeitliche Komponente des Marktes zu definieren. Sollen Mobilitätsprobleme beispielsweise in Berlin das ganze Jahr über gelöst werden oder nur in bestimmten Zeitkorridoren, beispielsweise im Sommer oder im Winter oder nur während der Hauptverkehrszeiten.

Räumliche Marktabgrenzung

Zeitliche Marktabgrenzung

Wer ist Wettbewerber?

Im Hinblick auf die sachliche Marktabgrenzung herrscht in der Marketingwissenschaft nach unserer Auffassung Einigkeit darüber (vgl. bspw. Meffert et al., 2019, S. 55; Homburg, 2017, S. 5; Benkenstein/Uhrich, 2009, S. 30 f.; Kotler/Keller/Opresnik, 2017, S. 14), dass für die Frage, wer Wettbewerber ist, zunächst einmal die Alternativerwägungen der Kunden entscheidend sind. Dies ist wenig überraschend. Wir hatten im Kontext unserer Diskussion der Effektivitätsanforderungen an eine KKV-Position auf das strikte Subjektivitäts-Paradigma der Marketingwissenschaft verwiesen. Wenn für die Beurteilung von Eigenschaften wie schnell, schön oder leise ausschließlich die Kundenperspektive maßgeblich ist, ist auch klar, dass Kunden darüber entscheiden, inwieweit die Angebote anderer Unternehmen eine Alternativoption darstellen. Für die Definition der Wettbewerber in einer Spielarena muss daher das Ausmaß der Austauschbarkeit alternativer Angebote, die sogenannte Substitutionsintensität, empirisch bestimmt werden. Wie dies konkret geschehen kann, wird etwas später im Rahmen eines Methodenkastens ausführlich erörtert (vgl. Methodenkasten 2). Zunächst soll Beispiel 8 das Prinzip der Substitutionsintensität verdeutlichen.

Substitutionsintensität

Beispiel 8

Substitutionsintensität

Stellen Sie sich bitte vor, dass Sie sich heute Abend mit ein paar Kommilitonen in einer Kneipe verabredet haben, um den Lernfortschritt in Sachen Strategisches Marketing zu besprechen (ja, das ist zugegebenermaßen etwas skurril). Ihr Getränkewunsch ist ein eiskaltes Hefeweizen (naturtrüb). Einige Minuten nach Ihrer Bestellung kommt die freundliche Servicekraft zurück zu Ihrem Tisch und teilt Ihnen mit großem Bedauern mit, dass Hefe gerade aus ist. Nun beginnt der Prozess der Alternativerwägungen, die letztlich Ausdruck von Substitutionsintensitäten sind. Was ist also Ihre zweite Wahl? Ein Kristall-Weizen? Ok, aber leider ist das auch gerade aus … Ihre dritte Wahl ist möglicherweise ein Bier und sollte das nun auch gerade nicht mehr vorrätig sein, möglicherweise ein Rotwein (oder irgendetwas mit Alkohol). Wenn wir dieses Bestell-aber-leider-aus-Spiel noch ein paar Runden weiter machten, würden Sie vielleicht einen Kamillentee bestellen. Zu jeder Produktwahl gibt es aus Kundensicht Alternativen, die mehr (im Beispiel Kristall-Weizen) oder weniger (im Beispiel Kamillentee) ähnlich zueinander sind. Dieses mehr oder weniger an Ähnlichkeit, an Austauschbarkeit charakterisiert die Substitutionsintensität.

Wer ist Kunde?

Es ist offensichtlich, dass die Bestimmung nachfragerseitiger Substitutionsintensitäten in einem ersten Schritt eine Entscheidung über die potenziellen Käufer eines Produktes erfordert – wie sonst sollte eine Marktforschung zur Bestimmung der Substitutionsintensitäten konzipiert werden. Dabei scheint es ratsam, von der vielleicht auf den ersten Blick naheliegenden Produktperspektive zu abstrahieren. Ein Hersteller von Automobilen befindet sich möglicherweise nicht nur im Wettbewerb mit anderen Automobilherstellern, sondern auch mit Unternehmen, die auf andere Weise Mobilitätsprobleme von Nachfragern lösen, wie z.B. die Deutsche Bahn. An die Stelle der produktbezogenen Perspektive sollte bei der Abgrenzung des relevanten Marktes daher eine problemlösungsorientierte Denkweise treten. Die erste wichtige Frage für die Abgrenzung des relevanten Marktes lautet demnach: Welches Problemlösungspotenzial besitzt mein Produkt? Diese Frage ist nicht mit richtig oder falsch zu beantworten, sondern erlaubt ganz unterschiedliche Antworten, die allerdings in ihrer Unterschiedlichkeit weitreichende Konsequenzen für die Abgrenzung des relevanten Marktes nach sich ziehen. Zur Bestimmung der potenziellen Käufer und damit der Zielgruppe bei der Ermittlung von Substitutionsintensitäten ist anschließend zu fragen, welche Nachfrager dieses Problem haben. Drittens sind dann über die Messung der Substitutionsintensitäten bei dieser Zielgruppe Informationen über

Denken in Kundenproblemen statt in Produkten

das Spektrum möglicher Wettbewerber zu erheben. Die Logik dieser Vorgehensweise soll nachfolgend an einem fiktiven Beispiel illustriert werden (vgl. Beispiel 9), das zugleich die Tragweite der Abgrenzung des relevanten Marktes für das Management von KKVs verdeutlicht.

Beispiel 9

Sachlich relevanter Markt für Armbanduhren

Ein Beispiel

Ein Hersteller von Armbanduhren sieht sich im Zuge seiner strategischen Marketingplanung vor der Aufgabe, seinen relevanten Markt abzugrenzen. Dem vorgestellten Fragenkatalog folgend, steht am Anfang des Prozesses die Analyse des Problemlösungspotenzials einer Armbanduhr, um auf dieser Basis Aufschluss über mögliche Käufer (und deren Alternativenspektrum) zu erhalten. Die Frage nach dem Problemlösungspotenzial einer Armbanduhr ist nicht eindeutig zu beantworten. Denkbar sind unterschiedliche Probleme, die potenzielle Kunden durch den Kauf einer Armbanduhr (primär) zu lösen suchen.

Zeitmessung

Erstens wäre es denkbar, dass Kunden vor allem deshalb Armbanduhren kaufen, weil ihnen dieses Produkt jederzeit Aufschluss über die aktuelle Zeit respektive das aktuelle Datum liefert. Wenn die Information über die Zeit das primäre Motiv für den Kauf einer Armbanduhr darstellt, ist im nächsten Schritt zu fragen, wer dieses Problem hat und damit als Kunde des Uhrenherstellers in Betracht kommt. Vermutlich ist der Kreis von Menschen, die ein Bedürfnis nach Zeitinformationen haben, relativ groß, aber es wird auch schnell deutlich, dass für bestimmte Menschen die Zeitmessung kein relevantes Problem darstellt, etwa weil sie einen nicht zeitsensitiven Lebensstil pflegen. Im dritten Schritt wären dann die potenziellen Käufer, also in unserem Beispiel Menschen mit einem Bedürfnis nach ständig verfügbarer Zeitinformation, im Hinblick auf ihre Substitutionsmöglichkeiten zu untersuchen. Dabei würde vermutlich schnell klar, dass die potenziellen Käufer nicht nur Armbanduhren als Möglichkeit zur Zeitinformation ansehen, sondern auch andere Produkte, wie z.B. Mobiltelefone. Unser Hersteller von Armbanduhren ist somit keineswegs im Uhrenmarkt tätig, sondern im Markt für Zeitinformationen. Erst jetzt sind Überlegungen über ein für den Kunden überlegenes Leistungsangebot sinnvoll möglich, da erst jetzt die Wichtigkeitsanforderung des KKVs hinreichend präzisiert werden kann. Im Markt für Zeitinformationen könnten möglicherweise die Genauigkeit der Zeitanzeige, seine Lesbarkeit etc. von Relevanz sein.

Mode

Beantwortet der Uhrenhersteller die Eingangsfrage nach seinem Problemlösungspotenzial hingegen nicht mit Bedürfnis nach Zeitinformation, sondern mit dem Bedürfnis nach Schmuck/Mode, sind Kriterien wie Genauigkeit oder Lesbarkeit einer Uhr vermutlich von sehr viel geringerer Relevanz. Im Markt für Schmuck sähe sich der

Hersteller anderen Kunden mit anderen Substitutionsintensitäten gegenüber. Dementsprechend wären nunmehr auch die zentralen Kundenanforderungen andere: Im »Schmuckmarkt« wären vermutlich der Designaspekt und das Treffen des modischen Zeitgeists von sehr viel höherer Relevanz als im »Markt für Zeitinformationen«. Damit ist auch klar, dass das Spektrum der Wettbewerber sich deutlich verändert. Nunmehr wäre es für den Uhrenhersteller wichtig, ein überlegenes Leistungsangebot im Vergleich zu anderen Anbietern von Schmuck zu offerieren, nicht ein überlegenes Leistungsangebot gegenüber anderen Anbietern von Zeitinformation.

Sozialer Code

Schließlich wäre es auch denkbar, dass Menschen Armbanduhren nicht primär aufgrund der verfügbaren Zeitinformation oder als Schmuckstück kaufen, sondern in erster Linie als sozialen Code, z.B. im Sinne eines Statussymbols, verwenden. Auch hier wäre zu fragen, wer grundsätzlich das Bedürfnis nach sozialen Codes hat und wie diese Kunden das Problem anderweitig lösen. Es ist offenkundig, dass potenzielle Kunden und Wettbewerber in diesem Markt wiederum ganz andere sind als im »Markt für Zeitinformation« oder im »Schmuckmarkt«. Dementsprechend verändert sich die Wichtigkeitsanforderung. Geht es um soziale Codes, ist es vermutlich wichtig, dass dieser Code, der letztlich nichts anderes als ein Informationsangebot darstellt, von den für die potenziellen Käufer relevanten Kreisen decodiert werden kann. Will ein Käufer beispielsweise mit dem Tragen einer Uhr die Zugehörigkeit zu einer bestimmten Einkommensklasse zum Ausdruck bringen, so ist es wahrscheinlich wichtig, dass das soziale Umfeld des Uhrenträgers den mit der Uhr zum Ausdruck gebrachten Code, etwa aufgrund der Kenntnis über die Verkaufspreise dieser Uhr, entschlüsseln kann. Es wird deutlich, dass auch dieser relevante Markt ein ganz anderer ist als der für Zeitinformation oder für Schmuck. Damit ist auch klar geworden, dass es »den Uhrenmarkt« nicht gibt, eine Annäherung an die Abgrenzung des relevanten Marktes über eine Produktperspektive führt in aller Regel zu unzweckmäßigen Marktabgrenzungen, es werden falsche Vermutungen über die Kunden, damit über die zentralen Kundenanforderungen und über die möglichen Wettbewerber zugrunde gelegt – ein erfolgversprechendes Management von KKVs ist damit kaum noch möglich.

Ab welcher Substitutionsintensität besteht Wettbewerb?

Während die ersten drei am Beispiel des Uhrenherstellers illustrierten Fragen der Marktabgrenzung Aufschluss über die Substitutionsintensität der Nachfrager geben, ist die vierte und letzte Frage der Marktabgrenzung eine Anbieterentscheidung. Substitutionsintensitäten sind, wie der Begriff schon ausdrückt, kontinuierlich ausgeprägte Messgrößen. Wären sie dichotom – Substitution ist gegeben oder nicht gegeben –, würde man für die Abgrenzung des relevanten Marktes nur die Informationen über die Substitutionsintensitäten benötigen. Da die Ausprägungen der Substitutionsintensitäten jedoch kontinuierlich sind, gibt es ein weiteres Entscheidungsproblem: Bei welchem Ausmaß der Substitutionsintensität zieht der Anbieter eine Grenze insofern, als er Produkte mit Substitutionsintensitäten oberhalb dieser Grenze als zu seinem relevanten Markt zugehörig

... eine Anbieterentscheidung

akzeptiert? Bei welchen geringeren Ausmaßen von Substitutionsintensitäten verzichtet er hingegen auf die Berücksichtigung? Dies ist eine Anbieterentscheidung. Insofern kann man beobachten, dass auf der Basis gleicher Informationen über die Substitutionseffekte zwei Anbieter aufgrund der unterschiedlichen Grenzziehung bei den Substitutionsintensitäten zu unterschiedlichen Abgrenzungen des relevanten Marktes kommen. So könnte der Uhrenhersteller aus obigem Beispiel als Anbieter im Markt für Zeitinformationen Hersteller von Mobiltelefonen als zu seinem relevanten Markt gehörig ansehen, Mobiltelefon-Hersteller den Uhrenanbieter aber nicht (vgl. zu dieser asymmetrischen Beziehung vgl. auch DeSarbo/Grewal/Wind, 2006).

... und manchmal der Rechtsprechung

In manchen Fällen wird dem Anbieter die Entscheidung allerdings auch durch externe Eingriffe abgenommen. Ist. z. B. zu vermuten, dass der Anbieter eine marktbeherrschende Stellung missbräuchlich ausnutzt, dann werden die Grenzen unter Umständen durch den Gesetzgeber und/oder die Rechtsprechung festgelegt bzw. beeinflusst. Denn um Marktbeherrschung nachweisen zu können, ist eine Abgrenzung des relevanten Marktes notwendig, weil anderenfalls auch keine Marktbeherrschung festgestellt werden kann. Dabei ist die Bestimmung der Grenzsubstitutionsintensitäten nicht mehr völlig ins Belieben des Anbieters gestellt, sondern vom Gesetzgeber respektive der Rechtsprechung mit beeinflusst.

Was haben die amerikanischen Eisenbahnen in dem zu Beginn von Kapitel 3.1 zitierten Fall falsch gemacht? Sie hätten in einer empirischen Bestandsaufnahme feststellen müssen, ob zwischen schienengebundenen Transportsystemen und nicht-schienengebundenen Transportsystemen tatsächlich eine Substitutionsbeziehung besteht. Dabei hätten sie wahrscheinlich erkannt, dass hier eine nicht vernachlässigbare Substitutionsbeziehung besteht, da der LKW eine häufig genutzte Substitutionsalternative zum Güterzug ist. Auf Basis dieses Ergebnisses hätten sich die amerikanischen Eisenbahnunternehmen strategisch anders verhalten müssen.

Wie misst man Substitutionsintensität?

Die konkrete Bestimmung von Substitutionsbeziehungen zwischen verschiedenen Leistungsangeboten ist allerdings nicht banal. Vielmehr können Substitutionsintensitäten auf verschiedene Art und Weise operationalisiert und gemessen werden. Im Methodenkasten 2 werden ausgewählte, in der Praxis relevante, Verfahren zur Bestimmung von Substitutionsintensitäten vorgestellt.

Methodenkasten 2

Messung von Substitutionsintensitäten

Konzepte und Methoden

Zur Abgrenzung des relevanten Marktes ist eine Reihe von konzeptionellen sowie methodisch operationalisierenden Vorschlägen entwickelt worden. Die konzeptionellen Zugänge lassen sich in nachfrager- und anbieterorientierte Ansätze unterscheiden.

Nachfragerorientierte Konzepte

Zu den nachfragerorientierten Konzepten gehört z. B. das Substitutionslückenkonzept von Joan Robinson (vgl. Robinson, 1948). Basisannahme in dem Konzept von Robinson ist die Tatsache, dass alle Güter in Konkurrenz um die Kaufkraft der Nachfrager stehen. Insofern wird eine

Allinterdependenz der Märkte angenommen. Allerdings sind die Konkurrenzbeziehungen bzw. Substitutionsbeziehungen zwischen allen Gütern nicht gleich stark. Sie bilden vielmehr eine Substitutionskette mit unterschiedlich ausgeprägten Substitutionsintensitäten.
An manchen Stellen der Kette entstehen sog. Substitutionslücken, also signifikant weniger intensive Substitutionsbeziehungen. Überall dort, wo solche Lücken identifizierbar sind, lassen sich verschiedene relevante Märkte voneinander trennen (vgl. Nicolini, 1978, S. 82). Entscheidend für den Einsatz des Substitutionslückenkonzeptes ist die Vorgabe von Operationalisierungsvorschriften zur empirischen Bestimmung der Substitutionslücke. Das ist notwendig, weil sonst eine Objektivierung fehlt (vgl. Schengber, 1996, S. 110). Ebenso zu den nachfragerorientierten Konzepten gehört das Bedarfsmarktkonzept von Arndt (1958). Nach Arndt wird der relevante Markt dadurch bestimmt, dass Güter, die das gleiche Grundbedürfnis befriedigen, den relevanten Markt bilden. Nicolini (1978, S. 84 f.) weist jedoch zu Recht darauf hin, dass »das Abgrenzungsproblem für den Markt … lediglich verschoben (wird) auf das Abgrenzungsproblem des Bedarfsgutes« (Nicolini, 1978, S. 83 f.).

Anbieterorientierte Konzepte

Anbieterorientierte Ansätze zur Marktabgrenzung sind z.B. das Industriekonzept von Marshall und das Ressourcenpoolkonzept bzw. Konzept der Angebotsflexibilität von Narver (1967). Beim Industriekonzept werden die relevanten Märkte durch technisch physikalische Kriterien voneinander abgegrenzt (vgl. Herdzina, 1999, S. 74). Der relevante Markt umfasst also eine Branche, die technisch homogene Leistungen anbietet. Kritisch anzumerken ist, dass physikalisch technische Homogenitäten zwar Substitutionsprozesse begründen können, aber nicht müssen. So ist der Ansatz beispielsweise nicht in der Lage zu erklären, warum intensive Substitutionsbeziehungen zwischen Cognacs und Champagner bestehen.
Nach dem Ressourcenpoolkonzept oder dem Konzept der Angebotsflexibilität zählen alle diejenigen Unternehmungen zu einem relevanten Markt, »die aufgrund ihrer Ressourcen die gleichen Güter herstellen können, ohne dass dies tatsächlich zum Beobachtungszeitpunkt bereits der Fall sein muss« (Aufderheide/Müller, 2007, S. 8). Das Bedrohungspotenzial definiert also die Art und Anzahl der relevanten Konkurrenten. Wie auch bei den anderen Konzepten, stellt sich bei diesem Konzept die Frage nach der Operationalisierung des Ressourcenpotenzials (vgl. Bauer, 1986). Hierbei wird in der jüngeren juristisch geprägten Literatur auf Business-Pläne als Quelle zur Identifikation potenzieller Wettbewerber verwiesen (Säcker, 2008), wobei unterstellt wird, dass Anbieter in ihren Business-Plänen richtige Annahmen über potenzielle Wettbewerber treffen.

Methoden

Anders als bei den Konzepten zur sachlichen Abgrenzung des relevanten Marktes, bei denen mentale Modelle im Vordergrund stehen, geht es bei den **Methoden** zur Operationalisierung der Marktabgrenzung im Wesentlichen darum, wie die Substitutionsmöglichkeiten der Nachfrager in ihren Wirkungen auf das Anbieterverhalten gemessen werden können.

Kreuzpreiselastizität

Einen Ansatz zur Messung von Substitutionsintensitäten liefert das Konzept der Kreuzpreiselastizität. Die Kreuzpreiselastizität (KPE) ist definiert als

$$KPE = \frac{\Delta X_A}{X_A} : \frac{\Delta P_B}{P_B}$$

Gemessen wird also die relative Mengenänderung von Gut A infolge einer relativen Preisänderung von Gut B. Führt eine relativ kleine Preiserhöhung bei B zu einer starken Erhöhung der Nachfrage nach A, dann liegt eine hohe Substitutionsintensität vor et vice versa. Der relevante Markt umfasst dann alle Produkte, die sich durch eine hohe Kreuzpreiselastizität auszeichnen. Die Schwierigkeit bei der Abgrenzung des relevanten Marktes mithilfe der Kreuzpreiselastizität wird allerdings ebenfalls auf die Bestimmung des Grenzwertes und damit auf die oben beschriebene Managemententscheidung verlagert. Die Werteskala der Kreuzpreiselastizität erstreckt sich für Substitutionsbeziehungen von unendlich bis 0 und es ist eine Intensitätsstufe (Substitutionslücke) festzulegen, die die Grenze des relevanten Marktes bestimmt. Daneben stößt die praktische Verwendung der Kreuzpreiselastizität auf kaum zu überbrückende Datengewinnungsprobleme (vgl. Bauer, 1989, S. 51 ff.; Herdzina, 1999, S. 74 ff.).

Hypothetischer Monopolisten-Test

Eine mit der Kreuzpreiselastizität verwandte, aber dennoch eigenständige Methode zur Abgrenzung des relevanten Marktes ist der Hypothetische Monopolisten-Test (HMT), der in der englischsprachigen Literatur auch als SSNIP (Small but Significant Nontransitory Increase in Price)-Test bezeichnet wird (vgl. Schulz, 2003, S. 34 ff.; Dobbs, 2006). Der HMT basiert auf folgenden Überlegungen: Für eine vorgegebene Anzahl von Produkten konkurrierender Anbieter wird eine nicht vorübergehende (*nontransitory*) Preiserhöhung, die signifikant sein soll, unterstellt. Die Anbieter der vorgegebenen Produkte werden gedanklich zu einem Monopolunternehmen zusammengefasst. Vor dem Hintergrund dieses Szenarios wird überprüft, wie die Nachfrage auf eine signifikante, nicht transitorische Erhöhung des Preises reagiert. Treten Mengeneffekte auf der Nachfrageseite auf, so wird unterstellt, dass es offenbar ein Gut gibt, das noch nicht erfasst ist, aber offenbar ebenfalls zum relevanten Markt gehört. Im nächsten Schritt wird das Ausweichprodukt zum gedanklichen Monopol hinzugenommen und es läuft das gleiche Prozedere erneut ab. Dieses iterative Verfahren wird so lange wiederholt, bis keine signifikante Nachfragewirkung mehr eintritt. Der relevante Markt umfasst damit die kleinste Anzahl von Unternehmen, die gemeinsam eine signifikante Preiserhöhung durchsetzen können, ohne dass die Nachfrage zu elastisch reagiert. Wie die anderen Verfahren wirft auch der HMT eine Reihe von Problemen auf. So ist z.B. zu klären, was eine signifikante, nicht transitorische Preiserhöhung ist. Üblicherweise wird davon ausgegangen, dass es sich um eine Preiserhöhung von 5 bis 10% handelt. Diese Vorgabe ist aber mehr oder weniger willkürlich und theoretisch nicht begründbar. Auch beim HMT bleibt die Frage bestehen, wann eine Nachfrage als nicht mehr elastisch reagierend angenommen wird.

Räumliche Marktabgrenzung

Rückkopplungen

Neben der sachlichen Marktabgrenzung ist auch die Festlegung der räumlichen Dimension des relevanten Marktes notwendig. Die strategische Entscheidung über das Absatzgebiet ist zunehmend eine Frage der internationalen Arealstrategie (vgl. auch Backhaus/Voeth, 1995, S. 389 ff.; Schneider/Müller, 1989, S. 1). Dabei werden – vergleichbar mit dem Konzept der Substitutionsintensitäten – regionale Teilmärkte umso eher zu einem gemeinsamen relevanten Markt gezählt, je intensiver die Rückkopplungen zwischen den einzelnen Teilmärkten sind (vgl. Backhaus/Büschken/Voeth, 2010, S. 20 f.). Rückkopplungen sind für die räumliche Abgrenzung des relevanten Marktes insofern relevant, als ein Unternehmen beispielsweise aus seinen eigenen Überlegungen heraus eine nationale Marktstrategie verfolgt, aufgrund von Rückkopplungen aber feststellen muss, dass es den räumlich relevanten Markt falsch abgegrenzt hat. Ein Beispiel möge dies belegen (vgl. Beispiel 10).

Beispiel 10

Räumliche Marktabgrenzung bei USVen

Betrachten wir den Markt für sog. kleine unterbrecherfreie Stromversorgungen (USVen). Solche USVen dienen dazu, Stromausfälle bzw. Spannungsschwankungen dadurch auszugleichen, dass sie die fehlende Leistung quasi nahtlos ersetzen. Im

Prinzip funktionieren solche USVen nach dem Batterieprinzip, wobei der Strom durch die Batterie geleitet wird und sich die Batterie immer dann automatisch zuschaltet, wenn Spannungsabfälle auftreten. Solche unterbrecherfreien Stromversorgungen werden z.B. bei PCs oder kleineren Netzwerken gegen Spannungsabfälle eingesetzt. Die kleinen USVen, die wenig differenzierbar sind und Commodity-Charakter tragen, werden in ihrer Kostenstruktur wesentlich durch Fixkosten-Degressionseffekte und Erfahrungskurveneffekte bestimmt. Der betreffende Anbieter hatte sich für eine nationale Abgrenzung des relevanten Marktes in räumlicher Hinsicht entschieden. Zu seinen relevanten Konkurrenten zählte er vier kleinere Anbieter von konkurrierenden USVen, die allerdings alle ihre USVen von einem taiwanesischen Hersteller bezogen, der ihnen die Produkte anonym lieferte und die sie – jeder für sich – mit einer Handelsmarke versahen. Der taiwanesische Hersteller war ein weltweit anbietender Lieferant von unmarkierten USVen. Da die deutschen Handelsmarkenanbieter aber von den Erfahrungskurven- und Fixkostendegressionseffekten des weltweit anbietenden Taiwanesen profitierten, wäre es sinnvoll gewesen – anders, als der nationale Anbieter dies getan hat – den räumlichen Markt nicht auf Deutschland zu beschränken, sondern darüber hinaus den taiwanesischen Lieferanten mit in die Abgrenzung des räumlich relevanten Marktes einzubeziehen.

Marktbarrieren

Rückkopplungen spielen eine umso geringere Rolle, je größer die (institutionellen) Marktbarrieren zwischen einzelnen regionalen Teilmärkten sind. Marktbarrieren können aus einer Vielzahl von Gründen relevant werden (vgl. z.B. Simon, 1989, Sp. 1441). Marktbarrieren können rein ökonomische Gründe haben, wenn z.B. wegen zu großer Entfernungen die Transportkosten so hoch werden, dass sich ein Export nicht mehr lohnt. Marktbarrieren können auch aus protektionistischen Handelshemmnissen tarifärer und nicht-tarifärer Art (vgl. Glismann/Horn, 1984, S. 73 ff.) resultieren, die häufig im Kundenland bestehen und bis zu Einfuhrverboten gehen können, die Exporte in diese Länder unmöglich machen. Eine besondere Rolle spielen gerade im technischen Bereich auch unterschiedliche länderspezifische technische Normen, die einen hohen Anpassungsaufwand im Bereich der Hard- und Software erfordern und damit den Marktzutritt erschweren können. Aber auch Handelshemmnisse der Exportländer wie Exportverbote von High-Tech-Produkten in bestimmte Länder (vgl. Backhaus, 1988, S. 17) stellen Marktbarrieren dar. Schließlich können Barrieren verhaltensbedingt sein (vgl. Simon, 1989, Sp. 1445 ff.). Sie können aus dem Kundenverhalten resultieren, wenn z.B. inländische Leistungsangebote bevorzugt werden (»buy British«).

Zeitliche Marktabgrenzung

Als dritte Dimension wird in seltenen Fällen die zeitliche Marktabgrenzung relevant, da einige Güter oder Dienste nicht durchgängig bzw. unterbrechungsfrei angeboten werden, sondern für einen einmaligen oder wiederkehrenden, jeweils beschränkten Zeitraum.

Die Beantwortung der Frage, für welchen Zeitraum und welche Zeitabstände die Wettbewerbsverhältnisse jeweils zu untersuchen sind, kann dabei sehr unterschiedlich ausfallen. So stehen beispielsweise Eintrittskarten für eine Fußball-WM immer nur für eine begrenzte Zeitspanne im vierjährlichen Turnus zur Verfügung, und Tickets für die WM 2022 können nicht durch solche für die WM 2026 substituiert werden. Vergleichbares gilt für jährlich oder saisonal wiederkehrende Angebote wie Messen, Jahrmärkte oder Weihnachtsmärkte.

Die jeweils abzugrenzende Zeitspanne kann auch sehr kurz ausfallen. So führt ein für öffentlich-rechtlicher Fernsehsender geltendes Verbot, abends nach 20 Uhr sowie an Sonn- und Feiertagen Werbung auszustrahlen, für die entsprechenden Zeitspannen dazu, dass ggf. ein eigener Markt nur unter Einbeziehung der privaten Sender abzugrenzen ist.

Insgesamt ist allerdings festzuhalten, dass die empirische Bedeutung der zeitlichen Dimension gegenüber der räumlichen und sachlichen Marktabgrenzung deutlich in den Hintergrund tritt.

3.2.2 Umgang mit dem Problem der Restheterogenität: Marktsegmentierung

Mit der Abgrenzung des relevanten Marktes hat ein Unternehmen aus dem Universum grundsätzlich wünschenswerter Austauschprozesse den Teil herausgefiltert, den es für sich gewinnen möchte. Das Grundprinzip dabei war die Reduktion von Heterogenität um den Preis abnehmender Marktgröße. Insofern sind die Austauschprozesse in der definierten Spielarena homogener als die Gesamtheit aller Austauschprozesse. Allerdings ist auch der relevante Markt nicht vollkommen homogen: Es verbleibt mehr oder weniger große Unterschiedlichkeit, die wir hier als Restheterogenität charakterisieren. So haben zwar die Kunden im relevanten Markt alle das gleiche Kundenproblem, denn genau darin bestand ja der Homogenisierungsschritt, allerdings unterscheiden sich die Anforderungen an die Lösung des Problems. In Abb. 25 wird dies durch die unterschiedlichen Farben (Heterogenität) der Dreiecke (Homogenität) ausgedrückt. Wenn zum Beispiel das zu lösende Kundenproblem in Mobilität besteht, so legen manche Kunden möglicherweise mehr Wert auf Komfort, andere auf Schnelligkeit und wieder anderen ist vielleicht der Preis für die Lösung des Mobilitätsproblems besonders wichtig. Insbesondere unter dem Gesichtspunkt der KKV-Anforderung »wichtig« ist diese Restheterogenität somit in geeigneter Weise zu adressieren. Diese Fragestellung diskutieren wir im Kontext der Kundensegmentierung. Ebenso unterscheiden sich die Wettbewerber im relevanten Markt, etwa hinsichtlich Wettbewerbsstärke, Sortiment, Finanzkraft etc. Diese Restheterogenität drückt sich in Abb. 25 in den unterschiedlichen Farben und Größen der Vierecke aus, welche die Wettbewerbsunternehmen symbolisieren. Da es beim Management von KKV-Positionen um relative Vorteilspositionen geht, ist auch diese Unterschiedlichkeit für das Strategische Marketing bedeutsam. Der Homogenisierung von Wettbewerbern widmen wir uns im Unterkapitel Wettbewerbersegmentierung.

Restheterogenität

... beim Kunden

... und bei Wettbewerbern

3.2.2.1 Kundensegmentierung

Die Heterogenität von Kundenanforderungen schafft KKV-Management-Probleme. Als ein wesentliches Charakteristikum des KKVs aus Nachfragersicht wurde das Merkmal der Wichtigkeit herausgestellt. Sind aber die Kundenanforderungen an eine Problemlösung heterogen, so werden für die Kunden auch unterschiedliche Leistungsmerkmale wichtig sein. Stehen nun diese unterschiedlichen Kundenanforderungen in einem konfliktären Verhältnis zueinander, was regelmäßig für das Verhältnis Preis zu Leistungsmerkmalen gelten wird, mitunter aber auch für die Beziehung einzelner Leistungsmerkmale, so ergibt sich ein Entscheidungsproblem, das vom Management im gedanklichen Extremfall auf zwei unterschiedliche Weisen gelöst werden kann (vgl. Abb. 26).

Zwei gedankliche Extrempunkte

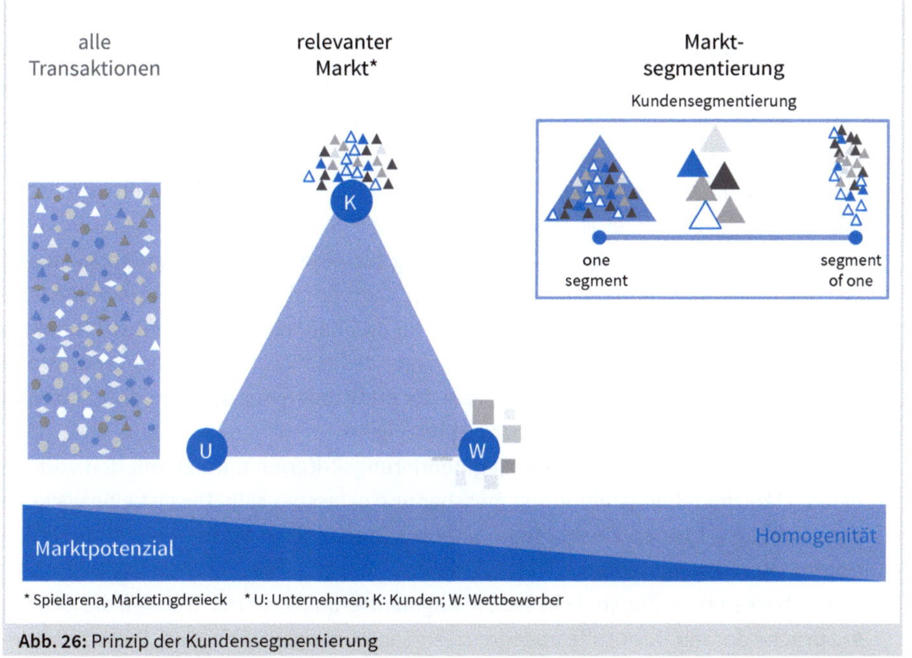

Abb. 26: Prinzip der Kundensegmentierung

Das Management kann erstens die Heterogenität ignorieren und ein Leistungsangebot entwickeln, das den Kundenanforderungen im Durchschnitt gerecht wird (»one segment-approach«, vgl. Kotler et al., 2007,« S. 488 f.). Spezialisieren sich die Wettbewerber hingegen auf einzelne Kundenanforderungen, wird es für das betreffende Unternehmen sehr schwer sein, mit seinem auf den Durchschnitt des Marktes ausgerichteten Angebot einen KKV aufzubauen. Zweitens könnte das Management der Heterogenität dadurch gerecht werden, dass jedem potenziellen Nachfrager ein seinen Präferenzen entsprechendes individuelles Angebot unterbreitet wird (»segment of one-approach«, vgl. Kotler et al., 2007, S. 490). Unter Wichtigkeitsaspekten hat ein derartiges Vorgehen hohes KKV-Potenzial, fraglich ist allerdings, ob ein solches Angebot vor dem Hintergrund in der Regel hoher

Alle das Gleiche …

jeder etwas Unterschiedliches …

Individualisierungskosten auch effizient ist. Zwischen diesen Extrempunkten eines Kontinuums der Marktbearbeitung kann die Kundensegmentierung eingeordnet werden.

Segmentierungskriterien

Zur Aufteilung eines Gesamtmarktes in marktreaktionsbezogene intern homogene und extern heterogene Kundensegmente bedarf es der Auswahl geeigneter Segmentierungskriterien, die eine sinnvolle Abgrenzung, Beschreibung sowie Bearbeitung von Kundensegmenten ermöglichen. Letztlich sollen Kundensegmente so gebildet werden, dass die Konsumenten innerhalb eines Segmentes gleiche oder zumindest ähnliche Reaktionen auf den Einsatz der Marketinginstrumente aufweisen. Außerhalb von digitalen Biotopen (vgl. Schneider, 2019 und Kapitel 4.4) ist die Erhebung solcher auf den Marketing-Mix bezogener Reaktionskoeffizienten ein kaum zu bewältigendes Informationsproblem. Daher wird in der Regel auf geeignete Ersatzkriterien zurückgegriffen, die leichter erfassbar sind und anhand derer die Nachfrager zu Segmenten zusammengefasst werden können. An diese Kriterien der Kundenerfassung sind vor dem Hintergrund der Ziele der Kundensegmentierung bestimmte Anforderungen zu stellen. Diese gewährleisten einerseits die Zweckmäßigkeit der Nachfragergruppierung und erlauben andererseits eine situationsspezifische Eingrenzung der Vielzahl grundsätzlich möglicher Segmentierungskriterien. Im Einzelnen handelt es sich dabei um folgende Anforderungen an Kundensegmentierungskriterien (vgl. Meffert et al., 2019, S. 222):

Anforderungen an Segmentierungskriterien

- Kaufverhaltensrelevanz: Grundvoraussetzung für eine sinnvolle Segmentierung ist der Bezug der Segmentierungskriterien zum Kaufverhalten. Es sind somit jene Indikatoren zu ermitteln, die ausschlaggebend für den Kauf eines bestimmten Produktes sind. Der gezielte, segmentspezifische Einsatz des Marketinginstrumentariums und die Möglichkeit einer Verhaltensprognose der ermittelten Kundensegmente sind vom Grad der Erfüllung dieser Anforderung abhängig.
- Messbarkeit (Operationalität): Die Segmentierungskriterien müssen mit den vorhandenen Marktforschungsmethoden messbar und erfassbar sein. Dies ist eine wichtige Voraussetzung für den Einsatz mathematisch-statistischer Verfahren zur Identifikation von Kundensegmenten.
- Erreichbarkeit bzw. Zugänglichkeit: Die Segmentierungskriterien müssen die gezielte Ansprache der mit ihrer Hilfe abgegrenzten Segmente gewährleisten. Diese Anforderung beeinflusst das Ausmaß, in dem die Unternehmung mittels segmentspezifischer Marketingaktivitäten eine direkte Ansprache der Käufer innerhalb eines Zielsegmentes erreichen kann. In diesem Zusammenhang kommt der Möglichkeit zur präzisen Zielung der Kommunikations- und Distributionspolitik besondere Bedeutung zu.
- Handlungsfähigkeit: Nur wenn die Segmentierungskriterien den gezielten Einsatz des Marketinginstrumentariums ermöglichen, sind sie für eine Kundensegmentierung als geeignet anzusehen. Ist dies der Fall, wird die Verbindung zwischen Marktreaktionserfassung und Marktbearbeitung geschaffen.
- Wirtschaftlichkeit: Die Erhebung der Kriterien hat derart zu erfolgen, dass der sich aus der Segmentierung ergebende Nutzen größer ist als die anfallenden Kosten. Die aus-

gewählten Segmentierungskriterien müssen zu Segmenten führen, die eine segmentspezifische Marktbearbeitung rechtfertigen.

- Zeitliche Stabilität: Die Informationen, die mittels der Kriterien erhoben werden, müssen über den Planungszeitraum hinweg stabil sein. Eine Kundensegmentierung ist nur dann sinnvoll, wenn die Ergebnisse für den Zeitraum der Durchführung und Wirkung der segmentspezifischen Marktbearbeitungsaktivitäten Gültigkeit besitzen.

Gruppen von Segmentierungskriterien

Zur Erreichung größerer Homogenität von Nachfragern lässt sich eine Vielzahl von Kriterien heranziehen. Diese können in geografische, soziodemografische, psychografische und verhaltensorientierte Kriterien systematisiert werden (vgl. Abb. 27).

Obgleich die Auswahl geeigneter Segmentierungskriterien nur einzelfallbezogen vorgenommen werden kann, lassen sich vor dem Hintergrund der oben skizzierten Anforderungen an Segmentierungskriterien Tendenzaussagen über die Tauglichkeit der unterschiedlichen Typen von Kriterien treffen. Während die Vorteile der soziodemografischen und geografischen Kriterien insbesondere in der Möglichkeit einer gezielten Ansprache der Kundensegmente, der leichten Messbarkeit und der vergleichsweise hohen zeitlichen Stabilität liegen, liefern psychografische und verhaltensorientierte Kriterien aufgrund ihrer Nähe zum Kaufverhalten Ansatzpunkte für die konkrete Ausgestaltung des Marketinginstrumentariums. Ein einzelnes Segmentierungskriterium wird somit in der Regel nicht allen dargelegten Anforderungen gleichzeitig gerecht. Aufgrund dieses auch als »Dilemma der Marktsegmentierung« (Perrey, 1998, S. 111 f.) bezeichneten Problems ist in der Regel eine kombinierte Segmentierung empfehlenswert. Hierbei werden zur Segmentbildung Kriterien herangezogen, die einen hohen Bezug zum Kaufverhalten aufweisen, also eher Merkmale aus der Gruppe der psychografischen Segmentierungskriterien. Anschließend werden innerhalb der so gebildeten Gruppen beschreibende Merkmale zur Erfüllung der Zugänglichkeits-/Erreichbarkeitsanforderung verwendet. In diesem Kontext sind Variablen zu suchen, die eine möglichst große Homogenität im Hinblick auf Merkmale wie Mediennutzung oder Einkaufsverhalten sicherstellen.

Dilemma der Marktsegmentierung

Kombinierte Segmentierung

Im Einzelfall ist dabei zu entscheiden, welches Merkmal für eine solche Segment beschreibende Gruppierung geeignet ist. In der Regel sind somit mehrere Kriterien gleichzeitig zur Segmentierung heranzuziehen (vgl. Beispiel 11). Verfügt der Entscheidungsträger über ausreichende Kenntnisse bezüglich der relevanten Kundensegmentierungskriterien, stellt sich anschließend die Frage, ob und wie gut Kundensegmente identifiziert werden können. Zu diesem Zweck werden im Rahmen empirischer Untersuchungen (z.B. Befragungen) die Ausprägungen der als relevant erachteten Segmentierungskriterien erhoben und ausgewertet. Mit der Entwicklung leistungsfähiger Softwarepakete haben dazu multivariate Analysemethoden eine weite Verbreitung erfahren.

Geografische Indikatoren:
- Makrogeografische Merkmale (z. B. Bundesländer, Städte)
- Mikrogeografische Merkmale (z. B. Ortsteile, Straßenabschnitte)

Soziodemografische Indikatoren:
- Demografische Merkmale (z. B. Geschlecht, Alter, Familienstand)
- Sozioökonomische Merkmale (z. B. Beruf, Ausbildung, Einkommen)

Psychografische Indikatoren:
- Allgemeine Persönlichkeitsmerkmale (z. B. Lebensstil, Risikoneigung)
- Produktspezifische Merkmale (z. B. Nutzenvorstellungen/Benefits, Einstellungen)

Verhaltensorientierte Indikatoren:
- Preisverhalten (z. B. Preisklasse)
- Mediennutzung (z. B. Art, Zahl, Nutzungsintensität von Medien)
- Einkaufsstättenwahl (z. B. Betriebsformen, Geschäftstreue)
- Produktwahl (z. B. Markentreue, Kaufhäufigkeit)

Abb. 27: Gruppen von Segmentierungskriterien (Quelle: In Anlehnung an Meffert et al., 2019, S. 223)

Beispiel 11

Kundensegmentierung bei der Deutschen Bahn

Im Personenfernverkehr der Deutschen Bahn bspw. wurden über die Nutzenerwartungen zunächst drei Segmente gebildet, die eine hohe Homogenität im Hinblick auf kaufverhaltensrelevante Merkmale aufwiesen, nämlich im Hinblick auf die Frage, welches das wichtigste Kriterium der Verkehrsmittelwahl ist. So ergaben sich mit den »Preissensiblen«, den »Zeitminimierern« und den »Komfortorientierten« drei Segmente. Anschließend wurden unterschiedliche Variablen dahin gehend getestet, ob sie eine Homogenität im Hinblick auf sozioökonomische Eigenschaften sicherstellen, da hiervon Aufschlüsse für die Erreichbarkeit dieser Zielgruppen in medialer und vertrieblicher Hinsicht erwartet wurden. Es zeigte sich, dass der Reiseanlass (vor allem Geschäftsreise vs. Privatreise) ein solches Merkmal darstellt, mit anderen Worten Geschäftsreisende ihre Bahntickets über andere Vertriebskanäle beziehen und andere Medien verwenden als Privatreisende. Durch die Kombination beider Merkmale ergab sich dann die sogenannte Reiseanlass-Nutzen-Segmentierung (vgl. Perrey, 1998).

Methoden der Segmentierung

Als statistische Verfahren zur Analyse von Abhängigkeiten zwischen den zu untersuchenden Variablen (den Segmentierungsmerkmalen) bieten sich insbesondere die Faktoren- und die Clusteranalyse an. Während die Faktorenanalyse eine Reduktion der Ausgangsdaten auf relevante Grunddimensionen und die Erstellung orthogonaler Eigenschaftsräume

(Wahrnehmungsräume mit voneinander unabhängigen Eigenschaften) erlaubt, werden mithilfe clusteranalytischer Verfahren solche Konsumenten zu Gruppen zusammengefasst, die durch gleiche oder ähnliche Merkmalsausprägungen gekennzeichnet sind (vgl. Methodenkasten 3 und zur Methode Backhaus et al., 2018, S. 435 ff.).

Methodenkasten 3

Clusteranalyse

Betrachten wir aus Anschauungsgründen den Markt für Fernsehgeräte. Die Firma Samsung möchte ihre Kunden segmentieren. Wir betrachten dazu einen Ausschnitt von 5 Personen (P1 bis P5) aus einer repräsentativen Stichprobe, bei der sich folgende Einstellungsindizes, normiert auf einer Skala zwischen 1 und 10, ergeben (Abb. 28):

	Preis	Bild	Ton	Gewicht
Person 1	8	3	9	6
Person 2	9	4	7	5
Person 3	9	3	8	6
Person 4	9	7	4	3
Person 5	8	6	3	2

10er Skala: 1 = unwichtig; 10 = sehr wichtig

Abb. 28: Ausgangdaten des Beispiels zur Clusteranalyse

Ausgangssituation

Greift man drei Profile heraus, wobei die Profil-Items unsere Einstellungsmerkmale (»Preis, Bild, Ton und Gewicht») der Nachfrager sind, so zeigt sich folgendes Ergebnis (vgl. Abb. 29). Man erkennt an diesen ausgewählten Beispielen, dass offenbar die Personen 1 und 2 einen ähnlicheren Profil-Verlauf haben wie P1 und P2 gemeinsam im Verhältnis zu P4.

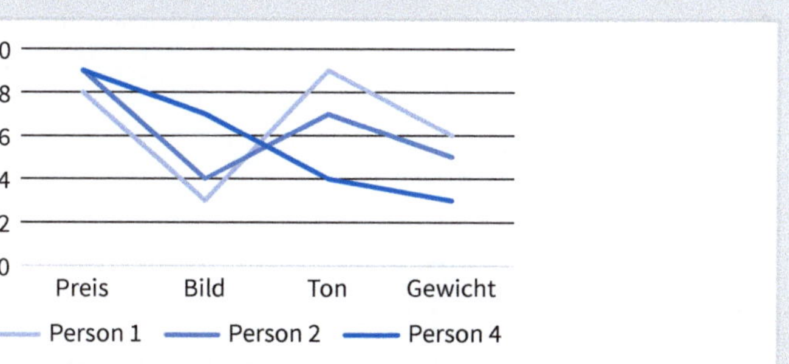

Abb. 29: Beispielhafter Profilverlauf von drei Probanden

Messung der Unterschiedlichkeit

Um eine Gruppierung der fünf Nachfrager (P1 – P5) in Kundensegmente vorzunehmen, ist es notwendig, sich auf ein Ähnlichkeitsmaß zu einigen. Zur Verfügung stehen Strukturähnlichkeiten (z.B. Korrelationen) und/oder Distanzmaße, bei denen der Abstand zwischen den Profilen anhand absoluter Differenzen gemessen wird. Wir entscheiden uns im Folgenden für die Wahl eines Distanzmaßes, genauer gesagt für die Quadrierte Euklidische Distanz, die definiert ist als

$$d_{k,l} = \sum_{j=1}^{J} \left(x_{kj} - x_{lj}\right)^2$$

d = Distanz k, l = Objekt j = Merkmal

Ergebnis: Distanzmatrix

In einem ersten Schritt transformieren wir die Ausgangsdatenmatrix unter Verwendung des Distanzmaßes in eine Distanzmatrix. Dadurch entsteht eine quadratische Matrix mit den Nachfragern in den Zeilen/Spalten. Die Distanzen werden für jedes Kundenpaar errechnet und erzeugen die in Abb. 32 dargestellte Distanzmatrix.

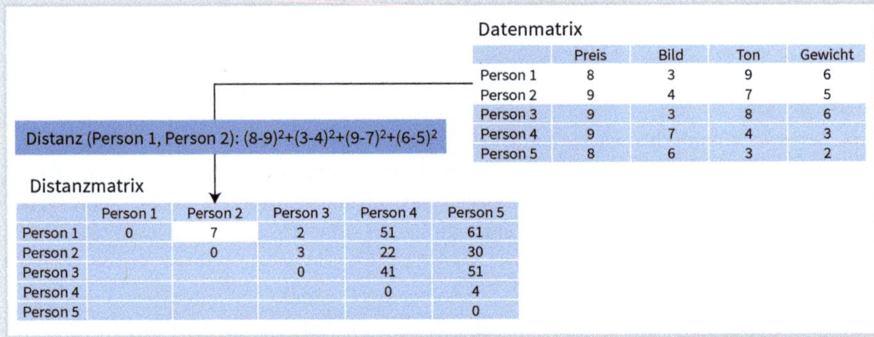

Datenmatrix

	Preis	Bild	Ton	Gewicht
Person 1	8	3	9	6
Person 2	9	4	7	5
Person 3	9	3	8	6
Person 4	9	7	4	3
Person 5	8	6	3	2

Distanz (Person 1, Person 2): $(8-9)^2+(3-4)^2+(9-7)^2+(6-5)^2$

Distanzmatrix

	Person 1	Person 2	Person 3	Person 4	Person 5
Person 1	0	7	2	51	61
Person 2		0	3	22	30
Person 3			0	41	51
Person 4				0	4
Person 5					0

Abb. 30: Transformation der Ausgangsdaten in eine Distanzmatrix

Beim hierarchisch agglomerativen Verfahren wird nun in der Matrix das Paar mit den geringsten Distanzen gesucht und dieses als Erstes fusioniert. Wie die Distanzmatrix zeigt, besteht zwischen P1 und P3 die geringste Distanz (d = 2). Dieses Paar wird als Erstes zu einer Gruppe zusammengeführt.

Da wir die Distanzen von P1 und P3 zu P2, P4 und P5 nur isoliert abgefragt haben (zu P2 z.B. 7 und 3), ist zu entscheiden, welche Distanz für die neue Gruppe – P1/P3 – zu den übrigen Nachfragern gelten soll. Wir entscheiden uns für das Nearest-Neighbour-Verfahren, bei dem jeweils das Minimum aus den Einzeldistanzen die neue Distanz des Clusters bildet. Das Prinzip ist in Abb. 31 für P1/P3 zu P2 detailliert und für den Rest pauschal dargestellt.

Distanzmatrix original

	Person 1	Person 2	Person 3	Person 4	Person 5
Person 1	0	7	2	51	61
~~Person 2~~		~~0~~	3	22	30
Person 3			0	41	51
Person 4				0	4
Person 5					0

mit D(P2; P1+P3)=
min [D(P2;P1);D(P2;P3)]
min [3;7]
D: Distanz P: Person

Distanzmatrix neu

	Person 1, 3	Person 2	Person 4	Person 5
Person 1, 3	0	3	41	51
Person 2		0	22	30
Person 4			0	4
Person 5				0

Abb. 31: Berechnung der Distanzen im Nearest-Neighbour-Verfahren

Im nächsten Schritt wird dann wiederum das Minimum aller Distanzen der Distanzmatrix gesucht. Die geringstmögliche Distanz bei der Vereinigung von Gruppen ist gegeben zwischen der Gruppe P1/P3 auf der einen Seite und P2 auf der anderen Seite (Distanz von 3). Auf dieser Basis wird das Cluster P1/P3 um P2 erweitert. Es erfolgt wieder die gleiche Prozedur wie im vorherigen Schritt (vgl. Abb. 32).

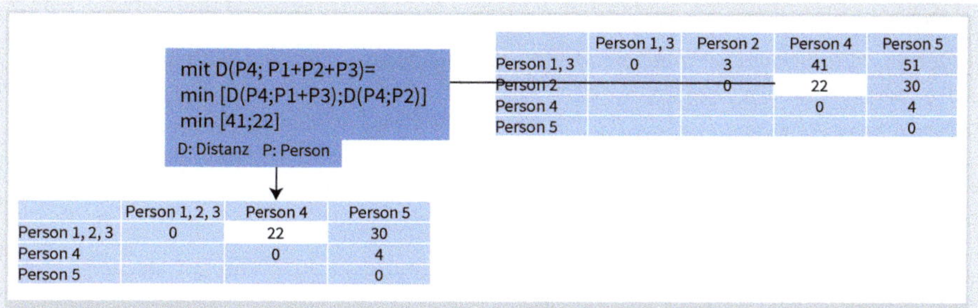

mit D(P4; P1+P2+P3)=
min [D(P4;P1+P3);D(P4;P2)]
min [41;22]
D: Distanz P: Person

	Person 1, 3	Person 2	Person 4	Person 5
Person 1, 3	0	3	41	51
~~Person 2~~		~~0~~	22	30
Person 4			0	4
Person 5				0

	Person 1, 2, 3	Person 4	Person 5
Person 1, 2, 3	0	22	30
Person 4		0	4
Person 5			0

Abb. 32: Zweiter Fusionierungsschritt

Dieses Vorgehen wird so lange durchgeführt, bis alle Nachfrager in einem Cluster fusioniert sind (vgl. Abb. 33).

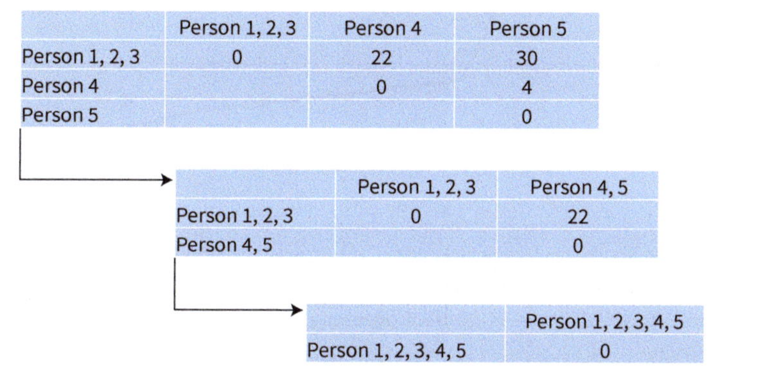

	Person 1, 2, 3	Person 4	Person 5
Person 1, 2, 3	0	22	30
Person 4		0	4
Person 5			0

	Person 1, 2, 3	Person 4, 5
Person 1, 2, 3	0	22
Person 4, 5		0

	Person 1, 2, 3, 4, 5
Person 1, 2, 3, 4, 5	0

Abb. 33: Letzter Fusionierungsschritt

Sukzessive Fusionierung

Dieser sukzessive Fusionierungsprozess lässt sich mithilfe eines Dendrogramms veranschaulichen (vgl. Abb. 34).

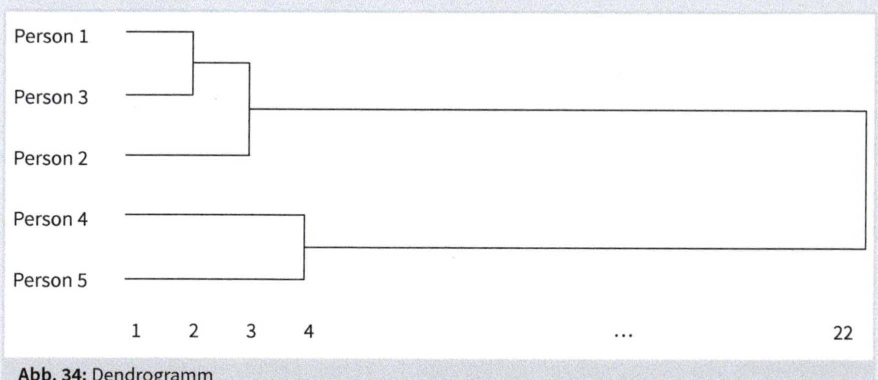

Abb. 34: Dendrogramm

Dendrogramm

Aus dem Dendrogramm ist erkennbar, dass P1 und P3 bei der Distanz von 2 fusioniert werden und dieses Cluster wiederum mit P2 bei einer Distanz von 3 fusioniert wird. Auf der anderen Seite werden bei der Distanz von 4 die beiden Personen P4 und P5 fusioniert. Diese beiden Gruppen werden erst sehr spät, nämlich bei der Distanz von 22, zu einer Gruppe fusioniert. Stellt man den Heterogenitätszuwachs bei zunehmend größer werdenden Gruppen graphisch dar, so zeigt sich folgendes Ergebnis (vgl. Abb. 35).

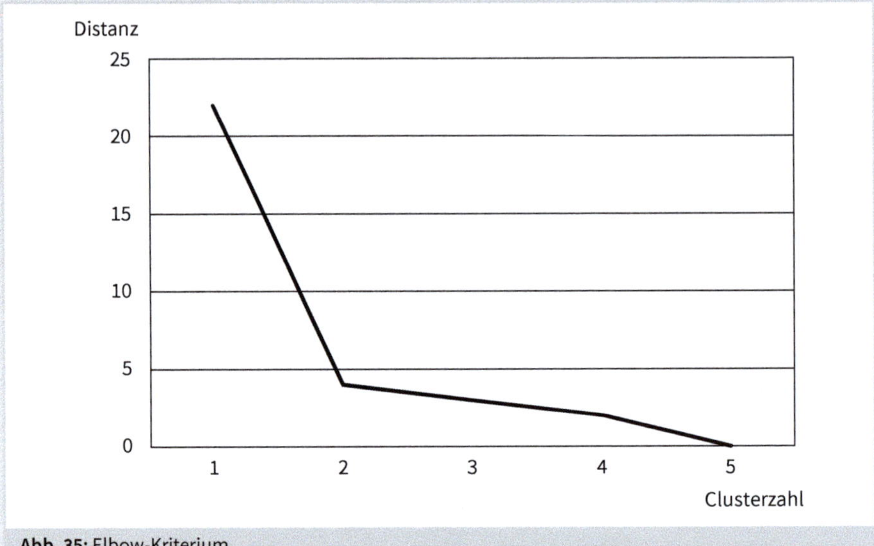

Abb. 35: Elbow-Kriterium

Cluster-beschreibung

Man erkennt deutlich einen »Elbow« bei der Gruppenzahl von zwei. Von fünf Objekten bis zur Gruppierung von zwei Objekten ist der Heterogenitätszuwachs relativ gering. Werden die beiden gebildeten Gruppen jedoch zu einer fusioniert, ist ein sehr hoher Heterogenitätszuwachs zu beobachten. Aus diesem Grunde könnte man eine Zweiergruppierung wählen, sodass die Cluster-Analyse zu zwei isoliert zu bearbeitenden Kundensegmenten führen würde. Diese Kundensegmente können wie folgt beschrieben werden:

Bestimmung der Clusteranzahl

Cluster Nr. 1 umfasst die Personen 1 bis 3, die dadurch gekennzeichnet sin, dass sie auf Preis und Ton besonderen, auf das Gewicht einen mittleren, aber deutlich höheren Wert als die andere Gruppe und auf die Bildqualität einen eher unterdurchschnittlichen Wert legen. Man könnte dieses Kundensegment vielleicht als die »Audiovisuellen« bezeichnen, bei denen die Tonqualität aber deutlich im Vordergrund steht. Die zweite Kundengruppe sind die »klassischen TV-Käufer«, die auf Preis und Bildqualität achten.

Fazit

Wir halten fest: Der relevante Markt und die Kundensegmentierung sind zwei eng miteinander verbundene Konstrukte. Beide haben das gleiche Ziel, nämlich Heterogenitätsreduktion. Bei der Abgrenzung des relevanten Marktes erfolgt die Homogenisierung über das Kundenproblem, bei der anschließenden Segmentierung über die Anforderungen an die Problemlösung. In diesem zweistufigen Prozess der Verminderung von Heterogenität muss der einzelne Anbieter im Spannungsfeld von Marktgröße und erforderlicher Homogenität für eine erfolgreiche Marktbearbeitung entscheiden, welches Ausmaß an Heterogenität mit entsprechend korrespondierender Marktgröße für ihn optimal ist. Die Entscheidung bewegt sich zwischen den gedanklichen Extrempunkten vollkommen homogene Bearbeitung eines Kunden und vollkommen heterogene Bearbeitung aller Kunden.

3.2.2.2 Wettbewerbersegmentierung: strategisches Gruppenverhalten

Homogenisierung von Wettbewerbern

Ebenso wie auf Kundenseite, findet sich auch bei den Wettbewerbern des relevanten Marktes das Phänomen der »Restheterogenität«. Da beim ersten Homogenisierungsschritt, der Abgrenzung des relevanten Marktes, das Kundenproblem die ausschlaggebende Homogenisierungsvariable ist, wird die Heterogenität der Wettbewerber in aller Regel sogar größer sein als diejenige der Kunden. Insbesondere dann, wenn die große Anzahl der Wettbewerber eine Einzelfallbetrachtung verhindert, ist es für die Planung einer KKV-Position sinnvoll, die Wettbewerbsunternehmen über eine Segmentierung zu homogenisieren (vgl. Abb. 36). In der Literatur wurde hierzu das Konzept der strategischen Gruppen entwickelt.

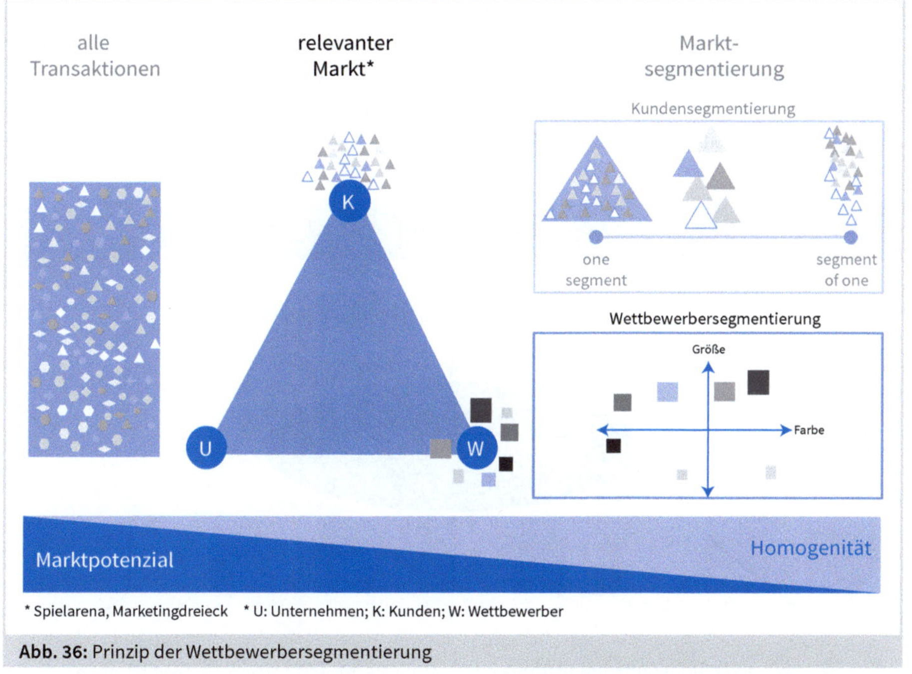

Abb. 36: Prinzip der Wettbewerbersegmentierung

Strategische Gruppen

Der auf Hunt (1972) zurückgehende Begriff der strategischen Gruppe (vgl. auch Rese, 2000; Grant/Nippa, 2006, S. 167 f.) steht für eine Segmentierung von strategischen Verhaltensweisen verschiedener Wettbewerber innerhalb eines relevanten Marktes. Die Beobachtung von Hunt, dass Firmen eines relevanten Marktes divergierendes strategisches Verhalten zeigten, um ihre Unternehmensziele zu erreichen, hat Porter aufgegriffen und die strategische Gruppe wie folgt definiert: »A strategic group is the group of firms in an industry following the same or a similar strategy along the strategic dimensions.« (Porter, 1980, S. 129).

Strategische Gruppen stellen in diesem Sinne Wettbewerbersegmente dar, die sich innerhalb der strategischen Gruppen durch homogenes strategisches Wettbewerbsverhalten auszeichnen. Gleichzeitig ist zwischen ihnen heterogenes Verhalten beobachtbar.

Die Homogenität innerhalb strategischer Gruppen und Heterogenität zwischen den Gruppen sagt nichts aus über die Wettbewerbsverhältnisse. Wettbewerb kann sowohl innerhalb als auch zwischen den strategischen Gruppen bestehen. »Auf der anderen Seite kann innerhalb einer strategischen Gruppe aber auch eine gewisse wettbewerbliche ›Ruhe‹ herrschen, wenn sich die jeweiligen Unternehmen sehr gut kennen und aufgrund ›stillschweigender‹ Übereinkünfte darauf verzichten, intensive wettbewerbliche Maßnahmen zu ergreifen.« (Kleinaltenkamp, 2002, S. 89).

Methoden zur Erfassung strategischer Gruppen

Um das Konzept der strategischen Gruppen operational zu gestalten, ist es notwendig, Instrumente zu entwickeln, mit deren Hilfe sie identifiziert werden können. Hierzu kann sowohl auf die Industrieökonomik als auch auf die betriebswirtschaftliche Strategieforschung als den komplementär zu verstehenden Theoriezugängen zum Phänomen strategischer Gruppen rekurriert werden (vgl. Abb. 37).

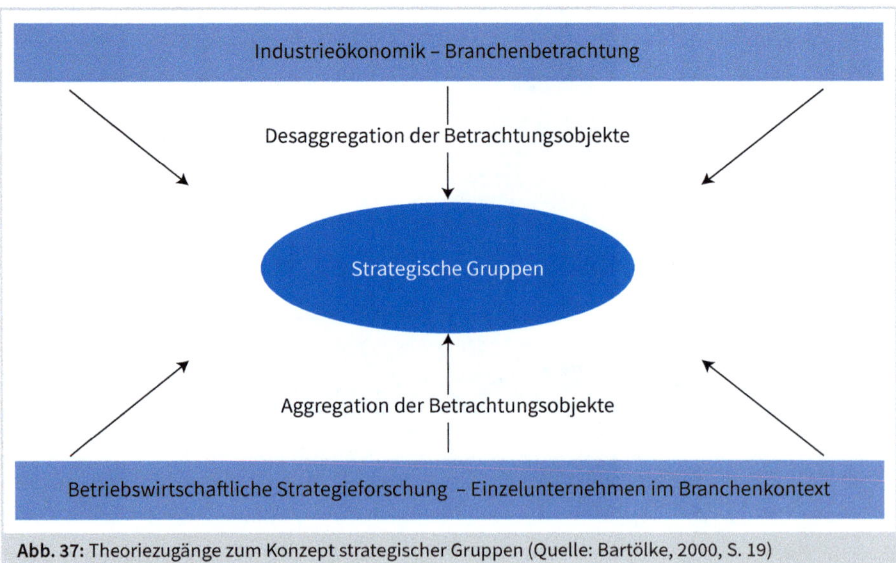

Abb. 37: Theoriezugänge zum Konzept strategischer Gruppen (Quelle: Bartölke, 2000, S. 19)

Industrieökonomik

Strategieforschung

Während die Industrieökonomik vor allem auf das Konstrukt der Branche abstellt und mit dem Konzept der Markteintritts- und Mobilitätsbarrieren einen Erklärungsansatz für die zu beobachtenden Renditeunterschiede innerhalb einer Branche beisteuert, liefert die betriebswirtschaftliche Strategieforschung detailliertere Erkenntnisse über die strategische Ausrichtung eines Unternehmens, die mit den industrieökonomisch geprägten Analysen auf Basis hoch aggregierter Daten nicht zu erhalten sind (Hannig, 1993, S. 79). Betriebswirtschaftliche und industrieökonomische Sichtweise wachsen auf diese Art zusammen. Beide versuchen aus unterschiedlichen Perspektiven Erklärungen dafür zu liefern, dass sich zwischen Branchen auf der einen Seite und Unternehmen auf der anderen Seite Zwischenformen (eben strategische Gruppen) gebildet haben. Hatten/Hatten formulieren das wie folgt: »Occupying the imagined conceptual space between firm and industry, groups offer a flexible meeting ground for strategic management and industrial organization ....« (Hatten/Hatten, 1987, S. 329).

Weitere Homogenisierung: Typenbildung

Ähnlich wie Kunden innerhalb eines Kundensegmentes, sind auch die Unternehmen innerhalb einer strategischen Gruppe nicht vollkommen homogen. Daher schlagen einzelne Autoren vor, die Heterogenität innerhalb einer strategischen Gruppe über Typenbildung weiter zu reduzieren.

So differenzieren McNamara/Deephouse/Luce (2003) zwischen Core, Secondary und Solitary Firms. Core Firms sind die Unternehmen einer strategischen Gruppe, die besonders eng mit dem Kern der Gruppenstrategie verwoben sind, während Secondary Firms von diesem Fokus weiter entfernt sind. Solitary Firms schließlich weisen im Sinne eines Ausreißers sehr spezifische strategische Verhaltensweisen auf. Die Autoren vermuten, dass nicht nur zwischen strategischen Gruppen Ergebnisvariationen zu beobachten sind, sondern dass auch zwischen den Firmentypen in einer Gruppe Ergebnisunterschiede bestehen. Allerdings konnten sie in ihrer empirischen Überprüfung weder zwischen den strategischen Gruppen noch zwischen den Firmentypen signifikante Renditeunterschiede nachweisen.

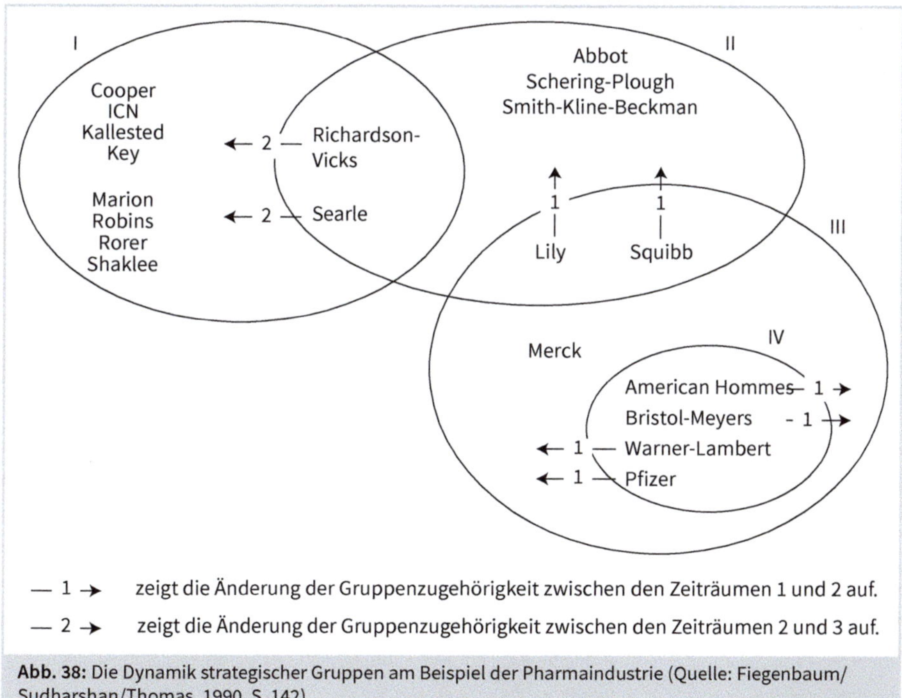

Abb. 38: Die Dynamik strategischer Gruppen am Beispiel der Pharmaindustrie (Quelle: Fiegenbaum/Sudharshan/Thomas, 1990, S. 142)

Strategische Gruppen im Zeitverlauf

Dies zeigt, dass die Homogenisierung von Wettbewerbern in der Praxis kein leichtes Unterfangen ist. Dies gilt umso mehr, als dass die für strategische Gruppen konstitutiven Mobilitätsbarrieren im Zeitverlauf nicht zwingend stabil sind. Fiegenbaum/Sudharshan/Thomas (1990) haben diese Wanderungsdynamik am Beispiel der Pharmaindustrie aufgezeigt (vgl. Abb. 38). Homogenisierungskriterien der Autoren sind dabei Marktabdeckung (z. B. nur USA oder weltweit), Unternehmensgröße und Produktportfolio (z. B. verschreibungspflichtige vs. sogenannte Over the Counter-Medikamente).

Erläuterung der Abbildung

In der Ausgangssituation sind vier unterschiedliche strategische Gruppen auszumachen. Gruppe I ist beispielsweise durch relativ kleine Unternehmen mit Fokus auf dem US-Markt gekennzeichnet, die verschreibungspflichtige und OTC-Produkte anbieten. Im Gegensatz dazu besteht Gruppe II aus eher großen, weltweit agierenden Unternehmen mit diversifiziertem Sortiment.

Die erste Dynamik ist im Jahr 1976 zu beobachten. Zu diesem Zeitpunkt vereinigten sich die strategischen Gruppen III (groß, weltweit agierend, breites Produktportfolio) und IV (groß, weltweit agierend, Fokus auf verschreibungspflichtige Medikamente). Gleichzeitig wanderten die Unternehmen Lilly und Squibb aus Gruppe III in Gruppe II. Die zweite Veränderung zeigt sich in den Jahren 1980/81: Die Unternehmen Richardson-Vicks und Searle migrieren von Gruppe II zu Gruppe I.

Fazit

Insgesamt ist aus Sicht des Managements von KKV-Positionen die Homogenisierung von Wettbewerbern im Vergleich zur Kundensegmentierung noch unbefriedigend gelöst. Zwar liegt mit dem Modell der strategischen Gruppen ein ausgereiftes Konzept zur Homogenisierung unterschiedlicher Unternehmen vor, das allerdings primär zur Erklärung von Renditeunterschieden zwischen Unternehmen respektive Branchen entwickelt wurde und den spezifischen Anforderungen einer Wettbewerberhomogenisierung unter KKV-Gesichtspunkten daher nur bedingt gerecht wird. Gleichwohl lassen sich hieraus Anhaltspunkte für eine homogenisierende Zusammenfassung von Wettbewerbern im relevanten Markt finden, wenn die Menge an Wettbewerbern so groß ist, dass eine Einzelfallbetrachtung als Analyseoption ausscheidet.

3.3 Fair geht vor ... Analyse der Spielregeln einer Spielarena

So wie im Sport kein Spiel sinnvoll stattfinden kann, ohne dass Spielregeln das Verhalten der Spieler steuern, gibt es auch in kommerziellen Wettbewerbsarenen Spielregeln, die festlegen, in welchem Rahmen das Spiel ablaufen kann, darf und soll. Sowohl im Sport als auf kommerziellen Märkten kann dabei zwischen exogenen und endogenen Spielregeln differenziert werden. Als exogene Spielregeln werden solche bezeichnet, die von außen vorgegeben für das Spiel verbindlich sind. Beispiele für exogene Spielregeln im Sport sind z. B. die bereits zitierte Abseitsregel – »Ein Spieler befindet sich in einer Abseitsstellung, wenn er der gegnerischen Torlinie näher ist als der Ball und der vorletzte Abwehrspieler« (vgl. DFB, 2019) – sowie die Rückpassregel im Fußball (vgl. Beispiel 12).

Beispiel 12

Exogene Spielregeln: Der »Fall Schober«

Exogene Regeln

»Diese Bestimmung besagt, dass es dem Torwart nicht gestattet ist, den Ball mit seinen Händen zu berühren, wenn das Zuspiel durch einen Mitspieler der eigenen Mannschaft kontrolliert per Fuß oder Einwurf erfolgt ist. (…) Eine Missachtung der Rückpassregel sowie der anderen genannten Regeln führt zu einem indirekten Freistoß für die gegnerische Mannschaft an jener Stelle, an der der Torwart den Ball regelwidrig berührt hat.« (Quelle: Wikipedia, 2019c).

»… An jenem 19. Mai 2001 hätte der Hamburger SV im Heimspiel gegen Bayern München den Königsblauen zur achten Deutschen Meisterschaft verhelfen können. Mit Mathias Schober, dem Schalker Jungen im Tor. 93 Minuten zeigte der Marler eine tadellose Leistung, verhinderte mehrfach Bayern-Treffer. Doch dann verursachte er den indirekten Freistoß, der den Münchnern doch noch den Titel brachte … Warum nur nahm er an jenem 19. Mai den Ball auf, anstatt ihn auf die Tribüne zu schlagen?... (Quelle: Schalke, 2001)«

Neben diesen exogenen Spielregeln gibt es auch endogene Spielregeln. Endogene Spielregeln sind im Prinzip Codices, die sich aufgrund eines Konsenses der beteiligten Parteien herausgebildet haben, ohne dass sie in dem Sinne verbindlich sind, so dass die Parteien sich zwangsläufig daran halten müssten (vgl. Beispiel 13).

Beispiel 13

Endogene Spielregeln: Die ungeschriebenen Gesetze des Radsports

Endogene Regeln

Die »ungeschriebenen Gesetze des Radsports« haben sich im Laufe der Geschichte des Straßenradsports herausgebildet. Die Strapazen langer Einzel- oder Etappenrennen lassen es nicht zu, dass sich ein Einzelsportler auf Dauer durchsetzen kann, ohne die Gemeinschaft des Fahrerfeldes und seine Gesetze zu akzeptieren. Bei diesen Regeln handelt es sich in erster Linie um Regeln, die den Ablauf eines Radrennens entscheidend mitbestimmen, die aber nicht wie bspw. die Spielregeln in den Ballsportarten schriftlich fixiert wurden – es handelt sich vorwiegend um moralische Regeln oder eine Art Ehrenkodex.

Verstöße gegen diese ungeschriebenen Gesetze werden individuell oder teamübergreifend geahndet. Allerdings sind die »Strafen« subtiler, als man gemeinhin denken mag: Sicherlich ist es das eine oder andere Mal zur Anwendung roher Gewalt gekommen – doch in den allermeisten Fällen helfen andere Maßnahmen, wie sie im Abschnitt »Sanktionen« beschrieben werden.

Ungeschriebene Gesetze im Detail:

- Es ist üblich, Fahrer in dem Maße am Erfolg zu beteiligen, wie sie dazu beigetragen haben.
- Wenn der Führende im Gesamtklassement einer Rundfahrt zusammen mit (einem) anderen Fahrer(n) als Ausreißer ins Ziel kommt, überlässt er üblicherweise den/m anderen Fahrer(n) den Sieg.
- Insbesondere in Fluchtgruppen wird der Austausch von Getränken und anderer Verpflegung unter den Fahrern auch teamübergreifend praktiziert.
- Ausfall des Mannschaftswagens (wie 1997 bei Telekom) wird durch Hilfestellung durch konkurrierende Teams gehandhabt, obwohl dies nach strenger Auslegung der UCI-Richtlinien nicht zulässig ist.
- Bei der Tour de France wird in der Regel auf der letzten Etappe nach Paris nicht versucht, dem im Gesamtklassement Führenden noch auf dem letzten Teilstück das Gelbe Trikot zu entreißen, es sei denn, es handelt sich um ein Einzelzeitfahren.

Als unsportlich gelten insbesondere folgende Handlungen:

- Ausreißversuche während der Verpflegungskontrolle.
- Ausreißversuche während »Pinkelpausen« – hier ist auch ungeschriebenes Gesetz, dass die Kameras der begleitenden Fernsehteams ausgeschaltet werden.
- »Lutschen« in kleinen Ausreißergruppen – also beständiges Hinterherfahren, ohne Führungsarbeit im Wind zu leisten.
- Ausnutzung von Stürzen oder Pannen des direkten Kontrahenten in der Gesamtwertung: Um eine sportliche Entscheidung zu ermöglichen, wird gewartet, bis der Fahrer aufschließen kann.

Folgende Sanktionen sind üblich und wirksam:

- Einen anderen Fahrer »im Wind stehen lassen« bzw. »im Wind verhungern lassen«: Unternimmt ein Fahrer einen Ausreißversuch, braucht er Mitstreiter. Normalerweise »schicken« die Teams, die aus unterschiedlichen taktischen Erwägungen an einer Beteiligung an Ausreißergruppen interessiert sind, ihre Fahrer mit in die Ausreißergruppe. Soll ein Fahrer sanktioniert werden, tut man genau dies nicht. Er muss die Flucht allein fortsetzen. Während man normalerweise jedem Solo-Ausreißer seine Chance gibt bzw. das Einholen von Ausreißern, die im Gesamtklassement unwichtig sind, anderen taktischen Zielen unterordnet, wird man in diesem Falle unter allen Umständen den Ausreißer wieder einfangen. Allerdings wird man sich damit Zeit lassen, damit der Schaden für ihn möglichst hoch ist.

- Einen Fahrer nicht wegkommen lassen: Das ist die andere Variante, den Ausreißererfolg zu unterbinden, man lässt den Fahrer durch konsequentes Nachfahren nicht zur Solo-Flucht kommen.
- Bei Sprintern: »Einbauen« eines unliebsamen Fahrers. Es wird darauf geachtet, dass der Fahrer sich in der Sprintvorbereitung nicht »freifahren« kann, ohne dabei lange Umwege zu gehen.

Quelle: Fahrrad-Wiki (2019)

Auch Gütermärkte werden durch unterschiedliche exogene und endogene Spielregeln beeinflusst.

3.3.1 Exogene Regeln

Rechtseinflüsse auf Marketing-entscheidungen

Exogene Regeln im Sinne von Rechtseinflüssen auf strategische Marketingentscheidungen können sich auf die vertikale Wettbewerbsdimension (Anbieter/Nachfrager) und die horizontale Dimension (Anbieter/Anbieter) beziehen. Beide Dimensionsrichtungen stehen in enger Beziehung zueinander. Abb. 39 zeigt eine Systematik der Rechtseinflüsse auf Marketingentscheidungen (vgl. dazu Backhaus/Plinke, 1986).

Abb. 39: Exogene Spielregeln: Rechtseinflüsse auf Marketingentscheidungen

Rechtsnormen als Organisations-mittel des Markt-prozesses

Abb. 39 macht deutlich, dass Rechtsnormen als exogene Einflussfaktoren auf das Marktgeschehen so ausgerichtet sein können, dass sie entweder als Organisationsmittel des Marktprozesses funktionieren oder als Intervention in den Marktprozess wirken.

Die Rechtsnormen, die auf die Organisation des Marktprozesses gerichtet sind, sind die Grundinstitutionen des bürgerlichen Rechtsverkehrs, insbesondere das Vertrags- und das Eigentumsrecht. Durch sie werden Marktprozesse überhaupt erst effizient gestaltbar.

Eigentumsrecht

Das Eigentumsrecht schafft insofern die Basis für wirtschaftliches Handeln, als es die Verfügungsrechte definiert. Artikel 14 des Grundgesetzes enthält in den drei ersten Absätzen die grundlegenden Bestimmungen. Er definiert die Institutsgarantie, in der grundsätzlich Eigentum und Erbrecht gewährleistet werden, die Sozialverpflichtung von Eigentum sowie die Beschränkungen von Enteignungen. Probleme wirft der Schutz des Eigentums und der damit verbundenen Verfügungsrechte insbesondere im Hinblick auf Fragen des Urheber-, Patent- sowie Marken- und Geschmacksmusterrechts auf. Dabei geht es um den Schutz des »geistigen Eigentums«. Diese Regelungen haben einen erheblichen Einfluss auf die Gestaltung der Marketing-Strategie. Urheber- und Patentschutz machen einen KKV möglicherweise erst widerstandsfähig und sichern eine auf Innovation basierende Qualitätsführerschaft. Analoges gilt für das Marken- und Geschmacksmusterrecht. Erst der Markenschutz sichert die spezifischen Investitionen ab, die ein Anbieter zu tätigen bereit ist, um eine Marke strategisch zu positionieren (vgl. auch Backhaus, 2007, S. 15 ff.). Welche Folgen daraus resultieren können, zeigt Beispiel 14.

Beispiel 14

Darum darf nur Ritter Sport quadratisch sein

Der Bundesgerichtshof hat entschieden, dass weiterhin nur Ritter Sport quadratische Schokolade verkaufen darf. Warum darf es solche Ausnahmen überhaupt geben? Antworten auf die wichtigsten Fragen.

Praktisch, gut – wie kam es überhaupt zu der Quadratform?

Die Idee zum Schoko-Quadrat hatte Clara Ritter im Jahr 1932 – genau 20 Jahre, nachdem sie mit ihrem Mann Alfred Eugen eine Schokoladen- und Zuckerwarenfabrik gegründet hatte, die Pralinen, Oster- und Weihnachtsartikel und Schokoladentafeln herstellte. Damals noch im gewöhnlichen Format. »Machen wir doch eine Schokolade, die in jede Sportjacketttasche passt, ohne dass sie bricht, und das gleiche Gewicht hat wie die normale Langtafel«, soll sie gesagt haben. Das Konzept hatte durchschlagenden Erfolg: Sohn Otto entschied sich 1960 dafür, nur noch Schokolade in Quadratform herzustellen. Pralinen und Saisonartikel flogen aus dem Sortiment. Das Unternehmen ließ sich die Verpackung als dreidimensionale Marke schützen, sodass kein Wettbewerber Schokolade in dieser Form verpackt anbieten darf. Nun klagte die Konkurrenz dagegen – und verlangte die Löschung der Markenrechte.

Was sind die Argumente der Wettbewerber?

Das Format sei so praktisch, dass es allen Schokoladenproduzenten zur Verfügung stehen müsse, meinen die Wettbewerber. Denn: Grundsätzlich kann eine Form nicht geschützt werden, wenn die »Art der Ware« sie notwendig macht. Im aktuellen Fall hieße das eben, dass eine Schokolade in anderen Formaten als dem Quadrat nicht so gut verpackt, transportiert oder verspeist werden kann, argumentierten die Wettbewerber von Ritter Sport.

Das Bundespatentgericht gab der Konkurrenz zunächst recht und ordnete die Löschung der Quadrat-Markenrechte an. Dabei bezogen sich die Richter paradoxerweise auf Clara Ritters Innovations-Argument: Ein Quadrat passe besser in eine Jackentasche als eine rechteckige, längliche Tafel, sagten sie. Es sei also als Schokoladen-Form so überlegen, dass man die Verwendung auch der Konkurrenz erlauben müsse.

Wie argumentiert der Bundesgerichtshof?

Der Bundesgerichtshof (BGH) hat das Urteil des Bundespatentgerichts nun revidiert. Die Karlsruher Richter urteilten, dass das Quadrat nicht zwingend zum Transport und Genuss von Schokolade nötig sei. Damit bestätigten sie den bestehenden Markenschutz für das Quadrat.

Darf also wirklich nur Ritter Sport quadratische Schokolade anbieten?

Ja.

Was können Firmen sich sonst noch so sichern lassen?

Firmen versuchen, ihre Wiedererkennungsmerkmale vor Imitation zu schützen – und können damit ziemlich weit gehen. Neben Ritter Sport hält zum Beispiel auch Dextro Energen ein Markenrecht auf die dreidimensionale Quadratform seines Traubenzuckers. Seit 1995 können Unternehmen zudem nicht nur ihre Logos und Schriftzüge schützen lassen, sondern auch Farbcodes. Geschützt sind beispielsweise das Nivea-Blau, das Milka-Lila, das Telekom-Magenta und das Sparkassen-Rot.

Quelle: Spiegel Online (2017b)

Vertragsrecht

Auf Basis der grundsätzlich so geregelten Verfügungsrechte stellt sich die Frage, in welchem rechtlichen Rahmen Inhaber von Verfügungsrechten Transaktionen abwickeln können. Diese Fragen regelt das Vertragsrecht. Der Vertrag ist eine Institution des Privatrechts und obliegt grundsätzlich der Ausgestaltung durch die Parteien (Privatautonomie). Diese Privatautonomie wird nur durch zwingende Gesetzesregelungen (z. B. Verstoß gegen die »guten Sitten«) durchbrochen. Ansonsten gilt das Prinzip der Vertragsfreiheit. Verträge kommen durch gegenseitige Willenserklärungen zustande. Im Geschäftsverkehr hat sich gezeigt, dass aus Gründen der Beweislastführung die schriftliche Form des Vertrages zweckmäßig ist. Grundsätzlich sind Verträge aber formfrei (Ausnahme z. B. Grundstückskaufvertrag). Das Vertragsrecht liefert insofern wichtige Spielregeln für marktstrategische Entscheidungen, als z. B. (internationale) Märkte strategisch von der Belieferung eines Anbieters ausgeschlossen werden, wenn die Vertragstreue bezweifelt werden muss. Beispiel 15 illustriert dieses Problem.

> **Beispiel 15**
>
> **Das kommt Chinesen spanisch vor**
>
> »Chinesische Geschäftsleute betrachten vertragliche Vereinbarungen nicht immer als in allen Punkten verbindlich«, sagt Lars Anke, China-Experte der German Asia-Pacific Business Association (OAV) in Hamburg. »Nach Vertragsabschluss beginnen deshalb oft die Probleme.« Diese Erfahrung machte neulich wieder ein mittelständisches deutsches Maschinenbauunternehmen mit einer Filiale in Shanghai. Mit einem regionalen Zulieferer hatte man einen Vertrag über Preise und die zu liefernde Stückzahl abgeschlossen. Dann stieg der Stahlpreis, und der chinesische Partner weigerte sich plötzlich, zum vereinbarten Tarif zu liefern. »Die Rahmenbedingungen haben sich geändert«, erklärten die chinesischen Manager treuherzig. Die deutschen Vertreter waren stinksauer (Quelle: Hein, 2004).

Recht als Intervention in den Marktprozess

Der Staat schafft nicht nur die Basis für die Gestaltung von Markttransaktionen, er greift auch steuernd in den Marktprozess ein, wenn Marktversagen vorliegt oder einzutreten droht (vgl. z. B. Fritsch, 2018). Die Rechtsnormen wirken so, dass sie die strategischen Marketingentscheidungen begrenzen, indem sie Spielregeln entwickeln, die Schutzrechte für die Beteiligten am Marktprozess sicherstellen. Wir gruppieren diese Schutzrechte in zwei Bereiche:

- Schutz des Wettbewerbs als Institution,
- Schutzrechte der Nachfrager (bzw. der Gesellschaft) und Wettbewerber

Schutz des Wettbewerbs

Schutz des Wettbewerbs als Institution

Der Wettbewerb als Institution ist immer dann schutzbedürftig, wenn die Marktparteien strategische Maßnahmen ergreifen, um den Wettbewerb einzuschränken oder sogar auszuschalten. Die Tendenz zur Einschränkung bzw. Ausschaltung des Wettbewerbs liegt paradoxerweise im Wettbewerb selbst begründet. Wenn der Wettbewerb dazu führt, dass Lieferanten in den Augen der Käufer als austauschbar angesehen werden, dann liegt es nahe, dass Lieferanten danach streben, dieser Tendenz auszuweichen bzw. sie auszuschalten. Maßnahmen, die die Gefahr in sich bergen, Wettbewerb zu beschränken, liegen in der Verhaltenskoordination (z. B. durch Kartellbildung), der Konzentration, bei der durch Übernahme eines Wettbewerbers der Wettbewerb reduziert wird, oder im missbräuchlichen Ausnutzen einer marktstarken Stellung. Immer dann, wenn ein Unternehmen in eine Größenordnung gekommen ist, bei der es als marktbeherrschend gilt, unterliegt es einer staatlichen Missbrauchsaufsicht. Die Marktbeherrschung wird damit zum Aufgreifkriterium für das Kartellamt. Ein Eingriff erfolgt aber nur, wenn die marktbeherrschende Stellung missbräuchlich ausgenutzt wird.

Marktbeherrschung

Die Konkretisierung der Missbrauchstatbestände wirft in der praktischen Handhabung erhebliche Probleme auf, da weder der Nachweis der sachlichen Rechtfertigung ungleicher Behandlung unmittelbar möglich ist, noch jeweils adäquate Vergleichsmärkte gefunden werden können, die sich als Referenz heranziehen lassen (vgl. Bartling/Luzius, 2014, S. 117 f.). Gelingt es jedoch nachzuweisen, dass eine marktbeherrschende Stellung missbräuchlich ausgenutzt wurde, so kann dies drakonische Strafen nach sich ziehen, wie Beispiel 16 zeigt.

Beispiel 16

Rekordbußgeld gegen Google wegen Ausnutzen einer marktbeherrschenden Stellung

Fast sieben Jahre dauern die Ermittlungen nun schon an. Drei Verfahren hat die EU-Kommission seit dem Jahr 2010 gegen Google eröffnet, in allen drohen dem Internetkonzern empfindliche Strafen. Nun hat EU-Kommissarin Margrethe Vestager im ersten davon eine Entscheidung verkündet. Google muss demnach 2,42 Milliarden Euro zahlen – die mit Abstand höchste Strafe, die die Brüsseler Behörde je verhängt hat.

Die Kommission ist der Ansicht, Google habe seine Marktmacht als Suchmaschinenbetreiber missbraucht, um Millionen Nutzer auf die Preisvergleichsplattform Google Shopping zu lenken. Sie wirft dem Konzern vor, bei den Google-Suchergebnissen die eigenen Anzeigen ganz oder sehr weit oben anzuzeigen, auch wenn diese nicht unbedingt die größte Auswahl oder die niedrigsten Preise bieten. Der am besten platzierte Wettbewerber werde demnach im Schnitt erst auf der vierten Seite angezeigt. Auf Seite eins der Ergebnisse entfielen aber etwa 95 Prozent aller Klicks der Nutzer. Dieser Effekt sei auf Mobilgeräten noch ausgeprägter, da das Display kleiner sei. Google wende das Verfahren in 13 Staaten des Europäischen Wirtschaftsraums an, darunter in Deutschland, Großbritannien, Frankreich, Spanien und Italien.

Sollte Google seine Praktiken bei den Preisvergleichsportalen innerhalb von 90 Tagen nicht ändern, könnten laut der EU-Kommission bis zu fünf Prozent des durchschnittlichen Tagesumsatzes der Google-Muttergesellschaft Alphabet als Zwangsgeld verhängt werden. Der US-Konzern habe anderen Unternehmen die Möglichkeit genommen, im Wettbewerb durch Leistung zu überzeugen, so Vestager. »Vor allem aber hat es verhindert, dass die europäischen Verbraucher wirklich zwischen verschiedenen Diensten wählen und die Vorteile der Innovation voll nutzen können.«

Erst im vergangenen Jahr hatte die Kommission die Ermittlungen gegen den Konzern ausgeweitet. »Wir glauben, dass das Vorgehen von Google den Verbrauchern geschadet hat, weil sie die Suchergebnisse angezeigt bekommen, die Google ihnen zeigen will, und nicht unbedingt diejenigen, die relevanter sind«, sagte Vestager damals. Der Suchmaschinenbetreiber schiebe »sehr, sehr oft« eigene Dienste in der Anzeige nach oben. Google habe den Wettbewerb in diesem Bereich »geschwächt oder sogar fast beseitigt«. »Das muss aufhören«, teilt sie am Dienstag über Twitter mit.

Google selbst hatte diese Anschuldigungen in der Vergangenheit stets zurückgewiesen und den Wettbewerbshütern stattdessen Mängel in der Untersuchung vorgeworfen. Am Dienstag teilte der Konzern in einer Stellungnahme mit, er stimme mit den Folgerungen der EU nicht überein und erwäge, Einspruch gegen die von der EU verhängte Rekordstrafe zu erheben.

Quelle: Süddeutsche Zeitung (2017)

Fusionen

Da Unternehmenszusammenschlüsse prinzipiell die Gefahr einer Wettbewerbsbeschränkung in sich bergen, stellen sie grundsätzlich Aufgreiftatbestände für die zuständige Kartellbehörde dar. Welchen Einfluss diese exogene Spielregel auf marketingstrategische Entscheidungen eines wettbewerbsrelevanten Unternehmenszusammenschlusses haben kann, zeigt exemplarisch Beispiel 17.

Beispiel 17

Der lange Streit um die Übernahme von Kaiser's

Vorzeitige Bescherung für 15.000 Beschäftigte bei Kaiser's Tengelmann: Die Konkurrenten Edeka und Rewe haben sich nach zähem Ringen auf die Zukunft der angeschlagenen Supermarktkette geeinigt. Ein entsprechender Vertrag ist unterschriftsreif und muss nun noch vom Bundeswirtschaftsministerium geprüft werden, wie Edeka und Rewe am Freitag gemeinsam mitteilten. Alle Jobs sind damit so gut wie gerettet. Im Kern geht es um die Übernahme von 62 Kaiser's-Filialen in Berlin durch Rewe. Da auch die nötigen Tarifverträge mit den Gewerkschaften Verdi und NGG bereits geschlossen sind, sollte die Vereinbarung auf Grundlage der Sondererlaubnis durch Bundeswirtschaftsminister Sigmar Gabriel (SPD) in den kommenden Tagen auch formell besiegelt werden.

Rewe wird dann seine Klage gegen die Ministererlaubnis zurücknehmen, der Weg für die Umsetzung wäre dann frei. Demnach geht Kaiser's Tengelmann mit seinen noch etwa 400 Filialen komplett an Edeka, die Hamburger reichen die vereinbarte Zahl an Geschäften vor allem in Berlin zu einem nicht genannten Preis an Rewe weiter. Gabriel begrüßte die Einigung. »Der erfolgreiche Abschluss der Verhandlungen zwischen Edeka und Rewe sowie den Gewerkschaften Verdi und NGG ist eine sehr gute Nachricht für die Arbeitnehmerinnen und Arbeitnehmer von Kaiser's Tengelmann«, sagte er in Berlin.

Damit sei der Weg frei für die finalen Schritte, die jetzt zügig erfolgen könnten. Er sei zuversichtlich, dass in der nächsten Woche die Ministererlaubnis vollzogen werden könne, sagte der Vizekanzler. Die Beschäftigten müssten dann nach einer langen Zeit der Unsicherheit nicht mehr um ihren Arbeitsplatz bangen.

Als abschließende Schritte stehen nach Darstellung des Ministeriums unter anderem noch die notarielle Beurkundung des Kaufvertrags sowie die Prüfung durch das Bundeskartellamt an. Auch Verdi gab sich optimistisch. »Wir gehen davon aus, dass der gesamte Prozess jetzt sehr bald zu einem guten Ende für die Beschäftigten kommt«, sagte eine Sprecherin. Alle benötigten Tarifverträge seien fertig verhandelt, sodass die Voraussetzungen für die tarifliche Absicherung der Beschäftigten geschaffen seien. Auch die Tarifkommissionen hätten bereits zugestimmt.

Der Berliner Kaiser's-Betriebsrat Volker Bohne gab sich zwar noch vorsichtig. »Solange wir das noch nicht schriftlich haben, feiern wir nicht«, sagte er. Für die Beschäftigten bedeute eine Einigung jedoch sichere Jobs für mindestens fünf Jahre.

Gabriel hatte Edeka die Komplettübernahme von Kaiser's Tengelmann genehmigt und damit ein Veto des Kartellamtes ausgehebelt. Doch wurde die Sondererlaubnis im Juli vom Oberlandesgericht Düsseldorf auf Antrag von Rewe sowie der Wettbewerber Markant und Norma, die mittlerweile ihre Klage zurückgezogen haben, gestoppt.

Tengelmann, Edeka und Rewe hatten sich daraufhin in einem von Alt-Bundeskanzler Gerhard Schröder (SPD) geleiteten Schlichtungsverfahren auf Eckpunkte eines Kompromisses geeinigt. Im Mittelpunkt stand die Aufteilung des Kaiser's-Tengelmann-Geschäfts in der Hauptstadt. Damit sollen Rewes Einwände vom Tisch, Marktführer Edeka würde durch die Kaiser's-Übernahme in Berlin zu stark. Doch erwies sich das Aushandeln der Details als zäher Prozess.

Tengelmann-Eigentümer Karl-Erivan Haub hatte vor zwei Jahren beschlossen, die verlustreiche Supermarktkette an Edeka zu verkaufen. Kaiser's Tengelmann beschäftigt heute in gut 400 Filialen in München und Oberbayern, im Großraum Berlin und im Rheinland noch etwa 15.000 Mitarbeiter. (dpa)

Quelle: Berliner Morgenpost (2016)

Kartelle

In der Wettbewerbsordnung der Bundesrepublik Deutschland sind Kartelle grundsätzlich verboten. Die Institutionalisierung von Kartellen, wie sie in § 1 GWB definiert sind, erfolgt über Verträge oder Beschlüsse. Diese sind unwirksam, soweit sie geeignet sind, die Erzeugung von oder die Marktverhältnisse für den Verkehr mit Waren oder gewerblichen Leistungen durch Beschränkung des Wettbewerbs zu beeinflussen. Verträgen und Beschlüssen gleichgestellt ist das aufeinander abgestimmte Verhalten, das zu einer Beschränkung des Wettbewerbs führt. Zu diesem Tatbestand gehören auch die »Gentleman's Agreements«, die anstelle des Vertrages einen »gesellschaftlichen oder moralischen Druck« als Koordinierungsmittel einsetzen. Das generelle Kartellverbot des § 1 GWB wird allerdings durch eine Generalklausel (§ 2 Abs. 1 GWB) relativiert. Darüber hinaus gibt es branchenbezogen, unternehmensgrößenbezogen und zweckbezogen einige Sonderregelungen. Abb. 40 verdeutlicht die kartellrechtlichen Spielräume des GWB. Die Zahl branchenbezogener Sonderregelungen ist im Zuge der Anpassung an geltendes EU-Recht sukzessive verringert und im Übrigen durch die Generalklausel in § 2 GWB ersetzt worden. Branchenbezogene Spielräume bestehen weiterhin für die Landwirtschaft (§ 28 GWB) und das Zeitungs- und Zeitschriftenwesen (§ 30 GWB).

Branchenbezogene Ausnahmen

Ausnahmen für KMU

Das GWB eröffnet kleinen und mittleren Unternehmen besondere Kooperationsspielräume. Der Sinn dieser Regelungen liegt in einem »strukturellen Nachteilsausgleich« für kleinere Unternehmen. Diese strukturellen Nachteilsausgleiche beziehen sich auf die Zulässigkeit von Mittelstandskartellen (§ 3 GWB), Mittelstandsempfehlungen sowie die Zulässigkeit von Bagatellfällen.

Zweckbezogene Ausnahmen

Zweckbedingte Kooperationsspielräume eröffnen sich durch die Möglichkeit, dass Wirtschafts- und Berufsvereinigungen für ihren Bereich Wettbewerbsregeln aufstellen können (vgl. § 24 Abs. 1 GWB). Wettbewerbsregeln im Sinne dieser Vorschriften sind Bestimmungen, die das Verhalten von Unternehmen im Wettbewerb regeln, zu dem Zweck, ein den Grundsätzen des lauteren und der Wirksamkeit eines leistungsgerechten Wettbewerbs zuwiderlaufenden Verhaltens im Wettbewerb entgegenzuwirken und einen diesen Grundsätzen entsprechendes Verhalten im Wettbewerb anzuregen. Beispiele sind die Zulässigkeit von Normen- und Typisierungskartellen, Rationalisierungskartelle oder Strukturkrisenkartelle.

Sanktionen

Die Missbrauchsaufsicht durch die Kartellbehörde schließt jeweils Sanktionen ein (Untersagung von Maßnahmen, Unwirksamkeitserklärungen von Verträgen und Beschlüssen, Unzulässigkeitserklärungen von Empfehlungen). Empirische Beobachtungen belegen, dass in manchen Fällen der Marktprozess offenkundig regulierender Eingriffe bedarf, damit Marktprozess und Marktergebnis wirtschaftspolitischen Zielen entsprechen. Abb. 41 zeigt die wesentlichen Ansatzpunkte des Nachfrager- und Wettbewerberschutzes.

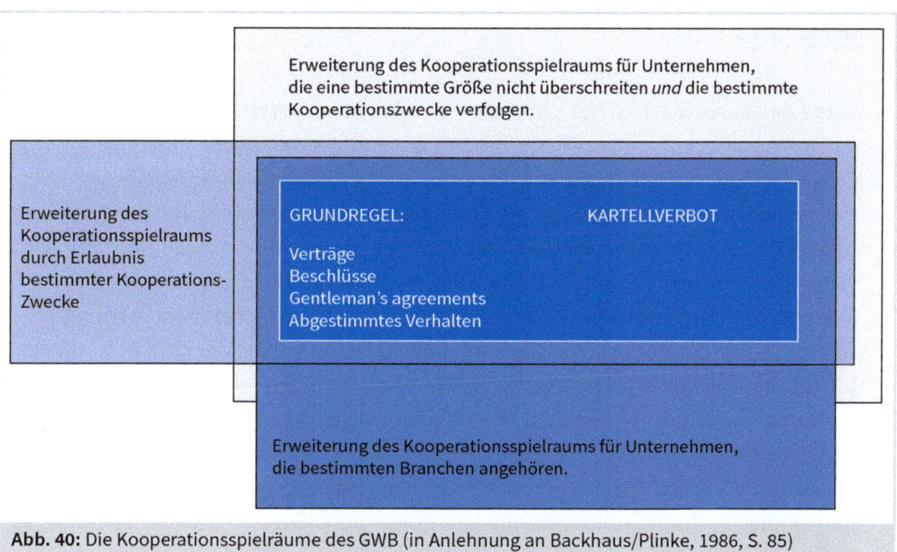

Abb. 40: Die Kooperationsspielräume des GWB (in Anlehnung an Backhaus/Plinke, 1986, S. 85)

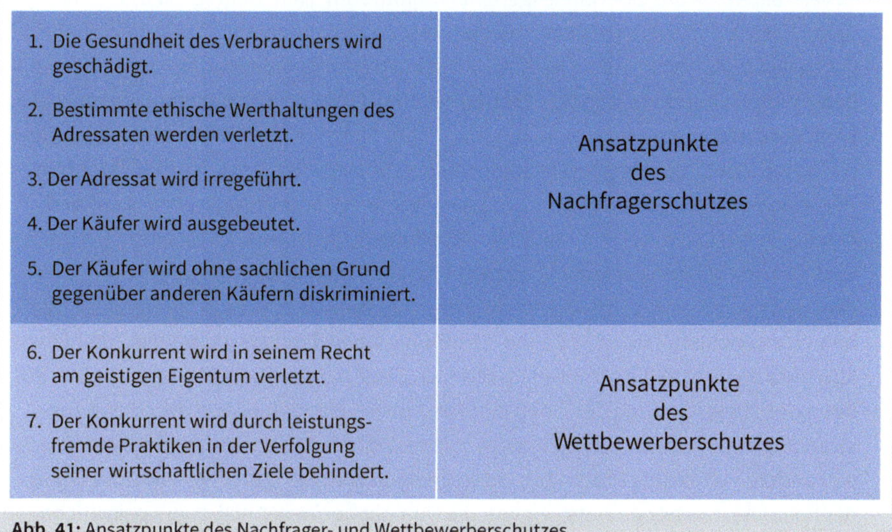

Abb. 41: Ansatzpunkte des Nachfrager- und Wettbewerberschutzes

Ihre Bedeutung für marktstrategische Entscheidungen liegt z. B. darin, dass das unter Punkt 7 fallende Diskriminierungsverbot bestimmte marketingstrategische Alternativen an enge Voraussetzungen knüpft (vgl. Beispiel 18).

Nachfrager- und Wettbewerberschutz

Beispiel 18

Urteil des Europäischen Gerichtshofes zu selektivem Vertriebsnetz

Coty Germany verkauft in Deutschland Luxuskosmetika. Einige ihrer Marken vertreibt sie, um deren Luxusimage zu wahren, über ein selektives Vertriebsnetz, d.h. über autorisierte Händler. Die Verkaufsstätten der autorisierten Händler müssen einer Reihe von Anforderungen hinsichtlich Umgebung, Ausstattung und Einrichtung genügen. Die autorisierten Händler können die fraglichen Waren auch im Internet verkaufen, sofern sie ihr eigenes elektronisches Schaufenster verwenden oder nicht autorisierte Drittplattformen einschalten, wobei dies für den Verbraucher nicht erkennbar sein darf. Vertraglich ausdrücklich verboten ist es ihnen hingegen, die Waren im Internet über Drittplattformen zu verkaufen, die für die Verbraucher erkennbar in Erscheinung treten. Coty Germany erhob vor den deutschen Gerichten Klage gegen einen ihrer autorisierten Händler, Parfümerie Akzente, und beantragte unter Berufung auf das vertragliche Verbot, diesem Händler zu untersagen, ihre Produkte über die Plattform »Amazon.de« zu vertreiben. Da das Oberlandesgericht Frankfurt am Main (Deutschland) Zweifel daran hat, ob die Vertragsklausel mit dem Wettbewerbsrecht der Union vereinbar ist, hat es den Gerichtshof hierzu befragt. Mit seinem heutigen Urteil stellt der Gerichtshof unter Hinweis auf seine ständige Rechtsprechung (...) zunächst fest, dass ein selektives Vertriebssystem für Luxuswaren, das primär der Sicherstellung des Luxusimages dieser Waren dient, nicht gegen das unionsrechtliche Kartellverbot (...) verstößt, sofern folgende Bedingungen erfüllt sind: Die Auswahl der Wiederverkäufer muss anhand objektiver Gesichtspunkte qualitativer Arterfolgen, die einheitlich für alle in Betracht kommenden Wiederverkäufer festgelegt und ohne Diskriminierung angewendet werden, und die festgelegten Kriterien dürfen nicht über das erforderliche Maß hinausgehen. Der Gerichtshof weist in diesem Zusammenhang darauf hin, dass die Qualität von Luxuswaren nicht allein auf ihren materiellen Eigenschaften beruht, sondern auch auf ihrem Prestigecharakter, der ihnen eine luxuriöse Ausstrahlung verleiht. Diese Ausstrahlung ist ein wesentliches Element solcher Waren, da die Verbraucher sie dadurch von anderen ähnlichen Produkten unterscheiden können. Daher ist eine Schädigung der luxuriösen Ausstrahlung geeignet, die Qualität der Waren selbst zu beeinträchtigen.

Quelle: Gerichtshof der Europäischen Union (2017)

Fazit

Zusammenfassend verlangt jedes Spiel nach verbindlichen Regeln, so auch das Wettbewerbsspiel. Dabei ermöglicht der Rechtsrahmen durch das Eigentum- und Vertragsrecht einerseits überhaupt erst marktliche Austauschprozesse. Anderseits schränkt er die Möglichkeiten des Spielverhaltens in vielerlei Hinsicht ein, da sowohl der Wettbewerb als Institution als auch die Kunden und Wettbewerber vor gesellschaftlich als unlauter empfundenen Praktiken geschützt werden. Angesichts ihres verbindlichen Charakters mit entsprechender Sanktionierung von Regelverstößen, gilt es die Regeln einer Spielarena zu beachten. Diese Forderung ist nicht nur der Furcht vor Sanktionen geschuldet, sondern entspringt der Überzeugung, dass Wettbewerbsvorteile auf regelkonformen Spielverhalten basieren müssen, wenn man die Grundidee wettbewerblich verfasster Wirtschaftsordnungen ernst nimmt. Und dies tun die Autoren – oder anders formuliert: Fair geht vor ...!

3.3.2 Endogene Regeln

Neben den exogenen Spielregeln, an die sich die Spieler halten müssen, lassen sich auch endogene Spielregeln beobachten, also solche Spielregeln, die von den Spielbeteiligten selbst im Sinne von »Codes« etabliert werden. Solche endogenen Spielregeln werden mitunter auch eingeführt, um eine exogene Spielregel zu verhindern. So hat beispielsweise der Deutsche Werberat (ZAW) Verhaltensregeln für die Werbung vor und mit Kindern und Jugendlichen in Fernsehen, Radio und Telemedien erlassen, wonach die in Abb. 42 dargestellten Grundsätze zu beachten sind.

1. Werbung soll keinen Vortrag von Kindern über besondere Vorteile und Eigenarten des Produktes enthalten, der nicht den natürlichen Lebensäußerungen des Kindes gemäß ist.
2. Werbung soll Kinder nicht ohne berechtigten Grund in gefährlichen Situationen darstellen.
3. Werbung soll strafbare Handlungen oder sonstiges Fehlverhalten, durch das Personen gefährdet werden können, nicht als nachahmenswert oder billigenswert darstellen oder erscheinen lassen.
4. Werbung soll Kinder nicht als Sexualobjekte darstellen.
5. Werbung soll ohne positive Auflösung keine realitätsnahen Szenen verwenden, die im Lebenskontext von Kindern belastend oder angstvoll erlebt werden könnten (z.B. Unfälle, Familienkonflikte).
6. Werbung soll keine direkten Kaufaufforderungen an Kinder enthalten. Gleiches gilt für die Aufforderung an Kinder zum Konsum eines Produkts oder einer Dienstleistung, soweit diese Aufforderung einer direkten Kaufaufforderung gleicht.
7. Werbung soll keine unmittelbaren Aufforderungen von Kindern und/oder an Kinder enthalten, ihre Eltern oder Dritte zum Kauf der beworbenen Ware oder Dienstleistung zu bewegen.
8. Werbung soll nicht das besondere Vertrauen, das Kinder zu Eltern, Lehrern und anderen Vertrauenspersonen haben, missbräuchlich ausnutzen.

Für Werbung in Fernsehen, Radio und Telemedien, die sich speziell an Jugendliche wendet, gelten die folgenden Regelungen:

9. Werbung soll Jugendliche nicht ohne berechtigten Grund in gefährlichen Situationen darstellen.
10. Werbung soll strafbare Handlungen oder sonstiges Fehlverhalten, durch das Personen gefährdet werden können, nicht als nachahmenswert oder billigenswert darstellen oder erscheinen lassen.
11. Werbung soll keine direkten Kaufaufforderungen an Jugendliche richten, die deren Unerfahrenheit und Leichtgläubigkeit ausnutzen.
12. Werbung soll Jugendliche nicht unmittelbar dazu auffordern, ihre Eltern oder Dritte zum Kauf der beworbenen Ware oder Dienstleistung zu bewegen.
13. Werbung soll nicht das besondere Vertrauen, das Jugendliche zu Eltern, Lehrern und anderen Vertrauenspersonen haben, missbräuchlich ausnutzen.

Abb. 42: Verhaltenscodes für die Werbung mit und vor Kindern (Quelle: Deutscher Werberat 2019)

Selbstbeschränkungen und akzeptierte Verhaltensweisen

Das Beispiel der Werbebranche macht deutlich, dass Verhaltenscodices Selbstbeschränkungen beinhalten, auf deren Einhaltung sich die Beteiligten mehr oder weniger freiwillig verpflichten. Endogene Spielregeln müssen aber nicht immer Selbstbeschränkungen, sondern können auch akzeptierte Verhaltensweisen sein, die in der relevanten Wettbewerbsarena allgemein akzeptiert sind und damit das Verhalten aller Marktteilnehmer prägen. Solche allgemein anerkannten faktischen Spielregeln, die nicht kodifiziert sein müssen, bezeichnen wir als Standards (vgl. auch Kleinaltenkamp, 1993, S. 20).

Standards

Wir unterscheiden drei Arten von Standards:

- Sicherheitsstandards
- Verhaltensstandards
- Kompatibilitätsstandards

Sicherheitsstandards

Während Sicherheitsstandards aufgrund des Gefährdungsrisikos (z. B. im Gesundheitsbereich oder bei technischen Gebrauchsgütern) häufig durch exogene Regeln definiert werden oder zumindest auf solchen basieren und somit quasi-exogenen Charakter aufweisen, sind Verhaltens- und Kompatibilitätsstandards eher endogener Natur.

Verhaltensstandards

Verhaltensstandards kennzeichnen eine von den Marktteilnehmern durchgängig praktizierte Verhaltensweise mit Bezug zu marktstrategischen Fragestellungen. Beispiel 19 zeigt einen Verhaltensstandard aus dem Medienkontext.

Beispiel 19

Das Prinzip 20.15 Uhr

Die bedeutendste Zäsur des Tages wird seit Langem vom Fernsehen vorgegeben. Um 20.15 Uhr beginnt der Abend; diese Uhrzeit teilt die Stunden in ein Davor und ein Danach, in das vorausgehende und das eigentliche Programm. Keine andere Schwelle gibt es, die heute noch vergleichbare Gültigkeit hätte für die Ordnung des Tages: Das Glockenschlagen der Kirche morgens, mittags und abends – als »Angelusläuten« einst ein verbindliches Zeichen für die Einteilung der Arbeit auf den Feldern – verhallt mittlerweile unbemerkt und bedeutungslos. Ebenso existieren feste Bürostunden, das vielbesungene »Nine to Five« des Angestelltenlebens, nur noch redensartlich; in Wahrheit sind sie durch Gleitzeit und flexible Verträge längst ausgefranst. Allein die 20.15-Uhr-Schwelle entfaltet weiterhin ihre Kraft; sie ist die Zeit des allgemeinen Anfangs, wie jeder weiß, der am Abend ohne Wissen um die genaue Uhrzeit durch die Programme schaltet. Wenn auf nahezu allen Sendern Vorspanncredits durchs Bild laufen, stellt sich die beruhigende Empfindung ein, dass es nun Viertel nach acht sei, ein kurzer Augenblick der Zusammenkunft, der Gemeinschaft: Die losen Programmfäden bündeln sich für eine halbe Minute, bilden einen dichten

Strang, bevor sie für den Rest des Abends wieder in die unterschiedlichsten Richtungen führen. Wie tief sich diese Zäsur in uns eingesenkt hat, lässt sich daran erkennen, dass sie auch an all jenen Abenden Gültigkeit behält, die man nicht vor dem Fernseher verbringt. Ein Blick auf die Armbanduhr um fünf vor halb neun, in einem Restaurant oder im Kino, ist immer mit dem leisen Wissen verbunden, dass der Abend schon begonnen habe, während derselbe Blick um zehn nach acht noch ein Gefühl des Vorläufigen, des Anbrechens auslöst. Als sei die Schwerkraft der Uhrzeiger in diesen Minuten größer als sonst, als gehe ein besonderer Ruck durchs Ziffernblatt um Viertel nach acht. Es ist eigentümlich, dass die deutlichste Trennlinie des Tages eine krumme Uhrzeit ist, keine »volle« Stunde, nicht einmal eine halbe, sondern eine Stelle auf dem Ziffernblatt, die mitten in der Kurve liegt. Der fernsehgeschichtliche Grund, warum es dazu kam, liegt auf der Hand. Denn die seit einem halben Jahrhundert gültige Schwelle in unserem Zeitempfinden verdankt ihren Platz einer Sendung, die unmittelbar davor ausgestrahlt wird: der Tagesschau. Sie stand am ersten Tag des Nachkriegsfernsehens, am 26.12.1952, um 20 Uhr im Programm, mit einer Dauer von 15 Minuten – zunächst nur dreimal in der Woche, ab 1956 sechsmal, ab 1961 schließlich täglich. Der von der Tagesschau vorgegebene Viertelstundentakt wurde rasch zum bestimmenden Ordnungsprinzip des ARD-Programmschemas; noch heute müssen alle Abendsendungen in der Regel zur Viertelstunde beginnen. Die Unerschütterlichkeit der 20.15-Uhr-Zäsur hat sich immer dann besonders deutlich erwiesen, wenn andere Programme versuchten, an ihr zu rütteln. Als das ZDF im Jahr 1963 auf Sendung ging, legte es seine Hauptnachrichtensendung zunächst auf 19.30 Uhr, was bei der ARD zu Überlegungen führte, die eigenen Nachrichten ebenso vorzuverlegen. Dazu kam es nicht – und in alten Programmzeitschriften kann man nachlesen, dass das ZDF sich seinerseits rasch auf die vorgegebene Trennlinie einstimmte und sein Hauptabendprogramm in den Siebzigerjahren viermal, in den Achtzigern dann täglich um 20.15 Uhr beginnen ließ. Jede weitere Bemühung von Fernsehsendern, den vertrauten Knotenpunkt vorzuverlegen und auf das weltweit gebräuchliche »Nullzeitenschema« mit Anfängen zur vollen und halben Stunde umzustellen, war seitdem zum Scheitern verurteilt. Das ZDF im Jahr 1991 und die Privatsender Sat.1, Pro7 und Kabel 1 im Jahr 1996 brachen schon nach wenigen Monaten ihr Experiment ab, den Hauptfilm um 20 Uhr auszustrahlen, und kehrten zum traditionellen Ablauf zurück. Die 20.15-Uhr-Zäsur ist mittlerweile gegenüber jedem Begradigungsversuch resistent; das Bestreben, diese Schwelle abzutragen, käme dem Versuch gleich, den natürlichen Ablauf der Zeit zu verändern (Quelle: Bernard/Kniebe, 2007, S. 113 ff.).

Brechen von Verhaltensstandards

Das Insert illustriert am Beispiel des 20.15 Uhr Standards für den Beginn des Abendprogramms im Fernsehen die hohe Bedeutung von Verhaltensstandards im Wettbewerb. So ist es auch nach der Liberalisierung des Fernsehmarktes keinem der neuen Anbieter gelungen, das durch die Tagesschau über Jahrzehnte geprägte Verhaltensschema aufzubrechen. Andererseits finden sich aber auch Beispiele, bei denen ein über Dekaden gültiger Verhaltensstandard von einem »Standardabweichler« erfolgreich durchbrochen wurde. So hatte der Springer Verlag über viele Jahre mit seinen Produkten »Hörzu« und »Funk Uhr« eine dominante Position im Markt der Programmzeitschriften. Beide Titel erschienen wie auch die Wettbewerber im wöchentlichen Rhythmus. Im Jahre 1990 wurde dieser Verhaltensstandard vom Milchstraßen-Verlag mit der 14-tägigen Programmzeitschrift TV-Spielfilm mit großem Erfolg durchbrochen. Obgleich nach wie vor wöchentliche Programmzeitschriften im Markt präsent sind, hat sich die 14-tägige Erscheinungsweise inzwischen zum neuen Verhaltensstandard entwickelt. So erscheinen von den fünf größten Programmzeitschriften in Deutschland (TV 14, TV Digital, Hörzu, TV Direkt und TV-Movie) mit Ausnahme der Hörzu alle im 14-tägigen Erscheinungsrhythmus (Stand: 1. Quartal 2019, Statista, 2019).

Gründe für Verhaltensstandards

Gleiche Rahmenbedingungen

Zurückgeführt werden kann das Herausbilden von Verhaltensstandards einerseits auf exogene Rahmenbedingungen, die für alle Anbieter Gültigkeit besitzen sowie andererseits auf angebots- und nachfragerseitige Ursachen. Mit exogenen Rahmenbedingungen sind Parameter angesprochen, welche die Anbieter einer Arena zwar nicht rechtlich, sehr wohl aber faktisch zu einem einheitlichen Verhalten zwingen, etwa aufgrund der Verfügbarkeit respektive der relativen Preise von Vorprodukten. In Bezug auf das obige Beispiel aus dem Programmzeitschriftenmarkt wäre es denkbar, dass der einheitliche Erscheinungsrhythmus der Programmzeitschriften auf die Nicht-Verfügbarkeit von zweiwöchigen Programminformationen zurückzuführen war, da die Fernsehsender ihr Programm sehr kurzfristig geplant hatten. Ein Abweichen vom Verhaltensstandard setzt in diesem Fall Veränderungen in den exogenen Rahmenbedingungen voraus, die es analog zu exogenen Regeländerungen frühzeitig zu antizipieren gilt. So ist beispielsweise aufgrund der intensiven öffentlichen Diskussion um die Schadstoffbelastung der Luft ein neuer Verhaltensstandard bei den automobilen Antriebstechnologien zu erwarten (vgl. Beispiel 20).

Beispiel 20

Veränderung eines Verhaltensstandards aufgrund veränderter Rahmenbedingungen

»Aus heutiger Sicht werden wir keine neue Generation Dieselmotoren mehr entwickeln«, sagte Vorstandschef Håkan Samuelsson in einem Interview mit der »Frankfurter Allgemeinen Zeitung«. Die Schweden wollen demnach ihre erst 2013 eingeführte Generation von Diesel-Aggregaten weiterentwickeln und an kommende Abgasgrenzwerte anpassen. Danach werde jedoch der finanzielle Aufwand für eine Neukonstruktion zu hoch. Wie lange die bestehende Motorengeneration im Programm bleiben kann, darauf wollte sich Samuelsson noch nicht festlegen. In dem Bericht der »FAZ« wird noch etwa mit einem Angebot bis ins Jahr 2023 gerechnet.

Der Volvo-Chef sagte dem Blatt, der ab 2020 geltende EU-Grenzwert von 95 Gramm Kohlenstoffdioxid je Kilometer im Flottendurchschnitt sei ohne den Diesel nicht zu erreichen. Der Hintergrund: Selbstzünder-Aggregate arbeiten effizienter als Benzinmotoren und stoßen damit weniger CO_2 aus. Allerdings belasten sie die Umwelt im Vergleich zu Benzinern mit mehr giftigem Stickoxid. Um diese Emissionen einzudämmen, werde die chemische Nachbehandlung immer teurer und aufwendiger, so Samuelsson. Das lohne sich wirtschaftlich nicht mehr.

Volvo wolle deshalb in Zukunft auf die Elektrifizierung der gesamten Modellpalette setzen. Ein erstes rein elektrisches Auto der Marke soll 2019 auf den Markt kommen, wobei die Schweden ein Oberklasseprodukt im Auge haben. Samuelsson misst sich dabei an dem Elektroauto-Vorreiter Tesla. Er lobte den US-Hersteller dafür, ein E-Mobil entwickelt zu haben, »für das die Menschen Schlange stehen«. In einem Bereich mit »hoher Qualität und attraktivem Design« sollte auch für ein Volvo-Modell Platz sein, sagte Samuelsson.

Quelle: Spiegel Online (2017c)

Nachfragerseitige Ursachen

Nachfragerseitig können für die Erklärung des Herausbildens von Verhaltensstandards Anleihen in der Konsumentenverhaltensforschung zum Habitualisierungsphänomen gemacht werden. Mit Habitualisierung werden dort »verfestigte Verhaltensmuster« (Kroeber-Riel/Gröppel-Klein, 2013, S. 485) gekennzeichnet, die zu einer kognitiven Entlastung des Konsumenten führen und das Ergebnis von Lernprozessen sind (Trommsdorff, 2009, S. 268). Demzufolge führt die Orientierung an einem erlernten Verhaltensstandard zu einer kognitiven Entlastung, was im Umkehrschluss bedeutet, dass abweichendes Verhalten mit Anpassungskosten für den Nachfrager verbunden ist. Ein anbieterseitiger Erklärungsansatz für das Herausbilden von Verhaltensstandards kann in der Risikoaversion der relevanten Entscheider liegen. Durch die Orientierung an einem etablierten Verhaltensstandard wird das Risiko einer negativen Marktreaktion reduziert, gleichzeitig aber auch die möglichen Chancen eines abweichenden Verhaltens verpasst.

Anbieterseitige Ursachen

Kompatibilitätsstandards

Kompatibilitätsstandards, die die technische Schnittstelle zwischen zwei Teilelementen eines Systems beschreiben, können in einem intransparent gewordenen Markt erhebliche Vorteile bringen, obwohl in der Praxis sinnvoll erscheinende Standardisierungsprozesse von Anbietern verhindert werden. Der Grund liegt darin, dass nicht-standardisierte, proprietäre Systeme Preiserhöhungspotenzial beinhalten. Ein prägnantes Beispiel liefert der Staubsaugermarkt (vgl. Beispiel 21).

Beispiel 21

Der Staubbeutel-Wahnsinn – wenn Vielfalt zum Horror wird

Wer einen neuen Staubsauger-Beutel braucht, hat ein Problem – es gibt 1120 verschiedene Tüten für 42.000 verschiedene Geräte. Die Wahrscheinlichkeit, zufällig den richtigen Beutel zu kaufen, liegt unter einem Promille. Dirt Devil Derby ist ein wunderbar eingängiger Name für einen Staubsauger. Der half mir im Drogeriemarkt vor dem Regal mit den Staubsaugerbeuteln aber wenig. Derby? Da gab es nur DD80-, Z107- und Y98-Beutel, die alle in irgendwelche Dirt Devils passen sollten. Derby stand auf keinem der Kartons. Ich fragte die Verkäuferin, sie drückte mir die Y98er-Packung in die Hand – »die passen schon«. Von wegen! Zwar passten die irgendwie in den Derby – nur wollte der Staubsauger sich mit den neuen Beuteln partout nicht schließen lassen. Eine Google-Suche offenbarte das ganze Ausmaß des Staubbeutel-Durcheinanders: Ein gutes Dutzend Staubsaugerbeutel-Anzeigen (»Staubbeutel für über 20.000 Staubsaugertypen!« – »Staubfiltertüten für über 14.000 Staubsauger!«) buhlen um Aufmerksamkeit – es scheint da draußen viele Menschen zu geben, die es wie ich nicht hinkriegen, im Drogeriemarkt zwischen den DD80- und Z107ern den passenden Beutel für ihren Staubsauger zu finden. Januar ist Staubbeutel-Saison – wegen der Tannennadeln. Genauer gesagt: Es müssen mindestens ein paar hunderttausend Staubsaugerbesitzer im Monat sein, die verzweifelt im Netz nach einem passenden Beutel suchen, weil die aus dem Drogeriemarkt nicht passen. Markus Porten, Geschäftsführer eines der ältesten Staubbeutel-Webshops – Staubbeutel.de – erzählt, dass seine Staubbeutel-Datenbank im Durchschnitt 340.000 Suchanfragen monatlich abarbeitet. Porten: »In Hochzeiten sind es bis zu 550.000 Anfragen – im Januar, wegen der Tannennadeln.« Wie groß die Staubbeutel-Vielfalt ist, verdeutlicht ein Blick in Portens Beutellager: 700 Quadratmeter Grundfläche, 144 Palettenplätze, 80 Meter Regalflächen, weil die meisten Staubbeutel nicht in Palettenmengen am Lager sind. Vor zehn Jahren programmierte Porten – eigentlich Inhaber eines Haushaltswarenladens in Hermeskeil bei Trier – die erste Staubbeutel-Suchmaschine. Auf die Idee brachten ihn seine Kunden im Ladengeschäft: »Täglich kamen Kunden, um Staubbeutel zu kaufen und haben vergessen, die Typenbezeichnung von der Rückseite des Staubsaugers mitzubringen.« 1120 Beuteltypen für 42.000 Staubsaugermodelle. Dann kamen die ersten Bestellungen übers Web und Porten wurde zum Staubbeutel-Spezialisten: »Wir haben systematisch alle Altbestände gekauft, in unsere Suchmaschine eingepflegt und somit ein nahezu vollständiges Lager aufgebaut. Im Prinzip können wir Staubbeutel für Staubsauger aus den 1960er Jahren genauso liefern, wie Staubbeutel von Staubsaugern, die erst im Oktober von Tchibo verkauft werden.« Neben Privatleuten kaufen auch Hotelketten, Ferienparks, Kreuzfahrtschiffe und Fregatten bei Porten Staubbeutel für ihre exotischen Sauger. Der Beutelhändler hat ständig 500.000 bis 800.000 Staubbeutel auf Lager – 1120 verschiedene Staubbeutel-Modelle, die in rund 42.000 Staubsauger passen. Ein Staubbeuteltyp kommt also rein rechnerisch auf 38 Staubsaugermodelle. Immerhin!

Y98er passen in den Swiffy M 1550 bis M 1554. Statistik hilft aber wenig, wenn man den falschen Beutel hat, die Läden geschlossen sind, nachdem man das bemerkt hat und die Wohnung folglich fegen muss. Die Staubbeutel-Datenbank verriet mir an solch einem Samstagabend: Die im Drogeriemarkt empfohlenen und gekauften

Y98er-Beutel waren definitiv die falschen für meinen Dirt Devil – sie passen nur in den »Picco Bello M 1440 bis M 1446«, aber auch in den »Swiffy M 1550 bis M 1554« und ein paar andere Dirt-Devil-Modelle. Nur nicht in den Derby. Der braucht Y93er. Alles klar? Mir nicht. Und ein paar hunderttausend anderen Staubsaugerbesitzern auch nicht. Zum Beispiel Herrn Marzinowsky aus Recklinghausen. Einem Lokalreporter der »Westdeutschen Allgemeinen Zeitung« hat der 67-jährige Rentner in der großartigen Rubrik »Unterwegs« erzählt, er komme gerade aus einem Elektroladen: »Dort sollte ich Staubsaugerbeutel einkaufen. Aber meine Frau hat mir wohl die falsche Typennummer gegeben.« Jetzt erst mal Mittagessen (»Sauerkraut, das kocht meine Frau immer besonders lecker«), dann nachmittags der nächste Versuch beim Elektrohändler – »hoffentlich mit der richtigen Nummer für die Staubbeutel«. DIN scheitert mit Staubbeutel-Initiative. Muss das sein? Nein, fand das Deutsche Institut für Normung (DIN) immer schon. Vor zehn Jahren erzählte der damalige Direktor Helmut Reihlen der Deutschen Presse-Agentur bereits, man arbeite an einer Norm für Staubsaugerbeutel, nach Einführung könnten von den gut 1000 angebotenen Typen womöglich nur noch zehn Beutelarten übrig bleiben. Guter Plan. Doch die Sauger- und Beutelbauer verhinderten die Norm. Das DIN hat zwar schon die »Büschelauszugskraftprüfung« (DIN 20126 für die Bürstenherstellung) und »nicht-haftende Verschmutzung« (DIN 77400 zur Reinigung von Schulen) genormt, beim Staubbeutel floppte die DIN-Initiative aber. Die Geschäftsführerin des DIN-Verbraucherrats Karin Both erinnert sich an den Prozess: Der Verbraucherrat hatte einen Normungsantrag mit dem schönen Titel »Staubsaugerbeutel, Maße und Bezeichnungen« gestellt. Ziel war es, die Typenvielfalt einzuschränken und eine einheitliche Bezeichnung der unterschiedlichen Typen festzuschreiben. Die Hersteller diskutierten den Antrag im Komitee, das sich mit Gebrauchseigenschaften von Staubsaugern beschäftigt – und lehnten ihn ab. Both: »Zwar zeigten diese ein gewisses Verständnis für das Anliegen der Verbraucherseite und es wurde uns versichert, dass man bereits versuche, die Vielfalt firmenintern einzuschränken. Eine firmenübergreifende Lösung aber wurde abgelehnt.« Die Argumente: Genormte Beutel seien ein Eingriff in die Konstruktion des Staubsaugers selbst, dann müssten auch Anschlussmaße vereinheitlicht werden. Außerdem müsste man dann auch die anderen Filter im Gerät, wie zum Beispiel den Motorschutzfilter mitnormen, weil die in Staubbeutelpackungen mitverkauft werden. Fragt man die Hersteller, warum es ein solches Wirrwarr bei einem so simplen Gebrauchsgegenstand wie Staubbeuteln gibt (von wegen technisch komplex – der erste Staubbeutel soll 1956 eine Papiertüte in einem Stoffbeutel gewesen sein), verweisen sie darauf, dass bei den aktuellen eigenen Staubsaugern doch gar nicht so viele unterschiedliche Staubbeutel-Typen im Einsatz seien. Schon klar – die anderen sind schuld. Miele-Sprecherin Reinhild Portmann: »Für unsere aktuellen Staubsauger gibt es derzeit lediglich drei Staubbeutel-Typen: für Bodenstaubsauger den Typ F/J/N mit einem nutzbaren Staubbeutelvolumen von 3,5 Litern Inhalt sowie den Typ G/N für Bodenstaubsauger mit einem nutzbaren Staubbeutelvolumen von 4,5 Liter; für aktuelle Handstaubsauger ist der Typ K/K verfügbar.«

Und die ganzen anderen Miele-Beutel? Firmen-Sprecherin Portmann: »Alle anderen Staubbeuteltypen (L/L, B, D, E, H) beziehen sich auf ältere Staubsaugermodelle, die wir nicht in unserem aktuellen Angebot haben.« Jeder Hersteller will seinen eigenen Superbeutel bauen und warum hat jeder Hersteller seine eigene Superbeutel-Modellreihe? Das erklärt Miele so: Gerätegröße und die Bauform seien ein entscheidendes Kriterium für das Aussehen von Staubbeuteln. Und deshalb sei »eine DIN-Norm für Staubbeutel eher unrealistisch, denn die Geräte der verschiedenen Hersteller haben alle unterschiedliche Formen«, so Miele-Sprecherin Portmann. Menschen wie Jürgen Marzinowsky und ich werden im Notfall noch viele Jahre lang durch Drogerie- und Elektroläden irren. Und vielleicht steht da einmal ein Experte wie Staubbeutel-Händler Markus Porten. Der hilft schon mal »verzweifelten Kunden im Media Markt bei der Suche«. Nach zehn Jahren Beutelhandel glaubt er: »Einen Standard wird es meiner Meinung nach nie geben.« Vielleicht ist deshalb der Brite James Dyson mit seinem beutellosen Sauger zum Dollar-Milliardär geworden.

Quelle: Lischka (2008)

Kompatibilitätsstandards endogenisiert

Obwohl immer wieder versucht wird, exogene Standardisierungsprozesse bei Systemen zu verhindern, ist für eine Reihe von Märkten eine deutlich zunehmende Standardisierungstendenz – allerdings mit unterschiedlicher Schwerpunktlegung – nachzuweisen. Die Ursache dafür, dass auch bei Kompatibilitätsstandards die Bedeutung von endogenen Regeln zunimmt, liegt darin, dass Kompatibilitätsstandards häufig technische Standards sind und technische Entwicklungen relativ kurze Lebenszyklen beinhalten. Für eine Normierung durch eine Normungsorganisation sind die Prozesse häufig zu lang, um noch die kurzen Marktfenster bedienen zu können. Deshalb wird die Setzung von Kompatibilitätsstandards in immer mehr Fällen endogenisiert.

Standard-Folger oder Standard-Setzer

Aus marktstrategischer Perspektive ist dabei zu unterscheiden, ob sich ein Anbieter an vorhandene Standards anpasst (Standard-Folger) oder ob er selbst versucht, einen Standard zu etablieren (Standard-Setzer). Folgt er der Anpassungsstrategie, so ergeben sich die gleichen Überlegungen wie bei exogenen Spielregeln. Die Sachlage ändert sich jedoch dann, wenn er als Standard-Setzer am Markt auftritt. Die Strategie eines Standard-Setzers erfordert bei technischen Kompatibilitätsstandards besondere Anstrengungen, insbesondere dann, wenn der Standard-Setzer versucht, einen etablierten Standard abzulösen.

Fazit

Zusammenfassend sollte das Kapitel die Bedeutung endogener Regeln für das Strategische Marketing verdeutlichen. Salopp formuliert könnte man es wie folgt ausdrücken: An endogene Regeln kann man sich halten, muss man aber nicht. Das Abweichen von einem Verhaltensstandard kann ebenso wie das Setzen eines Kompatibilitätsstandards eine attraktive Option strategischen Marktverhaltens darstellen. Ihrem dynamischen Charakter entsprechend, diskutieren wir die Möglichkeiten hierzu im vierten Hauptkapitel (vgl. Kapitel 4.3.2).

3.4 Wertschöpfungsmaximierung und -verteilung als Elemente des Spielverhaltens

Die bisherigen Ausführungen zum KKV-Management hatten im Kern vorbereitenden Charakter. Man kann keine marktlichen Austauschprozesse für sich gewinnen, wenn man sich nicht auf einen bestimmten Teil aller denkbaren Austauschprozesse fokussiert. Daher muss der relevante Markt abgegrenzt werden. Ebenso gilt es, einen geeigneten Weg zum Umgang mit der Restheterogenität eines Marktes zu finden, um in einem relevanten Markt Chancen auf eine KKV-Position zu haben. Anschließend ist zu analysieren, welches Spielverhalten in einem Markt mit seinen exogenen und endogenen Regeln überhaupt möglich ist. Diese Vorbereitungen waren also ebenso unvermeidbar wie hilfreich, aber es waren eben nur Vorbereitungen. Wir waren quasi einkaufen, haben alle Zutaten gewaschen und klein geschnitten, haben den Herd vorgeheizt und den Tisch gedeckt. Alles notwendig, aber satt wird davon niemand. Dazu ist der letzte Schritt erforderlich oder anders formuliert: Jetzt wird gekocht!

Kapitelstruktur

Diesen Kochprozess haben wir in drei Unterkapitel gegliedert. Zunächst stellen wir in Kapitel 3.4.1 quasi unser Rezept vor. Welche Zutaten werden für das Erreichen einer KKV-Position benötigt und wie werden diese in welcher Reihenfolge zubereitet? In Kapitel 3.4.2 kochen wir unser Menü. Wir schaffen vor dem Hintergrund der Anforderungen von Kunden und der Möglichkeiten, diese in Produktionsprozesse zu übersetzen, Wert – und zwar so viel wie möglich (Wertschöpfungsmaximierung). Klingt zwar nicht unbedingt nach einem Feinschmeckermenü, aber bei unserem Gericht geht es tatsächlich vorrangig um die Menge. In Kapitel 3.4.3 verteilen wir dann das Ergebnis unserer Kochbemühungen (Wertschöpfungsverteilung). Es gibt dabei nur einen Gast, nämlich den Kunden und wir sind auch nicht sonderlich gute Gastgeber, denn der Gast bekommt von uns nur gerade so viel, wie es unbedingt sein muss, ohne dass er verärgert ist. Maßstab hierfür ist zum einen das Angebot der Wettbewerber, die unserem Gast auch mehr oder weniger attraktive Angebote machen und die wir übertreffen müssen (Effektivität), und zum anderen die Notwendigkeit, wirtschaftlich zu agieren (Effizienz). In Kapitel 3.4.4 schließlich befassen wir uns mit der unerfreulichen Möglichkeit, dass es unserem Gast nicht geschmeckt hat, obwohl es »objektiv« ein wunderbares Menü war. Mit anderen Worten beleuchten wir in diesem Kapitel die subjektive Konstruktion des Nettonutzens durch den Kunden und Möglichkeiten, seine subjektive Wahrnehmung und die objektiven Gegebenheiten in Einklang zu bringen.

Wertschöpfungsmaximierung

Wertschöpfungsverteilung

Subjektive Konstruktion

Beginnen wir also mit der Rezeptur, unserem Konzept von Wertschöpfung, als Orientierungsrahmen des Spielverhaltens.

3.4.1 Was heißt hier Wertschöpfung und wo sind Preis, Zeit und Qualität geblieben?

3.4.1.1 Unser abweichendes Verständnis von Wertschöpfung

Wertschöpfung in der VWL

Wertschöpfung ist einer der grundlegenden Begriffe der Wirtschaftswissenschaften. Dementsprechend hohe Prominenz genießt er in Volks- und Betriebswirtschaftslehre. In der Volkswirtschaftslehre ist Wertschöpfung ein Element der volkswirtschaftlichen Gesamtrechnung und beschreibt (als Bruttowertschöpfung) die Differenz zwischen dem Produktionswert und den Vorleistungen. Sie ist demnach ein Maß für den im Produktionsprozess geschaffenen Mehrwert. Die Bruttowertschöpfung ist bewertet zu Herstellungspreisen, das heißt ohne die auf die Güter zu zahlenden Steuern, aber einschließlich der empfangenen Gütersubventionen (vgl. Statistisches Bundesamt, 2019b).

Wertschöpfung in der BWL: Umsatz minus Vorleistungen

Im betriebswirtschaftlichen Kontext finden sich neuerdings Ansätze, die das Konstrukt Wertschöpfung unter einer erweiterten Perspektive betrachten (vgl. ausführlich Ulrich/Baltzer, 2019). Klassischerweise wird das Konstrukt Wertschöpfung unter zwei Perspektiven beleuchtet. Zum einen im internen Rechnungswesen, wo Wertschöpfung analog zur volkswirtschaftlichen Gesamtrechnung im Kern die Differenz zwischen Umsatz und eingekauften Vorleistungen kennzeichnet (vgl. Abb. 43). Die so verstandene Wertschöpfung ist dann Verteilungsmasse für die Ansprüche der Faktoren Arbeit und Kapital sowie des Staates. Zum anderen setzen sich einzelne Autoren des Strategischen Managements mit der Frage von Wertschöpfung, zum Beispiel bei der Diskussion alternativer Geschäftsmodellkonfigurationen, auseinander (vgl. etwa Müller-Stewens/Lechner, 2016, S. 365 ff.). Auch wenn die Autoren auf die problematische Vielschichtigkeit des Wertschöpfungsbegriffs verweisen, folgen sie in ihren Ausführungen zur Gestaltung der Wertschöpfung dennoch dem Verständnis des internen Rechnungswesens (vgl. Müller-Stewens/Lechner, 2016, S. 350). Diese Interpretation von Wertschöpfung ist für das Management von KKV-Positionen aus drei Gründen nicht tragfähig. Aus der nachfolgenden Analyse dieser Gründe entwickeln wir gleichzeitig unsere, alternative Auffassung von Wertschöpfung.

...hilft uns nicht

Ein Teil der Wertschöpfung bleibt beim Kunden

Erstens partizipiert der Kunde an einer Wertschöpfung im Sinne des internen Rechnungswesens nicht, da der Umsatz Ausgangspunkt ihrer Berechnung ist. Wir hatten aber deutlich gemacht, dass Unternehmen aufgrund der wettbewerblichen Verfasstheit von Marktwirtschaften gezwungen sind, dem Kunden einen Nettonutzen anzubieten, der nicht nur positiv, sondern größer als der von Wettbewerbsunternehmen sein muss. Insofern können Unternehmen nicht den gesamten von ihnen erschaffenen Kundennutzen über den (umsatzerzeugenden) Preis abschöpfen, sondern müssen einen Teil des Nutzens quasi unbepreist lassen. Damit spiegelt der Umsatz nicht den gesamten vom Unternehmen geschaffenen Wert wider, sondern nur den Teil, den das Unternehmen vor dem Hintergrund der Wettbewerbsverhältnisse über die Preisforderung für sich reklamieren kann. Daher ist in unserem Verständnis von Wertschöpfung nicht der Umsatz der Ausgangspunkt, sondern der Kundennutzen (vgl. Weiber/Ferreira; 2014, Leite Ferreira, 2017). Ein Teil dieser Wertschöpfung fließt über die Preisforderung dem Unternehmen zu, ein Teil verbleibt in Form des Nettonutzens beim Kunden.

Ressourcenverbrauch vollständig erfassen

Zweitens ist aus Sicht der Planung von KKV-Positionen die ausschließliche Berücksichtigung von Vorleistungen im Zuge der Differenzbildung problematisch, da das Wirtschaftlichkeitspostulat des KKV die Integration des gesamten durch die Generierung des Kundennutzens verursachten Ressourcenverbrauchs erfordert. In einer Stückbetrachtung modellieren wir Wertschöpfung folglich als Differenz zwischen Kundennutzen auf der einen Seite und dem dadurch verursachten Ressourcenverbrauch, sprich den Stückkosten, auf der anderen Seite.

Auch bei Kunden entsteht Ressourcenverbrauch

Opportunitätskosten schon am Anfang berücksichtigen

Das dritte Argument ergibt sich aus der Opportunitätskostenperspektive. Wir hatten bei Diskussion der Effektivitätsseite des KKV dargelegt, dass Kunden im Tausch für das vom Unternehmen offerierte Nutzenbündel nicht nur auf Geld, sondern auch auf andere knappe und gleichzeitig nutzenstiftende Ressourcen verzichten müssen. Dabei hatten wir insbesondere auf die Faktoren Zeit und Energie abgestellt. Zeit und Energie erzeugen somit auf Kundenseite einen Ressourcenverbrauch, der für die Realisation des Kundennutzens unabdingbar ist. Dieser kundenseitige Ressourcenverbrauch mindert in unserer Argumentation die Wertschöpfung des Unternehmens und muss daher bei der Modellierung berücksichtigt werden (vgl. hierzu auch die von Weiber/Ferreira, 2014, S. 268 ff. und Leite Ferreira 2017, S. 92 ff. entwickelte Wertkette des Konsumenten).

Beispiel

Ein kleines Rechenbeispiel[5] möge diese Argumentation verdeutlichen. Angenommen, ein Unternehmen erzeugt einen Kundennutzen in Höhe von 100 bei Stückkosten in Höhe von 40. Damit ergibt sich zunächst eine Wertschöpfung von 60 (100–40). Diese Wertschöpfung steht nun als Verteilungsmasse zwischen Unternehmen und Kunde zur Verfügung. Den Stellhebel für die Wertschöpfungsverteilung bildet der Preis. Unter Effektivitäts- und Effizienzanforderungen ist dieser so zu wählen, dass erstens beim Kunden ein höherer Nettonutzen als beim Wettbewerbsangebot entsteht und zweitens die Stückkosten des Unternehmens übersteigt. Nehmen wir an, das beste Wettbewerbsangebot stiftet einen Nettonutzen von 10. Aus dem Effektivitätspostulat folgt, dass der angebotene Nettonutzen somit größer als 10 sein muss, unter Vernachlässigung von Nachkommastellen somit mindestens 11. Ohne die Berücksichtigung von Zeit und Energie wäre es für das Unternehmen demnach sinnvoll, einen Preis von 89 zu verlangen. Der Nettonutzen für den Kunden beliefe sich auf 11 (100-89), wodurch die Effektivitätsbedingung des KKV erfüllt

5 Das Beispiel verdeutlicht, dass für die Analyse von Wertschöpfungsprozessen die einbezogenen Variablen (Nutzen, Kosten, Preis, Energie und Zeit) gleichnamig gemacht werden müssen. Dies ist eine in der Marketingdisziplin ganz übliche Fragestellung, beispielsweise bei der Ermittlung von Zahlungsbereitschaften. Methodisch wird das Problem mithilfe der Conjoint-Analyse (vgl. Methodenkasten 5) gelöst, wodurch alle einbezogenen Variablen in Nutzeneinheiten transformiert werden können. Unter Einbezug des Preises in ein Conjoint-Design können dann wiederum Nutzen- in Geldeinheiten überführt werden.

wäre. Gleichzeitig würde dem Effizienzpostulat entsprochen, da der Preis von 89 deutlich höher ist als die Stückkosten von 40. Die Wertschöpfung in Höhe von 60 hätte sich wie folgt verteilt: 11 Einheiten erhält der Kunde und 49 Einheiten das Unternehmen (Preis von 89 abzüglich Stückkosten von 40).

Nicht nur Geld ...

Da der Kunde im Tausch für das angebotene Nutzenbündel aber eben nicht nur auf Geld, sondern auch auf Zeit und Energie verzichten muss, beläuft sich der Nettonutzen nicht auf 11, sondern wird weiter um die Höhe des Zeit- und Energieverbrauches vermindert. Für die über den Preis ausgetragene Verteilung der Wertschöpfung zwischen Unternehmen und Kunde steht demnach nicht die Differenz zwischen Kundennutzen und Stückkosten zur Verfügung, sondern lediglich die Differenz zwischen Kundennutzen, Stückkosten sowie erforderlichem Zeit- und Energieverbrauch des Kunden. Auch diese Überlegung soll mit den Zahlen des Beispiels illustriert werden.

Müsste der Kunde beispielsweise 3 Einheiten Zeit und 4 Einheiten Energie aufwenden, um den vom Unternehmen angebotenen Kundennutzen tatsächlich zu realisieren, ergebe sich folgendes Ergebnis.

1.	Kundennutzen:	100
2.	Stückkosten:	40
3.	Zeitbedarf:	3
4.	Energieeinsatz:	4
5.	Wertschöpfung [(1) – (2) – (3) – (4)]:	53
6.	Preis:	82
7.	Wertschöpfungsanteil des Kunden [(1) – (3) – (4) – (6)]:	11
8.	Wertschöpfungsanteil des Unternehmens [(6) – (2)]:	42

Werden die Opportunitätskostentreiber Zeit und Energie – wie bei obiger Beispielrechnung – erst im Zuge der Verteilung der Wertschöpfung berücksichtigt, führt dies zu nicht optimalen Lösungen. Gelänge es einem Unternehmen beispielsweise den für die Realisierung des Kundennutzens erforderlichen Energieverbrauch des Kunden um zwei Einheiten zu senken (z. B. aufgrund einer einfacheren Bedienbarkeit), so würde dies unter der Annahme gleich hoher Stückkosten die Wertschöpfung auch dann erhöhen, wenn der Kundennutzen dadurch um eine Einheit zurückginge (z. B. aufgrund des Verzichts auf bestimmte Ausstattungsmerkmale). Dieses Mehr an Wertschöpfung stünde dem Unternehmen anschließend zur Verteilung unter Effektivitäts- und Effizienzgesichtspunkten zusätzlich zur Verfügung, was die Wahrscheinlichkeit einer KKV-Position erhöhen würde. In unserem Beispiel erhöht sich die Effizienz um 1.

1.	Kundennutzen:	99
2.	Stückkosten:	40
3.	Zeitbedarf:	3
4.	Energieeinsatz:	2

5. Wertschöpfung [(1) – (2) – (3) – (4)]: 54
6. Preis: 83
7. Wertschöpfungsanteil des Kunden [(1) – (3) – (4) – (6)]: 11
8. Wertschöpfungsanteil des Unternehmens [(6) – (2)]: 43

Service Dominant Logic

Die skizzierte Berücksichtigung des kundenseitigen Ressourcenverbrauchs bereits in der Wertschöpfung korrespondiert mit verschiedenen Interpretationen von Wertschöpfung, die in jüngerer Zeit in der Marketingliteratur zu finden sind: Zunächst ist hier der Ansatz der Service Dominant Logic (SDL) von Vargo und Lusch (2004) zu nennen. Die Autoren nehmen eine Neuinterpretation marktlicher Austauschprozesse vor, die in der Marketingwissenschaft ein breites Echo gefunden hat (vgl. bspw. Gummesson, 2007; Haase, 2011; Hilton/Hughes, 2008; Lusch/Vargo, 2006; Schembri, 2006). Dabei wird der Standpunkt vertreten, dass Unternehmen überhaupt keinen Wert für einen Kunden generieren können, sondern nur Voraussetzungen hierfür schaffen. Der Wert einer Anbieterleistung entsteht demnach erst durch deren Verwendung seitens des Kunden (vgl. Vargo/Lusch, 2004, S. 7).

Customer Dominant Logic

Das bedeutet: Je besser ein Anbieter die Verwendung auf der Kundenseite versteht, desto besser kann er auch seine Angebote auf die Belange des Kunden abstellen und ihn bei der Werterzeugung unterstützen. Um dies zu gewährleisten, ist das Verständnis der Konsum- bzw. Nutzungsprozesse auf der Kundenseite von elementarer Bedeutung. Diese Überlegungen führten in der Folge zum Ansatz der sog. Customer-Dominant Logic (CDL), der erstmals von Heinonen et al. (2010, S. 537 ff.) vorgestellt wurde. Nach der CDL entsteht Wert in der Lebenswelt eines Kunden (Konsumenten), weshalb diese möglichst genau erforscht werden muss. Die Lebenswelten eines Konsumenten formieren sich dabei aus unterschiedlichen Netzwerken von in Beziehung stehenden Objekten und Akteuren. Die in diesen Lebenswelten gemachten Erfahrungen (Customer Experience) beeinflussen wiederum das Wertempfinden und die Wertgenerierung durch den Konsumenten. Nach Heinonen et al. (2010, S. 543) bedeutet das, dass »the ultimate outcome of marketing should not be the service but the customer experience and the resulting value-in-use for customers in their particular context. Thus, the central question is how companies can support customers' ongoing activity and experience structures«. Die Erfassung der Lebenswelt des Kunden ist heute vor allem aufgrund des Einsatzes von Technologien im Umfeld der Konsumenten (z. B. Internet der Dinge, Social Media, Mobile-Anwendungen) enorm vereinfacht und in weitreichendem Umfang möglich. Trotz der vielfältigen Daten ist aber eine Strukturierung von Nutzungsprozessen aufgrund deren Vielfältigkeit und Heterogenität sehr schwierig. Im deutschsprachigen Raum wurden erste Ansätze zur Klassifizierung von Nutzungsprozessen von Roth/Pfisterer (2014, S. 233 ff.; Pfisterer, 2017, S. 72 ff.) und zu deren Modellierung von Weiber/Hörstrup (2009, S. 299 ff.) und Weiber/Ferreira (2014, S. 266 ff.) vorgelegt. Hervorzuheben ist dabei insbesondere das Modell der Wertkette des Konsumenten von Leite Ferreira (2017, S. 92 ff.): In der Konsumenten-Wertkette werden zunächst verschiedenen Kategorien von Ressourcen auf der Konsumentenseite identifiziert (z. B. physische, materielle, psychosoziale Ressourcen), die dieser zur Erzeugung von Wert im Konsumprozess potenziell benötigt. Wert auf der Kundenseite entsteht dabei meist im Zuge einer »Co-Creation of value«, d.h., dass u.a. der Anbieter im Nutzungsprozess des Konsumenten mitwirkt. Das geschieht immer in Form eines verkauften Produktes und kann darüber hinaus aber auch durch die Erbringung weiterer Unterstützungsleistungen im Nutzungsprozess erfolgen. Auf diese Weise integriert sich der Anbieter in die Konsum- bzw. Nutzungsprozesse auf Kundenseite, was auch eine entsprechende Anpassung im Marketing-Ansatz erfordert. Weiber und Koautoren haben hierzu unter dem Begriff »Anbieterintegration« einen entsprechenden Marketing-Ansatz entwickelt (z.B. Weiber/Hörstrup 2009, S. 290 ff; Hörstrup 2012, S. 63 ff.; Weiber/Ferreira 2015, S. 46 ff.; Weiber 2017, S. 637 ff.).

Fazit

Der von uns in diesem Buch unterbreitete Vorschlag, den im Rahmen der Verwendung entstehenden Ressourcenverbrauch zumindest in Form der Bindung knapper Zeit- und Energieressourcen des Kunden bei der Berechnung der Wertschöpfung zu berücksichtigen, setzt die obigen Überlegungen zur Wertentstehung auf der Kundenseite konsequent fort. Zusammenfassend kann damit festgehalten werden, dass wir eine eigenständige, für das Management von KKV-Positionen zielführende Interpretation von Wertschöpfung entwickelt haben, die sich deutlich vom traditionellen Verständnis unterscheidet (vgl. Abb. 43).

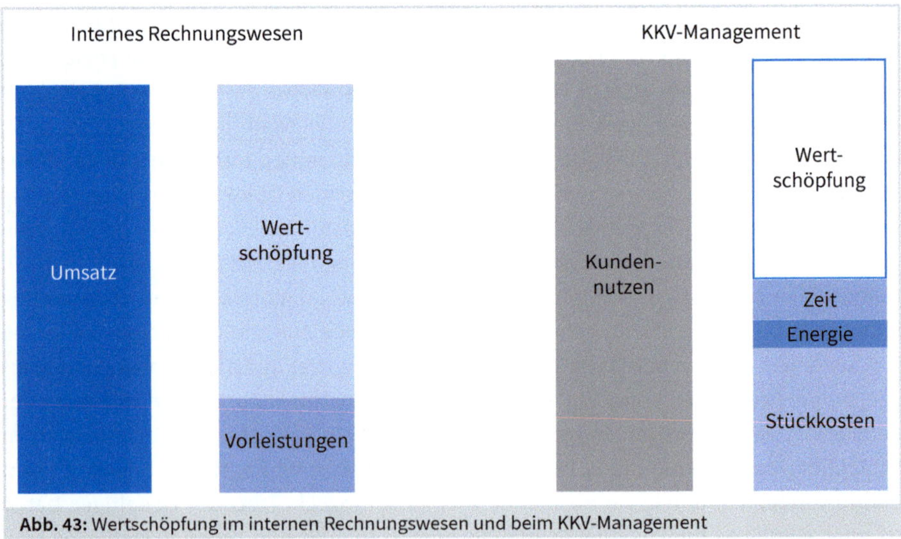

Abb. 43: Wertschöpfung im internen Rechnungswesen und beim KKV-Management

Drei Kernunterschiede

Drei Kernunterschiede sind dabei hervorzuheben: Erstens bildet nicht der Umsatz, sondern der Kundennutzen die Grundlage für die Berechnung der Wertschöpfung. Zweitens gehen in die Differenz der Wertschöpfungsberechnung nicht nur die Vorleistungen, sondern der gesamte durch die Erzeugung des Kundennutzens induzierte Ressourcenverbrauch des Unternehmens ein. Drittens schließlich wird bei der Wertschöpfung nicht nur der Ressourcenverbrauch des Unternehmens berücksichtigt, sondern auch die für die Realisation des Kundennutzens erforderlichen Zeit- und Energieaufwendungen des Kunden.

Wertschöpfungs-maximierung und -verteilung

Während die Wertschöpfung des internen Rechnungswesens zwischen Staat, Arbeit und Kapital verteilt wird, wird die Wertschöpfung, wie wir sie verstehen, zwischen Kunde und Unternehmen, genauer zwischen Kunde und Eigenkapitalgebern, verteilt. Diese Verteilung, bei der die Preissetzung eine zentrale Rolle spielt, ist analytisch zunächst vom Postulat einer maximalen Wertschöpfung zu trennen. Je höher die Wertschöpfung, desto größer ist der Verteilungsspielraum zwischen Kunde und Unternehmen und umso wahrscheinlicher ist es, dass eine effektive und effiziente Marktposition in Form eines KKV erreicht werden kann. Unter Effektivitätsgesichtspunkten muss dem Kunden so viel der Wertschöpfung überlassen werden, dass er einen Nettonutzenvorteil erzielt. Der verbleibende Rest der Wertschöpfung muss gleichzeitig hinreichend groß sein, um die Wirtschaftlichkeit sicherzustellen. Werden beide Bedingungen nicht simultan erfüllt, kann keine KKV-Position realisiert werden. Damit gehorcht die Wertschöpfung einem Idealvektormodell: je größer, desto besser. Die erste Aufgabe des Spielverhaltens besteht somit darin, die Differenz zwischen Kundennutzen, Stückkosten sowie Zeit- und Energieeinsatz des Kunden, der für die Realisierung des Kundennutzens erforderlich ist, zu maximieren. Welche Schritte dazu im Einzelnen zu tun sind, wird in den nachfolgenden Unterkapiteln erörtert. Zuvor wollen wir im Sinne eines kurzen Exkurses unsere Neu-Interpretation des Spielverhaltens, die im Kern aus Wertschöpfungsmaximierung auf der einen und Wertschöpfungsverteilung unter Effektivitäts- und Effizienzbedingungen auf der anderen Seite besteht, in den Kanon der sonst üblichen – und auch von uns in der ersten und zweiten Auflage dieses Buches favorisierten – Spielverhaltensdimensionen Preis, Zeit und Qualität einordnen.

3.4.1.2 Von Haupt-, Doppel- und Nebenrollen oder: Von Preis-, Qualitäts- und Zeitführerschaft zu Wertschöpfungskonfigurationen

Alles anders?

Die skizzierte Neustrukturierung des Spielverhaltens mit dem Zweiklang aus Wertschöpfungsmaximierung und Wertschöpfungsverteilung ist für den ein oder anderen Leser möglicherweise etwas befremdlich. Vermutlich insbesondere, weil die seit Jahrzehnten etablierten Optionen zur Erreichung von Wettbewerbsvorteilen, nämlich Preis-, Qualitäts- und – mit nicht ganz so langer Tradition – Zeitführerschaft, scheinbar verloren gegangen sind. Die Auffassung einer fundamentalen Abkehr von diesen Spielverhaltensoptionen, die wir ja in Vorauflagen dieses Buches ebenso verwendet haben, ist einerseits vollkommen zutreffend. Wir sind der festen Überzeugung, dass es Zeit für eine grundlegende Neustrukturierung der unternehmerischen Möglichkeiten zur Schaffung von Wettbewerbsvorteilen ist. Andererseits ist sie nur bedingt zutreffend, da einzelne Elemente, die bislang im Rahmen der Beschreibung einer der drei Spielverhaltensoptionen diskutiert wurden, nun zwar in einen anderen Kontext eingebettet, aber nicht verschwunden sind. So steht beispielsweise am Beginn einer Qualitätsführerschaft die Ermittlung von Kundenanforderungen (vgl. Backhaus/Schneider, 2009, 130 ff.). Auch wenn wir die Idee einer Qualitätsführerschaft nicht mehr für zielführend halten, ist die Ermittlung von Kundenanforderungen selbstverständlich nach wie vor unabdingbarer Bestandteil des Managements von KKV-Positionen. Sie wird nun zu Beginn der Ausführungen zu einer Maximierung der Wertschöpfung diskutiert. Die Frage des adäquaten Preises wurde bislang im Zusammenhang mit der Preisführerschaft beleuchtet, nunmehr finden preispolitische Überlegungen ihren Platz bei Analyse von Optionen der Wertschöpfungsverteilung.

Veränderte Rollen

Wir vergleichen diese veränderte Strukturierung mit modifizierten Rollen für die konstrukte Preis, Zeit und Qualität (vgl. Abb. 44).

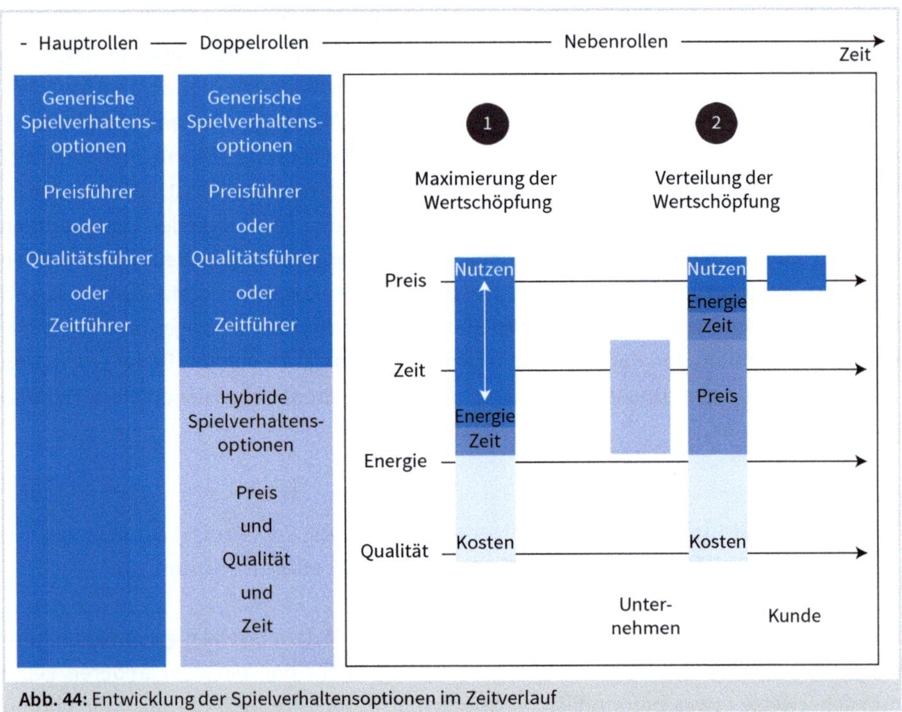

Abb. 44: Entwicklung der Spielverhaltensoptionen im Zeitverlauf

Von der Hauptrolle ...

Im Ausgangspunkt des Films »Spielverhaltensoptionen zur Erreichung einer KKV-Position« haben Preis, Zeit und Qualität die unangefochtenen Hauptrollen. Der Hauptrollenstatus manifestiert sich im Begriff der Preis-, Qualitäts- oder Zeitführerschaft und speist sich insbesondere aus der postulierten Alleinstellung der einzelnen Optionen. Anknüpfend an Überlegungen von Porter (1980, S. 41 ff.) findet sich in prominenten Marketinglehrbüchern noch heute der Gedanke eines entweder oder von Preis- und Qualitätsführerschaft (vgl. etwa Meffert et al., 2019, S. 338 f.). Wahlweise nimmt also einer der drei Akteure den prominenten Platz der Hauptrolle ein, andere Akteure (im Sinne komplementärer Spielverhaltensoptionen) werden auf der Leinwand nicht geduldet.

Wir hatten schon in der ersten Auflage dieses Buches die Auffassung vertreten, dass dies exklusive Berücksichtigung einer Spielverhaltensdimension der Komplexität realer Wettbewerbsvorteilspositionen in aller Regel nicht gerecht wird. Verfolgt ein Unternehmen eine Preisführerschaft, bedeutet dies nicht, dass es nicht auch reflektieren müsste, welches Qualitätsniveau mit welchen Qualitätsmerkmalen angeboten wird. Fokussiert sich ein Unternehmen auf den Kundennutzen im Sinne einer Qualitätsführerschaft, entbindet dies nicht von der Notwendigkeit preispolitischer Entscheidungen. Wir hatten eine solche Art mehrdimensionalen Spielverhaltens als Hybridstrategien gekennzeichnet. In der Rollenmetapher könnte man dies vielleicht als Doppelrollen bezeichnen, weil es im Film »Spielverhaltensoptionen« keinen Star mehr gibt, sondern mehrere gleichwichtige Akteure.

zu Doppelrollen

Nunmehr gehen wir noch einen Schritt weiter, weil wir in der andauernden Auseinandersetzung mit der Fragestellung geeigneten Spielverhaltens noch stärker zu der Überzeugung gelangt sind, dass die Trennung zwischen Preis, Qualität und Zeit ausschließlich analytischer Natur ist. Im »echten Leben« ist eine solche Eindimensionalität eher eine absolute Rarität. Sie ist zudem auch konzeptionell nicht überzeugend, da für Kunden eben nicht Nutzen oder Preis einzig ausschlaggebend sind, sondern das Verhältnis der beiden Größen, wie es im Konstrukt des Nettonutzens zum Ausdruck kommt. Zudem hat die weiterführende Beschäftigung mit der Zeitdimension zu der beschriebenen Perspektive der Opportunitätskosten geführt. Zumindest in postindustriellen Gesellschaften haben sich die relativen Knappheitsverhältnisse geändert. Der Verlust an Geld ist weniger bedeutsam geworden, der von Zeit und Energie hingegen relevanter. Wenn diese Basisvermutung richtig ist, dann müssen die nicht-preislichen Opferkomponenten marktlicher Austauschprozesse explizit in die Überlegungen zu einem effektiven und effizienten Leistungsangebot integriert werden. Preis, Qualität und Zeit sind aber aus dem Film »Spielverhaltensoptionen« – zumindest in ihrer Substanz – nicht verbannt. Sie haben allerdings nur noch eine zuliefernde Funktion im Sinne von Nebenrollen. Sie schmücken nicht mehr das Filmplakat, finden aber ihre gebührende Erwähnung im Filmabspann.

zu Nebenrollen

3.4.2 So viel wie möglich: Maximierung der Wertschöpfung als Grundlage von KKV-Positionen

Den ersten Schritt des Spielverhaltens, die Wertschöpfungsmaximierung, haben wir wiederum in zwei Teilschritte untergliedert, denen jeweils ein Unterkapitel gewidmet ist (vgl. Abb. 45). Zunächst muss die informatorische Basis der Wertschöpfungsmaximierung

Informatorische Basis

gelegt werden (Kapitel 3.4.2.1). Hierzu ist es erforderlich, sowohl die Kundenanforderungen an eine Problemlösung inklusive der zeit- und energiebasierten Opportunitätskosten als auch den zur Erfüllung dieser Anforderungen erforderlichen Ressourcenverbrauch, sprich die unternehmensseitigen Kosten, zu kennen. Um Aussagen über das Ausmaß der Wertschöpfung unterschiedlicher Leistungskonfigurationen treffen zu können, müssen die vier Wertschöpfungstreiber darüber hinaus gleichnamig gemacht werden. In diesem Zusammenhang spielt die Transformation von unterschiedlichen Niveaus der Lösung des Kundenproblems respektive der Minderung zeit- und energiebasierter Opportunitätskosten in Zahlungsbereitschaften eine zentrale Rolle.

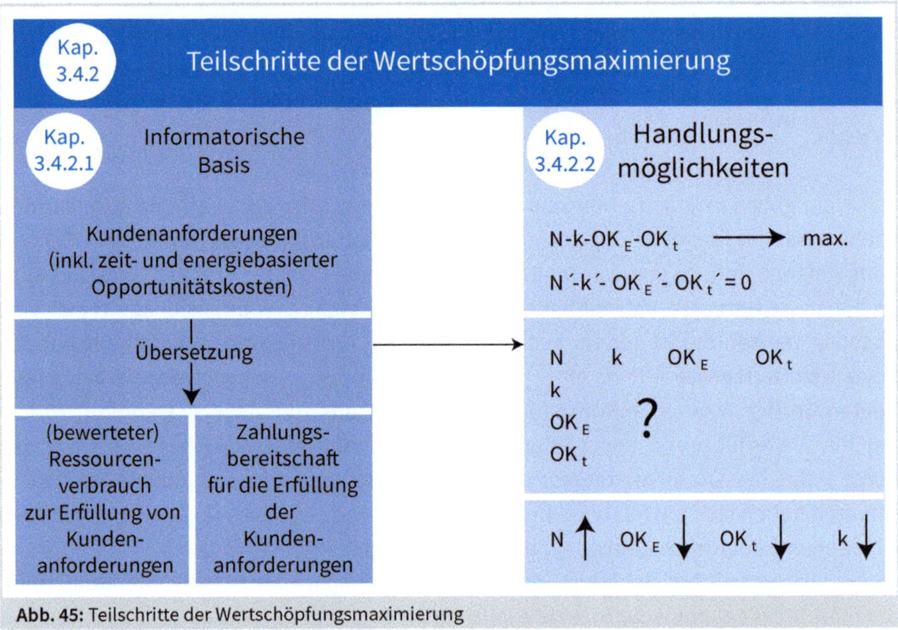

Abb. 45: Teilschritte der Wertschöpfungsmaximierung

Maximierung der Wertschöpfung

Vor dem Hintergrund dieser Informationen können dann Überlegungen zur Maximierung der Wertschöpfung angestellt werden (Kapitel 3.4.2.2). Dazu ist zunächst der funktionale Zusammenhang zwischen den vier Wertschöpfungstreibern Nutzen, zeit- und energiebasierte Opportunitätskosten sowie Kosten zu analysieren. Deren Korrelationen im Blick behaltend, zeigen wir abschließend in einer analytischen Trennung Möglichkeiten zur Steigerung des Kundennutzens, zur Senkung zeit- und energiebasierter Opportunitätskosten sowie zur Minderung des unternehmensseitigen Ressourcenverbrauchs auf. Im abschließenden Unterkapitel (3.4.2.3) fassen wir unsere Überlegungen zur Wertschöpfungsmaximierung zusammen.

3.4.2.1 Die informatorische Basis der Wertschöpfungsmaximierung

3.4.2.1.1 Der Kunde ist König (auch bei uns!): Identifikation von kundennutzenstiftenden Elementen und Opportunitätskostentreibern als Grundlage einer Wertschöpfungsmaximierung

Das Aufdecken von Kundenanforderungen an eine Problemlösung sowie das Abschätzen der Relevanz von Zeit- und Energieressourcen ist grundsätzlich eine Marktforschungsaufgabe. Die Aufgabenstellung ist dabei aus verschiedenen Gründen nicht trivial.

Aufdecken von Kundenanforderungen nicht trivial

Erstens sind Kundenanforderungen in aller Regel intrapersonell mehrdimensional: Für jeden einzelnen Kunden ist eine Vielzahl unterschiedlicher Variablen potenziell nutzenstiftend. Denken Sie nur einmal an Ihre eigenen Anforderungen an eine Hoteldienstleistung: freundlicher Service, schickes Zimmer, großes Bad, reichhaltiges Frühstück, W-LAN-Verfügbarkeit, bequemes Bett, Sauberkeit usw. All das, und vermutlich noch eine Reihe weiterer Parameter, könnten Merkmale sein, die für Sie den Kundennutzen eines Hotels determinieren. Hinzu kommen Anforderungen an Zeit- und Energiebudgets: Welche Lage hat das Hotel? Wie kompliziert sind Check-in- und Check-Out-Prozess? Wie leicht fällt die Orientierung im Hotel? Wie leicht fällt die Bedienung von Klimaanlage und TV-Gerät? Wie schnell ist der Fahrstuhl? Wie laut ist es im Frühstücksraum? Derartige Fragen, die für den einen oder anderen Leser im Kontext einer Hotelübernachtung möglicherweise Gewicht haben, sind für die Abschätzung der Bedeutung nicht-preislicher Opportunitätskosten von Bedeutung, denn aus ihnen resultieren Ansprüche an Zeit- und Energiebudget des Kunden. Der Marktforschungsprozess muss daher merkmalssensitiv sein, um keine für Kunden möglicherweise relevanten Merkmale zu übersehen.

Mehrdimensional

Zweitens haben die einzelnen Merkmale ein unterschiedlich hohes Gewicht für eine Kaufentscheidung. Für die Abschätzung der Frage, welches Leistungsangebot welchen Kundennutzen und welche zeit- und energiebasierten Opportunitätskosten erzeugt, muss diese unterschiedliche Bedeutung möglichst exakt quantifiziert werden. Es reicht mit anderen Worten nicht aus, zu wissen, welche Merkmale für einen Kunden relevant sind. Zusätzlich werden Informationen über die relative Bedeutung der einzelnen Merkmale benötigt.

Unterschiedliches Gewicht

Drittens sind reale Kaufentscheidungen durch Zielkonflikte zwischen nutzenmehrenden Leistungsmerkmalen auf der einen und nutzenmindernden Opportunitätskostentreibern auf der anderen Seite gekennzeichnet. Ein Mehr bei bestimmten Leistungsmerkmalen oder ein Weniger bei nicht preislichen Opportunitätskosten geht entweder zulasten anderer Leistungsmerkmale oder des Preises. Diese Zielkonflikte zwingen Kunden, sich in realen Konsumsituationen gemäß der Bedeutung unterschiedlicher Merkmale zu entscheiden. Solche Beschränkungen sind angesichts der grundsätzlichen Ressourcenknappheit unvermeidbar, für den Kunden aber dennoch leidvoll. In einer idealen Konsumwelt (dem

Trade offs

sprichwörtlichen Schlaraffenland) gibt es keine budgetären Konsumrestriktionen. Ein Verfahren zur Messung von Kundenanforderungen muss in der Lage sein, die skizzierten Zielkonflikte zu simulieren, um valide Informationen über die Bedeutung einzelner Leistungsmerkmale respektive Opportunitätskostentreiber zu erlangen.

Heterogen

Viertens sind Kundenanforderungen – wie im Rahmen der Kundensegmentierung erörtert – interpersonell unterschiedlich. Die Kunden eines relevanten Marktes vereint ihre ähnliche Problemstellung (z. B. Mobilität), sie unterscheiden sich aber hinsichtlich der Anforderungen an eine Problemlösung (z. B. Komfort oder Schnelligkeit). Methoden zur Ermittlung von Kundenanforderungen müssen in der Lage sein, diese Heterogenität aufzudecken.

Subjektiv

Fünftens ist die Frage, inwieweit einzelne Leistungsmerkmale Kundennutzen stiften, höchst subjektiv. Das identische Badezimmer eines Hotels empfindet der eine Kunde möglicherweise als chic, ein anderer als bieder. Ein identisches Frühstücksbuffet wird von einem Kunden als vielfältig, von einem anderen als eintönig bewertet. Die Messung von Kundenanforderungen muss – wie wir schon bei der Diskussion der Wahrnehmungsanforderung des KKV verdeutlich haben – vor diesem Hintergrund strikt subjektiv ausgerichtet sein.

Unbewusst

Sechstens schließlich können Kunden die Anforderungen an eine Problemlösung mehr oder weniger bewusst sein. Grundsätzlich kann angenommen werden, dass stärker kognitiv geprägte Erwartungen (wie z. B. ein großes Zimmer bei einer Hoteldienstleistung) dabei einen höheren Bewusstseinsgrad haben als Anforderungen, die eher emotionaler Natur sind (wie z. B. das Stressempfinden eines Kunden aufgrund eines überfüllten Frühstücksraumes). Im Prozess der Ermittlung von Kundenanforderungen müssen folglich Verfahren zum Einsatz kommen, die sowohl bewusste als auch unbewusste Anforderungen, die gleichwohl verhaltensrelevant sein können, zu ermitteln.

Zusammenfassung

Tab. 3 fasst die skizzierten Problemstellungen bei der Ermittlung von Kundenanforderungen respektive nicht-preislicher Opportunitätskosten sowie die sich daraus ergebenden Konsequenzen für den Markforschungsprozess zusammen.

Schon die Vielzahl dieser Anforderungen verdeutlicht, dass die Messung von Kundenanforderungen kein leichtes Unterfangen ist und vermutlich nur methodenpluralistisch zu lösen ist. Da dies kein Werk zur empirischen Sozialforschung, sondern zum Strategischen Marketing ist, können wir hier nicht auf jedes Detail einzelner Verfahren eingehen. Stattdessen werden wir uns auf einzelne Teilschritte respektive Verfahren konzentrieren und an anderen Stellen auf einschlägige Literatur verweisen.

Nr.	Schwierigkeit im Rahmen der Erfassung von Kundenanforderungen	Konsequenzen für den Marktforschungsprozess
1	Kundenanforderungen sind mehrdimensional	Prozess soll merkmalssensitiv ausgelegt sein
2	Einzelne Merkmale haben eine unterschiedliche relative Bedeutung	Verfahren soll unterschiedliches Gewicht quantifizieren können
3	Reale Kaufentscheidungen sind durch Zielkonflikte gekennzeichnet	Verfahren soll die Zielkonflikte realer Kaufentscheidungen zumindest simulieren können
4	Kundenanforderungen unterscheiden sich zwischen Kunden	Verfahren soll die Heterogenität von Kundenanforderungen abbilden können
5	Beitrag von Leistungsmerkmalen zum Kundennutzen ist höchst subjektiv	Prozess ist an den subjektiven Konstruktionen von Kunden auszurichten
6	Merkmale, die Kundennutzen stiften, können dem Kunden bewusst oder unbewusst sein	Verfahren soll bewusste und unbewusste Kundenanforderungen identifizieren

Tab. 3: Problemstellungen bei der Messung von Kundenanforderungen

Methodenspektrum

Grundsätzlich lassen sich Methoden der empirischen Sozialforschung in Beobachtung, Befragung und Experiment unterscheiden. Jede dieser drei Methodenkategorien hat dabei noch jeweils eine zentrale Differenzierungsebene. Bei Beobachtungen wird zwischen Selbst- und Fremdbeobachtung, bei Befragungen zwischen qualitativen und quantitativen Verfahren und bei Experimenten zwischen Labor- und Feldexperimenten differenziert. Der Unterschied zwischen Selbst- und Fremdbeobachtung ist selbsterklärend: Bei Selbstbeobachtung beobachtet z. B. ein Kunde sein eigenes Verhalten und dokumentiert dies beispielsweise in Form von Tagebüchern oder Videoprotokollen. Bei Fremdbeobachtung wird der Kunde durch eine dritte Instanz beobachtet, beispielsweise wird sein Surfverhalten im Internet durch den Betreiber der Webseite dokumentiert.

Beobachtung

Befragung

Qualitative Befragungen grenzen sich von quantitativen Formen insbesondere durch die Offenheit der Befragungsinhalte und Antwortmöglichkeiten ab. Während qualitative Verfahren, wie zum Beispiel eine Fokusgruppe oder ein Tiefeninterview, sowohl im Hinblick auf die gestellten Fragen als auch die Antwortmöglichkeiten sehr offen sind, sind quantitative Verfahren dadurch gekennzeichnet, dass allen Befragten identische Fragen gestellt werden (z. B. Wie zufrieden sind Sie mit dem Check-In-Prozess?) und die Antwortmöglichkeiten auf standardisierte Kategorien begrenzt sind (z. B. auf einer 5er-Skala von sehr zufrieden bis sehr unzufrieden).

Experiment

Laborexperimente finden – wie der Name schon sagt – unter Laborbedingungen statt. Das bei Experimenten zentrale Problem der Störvariablen, dies sind Variablen, die Einfluss auf das Ergebnis haben, vom Untersuchungsleiter aber nicht bewusst manipuliert werden, wird dadurch gelöst, dass sie durch die künstlichen Bedingungen des Labors eliminiert werden: Störvariablen wird der Zutritt zum Labor quasi verwehrt. Bei Feldexperimenten hingegen findet der Versuch nicht im Labor, sondern unter den Bedingungen des realen Lebens statt. Dies macht den Ausschluss von Störvariablen nahezu unmöglich. Bei Feldexperimenten versucht man daher, die Störvariablen zumindest zu kontrollieren. Gelingt dies (was kein leichtes Unterfangen ist), haben Feldexperimente aufgrund der höheren Realitätsnähe eine größere Aussagekraft als Laborexperimente.

Kategorisierung der Anforderungen

Um Aufschluss über die grundsätzliche Eignung dieses Methodenuniversums für die Messung von Kundenanforderungen zu erhalten, scheint es zweckmäßig, die in Tab. 3 skizzierten Anforderungen zu kategorisieren. Die erste Kategorie umfasst die Anforderungen Nr. 1 und 6: So sollte ein Verfahren zur Messung von Kundenanforderungen merkmalssensitiv und in der Lage sein, auch unbewusste Kundenanforderungen zu erfassen. Die zweite Kategorie bezieht sich darauf, dass das Verfahren Zielkonflikte realer Kaufentscheidungen zumindest simulieren können sollte (Nr. 2), um so das unterschiedliche Gewicht einzelner Leistungsmerkmale valide zu erfassen (Nr. 3). Diese zwei Anforderungskategorien sind eher inhaltlicher Natur, während die beiden letzten eher formaler Art sind. Die Fähigkeit, die Heterogenität von Kundenanforderungen abzubilden (Nr. 4), ist das erste dieser Erfordernisse. Sind die inhaltlichen Anforderungen erfüllt, wird sie vor allem durch die Berücksichtigung einer für die Gesamtheit aller Kunden des relevanten Marktes repräsentative Stichprobe erfüllt. Die zweite formale Anforderung adressiert das Subjektivitätsparadigma (Nr. 5). Unabhängig davon, welches Verfahren im Detail gewählt wird, ist bei der Designgestaltung stets die subjektive Konstruktionswelt des Kunden zu beachten.

Qualitative Befragung

Die aus der ersten Kategorie resultierende Anforderung der Offenheit schließt den ausschließlichen Einsatz quantitativer Befragungsformen aus. Ebenso wenig sind Experimente in der Lage, Merkmale im Marktforschungsprozess zu entdecken. Sie sind im Gegenteil darauf ausgerichtet, zuvor erarbeitete Vermutungen zu überprüfen. Vor dem Hintergrund dieser Argumente bleiben noch qualitative Befragungsformen und Beobachtungen als mögliche Verfahren, die dem Offenheitspostulat Genüge leisten könnten. In aller Regel wird hierbei qualitativen Befragungsformen der Vorzug gegeben, da Beobachtungen erstens durch den Beobachtereinfluss verzerrt sein können und zweitens noch keinen Aufschluss über die Ursachen des beobachteten Verhaltens erlauben. Die Messung von Kundenanforderungen wird also in aller Regel nicht ohne den Einsatz qualitativer Befragungsformen auskommen. In aller Regel stehen qualitative Verfahren am Anfang eines mehrstufigen Prozesses der Ermittlung von Kundenanforderungen. Durch sie soll zunächst das gesamte Spektrum mehr oder weniger wichtiger Anforderungen von Kunden ermittelt werden. Aus der Vielzahl von Verfahren dieser Kategorie wird im Methodenkasten 4 die Fokusgruppe näher vorgestellt (vgl. zu anderen Verfahren Morrison et al., 2012).

Methodenkasten 4

Fokusgruppen

Fokusgruppen, oft auch als Gruppendiskussion bezeichnet (vgl. Gordon, 1999; McQuarrie, 1996), sind strukturierte Diskussionen in einer Kleingruppe unter der Leitung eines qualifizierten Diskussionsleiters (Moderators). Sie dauern in der Regel ein bis drei Stunden und sollen Aufschluss über die Variationsbreite und Struktur von Motiven, Einstellungen und Erwartungen zu einem Thema (z. B. Liebe zur Arbeit) geben (vgl. Kamenz, 2001). Seit den 1950er Jahren werden Fokusgruppen in der Marktforschung eingesetzt und gelten heute als eine der wichtigsten Methoden in der qualitativen Marktforschung (vgl. Homburg, 2017). Die Idee der Methode ist es, dass die Interaktion in einer Gruppe Menschen helfen kann, ihre Ansichten auf eine Weise zu erforschen und zu klären, die in einem Einzelinterview nicht möglich wäre.

Durchführung von Fokusgruppen

Vorbereitung

Eine Fokusgruppe bedarf guter Vorbereitung. Ein Leitfaden, der das Forschungsziel und alle relevanten Themen, die angeschnitten werden sollen, enthält, hilft dabei, die Diskussion beim eigentlichen Thema zu halten und keine Aspekte zu vergessen.

Auswahl der Teilnehmer

Die ideale Größe einer Fokusgruppe wird je nach Autor zwischen fünf und zehn Personen angegeben (vgl. Gordon, 1999), wobei bei komplexen oder emotionsgeladenen Inhalten in der Regel kleinere Gruppen (fünf bis sechs Teilnehmer) empfehlenswert sind (Kepper, 1996). Die meisten Forscher bevorzugen eine überwiegend homogene Gruppe, um die gemeinsamen Erfahrungen und Meinungen der Teilnehmer herauszuarbeiten. Dennoch kann es von Vorteil sein, eine möglichst heterogene Gruppe in Bezug auf sozio-demografische Kriterien (wie Alter, Geschlecht, Bildung und Einkommen) oder psychografische Merkmale (wie Lifestyle, Wissensstand in Bezug auf das Diskussionsthema, Erfahrung mit dem Produkt) zusammenzubringen, um so eine breite Vielfalt an Meinungen erfassen zu können (vgl. Aaker et al., 2012). In einer idealen Fokusgruppe kann jeder Teilnehmer frei seine Meinung äußern und es herrscht eine angenehme Atmosphäre.

Moderator

Dem Moderator fällt die zentrale Rolle zu, die Gruppendiskussion zu leiten und in eine produktive Richtung zu lenken. Die Person des Moderators sollte in der Lage sein, neue Themenaspekte aufzugreifen, Wortbeiträge zusammenzufassen und auf weitere hinzuleiten, Kritik anzuregen und den Gesprächsfluss möglichst wenig zu beeinflussen.

Diskussionsphase

Der Moderator beginnt die Gruppendiskussion in der Regel mit einer Eisbrecherfrage (Hair/Bush/Ortinau, 2003; Kepper, 2000), um so etwaige Hemmungen abzubauen und eine entspannte Atmosphäre herzustellen. Im Folgenden kann er auf zwei unterschiedliche Weisen vorgehen: Bei einer Orientierung an der sogenannten »Trichterstruktur« werden zunächst allgemeine, dann spezifischere Fragen in den Mittelpunkt der Diskussion gerückt, bei der »Tunnelstruktur« verhält es sich genau umgekehrt. In der Diskussionsphase obliegt es dem Moderator, für eine ausgewogene Diskussionskultur zu sorgen. Dominante Teilnehmer (Meinungsführer) müssen kontrolliert, eher zurückhaltende hingegen animiert werden.

Auswertung und Interpretation

Inhaltsanalyse

Für die Auswertung von Fokusgruppen ist es ratsam, die Diskussion aufzuzeichnen, um einen möglichen Informationsverlust bei nachträglich angefertigten Gedächtnisprotokollen zu vermeiden. Die Aufzeichnung wird dann in einen Text umgewandelt (transkribiert). Typisch für die Auswertung der so entstandenen Texte sind inhaltsanalytische Verfahren. Bei der quantitativen Inhaltsanalyse wird das Textmaterial in Zahlencodes überführt (z. B. Liebe =1) und ist damit quantitativen Auswertungen zugänglich (z. B. Wie oft wurde der Begriff Liebe im Zusammenhang mit Arbeitsprozessen erwähnt?). Bei der qualitativen Inhaltsanalyse hingegen wird das Textmaterial sukzessive semantisch verdichtet. Der Forscher sucht also nach Ähnlichkeiten im Textmaterial, fasst diese zu charakteristischen Aussagen zusammen und illustriert seine Verdichtung mit typischen Zitaten. So könnte das Ergebnis einer qualitativen Inhaltsanalyse etwa wie folgt lauten: Menschen lieben ihre Arbeit, weil sie ihnen Selbstwert vermittelt (Zitat: »Ich liebe meine Arbeit, weil sie mir das Gefühl gibt, gebraucht zu werden«).

Im Vergleich zu Einzelinterviews kann durch eine Fokusgruppe mit vergleichsweise geringem Aufwand ein Plus an Informationen generiert werden. Auch die Interaktion in der Gruppe kann zu positiven Effekten führen, z. B. wenn Ideen zutage treten, auf die eine Einzelperson nicht gekommen wäre, oder indem tiefer liegende Hintergründe und Emotionen durch das Gruppengespräch an die Oberfläche gelangen.

Vor- und Nachteile

Dennoch unterliegt die Methode auch einigen Schwächen. Zum einen bietet die zentrale Rolle des Moderators Angriffspunkte, da dieser den Verlauf und Inhalt der Diskussion beeinflussen kann. Zudem ist der Auswertungsprozess anfällig für subjektive Einflüsse des Anwenders und erfordert daher ein hohes Maß an Reflektiertheit. Schließlich erschweren die vergleichsweise geringen Fallzahlen die Generalisierbarkeit der Ergebnisse. Für die tiefe Durchdringung eines Themas (z. B. Warum lieben manche Menschen ihre Arbeit?) sind Fokusgruppen vor diesem Hintergrund sehr gut geeignet. Für die Generierung repräsentativer Aussagen (z. B. 45 % der deutschen Arbeitnehmer lieben ihre Arbeit) hingegen nicht.

Zielkonflikte müssen abgebildet werden

Die zweite Anforderungskategorie adressiert die Notwendigkeit, die unterschiedliche Bedeutung einzelner Leistungsmerkmale und Opportunitätskostentreiber valide, d. h. unter Integration von Zielkonflikten, zu quantifizieren. Dazu sind qualitative Verfahren in aller Regel nicht geeignet. Etabliert haben sich hier eher quantitative Befragungsmethoden. Dabei kann zwischen direkter und indirekter Präferenzmessung differenziert werden.

Konstantsummen-Verfahren

Bei den direkten Verfahren wird die relative Bedeutung einzelner Merkmale, wie der Name schon sagt, direkt abgefragt. Dabei kommt neben der freien Gewichtung vor allem das sog. Konstantsummen-Verfahren (vgl. Green/Tull/Albaum, 1988) infrage. Bei der freien Gewichtung werden die Kunden gebeten, das relative Gewicht eines Merkmals auf einer (nicht normierten) Skala zu bestimmen, während beim Konstantsummen-Verfahren eine bestimmte vorgegebene Menge von Punkten auf die einzelnen Leistungsmerkmale zu verteilen ist. Die Summe der verteilten Punkte ergibt dann das jeweilige Punktelimit; z. B. werden die Probanden gebeten, 100 Punkte auf die einzelnen Merkmale nach ihrem jeweiligen Gewicht zu verteilen. Direkte Verfahren führen tendenziell dazu, dass Kriterien übergewichtet werden, wobei das Konstantsummen-Verfahren diesen Effekt abschwächt, bei vielen Kriterien aber zu einer kognitiven Überforderung führt.

Conjoint-Analyse

Bei den indirekten Verfahren wird die Gewichtung implizit ermittelt. Besondere Bedeutung im Marketing besitzt dabei die conjoint-analytische Präferenzmessung. Daher soll sie nachfolgend ausführlich anhand des Beispiels einer Hoteldienstleistung erläutert werden (vgl. Methodenkasten 5).

Methodenkasten 5

Conjoint-Analyse

Beispiel Hotel

Eine Voruntersuchung im Markt für Hoteldienstleistungen habe ergeben, dass drei Merkmale besonders wichtig für den Kundennutzen sind: Zimmergröße, Badezimmergröße und Frühstücksangebot. Im Hinblick auf die Opportunitätskosten konnten neben dem Preis auch zeit- und energiebasierte Opportunitätskostentreiber identifiziert werden. Die zeitbasierten Opportunitätskosten werden dabei vor allem von der Geschwindigkeit der Prozesse (z. B. Ein- und Auschecken, Fahrstuhl, Zimmerservice) determiniert. Als wichtig für die energiebasierten Opportunitätskosten erwies sich die Orientierung im Hotel (z. B. Finden einer Toilette, des Restaurants usw.). Diese sechs Kriterien haben die nachfolgend dargestellten Merkmalsausprägungen.

Merkmale und Merkmalsausprägungen

1. Festlegung von Merkmalen und deren Ausprägungen

<table>
<tr><th>Merkmale</th><th colspan="6">Merkmalsausprägungen</th></tr>
<tr><td>Zimmergröße</td><td colspan="2">20 qm</td><td colspan="2">30 qm</td><td colspan="2">40 qm</td></tr>
<tr><td>Badezimmergröße</td><td colspan="2">10 qm</td><td colspan="2">15 qm</td><td colspan="2">10 qm</td></tr>
<tr><td>Frühstück</td><td colspan="2">Basis</td><td colspan="2">Standard</td><td colspan="2">Luxus</td></tr>
<tr><td>Preis</td><td colspan="2">60</td><td colspan="2">100</td><td colspan="2">140</td></tr>
<tr><td>Prozessgeschwindigkeit</td><td colspan="3">Standard</td><td colspan="3">sehr schnell</td></tr>
<tr><td>Orientierung</td><td colspan="3">schwierig</td><td colspan="3">einfach</td></tr>
</table>

Stimuli

2. Kombination der Ausprägungen zu Stimuli

- Vollständiges Conjoint-Design: 3*3*3*3*2*2= 324 Stimuli
- Vollständiges Design führt zu einer Informationsüberlastung der Probanden. Daher Beschränkung auf eine repräsentative Teilmenge aus dem vollständigen Design (reduziertes Design)

Durch Kombination von Ausprägungen jedes Merkmals entstehen sog. hypothetische Leistungsangebote. Ein solches Angebot kann beispielsweise beschrieben werden durch eine Zimmergröße von 20 qm, einer Größe des Badezimmers von 15 qm, einem Standard-Frühstück, einem Preis von 100 Euro, einer sehr schnellen Prozessgeschwindigkeit und einer schwierigen Orientierung. Die Kombination aller Merkmalsausprägungen miteinander ergibt ein Design von 3*3*3*3*2*2 = 324 hypothetischen Leistungsangeboten (vgl. Kombination der Ausprägungen zu Stimuli).

Rangreihung

Diese Leistungsangebote werden nun – z. B. auf Produktmerkmalskärtchen beschrieben (vgl. 3. Festlegung der Stimulipräsentation) – den potenziellen Käufern mit der Bitte vorgelegt, diese in eine Präferenzrangfolge zu bringen (vgl. 4. Rangreihung durch die Probanden). Für den Nachfrager 1 könnte das beispielsweise zu folgender Reihenfolge führen: Meist präferiertes Angebot sei Angebot 11 vor Angebot 1 auf dem zweiten Platz, vor Angebot 3 auf dem dritten Platz usw.

3. Freilegung der Stimulipräsentation

Angebot 1		Angebot 3		Angebot 6		Angebot 11	
Zimmergröße:	20 qm	Zimmergröße:	20 qm	Zimmergröße:	20 qm	Zimmergröße:	30 qm
		Badezimmer-größe:	10 qm	Badezimmer-größe:	15 qm	Badezimmer-größe:	10 qm
Frühstück:	Basis	Frühstück:	Standard	Frühstück:	Luxus	Frühstück:	Basis
Preis:	60 Euro	Preis:	100 Euro	Preis:	140 Euro	Preis:	60 Euro
Prozess-geschwindigkeit:	Standard	Prozess-geschwindigkeit:	Standard	Prozess-geschwindigkeit:	Standard	Prozess-geschwindigkeit:	Standard
Orientierung:	schwierig	Orientierung:	schwierig	Orientierung:	schwierig	Orientierung:	schwierig

4. Rangreihung durch die Probanden

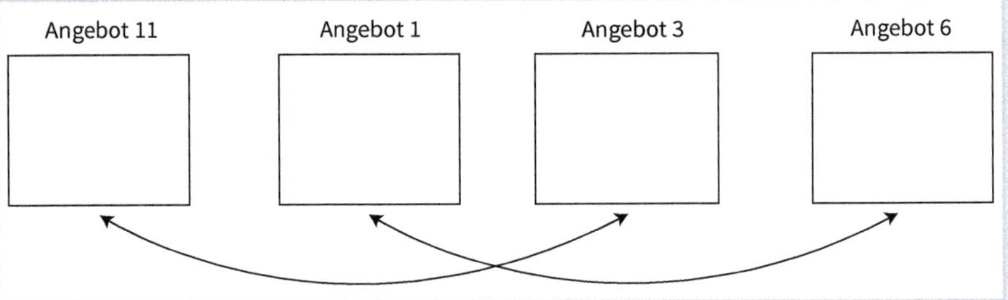

Auf Basis dieser probandenspezifischen empirischen Rangreihung der hypothetischen Leistungsangebote werden nun Teilnutzenwerte für die einzelnen Leistungsausprägungen so bestimmt, dass bei Unterstellung eines linearen Gesamtnutzenmodells die Summation der Teilnutzenwerte der hypothetischen Leistungsangebote die gleiche Rangfolge der Gesamtnutzenwerte erzeugt, wie die empirische durch den Probanden gelegte Rangfolge vorgibt. Für zwei Probanden ist nachfolgend das Ergebnis einer solchen Conjoint-Analyse aufgezeigt.

Teilnutzenwerte

5. Schätzung der Teilnutzenwerte

		Teilnutzenwert	
		Proband 1	**Proband 2**
Zimmergröße	20 qm	0,1	0,1
	30 qm	0,33	0,2
	40 qm	0,66	0,4
Badezimmergröße	10	0,1	0,1
	15	0,33	0,66
	20	0,99	0,99
Frühstück	Basis	0,1	0,1
	Standard	0,15	0,33
	Luxus	0,3	0,66

		Teilnutzenwert	
		Proband 1	Proband 2
Preis	60	3	2
	100	0	0
	140	-3	-2
Prozessgeschwindigkeit	Standard	-0,33	-0,66
	sehr schnell	0	0
Orientierung	schwierig	-0,66	-0,2
	einfach	0	0

Auf Basis der Nutzenschätzungen für die einzelnen Merkmale können nun alle Elemente des Hotelangebotes in eine Einheit, den Nutzen, transformiert werden. Da auch der Preis in Nutzeneinheiten ausgedrückt werden kann, kann schließlich für alle Varianten die maximale Zahlungsbereitschaft, unter Vernachlässigung der Wettbewerbsangebote, ermittelt werden (vgl. 6. Schätzung von Zahlungsbereitschaften). So beliefe sich der Gesamtnutzen eines Angebotes mit folgenden Merkmalen Zimmergröße: 30 qm, Badezimmergröße: 15 qm, Luxus-Frühstück sowie einer sehr schnellen Prozessgeschwindigkeit und einer einfachen Orientierung für Proband 1 auf 0,96 und für Proband 2 auf 1,52 Einheiten). Damit der Nettonutzen größer als null ist, darf der Preis somit maximal einen negativen Nutzen in Höhe von 0,95 (Proband 1) respektive 1,51 (Proband 2) stiften. Vor dem Hintergrund der Teilnutzenwerte des Preises der beiden Probanden folgt daraus eine maximale Zahlungsbereitschaft in Höhe von 112,67 Euro für Proband 1 und 130,20 Euro für Proband 2.

Zahlungsbereitschaften

6. Schätzen von Zahlungsbereitschaften

		Teilnutzenwert	
		Proband 1	Proband 2
Zimmergröße	30 qm	0,33	0,2
Badezimmergröße	15	0,33	0,66
Frühstück	Luxus	0,3	0,66
Prozessgeschwindigkeit	sehr schnell	0	0
Orientierung	einfach	0	0
Summe		**0,96**	**1,52**
Nutzen Preis max.		-0,95	-1,51
Preis max.*		112,67 Euro	130,20 Euro
* 100 Euro + (0,95/(3/40)) bzw. 100 Euro + (1,51/(2/40)) (vgl. Fußnote7)			

Fazit

Zusammenfassend ist die Ermittlung von Kundenanforderungen an eine Problemlösung nicht zuletzt vor dem Hintergrund der Wichtigkeitsanforderung des KKV eine zentrale informatorische Grundlage des Spielverhaltens. Dabei steht im Einzelfall eine Vielzahl unterschiedlicher Verfahren zur Datengewinnung und -interpretation zur Verfügung, die hier nur ansatzweise diskutiert werden konnten. Die Eigenschaftsprofile dieser Verfahren auf der einen und die informatorischen Anforderungen auf der anderen Seite lassen dabei in der Regel die Kombination unterschiedlicher Methoden, wie zum Beispiel qualitativer und quantitativer Erhebungen sinnvoll erscheinen. Für das Ziel einer Wertschöpfungsmaximierung ist die Transformation aller Nutzen- und Opferkomponenten in eine Einheit unabdingbar, weshalb der Conjoint-Analyse ein besonderer Stellenwert zukommt.

3.4.2.1.2 Was kostet die Welt …? Übersetzung von Kundenanforderungen in Ressourcenverbrauch

Die skizzierte Ermittlung von Kundenanforderungen sowohl hinsichtlich nutzensteigender als auch nutzenmindernder Leistungsmerkmale bildet die essenzielle Grundlage der Wertschöpfungsmaximierung. Um jedoch Aufschluss über grundsätzliche Wertschöpfungsoptionen als Ausgangspunkt einer Wertschöpfungsmaximierung zu erhalten, sind zusätzlich Informationen über den unternehmensseitigen Ressourcenverbrauch zur Erfüllung dieser Kundenanforderungen erforderlich. Erst die integrative Betrachtung wertsteigernder und wertmindernder Elemente eines Leistungsangebotes aus Kundensicht einerseits und des damit für das Unternehmen einhergehenden Ressourcenverbrauchs andererseits, erlaubt Aussagen über unterschiedliche Wertschöpfungskonfigurationen. Zur Erlangung dieser informatorischen Basis sind zwei Analyseschritte zu vollziehen (vgl. Abb. 46).

Zwei Teilschritte

Erstens müssen die Kundenanforderungen in Produktionsprozesse übersetzt werden. Es ist somit zu fragen, welche Prozesse seitens des Unternehmens von Nöten sind, um Kundenanforderungen zu erfüllen. Wie produziert man beispielsweise pünktliche Züge, verständliche Beratungsgespräche in einer Bank oder erkenntnisreiche Vorlesungen?

Ressourcenverbrauch

Zweitens ist zu eruieren, welcher Ressourcenverbrauch mit unterschiedlichen Niveaus der Erfüllung von Kundenanforderungen verbunden ist. Was kostet es beispielsweise, wenn 5 % aller Züge maximal fünf Minuten zu spät sind und was, wenn nur 1 % aller Züge maximal fünf Minuten zu spät sind. Offensichtlich verlassen wir mit derartigen Fragen die originäre Expertise des Marketing. Ihre Beantwortung setzt somit einen engen Dialog zwischen Vertretern des Marketing in einem Unternehmen auf der einen und der »Technik im weitesten Sinne« auf der anderen Seite voraus. Damit sind Experten innerhalb eines Unternehmens gemeint, die sich mit Produktionsprozessen und Produktionskosten auskennen.

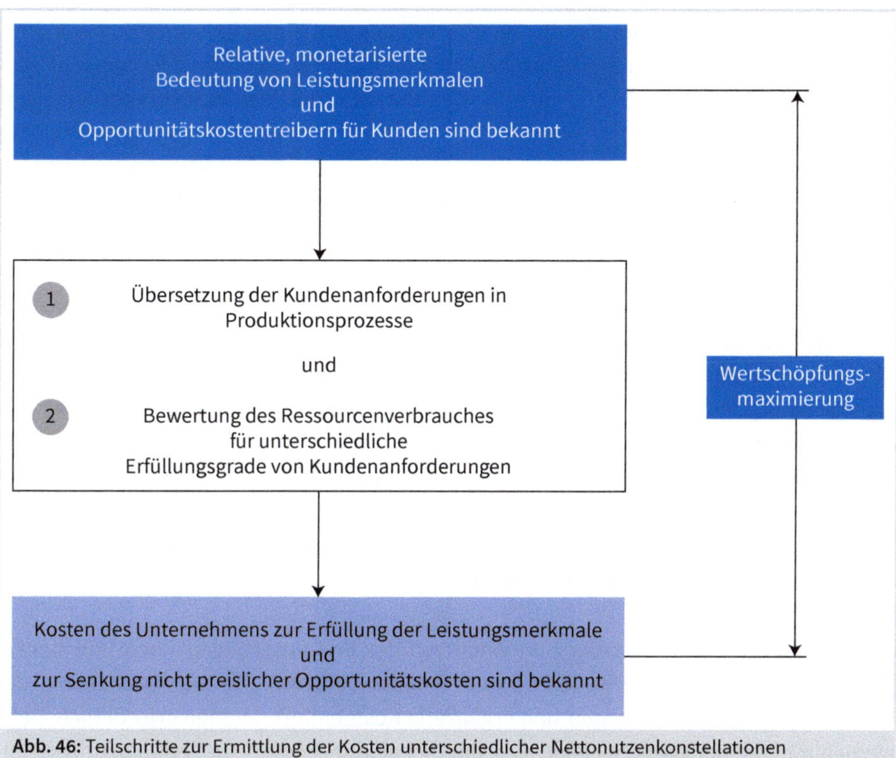

Abb. 46: Teilschritte zur Ermittlung der Kosten unterschiedlicher Nettonutzenkonstellationen

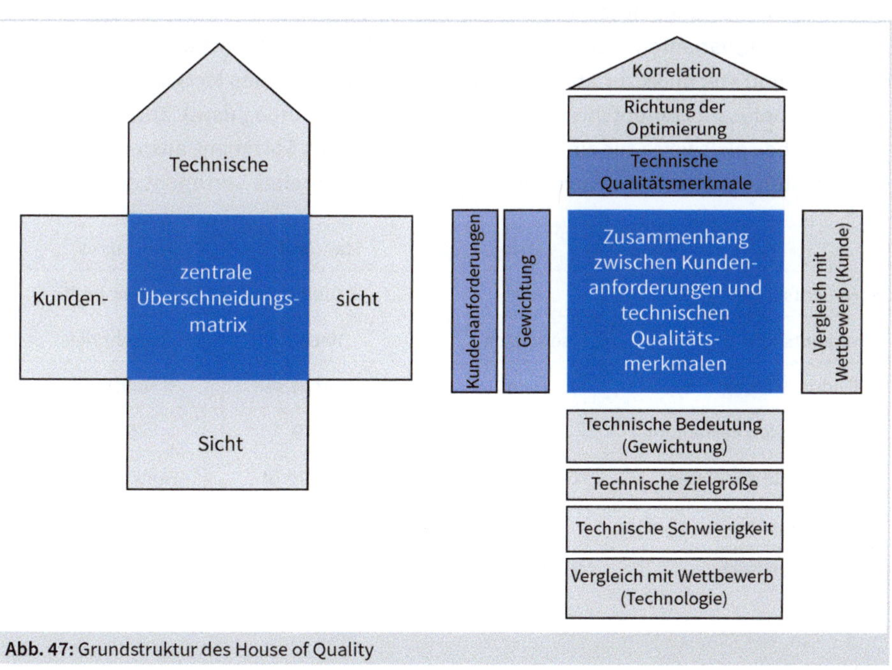

Abb. 47: Grundstruktur des House of Quality

Übersetzung in Produktionsprozesse

House of Quality

Mit Blick auf die erste Prozessstufe, die Übersetzung von Kundenanforderungen in Produktionsprozesse, können methodische Anleihen beim House of Quality gemacht werden. Das House of Quality (HOQ, vgl. Abb. 47) entstammt, wie der Name bereits nahelegt, ursprünglich dem Qualitätsmanagement.

Zentrale Überschneidungsmatrix

Es ist ein Instrument zum strukturierten Dialog zwischen Marketing und Technik zur Übersetzung von Kundenanforderungen in technische Qualitätsmerkmale. Auf eine detaillierte Darstellung aller Elemente des HOQ wird hier bewusst verzichtet (vgl. dazu etwa González/Quesada/Bahill, 2003; Miller et al., 2005), da für unsere Argumentationslinie nicht alle Prozessschritte relevant sind. Fokussiert wird hier auf die sogenannte zentrale Überschneidungsmatrix, in der der Zusammenhang zwischen Kundenanforderungen und technischen Qualitätsmerkmalen hergestellt wird. Da das HOQ als Dialoginstrument an der Schnittstelle zwischen Marketing und Technik heuristischer und nicht analytischer Natur ist, kann die Logik der zentralen Überscheidungsmatrix nicht abstrakt, sondern nur exemplarisch illustriert werden. Dazu wird wieder auf das bereits bekannte Beispiel einer Hoteldienstleistung zurückgegriffen (vgl. Methodenkasten 5). Exemplarisch wird dabei die Frühstücksleistung des Hotels analysiert.

Übersetzung in »technische« Merkmale

Beispiel Hotelfrühstück

Aus der Marktforschung ist der Kundennutzen der drei unterschiedlichen Frühstückskonfigurationen »Basis«, »Standard« und »Luxus« bekannt. Für die Abschätzung der Wertschöpfung dieser Varianten sind ergänzend Kosteninformationen erforderlich. Dazu werden mithilfe der Logik der zentralen Überschneidungsmatrix im ersten Schritt »technische« Elemente eines Hotelfrühstücks und die jeweils erforderliche Ausprägung in den drei Frühstücksvarianten identifiziert (vgl. Tab. 4). Im Beispiel führt der Dialog zwischen Marketing und »Technik« zur Identifikation von neun technischen Merkmalen eines Frühstückangebotes (Sortimentsbreite und -tiefe, Individualisierung usw.). Zudem wird deutlich, dass beispielsweise für ein Basisfrühstück ein enges Sortiment ausreicht, während die Varianten Standard bzw. Luxus ein breites bzw. sehr breites Sortiment erfordern.

	Basis	**Standard**	**Luxus**
Sortimentsbreite	eng	breit	sehr breit
Sortimentstiefe	sehr flach	flach	sehr tief
Individualisierung	nein	bei Eierspeisen	vollständig
Öffnungszeiten Restaurant	6 bis 9	5 bis 9	5 bis 12
Bezugsquelle der Waren	Großhandel	Frischedienst	Feinkostlieferant
Anzahl Personal	6	9	12
Qualifikation Koch	Meisterprüfung	mehrjährige Erfahrung	Sternekoch

	Basis	Standard	Luxus
Warenpräsentation	funktional	ansprechend	extravagant
Anzahl Plätze	20	30	40

Tab. 4: Beispiel für die Übersetzung von Kundenanforderungen in Produktionsmerkmale

Schätzung der Kosten

Im zweiten Schritt sind dann die einzelnen Zellen der Matrix, z. B. enges Sortiment, weiter zu spezifizieren und mit Kosteninformationen zu hinterlegen. In unserem Beispiel könnte die Tabelle wie folgt aussehen (vgl. Tab. 5). Ein enges Sortiment würde demnach Stückkosten in Höhe von 0,20 Euro verursachen, ein breites bzw. sehr breites Sortiment entsprechend Kosten in Höhe von 0,34 Euro bzw. 0,90 Euro. Die Gesamtkosten für die drei Frühstücksvarianten Basis, Standard und Luxus betragen demnach sieben (Basis), zehn (Standard) bzw. siebzehn (Luxus) Euro.

	Basis	Standard	Luxus
Sortimentsbreite	0,20 Euro	0,34 Euro	0,90 Euro
Sortimentstiefe	0,10 Euro	0,29 Euro	0,70 Euro
Individualisierung	0,00 Euro	0,12 Euro	0,70 Euro
Öffnungszeiten Restaurant	0,85 Euro	0,90 Euro	1,00 Euro
Bezugsquelle der Waren	0,70 Euro	0,90 Euro	1,40 Euro
Anzahl Personal	1,20 Euro	1,80 Euro	2,40 Euro
Qualifikation Koch	1,75 Euro	2,20 Euro	5,00 Euro
Warenpräsentation	0,10 Euro	0,30 Euro	0,70 Euro
Anzahl Plätze	2,10 Euro	3,15 Euro	4,20 Euro
Stückkosten	7,00 Euro	10,00 Euro	17,00 Euro

Tab. 5: Beispiel für Überführung von Produktionsmerkmalen in Kosten

Wertschöpfung abschätzen

Analog müsste nun für die weiteren Nutzenkomponenten »Zimmergröße« und »Badezimmergröße« sowie die Ausprägungen der zeit- und energiebasierten Opportunitätskosten vorgegangen werden. Auf Grundlage dieser Kosteninformationen und den Nutzenwerten einer Conjoint-Analyse kann dann die Wertschöpfung aller 108[6] Konfigurationen unseres Beispiels bestimmt werden. Nachfolgende Tabelle zeigt Auszüge aus dieser Gesamtsicht (vgl. Tab. 6).

6 3 (Ausprägungen Zimmergröße) * 3 (Ausprägungen Badezimmergröße) * 3 (Ausprägungen Frühstück) * 2 (Ausprägungen Orientierung [energiebasierte Opportunitätskosten]) * 2 (Ausprägungen Prozessgeschwindigkeit [zeitbasierte Opportunitätskosten]) = 108.

	Nutzen			OK_E	OK_t	Teilnutzenwerte							Kosten						
Nr.	ZG	BZG	FS	OR	PG	ZG	BZG	FS	OR	PG	NN	ZB	ZG	BZG	FS	OR	PG	K	WS
1	20	10	B	s	S	0,1	0,1	0,1	-0,33	-0,66	-0,69	90,80	12	23	7	2	5	49,00	41,80
2	20	10	S	s	S	0,1	0,1	0,15	-0,33	-0,66	-0,64	91,47	12	23	10	2	5	52,00	39,47
3	20	10	L	s	S	0,1	0,1	0,3	-0,33	-0,66	-0,49	93,47	12	23	17	2	5	59,00	34,47
…																			
22	40	15	B	s	S	0,66	0,33	0,1	-0,33	-0,66	0,1	101,33	24	27	7	2	5	65,00	36,33
23	40	15	S	s	S	0,66	0,33	0,15	-0,33	-0,66	0,15	102,00	24	27	10	2	5	68,00	34,00
24	40	15	L	s	S	0,66	0,33	0,3	-0,33	-0,66	0,3	104,00	24	27	17	2	5	75,00	29,00
…																			
72	30	20	L	s	ss	0,33	0,99	0,3	-0,33	0	1,29	117,20	14	32	17	2	10	75,00	42,20
73	40	10	B	s	ss	0,66	0,1	0,1	-0,33	0	0,53	107,07	24	23	7	2	10	66,00	41,07
…																			
96	30	15	L	e	ss	0,33	0,33	0,3	0	0	0,96	112,80	14	27	17	6	10	74,00	38,80
97	30	20	B	e	ss	0,33	0,99	0,1	0	0	1,42	118,93	14	32	7	6	10	69,00	49,93
98	30	20	S	e	ss	0,33	0,99	0,15	0	0	1,47	119,60	14	32	10	6	10	72,00	47,60
…																			
108	40	20	L	e	ss	0,66	0,99	0,3	0	0	1,95	126,00	24	32	17	6	10	89	37,00

Tab. 6: Gesamtwertschöpfung unterschiedlicher Hotelkonfigurationen – Auszug.
OK: Opportunitätskosten; ZG: Zimmergröße; BZG: Badezimmergröße; FS: Frühstück; OR: Orientierung; PG: Prozessgeschwindigkeit; NN: Nettonutzen; ZB: Zahlungsbereitschaft; K: Gesamtkosten; WS: Wertschöpfung; B: Basis; S: Standard; L: Luxus; s: schwer; e: einfach; ss: sehr schnell

Maximale Wertschöpfung

Vor dem Hintergrund unserer Beispieldaten beläuft sich die minimale Wertschöpfung auf 29 Euro (Nr. 24) und die maximale auf 49,93 Euro (Nr. 97). Das Unternehmen würde sein Angebot folglich wie folgt konfigurieren: Zimmergröße 30 qm, Badezimmergröße 20 qm; Basis-Frühstück; einfache Orientierung und sehr schnelle Prozessgeschwindigkeit (Nr. 97). Der daraus resultierende Nettonutzen von 1,42 entspricht einer Zahlungsbereitschaft von 118,93 Euro, der Gesamtkosten in Höhe von 69 Euro gegenüberstehen. Aus der Differenz beider Größen resultiert die Wertschöpfung in Höhe von 49,93 Euro.

Offen ist jedoch, ob diese maximale Wertschöpfung ausreicht, um einen KKV zu begründen. Hierzu müsste das Unternehmen ergänzend das Angebot des Wettbewerbers im Hinblick auf dessen Nettonutzen analysieren. Beliefe sich dieser beispielsweise auf 0,70, so müsste das Unternehmen seinen Kunden unter Effektivitätsgesichtspunkten einen Nettonutzen von mindestens 0,71 stiften. Entsprechend dürfte der Preis maximal 109,47 Euro betragen (entspricht einem Nutzen von –0,71[7]). Angesichts dieses Preises, der Kosten in Höhe von 69 Euro und dem Gesamtnutzen in Höhe von 118,93 Euro, erhielte der Kunde einen Wertschöpfungsanteil von 9,46 Euro (118,93 [Gesamtnutzen] – 109,47 [Preis]) und das Unternehmen einen Anteil in Höhe von 40,47 Euro (109,47 [Preis] – 69 [Kosten]). Eine KKV-Position wäre unter der Annahme der Widerstandsfähigkeit also gegeben, da das Unternehmen gleichzeitig effektiv und effizient agieren würde. Die skizzierte Frage der Wertschöpfungsverteilung zwischen Kunde und Unternehmen über die Preisfestlegung werden wir ausführlich in Kapitel 3.4.3 erörtern.

Fazit

Zusammenfassend bedarf es für die Maximierung der Wertschöpfung nicht nur Informationen über den Nutzen einzelner Leistungsmerkmale, sondern auch zwingend über die mit der Erfüllung der Kundenanforderungen einhergehenden Kosten. Dazu müssen die Merkmale des Kundennutzens in technische Spezifikationen übersetzt und anschließend der jeweilige Ressourcenverbrauch geschätzt werden.

3.4.2.2 Handlungsmöglichkeiten zur Maximierung der Wertschöpfung

Analytischer Rahmen

Vor dem Hintergrund unserer Modellierung der Wertschöpfung stehen im Spielverhalten vier Variablen zur Wertschöpfungsmaximierung zur Verfügung: Nutzen, Kosten sowie zeit- und energiebasierte Opportunitätskosten. Bevor wir uns jedem dieser Wertschöpfungstreiber ausführlich widmen, wollen wir zunächst den analytischen Rahmen des Spielverhaltens abstecken. Dies ist insbesondere aufgrund potenzieller Wechselwirkungen zwischen den Wertschöpfungstreibern erforderlich, die in der späteren, separaten

7 Der Nutzen des Preises von 100 Euro ist null, derjenige eines Preises von 140 minus 3. Mit jedem Euro, den der Preis den Wert von 100 übersteigt, sinkt der Nutzen folglich um 0,075 Einheiten (3 Nutzeneinheiten/40 Euro). Dividiert man nun den Nutzen von 0,71 durch 0,075, so ergeben sich 9,47 Euro. Der Preis darf den Wert von 100 also maximal um 9,47 überschreiten.

Betrachtung der Möglichkeiten zur wertschöpfungssteigernden Beeinflussung der einzelnen Treiber untergingen. Der analytische Rahmen steht also quasi »vor der Klammer« der einzelnen Optionen wertschöpfungssteigernden Spielverhaltens.

3.4.2.2.1 Der analytische Rahmen oder zum Zusammenspiel der Wertschöpfungstreiber

Die zu maximierende Wertschöpfung setzt sich aus vier Einzelkomponenten zusammen. Die Nutzenstiftung für den Kunden vermehrt die Wertschöpfung, zeit- und energiebasierte Opportunitätskosten sowie der unternehmensseitige Ressourcenverbrauch, sprich die Kosten, vermindern sie:

$$\text{Wertschöpfung: } N - OK_E - OK_t - k$$

mit N = Kundennutzen, OK_E =energiebasierte Opportunitätskosten, OK_t = zeitbasierte Opportunitätskosten, k = Kosten

Im Wertschöpfungsmaximum muss die erste Ableitung der Wertschöpfungsfunktion gleich null sein. Es muss somit gelten:

$$N' - OK_E' - OK_t' - k' = 0$$

mit N' = Grenznutzen, OK_E' =energiebasierte Grenzopportunitätskosten, OK_t' = zeitbasierte Grenzopportunitätskosten, k' = Grenzkosten

Mit anderen Worten entspricht im Wertschöpfungsmaximum der Grenznutzen der Summe aus Grenzopportunitätskosten und Grenzkosten.

$$N' = OK_E' + OK_t' + k'$$

mit N' = Grenznutzen, OK_E' =energiebasierte Grenzopportunitätskosten, OK_t' = zeitbasierte Grenzopportunitätskosten, k' = Grenzkosten

Bedingung für Wertschöpfungsmaximum

Im Wertschöpfungsmaximum befinden sich somit die steigernden und mindernden Komponenten der Wertschöpfung im Gleichgewicht. Durch keine Veränderung des Leistungsangebotes könnte ein höherer Nutzen erzeugt werden, der nicht mit überproportional höheren Kosten respektive Opportunitätskosten einherginge. Ebenso wenig besteht die Möglichkeit, Kosten oder Opportunitätskosten zu reduzieren, ohne dass gleichzeitig der Nutzen überproportional zurückginge.

Die skizzierte Bedingung ist weder aufregend noch neu, sondern entspricht der typischen ökonomischen Kondition für ein Optimum, wie sie beispielsweise im Kontext preispolitischer Fragen (im Gewinnmaximum gilt Grenzerlös = Grenzkosten) hinlänglich diskutiert werden. So gesehen ist das Herbeiführen eines Wertschöpfungsmaximums »keine große Sache«. Allerdings ist die Gleichung angesichts ihrer Variablenstruktur abstrakt nicht zu lösen, sondern kann nur vor dem Hintergrund der im Vorkapitel erörterten Informationen im konkreten Anwendungsfall Hinweise auf eine maximale Wertschöpfung liefern. Gleichwohl lassen sich aus der aufgezeigten Argumentation auch auf abstraktem Niveau Prinzipien für wertschöpfungssteigernde Entscheidungen im Zusammenhang des Spielverhaltens ableiten.

Grenz-wertschöpfung

Dazu verlassen wir das Postulat einer maximalen Wertschöpfung und begnügen uns mit der durch eine Entscheidung geschaffenen zusätzlichen Wertschöpfung. Die Grenzwertschöpfung einer Entscheidung sollte entsprechend größer null sein:

$$N' - OK_E' - OK_t' - k' > 0$$

mit N' = Grenznutzen, OK_E' =energiebasierte Grenzopportunitätskosten, OK_t' = zeitbasierte Grenzopportunitätskosten, k' = Grenzkosten

Vier Wert-schöpfungstreiber

Wertschöpfungssteigernde Entscheidungen können je einen der vier Wertschöpfungstreiber primär adressieren. Daher lösen wir die obige Ungleichung nach den vier Variablen auf:

$$N' > OK_E' + OK_t' + k'$$

$$k' < N' - OK_E' - OK_t'$$

$$OK_t' < N' - OK_E' - k'$$

$$OK_E' < N' - OK_t' - k'$$

mit N' = Grenznutzen, OK_E' = energiebasierte Grenzopportunitätskosten, OK_t' = zeitbasierte Grenzopportunitätskosten, k' = Grenzkosten

In einem ersten Schritt vernachlässigen wir nun die Möglichkeit, dass durch eine Entscheidung gleichzeitig mehrere Wertschöpfungstreiber (z. B. Nutzen und Kosten) berührt sein können, sondern unterstellen zunächst, dass sich jeweils nur eine der Variablen verändert (ceteris paribus Annahme). Unter dieser Annahme besitzt der jeweils rechte Teil der

Ungleichung den Wert null. Entsprechend steigt die Wertschöpfung, wenn ceteris paribus durch eine Entscheidung

- der Kundennutzen steigt,
- die Kosten sinken,
- die zeit- oder energiebasierten Opportunitätskosten sinken.

Dem einen oder anderen Leser mag die Annahme einer eindimensionalen Veränderung der Wertschöpfung wirklichkeitsfremd vorkommen. Zugegebenermaßen wird dies bei konkreten Entscheidungen eher die Ausnahme sein. Wir werden in den späteren Ausführungen jedoch zeigen, dass es durchaus Optionen gibt, die Wertschöpfung im obigen Sinne eindimensional zu steigern.

Korrelationen zwischen Wertschöpfungstreibern

Im zweiten Schritt heben wir die Bedingung der unkorrelierten Wertschöpfungstreiber auf. Die gleichzeitige Veränderung mehrerer Wertschöpfungstreiber ist unproblematisch, wenn sie gemeinsam wertschöpfungssteigernd wirken. Angesichts der bevorzugten Variationsrichtung der vier Wertschöpfungstreiber (Nutzen soll wachsen, Kosten und Opportunitätskosten sollen sinken), wären dabei folgende Korrelationen vorteilhaft (vgl. Tab. 7).

		N'	OK_E'	OK_t'	k'
↑	N'				
↓	OK_E'	–			
↓	OK_t'	–	+		
↓	k'	–	+	+	

Tab. 7: Wertschöpfungssteigernde Korrelationen zwischen den Wertschöpfungstreibern

Wertschöpfungssteigernde Korrelationen

Demzufolge sind Entscheidungen in jedem Fall wertschöpfungssteigernd und damit sinnvoll, wenn

- der Nutzen wächst und gleichzeitig sowohl energie- und zeitbasierte Opportunitätskosten als auch Kosten zurückgehen,
- die energiebasierten Opportunitätskosten sinken und gleichzeitig der Nutzen wächst und sowohl zeitbasierte Opportunitätskosten als auch Kosten sinken,
- die zeitbasierten Opportunitätskosten sinken und gleichzeitig der Nutzen wächst und sowohl energiebasierte Opportunitätskosten als auch Kosten sinken oder
- die Kosten sinken und gleichzeitig der Nutzen wächst und sowohl zeit- als auch energiebasierte Opportunitätskosten sinken.

Für die Realisierung einer höheren Wertschöpfung infolge der Beeinflussung eines Wertschöpfungstreibers müssen logischerweise nicht alle drei der anderen Treiber wertschöpfungssteigernd korreliert sein. Ebenso würde die Wertschöpfung steigen, wenn nur ein oder zwei Treiber wertschöpfungssteigernd korreliert sind und der oder die anderen Treiber unberührt bleiben, also keine Korrelation aufweisen.

Wertschöpfungs-mindernde Korrelationen

Abschließend betrachten wir den Fall wertschöpfungsmindernder Korrelationen zwischen den Wertschöpfungstreibern. In dieser Situation wird durch eine Entscheidung zwar bei einer der vier Variablen die Wertschöpfung erhöht, gleichzeitig sinkt sie aber infolge der nicht intendierten Veränderung bei einem der anderen Treiber. Das eingängigste Beispiel hierfür ist die Steigerung des Nutzens, durch die aber gleichzeitig auch die Kosten steigen. In solchen Fällen kommt es offenbar auf das Verhältnis der Veränderungen an. In der Summe müssen die wertschöpfungssteigernden Effekte größer sein als die wertschöpfungsmindernden. Im Nutzen-Kosten-Beispiel würde die Wertschöpfung zunehmen, wenn die Steigerung des Nutzens größer wäre als das gleichzeitige Anwachsen der Kosten. Mit anderen Worten sind Entscheidungen sinnvoll, weil wertschöpfungssteigernd, bei denen

- der Nutzenzuwachs größer ist als die gleichzeitige Steigerung der Summe aus Kosten und zeit- und energiebasierten Opportunitätskosten,
- die Senkung der energiebasierten Opportunitätskosten größer ist als der gleichzeitige Nutzenrückgang und die Steigerung von Kosten und zeitbasierten Opportunitätskosten,
- die Senkung der zeitbasierten Opportunitätskosten größer ist als der gleichzeitige Nutzenrückgang und die Steigerung von Kosten und energiebasierten Opportunitätskosten oder
- die Senkung der Kosten größer ist als der gleichzeitige Nutzenrückgang und die Steigerung von zeit- und energiebasierten Opportunitätskosten.

Fazit

Zusammenfassend ist die Bedingung für ein Wertschöpfungsmaximum analytisch einfach herzuleiten: Die maximale Wertschöpfung ist dann erreicht, wenn der Grenznutzen der Summe aus Grenzkosten und Grenzopportunitätskosten entspricht. Für praktische Entscheidungen ist diese Einsicht im Sinne einer Orientierung zwar hilfreich, aber zu abstrakt. Wir haben daher die strenge Maximierungsbedingung aufgelöst und nach Entscheidungskonstellationen gesucht, die zu einer Erhöhung der Wertschöpfung führen. In einer Welt unkorrelierter Wertschöpfungstreiber ist es offensichtlich, dass die Wertschöpfung steigt, wenn der Nutzen größer wird oder die Kosten respektive zeit- oder energiebasierte Opportunitätskosten sinken. Verändern sich infolge einer Entscheidung mehrere Wertschöpfungstreiber gleichzeitig, was der typische Fall ist, muss zwischen wertschöpfungssteigernden und wertschöpfungsmindernden Korrelationen differenziert werden. Wertschöpfungssteigernde Korrelationen, wie beispielsweise Nutzenzuwachs und Kostensenkung, sind offensichtlich unproblematisch. Bei wertschöpfungsmindernden Korrelationen hingegen, wie zum Beispiel Kostensenkung und Nutzenminderung, ist das Verhältnis zwischen Wertschöpfungssteigerung und -minderung entscheidungsmaßgebend.

3.4.2.2.2 Vier gewinnt ... Optionen zur Steigerung der Wertschöpfung

Erst isoliert, dann integriert

Vor dem Hintergrund des zuvor skizzierten analytischen Rahmens werden nachfolgend die vier Wertschöpfungstreiber im Hinblick auf ihre Gestaltungsmöglichkeiten diskutiert. Dabei werden zunächst mögliche Korrelationen zu den jeweils anderen Wertschöpfungstreibern vernachlässigt und grundsätzliche Optionen zur wertschöpfungssteigernden Beeinflussung der im Fokus stehenden Variablen vorgestellt. Anschließend lösen wir diese »ceteris paribus-Bedingung« auf und beleuchten mögliche Wechselwirkungen zu den nicht fokussierten Wertschöpfungstreibern.

3.4.2.2.2.1 Steigerung des Kundennutzens

Kundennutzen zentral für Wertschöpfung

Schon bei der Vorstellung der Grundkonzeption des KKV wurde über sein konstitutives Merkmal »wichtig« der essenzielle Stellenwert der Schaffung eines Kundennutzens für die Effektivität des Markthandelns ersichtlich (Kapitel 2.4.1.1). Insofern steht der Kundennutzen nicht zufällig am Beginn unserer Ausführungen zu den Möglichkeiten der Wertschöpfungsmaximierung, sondern aufgrund seiner exponierten Rolle im Spielverhalten. Der Kundennutzen ist der einzige Treiber, der die Wertschöpfung ceteris paribus erhöht; Kosten und Opportunitätskosten sind zwar wie dargestellt wertschöpfungsrelevant, stellen aber »nur« die negative Komponente einer wie auch immer gearteten Nutzenstiftung dar. Mit anderen Worten ist eine Wertschöpfung ohne Kundennutzen unmöglich.

Kundenbedürfnis

Kundennutzen ist das Ergebnis der Befriedigung eines Kundenbedürfnisses (vgl. Balderjahn, 1995, S. 186) oder wie wir es formuliert haben der Lösung eines Kundenproblems. Für die Gestaltung des Kundennutzens ist es dabei wichtig, sich vor Augen zu führen, dass er erstens nicht nominal skaliert ist. Der Kundennutzen ist also nicht entweder da oder nicht da, sondern fällt je nach Ausmaß der Bedürfnisbefriedigung unterschiedlich hoch aus. Zweitens wächst ceteris paribus (!) die Wertschöpfung mit steigendem Kundennutzen, die bevorzugte Variationsrichtung bei diesem Wertschöpfungstreiber ist also Steigerung.

Kapitelstruktur

Das Kapitel ist dreigliedrig strukturiert (vgl. Abb. 48).

Im ersten Abschnitt beleuchten wir die grundsätzlichen Handlungsmöglichkeiten zur Schaffung von Kundennutzen. Im zweiten Teil analysieren wir diese Handlungsmöglichkeiten unter Vernachlässigung des Wechselspiels mit den weiteren Wertschöpfungstreibern. Dabei unterscheiden wir noch einmal zwischen der Betrachtung einzelner Dimensionen des Kundennutzens (a) und deren Zusammenspiel (b). Im Schlussteil betrachten wir die Wechselwirkung eines veränderten Kundennutzens mit den drei übrigen Wertschöpfungstreibern.

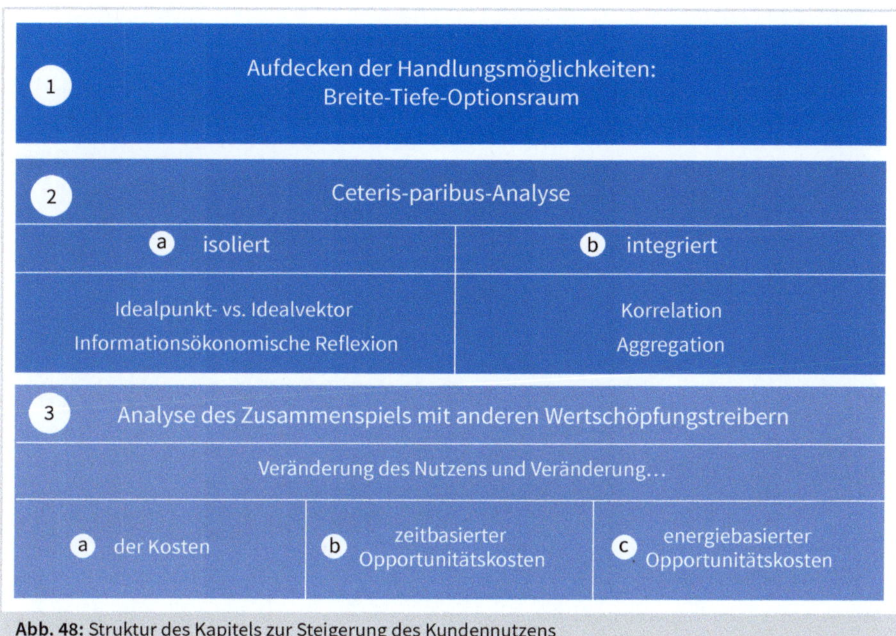

Abb. 48: Struktur des Kapitels zur Steigerung des Kundennutzens

Der Suchraum für nutzensteigernde Handlungsmöglichkeiten ist durch die zuvor erfolgte Definition der Spielarena hinreichend eingegrenzt, da die Homogenität des Kundenproblems im Zusammenspiel mit der Marktgröße Ankerpunkt unserer Marktabgrenzung war (vgl. Kapitel 3.2.1.1). Mit der Abgrenzung des relevanten Marktes haben wir also das von uns zu lösende Kundenproblem definiert. Die Homogenität des Kundenproblems in einer Spielarena geht mit der Heterogenität der kundenseitigen Anforderungen an die Problemlösung einher, wie wir sie im Kontext der Marktsegmentierung diskutiert haben. Innerhalb eines relevanten Marktes haben Kunden also ex definitione eine sehr ähnliche Problemstellung, aber möglicherweise sehr unterschiedliche Vorstellungen bezüglich einer guten Problemlösung. Diese interpersonelle Heterogenität findet intrapersonell seinen Niederschlag in einer Mehrdimensionalität der Anforderungen an eine Problemlösung. In Anbetracht dieser Mehrdimensionalität auf der einen Seite und der nicht-nominalen Skalierung der Problemlösung auf der anderen Seite ergibt sich der in Abb. 49 dargestellte Optionsraum zur Schaffung von Kundennutzen.

Optionsraum zur Schaffung von Kundennutzen

Demnach kann ein höherer Kundennutzen entweder dadurch erzielt werden, dass mehrere Dimensionen der Problemlösung angesprochen werden (Breite-Dimension) oder in den jeweiligen Dimensionen eine höhere Güte der Problemlösung angestrebt wird (Tiefe-Dimension). Aus dieser Strukturierung folgen vier Prototypen der Nutzenstiftung (vgl. Abb. 50).[8]

Breite und Tiefe

8 Auch wenn wir hier zunächst ceteris paribus argumentieren, ist in diesen Überlegungen implizit die Annahme enthalten, dass die Schaffung von Kundennutzen zu Kosten beim Unternehmen führt. Ansonsten wäre es

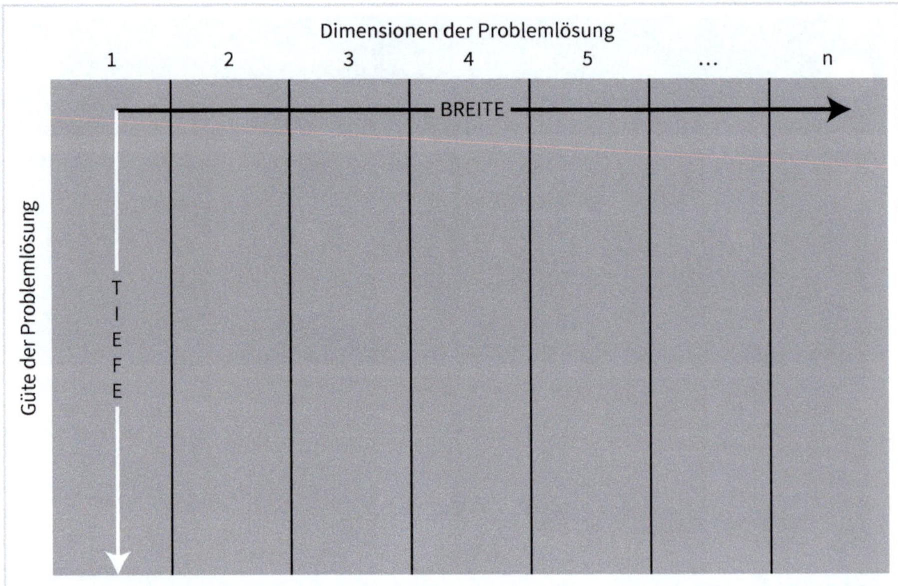

Abb. 49: Breite-Tiefe-Optionsraum zur Schaffung von Kundennutzen

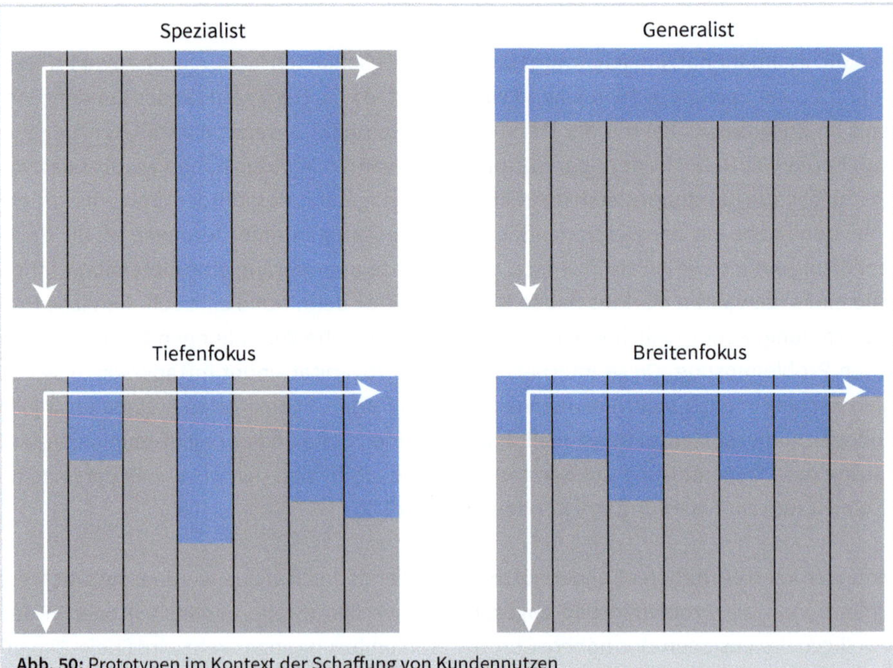

Abb. 50: Prototypen im Kontext der Schaffung von Kundennutzen

offensichtlich optimal, in allen Dimensionen der Problemlösung die maximale Güte anzustreben. Daher sind in der prototypischen Darstellung die das Ausmaß des Kundennutzens symbolisierenden Flächen gleich groß.

Erstens kann ein Unternehmen sich auf eine oder wenige (in Abb. 50 zwei) Dimensionen der Anforderungen an eine Problemlösung fokussieren und in diesen eine aus Kundensicht maximale Güte der Problemlösung anstreben. Wir kennzeichnen diese Option als Spezialist.

Spezialist

Im Kontrast dazu besteht zweitens die Möglichkeit, in allen Dimensionen des Kundenproblems eine gleichmäßige, aber deutlich niedrigere Güte der Problemlösung anzubieten. Dieses Verhalten charakterisieren wir als Generalist.

Generalist

Optionen drei und vier sind Mischformen zwischen diesen Extremtypen. Beim Tiefenfokus werden einige Dimensionen der Problemlösung nicht adressiert, dafür aber in den ausgewählten eine höhere Güte der Problemlösung erzielt, als dies der Generalist anbietet. Beim Breitenfokus schließlich werden alle Dimensionen der Problemlösung bedient, im Gegensatz zum Generalisten aber mit variierender Güte der Problemlösung.

Tiefenfokus

Breitenfokus

Wichtig ist, dass es sich hierbei lediglich um alternative Möglichkeiten der Schaffung eines gleich großen Kundennutzens handelt. Welche dieser Optionen im konkreten Anwendungsfall sinnvoll ist, kann erst unter Hinzuziehung weiterer Überlegungen, darunter nicht zuletzt den Korrelationen zu den anderen Wertschöpfungstreibern, entschieden werden. Diesen Schritten widmen wir uns anschließend. Zuvor sollen die skizzierten Optionen an einem Beispiel aus dem automobilen Kontext verdeutlicht werden (vgl. Beispiel 22).

Illustration der Optionen an einem Beispiel

Beispiel 22

Breite-Tiefe-Optionsraum zur Schaffung von Kundennutzen

Ein Automobilhersteller hat seinen relevanten Markt über das Kundenproblem »Mobilität« abgegrenzt. Aus einer Marktforschungsstudie weiß das Unternehmen, dass Design, Ladekapazität, Umweltfreundlichkeit, Zuverlässigkeit sowie Akzeptanz durch das soziale Umfeld wichtige nutzenstiftende[9] Merkmale sind.

Im Rahmen eines Workshops entwickeln Mitarbeiter der Marketingabteilung vier unterschiedliche Angebotskonfigurationen, die sich an unseren vorgestellten Prototypen der Nutzenstiftung orientieren: Spezialist, Generalist sowie Tiefen- und Breitenfokus. Die vier alternativen Angebote sind dabei durch folgende Merkmale gekennzeichnet (vgl. Tab. 8).

Vier Angebotskonfigurationen

9 Unserer Struktur des Spielverhaltens folgend, bleiben dabei alle »Opferkomponenten«, also Variablen, die zeit- oder energiebasierte Opportunitätskosten beeinflussen, unberücksichtigt. Dazu zählen etwa der Komfort (beeinflusst energiebasierte Opportunitätskosten) oder die Geschwindigkeit (beeinflusst zeitbasierte Opportunitätskosten).

	Spezialist	Generalist	Tiefenfokus	Breitenfokus
Design	sehr chic	konventionell	chic	ansprechend
Ladekapazität	1.500 Liter	900 Liter	300 Liter	600 Liter
Umweltverträglichkeit (CO_2)	200 g/km	150 g/km	120 g/km	180 g/km
Zuverlässigkeit	sehr gering	durchschnittlich	hoch	durchschnittlich
Soziale Akzeptanz	sehr gering	gering	sehr gering	hoch

Tab. 8: Daten der beispielhaften Angebotskonfigurationen

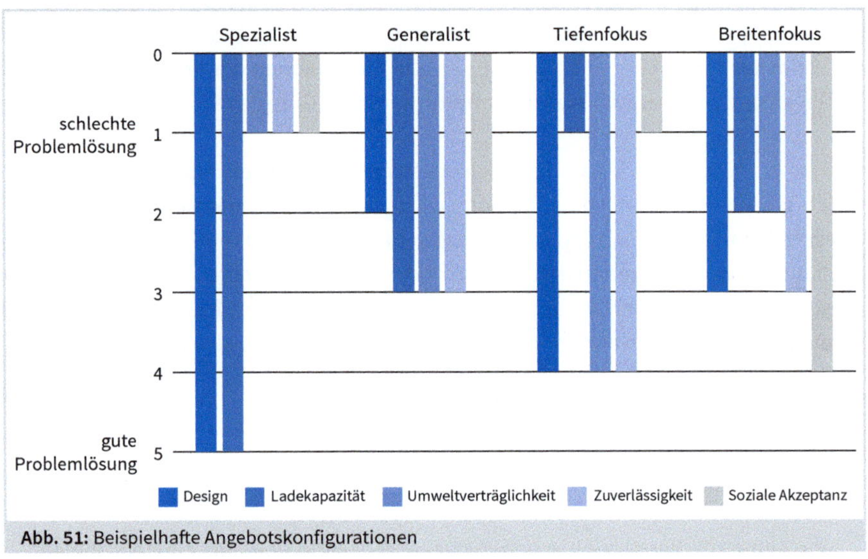

Abb. 51: Beispielhafte Angebotskonfigurationen

In der Konfiguration Spezialist wird der Kundennutzen über eine besonders gute Problemlösung in den Dimensionen Design und Ladekapazität erzeugt. Die Variante Generalist zeichnet sich durch eine breite, aber in allen Dimensionen des Kundennutzens eher durchschnittliche Problemlösung aus. Beim Tiefenfokus werden die Dimensionen Design, Umweltverträglichkeit und Zuverlässigkeit betont. Der Breitenfokus schließlich ist durch eine eher ausgewogene Kombination der Merkmale mit leichten Schwerpunkten bei Design und sozialer Akzeptanz gekennzeichnet (vgl. Abb. 51).

Vier Analyseschritte

Für die weitere Konkretisierung nutzenstiftenden Spielverhaltens sind in der ceteris paribus-Perspektive, d.h. unter Vernachlässigung des Zusammenspiels mit weiteren Wertschöpfungstreibern, vier Analyseschritte erforderlich. Zwei davon beziehen sich in einer isolierten Perspektive auf die Nutzenstiftung bezüglich einzelner Kundenanforderungen, zwei in einer integrativen Sicht auf das Zusammenspiel der einzelnen Dimensionen des Kundennutzens.

Idealpunkt vs. Idealvektor

In der isolierten Sicht ist erstens für jede Kundenanforderung zu klären, ob sie einem Idealvektor- oder einem Idealpunktmodell (vgl. Schobert, 1979, S. 80 ff.) folgt (vgl. Abb. 52). Unter den Bedingungen eines Idealvektormodells führt ein mehr oder weniger der jeweiligen Ausprägung auch stets zu einem höheren Kundenutzen. Aus den Anforderungen des obigen Beispiels sind die Umweltverträglichkeit, das Design, die Zuverlässigkeit sowie die Akzeptanz durch das soziale Umfeld für die meisten Kunden vermutlich Variablen, die einem Idealvektor gehorchen. Je größer die Umweltverträglichkeit, je schicker das Design usw., desto höher der Kundennutzen. Im Gegensatz dazu ist bei der Anforderung Ladekapazität ein Idealpunktverlauf wahrscheinlich, da ab einem bestimmten Niveau der Ladekapazität der Nutzen nicht mehr steigt, sondern fällt, etwa aufgrund der mit wachsender Ladekapazität zunehmenden Probleme bei der Parkplatzsuche. Bei Eigenschaften, die einem Idealvektormodell gehorchen, ist aus Kundensicht ein Maximum respektive Minimum wünschenswert; bei Eigenschaften, die einem Idealpunktverlauf folgen, hingegen ein Optimum.

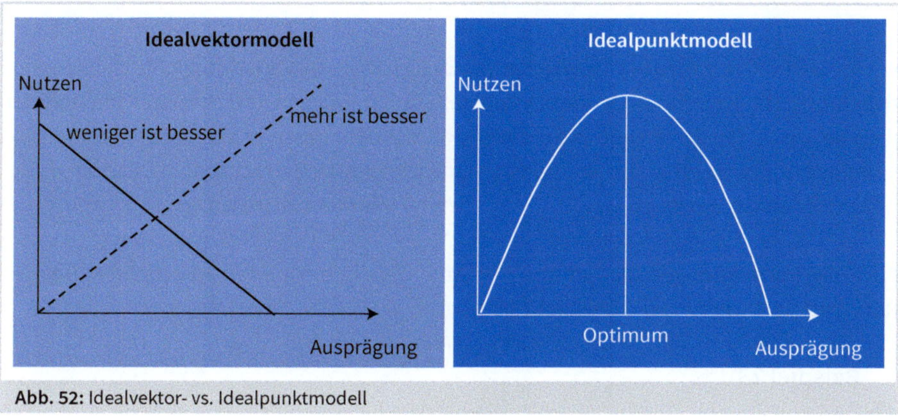

Abb. 52: Idealvektor- vs. Idealpunktmodell

Informationsökonomischer Status

Zweitens ist für jede Eigenschaft deren informationsökonomischer Status zu reflektieren (vgl. Kapitel 2.4.1.1). Bei Erfahrungseigenschaften, wie z. B. der Zuverlässigkeit, und Vertrauenseigenschaften, wie z. B. der Umweltverträglichkeit, ist zu fragen, wie das informationsökonomisch begründete Risiko für den Kunden reduziert werden kann. Wir werden in Kapitel 3.4.4 einige dazu geeignete Instrumente, wie beispielsweise Garantien, Testkäufe oder die Reputation ausführlich vorstellen.

Korrelation zwischen Merkmalen

Im Hinblick auf mögliche Zusammenhänge zwischen einzelnen Dimensionen des Kundennutzens ist drittens die Korrelation zwischen ihnen zu beachten. Ähnlich wie wir es bereits beim Zusammenspiel der vier Wertschöpfungstreiber diskutiert hatten, sind möglicherweise auch die einzelnen Dimensionen des Kundennutzens nicht unverbunden. Je nach Verhältnis der Variationsrichtung (unterschiedlich oder identisch) und dem Vorzeichen der Korrelation (positiv oder negativ) können vier Fälle unterschieden werden (vgl. Tab. 9). Wenn zwei Dimensionen des Kundennutzens die gleiche bevorzugte Variationsrichtung aufweisen, bei beiden Merkmalen also ein mehr respektive weniger den Kundennutzen erhöht und die Merkmale positiv korreliert sind, so ist eine isolierte Betrachtung der jeweiligen Dimension ausreichend. Gleiches gilt, wenn die beiden Merkmale eine unterschiedliche bevorzugte Variationsrichtung haben und negativ korreliert sind. Auch in diesem Falle würde die kundennutzensteigernde Veränderung der einen Variable automatisch auch den Kundennutzen der anderen Variablen positiv beeinflussen.

		Variationsrichtung	
		identisch	**unterschiedlich**
Korrelation	positiv	isolierte Betrachtung ausreichend	integrierte Betrachtung erforderlich
	negativ	integrierte Betrachtung erforderlich	isolierte Betrachtung ausreichend

Tab. 9: Wechselwirkungen zwischen Dimensionen des Kundennutzens

Anders verhält sich dies bei identischer (unterschiedlicher) Variationsrichtung und negativer (positiver) Korrelation. In diesen Konstellationen würden nutzensteigernde Maßnahmen bei der einen Dimension gleichzeitig den Kundennutzen in der anderen Dimension vermindern. Daher ist in dieser Situation eine integrierte Betrachtung beider Dimensionen erforderlich, um den Gesamtnutzen – ceteris paribus – zu maximieren.

Illustration am Beispiel

Auch die Korrelationsproblematik soll an dem bereits bekannten automobilen Beispiel kurz illustriert werden (vgl. Beispiel 23).

Beispiel 23

Berücksichtigung von Korrelationen zwischen den Leistungsmerkmalen

Die Teilnehmer des Workshops analysieren die fünf nutzenstiftenden Merkmale hinsichtlich ihrer Korrelationen. Ergänzend tragen sie in die Korrelationstabelle die bevorzugte Variationsrichtung (symbolisiert durch den Pfeil) ein (vgl. Tab. 10).

Das Design korreliert nach Ansicht der Experten negativ mit der Ladekapazität, aber positiv mit der sozialen Akzeptanz. Die Ladekapazität korreliert negativ mit Design und sozialer Akzeptanz. Positiv korreliert sie mit dem CO2-Ausstoß. Die Umweltverträglichkeit korreliert negativ mit der sozialen Akzeptanz. Bei der Zuverlässigkeit sehen die Teilnehmer keine Korrelation zu den anderen Merkmalen. Die soziale Akzeptanz schließlich korreliert positiv mit Design, aber negativ mit Umweltverträglichkeit und Ladekapazität.

	bevorzugte Variationsrichtung				
	↑	↑	↓	↑	↑
Merkmal	Design	Ladekapazität	Umweltverträglichkeit (CO_2)*	Zuverlässigkeit	Soziale Akzeptanz
Design	–	negativ	neutral	neutral	positiv
Ladekapazität		–	positiv	neutral	negativ
Umweltverträglichkeit (CO_2)			–	neutral	negativ
Zuverlässigkeit				–	neutral
Soziale Akzeptanz					–
*Die bevorzugte Variationsrichtung ist wegen der Operationalisierung über den CO_2-Ausstoß »weniger«.					

Tab. 10: Wechselwirkungen zwischen Dimensionen des Kundennutzens – ein Beispiel

Die negative Korrelation zwischen Design und Ladekapazität führt angesichts der identischen Variationsrichtung dazu, dass die Merkmale integriert betrachtet werden müssen. Das Gleiche gilt für den Zusammenhang zwischen Ladekapazität und Umweltverträglichkeit. Diese Merkmale sind zwar positiv korreliert, weisen aber unterschiedliche Variationsrichtungen auf. Im Hinblick auf die Beziehung des Designs zur sozialen Akzeptanz hingegen führt die positive Korrelation dazu, dass die Wechselwirkung wegen der identischen Variationsrichtung unberücksichtigt bleiben kann. Gleiches gilt für den Zusammenhang zwischen Umweltverträglichkeit und sozialer Akzeptanz. Sie sind negativ korreliert, haben aber eine unterschiedliche Variationsrichtung.

Aggregation zu Gesamtnutzen

Viertens ist angesichts der Mehrdimensionalität der Kundenanforderungen die Aggregation zu einem Gesamtnutzen in den Blick zu nehmen. In diesem Zusammenhang müssen zunächst die Informationen über die relative Bedeutung der einzelnen Anforderungen für die Kunden berücksichtigt werden. So wird beispielsweise für Kunden mit einem ausgeprägten Umweltbewusstsein das Merkmal Umweltverträglichkeit einen relativ hohen Beitrag zum Gesamtnutzen eines Leistungsangebotes beisteuern. Bei Kunden, die einen hohen Transportbedarf haben, wird hingegen vermutlich das Merkmal Ladekapazität eine überdurchschnittlich große Bedeutung für den Gesamtnutzen aufweisen.

Bewertung by brand oder by attribute

Schließlich ist die Arithmetik der Aggregation zu einem Gesamtnutzen zu prüfen. In der Literatur zur Konsumentenverhaltensforschung (vgl. etwa Hoyer/MacInnis/Pieters, 2018; Trommsdorff, 2009; Kroeber-Riel/Gröppel-Klein, 2013) haben sich in diesem Zusammenhang zwei Unterscheidungsdimensionen als besonders bedeutsam erwiesen. Erstens die Frage, ob Nachfrager alternative Angebote produkt- (*by brand*) oder eigenschaftsweise (*by attribute*) bewerten. Bei einer produktweisen Beurteilung werden zunächst alle Informationen über ein Angebot gesammelt und verarbeitet, bevor die nächste Alternative betrachtet wird. Beim eigenschaftsweisen Vorgehen hingegen werden alle relevanten Alternativen zunächst anhand einer Eigenschaft bewertet, anschließend hinsichtlich der zweiten Eigenschaft usw. (vgl. Abb. 53).

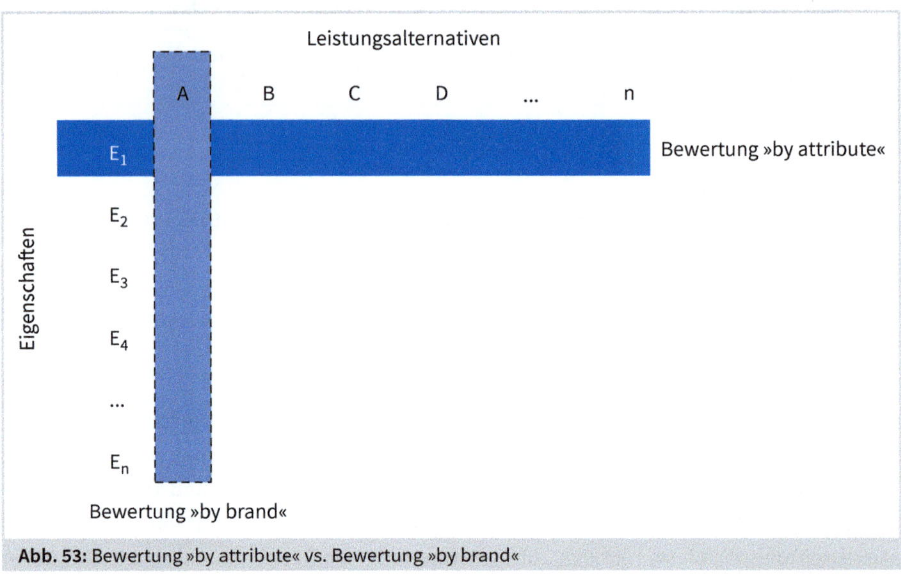

Abb. 53: Bewertung »by attribute« vs. Bewertung »by brand«

Grundsätzlich wird die Art der Informationsintegration von der Form der dargebotenen Information beeinflusst (vgl. Trommsdorff, 2009, S. 292 ff.). Am Point of Sale werden Konsumenten eher produktweise beurteilen, in einer Testzeitschrift hingegen eher eigenschaftsweise. Abgesehen von besonders vertrauten Produkten, bei denen die produktweise Beurteilung dominiert, überwiegen eher eigenschaftsweise Beurteilungen, da sie mit geringerem kognitiven Aufwand verbunden sind. Aufgrund der sequenziellen Vorgehensweise einer eigenschaftsweisen Beurteilung kann diese zu unmittelbaren Auswahl- oder Eliminierungsentscheidungen führen, sodass hierbei im Gegensatz zur produktweisen Beurteilung keine Zwischenergebnisse gespeichert werden müssen.

Kompensatorisch oder nicht kompensatorisch

Die zweite Klassifizierungsdimension von Aggregationsarithmetiken bezieht sich auf die Frage, ob Nachfrager kompensatorische oder nicht kompensatorische Urteile treffen, d. h., ob eine schlechtere Bewertung bei einer Eigenschaft durch eine bessere Bewertung bei einer anderen Eigenschaft ausgeglichen werden kann oder nicht. Fasst man beide Dimensionen zusammen, so ergibt sich eine 4-Felder-Matrix unterschiedlicher Aggregationsregeln von Nachfragern (vgl. Abb. 54).

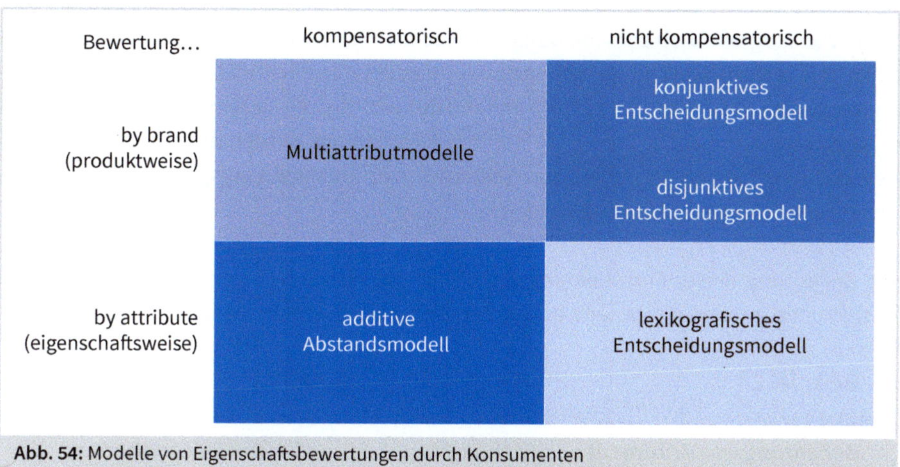

Abb. 54: Modelle von Eigenschaftsbewertungen durch Konsumenten

Bei Multiattributmodellen werden alle relevanten Alternativen anhand der nutzenstiftenden Dimensionen nacheinander verglichen. Für jede Alternative wird ein Gesamturteil gebildet, wobei positive und negative Bewertungen kompensiert werden können, anschließend wird die nächste Alternative bewertet usw. Beim additiven Abstandsmodell, dem aufgrund der Komplexität des Bewertungsvorgangs empirisch kaum Bedeutung zukommt, werden alle relevanten Alternativen eigenschaftsweise miteinander verglichen. Zunächst werden die Alternativen anhand von Eigenschaft 1 beurteilt, dann anhand Eigenschaft 2 usw. Anschließend werden die eigenschaftsbezogenen Vergleiche zu einem Gesamturteil verknüpft, wobei wiederum positive und negative Bewertungen kompensatorisch sind.

Multiattributmodelle

Additives Abstandsmodell

Beim konjunktiven Entscheidungsmodell legt der Konsument zunächst ein Mindestniveau für alle relevanten Eigenschaften fest und bewertet anschließend Alternative für Alternative anhand dieses Mindestniveaus. Unterschreitet eine Alternative bei einer Eigenschaft das festgelegte Mindestniveau, so wird sie – ungeachtet aller weiteren Eigenschaften – eliminiert. Diese Vorgehensweise führt zu akzeptablen Angeboten, bei denen bei allen Eigenschaften das Mindestniveau erreicht oder überschritten wird. Verbleibt hierbei mehr als eine Alternative, wird der Konsument anschließend zusätzliche Überlegungen, z. B. auf Basis eines Multiattributmodells, anstellen. Im Gegensatz zum konjunktiven Entscheidungsmodell legt der Nachfrager bei einer disjunktiven Informationsintegration nicht ein Mindestniveau für alle Eigenschaften fest, sondern ein erwünschtes Niveau für besonders wichtige Merkmale. Anschließend beurteilt er die relevanten Alternativen anhand dieser wichtigen Merkmale. Hierbei entsteht ein Set von wünschenswerten Alternativen, die bei einer oder mehreren der wichtigen Eigenschaften das erwünschte Niveau erreichen. Resultiert aus dieser Vorgehensweise mehr als eine Alternative, wird der Nachfrager analog zum konjunktiven Entscheidungsmodell auf ergänzende Entscheidungsregeln zurückgreifen.

Konjunktives Entscheidungsmodell

Disjunktives Entscheidungsmodell

Lexikografische Entscheidung

Bei der lexikografischen Entscheidungsregel schließlich sortiert der Nachfrager zunächst seine relevanten Beurteilungsdimensionen anhand der Wichtigkeit. Anschließend vergleicht er die relevanten Alternativen anhand des wichtigsten Merkmals und eliminiert die schlechteste Alternative. Die verbleibenden Alternativen werden anschließend anhand des zweitwichtigsten Merkmals beurteilt usw. Der Entscheidungsprozess ist beendet, wenn nur noch eine Alternative verbleibt.

Illustration am Beispiel

Die Bedeutung dieser Entscheidungsregeln für das nutzenbezogene Spielverhalten soll nachfolgend anhand des bereits bekannten Beispiels illustriert werden (vgl. Beispiel 24).

Beispiel 24

Bedeutung von Arithmetiken der Nutzenaggregation für das Spielverhalten

Kunden-anforderungen

Um die Bedeutung der Aggregationsregeln für die Auswahl einer Konfiguration zu verdeutlichen, simuliert das Workshop-Team, welche Entscheidung hinsichtlich der vier alternativen Nutzenkonfigurationen (Spezialist, Generalist, Breitenfokus, Tiefenfokus) ein Konsument treffen würde, wenn er einen der fünf Algorithmen anwendet. Dabei legen sie einen prototypischen Nachfrager mit folgenden Anforderungen zugrunde (vgl. Tab. 11).

	Bedeutungs-gewicht	Mindest-(Höchstniveau)	wünschenswertes Niveau
Design	0,3	konventionell	chic
Ladekapazität	0,25	900 Liter	1.200 Liter
Umweltverträglichkeit	0,1	150 g/km	100 g/km
Zuverlässigkeit	0,2	gering	hoch
Soziale Akzeptanz	0,15	mittel	hoch

Tab. 11: Anforderungen eines prototypischen Kunden – ein Beispiel

Scoring Modell

Wendet der Nachfrager ein kompensatorisches Entscheidungsmodell an, besteht für ihn zunächst die Notwendigkeit, die unterschiedlichen Leistungsmerkmale beispielsweise mithilfe eines Scoring-Modells vergleichbar zu machen. Der niedrigste Punktwert ist 0, der höchste Punktwert beträgt 10. Als Maßstab für die Vergabe der Punkte dient dem Kunden das von ihm erwünschte Anspruchsniveau bei den einzelnen Merkmalen. Wenn die Alternative das erwünschte Niveau der Eigenschaft erreicht oder übertrifft, so vergibt er 10 Punkte. Liegt der Wert unterhalb des erwünschten Niveaus, so stuft der Kunde sein Urteil dementsprechend ab. Das Ergebnis dieser subjektiven Transformation zeigt Tab. 12.

	Design	Lade-kapazität	Umweltverträg-lichkeit	Zuverlässig-keit	Soziale Akzeptanz
Spezialist	10	10	0	0	0
Generalist	4	5	5	6	3
Tiefenfokus	10	0	7	10	0
Breitenfokus	6	3	3	6	10

Tab. 12: Transformation von Leistungsmerkmalen in Punktwerte

Ergebnis bei Multiattributmodell

Legt der Kunde seiner Entscheidung ein Multiattributmodell zugrunde, so wird er sich für die Konfiguration Tiefenfokus entscheiden, da diese mit einem Punktwert von 5,7 die beste Alternative darstellt (vgl. Tab. 13.).

	Design	Lade-kapazität	Umweltver-träglichkeit	Zuverläs-sigkeit	Soziale Akzeptanz	Summe
Spezialist	10	10	0	0	0	20
Generalist	4	5	5	6	3	23
Tiefenfokus	10	0	7	10	0	27
Breitenfokus	6	3	3	6	10	28
Gewichte	0,3	0,25	0,1	0,2	0,15	1
Spezialist	3	2,5	0	0	0	5,5
Generalist	1,2	1,25	0,5	1,2	0,45	4,6
Tiefenfokus	3	0	0,7	2	0	5,7
Breitenfokus	1,8	0,75	0,3	1,2	1,5	5,55

Tab. 13: Ergebnis bei Anwendung eines Multiattributmodells

Ergebnis bei additivem Abstandsmodell

Bei Verwendung eines additiven Abstandsmodells würde der Kunden die vier Alternativen paarweise miteinander vergleichen. Der iterative Vergleichsprozess würde mit dem Vergleich eines beliebigen Paares beginnen und anschließend mit dem jeweiligen Gewinner fortgesetzt. Der Vergleich beruht dabei auf der Differenz der eigenschaftsbezogenen Punktwerte aus dem Scoring-Modell. Anschließend werden die Differenzwerte über alle Eigenschaften aufsummiert (vgl. Tab. 14.).

	Design	Lade-kapazität	Umwelt-verträg-lichkeit	Zuverläs-sigkeit	Soziale Akzeptanz	
Spezialist	**10**	**10**	**0**	**0**	**0**	
Generalist	**4**	**5**	**5**	**6**	**3**	
Tiefenfokus	**10**	**0**	**7**	**10**	**0**	
Breitenfokus	**6**	**3**	**3**	**6**	**10**	
Paarweise Vergleiche						Summe
Spezialist vs. Generalist	10–4=6	10–5=5	0–5=-5	0–6=-6	0–3=-3	-3
Generalist vs. Tiefenfokus	4–10=-6	5–0=5	5–7=-2	6–10=-4	3–0=3	-4
Tiefenfokus vs. Breitenfokus	10–6=4	0–3=-3	7–3=4	10–6=4	0–10=-10	-1

Tab. 14: Ergebnis bei Anwendung eines additiven Abstandsmodells

Da die Alternative Breitenfokus im paarweisen Vergleich besser ist als alle anderen Angebote, würde sich der Kunde unter Zugrundelegung des additiven Abstandsmodells für diese Konfiguration entscheiden.

Ergebnis bei konjunktivem Modell

Im Rahmen eines konjunktiven Entscheidungsmodells vergleicht der Kunde die Eigenschaften der einzelnen Angebote mit den geforderten Mindestniveaus. Erfüllt eine Alternative die Mindestanforderung nicht, so wird sie eliminiert und das nächste Angebot bewertet (vgl. Tab. 15).

	Design	Lade-kapazität	Umweltver-träglichkeit	Zuverlässig-keit	Soziale Akzeptanz
Mindest-(Höchstniveau)	konventio-nell	900 Liter	150 g/km	gering	mittel
Spezialist	sehr chic	1.500 Liter	200 g/km	sehr gering	sehr gering
Generalist	konventio-nell	900 Liter	150 g/km	durchschnitt-lich	gering
Tiefenfokus	chic	300 Liter	120 g/km	hoch	sehr gering
Breitenfokus	anspre-chend	600 Liter	180 g/km	durchschnitt-lich	hoch

Tab. 15: Ergebnis bei Anwendung eines konjunktiven Entscheidungsmodells

Bei Verwendung eines konjunktiven Entscheidungsmodells würde der Kunde keine der Alternativen kaufen, da alle zumindest in einer Dimension das Mindest- respektive Höchstniveau nicht erreichen (in Tab. 15 blau markiert).

Ergebnis bei disjunktivem Modell

Bei der disjunktiven Entscheidungsregel würde der Kunde die Alternativen im Hinblick auf einzigartige Eigenschaften analysieren. Das Ergebnis dieser Bewertung, die sich am wünschenswerten Niveau der einzelnen Eigenschaften orientiert, ist in Tab. 16 dargestellt.

	Design	Ladekapazität	Umweltverträglichkeit	Zuverlässigkeit	Soziale Akzeptanz
wünschenswertes Niveau	chic	1.200 Liter	100g/km	hoch	hoch
Spezialist	sehr chic	1.500 Liter	200 g/km	sehr gering	sehr gering
Generalist	konventionell	900 Liter	150 g/km	durchschnittlich	gering
Tiefenfokus	chic	300 Liter	120g/km	hoch	sehr gering
Breitenfokus	ansprechend	600 Liter	180g/km	durchschnittlich	hoch

Tab. 16: Ergebnis bei Anwendung der disjunktiven Entscheidungsregel

Im Ergebnis würde der Kunde sich für die Alternative Spezialist entscheiden, da diese bei zwei Merkmalen (Design und Ladekapazität) sein wünschenswertes Niveau übertrifft.

	Design	Ladekapazität	Zuverlässigkeit	Soziale Akzeptanz	Umweltverträglichkeit
Bedeutungsgewicht	0,3	0,25	0,2	0,15	0,1
Spezialist	sehr chic	1.500 Liter	sehr gering	sehr gering	200 g/km
Generalist	konventionell	900 Liter	durchschnittlich	gering	150 g/km
Tiefenfokus	chic	300 Liter	hoch	sehr gering	120 g/km
Breitenfokus	ansprechend	600 Liter	durchschnittlich	hoch	180 g/km

Tab. 17: Ergebnis bei Anwendung der lexikografischen Entscheidungsregel

Ergebnis bei lexikografischem Modell

Legt der Kunde seiner Kaufentscheidung die lexikografische Entscheidungsregel zugrunde, so würde er die Alternativen zunächst anhand des wichtigsten Merkmals (Design) vergleichen und die schlechteste Alternative (Generalist) eliminieren (in der Tabelle blau markiert), anschließend die verbleibenden Alternativen anhand des zweitbedeutendsten Merkmals (Ladekapazität) evaluieren usw. Im Ergebnis würde die Anwendung der lexikografischen Entscheidungsregel dazu führen, dass der Kunde sich für die Konfiguration Breitenfokus entscheidet (vgl. Tab. 17).
Je nach unterstellter Entscheidungsregel kommt der Kunde somit zu unterschiedlichen Kaufentscheidungen, wie Tab. 18 zusammenfassend darstellt.

	Multiattributmodell	additives Abstandsmodell	konjunktives Modell	disjunktives Modell	lexikografisches Modell
Spezialist				■	
Generalist					
Tiefenfokus	■				
Breitenfokus		■			■

Tab. 18: Ergebnis des Auswahlprozesses bei unterschiedlichen Entscheidungsregeln

Zusammenfassung

Im Beispiel führen die fünf unterschiedlichen Entscheidungsregeln zu vier unterschiedlichen Ergebnissen (eines davon in Form eines Nicht-Kaufs). Insgesamt hat die Konfiguration Breitenfokus das höchste Nutzenpotenzial, da es in zwei von fünf Fällen als das überlegene Angebot eingestuft würde. Für die Frage Breite oder Tiefe des Nutzenversprechens ist vor allem die Kompensatorik entscheidend. Fällen Nachfrager ihre Kaufentscheidung auf Basis von kompensatorischen Urteilen, so können Nachteile bei einzelnen Eigenschaften durch Vorteile bei anderen Eigenschaften ausgeglichen werden. Bei nicht kompensatorischen Urteilen ist ein solcher Ausgleich indes nicht möglich. Ist ein Automobil aus Sicht des Nachfragers zu hässlich oder zu umweltschädigend oder zu pannenanfällig, so wird die betreffende Alternative ungeachtet aller weiteren Eigenschaften nicht gewählt. Als Fazit bleibt somit festzuhalten, dass kompensatorische Entscheidungsregeln der Nachfrager tendenziell für eine Breite des Leistungsangebotes sprechen, während nicht kompensatorische Modelle auch eine Tiefe-Ausrichtung des Nutzenversprechens chancenreich erscheinen lassen. Konjunktive und lexikografische Entscheidungsregeln verlangen dabei aber nach eher ausgeglichenen Angeboten, während der disjunktive Entscheidungsmechanismus eine klare Profilierung in einer wichtigen Dimension vorteilhaft erscheinen lässt. Bei kompensatorischen Modellen ist darüber hinaus die Varianz der Bedeutung einzelner Leistungseigenschaften relevant. Sind alle Eigenschaften ungefähr gleichwichtig, spricht dies eher für ein breites Nutzenversprechen, ist hingegen ein Merkmal besonders wichtig, ist auch ein tiefenorientiertes Angebot Erfolg versprechend.

Zusammenhang zu anderen Wertschöpfungs-treibern

Mag dem einen oder anderen Leser schon die ceteris-paribus-Analyse nutzensteigernden Spielverhaltens komplex erschienen sein, entbindet dies nicht von der Notwendigkeit abschließend das mögliche Zusammenspiel mit den anderen Wertschöpfungstreibern in den Blick zu nehmen. Es geht im Spielverhalten eben nicht um eine Maximierung des Kundennutzens, sondern um eine Maximierung der Wertschöpfung. Daher ist es unabdingbar, den unternehmens- und kundenseitigen Ressourcenverbrauch, der an die Realisierung eines Kundennutzens gebunden ist, in die Analyse zu integrieren (Schritt 3 aus Abb. 48). Wir beginnen dabei mit dem nutzenbedingten Ressourcenverbrauch des Unternehmens, anschließend diskutieren wir mögliche Zusammenhänge zwischen Nutzenstiftung sowie zeit- und energiebasierten Opportunitätskosten aufseiten des Kunden.

Kundennutzen und Kosten

Im Hinblick auf den Zusammenhang zu den Kosten unterstellen wir zunächst, dass jedes alternative Nutzenbündel gleich effizient[10] produziert wird. Das bedeutet, dass beispielsweise ein Kostenunterschied zwischen einem konventionellen und anspruchsvollen Design ausschließlich auf eben diese Differenz im Design zurückzuführen ist und nicht etwa darauf, dass eine der Optionen ineffizient produziert wird.

Normalfall: höherer Nutzen, höhere Kosten

Im Normalfall werden Nutzen- und Kostensteigerung positiv korreliert sein, d. h., die Schaffung eines höheren (niedrigeren) Kundennutzens führt zu steigenden (sinkenden) Kosten aufseiten des Unternehmens.

In dieser Konstellation steigt die Wertschöpfung offenbar nur dann, wenn die Zunahme des Kundennutzens größer ist als der damit verbundene Anstieg der Kosten oder ein sinkender Kundennutzen mit stärker sinkenden Kosten verbunden ist. Es muss somit gelten:

$$\frac{\Delta\,\text{Nutzen}}{\Delta\,\text{Kosten}} > 1, \text{ wenn } \Delta\,\text{Nutzen und } \Delta\,\text{Kosten} > 0$$

respektive

$$\frac{\Delta\,\text{Nutzen}}{\Delta\,\text{Kosten}} < 1, \text{ wenn } \Delta\,\text{Nutzen und } \Delta\,\text{Kosten} < 0$$

Ausgehend von einem beliebigen Niveau der Problemlösung, das durch ein spezifisches Verhältnis aus Nutzenstiftung und Kosten gekennzeichnet ist, ist somit zu prüfen, ob

10 Das Niveau der Effizienz ist für unsere Überlegungen an dieser Stelle nicht maßgeblich. Entscheidend ist, dass ein Kostenunterschied ausschließlich auf die Nutzendifferenz zurückgeführt werden kann. Im Kapitel zu Kosten als Treiber der Wertschöpfung werden wir uns intensiv mit dem Ausmaß der Effizienz befassen.

durch eine größere oder kleinere Nutzenstiftung mit entsprechend variierenden Kosten die Wertschöpfung gesteigert werden kann.

Die dabei denkbaren Fälle sollen mithilfe der nachfolgenden Abbildung (vgl. Abb. 55) erläutert werden. In ihr sind ausgehend von einer Basisalternative (0) sechs alternative Leistungsangebote mit den im Vergleich zur Basisalternative veränderten Nutzen und Kosten dargestellt.

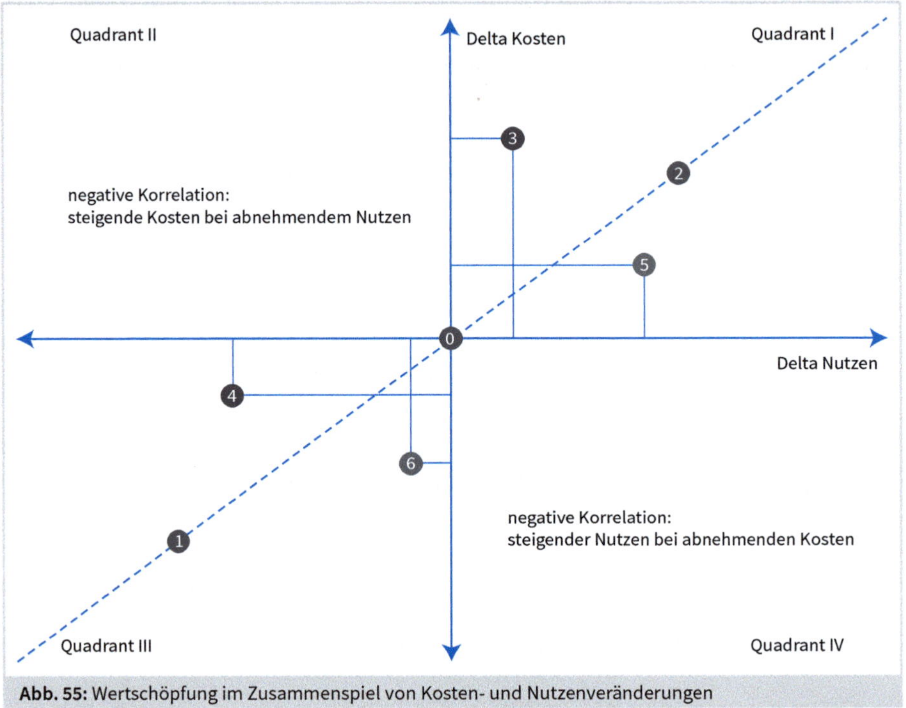

Abb. 55: Wertschöpfung im Zusammenspiel von Kosten- und Nutzenveränderungen

Eine erste Differenzierung resultiert aus den vier Quadranten. In den Quadranten II und IV sind Nutzen und Kosten negativ korreliert, was untypisch ist. In Quadrant II führt dies dazu, dass ein im Vergleich zur Basisalternative geringerer Nutzen mit höheren Kosten einhergeht. Es ist offensichtlich, dass in solchen Fällen die Wertschöpfung sinkt. In der Praxis ist ein solcher Fall wohl nur auf Basis grober Fehleinschätzungen der Entscheider, insbesondere im Hinblick auf das Verständnis des Kundenproblems, denkbar. In Quadrant IV sinken die Kosten, wenn der Nutzen steigt. Auch hier ist das Resultat offensichtlich: Die Wertschöpfung nimmt zu. Ob eine solche Situation im echten Leben denkbar ist, wollen wir im Anschluss an diesen Gedankengang erörtern, in dessen Fokus ja der Normalfall einer positiven Korrelation zwischen Nutzen und Kosten steht. Dieser Normalfall findet sich in den Quadranten I und III. Im ersten Quadranten sind Nutzen und Kosten im Vergleich zur Basisalternative größer; im vierten Quadranten niedriger.

Winkelhalbierende

Angesichts der Bedeutung des Verhältnisses aus Kosten- und Nutzenveränderung für die Wertschöpfung, ist die in der Abbildung gestrichelt dargestellte Winkelhalbierende besonders relevant. Sie symbolisiert quasi eine Wertschöpfungsgrenze. Alle Alternativen (zum Beispiel Alternativen 5 und 6) unterhalb dieser Linie führen im Vergleich zur Basisvariante zu einer höheren Wertschöpfung; alle oberhalb von ihr (zum Beispiel Alternativen 3 und 4) zu einer verminderten. Handlungsoptionen, die auf der Winkelhalbierenden liegen (Alternativen 1 und 2), entsprechen in ihrer Wertschöpfung der Basisalternative.

So ist die Wertschöpfung von Alternative 5 im Vergleich zur Basisalternative höher, da der Nutzenzuwachs größer ist als der Kostenanstieg. Variante 6 weist im Vergleich zur Basisalternative eine höhere Wertschöpfung auf, da ihr geringerer Nutzen mit überproportional geringeren Kosten verknüpft ist. Bei Variante 3 ist der Kostenanstieg größer als der Nutzenzuwachs, mit im Ergebnis geringerer Wertschöpfung als bei der Basisvariante. Bei Alternative 4 schließlich ist die Nutzenabnahme größer als die Kostenreduktion, was ebenfalls zu einer im Vergleich zur Basisvariante geringeren Wertschöpfung führt.

Illustration an einem Beispiel

Auch diese Überlegung wollen wir an unserem Beispiel aus dem automobilen Kontext verdeutlichen (vgl. Beispiel 25).

Beispiel 25

Zusammenspiel aus Nutzen- und Kostenveränderung

Fokus Design

Eine Projektgruppe unseres bekannten Automobilherstellers bekommt den Auftrag, die wertschöpfungsmaximale[11] Konfiguration für die Dimension Design zu bestimmen. Dazu analysiert das Projektteam zunächst ein konventionelles Design im Hinblick auf Kundennutzen und Kosten. Alternativ könnte ein Design entwickelt werden, das einen geringeren Kundennutzen stiftet (sehr konventionell) sowie drei Designs mit höherem Kundennutzen (ansprechend, chic, sehr chic). Zur Abschätzung der mit diesen Alternativen einhergehenden Veränderung der Wertschöpfung, ermittelt das Team die jeweiligen Modifikationen bei Nutzen und Kosten im Vergleich zur Variante »konventionell«. Das Ergebnis dieser Analysen zeigt Abb. 56.

11 Unter Vernachlässigung zeit- und energiebasierter Opportunitätskosten

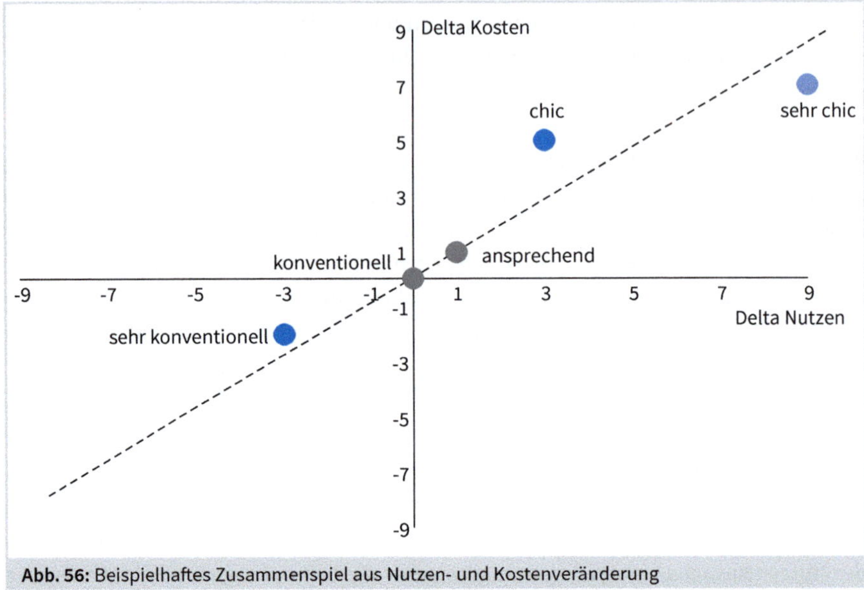

Abb. 56: Beispielhaftes Zusammenspiel aus Nutzen- und Kostenveränderung

Nutzen und Kosten bei unterschiedlichen Designs

Die schlichtere Designvariante »sehr konventionell« verursacht zwar weniger Kosten als die Basisvariante, allerdings geht der Nutzen überproportional zurück. Entsprechend hat diese Alternative eine geringere Wertschöpfung als die Basisvariante. Gleiches gilt für das Design »chic«. Ursächlich hierfür ist in diesem Falle ein im Vergleich zum Nutzenzuwachs überproportionaler Kostenanstieg. Die Variante »ansprechend« hat die gleiche Wertschöpfung wie die Basisvariante; Kosten und Nutzen sind proportional gestiegen. Lediglich durch die Alternative »sehr chic« ist eine Wertschöpfungssteigerung möglich, da der Kundennutzen stärker ansteigt als die Kosten. Entsprechend schlägt das Team die Realisierung dieses Designs vor.

Sonderfall: höherer Nutzen und geringere Kosten

Abschließend wollen wir uns – wie bereits angekündigt – mit dem Sonderfall einer negativen Korrelation zwischen Kundennutzen und Kosten befassen. Da in der ersten Stufe des Spielverhaltens die Wertschöpfungsmaximierung im Vordergrund steht, ist der Fall steigenden Kundennutzens bei gleichzeitig sinkenden Kosten, also Quadrant III aus Abb. 55, von besonderem Interesse. Wir hatten diesen Spezialfall bereits im Kontext des Verhältnisses von Effektivität und Effizienz des Markthandelns diskutiert (vgl. Kapitel 2.4.1.3). Diese konstitutiven Dimensionen des KKV sind typischerweise negativ korreliert, steigende Effektivität führt also zu abnehmender Effizienz und umgekehrt. Sind nun Kundennutzen und Kosten atypisch negativ korreliert, ändert sich dieses Verhältnis aus Effektivität und Effizienz: Wachsende Effektivität zieht nunmehr nicht mehr abnehmende, sondern zunehmende Effizienz nach sich. Da in dieser Situation Nutzen und Kosten positiv auf die

Wertschöpfung wirken, ist der Hebel auf diese Zielgröße des Spielverhaltens entsprechend groß. Folglich sind Konstellationen wachsenden Kundennutzens und gleichzeitig sinkenden Kosten, mögen sie auch selten sein, für Unternehmen besonders attraktiv.

Technischer Fortschritt

Eine erste Möglichkeit, höheren Kundennutzen bei geringeren Kosten zu erzeugen, resultiert aus technischem Fortschritt. Neue Produktionsprozesse oder Materialien haben das Potenzial, größeren Kundennutzen bei niedrigeren Kosten zu realisieren. Ihrem Veränderungscharakter entsprechend werden wir auf diese Option im Rahmen des dynamischen Spielverhaltens eingehen (vgl. Kapitel 4.4). Unter gegebenen, als effizient angenommenen, Produktionsbedingungen kann eine Kostensenkung in erster Linie durch eine Reduktion des Leistungsangebotes in der Breiten- und/oder Tiefendimension erreicht werden. Wie skizziert, geht damit aber typischerweise ein verminderter Kundennutzen einher, sodass Kosten und Nutzen nicht wie gewünscht negativ, sondern positiv korreliert sind. Allerdings sind Fälle denkbar, bei denen der Kunde den vom Unternehmen nicht erbrachten Leistungsbestandteil (Breite-Dimension) selber erbringt und hieraus einen höheren Nutzen zieht, als wenn dieser vom Unternehmen erstellt würde. Dieser Nutzenzuwachs könnte beispielsweise daraus resultieren, dass ihm die Eigenleistung eine höhere Individualisierung erlaubt (z. B. Kochen), er eine größere Autonomie respektive Freiheit verspürt (z. B. Automobilität) oder ihm die eigene Leistungserbringung Freude bereitet (z. B. »Do it yourself«). Wie gesagt: Derartige Konstellationen sind nicht der Regelfall, aber auch nicht völlig unrealistisch. Insbesondere im Dienstleistungssektor wird angesichts kundenintegrativer Produktionsprozesse die Frage der Arbeitsteilung zwischen Unternehmen und Kunde mit ihren Wirkungen auf Nutzen und Kosten seit geraumer Zeit diskutiert (vgl. Bruhn/Meffert/Hadwich, 2019, S. 46 ff.).

Reduktion des Leistungsangebotes

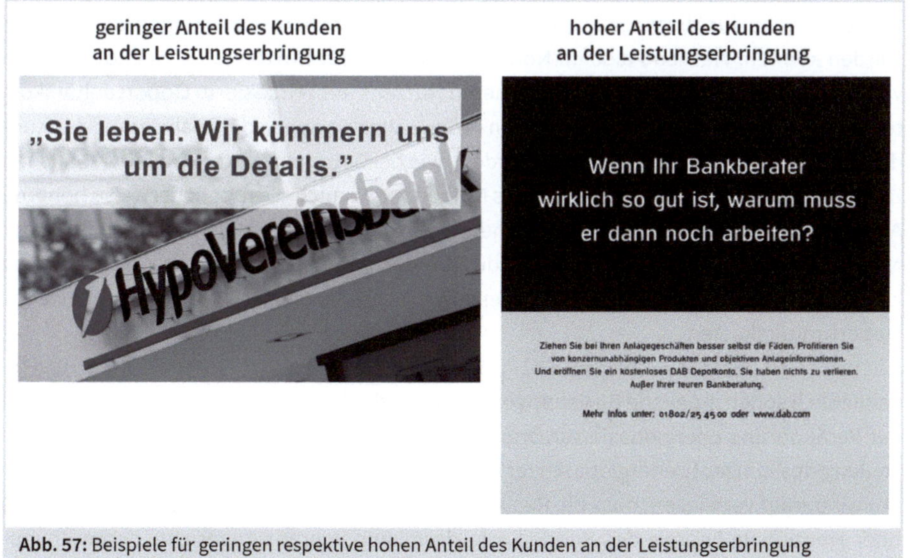

Abb. 57: Beispiele für geringen respektive hohen Anteil des Kunden an der Leistungserbringung

Beispiel Dienstleistungen

So zeigt Abb. 57 exemplarisch zwei Werbemotive aus dem Finanzdienstleistungssektor, bei denen der Kundenanteil an der Leistungserbringung offenbar einmal sehr hoch (DAB-Bank) und einmal sehr niedrig (Hypo Vereinsbank) ist.

Kognitive Energie und Breite des Leistungsangebotes

Verringert ein Unternehmen im beschriebenen Sinne seine Fertigungstiefe im Verhältnis zum Kunden, muss es allerdings ergänzend mögliche Wirkungen auf zeit- und energiebasierte Opportunitätskosten berücksichtigen. In aller Regel werden diese bei einem erhöhten Leistungsanteil des Kunden zunehmen, sodass es denkbar ist, dass die Gesamtwertschöpfung trotz sinkender Kosten und steigenden Nutzens rückläufig ist. Wir werden diesen Gedanken bei unserer Erörterung möglicher Zusammenhänge zwischen Nutzenstiftung und energiebasierten Opportunitätskosten wieder aufgreifen.

Fazit

Zusammenfassend sind Nutzen und Kosten im Normalfall positiv korreliert. Einer wertschöpfungssteigernden Nutzenerhöhung steht typischerweise also eine wertschöpfungsmindernde Kostenzunahme gegenüber. In diesen Fällen kommt es für die Fragen der Wertschöpfungssteigerung offenbar auf das Verhältnis der Veränderungen an. Ist der Nutzenzuwachs größer als die Kostenzunahme, steigt die Wertschöpfung, ist er kleiner, sinkt sie. Darüber hinaus sollte angesichts der doppelt positiven Wirkung auf die Wertschöpfung bei konkreten Entscheidungen immer auch geprüft werden, ob Möglichkeiten bestehen, den Kundennutzen zu steigern und gleichzeitig die Kosten zu senken. Zwar ist diese Konstellation eher untypisch, aber nicht unmöglich.

Nutzen und zeitbasierte Opportunitätskosten

Nach der ausführlichen Erörterung des Wechselspiels zwischen Nutzen und Kosten beleuchten wir im Folgenden mögliche Zusammenhänge zwischen Nutzen und zeitbasierten Opportunitätskosten. Dabei ist zunächst zu konstatieren, dass auf einem abstrakten Niveau für diesen Zusammenhang keine typischen Beziehungen ausgemacht werden können. Während also im Normalfall ein höherer Nutzen mit steigenden Kosten verbunden ist, ist die Wirkung eines höheren Nutzens auf zeitbasierte Opportunitätskosten weniger eindeutig. Allerdings müssen in den Fällen, in denen die Realisierung des Kundennutzens den Einsatz seiner Zeit erfordert, wie bei Gebrauchsgütern oder persönlichen Dienstleistungen, bei einer Variation des Nutzens stets auch die möglicherweise höheren Anforderungen an Zeitbudgets des Kunden berücksichtigt werden. Werden infolge der Nutzensteigerung größere Zeitbudgets des Kunden gebunden, steigt die Wertschöpfung ceteris paribus nur dann, wenn der Nutzenzuwachs größer ist als der Anstieg zeitbasierter Opportunitätskosten.

Nutzen und energiebasierte Opportunitätskosten

Schließlich sollen mögliche Beziehungen zwischen der Erhöhung des Kundennutzens und der Veränderung energiebasierter Opportunitätskosten diskutiert werden. Bei der Vorstellung des Konzepts energiebasierter Opportunitätskosten (vgl. Kapitel 3.4.2.2.2.3) hatten wir darauf verwiesen, dass die Realisation eines Kundennutzens physische, kognitive oder emotionale Energie des Kunden erfordern kann, woraus angesichts deren Knappheit Opportunitätskosten erwachsen. Insbesondere kognitiv und emotional begründete energiebasierte Opportunitätskosten weisen mehr oder wenige enge Beziehungen zur Nutzenstiftung auf.

Nutzen und kognitive Energie

Hinsichtlich der kognitiven Energie sind vor allem Korrelationen zur Breite des Leistungsangebotes auszumachen. Mit Breite hatten wir zu Beginn des Kapitels die Frage adressiert, wie viele Dimensionen eines Kundenproblems durch das Unternehmen angesprochen werden. In Bezug auf das Verhältnis zum kognitiven Energieeinsatz des Kunden kann das Leistungsangebot nun einerseits zu schmal, andererseits zu breit sein, sodass ein parabelförmiger Funktionsverlauf entsteht (vgl. Abb. 58).

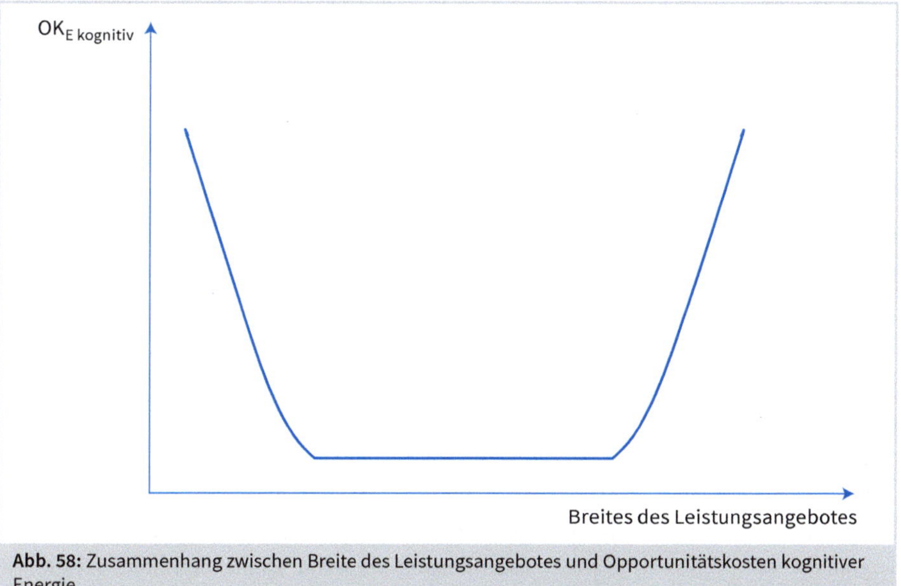

Abb. 58: Zusammenhang zwischen Breite des Leistungsangebotes und Opportunitätskosten kognitiver Energie

Zu schmale Problemlösung

Der skizzierte Funktionsverlauf basiert auf folgenden Überlegungen. Bietet das Unternehmen seinen Kunden eine relativ schmale Problemlösung (z. B. »nur« eine Bahnfahrt), so ist es zumindest bei komplementären Dimensionen des Kundenproblems erforderlich, dass Kunden die nicht abgedeckten Elemente ihres Problems (z. B. Anreise zum Bahnhof, Übernachtung, Gepäcktransport) anderweitig lösen. Sie können dazu entweder auf andere Anbieter zurückgreifen (z. B. Nutzung eines Taxis für die Fahrt zum Bahnhof) oder die vom Unternehmen nicht offerierten Dimensionen selbst erzeugen (z. B. Fahrt mit eigenem Pkw zum Bahnhof). Unabhängig davon, wie Kunden den nicht vom Unternehmen adressierten Teil ihres Problems lösen, entsteht ein zusätzlicher kognitiver Aufwand, z. B. für die Informationsbeschaffung und die Koordination der Teilleistungen oder abstrakt gesprochen aufgrund höherer Transaktionskosten, der bei einem breiteren Leistungsangebot durch das Unternehmen nicht entstünde. Ausgehend von einem schmalen Leistungsangebot ist es also denkbar, dass Unternehmen über die Verbreiterung ihrer Problemlösung nicht nur den Kundennutzen erhöhen, sondern gleichzeitig auch den kognitiven Aufwand des Kunden reduzieren und so die Wertschöpfung in zweierlei Hinsicht positiv beeinflussen.

Beispiel Mobilität

So kann der Kunde bei einer Fahrplanauskunft der Deutschen Bahn nicht nur seinen Start- und Zielbahnhof, sondern auch Start- und Zieladresse eingeben und erhält einen vollständigen Mobilitätsplan für die gesamte Reisekette, also inklusive Fußwegen oder Bus- und U-Bahn-Fahrten (vgl. Abb. 59).

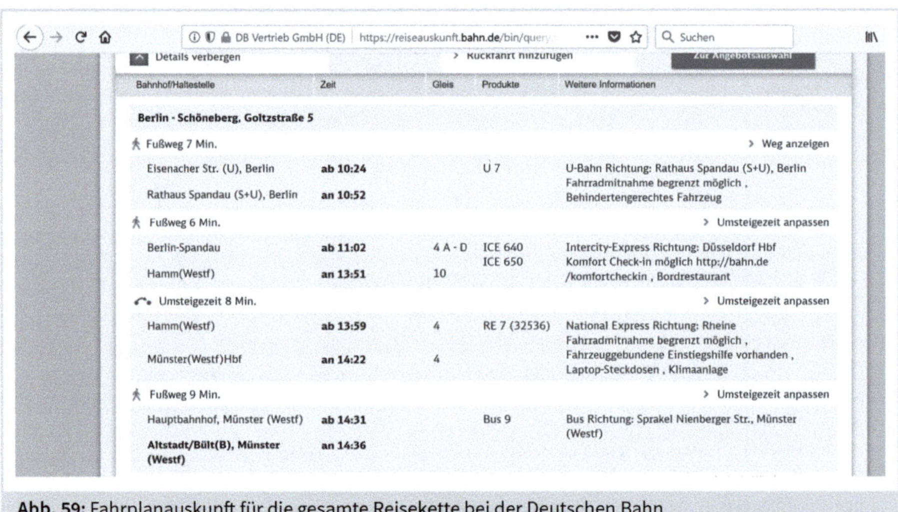

Abb. 59: Fahrplanauskunft für die gesamte Reisekette bei der Deutschen Bahn

Zu breite Problemlösung

Auf der anderen Seite ist es auch möglich, dass Unternehmen eine unter dem Aspekt des kognitiven Aufwandes zu breite Problemlösung anbieten. Ursächlich dafür ist die mit wachsender Breite der Problemlösung tendenziell zunehmende Nutzungs- respektive Bedienungskomplexität aus Sicht des Kunden (vgl. Scheibehenne/Greifeneder/Todd, 2010, S. 409 ff.). Typisch ist dieses Phänomen insbesondere für technische Gebrauchsgüter, deren Vielzahl an potenziellen Nutzungsmöglichkeiten (Breite der Problemlösung) die Nutzung einzelner Funktionen aus Kundensicht erschwert. Aber auch die Speisekarte eines Restaurants kann so umfangreich sein, dass sie von den Gästen als verwirrend empfunden wird, wie der Kommentar eines Nutzers auf tripadvisor verdeutlicht (vgl. Abb. 60). In derartigen Konstellationen kann also eine Erhöhung des Kundennutzens durch eine Verbreiterung des Leistungsangebotes den kognitiven Aufwand für den Kunden erhöhen und so eine intendierte Wertschöpfungssteigerung vermindern oder sogar konterkarieren.

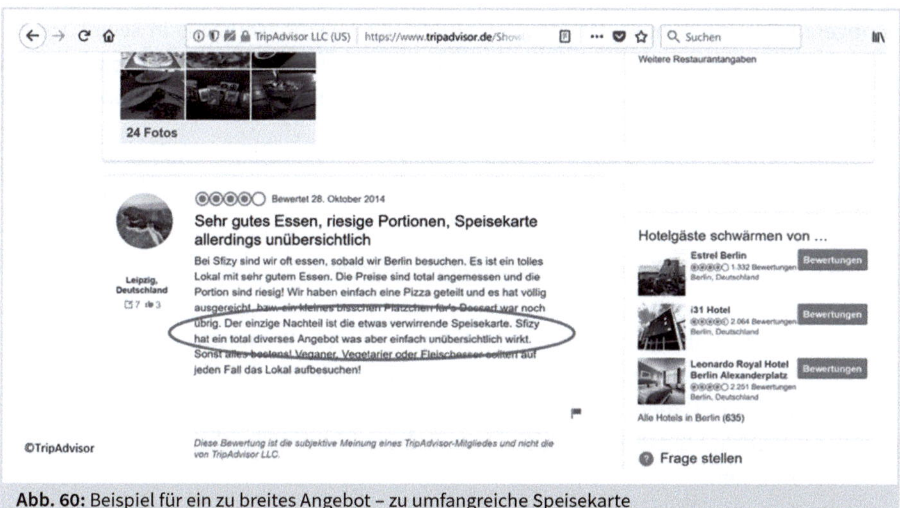

Abb. 60: Beispiel für ein zu breites Angebot – zu umfangreiche Speisekarte

Nutzen und emotionale Energie

Mit Blick auf emotionale Energie im Sinne von negativen mit der Realisierung des Kundennutzens verbundenen Gefühlen, wie Enttäuschung oder Wut, ist ein Bezug zur Tiefe des Leistungsangebotes plausibel. Mit der Tiefe hatten wir die Güte der Problemlösung in den einzelnen Leistungsdimensionen angesprochen. Dabei legen die Befunde zu Kundenzufriedenheit respektive -enttäuschung (vgl. Anderson/Mittal, 2000; Lin et al., 2017) einen nichtlinearen Zusammenhang zwischen der Güte der Problemlösung und dem Aufkommen negativer Emotionen nahe (vgl. Abb. 61).

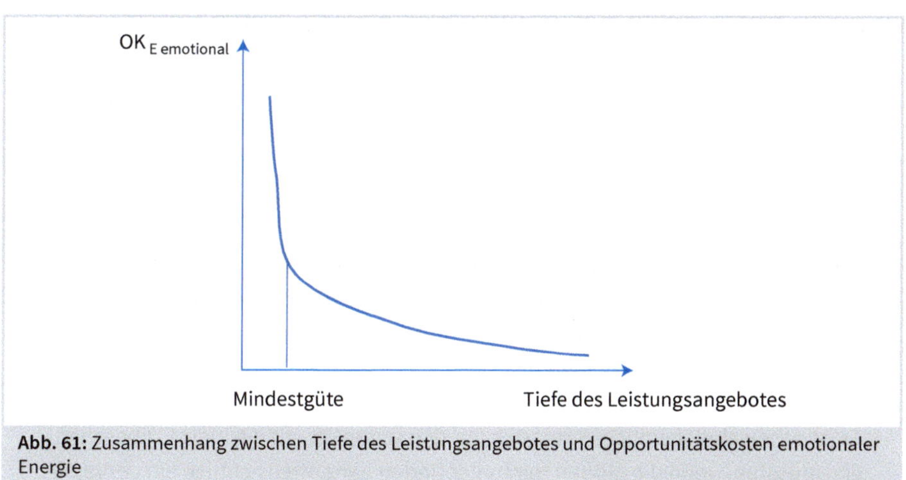

Abb. 61: Zusammenhang zwischen Tiefe des Leistungsangebotes und Opportunitätskosten emotionaler Energie

Mindestgüte des Leistungsangebots

Bei Unterschreitung einer aus Sicht des Kunden erwarteten Mindestgüte steigen die negativen Emotionen sprunghaft an, während sie bei deren Überschreitung mit deutlichen geringeren Raten abnimmt. Bei der Gestaltung des Leistungsnutzens in seiner Tiefen-Dimension ist somit zu prüfen, ob diese Mindestgüte unterschritten wird und falls ja, ob aufgrund der damit verbundenen negativen Emotionen die Gesamtwertschöpfung sinkt (vgl. Beispiel 26).

Beispiel 26

Die Wut eines Kunden aufgrund von Klebeetiketten

Beispiel Kundenwut

Heute ist mir mal wieder so richtig der Kragen geplatzt. Das passiert jedes Mal, wenn ich an der Dummheit und an der Ignoranz intelligenzferner Vollpfosten schier zu verzweifeln drohe. Dabei ist mein heutiger Tobsuchtsanfall einem gut bekannten und allseits unbeliebten Phänomen geschuldet: Der Nicht-Ablösbarkeit von blödsinnigen Klebeetiketten.

Es fing damit an, dass ich einen nigelnagelneuen Kochtopf, unlängst zu einem günstigen Kurs erstanden, feierlich mit einem deftigen Eintopf-Rezept einweihen wollte. Nachdem ich die schützende Plastikumverpackung entfernt hatte, bemerkte ich auf dem Topf selbst ein monströs großes Klebeetikett, auf dem mir noch einmal die Vorzüge des erworbenen Produktes ebenso vollmundig wie detailliert beschrieben wurden. Auf dem Glasdeckel klebte ein feuerrotes Warnschild, das mich darauf hinwies, dass dieser Deckel aus Glas sei (ach nee, echt jetzt?) und dementsprechend vorsichtig zu behandeln sei. Und am Boden des Kochtopfes klebte ein drittes Schild mit einem kryptischen Barcode. Bei all diesen unnützen Klebrigkeiten dachte ich erst noch mit meinem fast unerschütterlichen Optimismus, dass man bei so einem soliden Qualitätstopf mit Sicherheit einen Etikettenkleber verwendet haben würde, der mir als hofierter Kundin beim Abziehen der Papierteile keine Schwierigkeiten machen würde.

Weit gefehlt! Ich sah mich aufgrund der unfreundlichen Widerborstigkeit dieser dämlichen Etiketten leider genötigt, dem neuen Topf erst einmal mit reichlich Waschbenzin und einem Zentner Wattepads zu Leibe zu rücken, um die Scheiß-Papierfetzen und deren klebrige Haftflächen rückstandsfrei von meinem neuen Kochgerät zu entfernen. Ja super! Ganz großes Kino! Vielen Dank auch! Da ist mir die Lust aufs Kochen gleich ziemlich derbe vergangen.

Es ist sehr wahrscheinlich, dass auch Sie sich schon oft mit diesem Mist beschäftigen mussten. Denn die blöden Hersteller finden ganz offensichtlich ein perverses Vergnügen darin, ihre bescheuerten Etiketten mit den fiesesten Klebstoffen an den dümmsten Stellen festzupappen. Ich persönlich sehe mich leider genötigt, neben Waschbenzin immer auch acetonhaltige Lösungsmittel (also billigen Nagellackentferner) sowie Terpentin und natürlich auch WD40 im häuslichen Giftschrank zu haben.

Manche Etiketten gehen sogar nur dann ab, wenn man ihnen mit einem Fön ordentlich Feuer unter ihrem klebrigen Arsch macht.

Muss ich mir das eigentlich gefallen lassen?

Nein. Muss ich nicht. Ich werde mir ab sofort nichts mehr kaufen, was mit einem Etikett verschandelt ist, das ich nicht mit einem Lächeln und an einem Stück rückstandsfrei locker lässig abziehen kann. Und sollte sich das vor Ort im Geschäft nicht zweifelsfrei feststellen lassen, dann muss mir eben das geschulte Verkaufspersonal den überzeugenden Beweis liefern. Ich lasse mich jedenfalls nicht mehr leimen. Und das sollten Sie auch nicht.

Quelle: Deppe (2013)

Zusammenfassend (vgl. Abb. 62) wurden in diesem Kapitel Maßnahmen zur Erhöhung des Kundennutzens diskutiert, die im Zusammenspiel mit etwaigen Auswirkungen auf andere Wertschöpfungstreiber wertschöpfungssteigernd sein sollen. Fazit

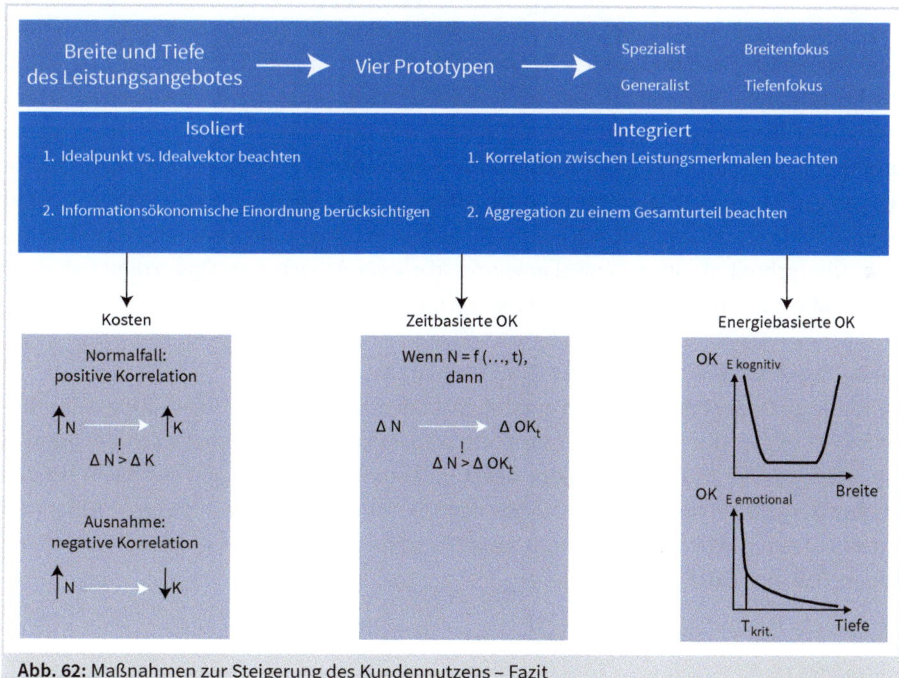

Abb. 62: Maßnahmen zur Steigerung des Kundennutzens – Fazit

Da der Nutzen aus der Lösung eines Kundenproblems entsteht und Kunden typischerweise mehrdimensionale Anforderungen an eine Problemlösung haben, existieren mit Breite (Umfang der adressierten Anforderungen) und Tiefe (Güte der Problemlösung) Vier Prototypen eines Leistungsangebotes zwei Achsen nutzensteigernden Spielverhaltens, aus deren Kombination vier Prototypen resultieren. Spezialist und Generalist als Extremausprägungen bedienen dabei wenige respektive alle Anforderungen bei sehr hoher respektive mittlerer Güte der Problemlösung. Tiefen- und Breitenfokus stellen ihrer Bezeichnung entsprechende Mischformen aus Spezialist und Generalist dar.

Funktionsverlauf und Informationsökonomie

Unabhängig vom gewählten Typus ist bei der nutzensteigernden Beeinflussung einzelner Leistungsmerkmale auf ihren funktionalen Zusammenhang zum Nutzen (Idealpunkt vs. Idealvektor) sowie ihren informationsökonomischen Status (Such-, Erfahrungs- oder Vertrauenseigenschaft) zu achten. Zudem müssen bei der nutzenerhöhenden Beeinflussung einer Variablen mögliche konterkarierende Wirkungen auf andere Leistungsmerkmale berücksichtigt werden. Schließlich ist die kundenseitige Aggregation dimensionsbezogener Bewertungen zu einem Gesamturteil für die Effektivität unterschiedlichen Spielverhaltens maßgeblich.

Bezug zu Kosten

Hinsichtlich der Wirkung nutzensteigernder Maßnahmen auf die Kosten hatten wir zwischen Normal- und Ausnahmefall differenziert. Im Normalfall der positiven Korrelation steigt die Wertschöpfung nur, wenn die Erhöhung des Nutzens größer ausfällt als der Kostenanstieg. In seltenen, aber wegen ihrer doppelten Wirkung auf die Wertschöpfung besonders attraktiven Fällen, kann ein erhöhter Nutzen mit sinkenden Kosten einhergehen. Die Wirkung auf zeitbasierte Opportunitätskosten ist grundsätzlich relevant, wenn der Nutzen funktional von der Zeit des Kunden abhängt. Analog zu den Kosten ist für die intendierte Wertschöpfungssteigerung in diesen Fällen das Verhältnis aus Grenznutzen und Grenzopportunitätskosten maßgeblich. Energiebasierte Opportunitätskosten können aufgrund kognitiver Anstrengungen steigen, wenn das Leistungsangebot zu breit oder zu schmal wird. Im Hinblick auf die Tiefe des Leistungsangebotes können bei Unter- bzw. Überschreiten eines Schwellenwertes die energiebasierten Opportunitätskosten aufgrund emotionaler Kundenreaktionen sprunghaft zu- bzw. abnehmen.

Bezug zu Opportunitätskosten

3.4.2.2.2.2 Reduktion zeitbasierter Opportunitätskosten

Zeit des Kunden als Produktionsfaktor

Zeitbasierte Opportunitätskosten entstehen immer dann, wenn die Realisation eines Nutzens Zeitbudgets des Kunden erfordert oder anders formuliert, wenn die Zeit des Kunden ein erforderlicher Produktionsfaktor des Kundennutzens ist. Dies gilt vor allem für den großen Bereich persönlicher Dienstleistungen, bei denen sich der Kunde als sogenannter externer Faktor in den Dienstleistungserstellungsprozess integrieren muss (vgl. Meffert/Bruhn/Hadwich, 2018, S. 33).

Dienstleistungen und Sachleistungen

Neben dem Dienstleistungsbereich ist die Zeit des Kunden als Produktionsfaktor aber auch im Kontext von Sachleistungen relevant, wenn eine Sachleistung ihren Nutzen erst im Zuge der Verwendung respektive Weiterverarbeitung durch den Kunden entfaltet. Beispielsweise entsteht der Nutzen eines Staubsaugers erst durch dessen Nutzung, der Nutzen von Lebensmitteln erst durch deren Zubereitung. Die dafür erforderliche Zeit verdrängt andere Zeitverwendungen und verursacht dementsprechend Opportunitätskosten.

Dabei erscheint die Annahme eines linearen Zusammenhangs zwischen der für die Nutzenrealisierung erforderlichen Zeit und den daraus folgenden Opportunitätskosten zulässig. Die Opportunitätskosten resultieren aus der Verdrängung einer alternativen, ebenfalls nutzenstiftenden Zeitverwendung. Mit wachsenden für die Nutzenrealisierung beanspruchten Zeitbudgets werden immer neue Verwendungsalternativen verdrängt (zweitbeste, drittbeste etc.), sodass fallende Grenzopportunitätskosten – zumindest in einem realistischen Zeitintervall – unwahrscheinlich sind.

Zusammenhang zwischen Zeitbedarf und Opportunitätskosten

Zeitbasierte Opportunitätskosten stellen aus Sicht des Kunden ein Opfer im Tausch für einen Nutzenzuwachs dar und sind daher wertschöpfungsmindernd. Die bevorzugte Variationsrichtung für diesen Wertschöpfungstreiber ist folglich Reduktion.

Das Kapitel ist, da die Zeit im Gegensatz zum Nutzen eindimensional ist, nicht in drei, sondern lediglich in zwei Abschnitte untergliedert. Im ersten Teil werden die grundsätzlichen Handlungsmöglichkeiten zur Verminderung zeitbasierter Opportunitätskosten entwickelt. Im zweiten Abschnitt analysieren wir mögliche Auswirkungen dieser Optionen auf die drei übrigen Wertschöpfungstreiber, sprich Kundennutzen, Kosten und energiebasierte Opportunitätskosten.

Da zeitbasierte Opportunitätskosten durch die Verdrängung alternativer Zeitverwendungen im Zeitraum entstehen, ergeben sich für ihre Verminderung zwei grundsätzliche Ansatzpunkte (vgl. Abb. 63).

Zwei Ansatzpunkte

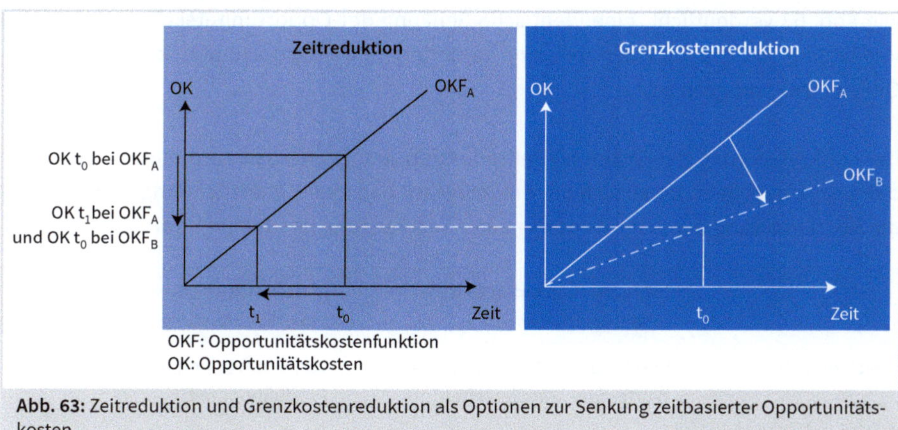

Abb. 63: Zeitreduktion und Grenzkostenreduktion als Optionen zur Senkung zeitbasierter Opportunitätskosten

Einerseits können zeitbasierte Opportunitätskosten durch eine Reduktion der für die Nutzenrealisierung erforderlichen Zeit vermindert werden (Zeitreduktion von t_0 auf t_1 in Abb. 63). Sinken die Ansprüche an das Zeitbudget des Kunden, werden weniger seiner alternativen Zeitverwendungen verdrängt und im Ergebnis die Opportunitätskosten reduziert (von OK t_0 auf OK t_1 bei OKF_A in Abb. 63).

Zeitreduktion

Grenzkostenreduktion

Andererseits können zeitbasierte Opportunitätskosten durch die Reduktion der Grenzopportunitätskosten reduziert werden. Diese Handlungsalternative setzt also am funktionalen Zusammenhang zwischen Zeit und Opportunitätskosten an: Es gilt nicht mehr länger OKF_A, sondern die durch eine geringere Steigung und damit geringere Grenzkosten gekennzeichnete Funktion OKF_B. Unter Gültigkeit dieses Funktionsverlaufs sinken die zeitbasierten Opportunitätskosten bei unverändertem Zeitbedarf in gleichem Maße wie bei einer Zeitreduktion von t_0 auf t_1 unter der Bedingung der Funktion OKF_A. Für die Beeinflussung des Funktionsverlaufs kommen zwei Möglichkeiten in Betracht. Erstens können dem Kunden parallele Zeitverwendungen ermöglicht werden (z. B. Unterhaltungsangebote während der Wartezeit beim Arzt). Der Kunde muss zwar nach wie vor das gleiche Zeitbudget für die Realisierung des Leistungsnutzens aufwenden, kann aber die dafür genutzte Zeit gleichzeitig auch für weitere nutzenstiftende Aktivitäten verwenden. Im Ergebnis sinken seine zeitbasierten Opportunitätskosten. Zweitens kann die Zeitsouveränität des Kunden erhöht werden. Der Kunde entscheidet also darüber, wann er die für die Nutzenerstellung notwendige Zeit einbringt (z. B. entscheidet der Patient, wann er einen Termin beim Arzt möchte). Unter der Bedingung von Zeitsouveränität wird der Kunde ein für ihn opportunitätskostenoptimales Zeitfenster auswählen. Er wird also die erforderliche Zeit dann zur Verfügung stellen, wenn hierdurch alternative Verwendungen verdrängt werden, die für ihn nicht besonders nutzenstiftend gewesen wären.

Analytische Trennung

Zeitreduktion und Grenzkostenreduktion sind keine sich gegenseitig ausschließenden Optionen zur Senkung zeitbasierter Opportunitätskosten. Ungeachtet ihrer Komplementarität ist eine analytische Trennung der Alternativen im Managementprozess ratsam, da wie Abb. 63 verdeutlicht, eine identische Senkung der Opportunitätskosten durch eine Verkürzung von t_0 auf t_1 oder aber eine Veränderung der Opportunitätskostenkurve von OKF_A zu OKF_B möglich ist.

Differenzierung Sach- und Dienstleistungen

Die Konkretisierung der Optionen Zeitreduktion und Grenzkostenreduktion unterscheidet sich je nachdem, ob es sich um die Integration in einen Dienstleistungsprozess oder die Nutzenstiftung durch Verwendung einer Sachleistung handelt (vgl. Tab. 19).

	Integration in einen Dienstleistungsprozess	**Nutzenstiftung durch Verwendung einer Sachleistung**
Zeitreduktion	Verkürzung von Integrations-, Warte- und Transferzeiten	Verkürzung der notwendigen Produktionszeit
Grenzkostenreduktion	• Angebot opportunitätsrelevanter Zeitverwendungen • Erhöhung der Zeitsouveränität des Kunden	Erhöhung der Kundenautonomie

Tab. 19: Zeitreduktion und Grenzkostenreduktion im Dienst- und Sachleistungskontext

Bei Dienstleistungen impliziert die Zeitreduktion nicht zwingend eine Verminderung der Integrationszeit. Vielmehr gilt es, den gesamten zur Dienstleistungsnutzung erforderlichen Zeitaufwand des Kunden zu berücksichtigen. Dieser umfasst neben der Integrationszeit auch Warte- und Transferzeiten (Stauss, 1991, S. 82). Eine Zeitverkürzung im Dienstleistungsbereich kann an allen drei dieser Parameter des Zeitaufwandes ansetzen. Nachfolgendes Beispiel zeigt die Verkürzung der erforderlichen Integrationszeit (vgl. Beispiel 27).

Beispiel für Zeitreduktion bei Dienstleistungen

Beispiel 27

Verkürzung der Bahn-Reisezeit Berlin-München

ICE-Strecke München-Berlin – Ab durch die Mitte

1991, kurz nach der Wiedervereinigung, wurde der Bau der Schnellfahrstrecke zwischen Berlin und Nürnberg beschlossen. Ein gutes Vierteljahrhundert später kommt der letzte, 107 Kilometer lange Abschnitt des Verkehrsprojekts Deutsche Einheit 8 (VDE8) in Thüringen nun ans Netz. Zum Fahrplanwechsel am Sonntag (*Anmerkung der Verfasser: 10.12.2017*) wird der Linienverkehr aufgenommen, bereits am Freitag wird ausgiebig gefeiert.

Mit dem nun fertiggestellten Teilabschnitt zwischen Ebensfeld und Erfurt wird sich die Fahrzeit auf den 623 Kilometern zwischen Berlin und München merklich verkürzen: Bislang braucht ein ICE dafür rund sechs Stunden. Der ICE-Sprinter schafft das nach Angaben der Bahn künftig in knapp vier Stunden, mit dem normalen ICE mit mehr Haltebahnhöfen sind es knapp viereinhalb Stunden.

Lutz sieht seinen Konzern damit »in Schlagdistanz« zum Konkurrenten Flugzeug – allen voran die Lufthansa. Die jährliche Fahrgastzahl zwischen Berlin und München soll sich auf bis zu 3,6 Millionen verdoppeln. Zwischen den beiden Städten werden künftig täglich 35 Fahrten angeboten – je drei ICE-Sprinter-Verbindungen ab Berlin und München mit Halt in Nürnberg, Erfurt und Halle. Dazu fahren fast stündlich normale ICE mit mehr Stopps.

Quelle: Spiegel Online (2017a)

Im Kontext von Sachleistungen, deren Nutzen erst durch die Zeitverwendung des Kunden entsteht, bedeutet eine Zeitreduktion, den Leistungsnutzen in kürzerer Zeit realisierbar zu machen (z. B. schnellere Zubereitung eines Lebensmittels, kürzere Laufzeit einer Waschmaschine (vgl. Abb. 64)).

Beispiel für Zeitreduktion bei Sachleistungen

Abb. 64: Beispiel für Zeitreduktion bei Sachleistungen – Quick Drive von Samsung (Quelle: www.samsung.com)

Parallele Zeitverwendungen bei Dienstleistungen

Mit Blick auf die Grenzkostenreduktion besteht bei Dienstleistungen eine erste Alternative im Angebot opportunitätsrelevanter Zeitverwendungsalternativen. Dazu müssen die Opportunitäten des Kunden identifiziert und im Hinblick auf die wertschöpfungssteigernde Ermöglichung dieser Opportunitäten durch das eigene Unternehmen geprüft werden. So können etwa mögliche parallele Zeitverwendungswünsche von Bahnkunden schlafen, Sport treiben, essen, arbeiten, kommunizieren oder lesen sein (vgl. Beispiel 28). Dieses Portfolio paralleler Zeitverwendungswünsche ist dann hinsichtlich ihres Potenzials zur Wertschöpfungssteigerung zu evaluieren. Hierzu muss die jeweilige Minderung der zeitbasierten Opportunitätskosten etwaigen Steigerungen von Kosten und energiebasierten Opportunitätskosten gegenübergestellt werden. Wir kommen auf diesen Punkt beim Zusammenspiel zwischen Maßnahmen zur Senkung zeitbasierter Opportunitätskosten und den weiteren Wertschöpfungstreibern wieder zurück.

Beispiel 28

»Diese Zeit gehört Dir«-Kampagne der Deutschen Bahn

Beispiel für parallele Zeitverwendung

Im April 2015 startet die Bahn eine crossmediale Mega-Kampagne, entwickelt von Stammbetreuer Ogilvy in Frankfurt, die dem Leitgedanken »Diese Zeit gehört Dir« folgt (vgl. Abb. 65 zu Kampagnenmotiven).

Abb. 65: »Diese Zeit gehört Dir« Kampagne der Deutschen Bahn

Zur Kampagnenstrategie äußert sich Gabriele Handel-Jung, Leiterin Marketingkommunikation und Media der Deutschen Bahn: »Wer heute ein Bahnticket für den Fernverkehr kauft, bekommt etwas, das so relevant ist wie nie zuvor: Zeit für sich. Die Reisezeit in der Bahn ist individuell nutzbare Zeit und sollte auch so wahrgenommen werden.« Darum geht es in der Kampagne. Eigene Medien wie etwa das Bahn-Mitarbeitermagazin »Mobil« werden ebenfalls in die Kommunikation mit einbezogen. Dort finden redaktionelle Beiträge zum Thema »optimale Zeitnutzung in der Bahn« statt.

Quelle: Unckrich (2015)

Die zweite Alternative zur Reduktion der Opportunitätsgrenzkosten ist die Erhöhung der Zeitsouveränität des Kunden (vgl. Abb. 66). Damit ist gemeint, dass nicht der Anbieter über den Zeitraum der Kundenintegration entscheidet (z. B. Programmschema eines TV-Senders), sondern der Kunde (wie z. B. bei Netflix). Ist der Kunde zeitsouverän, wird er für die Integration in den Dienstleistungsprozess einen Zeitraum wählen, der bei ihm relativ geringe Opportunitätskosten verursacht, etwa weil sein Spektrum an alternativen Zeitverwendungsmöglichkeiten tendenziell klein ist oder die verdrängten Alternativen einen vergleichsweise geringen Nutzen gestiftet hätten.

Erhöhung der Zeitsouveränität

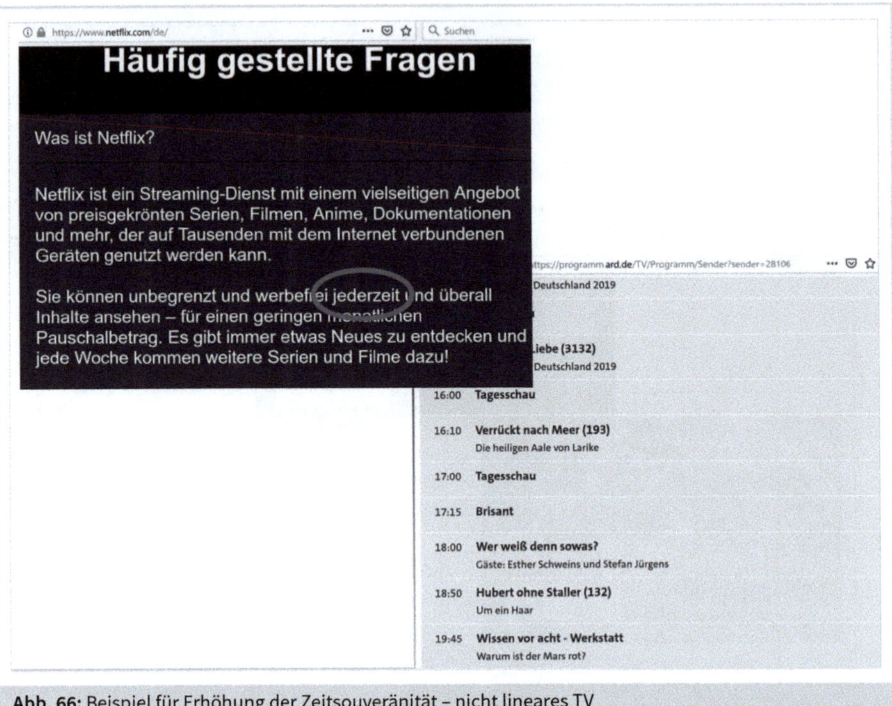

Abb. 66: Beispiel für Erhöhung der Zeitsouveränität – nicht lineares TV

Bei Sachleistungen: Kundenautonomie

Im Falle einer selbst genutzten Sachleistung kann zur Grenzkostenreduktion der Grad der Kundenautonomie erhöht werden. Der Zeitbedarf zur Realisierung des Leistungsnutzens bleibt dabei unberührt, dem Kunden werden aber durch eine verminderte Integrationsnotwendigkeit parallele Zeitverwendungsmöglichkeiten eröffnet. So reduziert etwa eine Kaffeemaschine im Vergleich zum Prozess des manuellen Kaffeekochens nicht die erforderliche Gesamtzeit, erhöht aber den Autonomiegrad des Kunden, dem damit alternative Zeitverwendungen ermöglicht werden (Beispiel 29).

Beispiel 29

Einführung einer Maschine für türkischen Kaffee – Telve von Arcelik

Beispiel für höhere Kundenautonomie

In den 2000ern brachte der türkische Haushaltsgerätehersteller unter der Marke Telve eine Maschine zur Zubereitung türkischen Kaffees auf den Markt. Ein wesentlicher Vorteil dieser Maschine im Vergleich zur manuellen Zubereitung ist die höhere

Kundenautonomie, denn der Prozess der manuellen Zubereitung muss wegen der Gefahr des Überkochens ständig beaufsichtigt werden.

Der Arcelik K3300 – echter Mokka-Kaffeegenuss für zu Hause	Traditionelle Zubereitung türkischen Kaffees
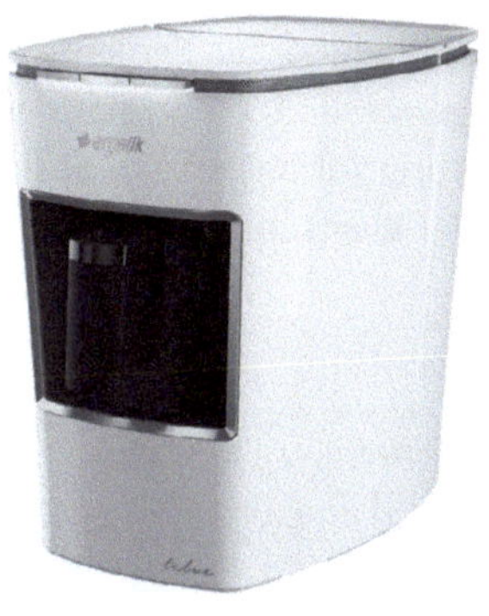	
Dank seiner neuen »Cook Sens Technologie« bietet der Arcelik K3300 Telve Ihnen den echten türkischen Kaffee Geschmack mit viel Schaum. Einfach, kompakt und praktisch Der neue Arcelik K3300 Telve bereitet türkischen Kaffee ganz nach Ihren Vorlieben und für 1, 2 oder 3 Tassen gleichzeitig zu. Dank seiner Anti Spill – Technologie, brauchen sie nicht auf die Overspill Verhinderung zu warten. Wenn ihr Kaffee fertig ist, wird der Arcelik Telve Sie mit einem Audio Ton benachrichtigen. Sie brauchen nur knapp 2 Minuten mit dem neuen Arcelik Telve, um einen wunderbaren türkischen Mokka zuzubereiten. Quelle: Amazon.de (2019)	Normalerweise wird zunächst das Wasser, dann erst Zucker und Kaffee in die Kanne gefüllt. Anschließend werden Kaffee und Zucker solange verrührt, bis der Kaffee abgesunken ist und sich der Zucker aufgelöst hat. Nun wird die Kaffeekanne (auch: Ibrik oder Cezve) auf kleiner Flamme erhitzt. Vorsicht: Bei zu großer Flamme (Hitze) kocht der Kaffee zu schnell auf, ohne dass die Aromen Zeit haben sich zu entfalten. Auf keinen Fall umrühren, da dies den sich bildenden Schaum auflösen würde! Jetzt kommt der spannendste Moment: Wenn der Kaffee zu kochen beginnt, wird der Kocher vom Herd genommen. Kurz abkühlen lassen – die Restwärme des Kochers arbeitet nun weiter. Anschließend noch ein- bis zweimal aufkochen lassen. Quelle: Beans (2014)

Wirkungen auf Wertschöpfung

Nach Vorstellung der grundsätzlichen Handlungsmöglichkeiten zur Verminderung zeitbasierter Opportunitätskosten werden nachfolgend mögliche Zusammenhänge zu den anderen Wertschöpfungstreibern reflektiert. Aus den vier Ansatzpunkten zur Senkung zeitbasierter Opportunitätskosten auf der einen Seite und den drei weiteren Wertschöpfungstreibern auf der anderen Seite, entsteht eine Matrix mit 12 Feldern, die als Suchraum für derartige Wechselwirkungen dient (vgl. Tab. 20).

Unter der Prämisse einer Wertschöpfungssteigerung wären bei Minderung zeitbasierter Opportunitätskosten negative Korrelationen zum Nutzen (zeitbasierte Opportunitätskosten sinken, Nutzen steigt) sowie positive Korrelationen zu Kosten und energiebasierten Opportunitätskosten (zeitbasierte Opportunitätskosten sinken, Kosten respektive energiebasierte Opportunitätskosten sinken) wünschenswert. In diesen Fällen würde die Wertschöpfung durch die jeweilige Maßnahme zur Senkung zeitbasierter Opportunitätskosten sicher zunehmen. Bei entgegengesetzten Korrelationen, also zum Beispiel steigenden Kosten infolge der Verminderung zeitbasierter Opportunitätskosten, kommt es für die Frage zu- oder abnehmender Wertschöpfung auf das Verhältnis der Effekte an.

		Nutzen	**Kosten**	**energiebasierte OK**
Integration in einen Dienstleistungsprozess	Zeitreduktion	1a	2a	3a
	Grenzkostenreduktion • Ermöglichung paralleler Zeitverwendungen • Erhöhung der Zeitsouveränität	1b	2b	3b
Nutzenstiftung durch Verwendung einer Sachleistung	Zeitreduktion	1c	2c	3c
	Grenzkostenreduktion	1d	2d	3d

Tab. 20: Suchraum für Zusammenhänge zwischen Maßnahmen zur Senkung zeitbasierter Opportunitätskosten und weiteren Wertschöpfungstreibern

Nicht jede der 12 Zellen aus Tab. 20 lässt sich auf abstraktem Niveau sinnvoll füllen. Dazu ist das Spektrum der denkbaren Maßnahmen zur Minderung zeitbasierter Opportunitätskosten, insbesondere hinsichtlich der Ermöglichung paralleler Zeitverwendungen, zu groß. Ungeachtet dessen, scheint es im konkreten Anwendungsfall ratsam, alle 12 Felder in den Blick zu nehmen und auf mögliche Wechselwirkungen zu den übrigen Wertschöpfungstreibern zu prüfen. Die nachfolgenden Ausführungen sind in Bezug auf Tab. 22 spaltenweise gegliedert. Zunächst werden also mögliche Beziehungen von Maßnahmen zur Reduktion zeitbasierter Opportunitätskosten zum Nutzen (1), anschließend zu den Kosten (2) und abschließend zu energiebasierten Opportunitätskosten (3) diskutiert. Wann immer abstrakt sinnvoll, wird in dieser Diskussion zwischen den vier Optionen zur Senkung zeitbasierter Opportunitätskosten (a, b, c, d) differenziert.

Ein erster bedeutsamer Zusammenhang zum Nutzen ist bei der Option Zeitreduktion (Felder 1a und 1c aus Tab. 20) auszumachen.

Zeitreduktion und Kundennutzen

Bei einer Zeitreduktion ist neben dem funktionalen Zusammenhang zwischen Zeitaufwand und Opportunitätskosten auch eine mögliche Beziehung zwischen Zeitdauer und Nutzenentstehung zu prüfen. Im Dienstleistungsbereich (1a) hat sich in diesem Zusammenhang die Differenzierung zwischen prozess- und ergebnisorientierten Dienstleistungen etabliert (vgl. Grunberg, 2004, S. 42 f.). Während bei ergebnisorientierten Dienstleistungen der Nutzen für den Kunden erst mit Beendigung der Dienstleistung entsteht (z. B. bei einer Bahnreise die Ankunft am Zielort) und somit unabhängig von der Länge der Dienstleistung ist, steigt bei prozessorientierten Dienstleistungen der Nutzen des Dienstleistungsnachfragers mit wachsender Integrationsdauer kontinuierlich an, da der Nutzen aus dem Dienstleistungsprozess resultiert (z. B. Unterhaltungsdienstleistungen wie Theater oder Kino)[12].

Prozess vs. Ergebnisnutzen

Eine analoge Argumentation kann für selbst genutzte Sachleistungen entwickelt werden (Feld 1c aus Tab. 20). Auch hier kann der Nutzen entweder aus dem Ergebnis der Tätigkeit (z. B. viele hauswirtschaftliche Tätigkeiten, wie etwa bügeln) oder aus dem Prozess (z. B. viele als Hobby ausgeführte Tätigkeiten, wie etwa musizieren) resultieren.

Im Hinblick auf diesen Prozessnutzen führt eine Zeitreduktion[13] somit nicht nur zur Senkung der zeitbasierten Opportunitätskosten, sondern auch zu einer Nutzeneinbuße. Unterstellt man hinsichtlich des Prozessnutzens einen mit wachsender Integrationsdauer abnehmenden Grenznutzen, so ergibt sich in Kombination mit den linear verlaufenden Opportunitätskosten ein Idealpunktmodell, also eine optimale Integrationsdauer. Im Gegensatz dazu sind beim Ergebnisnutzen unter Zeitgesichtspunkten lediglich die Opportunitätskosten relevant. Die Saldierung des Ergebnisnutzens mit den Opportunitätskosten der Zeit führt hier zu einem Idealvektormodell, d. h. eine Zeitverkürzung führt ceteris paribus in jedem Falle zu einer erhöhten Wertschöpfung (vgl. Abb. 67). Im Hinblick auf die Option der Zeitreduktion ist somit die Differenzierung zwischen prozess- und ergebnisorientiertem Nutzenverlauf elementar. Bei einer Prozessorientierung gilt es, die Integrationsdauer zu optimieren, bei einer Ergebnisorientierung hingegen sie unter Berücksichtigung der Mindestintegrationsdauer zu minimieren.

Zeitreduktion vermindert Prozessnutzen

12 Ob bei einer Dienstleistung respektive Tätigkeit der Prozess- oder Ergebnisnutzen im Fokus steht, hängt maßgeblich von der jeweiligen Person ab. Für den einen ist beispielsweise Einkaufen eher prozess- (»Shoppen«), für den anderen eher ergebnisorientiert (»Hose kaufen«).

13 Dies gilt nur für die eigentliche Integrationszeit. Warte- oder Transferzeiten stiften keinen Prozessnutzen. Werden diese verkürzt, bleibt der Nutzen entsprechend unberührt.

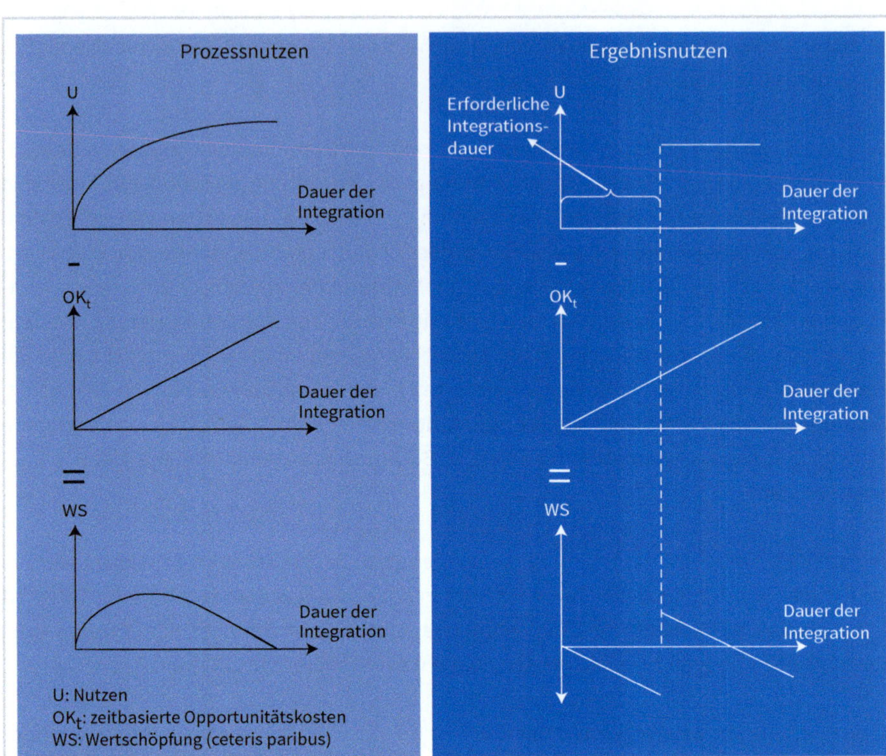

Abb. 67: Zeitreduktion bei Prozess- und Ergebnisnutzen (Quelle: in Anlehnung an Grunberg, 2004, S. 48)

Parallele Zeitverwendung und Kundennutzen

Bezüglich der Beziehung zwischen Nutzen und Grenzkostenreduktion (Felder 1b und 1d aus Tab. 20) soll mit Blick auf die Ermöglichung paralleler Zeitverwendungen zunächst ein – beim Leser vermutlich gar nicht vorhandenes – potenzielles Missverständnis ausgeräumt werden. Selbstverständlich wird der Kunde aus der Ermöglichung paralleler Zeitverwendungen einen Nutzen ziehen, nämlich exakt den aus den jeweiligen Zeitverwendungen. Dabei handelt es sich aber nicht um den hier in Rede stehenden Nutzen, sondern genau um den inversen Wert der Opportunitätskosten, die ja aus der Verdrängung eben jener alternativer Zeitverwendungen infolge der Beanspruchung von Zeitbudgets des Kunden resultieren. Der Nutzen aus parallelen Zeitverwendungen entspricht also den verminderten zeitbasierten Opportunitätskosten.

Vor dem Hintergrund dieser hoffentlich nicht zusätzliche Verwirrung auslösenden Klarstellung, ist also zu fragen, inwieweit die parallelen Zeitverwendungen den Nutzen der eigentlichen Leistung positiv oder negativ beeinträchtigen können. Diese Frage ist insbesondere für den Dienstleistungssektor (Feld 1b aus Tab. 20) relevant. Im Kontext der Nutzenstiftung durch die Verwendung einer Sachleistung (Feld 1d aus Tab. 20) werden die zeitbasierten Opportunitätskosten ja dadurch vermindert, dass die Integrationsnotwendigkeit des Kunden reduziert wird. Der Kunde als Produktionsfaktor wird quasi substituiert, sodass er während des Produktionsprozesses anderweitigen Zeitverwendungen nachkommen kann. Damit ist auch klar, dass die Art der Tätigkeit, der der Kunde in der frei gewordenen Zeit nachgeht, keinen Einfluss auf das Ergebnis des Produktionsprozesses und damit auf den Nutzen ausübt. Um das obige Beispiel der Maschine für die Zubereitung türkischen Kaffees aufzugreifen: Es ist für den Nutzen des Kaffees vollkommen unerheblich, für welche Zeitverwendung sich der Kunde infolge der gewonnen höheren Autonomie entscheidet.

Veränderte Zeitproduktivität bei Dienstleistungen

Bei Dienstleistungen hingegen verteilt sich der Produktionsfaktor Zeit des Kunden infolge der Ermöglichung paralleler Zeitverwendungen auf zumindest zwei Tätigkeiten (z. B. Bahnfahren und Gamen). Dabei ist denkbar, dass durch die Zweitverwendungen (im Beispiel Gamen) die Produktivität der Zeit in der Erstverwendung (hier Bahnfahren) zurückgeht und daraus ein verminderter Nutzen resultiert. Dies gilt offenbar aber nur für bestimmte Konstellationen aus Erst- und Zweitverwendung, wie das Bahnbeispiel verdeutlicht. Die Zeitproduktivität des Bahnfahrens wird durch die parallele Tätigkeit des Gamens nicht gemindert, folglich bleibt der Nutzen der Bahnfahrt von der Ermöglichung paralleler Zeitverwendungen unberührt. Handelte es sich bei der Erstverwendung allerdings um eine Bildungsdienstleistung, wie z. B. eine Vorlesung, dann würde das parallele Gamen die Produktivität der Zeit in der Erstverwendung vermindern und den Vorlesungsnutzen reduzieren (auch wenn das vermutlich viele Studierende bestreiten würden).

Kompatibilität der Zeitverwendungen

Für die Frage, ob aus dem Angebot paralleler Zeitverwendungen im Dienstleistungskontext das Risiko eines verminderten Leistungsnutzens erwächst, kommt es offenbar auf die Kompatibilität der Zeitverwendungen aus Erst- und Zweitnutzung an. Je größer die Integrationstiefe der Erstverwendung und je ähnlicher die Integrationsart von Erst- und Zweitverwendung, desto wahrscheinlicher wird eine abnehmende Produktivität der Zeitressource in der Erstverwendung und damit ein sinkender Nutzen. Die Integrationstiefe beschreibt dabei das erforderliche Ausmaß der Kundenbeteiligung für die Dienstleistungsproduktion. Bei der Integrationsart wird zwischen physischer, intellektueller und emotionaler Beteiligung differenziert (vgl. Bruhn/Meffert/Hadwich, 2019, S. 54). Tab. 21 zeigt typische Beispiele für die unterschiedlichen Integrationstiefen respektive -arten.

	niedrige Integrationstiefe	**hohe Integrationstiefe**
physische Integration	Bahnfahren	Yoga-Stunde
intellektuelle Integration	Stadtführung	Vorlesung
emotionale Integration	Friseur-Besuch	auf Schalke*
*oder – falls es sein muss – wahlweise ein anderer Verein		

Tab. 21: Beispiele für Dienstleistungen mit unterschiedlicher Integrationstiefe und -art

Integrationstiefe und -art

Aus der Kombination aus Integrationstiefe der Erstverwendung (hoch vs. niedrig) und der Ähnlichkeit der Integrationsart von Erst- und Zweitverwendung (identisch oder unterschiedlich) lässt sich eine 4-Felder-Matrix konstruieren, die durch unterschiedliche Risiken eines abnehmenden Nutzens infolge der Ermöglichung paralleler Zeitverwendungen gekennzeichnet ist (vgl. Tab. 22).

		Integrationstiefe der Erstverwendung	
		hoch	**niedrig**
Integrationsart Erst- und Zweitverwendung	identisch	sehr hohes Risiko	geringes Risiko
	unterschiedlich	hohes Risiko	sehr geringes Risiko

Tab. 22: Risiko abnehmenden Nutzens infolge der Ermöglichung paralleler Zeitverwendungen im Dienstleistungskontext

Vier Fälle

Das höchste (geringste) Risiko eines abnehmenden Nutzens aufgrund paralleler Zeitverwendungen besteht bei hoher (niedriger) Integrationstiefe und identischer (unterschiedlicher) Integrationsart von Erst- und Zweitverwendung der Zeit (z. B. Vorlesung und Gamen respektive Bahnfahren und Gamen). Da wir für das Risiko abnehmenden Nutzens der Integrationstiefe eine höhere Bedeutung zumessen als der Ähnlichkeit der Integrationsart, stufen wir das Risiko in der Konstellation hohe Integrationstiefe/unterschiedliche Integrationsart größer ein als in der Kombination niedrige Integrationstiefe/identische Integrationsart.

Für die Reduktion zeitbasierter Opportunitätskosten im Dienstleistungskontext folgt daraus, dass die parallelen Zeitverwendungen grundsätzlich eine andere Integrationsart als die Erstverwendung aufweisen sollten. Dies gilt insbesondere für Dienstleistungen mit hoher Integrationstiefe. Gleichwohl kann auch bei vermindertem Nutzen der Dienstleistung die Wertschöpfung durch die Ermöglichung paralleler Zeitverwendungen ceteris paribus steigen, allerdings muss dazu der Saldo aus rückläufigen zeitbasierten Opportunitätskosten und reduziertem Dienstleistungsnutzen größer null sein.

Zeitsouveränität und Nutzen

Abschließend soll die Beziehung zwischen der Option einer erhöhten Zeitsouveränität und dem Nutzen der Dienstleistung beleuchtet werden (Feld 1b aus Tab. 20). Da sich der Prozess der Dienstleistungserstellung nicht verändert, sondern lediglich in einen für den Kunden durch ein geringeres Opportunitätskostenniveau gekennzeichneten Zeitraum verschiebt, wird der Nutzen der Dienstleistung durch eine erhöhte Zeitsouveränität des Kunden nicht beeinflusst. So ist beispielsweise der Nutzen, den ein TV-Zuschauer aus dem Ansehen seiner Lieblingsserie zieht, unabhängig davon, ob er die Serie zu dem vom TV-Anbieter fixierten Termin ansehen muss (Programmschema) oder zu einem für ihn optimalen Zeitpunkt (nicht-lineares Fernsehen) anschauen kann. Die zweite Option führt allerdings zu geringeren zeitbasierten Opportunitätskosten.

Anders als beim Nutzen ist die Beziehung zwischen Maßnahmen zur Senkung zeitbasierter Opportunitätskosten und den Kosten (Spalte 2 aus Tab. 20) weniger eindeutig. Dies liegt insbesondere an der sehr großen Varianz möglicher Maßnahmen mit entsprechend sehr unterschiedlichen Auswirkungen auf die Kosten. Zudem ergeben sich auch aus der Differenzierung zwischen Dienst- und Sachleistungen Unterschiede hinsichtlich der Kostenwirkung. So bindet der Nutzungsprozess einer Sachleistung (Felder 2c und 2d aus Tab. 20) zwar Zeitbudgets des Kunden, verursacht aber keinen Ressourcenverbrauch beim Unternehmen. Insofern ist es denkbar, dass Sachleistungen in einer gedanklichen Ausgangssituation nicht zeiteffizient[14] konfiguriert sind, da der Zeitverbrauch des Kunden keinen Niederschlag im internen Rechnungswesen des Unternehmens findet. In derartigen Situationen ist es möglich, dass die Kosten von einer Verminderung zeitbasierter Opportunitätskosten nicht substanziell berührt werden. Die Sachleistung wird in diesem Fall im Hinblick auf höhere Zeiteffizienz im Nutzungsprozess modifiziert, was nicht zwingend höhere Kosten nach sich zieht. Gleichwohl können die Entwicklungs- oder Produktionskosten einer Sachleistung durch die Verminderung der Ansprüche an das Zeitbudget auch steigen, wie das obige Beispiel der Maschine für die Zubereitung türkischen Kaffees gezeigt hat.

Zeitbasierte Opportunitätskosten und Kosten

Sachleistungen

Da im Gegensatz dazu bei Dienstleistungen der Erstellungsprozess auch mit Ressourcenverbrauch beim Unternehmen verbunden ist, unterstellen wir für sie eine zeiteffiziente Produktion. Daraus folgt, dass eine Zeitreduktion (Feld 2a aus Tab. 20) zunächst einmal nur um den Preis höherer Kosten zu erzielen ist, etwa weil andere Potenzialfaktoren (z. B. Verkürzung der Reisezeit bei der Bahn durch Hochgeschwindigkeitsverkehr) oder mehr Personal (z. B. Anzahl besetzter Kassen im Supermarkt) erforderlich sind. Entsprechend verändert sich die Kostenkurve (vgl. Abb. 68). Im linken Teil der Abb. 68 verursacht die Zeitreduktion höhere Fixkosten, im rechten Teil höhere variable Kosten. Da jedoch nicht nur die Opportunitätskosten des Kunden, sondern auch die Kosten des Unternehmens funktional an die Zeit gekoppelt sind, führt die Zeitreduktion gleichzeitig zu einer Kostensenkung, bei den allerdings veränderten Kostenkurven. Entsprechend könnte eine Zeitreduktion sogar mit abnehmenden Kosten für das Unternehmen verbunden sein, wenn es gelingt, den Zeitbedarf unter das Niveau $t_{kritisch}$ zu senken.

Zeitreduktion bei Dienstleistungen

Veränderte Kostenfunktion

Bei der Ermöglichung paralleler Zeitverwendungen im Dienstleistungskontext (Feld 2b aus Tab. 20), hängt die Wirkung auf die Kosten maßgeblich von der Art der parallelen Zeitverwendung ab. Manche dieser Zeitverwendungen erfordern Ressourcen des Unternehmens, andere nicht. Bei der Zeitverwendung Schlafen während der Bahnreise beispielsweise entstehen für das Unternehmen keine zusätzlichen Kosten. Im Gegensatz dazu steht z. B. die W-LAN-Nutzung während der Reise, da hierfür eine kostenrelevante Infrastruktur erforderlich ist.

Parallele Zeitverwendungen und Kosten

14 Mit Zeiteffizienz wird hier ein Zustand gekennzeichnet, in dem ein gegebener Output bei konstanten Kosten nicht in geringerer Zeit erzeugt werden kann. Zeitineffizienz charakterisiert entsprechend Abweichungen von dieser Situation.

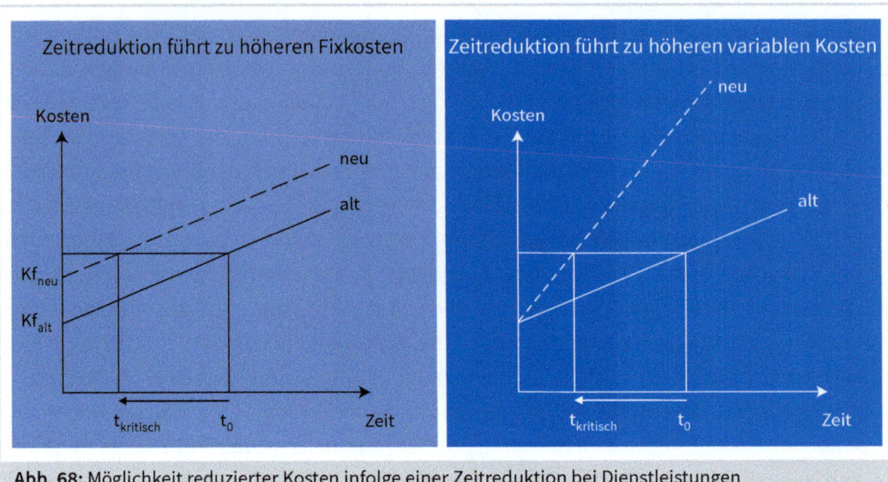

Abb. 68: Möglichkeit reduzierter Kosten infolge einer Zeitreduktion bei Dienstleistungen

Zeitsouveränität und Kosten

Eine erhöhte Zeitsouveränität des Kunden (Feld 2b aus Tab. 20) kann zu erheblichen Kostensteigerungen bei dem Dienstleistungsanbieter führen, da seine Stückkostenposition maßgeblich von der Kapazitätsauslastung abhängt (vgl. Bruhn/Meffert/Hadwich, 2019, S. 614). Wenn Kunden zeitsouverän sind, sich folglich also nach ihren Zeitpräferenzen in den Dienstleistungsprozess integrieren können, macht dies eine Auslastungssteuerung durch den Dienstleistungsanbieter quasi unmöglich. Im Ergebnis ist es bei tendenziell homogenen Zeitpräferenzen der Kunden wahrscheinlich, dass einerseits Zeiträume von Überauslastung der Kapazitäten zu beobachten sind, denen andererseits Zeiträume mit sehr geringer Auslastung gegenüberstehen. Soll die Überauslastung vermieden werden, muss das Unternehmen seine Kapazitäten an der Spitzenlast ausrichten, was die Fixkosten erhöht und bei gleicher Kundenanzahl entsprechend zu höheren Stückkosten führt. Eine größere Zeitsouveränität der Kunden wird umso eher zu höheren Stückkosten beim Unternehmen führen, desto homogener die Zeitpräferenzen der Kunden sind und umso kostenintensiver eine Anpassung der Maximalkapazität an die daraus resultierende Spitzenlast ist. Vor diesem Hintergrund ist es nachvollziehbar, dass beispielsweise zahlreiche Anbieter von Fitnessdienstleistungen ihren Kunden maximale Zeitsouveränität eröffnen (24 h Öffnungszeit an 365 Tagen im Jahr), während Kunden bei Nutzung einer Flugdienstleistung über nur sehr geringe Zeitsouveränität verfügen.

Fazit

Zusammenfassend muss die Verminderung zeitbasierter Opportunitätskosten nicht zwangsläufig zu höheren Kosten führen. Im Gegenteil sind Konstellationen denkbar, bei denen die Kosten infolge einer Zeitreduktion sogar sinken. Dies unterstreicht zunächst einmal das grundsätzlich hohe Wertschöpfungspotenzial von Maßnahmen zur Senkung zeitbasierter Opportunitätskosten. Allerdings können die Kosten für die Verminderung zeitbasierter Opportunitätskosten, wie das Beispiel des Hochgeschwindigkeitsverkehrs der Bahn oder die Problematik stark abnehmender Kapazitätsauslastung infolge höherer Zeitsouveränität der Kunden zeigen, auch erheblich sein. Ist eine Senkung der zeitbasierten Opportunitätskosten nur um den Preis höherer Kosten zu erreichen, so ist für den Wertschöpfungsbeitrag das Verhältnis beider Effekte maßgeblich: Die Reduktion der Opportunitätskosten muss größer als sein der Anstieg der Kosten.

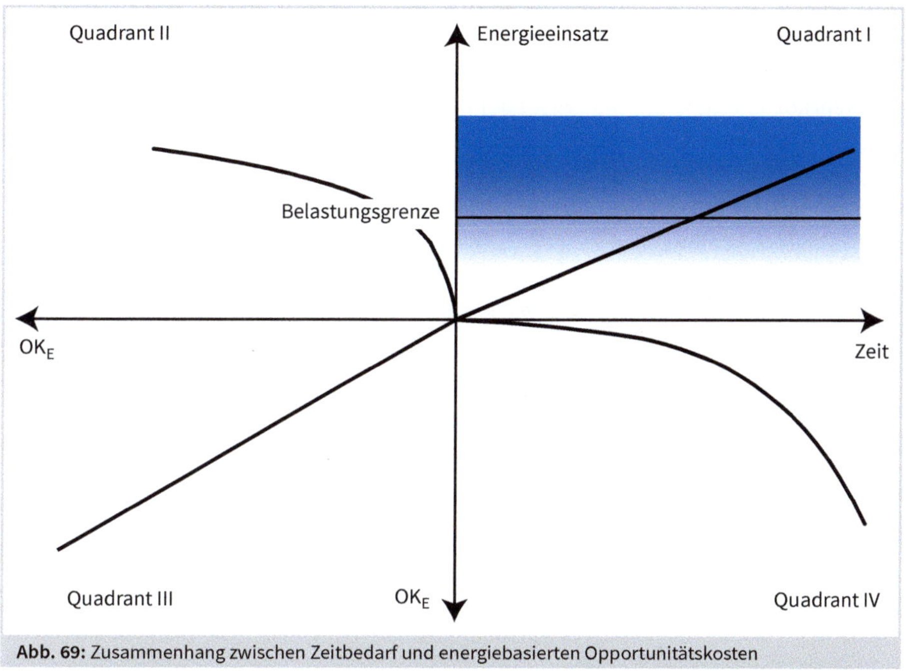

Abb. 69: Zusammenhang zwischen Zeitbedarf und energiebasierten Opportunitätskosten

Zeit- und energiebasierte Opportunitätskosten

Ein Modell

Mit Blick auf die Beziehung von Maßnahmen zur Senkung zeitbasierter Opportunitätskosten auf energiebasierte Opportunitätskosten ist zunächst festzuhalten, dass diese, falls ein Prozess der Nutzung einer Sachleistung oder der Integration in einen Dienstleistungsprozess Energieressourcen des Kunden bindet, grundsätzlich funktional mit der Zeit zusammenhängen (vgl. Quadrant I in Abb. 69.). Dabei wächst der Energieeinsatz des Kunden linear mit zunehmender Integrationsdauer. Die Steigung der Geraden resultiert aus der Energieintensität der Integration: Je physisch, kognitiv oder emotional anspruchsvoller die Aufgabe, desto steiler ist der Winkel der Geraden. Für den funktionalen Zusammenhang zwischen Energieeinsatz und energiebasierten Opportunitätskosten (Quadrant II in Abb. 69) wird hingegen ein nicht linearer Zusammenhang unterstellt. Je näher der Energieeinsatz sich der subjektiven Belastungsgrenze des Kunden nähert, desto größer werden die energiebasierten Grenzopportunitätskosten, also die zusätzlichen Opportunitätskosten bei einer zusätzlichen Einheit Energie. Stellen Sie sich zur Illustration einfach ein beliebiges Work-out-Programm vor, das physische Energieressourcen erfordert. Mit fortschreitender Dauer des Programms nähern Sie sich immer mehr Ihrer Belastungsgrenze, sodass die letzte Minute des Trainings vermutlich höhere energiebasierte Opportunitätskosten verursacht als die erste. Werden nun die energiebasierten Opportunitätskosten an einer

45 Grad-Linie gespiegelt (Quadrant III), so erhält man den funktionalen Zusammenhang zwischen Zeitbedarf und energiebasierten Opportunitätskosten (Quadrant IV).

Belastungsgrenze

Vier Konstellationen

Um mögliche Wirkungen einer Verminderung zeitbasierter Opportunitätskosten auf ihr energetisches Pendant abzuschätzen, sind in zweierlei Hinsicht Differenzierungen erforderlich. Die erste Differenzierung bezieht sich auf die die Alternativen Zeitverkürzung vs. Grenzkostenreduktion. Die zweite auf die Frage, ob der funktionale Zusammenhang zwischen Zeit und Energieeinsatz durch die Maßnahmen zur Senkung der zeitbasierten Opportunitätskosten verändert wird oder nicht. Aus der Kombination beider Differenzierungsebenen resultieren vier unterschiedliche Konstellationen (vgl. Tab. 23), die nachfolgend erläutert werden sollen.

	funktionaler Zusammenhang zwischen Zeit und Energieeinsatz	
	unverändert	**verändert**
Zeitverkürzung	energiebasierte Opportunitätskosten sinken	Energieeinsatz pro Zeiteinheit steigt: energiebasierte Opportunitätskosten können steigen, sinken oder unverändert bleiben
Grenzkostenreduktion	energiebasierte Opportunitätskosten bleiben unverändert	• Energieeinsatz pro Zeiteinheit sinkt: energiebasierte Opportunitätskosten sinken • Energieeinsatz pro Zeiteinheit steigt: energiebasierte Opportunitätskosten steigen

Tab. 23: Mögliche Auswirkungen einer Verminderung zeitbasierter Opportunitätskosten auf das Niveau energiebasierter Opportunitätskosten

Zeitreduktion bei identischem Funktionsverlauf

Im ersten Fall sind die verminderten Opportunitätskosten das Ergebnis einer Zeitreduktion, wodurch jedoch der Funktionsverlauf zwischen Zeit und Energieeinsatz annahmegemäß nicht verändert wird. Für Menschen, denen Einkaufen Stress verursacht, wären verkürzte Einkaufsprozesse, etwa infolge größerer Kassenkapazität oder einer besseren Beschilderung im Geschäft, ein Beispiel für diesen Fall. Im Ergebnis führt die Zeitreduktion auch zu verminderten energiebasierten Opportunitätskosten. Je nach Position des Zeitbedarfs in der Ausgangsituation und Ausmaß der Zeitreduktion variiert das Ausmaß der Reduktion energiebasierter Opportunitätskosten. Wurden in der Ausgangssituation Energiebudgets im Bereich der Belastungsgrenze gebunden und führt die Zeitreduktion zu einer Position deutlicher unterhalb dieser, ist die Reduktion der energiebasierten Opportunitätskosten besonders groß.

Zeitreduktion bei verändertem Funktionsverlauf

Im zweiten Fall wird angenommen, dass die Zeitverkürzung gleichzeitig auch den funktionalen Zusammenhang zwischen Zeit und Energieeinsatz des Kunden verändert. Dabei unterstellen wir aufgrund folgender Überlegungen einen wachsenden Energieeinsatz pro Zeiteinheit: Wenn eine bestimmte Gesamtenergie für die Realisierung eines Leistungsnutzens erforderlich ist, dann muss im Falle einer Reduktion der Integrationszeit der Energieeinsatz pro Zeiteinheit ansteigen. Auch hier können wir zur Illustration das bereits verwendete Work-out-Beispiel heranziehen. Wenn für das Erreichen eines bestimmten Fitnesszustandes ein bestimmter Energieeinsatz erforderlich ist, dann muss zur Erreichung dieses Ziels ein kürzeres Workout eine höhere Intensität aufweisen als ein längeres. Angesichts der gegenläufigen Effekte aus Zeitverkürzung einerseits (vermindert die energiebasierten Opportunitätskosten) und wachsendem Energieeinsatz pro Zeiteinheit (erhöht die energiebasierten Opportunitätskosten) andererseits, können die energiebasierten Opportunitätskosten im Ergebnis sowohl steigen, sinken als auch unverändert bleiben. Je kleiner (größer) der Anstieg des Energieeinsatzes pro Zeiteinheit und je größer (kleiner) die Zeitreduktion, desto wahrscheinlicher werden im Saldo gesunkene (gestiegene) energiebasierte Opportunitätskosten.

Grenzkostenreduktion bei identischem Funktionsverlauf

Im dritten Fall werden die zeitbasierten Opportunitätskosten durch eine Veränderung der Grenzkostenfunktion (Ermöglichung paralleler Zeitverwendungen und erhöhte Zeitsouveränität bei Dienstleistungen bzw. erhöhte Kundenautonomie bei Sachleistungen) reduziert, wobei wir zunächst unterstellen, dass der Energieeinsatz pro Zeiteinheit von diesen Maßnahmen zur Senkung zeitbasierter Opportunitätskosten unberührt bleibt. Es ist offensichtlich, dass in dieser Konstellation die energiebasierten Opportunitätskosten konstant bleiben, da sich keine der für ihr Niveau relevanten Variablen (Länge des Prozesses und Beziehung zwischen Prozessdauer und Energieeinsatz des Kunden) verändert.

Grenzkostenreduktion bei verändertem Funktionsverlauf

Die Annahme eines unveränderten Energieeinsatzes pro Zeiteinheit lösen wir im vierten und letzten Fall auf. Wir unterstellen nun also, dass aufgrund der Maßnahmen zur Senkung zeitbasierter Opportunitätskosten auch der Energieeinsatz pro Zeiteinheit variiert. Dabei sind Konstellationen mit wachsendem und sinkendem Energieeinsatz pro Zeiteinheit denkbar. Da der Zeitbedarf konstant bleibt, folgen daraus dann auch wachsende respektive sinkende energiebasierte Opportunitätskosten.

Sachleistungen

Im Kontext von Sachleistungen werden parallele Zeitverwendungen durch die Verminderung der Integrationstiefe des Kunden ermöglicht. Dies wird in aller Regel auch zu einer energetischen Entlastung führen, da der zuvor vom Kunden übernommene Prozessteil nun in irgendeiner Form automatisiert ist. Im Beispiel der Maschine zur Zubereitung türkischen Kaffees (s. o.) etwa wird der Kunde sowohl kognitiv (er muss sich um die Zubereitung keine Gedanken machen) als auch emotional (Kaffee gelingt immer) entlastet.

Parallele Dienstleistungen

Beim Angebot paralleler Dienstleistungen ist es hingegen nicht unwahrscheinlich, dass aufgrund der energetischen Anforderungen der Zweitverwendung der Energieeinsatz pro Zeiteinheit steigt. Steigende energiebasierte Opportunitätskosten sind infolgedessen insbesondere dann wahrscheinlich, wenn Erst- und Zweitverwendung identische Energieanforderungen (z. B. kognitiv, kognitiv) stellen und bereits die Erstverwendung relativ hohe, nahe an der Belastungsgrenze liegende Energiebudgets erfordert.

Zeitsouveränität

Eine erhöhte Zeitsouveränität des Kunden schließlich kann dazu führen, dass einerseits der Bedarf an kognitiver Energie zunimmt, da der Kunde nun den Zeitraum der Integration in den Dienstleistungsprozess selber planen muss. Andererseits ist zu erwarten, dass der emotionale Energiebedarf abnimmt, da der Kunde die Dienstleistungsnutzung in einen Zeitraum legen wird, der durch geringe zeitbasierte Opportunitätskosten gekennzeichnet ist. In solchen Zeiträumen wird das Spektrum verdrängter alternativer Zeitverwendungen also tendenziell eher klein sein. Unterstellt man, dass mit wachsenden alternativen Zeitverwendungsmöglichkeiten nicht nur die zeitbasierten Opportunitätskosten anwachsen, sondern aufgrund des Entscheidungsdrucks des Kunden auch seine emotionalen Energiebudgets (Stress), so schein es plausibel, dass mit erhöhter Zeitsouveränität des Kunden sein emotionaler Energiebedarf abnimmt. Welcher der beiden Effekte auf die energiebasierten Opportunitätskosten überwiegt, lässt sich abstrakt nicht bestimmen, sodass eine erhöhte Zeitsouveränität im Ergebnis ebenso zu sinkenden wie steigenden energiebasierten Opportunitätskosten führen kann.

Fazit

Zusammenfassend (vgl. Abb. 70) wurden in diesem Kapitel Möglichkeiten zur Senkung zeitbasierter Opportunitätskosten beleuchtet. Mit der Reduktion erforderlicher Zeitbudgets sowie der Grenzkostenreduktion existieren hierfür zwei grundlegende Optionen, deren Konkretisierung sich zwischen dem Dienstleistungskontext und der Nutzung von Sachleistungen unterscheidet. Eine Verminderung zeitbasierter Opportunitätskosten ist zwar ceteris paribus grundsätzlich wertschöpfungssteigernd, die abschließende Beurteilung ihres Wertschöpfungsbeitrages erfordert jedoch die Abschätzung möglicher Wirkungen auf die anderen Wertschöpfungstreiber.

Möglichkeiten zur Senkung zeitbasierter OK	Wirkungen von Maßnahmen zur Senkung zeitbasierter OK auf die weiteren Wertschöpfungstreiber		
	Nutzen	**Kosten**	**Energiebasierte OK**
Zeitreduktion vs. Grenzkostenreduktion Dienstleistungen vs. Sachleistungen	bei Zeitreduktion negative Wirkung auf etwaigen Prozessnutzen beachten bei der Ermöglichung paralleler Zeitverwendungen im Dienstleitungskontext das Risiko abnehmender Zeitproduktivität bei der Erstverwendung beachten	keine eindeutige Beziehung, i.d.R. steigend, aber: • nicht steigend bei bislang nicht zeiteffizienten Sachleistungen • bei Zeitreduktion im Dienstleistungskontext verändert sich zwar die Kostenkurve, gleichzeitig verkürzt sich aber auch die Prozesszeit • bei der Ermöglichung paralleler Zeitverwendungen im Dienstleistungskontext kommt es auf die Art der Zusatzleistung an • eine erhöhte Zeitsouveränität kann bei Dienstleistungsunternehmen zu deutlich höheren Kosten führen	falls Energie für Nutzen erforderlich ist, hängen OK_E funktional mit Zeit zusammen 1. Zeitreduktion bei unverändertem Energieeinsatz: OK_E sinken 2. Zeitreduktion bei höherem Energieeinsatz: OK_E nicht eindeutig 3. Grenzkostenreduktion bei unverändertem Energie einsatz: OK_E konstant 4. Grenzkostenreduktion bei verändertem Energie einsatz: OK_E nicht eindeutig

OK: Opportunitätskosten; OK_E: energiebasierte Opportunitätskosten

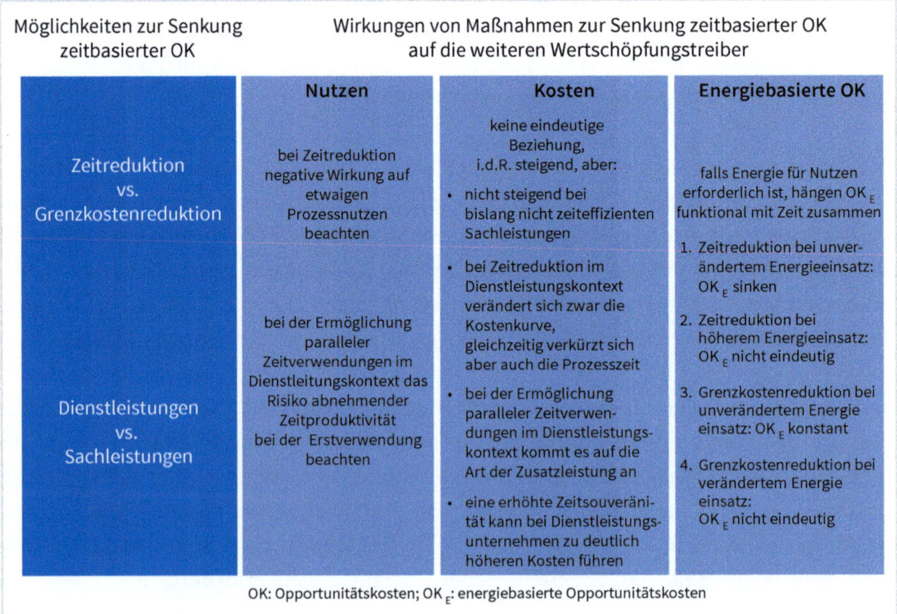

Abb. 70: Maßnahmen zur Senkung zeitbasierter Opportunitätskosten – Fazit

Im Hinblick auf den Nutzen haben wir hierbei auf das Risiko der Minderung eines etwaigen Prozessnutzens für den Fall der Zeitreduktion verwiesen. Zudem besteht die Gefahr, dass durch die Ermöglichung paralleler Zeitverwendungen bei Dienstleistungen die Zeitproduktivität in der Erstverwendung der Zeit rückläufig ist und infolgedessen der Nutzen dieser Erstverwendung abnimmt.

Zusammenhang mit dem Nutzen

Mit Blick auf die Kosten ist zunächst zu konstatieren, dass ihre Beziehung zu Maßnahmen zur Verminderung zeitbasierter Opportunitätskosten weniger eindeutig ist als beim Verhältnis aus Nutzensteigerung und Kosten. In der Regel werden jedoch auch Maßnahmen zur Verminderung zeitbasierter Opportunitätskosten nicht zum »Nulltarif« realisiert werden können, sodass für ihren Wertschöpfungsbeitrag die Relation zur Kostensteigerung maßgeblich ist. Allerdings sind auch Konstellationen denkbar, in denen die Kosten nicht zwangsläufig steigen. So könnten Sachleistungen noch Zeiteffizienzpotenziale bergen, deren Hebung nicht unbedingt höhere Kosten verursacht. Wird die Integrationszeit einer Dienstleistung verkürzt, so erhöhen sich zwar vermutlich die Kosten pro Zeiteinheit, gleichzeitig vermindert sich aber auch die kostentreibende Prozesszeit. Hinsichtlich der Ermöglichung paralleler Zeitverwendungen hängt die Kostenwirkung in erster Linie von der Art der ermöglichten Zeitverwendung ab. Schließlich ist bei einer Erhöhung der Zeitsouveränität der Kunden die Wirkung auf die Kapazitätsauslastung zu beachten.

Zusammenhang mit den Kosten

Bezüglich der Wirkung von Maßnahmen zur Verminderung zeitbasierter auf energiebasierte Opportunitätskosten ist zunächst festzuhalten, dass, falls Energie für die Realisierung eines Nutzens erforderlich ist, ein funktionaler Zusammenhang zwischen Zeit und energiebasierten Opportunitätskosten besteht. Maßnahmen zur Verminderung zeitbasierter Opportunitätskosten berühren im Anfangsverdacht somit auch ihr energetisches Pendant. Je nachdem, ob durch die Maßnahmen zur Verminderung zeitbasierter Opportunitätskosten der funktionale Zusammenhang zum Energieeinsatz verändert wird oder nicht, und ob es sich um Zeitverkürzung oder Grenzkostenreduktion handelt, haben wir vier Fälle unterschieden. Zeitreduktion führt bei unverändertem Energieeinsatz logischerweise auch zu reduzierten energiebasierten Opportunitätskosten (1. Fall). Steigt der Energieeinsatz infolge einer Zeitreduktion, so tritt gleichzeitig ein erhöhender und ein vermindernder Effekt auf (2. Fall). Die Wirkung auf die energiebasierten Opportunitätskosten hängt dann vom Saldo dieser gegenläufigen Effekte ab. Gleiches gilt für den vierten Fall, jedoch aufgrund einer anderen Ursache. Die Grenzkostenreduktion kann den Energieeinsatz erhöhen oder senken. Bei identischer Dauer resultieren daraus korrespondierende Wirkungen auf das Ausmaß der energiebasierten Opportunitätskosten. Wird durch die Grenzkostenreduktion der Energieeinsatz des Kunden nicht verändert (3. Fall), dann bleiben angesichts der gleichbleibenden Integrationsdauer auch die energiebasierten Opportunitätskosten konstant.

Zusammenhang mit energiebasierten Opportunitätskosten

3.4.2.2.2.3 Reduktion energiebasierter Opportunitätskosten

Ursachen für energiebasierte Opportunitätskosten

Energiebasierte Opportunitätskosten entstehen erstens, wenn die Realisation eines Nutzens ohne Energie des Kunden unmöglich ist oder anders formuliert, wenn die physische oder kognitive Energie des Kunden ein essenzieller Produktionsfaktor des Kundennutzens ist. So verlangt das nach Hause Tragen eines Einkaufes ebenso physische Energie wie zahlreiche Heimwerker- oder Haushaltstätigkeiten. Erfolgreiche Bildungsprozesse sind ohne kognitive Energie des Schülers, Studierenden oder Seminarteilnehmers unmöglich. Zweitens können Ansprüche an die Energiebudgets von Kunden das Kuppelprodukt[15] eines Produktionsprozesses sein. Dies wird hier in erster Linie für emotionale Energieansprüche vermutet. Zwar erfordern auch zahlreiche Dienstleistungen (z. B. Besuch eines Rockfestivals) ebenso wie genutzte Sachleistungen (z. B. eine Spielekonsole) emotionale Energie im Sinne eines Produktionsfaktors. Diese energetischen Ansprüche verursachen aber im Gegensatz zur Erscheinungsform des Kuppelprodukts keine Opportunitätskosten, da sie positiver Natur sind, wie zum Beispiel Freude oder Spannung. Im Kontrast dazu können im Prozess einer Nutzenrealisation negative Emotionen, wie zum Beispiel Angst oder Enttäuschung, auftreten, die kein Produktionsfaktor sind, aber ursächlich mit dem Produktionsprozess zusammenhängen. Beispiel 30 soll diesen Gedanken verdeutlichen.

Beispiel 30

Beispiel Flugangst

Negative emotionale Energie als Kuppelprodukt – Flugangst

Jeder vierte Deutsche hat Flugangst, unser Redakteur auch. Nach dem Germanwings-Unglück rief er einen Experten an. Der empfahl, die Angst anzunehmen – und Schokoriegel.

Interview: Christian Spiller (gekürzte Fassung)

ZEIT ONLINE: Herr Schiebel, ich habe Flugangst. Können Sie das verstehen?

Dieter Schiebel: Selbstverständlich. Weil Sie die Kontrolle abgeben müssen, an den Flugkapitän und die Technik des Flugzeugs. Damit tun sich viele schwer. Zu 80 Prozent betrifft das Menschen, die Führungspositionen innehaben, die das Steuer immer selbst in der Hand haben müssen. Wahrscheinlich sind Sie auch im Auto ein schlechter Beifahrer.

ZEIT ONLINE: Das bin ich. Aber warum fällt einem dieser Kontrollverlust so schwer?

Schiebel: Sie können nicht loslassen, vor allem nicht ihre Angst. Aber darum geht es: Sie müssen die Angst zulassen. Das ist das Erste, was man in einem Flugangst-Seminar lernt. Wer die Angst zulässt, lindert seine Symptome.

15 Kuppelprodukte (B) sind Produkte, die im Rahmen der Produktion eines anderen Produktes (A) zwangsläufig entstehen (vgl. Arnold, 1976, S. 90 f.). Bei der Erzeugung von Benzin (A) wird beispielsweise automatisch auch Heizöl, Schweröl und Bitumen (B) erzeugt.

ZEIT ONLINE: Wie viele Menschen haben Flugangst?

Schiebel: Laut Allensbach-Institut ist es jeder Vierte. Oft kommen noch andere Ängste hinzu, etwa Platzangst oder Höhenangst.

ZEIT ONLINE: Ich verstehe das. Ich fahre auch jeden Tag mit dem Fahrrad ins Büro und weiß, dass die Gefahr, unter einen Lkw zu kommen, wesentlich größer ist, als mit dem Flugzeug abzustürzen. Dennoch habe ich vorm Radfahren keine Angst. Wieso nicht?

Schiebel: Beim Menschen liegen Rationalität und Irrationalität weit auseinander. Wir versuchen, beides zusammenzubringen. Man muss sich erst einmal klar machen: Was ist Angst? Woher kommt sie? Was macht sie mit uns? Und wie komme ich aus diesem Teufelskreis wieder raus? Wenn man einmal versteht, wie der biologische Aufbau des Körpers ist, dann versteht man auch die Angst.

ZEIT ONLINE: Aber wenn Fliegen angeblich so sicher ist, warum betrachten so viele es als Gefahr?

Schiebel: Weil die Leute nicht weiterdenken. Wenn ein Löwe auf Sie zukommt, ist die Angst real, er könnte Sie töten. Dann können Sie nur kämpfen oder flüchten. Flugangst ist eine Angst vor dem Unbekannten, den Geräuschen, Turbulenzen, der Technik. Aber die Angst ist nicht real. Das ist Kopfkino. Sie treffen falsche Einschätzungen.

ZEIT ONLINE: Nach dem Motto: Oje, was war das für ein Geräusch?

Schiebel: Genau. Geräusche sind einfach da, in jedem Flugzeug: Triebwerksgeräusche, Umströmungsgeräusche, Klappengeräusche, Tausende Geräusche. Das Problem ist, dass die Geräuschentwicklung in jedem Flugzeug anders ist. Das macht es schwierig, sich drauf einzustellen. Auf Geräusche sollte man deshalb überhaupt nicht achten.

ZEIT ONLINE: Was ist mit Turbulenzen?

Schiebel: Turbulenzen sind keine Gefahr, sie schaden dem Flugzeug überhaupt nicht. So eine Tragfläche kann bis zu zehn Meter nach oben und fünf Meter nach unten schwingen. Aber selbst bei sehr schweren Turbulenzen schwingen sie vielleicht mal einen halben Meter. Da haben wir also eine 95-prozentige Sicherheitstoleranz drin.

ZEIT ONLINE: Steigen Sie selbst überall ein?

Schiebel: Überall, außer bei den Fluggesellschaften aus Afrika oder Asien, die auf der Schwarzen Liste stehen.

Quelle: ZEIT ONLINE (2015)

Grundsätzlich wertschöpfungs-mindernd

Die Energiebudgets von Kunden sind, wenn auch prinzipiell wieder auffüllbar, knapp. Gehen mit der Nutzenerstellung energetische Ansprüche einher, steht diese Energie nicht mehr für andere ebenso nutzenstiftende Aktivitäten zur Verfügung, sodass Opportunitätskosten entstehen. Da energiebasierte Opportunitätskosten im beschriebenen Sinne die Wertschöpfung mindern, führt ihre Reduktion ceteris paribus zu einer höheren Wertschöpfung.

Nichtlinearer Zusammenhang

Wir hatten bereits bei der Diskussion möglicher Wechselwirkungen zwischen zeit- und energiebasierten Opportunitätskosten auf den nichtlinearen Zusammenhang zwischen Energieeinsatz und energiebasierten Opportunitätskosten verwiesen (vgl. Abb. 71). Bis zu einer subjektiv variierenden Belastungsgrenze (in Abb. 71 bei einem Energieeinsatz von 16 Einheiten) steigen die Opportunitätskosten nur moderat, danach sehr steil an.

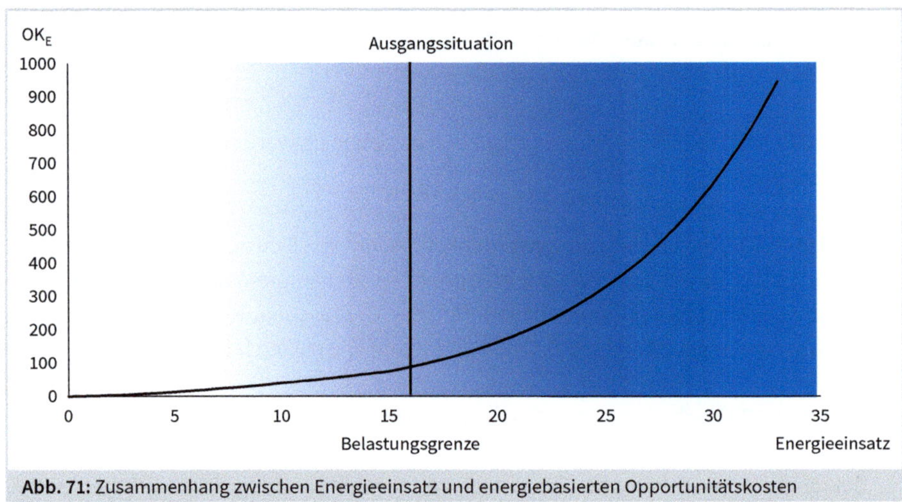

Abb. 71: Zusammenhang zwischen Energieeinsatz und energiebasierten Opportunitätskosten

Diesseits oder jenseits der Belastungsgrenze

Entsprechend dieser Annahme, ist der Hebel einer wertschöpfungssteigernden Verminderung energiebasierter Opportunitätskosten umso größer, je stärker der Energieeinsatz in einer gedanklichen Ausgangssituation die Belastungsgrenze überschreitet. Analog ist das Wertschöpfungspotenzial reduzierter Energiebudgets in Ausgangssituationen mit energetischen Anforderungen unter der Belastungsgrenze vergleichsweise gering.

Drei Optionen

Vor dem Hintergrund dieser Modellierung existieren drei Optionen zur Verminderung energiebasierter Opportunitätskosten. Erstens kann der Energieeinsatz des Kunden reduziert werden. Zweitens kann seine Belastungsgrenze erhöht werden und drittens kann der funktionale Zusammenhang zwischen Energieeinsatz und Opportunitätskosten derart beeinflusst werden, dass bei gleichem Energieeinsatz geringere Opportunitätskosten entstehen. Alle drei Möglichkeiten werden nachfolgend zunächst unter Vernachlässigung möglicher Auswirkungen auf die anderen Wertschöpfungstreiber ausführlich vorgestellt. Im Hinblick auf die erste Option, Senkung des kundenseitigen Energieeinsatzes, sind zwei Varianten denkbar (vgl. Abb. 72).

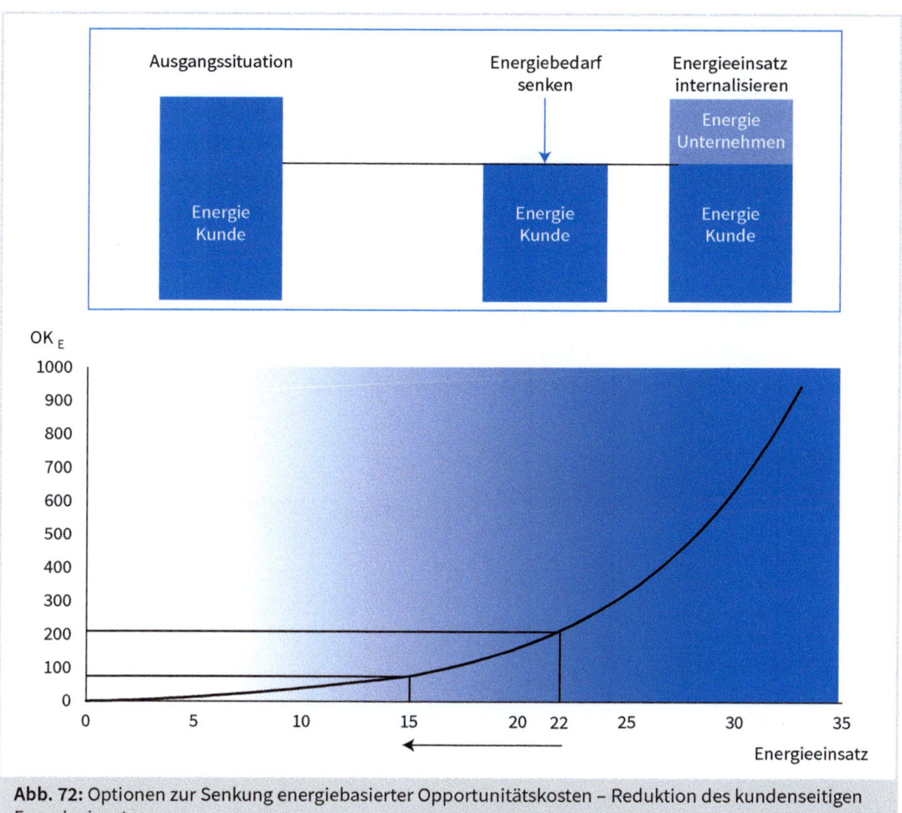

Abb. 72: Optionen zur Senkung energiebasierter Opportunitätskosten – Reduktion des kundenseitigen Energieeinsatzes

Senkung des Energieeinsatzes

Kundenprozesse energieextensiver gestalten

Erstens kann das Unternehmen den Energieeinsatz des Kunden senken, indem es die für die Nutzenerzeugung relevanten Kundenprozesse energieextensiver konzipiert. Die intuitive Bedienbarkeit eines elektronischen Gerätes, die einfache Navigation auf einer Website oder eine verständliche Vorlesung sind Beispiele für eine solche Vorgehensweise im Kontext kognitiver Energie. Neuere Beiträge der neuronalen Forschung haben gezeigt, dass Marken im Kontext von Kaufentscheidungsprozessen eine solche kognitive Entlastung von Konsumenten bewirken (vgl. Kenning, 2014, S. 202 ff.; Kenning et al., 2005, S. 55). Die Nutzung gewichtsarmer Verpackungen, etwa Wasser in PET-Flaschen, die Erfindung des Rollkoffers oder die wohnortnahe Standortwahl eines Supermarktes sind hierfür Beispiele mit Bezug zu physischer Energie. Hinsichtlich emotionaler Energie hängt die Wirksamkeit einer Maßnahme von der Art der Emotion und den sie auslösenden Ursachen ab. Würden Kunden sich beispielsweise häufig über als ungerecht empfundene Wartezeiten an der Supermarktkasse ärgern (im Sinne von »meine Schlange ist immer die langsamste«), wäre die Einführung einer zentralen Warteschlange vermutlich geeignet, um diese negativen Emotionen zu reduzieren.

Energieeinsatz internalisieren

Zweitens kann das Unternehmen den Kunden energetisch entlasten, in dem es einen Teil des Energieeinsatzes vom Kunden übernimmt, also internalisiert. Der für die Nutzenerzeugung erforderliche Energieeinsatz wird bei dieser Variante also nicht gesenkt, sondern vom Kunden zum Unternehmen umverteilt. Das Angebot einer Hotline für Fragen der richtigen Bedienung eines elektronischen Gerätes oder ein durch einen Professor betreutes Forum, in dem Studierende Fragen zum Stoff seiner Vorlesung stellen können, sind Beispiele hierfür mit Bezug zu kognitiver Energie. Bei physischem Energiebedarf könnten Unternehmen beispielsweise einen Lieferservice anbieten und so die energetischen Leistungen zwischen Kunde und Unternehmen neu justieren. Im Hinblick auf emotionale Energie könnten Mitarbeiter so geschult werden, dass sie dem Kunden durch ihre Empathie einen Teil seiner negativen Emotionen, wie zum Beispiel Angst vor dem Zahnarzt oder einem medizinischen Eingriff, abnehmen.

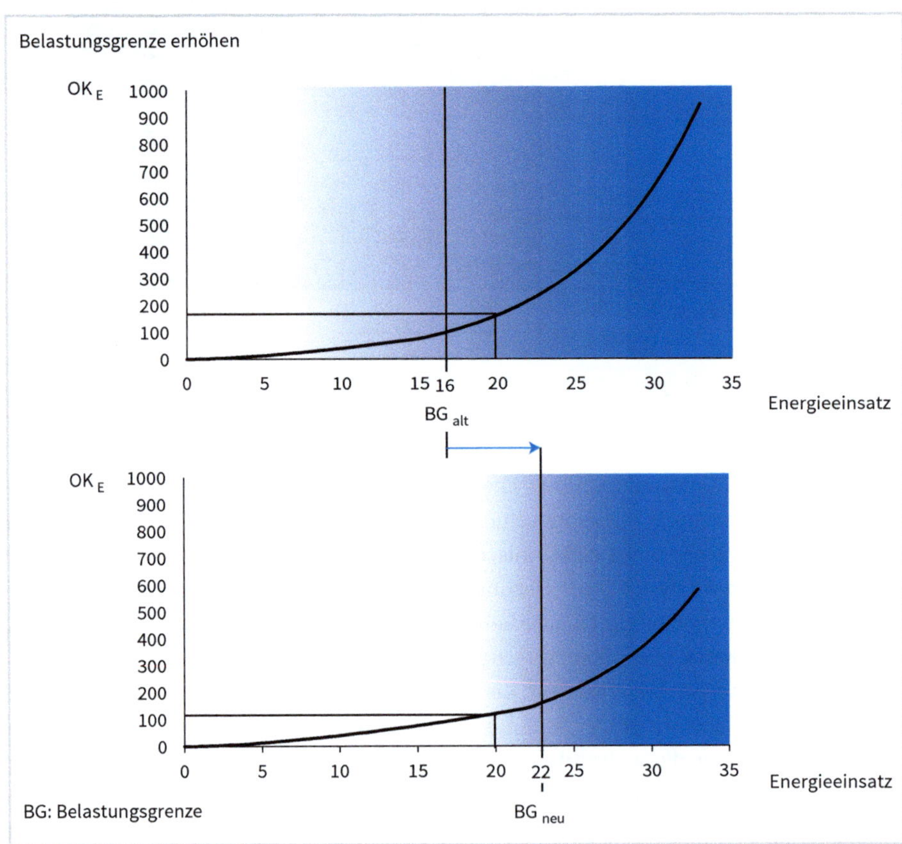

Abb. 73: Optionen zur Senkung energiebasierter Opportunitätskosten – Verschiebung der energetischen Belastungsgrenze des Kunden

Erhöhung der Belastungsgrenze

Bei der zweiten Option zur Senkung energiebasierter Opportunitätskosten (vgl. Abb. 73) wird die energetische Belastungsgrenze des Kunden erhöht (in Abb. 73 beispielhaft von 16 auf 22), wodurch die Kurve der energiebasierten Opportunitätskosten sich nach rechts verschiebt.

Diese Option ist besonders wirksam, wenn hierdurch ein zuvor über der Belastungsgrenze liegender Energieeinsatz des Kunden (in Abb. 73 in Höhe von 20) unter seine neue Belastungsgrenze gedrückt werden kann.

Prinzip Training

Die Erhöhung der Belastungsgrenze entspricht dem aus dem Sport bekannten Prinzip des Trainings (vgl. Weineck, 2019, S. 19). Dem Gesetz der Überkompensation entsprechend, verschiebt sich die Belastungsgrenze eines Sportlers durch ein Training, das diese überschreitet, ihn gleichzeitig aber auch nicht überfordert (vgl. Schnabel/Harre/Krug, 2014, S. 202 f.). Demzufolge sind Trainingspläne typischerweise im Hinblick auf die Belastung sukzessiv steigend aufgebaut, wie Beispiel 31 verdeutlichen soll.

Beispiel 31

Verschieben der Belastungsgrenze – Trainingsplan zur Vorbereitung auf einen Marathonlauf

Beispiel Marathontraining

Abb. 74 zeigt die Entwicklung des täglichen Trainingspensums für Läufer, die ihren ersten Marathon (ohne Zeitvorgabe) absolvieren wollen. Der Trainingsplan beinhaltet drei bis vier Trainingseinheiten pro Woche. Er ist geeignet für Läuferinnen und Läufer, die seit mindestens 18 Monaten regelmäßig laufen und 60 Minuten ohne Pause schaffen. Die Intensität des Trainings wird über die Herzfrequenz gesteuert. In der Abbildung sind nur die Dauerläufe der Stufe 1 (normale Belastung) dargestellt. Ergänzend beinhaltet der komplette Trainingsplan auch Läufe mit höherer Intensität sowie Alternativtraining.

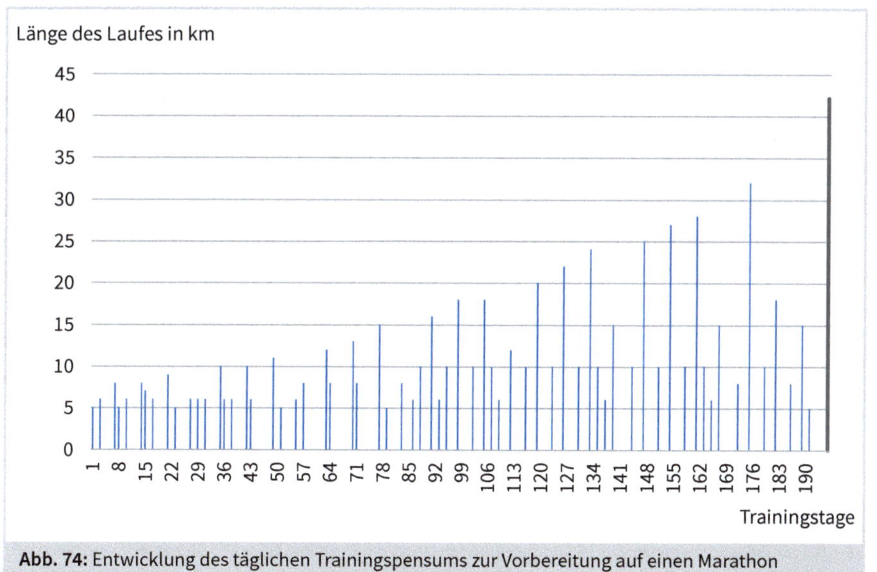

Abb. 74: Entwicklung des täglichen Trainingspensums zur Vorbereitung auf einen Marathon

> Es zeigt sich deutlich, dass die Länge der Läufe im Zeitverlauf zunimmt. Beginnend mit einem Wochendurchschnitt von 2,7 km in der ersten Woche bis zu 6 km in der 26. Woche.
>
> Quelle: Laufen.de (2018)

Kunden trainieren?

Der ein oder andere Leser wird diese Option möglicherweise mit Verwunderung aufnehmen, da eine Belastung des Kunden jenseits seiner Belastungsgrenze quasi zu Trainingszwecken wegen der Souveränität des Kunden auf den ersten Blick befremdlich erscheinen mag. Dennoch ist diese Option nicht unter allen Umständen abwegig. So kann ein Bildungsanbieter sein Seminarprogramm, z. B. einen Sprachkurs oder auch eine über mehrere Wochen dauernde Vorlesung, im Hinblick auf die kognitive Belastung der Teilnehmer im Sinne eines Trainingsplans, also mit im Zeitverlauf wachsenden Ansprüchen, konzipieren. So wird eine anfängliche Überforderung vermieden und vor dem Hintergrund des Gewöhnungseffektes die Belastungsgrenze sukzessive verschoben. Ebenso versuchen Luftverkehrsgesellschaften durch das Angebot von Flugangstseminaren die emotionale Belastungsgrenze ihrer Kunden zu verändern. Und auch ein Personal Trainer wird ein Fitnessprogramm vermutlich den Grundsätzen der Sportwissenschaft folgend gestalten, sodass die physische Belastungsgrenze seines Klienten sich sukzessive erhöht.

Funktionsverlauf beeinflussen

In Bezug auf die dritte Option zur Senkung energiebasierter Opportunitätskosten, der Beeinflussung des funktionalen Zusammenhangs zwischen Energieeinsatz und Opportunitätskosten, existieren wie bei Option 1 abermals zwei Varianten. Zum einen kann das Unternehmen

Pausen

den Energie erfordernden Prozess unterbrechen, dem Kunden also energetische Erholungspausen bieten und so ein Überschreiten der Belastungsgrenze vermeiden (vgl. Abb. 75).

Erläuterung der Abbildung

Wie aus Abb. 75 ersichtlich, wird durch die Pausen zwar die Gesamtprozesszeit von 30 auf 36 Zeiteinheiten verlängert, gleichzeitig aber unterschreitet der Energieeinsatz im Zeitverlauf kontinuierlich die Belastungsgrenze mit entsprechend großer Wirkung auf die Opportunitätskosten. Im bespielhaften Funktionsverlauf wird ein Energieeinsatz von 30 Einheiten einmal ohne Pausen, also kontinuierlich im Zeitverlauf erbracht. Ohne energetische Pausen resultieren hieraus vor dem Hintergrund der unterstellten Funktion[16] Opportunitätskosten in Höhe von rund 640 Einheiten. Mit Pausen ergeben sich bei gleichem funktionalen Zusammenhang zwischen Energieeinsatz und Opportunitätskosten trotz der längeren Prozesszeit lediglich Opportunitätskosten in Höhe von rund 380. Voraussetzung für den skizzierten Funktionsverlauf ist, dass die Länge der Pausen für die energetische Erholung des Kunden hinreichend groß ist.

16 Bis zur Belastungsgrenze von 16 Energieeinheiten lautet die Funktion: $OK_E = E^{1,6}$. Ab der Belastungsgrenze wächst der Exponent dieser Funktion mit jeder weiteren Energieeinheit um 0,02. Aus einem Energieeinsatz von 17 (18) Einheiten resultieren also energiebasierte Opportunitätskosten in Höhe von $17^{1,64} = 104,2$ respektive $18^{1,66} = 121,3$.

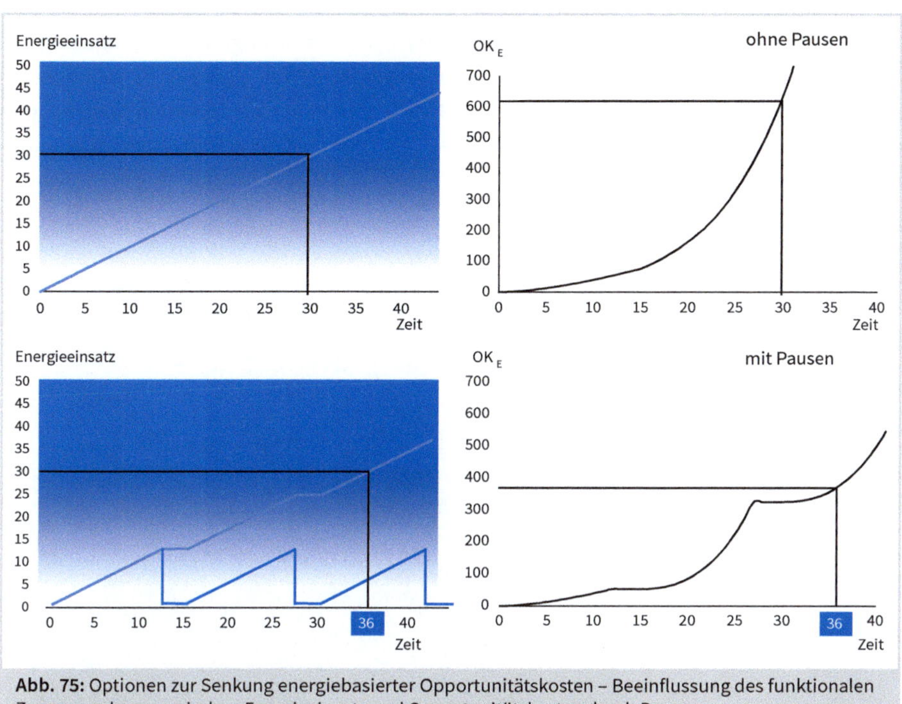

Abb. 75: Optionen zur Senkung energiebasierter Opportunitätskosten – Beeinflussung des funktionalen Zusammenhangs zwischen Energieeinsatz und Opportunitätskosten durch Pausen

Beispiel für das Prinzip Pause

Das Angebot von Sitzmöglichkeiten in einem Einkaufszentrum ist ein einfaches, aber vermutlich wirksames, Beispiel für das Prinzip Pause im Zusammenhang mit physischer Energie. Bezüglich kognitiver Energie ist wohl kaum ein Bildungsprozess denkbar, in dem regelmäßige Pausen nicht integraler Bestandteil sind. Und vielleicht hat Ihr Zahnarzt Sie auch schon einmal gefragt, »ob es noch geht oder ob er mal eine Pause machen soll«. Letzteres wäre ein Beispiel für die Pausenidee aus dem Bereich emotionaler Energie.

Gestaltung des Ambientes

Bei der zweiten Variante einer Modifikation des Funktionsverlaufes (vgl. Abb. 76) wird die Transformation des Energieeinsatzes in Opportunitätskosten durch Gestaltung des den Prozess umgebenden Ambientes beeinflusst: Bei gleich hohem Energieeinsatz werden die daraus resultierenden »Leiden« des Kunden und damit seine Opportunitätskosten geringer[17]. Am eingängigsten ist dieses Vorgehen vermutlich im Kontext von emotionaler Energie. So verstehen es wohl die meisten Zahnarztpraxen, ihren Patienten durch ein entspannendes Ambiente etwas von der sprichwörtlichen »Angst vor dem Zahnarzt«[18] zu nehmen. Ebenso werden die meisten Bildungsanbieter darum bemüht sein, Lernpro-

17 Angenommen wird, dass durch die Veränderung des Ambientes erstens der Basisexponent von 1,6 auf 1,3 sinkt und dieser zweitens ab der Belastungsgrenze nicht mehr um 0,02, sondern nur noch um 0,01 anwächst.

18 Als Mensch mit notorischer Flugangst wünschte man sich, dass vielleicht der eine oder andere Flughafen und die eine oder andere Airline sich hiervon etwas abgucken würden.

zesse, die naturgemäß kognitive Energie erfordern, durch eine angenehme Umgebung für Lernende und Lehrende zu erleichtern. Und auch ein Fitnessstudio kann – zumindest für den Teil seiner Kunden, die den Nutzen aus dem Ergebnis der körperlichen Anstrengung und nicht aus dem Prozess ziehen – die Mühen des Trainings durch die räumliche Gestaltung weniger leidvoll machen.

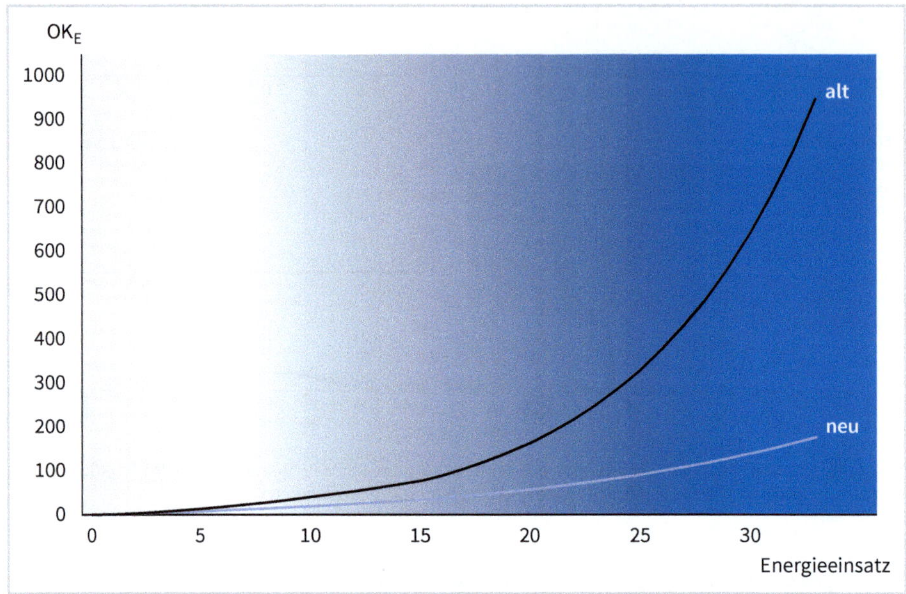

Abb. 76: Optionen zur Senkung energiebasierter Opportunitätskosten – Beeinflussung des funktionalen Zusammenhangs zwischen Energieeinsatz und Opportunitätskosten durch Gestaltung des Ambientes

Fazit

Zusammenfassend haben wir drei mögliche Ansatzpunkte zur Verminderung energiebasierter Opportunitätskosten beleuchtet. Erstens können Unternehmen den Energieeinsatz des Kunden reduzieren, indem sie entweder Prozesse energieextensiver gestalten oder Energieerfordernisse internalisieren. Zweitens können Unternehmen versuchen, die Belastungsgrenze ihrer Kunden zu erhöhen. Drittens schließlich sind energetische Pausen und die Gestaltung der Prozessumgebung Möglichkeiten, den funktionalen Zusammenhang zwischen Energieeinsatz des Kunden und seinen Opportunitätskosten zu beeinflussen.

Wechselwirkungen mit anderen Wertschöpfungstreibern

Wie bei den Ausführungen zu Nutzen und zeitbasierten Opportunitätskosten, analysieren wir im Folgenden mögliche Wechselwirkungen zwischen Maßnahmen zur Senkung energiebasierter Opportunitätskosten und den drei weiteren Wertschöpfungstreibern. Aus den fünf Ansatzpunkten zur Senkung energiebasierter Opportunitätskosten auf der einen Seite und den drei weiteren Wertschöpfungstreibern auf der anderen Seite resultiert eine Matrix mit 15 Feldern, die als Suchraum für derartige Wechselwirkungen dient (vgl. Tab. 24).

		Nutzen	Kosten	zeitbasierte OK
Energieeinsatz des Kunden reduzieren	Prozesse energie-extensiver gestalten	a1	a2	a3
	Energie internalisieren	b1	b2	b3
Belastungsgrenze erhöhen		c1	c2	c3
Funktionsverlauf zwischen Energieeinsatz und OK_E beeinflussen	Integration energetischer Pausen	d1	d2	d3
	Opportunitätskosten-senkendes Ambiente	e1	e2	e3

Tab. 24: Suchraum für Zusammenhänge zwischen Maßnahmen zur Senkung energiebasierter Opportunitätskosten und weiteren Wertschöpfungstreibern

Unter der Prämisse einer Wertschöpfungssteigerung wären bei Minderung energiebasierter Opportunitätskosten negative Korrelationen zum Nutzen (energiebasierte Opportunitätskosten sinken, Nutzen steigt) sowie positive Korrelationen zu Kosten und zeitbasierten Opportunitätskosten (energiebasierte Opportunitätskosten sinken, Kosten respektive zeitbasierte Opportunitätskosten sinken) wünschenswert. In diesen Fällen würde die Wertschöpfung durch die jeweilige Maßnahme zur Senkung energiebasierter Opportunitätskosten sicher zunehmen. Bei entgegengesetzten Korrelationen, also zum Beispiel steigender Kosten infolge der Verminderung energiebasierter Opportunitätskosten, kommt es für die Frage zu- oder abnehmender Wertschöpfung auf das Verhältnis der Effekte an.

Die nachfolgenden Ausführungen sind in Bezug auf Tab. 24 zeilenweise gegliedert. Die fünf Optionen zur Verminderung energiebasierter Opportunitätskosten (a–e) werden also hintereinander hinsichtlich ihrer Wirkungen auf Nutzen (1). Kosten (2) und energiebasierte Opportunitätskosten (3) diskutiert.

Energieextensivere Gestaltung und …

Nutzen

Bei der energieextensiveren Gestaltung (a1) ist mit Blick auf den Nutzen darauf zu achten, dass die vor dem Hintergrund energiebasierter Opportunitätskosten eliminierten Prozesselemente nicht gleichzeitig nutzenstiftend sind. So ist der Anteil von Pkw mit Automatikgetriebe in Deutschland im internationalen Vergleich seit vielen Jahren sehr gering (Deutschland: rund 20%, USA: rund 90%; vgl. Mayer, 2016), obgleich das Fahren eines Pkw mit Automatikgetriebe weniger Kundenenergie erfordert. Neben einer Reihe von anderen Gründen (so sind Pkw mit Automatikgetriebe teurer, verbrauchen vermeintlich mehr Kraftstoff etc.), könnte dafür auch der Umstand verantwortlich sein, dass Menschen einen Nutzen aus der manuellen Schaltung ihres Pkw ziehen, etwa weil es ihren Fahrspaß erhöht oder ihnen ein größeres Gefühl von Autonomie vermittelt.

... Kosten

Bezüglich der Kostenwirkung (a2) einer energieextensiveren Gestaltung ist keine eindeutige Aussage möglich. So wird zwar die Neugestaltung eines Prozesses vermutlich Kosten verursachen, andererseits können die unter energetischen Gesichtspunkten eliminierten Prozessteile auch kostentreibend sein, woraus ein kostendämpfender Effekt resultieren würde.

... zeitbasierte Opportunitätskosten

Die zeitbasierten Opportunitätskosten (a3) schließlich werden infolge einer energieextensiveren Gestaltung tendenziell rückläufig sein, da von dem energieärmeren Prozess vermutlich auch geringere Ansprüche an das Zeitbudget des Kunden ausgehen.

Internalisierung und ...

Nutzen

Wird der Energieeinsatz des Kunden durch Internalisierung vermindert, sind im Normalfall keine Effekte auf den Nutzen (b1) zu erwarten. Selbst wenn die internalisierten Elemente nutzenstiftend sind, kann das Unternehmen über das Angebot einer Wahlmöglichkeit im Sinne einer nur optionalen Internalisierung das Risiko einer Nutzenminderung vermeiden.

... Kosten

... zeitbasierte Opportunitätskosten

Die Kosten (b2) hingegen werden durch eine Internalisierung in aller Regel steigen, da das Unternehmen dem Kunden Energie erfordernde Prozesse abnimmt, die beim Unternehmen zu einem zusätzlichen Ressourcenverbrauch führen. Ähnlich wie bei der energieextensiveren Gestaltung werden die zeitbasierten Opportunitätskosten (b3) auch durch eine Internalisierung typischerweise sinken, da durch die Prozessübernahme gleichzeitig die Zeiterfordernisse des Kunden rückläufig sind.

Erhöhung der Belastungsgrenze und ...

Nutzen

Aus einer Erhöhung der energetischen Belastungsgrenze (c1) können gleichzeitig positive Wirkungen auf den Prozessnutzen des Kunden folgen. So erscheint es vor dem Hintergrund der Erkenntnisse aus der Motivationsforschung (vgl. Brunstein/Heckhausen, 2018, S. 184 ff.) denkbar, dass Kunden aus dem Erlebnis einer steigenden Belastungsgrenze einen zusätzlichen Nutzen ziehen. Ein Sprachkurs beispielsweise ist für viele Teilnehmer vermutlich eher eine ergebnisorientierte Dienstleistung: Der Nutzen entsteht erst dann, wenn das gewünschte Niveau der Sprachfähigkeit erreicht ist. Aus einer sukzessiven Steigerung des Schwierigkeitsgrades mit entsprechenden Erfolgserlebnissen werden die Kursteilnehmer aber wahrscheinlich auch einen Prozessnutzen ziehen können.

... Kosten

... zeitbasierte Opportunitätskosten

Inwieweit die Kosten durch eine Erhöhung der Belastungsgrenze (c2) steigen, hängt von den dazu eingesetzten Maßnahmen ab. Im Wesentlichen wird es sich dabei um Entwicklungs- respektive Rüstkosten handeln, die im Zusammenhang mit der Konzeption und Einführung einer sukzessiv steigenden Energiebelastung stehen. So könnte ein Hochschullehrer mit dem Ziel einer Verschiebung der Belastungsgrenze der Studierenden seine Vorlesung neu strukturieren. Hierdurch würden zum einen Entwicklungskosten für die Neukonzeption der Vorlesung entstehen. Zum anderen Anpassungskosten für den Wechsel vom alten zum neuen Vorlesungsaufbau. Ebenso ist zu vermuten, dass die zeit basierten Opportunitätskosten (c3) steigen, da die für die Verschiebung der Belastungsgrenze erforderliche Trainingszeit die Gesamtprozesszeit tendenziell verlängert. Gelingt es, die im Zeitverlauf steigende Belastung durch bloße Neuordnung einzelner, ohnehin erforderlicher Prozessschritte zu erreichen, werden die zeitbasierten Opportunitätskosten durch die Verschiebung der Belastungsgrenze nicht tangiert.

Pausen und … Nutzen

Pausen können den Prozessnutzen (d1) negativ berühren. Die Unterbrechung eines nutzenstiftenden Prozesses kann der Kunde ungeachtet der anschließenden Fortsetzung als störend und damit nutzenmindernd empfinden. Dies ist insbesondere dann zu erwarten, wenn der Nutzen sich im Zeitverlauf kumulativ aufbaut und durch die Pausen das Nutzenniveau unter das Vorpausenniveau sinkt. »Schatz, ich brauch mal 'ne Pause …«. Dieser Satz ist beim gemeinsamen Aufbau des neuen IKEA-Kleiderschranks unverfänglich; in anderen Konstellationen kann er beim Partner respektive der Partnerin jedoch erhebliche Frustration erzeugen.

… Kosten

Die Kosten werden durch die Integration von Pausen (d2) in der Regel steigen, da die Personalkosten von der Gesamtprozesszeit und nicht nur von der aktiven Integrationszeit des Kunden abhängen. So werden beispielsweise Lehrer oder Trainer auch in den Pausen ihrer Schüler respektive ihrer Trainingsgruppe bezahlt.

… zeitbasierte Opportunitätskosten

Gleiches gilt für die zeitbasierten Opportunitätskosten (d3), da Pausen die Gesamtprozesszeit des Kunden verlängern. Durch die Ermöglichung paralleler Zeitverwendungen in den Pausen kann der Anstieg der zeitbasierten Opportunitätskosten deutlich gemindert werden. Dabei ist allerdings darauf zu achten, dass die parallele Zeitverwendung die ursprüngliche Regenerationsintention der Pausen nicht konterkariert. So unterrichtet einer der Autoren überwiegend in berufsbegleitenden Studiengängen. In den Seminarpausen, die ja eigentlich zur kognitiven Regeneration der Studierenden (und des Lehrenden) gedacht sind, erledigen die Teilnehmer regelmäßig berufliche Aufgaben: Sie checken ihre Mails oder führen Telefongespräche. Dies reduziert zwar ihre zeitbasierten Opportunitätskosten, vermindert allerdings auch ihre kognitive Erholung.

Ambiente und … Nutzen

Das Ambiente kann den Nutzen (e1) positiv beeinflussen, wenn es nicht nur die empfundene energetische Last reduziert, sondern gleichzeitig den aus dem Prozess empfundenen Nutzen steigert. So werden für prozessorientierte Einkäufer (»Shoppen«) durch ein angenehmes Einkaufsambiente (Musik, Licht, Ladengestaltung etc.) vermutlich nicht nur die energiebasierten Opportunitätskosten reduziert, sondern gleichzeitig der Prozessnutzen des Einkaufens erhöht (Erlebniseinkauf).

… Kosten

Im Hinblick auf die Kosten (e2) ist davon auszugehen, dass sie infolge einer Umgestaltung des Ambientes steigen werden. Zwar ist es durchaus denkbar, dass einzelne Elemente eines Ambientes unter dem Primat sinkender energiebasierter Opportunitätskosten ohne zusätzliche Kosten gestaltet werden können. Dies ist insbesondere dann zu erwarten, wenn bei der Planung des Ambientes der Aspekt energiebasierter Opportunitätskosten bislang unberücksichtigt geblieben ist. Insgesamt ist die Minderung energiebasierter Opportunitätskosten jedoch eine zusätzliche Anforderung an das Ambiente, der nicht zum Nulltarif entsprochen werden kann.

... zeitbasierte Opportunitätskosten

Die zeitbasierten Opportunitätskosten (e3) schließlich können durch ein Energie minderndes Ambiente positiv beeinflusst werden, wenn infolge des modifizierten Ambientes gleichzeitig der Optionsraum paralleler Zeitverwendungen für den Kunden vergrößert wird.

Fazit

Zusammenfassend (vgl. Abb. 77) wurden in diesem Kapitel Möglichkeiten zur Senkung energiebasierter Opportunitätskosten beleuchtet.

Abb. 77: Maßnahmen zur Senkung energiebasierter Opportunitätskosten – Fazit

Drei Ansatzpunkte – fünf Optionen

Erstens kann der Energieeinsatz des Kunden vermindert werden, indem entweder Prozesse energieextensiver gestaltet werden oder der Energieeinsatz vom Kunden zum Unternehmen verlagert wird. Zweitens können die energiebasierten Opportunitätskosten durch eine Erhöhung der Belastungsgrenze des Kunden gesenkt werden. Drittens kann der funktionale Verlauf zwischen Energieeinsatz und Opportunitätskosten durch die Integration von Pausen oder ein opportunitätskostensenkendes Ambiente beeinflusst werden.

Vielschichtige Zusammenhänge mit anderen Wertschöpfungstreibern

Die Zusammenhänge dieser Maßnahmen zu den anderen Wertschöpfungstreibern sind vielschichtig und in vielen Fällen auf abstraktem Niveau nicht abschließend zu beurteilen. Der Nutzen kann sinken, wenn energetische Prozesse eliminiert werden, die gleichzeitig nutzenstiftend sind oder das Nutzenniveau in den energetischen Pausen abfällt. Er kann steigen, wenn das Erlebnis einer höheren Belastbarkeit nutzenstiftend ist oder das energiebasierte Opportunitätskosten senkende Ambiente auch den Nutzen positiv beeinflusst. Aus ökonomischer Sicht wenig überraschend werden die Kosten durch Maßnahmen zur Senkung energiebasierter Opportunitätskosten in der Regel steigen. Die Verminderung der Opportunitätskosten fällt schließlich nicht vom Himmel, sondern ist Ergebnis unternehmerischer Aktivität, die eben auch einen höheren Ressourcenverbrauch mit sich bringt. Allerdings sind auch kostendämpfende Effekte denkbar, da die Elimination Energie erfordernder Prozesse auch die Kosten des Unternehmens mindern kann. Die zeitbasierten Opportunitätskosten schließlich können ähnlich wie der Nutzen je nach Maßnahme steigen oder sinken. Wird der Energieeinsatz des Kunden reduziert, führt dies zu rückläufigen zeitbasierten Opportunitätskosten, wenn die Prozesse gleichzeitig kürzer werden. Eine Erhöhung der Belastungsgrenze hingegen kann ebenso wie die Integration von Pausen die Gesamtprozesszeit verlängern und damit zu höheren zeitbasierten Opportunitätskosten führen. Das Ambiente schließlich kann durch ein erweitertes Spektrum paralleler Zeitverwendungen die zeitbasierten Opportunitätskosten reduzieren.

Die Diskussion möglicher Wechselwirkungen zwischen Maßnahmen zur Senkung energiebasierter Opportunitätskosten und den weiteren Wertschöpfungstreibern kann keinen Anspruch auf Richtigkeit oder Vollständigkeit erheben, da die Wirkungen auf abstraktem Niveau allenfalls in der Tendenz beurteilt werden können. Gleichwohl konnte gezeigt werden, dass in aller Regel Wechselwirkungen bestehen, sodass für die Abschätzung des Wertschöpfungsbeitrags konkreter Maßnahmen zur Minderung energiebasierter Opportunitätskosten die Wirkung auf Nutzen, Kosten und zeitbasierte Opportunitätskosten zwingend berücksichtigt werden muss.

Wechselwirkungen abstrakt schwer zu beurteilen

3.4.2.2.2.4 Reduktion der Kosten

Kosten sind für das Unternehmen die Opferkomponente der Wertschöpfung

Die Erzeugung eines Kundennutzens respektive die Minderung zeit- und energiebasierter Opportunitätskosten verursachen beim Unternehmen einen Ressourcenverbrauch. Wird dieser in Geldeinheiten bewertet, so erhält man die Kosten (vgl. Friedl/Hofmann/Pedell, 2017, S. 35). Aus Unternehmenssicht sind Kosten somit die Opferkomponente eines Wertschöpfungsprozesses. Entsprechend steigt die Wertschöpfung, wenn die Kosten ceteris paribus sinken. Das Aufdecken von Kostensenkungspotenzialen gehört typischerweise weder in der Wissenschaft noch in der Praxis zu den Kernaufgaben des Marketing. In der Regel betrachten »Marketers« Kostenveränderungen infolge von Variationen der drei weiteren Wertschöpfungstreiber, also mittelbar, aber analysieren nicht den unmittelbaren Beitrag verminderter Kosten zur Wertschöpfung. Nichtsdestotrotz zählen Möglichkeiten zur Kostensenkung vor dem Hintergrund unserer Modellierung von Wertschöpfung zum Aufgabenbereich des Strategischen Marketings, auch wenn dazu in der konkreten Anwendung sicher Expertise aus anderen Funktionsbereichen, wie etwa der Produktion oder der Kostenrechnung, erforderlich ist. Wie in den Vorkapiteln, diskutieren wir nachfolgend zunächst Optionen zur Reduktion der Kosten unter der Annahme, dass hierdurch die drei anderen Wertschöpfungstreiber unberührt bleiben. Anschließend gehen wir auf

Kein Kerngebiet des Marketing

das Zusammenspiel zwischen Kostenreduktion und Höhe des Kundennutzens respektive der zeit- und energiebasierten Opportunitätskosten ein.

Drei Ansatzpunkte

Für eine Minderung der Kosten, ohne dass sich hierdurch die anderen Wertschöpfungstreiber verändern, sehen wir im Wesentlichen drei Ansatzpunkte: Erhöhung der Effizienz, Fixkostendegression durch höhere Stückzahlen und Stückkostendegression infolge der Erfahrungskurve.

Mögliche Ineffizienzen

Angesichts unserer ceteris paribus-Bedingung, adressieren Effizienzsteigerungen die Frage, ob ein gleicher Output auch mit verminderten Kosten erzeugbar ist. Hierfür müssen in einem ersten Schritt zunächst Ausmaß und Quellen einer möglichen Ineffizienz bestimmt werden. Dazu ist ein wettbewerbsbezogener Kostenvergleich im Sinne eines Kosten-Benchmarkings eine zentrale Informationsbasis. Zwar ist nicht ausgeschlossen, dass auch Wettbewerber zumindest partiell ineffizient agieren. Dennoch steigt die Wahrscheinlichkeit eigener Ineffizienz, wenn das Unternehmen in Relation zu Wettbewerber insgesamt oder bei einzelnen Wertschöpfungsprozessen höhere Kosten aufweist.

Kosten-Benchmarking

Kreuz (2002, S. 284) schlägt vor, beim Kosten-Benchmarking stets mit der Analyse der eigenen Kostenkette zu beginnen. Erst dann erfolgt der Wettbewerbsvergleich. Die Begründung für diese Schrittfolge ist darin zu sehen, dass der Informationsgewinnungsprozess auf Basis der Eigenanalyse zielgerichteter erfolgen kann (»Man weiß, wonach man fragen muss!«). Denn die Gewinnung von Wettbewerbsinformationen über die Kostensituation ist nicht einfach, wenn auch nicht vollkommen unmöglich. Generell ist für die Sammlung und Analyse von Informationen über die Kostenpositionen der Wettbewerber ein Competitor Accounting System (CAS) sinnvoll (vgl. Heinen, 1992). Heinen/Hoffjan (2004, S. 212 ff.) entwickeln eine systematische Vorgehensweise für die Schätzung der Kosten von Wettbewerbern (vgl. Methodenkasten 6).

Methodenkasten 6

Wettbewerbsbezogene Kosteninformationen

Methoden

»Für zuverlässige Produktkostenschätzungen sind verschiedene Methoden anzuwenden: ein prozessuales, komponentenweises oder ein produktionsfaktorbezogenes Vorgehen. Im Rahmen einer prozessualen Betrachtung werden die Kosten den einzelnen Wertschöpfungsstufen verursachungsgerecht zugeordnet. Dazu sind die kostentreibenden Faktoren pro Wertschöpfungsstufe genau zu identifizieren und zu definieren. Alternativ dazu können die Kosten der einzelnen Bauteile bestimmt und diese Komponenten zu den Gesamtkosten des analysierten Produktes summiert werden. Dazu bedient man sich häufig des Reverse Engineering, welches die Produkte zerlegt und im Hinblick auf enthaltene Materialien, eingesetzte Teile, ihre Funktionsweise und ihren Herstellungsprozess analysiert. Schließlich lassen sich die Produktkosten aus den Kosten verschiedener Produktionsfaktoren der Wettbewerber ableiten. Informationen gemeinsamer Anlagenlieferanten ermöglichen die Bewertung von Zustand und Auslastung der Vermögensgegenstände der Wettbewerber. Relative Differenzen in den Arbeitskosten können aus der maschinellen Ausstattung, den Schichtmustern und den Tarifverträgen abgeleitet werden.

Quellen

Die verschiedenen Quellen der Datenbeschaffung lassen sich nach den Schwierigkeiten des Zugangs wie folgt kategorisieren: intern Beschäftigte, publiziertes Material, Drittparteien sowie die Beobachtung und Analyse physischer Beweise. Zunächst bietet sich der Dialog mit aktuellen oder früheren Mitarbeitern des eigenen Unternehmens an. Als Schlüsselquelle für Wettbewerberinformationen gilt das eigene Vertriebspersonal. Des Weiteren können publizierte Materialien über die Wettbewerber begutachtet und dabei die in kommerziellen Datenbanken verfügbaren Informationen genutzt werden. Im Vergleich zu diesen öffentlich zugänglichen Quellen gelten jedoch Drittparteien, zum Beispiel individuelle Branchenexperten, als wertvollere Quellen. Vor allem sollte der Dialog mit Lieferanten und Kunden gesucht werden, die mit dem Unternehmen und dessen Wettbewerbern im Geschäft stehen.

Gütebeurteilung

Schließlich lassen sich durch direkte Beobachtungen vor Ort und die Analyse physischer Beweise Informationen gewinnen. Die Vergleichbarkeit mit Kostendaten von Konkurrenzunternehmen setzt Überleitungsrechnungen voraus, die Störgrößen auf der instrumentellen Ebene, auf der Kostenseite oder in der Wertdimension der Produkte berücksichtigen. Instrumentell ist möglichen Verzerrungen durch unterschiedliche Kalkulationsmethoden vorzubeugen, zum Beispiel in der Gemeinkostenallokation. Im nächsten Schritt sind die berechneten Kosten im Hinblick auf unterschiedliche Ausgangsbedingungen in den zu vergleichenden Unternehmen zu korrigieren, u.a. interne Produktionsvolumina, interne Fertigungstiefe und eigener Produktmix. Weiterhin sind Frachtkosten, Zölle und andere nicht direkt produktbezogene Kosten zu erfassen sowie Kosten auszuschließen, die durch atypische Umstände verursacht sind. Schließlich ist die Wertdimension zu berücksichtigen, indem Kostendifferenzen bereinigt werden, die sich aus Wertunterschieden ergeben, welche auf Produktqualität, Kundendienst oder andere Leistungen zurückzuführen sind. Zur Vermeidung einer isolierten Gegenwartsbetrachtung sind Ergänzungsdaten mit Zukunfts- und Strategiebezug zu berücksichtigen. Die Wirkungen zukünftiger Kostenreduktionsprogramme der Wettbewerber sind zu analysieren und zu quantifizieren. Damit Kostengrößen nicht außerhalb ihres Kontextes interpretiert werden, ist eine Verbindung mit weichen Daten sicherzustellen, zum Beispiel Strategien der Wettbewerber, Kapazitätserweiterungen, geplante Veränderungen bei Prozessen und neue Produktlinien. Schließlich ist die Qualität der Kostenschätzung der Wettbewerber sowohl auf der Ebene der Einzeldaten als auch auf der Ergebnisebene, der relativen Produktkosten, zu prüfen. Zur Bewertung der Qualität der Einzeldaten sind die Kriterien Güte und Zuverlässigkeit heranzuziehen. Die Güte ist ein Maßstab für die Bedeutung und den Neuigkeitsgrad der mittels wettbewerberbezogener Daten gewonnenen Erkenntnisse. Die Zuverlässigkeit steht für die Glaubwürdigkeit der relativ leicht zu manipulierenden Kosteninformationen. Auf der Ergebnisebene sind die ermittelten relativen Produktkosten durch Vergleiche mit Informationen aus dem Jahresabschluss zu validieren. Auf Basis der Schätzwerte sind die Bilanzen der Wettbewerber zu erstellen und diese mit den veröffentlichten Daten zu vergleichen«
(Quelle: Heinen/Hoffjan, 2004, mit Verweis auf weitere Quellen).

Auf Basis der kostenbezogenen Wettbewerberinformationen ist dann ein konkurrenzbezogener Kostenkettenvergleich zwischen den relevanten Wettbewerbern möglich, wie er beispielhaft in Abb. 78 für ein von Kreuz (1997) dokumentiertes Beratungsprojekt aus der Elektronikindustrie dargestellt ist.

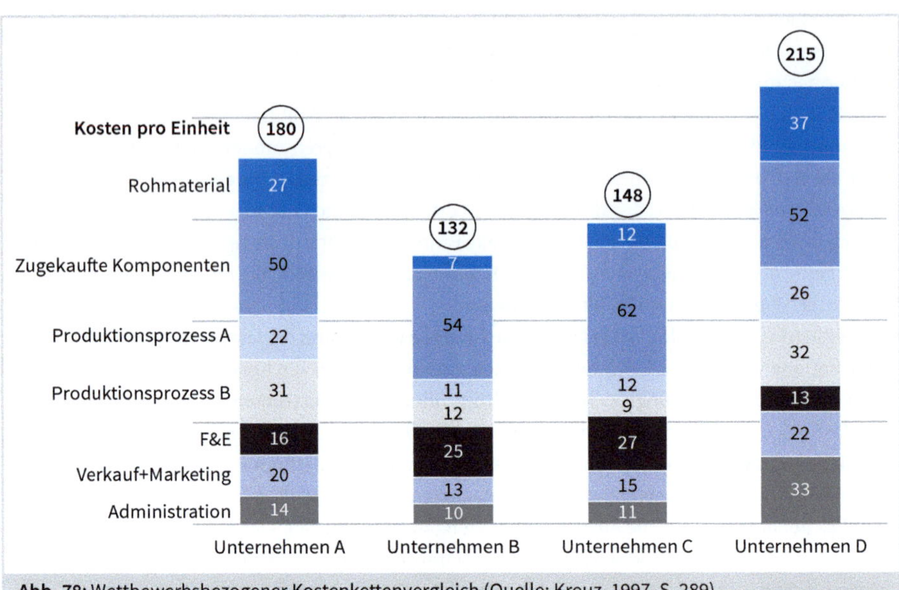

Abb. 78: Wettbewerbsbezogener Kostenkettenvergleich (Quelle: Kreuz, 1997, S. 289)

Kostensenkungspotenzial

Abb. 78 verdeutlicht die unterschiedliche Ausgangssituation der vier Unternehmen hinsichtlich einer möglichen Effizienzsteigerung. Bei Unternehmen B und C sind die Wertschöpfungspotenziale verminderter Kosten prinzipiell geringer als bei den Unternehmen A und D. Das bedeutet nicht, dass nicht auch die relativ kostengünstig produzierenden Unternehmen B und C Kostensenkungspotenziale besitzen, aber der Hebel auf die Wertschöpfung ist deutlich kleiner als bei den beiden anderen Unternehmen. Will beispielsweise nun Unternehmen D seine Kosten vermindern, ist vor der Ableitung konkreter Maßnahmen ein weiterer informatorischer Schritt sinnvoll. Dazu ist zunächst das gesamte Kostensenkungspotenzial zu bestimmen. Dies ergibt sich aus der Summe der Differenz zwischen den eigenen Kosten bei dem jeweiligen Kostentreiber (z.B. Administration) und den Kosten des jeweils effizientesten Wettbewerbers (z.B. Unternehmen B mit Kosten in der Administration von 10). Insgesamt resultiert für Unternehmen D hieraus ein Kostensenkungspotenzial von 102 Geldeinheiten [(33–10)+(22–13)+(32–9)+(26–11)+(52–50)+(37–7)]. Dieses Potenzial ist auf die einzelnen Kostentreiber sehr unterschiedlich verteilt: der größte Hebel (29,4%) besteht beim Rohmaterial, der kleinste (2,0%) bei den zugekauften Komponenten. Ergänzend sollte das Unternehmen nun die Schwierigkeit einer Hebung der differenzierten Kostensenkungspotenziale einschätzen. So könnten zum Beispiel langfristige Lieferverträge mit festen Konditionen einer kurzfristigen Minderung der Kosten für zugekaufte Komponenten entgegenstehen. In Abb. 79 ist eine solche Gegenüberstellung aus Senkungspotenzial und vermuteter Schwierigkeit [auf einer Skala von 0 (sehr leicht) bis 10 (sehr schwierig)] exemplarisch dargestellt.

Schwierigkeit der Kostensenkung

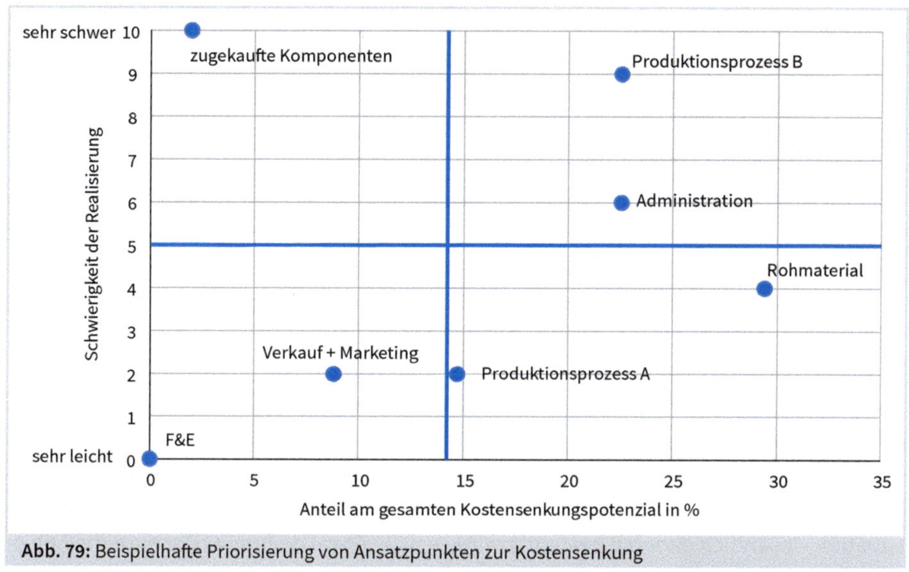

Abb. 79: Beispielhafte Priorisierung von Ansatzpunkten zur Kostensenkung

Maßnahmen zur Kostensenkung

Vor dem Hintergrund der dargestellten Ergebnisse wäre es sinnvoll, zunächst über Möglichkeiten zur Kostensenkung beim Rohmaterial nachzudenken. Dies ist der Kostentreiber mit dem größten Senkungspotenzial und gleichzeitig einer relativ positiven Einschätzung der Realisierbarkeit. Anschließend wären Produktionsprozess A, Administration und Produktionsprozess B in den Blick zu nehmen.

Welche konkreten Maßnahmen geeignet sind, um die Kosten in den jeweiligen Bereichen zu senken, lässt sich auf abstraktem Niveau kaum sinnvoll abschätzen. Typische Instrumente sind die Prozessrationalisierung, Standortverlagerungen sowie die Veränderung der Fertigungstiefe (Umsatz in Relation zu bezogenen Vorleistungen).

Prozess-rationalisierung

Im Rahmen der Prozessrationalisierung werden die Leistungsprozesse im Einzelnen durchleuchtet und auf Einsparungsmöglichkeiten analysiert. So können z.B. anders organisierte Produktionsprozesse Kosteneinsparungen ermöglichen.

Standort-verlagerung

Eine weitere Möglichkeit besteht darin, durch Standortverlagerung die Effizienz des Leistungserstellungsprozesses zu erhöhen. So können durch Produktionsverlagerungen zu Standorten mit geringeren Lohnstückkosten insbesondere bei personalintensiven Leistungserstellungsprozessen erhebliche Kosteneinsparungen realisiert werden.

Fertigungstiefe

Schließlich können Kostenreduktionen auch dadurch erzielt werden, dass die Fertigungstiefe verändert wird. Das ist in beiderlei Richtungen denkbar: Fertigungstiefenverringerung durch Outsourcing von Leistungsanteilen kann dazu führen, dass man auf

Zulieferanten zurückgreifen kann, die aufgrund von Bündelungsvorteilen durch die Lieferung der gleichen Leistung an verschiedene Kunden Mengen- und damit Kostenreduktionseffekte erzielen können, die der outsourcende Anbieter für sein Kostensenkungsproblem nutzbar machen kann.

Aber auch die Möglichkeit der Fertigungstiefenerhöhungen durch Insourcing von Zulieferanten kann zur Kostensenkung beitragen. Gerade für individuell gefertigte Zulieferteile kann durch eine intensive frühzeitige Einbindung des Zulieferers ein Kostensenkungseffekt dadurch erreicht werden, dass dem Zulieferer für seine individualisierte Leistung Zielkosten vorgegeben werden (vgl. z.B. Coenenberg/Fischer/Günther, 2016, S. 567 f.).

Fixkosten-degression

Neben Effizienzsteigerungen kommt die Fixkostendegression für eine erhöhte Wertschöpfung durch Kostensenkung in Betracht. So könnte die ungünstige Kostensituation von Unternehmen D in Abb. 78 auch dadurch bedingt sein, dass es sich bei dem betrachteten Geschäft um ein sogenanntes Volumengeschäft handelt, bei dem die Stückkostensituation wesentlich dadurch bestimmt wird, welche Absatzvolumina der einzelne Anbieter realisiert. Das gilt insbesondere für fixkostenintensive Unternehmen, weil dann der Fixkostendegressionseffekt besonders bedeutsam ist. Generell lässt sich feststellen, dass die Fixkostenintensität in vielen Branchen deutlich angestiegen ist (vgl. Abb. 80, Backhaus, 1998, S. 134).

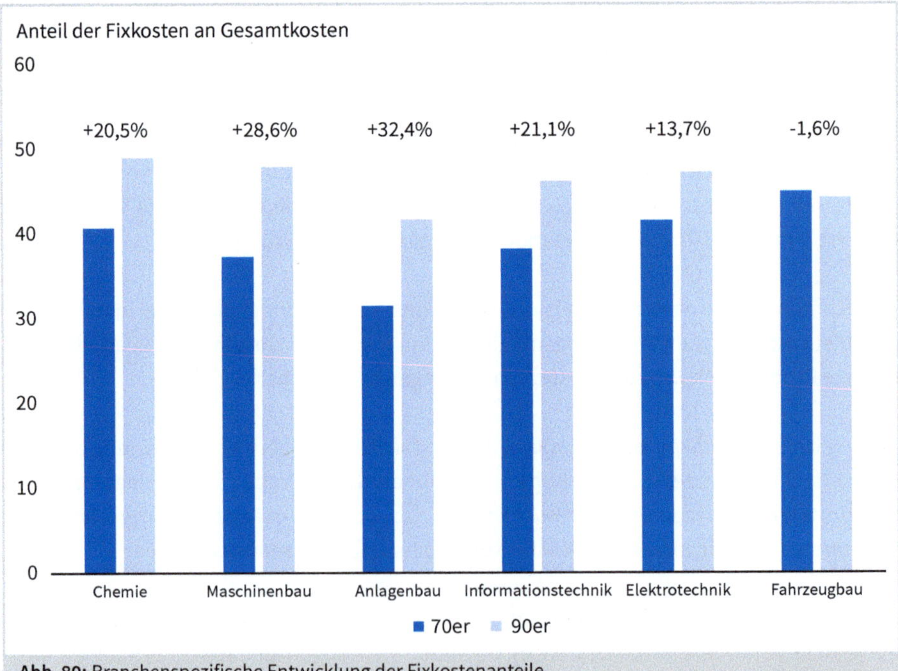

Abb. 80: Branchenspezifische Entwicklung der Fixkostenanteile

Beispielrechnung

Bei so hohen Fixkostenanteilen hängt die Stückkostenposition entscheidend davon ab, welches Absatzvolumen ein Anbieter im Vergleich zu seinen relevanten Konkurrenten erreicht hat. Ein einfaches Beispiel verdeutlicht die Zusammenhänge: Zwei Anbieter A und B bieten Leistungen an, die zu 100% fixkostenintensiv sind. Das ist zugegebenermaßen ein theoretischer Grenzfall, wird aber in einigen Branchen nahezu erreicht. Stellen Sie sich beispielsweise vor, die beiden Anbieter A und B verkaufen beide Software-Systeme, deren Hauptkostenblock die (fixen) Entwicklungskosten sind. Die variablen Kosten des Lizenzvertriebs fallen angesichts des enormen Kostenblocks der Entwicklung kaum ins Gewicht. Die Fixkosten betragen 5 Mio. Euro für die Entwicklung der betrachteten Software-Generation. A hat 1 Mio. Kopien verkauft, B. 500.000. Bei der unterstellten Kostensituation betragen die Stückkosten für A 5 Mio. Euro: 1 Mio. Stück = 5,00 Euro/Stück. B dagegen hat nur die Hälfte verkauft und dementsprechend Stückkosten von 5 Mio. Euro: 500.000 Stück = 10,00 Euro/ Stück. A und B haben eine vergleichbare Kostenstruktur. Die unterschiedlichen Absatzvolumina führen dazu, dass unterschiedliche Stückkostensituationen relevant sind. Kostensenkung bedeutet in einem solchen Fall Volumensteigerung, was letztlich mit der Größe des relevanten Marktes und dem Marktanteil des jeweiligen Anbieters korrespondiert.

Auslastungs-steuerung bei Dienstleistungen

Die Kostensenkung durch Volumensteigerung hat im häufig fixkostenintensiven Dienstleistungsbereich eine spezifische Ausprägung. Aufgrund der Nicht-Lagerfähigkeit von Dienstleistungen (vgl. Meffert/Bruhn/Hadwich, 2018, S. 34) ist die Bedingung einer Mengensteigerung für eine Reduktion der Fixkosten pro Stück nicht hinreichend. Die Mengensteigerung muss zusätzlich zu einem Zeitpunkt stattfinden, an dem das Dienstleistungsunternehmen über freie Kapazitäten verfügt. Dementsprechend kommt der damit angesprochenen Auslastungssteuerung für die Verminderung der Fixkosten pro Stück im Dienstleistungsbereich eine zentrale Rolle zu. Auch hier soll ein einfaches Beispiel den Sachverhalt illustrieren (vgl. Beispiel 32).

Beispiel 32

Fixkostendegression bei Dienstleistungen – Auslastungssteuerung

Ein Linienflugunternehmen bietet täglich zwei Flüge von Düsseldorf nach Istanbul an. Der erste Flug startet in Düsseldorf um 8 Uhr, der zweite Flug um 18 Uhr. Die Fixkosten (Abschreibung, Landegebühren, Wartungskosten etc.) belaufen sich auf 5.000 Euro pro Flug. Die Kapazität des Flugzeuges beträgt 100 Plätze. Wenn beide Flüge zu je 60% ausgelastet sind, belaufen sich die Fixkosten pro Passagier auf 10.000 Euro : 120 = 83,33 Euro. Gelingt es dem Unternehmen für die Flüge nach Istanbul insgesamt eine zusätzliche Nachfrage von 80 zu generieren, hängt die Entwicklung der Fixkosten pro Stück von der zeitlichen Verteilung der Nachfrage ab. Wenn beispielsweise die gesamte zusätzliche Nachfrage auf den Flug um 8 Uhr entfällt und die ursprüngliche Nachfrage zeitlich nicht gesteuert wird, können lediglich 40 Passagiere mehr befördert werden, da dann die Kapazität erschöpft ist. Demzufolge beliefen sich die

Fixkosten pro Passagier auf 10.000 Euro : 160 = 62,5 Euro. Die Morgenmaschine wäre zu 100% ausgelastet, die Abendmaschine hingegen nur zu 60%. Gelänge es hingegen, die Nachfrage durch Instrumente der Auslastungssteuerung gleichmäßig auf die beiden Flüge zu verteilen, wären beide Maschinen zu 100% ausgelastet und die Fixkosten pro Passagier beliefen sich auf 10.000 Euro : 200 = 50 Euro.

Erfahrungskurve

Während für die Fixkostendegression die Absatzmenge in einer Periode relevant ist, setzt die Erfahrungskurve die Stückkostenentwicklung in Bezug zur kumulierten Absatzmenge im Zeitraum. Demnach **können** die auf den Wertschöpfungsanteil einer Leistungseinheit bezogenen zahlungswirksamen, inflationsbereinigten Stückkosten mit jeder Verdoppelung der kumulierten Absatzmenge eines Produkts um 20% bis 30% sinken (vgl. Abb. 81).

Gründe für Erfahrungskurveneffekt

Der Erfahrungskurveneffekt, der an die aus der Fertigungswirtschaft bekannten Lernkurven erinnert, umfasst jedoch mehr als nur die bekannten Lerneffekte, die durch Übung bei bestimmten Arbeitsprozessen entstehen. Diese Effekte sind zwar Bestandteile des Erfahrungskurveneffekts, die Erfahrungskurve beschreibt jedoch die zahlungswirksamen Kostensenkungen in Bezug auf alle relevanten Kostenarten, also auch der Vertriebskosten, der F&E-Kosten etc. Der Kostensenkungseffekt wird dabei von Henderson im Wesentlichen auf drei Einflussfaktoren zurückgeführt (vgl. Henderson, 1984, S. 26), die sich allerdings auf Wachstumsmärkte beziehen – eine prinzipiell nicht notwendige Voraussetzung für die Existenz des Erfolgskurveneffekts.

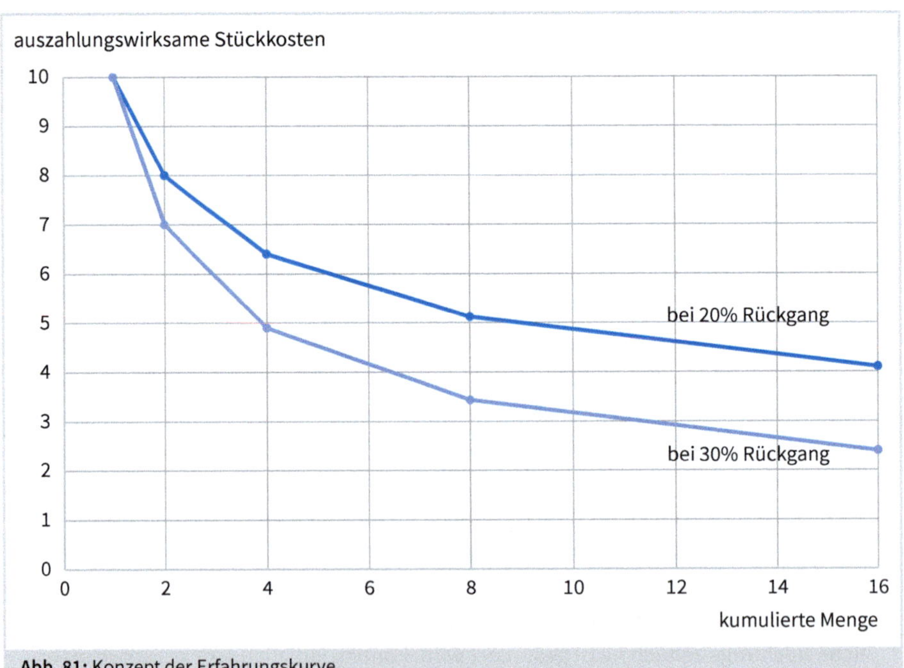

Abb. 81: Konzept der Erfahrungskurve

- Bei wachsenden Kapazitäten können günstigere Anlagen, bessere Werkzeuge etc. benutzt und bestimmte Vertriebsmethoden effizienter angewandt werden. Die Rationalisierungspotenziale werden also größer.
- Je mehr Produkte abgesetzt werden, um so günstiger werden bestimmte notwendige Maßnahmen zur Arbeitsvorbereitung. Eventuell werden konstruktive Veränderungen möglich, die auszahlungssenkend wirken.
- Der technische Fortschritt als Ausfluss erhöhter Anstrengungen im F&E-Bereich kann zu Prozessinnovationen führen und damit auszahlungssenkend wirken.

Lediglich Kostensenkungspotenzial

Diese Effekte begründen aber lediglich Kostensenkungspotenziale, die erst ausgeschöpft werden müssen, um wirksam zu werden. Obgleich es sich bei der Erfahrungskurve nicht um eine Gesetzmäßigkeit handelt, zeigen empirische Studien, dass sich offenbar immer wieder Anbieter finden, welche die Senkungspotenziale der Erfahrungskurve erkennen und entsprechend nutzen (vgl. Engelhardt/Kleinaltenkamp, 1995, S. 259 ff.). In diesen Fällen wächst die Wertschöpfung mit zunehmender Absatzmenge im Zeitraum, was eine rasche Marktdurchdringung sinnvoll erscheinen lässt.

Bezug zu weiteren Wertschöpfungstreibern

Bei den drei vorgestellten Optionen zur Kostenreduktion (Steigerung der Effizienz, Fixkostendegression und Erfahrungskurve) haben wir bislang unterstellt, dass die drei weiteren Wertschöpfungstreiber von der Kostensenkung unberührt bleiben, sodass infolge des verminderten Ressourcenverbrauchs die Wertschöpfung definitiv wächst. Diese Annahme wollen wir nun aufheben und das Zusammenspiel zwischen Maßnahmen zur Kostensenkung und möglichen Veränderungen bei den übrigen Wertschöpfungstreibern in den Blick nehmen. Dabei ist zwischen Konstellationen wertschöpfungsmindernder und wertschöpfungssteigernder Korrelationen zu unterscheiden.

Steigt der Nutzen respektive sinken die zeit- oder energiebasierten Opportunitätskosten infolge von Maßnahmen zur Kostenreduktion, so ist das Zusammenspiel wertschöpfungssteigernd. Wir hatten in den einschlägigen Kapiteln zu den Optionen zur Steigerung des Kundennutzens und zur Senkung zeit- bzw. energiebasierter Opportunitätskosten diese Möglichkeiten ausführlich erörtert.

Verhältnis maßgeblich

Häufig werden durch eine Verminderung der Kosten die anderen Wertschöpfungstreiber jedoch wertschöpfungsmindernd beeinflusst werden, also der Kundennutzen abnehmen oder die zeit- bzw. energiebasierten Opportunitätskosten zunehmen. In diesen Fällen kommt es für die Frage des Gesamteffektes auf die Wertschöpfung offenbar auf das Verhältnis der gegenläufigen Effekte an. Die Wertschöpfungssteigerung durch die Kostensenkung muss größer sein als ihre Minderung durch abnehmenden Kundennutzen bzw. zunehmende zeit- und energiebasierte Opportunitätskosten. Angesichts der wertschöpfungssteigernden Variationsrichtung der Kosten (Senkung) und den möglichen wertschöpfungsmindernden Veränderungen des Nutzens (Abnahme) bzw. der zeit- und energiebasierten Opportunitätskosten (Zunahme) muss somit gelten:

$$\frac{\Delta Kosten}{\Delta Nutzen} > 1 \text{ respektive } \frac{\Delta Kosten}{\Delta OK_{t(E)}} < 1$$

Die in den Ungleichungen zum Ausdruck kommende Logik einer (zumindest) proportionalen Veränderung der weiteren Wertschöpfungstreiber infolge einer Kostenreduktion wird in den Ansätzen des Target Costing und der Wertanalyse methodisch beleuchtet.

Wertanalyse

Die Wertanalyse ist definiert als »das systematische analytische Durchdringen von Funktionsstrukturen mit dem Ziel einer abgestimmten Beeinflussung von deren Elementen (Kosten, Nutzen) in Richtung einer Wertsteigerung« (Kern/Schröder, 1978, S. 375). Vor dem Hintergrund unserer erweiterten Auffassung von Wertschöpfung müsste der in der Definition zum Ausdruck gebrachte Zweiklang aus Kosten und Nutzen um das Element der zeit- und energiebasierten Opportunitätskosten ergänzt werden, was am Prinzip der Wertanalyse jedoch nichts ändert.

Nach dem Motto »Nicht so gut wie möglich«, sondern »nur so gut wie nötig« (Bucksch/Rost, 1985, S. 358) sollten überflüssige, d.h. vom Nachfrager nicht oder nicht hinreichend bezahlte Leistungsangebote drastisch reduziert bzw. eliminiert werden.

Target Costing

Während sich die Wertanalyse auf bereits am Markt eingeführte Leistungen bezieht, steht im Fokus des Target Costing das Verhältnis von Kosten und Zahlungsbereitschaft im Rahmen der Neuproduktplanung (vgl. Methodenkasten 7).

Methodenkasten 7

Target Costing

Was darf ein Produkt kosten?

Beim Target Costing handelt es sich nicht um eine Kostenrechnungsmethode, sondern vielmehr um »ein umfassendes Bündel von Kostenplanungs-, Kostenkontroll- und Kostenmanagementinstrumenten, die schon in den frühen Phasen der Produkt- und Prozessgestaltung zum Einsatz kommen, um Kostenstrukturen frühzeitig im Hinblick auf die Marktanforderungen gestalten zu können.« (Horváth/Niemand/Wolbold, 1993, S. 4). Im Mittelpunkt des Target Costing steht die Frage »Was darf ein neues Produkt kosten?« im Gegensatz zur Fragestellung »Was wird ein neues Produkt kosten?« (Seidenschwarz, 1991, S. 199). Ausgangspunkt für die Überlegungen, was ein neues Produkt kosten darf, ist sein anvisierter Absatzmarkt, die dort zu erfüllenden Nutzenfunktionen des Produktes und der erzielbare Preis. Target Costing wird als lebenszyklusorientiertes Kostenmanagement auf Vollkostenbasis verstanden. So spielt zum sinnvollen Einsatz des Target-Costing-Instrumentariums neben dem erzielbaren Marktpreis die dabei absetzbare Menge eine entscheidende Rolle. Da in einem Produktlebenszyklus die Festlegung und damit die Beeinflussbarkeit der Kostenentstehung mit der tatsächlichen Kostenentstehung zeitlich auseinanderfallen (zwischen 70% und 85% der Herstellkosten eines Produktes werden vor Beginn der eigentlichen Produktion festgelegt. Vgl. dazu Coenenberg/Fischer/Schmitz, 1997; Ehrlenspiel, 1985, S. 2), muss das Target Costing bereits zu Beginn des Produktentstehungsprozesses ansetzen. Ziel des Target Costing ist daher die frühzeitige, marktorientierte, langfristige und ganzheitliche Beeinflussung, Steuerung und Kontrolle von Produktkosten zur Erreichung der strategischen Rentabilitätsziele der Unternehmung durch die kostenorientierte Koordination aller am Produktrealisierungsprozess Beteiligten.

Der Target-Costing-Prozess lässt sich schematisch in drei Hauptschritte unterteilen, wie in Abb. 82 verdeutlicht (Die Unterteilung des Target-Costing-Prozesses in drei Schritte folgt der Vorgehensweise von Seidenschwarz und Horváth/Niemand/Wolbold. vgl. Seidenschwarz, 1993, S. 115 ff.; Horváth/Niemand/Wolbold, 1993, S. 10 ff.):

Drei Hauptschritte

- die Zielkostenermittlung
- die Zielkostenspaltung und
- die Zielkostenerreichung.

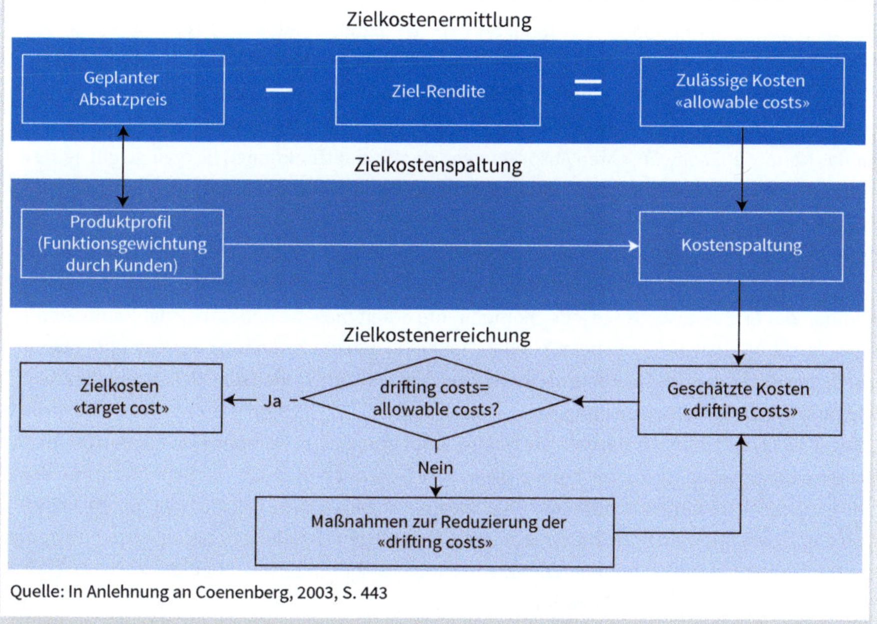

Quelle: In Anlehnung an Coenenberg, 2003, S. 443

Abb. 82: Hauptschritte des Target-Costing-Prozesses (Quelle: Kreuz, 1997, S. 289)

Zielkosten-ermittlung

Zielkosten-erreichung

Im Rahmen der Zielkostenermittlung besteht die Hauptaufgabe darin, für das neu zu entwickelnde Produkt mit einer bestimmten Funktionserfüllung bei den zukünftigen Käufern die zu erzielenden, erlaubten Kosten, die so genannten »allowable costs«, festzulegen. Dazu stehen verschiedene Methoden zur Verfügung, von denen hier zwei vorgestellt werden. Die Methode des Market-into-Company stellt die Reinform der Zielkostenfestlegung dar. Dabei werden die allowable costs durch Subtraktion einer zu erzielenden Umsatzrendite, auch »target profit« genannt, vom strategischen Zielverkaufspreis bei einer geschätzten Absatzmenge über den Lebenszyklus des Produktes berechnet. Den allowable costs werden die so genannten »drifting costs«, geschätzte Standardkosten bei gegebenen Produktionstechnologien, gegenübergestellt. In der hier verwendeten Notation werden die allowable costs als Zielkosten, also target costs, verstanden, die im Rahmen des Target-Costing-Prozesses zu erreichen sind. Diese Darstellung ist in der Literatur jedoch nicht einheitlich. Die Lücke zwischen den drifting costs und den allowable costs muss im Zuge der Zielkostenerreichung geschlossen werden. Bei der Zielkostenermittlung nach dem Prinzip des Out-of-Competitor werden die Zielkosten aus den Kosten der Konkurrenten heraus bestimmt. Damit ist eine Marktorientierung jedoch nur indirekt gegeben. Nach Horváth/

Gleich/Seiter (2019) eignet sich diese Methode aber dennoch gut zur Zielkostenbestimmung für Marktstandardkomponenten oder -teile durch Reverse Engineering. Globale Zielkosten für ein Neuprodukt sind zur kostenmäßigen Orientierung der Produktentwicklungsanstrengungen an den Marktanforderungen jedoch nicht ausreichend. Aufgabe der Zielkostenspaltung ist es daher, die globalen Produktzielkosten auf einzelne Produktkomponenten oder gar -teile herunter zu brechen. Eine Methode ist die Funktionenmethode. Ihr Ziel ist es, durch die Ermittlung des Funktionserfüllungsbeitrags jeder Produktkomponente die Gesamtzielkosten so auf die Produktkomponenten zu verteilen, dass die Kosten jeder Produktkomponente im Idealfall genau den Anteil an den Gesamtzielkosten ausmachen, den die Produktkomponente als Nutzen in Form der Funktionserfüllung für den Kunden stiftet. Als geeignetes Instrument zur Ermittlung der gewünschten Nutzenfunktionen des Produktes gilt die Conjoint-Analyse (vgl. Backhaus et al., 2018, S. 497 ff. sowie Methodenkasten 5 in diesem Buch). In Bezug auf die Zielkostenspaltung liefert sie für alle als wesentlich erachteten Produktfunktionen (Merkmale) einen Teilnutzenwert für eine bestimmte Ausprägung der jeweiligen Produktfunktionen (Merkmalsausprägung). Sind die für das Neuprodukt gewünschten Ausprägungen der Produktfunktionen festgelegt, gilt es, den Anteil aller Komponenten an der Erfüllung der Produktfunktionen zu ermitteln. Dies dürfte in der Regel einen langwierigen Prozess mit allen an der Produktentwicklung Beteiligten bedeuten, an dessen Ende die durchschnittlich geschätzten Erfüllungsbeiträge der Komponenten an den Produktfunktionen stehen (zu einem Beispiel bei Audi siehe Deisenhofer, 1993, S. 103 f.). Durch die Addition der Erfüllungsbeiträge jeder Komponente erhält man die Bedeutung der Komponente unter Nutzengesichtspunkten beim Kunden. Teilt man nun die Bedeutung der Komponente durch den Anteil der drifting costs dieser Komponente, so erhält man den Zielkostenindex als Maßstab der Zielkostenerreichung. Idealerweise sollte der Zielkostenindex bei einem Wert von 1 liegen, was bedeuten würde, dass die relative Bedeutung einer Komponente mit den relativen Kosten der Komponente übereinstimmt. Durch die Gegenüberstellung von Bedeutung und Kosten der verschiedenen Komponenten erhält man ein sogenanntes Zielkostendiagramm, in dem sich durch Definition einer Zielkostenzone die notwendigen Handlungen bezüglich der Kostengestaltung der einzelnen Komponenten erkennen lassen. Abb. 83 beschreibt die einzelnen Schritte der Kostenspaltung nach der Funktionenmethode.

Zielkostenspaltung

Zielkostenindex

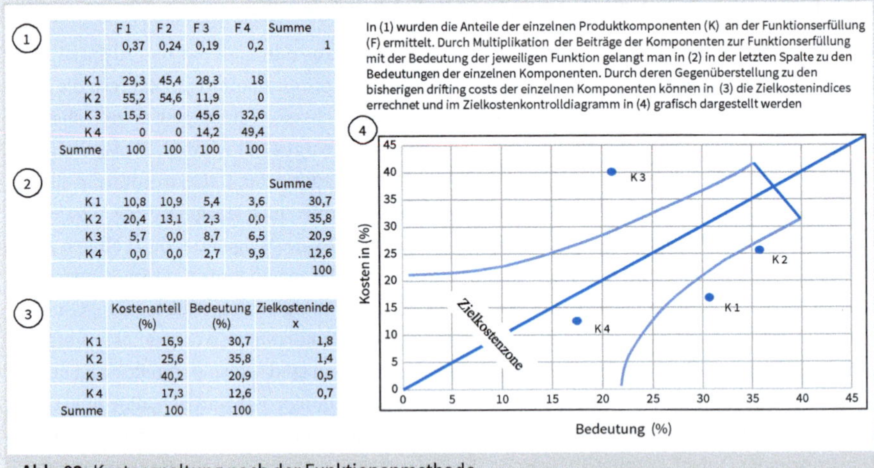

(1)

	F 1	F 2	F 3	F 4	Summe
	0,37	0,24	0,19	0,2	1
K 1	29,3	45,4	28,3	18	
K 2	55,2	54,6	11,9	0	
K 3	15,5	0	45,6	32,6	
K 4	0	0	14,2	49,4	
Summe	100	100	100	100	

(2)

					Summe
K 1	10,8	10,9	5,4	3,6	30,7
K 2	20,4	13,1	2,3	0,0	35,8
K 3	5,7	0,0	8,7	6,5	20,9
K 4	0,0	0,0	2,7	9,9	12,6
					100

(3)

	Kostenanteil (%)	Bedeutung (%)	Zielkosteninde x
K 1	16,9	30,7	1,8
K 2	25,6	35,8	1,4
K 3	40,2	20,9	0,5
K 4	17,3	12,6	0,7
Summe	100	100	

In (1) wurden die Anteile der einzelnen Produktkomponenten (K) an der Funktionserfüllung (F) ermittelt. Durch Multiplikation der Beiträge der Komponenten zur Funktionserfüllung mit der Bedeutung der jeweiligen Funktion gelangt man in (2) in der letzten Spalte zu den Bedeutungen der einzelnen Komponenten. Durch deren Gegenüberstellung zu den bisherigen drifting costs der einzelnen Komponenten können in (3) die Zielkostenindices errechnet und im Zielkostenkontrolldiagramm in (4) grafisch dargestellt werden

Abb. 83: Kostenspaltung nach der Funktionenmethode

Zusammenfassend ist die Reduktion von Kosten angesichts der konstitutiven Marktfokussierung des Marketing nicht der natürliche Hauptverdächtige, wenn es um die Steigerung der Wertschöpfung geht. Gleichwohl haben zwei der drei aufgezeigten Optionen zur Kostenminderung, nämlich die Fixkostendegression und die Erfahrungskurve, unmittelbaren Markt- und damit auch Marketingbezug, da sie auf dem Zusammenhang zwischen Stückkosten und Absatzmenge basieren.

Fazit

Die Fixkostendegression ist insbesondere in Transformationsprozessen, die durch einen großen Fixkostenanteil gekennzeichnet sind, in hohem Maße wertschöpfungsrelevant. Die Absatzmenge eines Unternehmens ist neben dem Spielverhalten, das letztlich die Marktanteile determiniert, von der Marktabgrenzung abhängig, mit der das Marktvolumen determiniert wird (Absatzvolumen=Marktanteil*Marktvolumen). Inwieweit Fixkostendegressionseffekte realisiert werden können, hängt also sehr eng mit originären marktstrategischen Entscheidungen zusammen. Ebenso werden Möglichkeiten der Auslastungssteuerung als einer dienstleistungsspezifischen Variante der Fixkostendegression im Dienstleistungsmarketing intensiv diskutiert (vgl. Meffert/Bruhn/Hadwich, 2018, S. 352 ff.; Bruhn/Meffert/Hadwich, 2019, S. 613 ff.; Homburg, 2017, S. 727), da sie in aller Regel am Kundenverhalten ansetzen.

Fixkostendegression

Auslastungssteuerung

Bei der Erfahrungskurve rücken angesichts der unterstellten Abhängigkeit der Stückkosten von der Ausbringungsmenge im Zeitraum Fragen der Marktpenetration in den Fokus. Besitzt die Erfahrungskurve Gültigkeit, ist der Zeitraum, der für eine Verdopplung der kumulierten Ausbringungsmenge benötigt wird, von hoher Bedeutung für die Entwicklung der Wertschöpfung im Zeitraum. Vor diesem Hintergrund werden etwa preispolitische Konzepte vorgeschlagen, die durch niedrige, anfänglich unter den Stückkosten liegenden Preisen dezidiert auf eine rasche Marktdurchdringung – unter Inkaufnahme anfänglicher Verluste – abzielen (vgl. Meffert et al., 2019, S. 515 ff.; Simon/Fassnacht, 2016, S. 300 ff.; Homburg, 2017, S. 450 ff.).

Erfahrungskurve

Schließlich haben wir, wenn auch eher skizzenhaft, Möglichkeiten zur Kostenminderung durch Effizienzsteigerung, etwa durch Prozessrationalisierung oder eine Veränderung der Fertigungstiefe, diskutiert.

Effizienzsteigerung

Wie bei allen Wertschöpfungstreibern, müssen auch bei Maßnahmen zur Kostenreduktion stets mögliche Wechselwirkungen mit den jeweils anderen Wertschöpfungstreibern analysiert werden. Sinkt der Kundennutzen bzw. steigen die zeit- oder energiebasierten Opportunitätskosten infolge der Kostensenkung überproportional, wird die intendierte Wertschöpfungssteigerung konterkariert: Die Wertschöpfung nimmt nicht zu, sondern ab. Wertanalyse und Target Costing sind ein methodischer Fundus, mit dessen Hilfe diese Proportionalität modelliert und damit entscheidungsfähig gemacht werden kann.

Zusammenspiel mit weiteren Wertschöpfungstreibern

3.4.2.3 Fazit zum Spielverhalten: der Wertschöpfungsmix

Vier Dimensionen des Spielverhaltens

Vor dem Hintergrund unserer Komposition von Wertschöpfung als Differenz zwischen Kundennutzen auf der einen Seite sowie zeit- und energiebasierten Opportunitätskosten und Kosten des Unternehmens auf der anderen Seite, haben wir in einer analytischen Trennung vier Dimensionen des Spielverhaltens unter der Maxime einer Wertschöpfungssteigerung diskutiert (vgl. Abb. 84), die nachfolgend noch einmal zusammenfassend dargestellt werden.

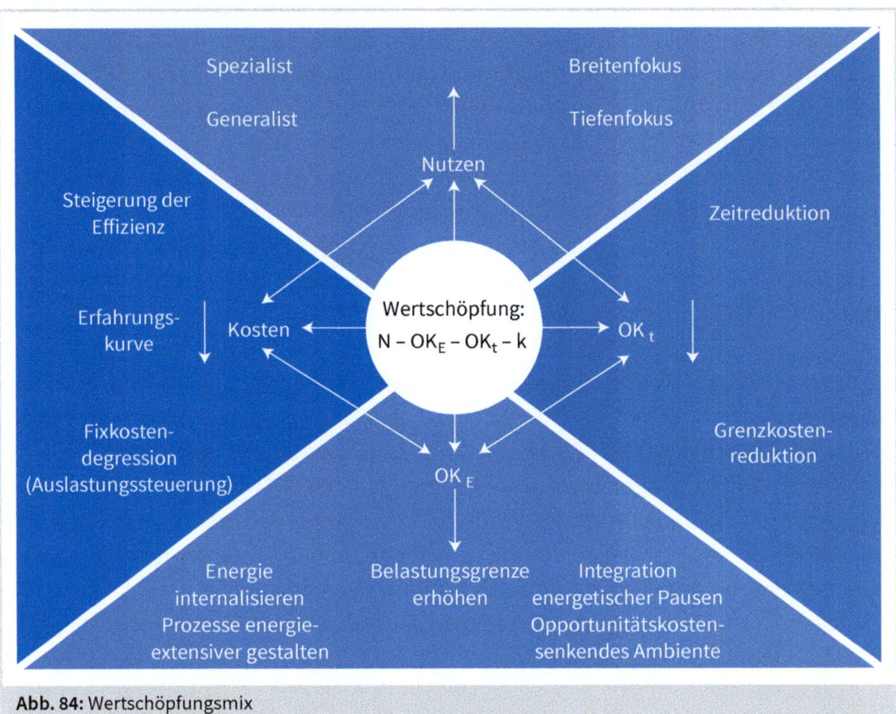

Abb. 84: Wertschöpfungsmix

Dabei haben wir jeweils zweigeteilt argumentiert: Im ersten Schritt haben wir isoliert den jeweils adressierten Wertschöpfungstreiber beleuchtet (ceteris paribus). Im anschließenden zweiten Schritt haben wir dann mögliche wertschöpfungssteigernde oder -mindernde Wechselwirkungen zu den anderen Wertschöpfungstreibern analysiert.

Kundennutzen

Der Kundennutzen ist das Ergebnis der subjektiven Lösungsgüte eines in aller Regel mehrdimensionalen Kundenproblems. Aus der angestrebten Lösungsgüte und der Menge adressierter Dimensionen des Kundenproblems ergeben sich folglich mit der Tiefe und Breite des Leistungsangebotes zwei Achsen des Spielverhaltens hinsichtlich der Nutzendimension. Aus der Kombination dieser Achsen wiederum folgen mit Spezialist (sehr tief, sehr eng), Generalist (sehr flach, sehr breit), Breitenfokus (mittlere Tiefe, hohe Breite) und Tiefenfokus (hohe Tiefe, mittlere Breite) vier Prototypen der Nutzengenerierung.

Erfordert die Generierung des Kundennutzens den Einsatz kundenseitiger Zeitbudgets, entstehen zeitbasierte Opportunitätskosten, die wertschöpfungsmindernd wirken. Die entsprechend wertschöpfungssteigernde Reduktion dieser Opportunitätskosten kann erstens durch die Verminderung der erforderlichen Zeitbudgets erfolgen (Zeitreduktion). Zweitens kann durch die Ermöglichung paralleler Zeitverwendungen oder die Erhöhung der Zeitsouveränität der Funktionsverlauf zwischen Zeit und zeitbasierten Opportunitätskosten beeinflusst werden, sodass aus gleichen Zeitbudgets geringere Opportunitätskosten resultieren (Grenzkostenreduktion).

Zeitbasierte Opportunitäts-kosten

Neben Zeitressourcen bindet die Generierung eines Nutzens häufig auch kognitive, physische oder emotionale Energie des Kunden, was zu ebenfalls wertschöpfungsmindernden energiebasierten Opportunitätskosten führt. Um diese zu reduzieren, kann erstens die Belastungsgrenze des Kunden erhöht werden. Bei gleichem Energieeinsatz folgen daraus geringere energiebasierte Opportunitätskosten. Zweitens kann der erforderliche Energieeinsatz vermindert werden, indem energierelevante Prozesse entweder internalisiert oder energieextensiver gestaltet werden. Drittens schließlich kann durch die Integration von Pausen oder ein opportunitätskostensenkendes Ambiente der funktionale Zusammenhang zwischen Energieeinsatz und energiebasierten Opportunitätskosten wertschöpfungssteigernd beeinflusst werden.

Energiebasierte Opportunitäts-kosten

Schließlich ist der unternehmensseitige Ressourcenverbrauch in den Blick zu nehmen. Neben Maßnahmen zur Steigerung der Effizienz wirken Fixkostendegression und Erfahrungskurve wertschöpfungssteigernd.

Kosten

3.4.3 So viel wie nötig: Verteilung der Wertschöpfung zwischen Unternehmen und Kunden unter Effektivitäts- und Effizienzbedingung

Mit einer bestimmten Konfiguration aus Kundennutzen eines Leistungsangebotes, dem dadurch unternehmensseitig verursachtem Ressourcenverbrauch (Kosten) sowie den Ansprüchen an die Zeit- und Energiebudgets des Kunden ist die für ein Unternehmen in seiner Spielarena maximal mögliche Wertschöpfung determiniert. Offen ist, ob sie groß genug ist, um eine KKV-Position zu realisieren. Hierfür muss die Wertschöpfung zwischen Kunde und Unternehmen so verteilt werden, dass einerseits die durch den Wettbewerb definierte Effektivitätsanforderung sowie andererseits die aus dem Wirtschaftlichkeitspostulat resultierende Effizienzanforderung erfüllt werden.

Wertschöpfung groß genug für KKV?

Der die Wertschöpfungsverteilung bestimmende Parameter ist die Preisforderung des Unternehmens: Mit zunehmendem Preis steigt der Wertschöpfungsanteil des Unternehmens und sinkt entsprechend derjenige des Kunden. Im Gegensatz zur Wertschöpfungsmaximierung gibt es bei der Wertschöpfungsverteilung prinzipiell nichts mehr zu entscheiden. Das Unternehmen ist vor dem Hintergrund der unterstellten erwerbswirt-

Preis determiniert Wertschöpfungs-verteilung

schaftlichen Zielfunktion bestrebt, seinen Wertschöpfungsanteil zu maximieren. Das Wettbewerbsangebot zwingt es dazu, dem Kunden einen Teil der Wertschöpfung zu überlassen und zwar genau so viel, dass das eigene Angebot einen höheren Nettonutzen aufweist als das Wettbewerbsangebot. Offen ist dann lediglich, ob der Wertschöpfungsanteil des Unternehmens groß genug ist, um seinen Ressourcenverbrauch zu kompensieren. Aber auch dies ist lediglich eine Feststellung, die keinerlei Entscheidungsspielräume eröffnet. Entsprechend kurz ist dieses Kapitel, obgleich die Wertschöpfungsverteilung aus Sicht des Unternehmens den Schlussstein des Spielverhaltens darstellt, weil erst damit seine Bemühungen um »glückliche« Kunden honoriert werden oder anders formuliert auch das Unternehmen »glücklich« wird respektive werden kann. Der Umfang des Kapitels ist damit nicht einer etwaigen nachgelagerten Bedeutung des Inhaltes zuzuschreiben, sondern der Tatsache, dass es im Rahmen der Wertschöpfungsverteilung keine Freiheitsgrade der Entscheidung gibt. Wir verdeutlichen die zwei Prozessschritte im Rahmen der Wertschöpfungsverteilung anhand eines Beispiels (vgl. Abb. 85).

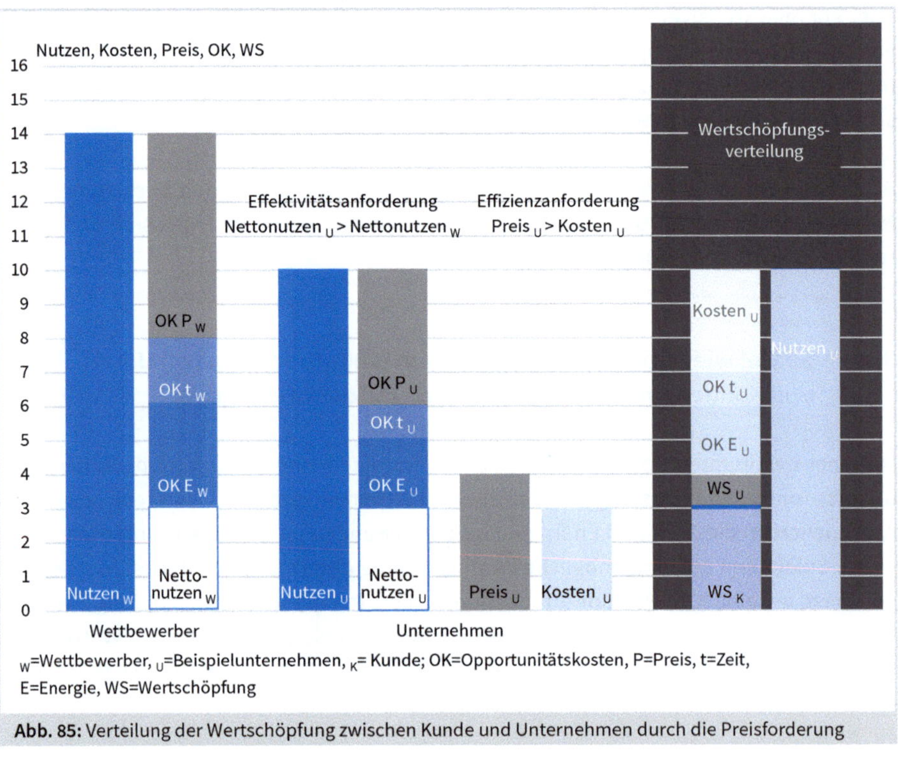

Abb. 85: Verteilung der Wertschöpfung zwischen Kunde und Unternehmen durch die Preisforderung

Zwei Prozessschritte

Nettonutzen des Wettbewerbers

Im ersten Schritt ist es erforderlich, den Nettonutzen des Wettbewerbers zu bestimmen. Dieser definiert den vom Unternehmen zu übertreffenden Nettonutzen, damit ein wünschenswerter Austauschprozess eben mit dem Unternehmen und nicht mit dessen Wettbewerber erfolgt. Ist ein Wettbewerbsangebot bspw. durch einen Kundennutzen in Höhe von 14, einer Preisforderung von 6 sowie zeit- und energiebasierten Opportunitätskosten in Höhe von 2 bzw. 3 gekennzeichnet, so muss das Unternehmen, um der Effektivitätsbedingung zu genügen, einen Nettonutzen erzeugen, der größer als 3 ist (14^{N}-6^{OKP}-2^{OKt}-3^{OKE}).

Festlegung des Preises unter Effektivitätsüberlegungen

Stiftet das Unternehmen beispielsweise einen Kundennutzen in Höhe von 10 und verursacht bei seinen Kunden zeit- bzw. energiebasierte Opportunitätskosten in Höhe von 1 bzw. 2, so darf der Preis unter Effektivitätsgesichtspunkten maximal 3,99 Euro betragen. Bei dieser Preisforderung entsteht für den Kunden ein Nettonutzen in Höhe von 3,01 (10^{N}-1^{OKt}-2^{OKE}-$3{,}99^{OKP}$), der marginal, aber hinreichend größer ist als derjenige des Wettbewerbers in Höhe von 3. Die Effektivitätsanforderung des KKV ist somit erfüllt. Für die Effizienzbedingung ist nun das Verhältnis aus Preis zu Kosten des Unternehmens maßgeblich.

Verhältnis Preis zu Kosten

Im zweiten Schritt ist daher zu prüfen, ob der Preis ausreicht, um der Wirtschaftlichkeitsbedingung zu genügen, sprich ob er oberhalb der Stückkosten liegt oder nicht. Belaufen sich die Kosten, wie hier angenommen, auf 3 Einheiten (dass der Nettonutzen im Beispiel die gleiche Höhe aufweist, ist rein zufällig), so wäre die Wirtschaftlichkeitsbedingung erfüllt. Unter Maßgabe einer hinreichenden Widerstandsfähigkeit wäre das Unternehmen somit effizient und könnte eine KKV-Position realisieren. Entsprechend würde ein Ressourcenverbrauch, der größer ist als 3,99 Euro keine effiziente Marktposition ermöglichen. Das Erreichen einer KKV-Position wäre in dieser Konstellation ausgeschlossen.

Attraktivität des Wettbewerbers

Es ist offensichtlich, dass der dem Kunden zugestandene Anteil an der Wertschöpfung umso größer sein muss, je höher der Nettonutzen des Wettbewerbsangebotes ist. Damit ist auch klar, dass das Erzielen einer KKV-Position mit wachsender Attraktivität des Wettbewerbsangebotes zunehmend schwieriger wird, da der zur Erfüllung der Effizienzanforderung verbleibende Wertschöpfungsanteil immer kleiner wird. Auch dieser Zusammenhang soll anhand unserer Beispielkonstellation illustriert werden.

Bei unserem Beispielunternehmen dürfte der Nettonutzen des Wettbewerbers maximal 3,99 Einheiten betragen, damit ein höherer Nettonutzen realisierbar wäre (10^{N}-1^{OKt}-2^{OKE}-3^{OKP}=4^{NN}) und gleichzeitig die Kosten in Höhe von 3 zumindest gedeckt wären. Beträgt der Nettonutzen des Wettbewerbers 4 Einheiten oder mehr, könnte das Unternehmen keine gleichermaßen effektive wie effiziente Marktposition, sprich keinen KKV, erreichen.

Verteilung der Wertschöpfung

Abschließend soll die Verteilung der Wertschöpfung zwischen Kunde und Unternehmen in den Blick genommen werden. Unser Beispielunternehmen erzielt insgesamt eine Wertschöpfung in Höhe von 4 (10^{N}-1^{OKt}-2^{OKE}-3^{k}). Da das Unternehmen wie dargestellt maximal einen Preis von 3,99 Euro verlangen darf, um effektiv zu sein, beträgt der Anteil des Kunden an der Wertschöpfung 3,01 (10^{N}-1^{OKt}-2^{OKE}-$3{,}99^{OKP}$). Entsprechend kann das Unternehmen einen Wertschöpfungsanteil von 0,99 realisieren ($3{,}99^{P}$-3^{k}).

Fazit

Zusammenfassend gibt es im Rahmen der Wertschöpfungsverteilung keine echten Entscheidungen im Sinne der Auswahl zwischen mehreren möglichen Alternativen mehr. Das Unternehmen wird über die Preisforderung genau so viel von der Wertschöpfung für sich reklamieren, wie es das Wettbewerbsangebot zulässt. Ob dieser Anteil dann ausreicht, um wirtschaftlich zu agieren, hat ebenfalls nur noch informatorischen Charakter – zu ändern ist hieran zunächst nichts mehr.

Was tun, wenn Wertschöpfung nicht ausreicht?

Was aber, wenn die Wertschöpfung nicht ausreicht, um gleichzeitig effektiv und effizient zu sein, also nicht ausreicht, um eine KKV-Position zu besetzen?

Höhere Wertschöpfung möglich?

In einer solchen Situation verbleiben nur drei Alternativen. Erstens könnte das Unternehmen seine Wertschöpfung noch einmal im Hinblick auf mögliche Steigerungspotenziale analysieren. Wir hatten bei unseren Ausführungen zum Spielverhalten zwar stets ein wertschöpfungsmaximierendes Verhalten unterstellt, gleichwohl sind angesichts der Komplexität des Zusammenspiels der Wertschöpfungstreiber und ihrer notgedrungenen analytischen Trennung Fehleinschätzungen denkbar. Zweitens könnte das Unternehmen seine Spielarena in den Blick nehmen und sowohl Marktabgrenzung als auch Marktsegmentierung hinterfragen. Eventuell ließe sich in einer anderen Spielarena oder bei einer anderen Segmentierung der Kunden eine höhere Wertschöpfung realisieren. Drittens schließlich könnte das Unternehmen sich intensiver mit der Konstruktion des Nettonutzens durch den Kunden befassen. Wir hatten bei der Vorstellung des KKV auf das strikte Subjektivitätsparadigma des Marketing hingewiesen, was sich im konstitutiven KKV-Merkmal »wahrgenommen« niederschlägt. Entsprechend ist bereits bei der Maximierung der Wertschöpfung stets die subjektive Kundenperspektive maßgeblich. Gleiches gilt für die Wertschöpfungsverteilung, bei der zwar die Wirtschaftlichkeit vom objektiven Verhältnis zwischen Preis und Kosten abhängt, nicht aber der Nettonutzen des Kunden, der von der Transformation des Preises in ein Preisurteil im Sinne von günstig oder teuer, determiniert wird. Gleichwohl ist es denkbar, dass es zwischen der objektiven Wertschöpfung respektive Wertschöpfungsverteilung und deren subjektiver Konstruktion durch den Kunden mehr oder weniger große Abweichungen existieren. In diesem Falle[19] könnte das Unternehmen prüfen, welche Möglichkeiten zur Schließung oder zumindest Verminderung dieser Lücke existieren. Mit dieser eher informatorischen Aufgabe des Spielverhaltens befassen wir uns im nachfolgenden Kapitel.

Andere Spielarena?

Verzerrte Kundenwahrnehmung?

19 Streng genommen muss dies natürlich jedes Unternehmen tun, da auch im Falle einer KKV-Position die Wirtschaftlichkeit des Marktverhaltens bei Existenz einer inhaltlichen Divergenz erhöht werden kann. Im Falle einer mangelnden Gleichzeitigkeit von Effektivität und Effizienz ist dieses Problem gleichwohl dringender.

3.4.4 Es gibt nichts Objektives ... oder: die Konstruktion des Nettonutzens durch den Kunden

Der Nettonutzen des Kunden ist das Ergebnis von vier Variablen: dem Nutzen sowie den zeit-, energie- und preisbasierten Opportunitätskosten. Bei allen vier Variablen sind mehr oder weniger große Abweichungen zwischen den objektiven Gegebenheiten (sachinhaltliche Dimension) und der subjektiven Bewertung seitens des Kunden (informatorische Dimension) denkbar. Dabei unterscheiden wir mit Adäquanz und kommunikativer wie inhaltlicher Divergenz drei Fälle (vgl. Abb. 86). Sachinhaltliche vs. informatorische Dimension

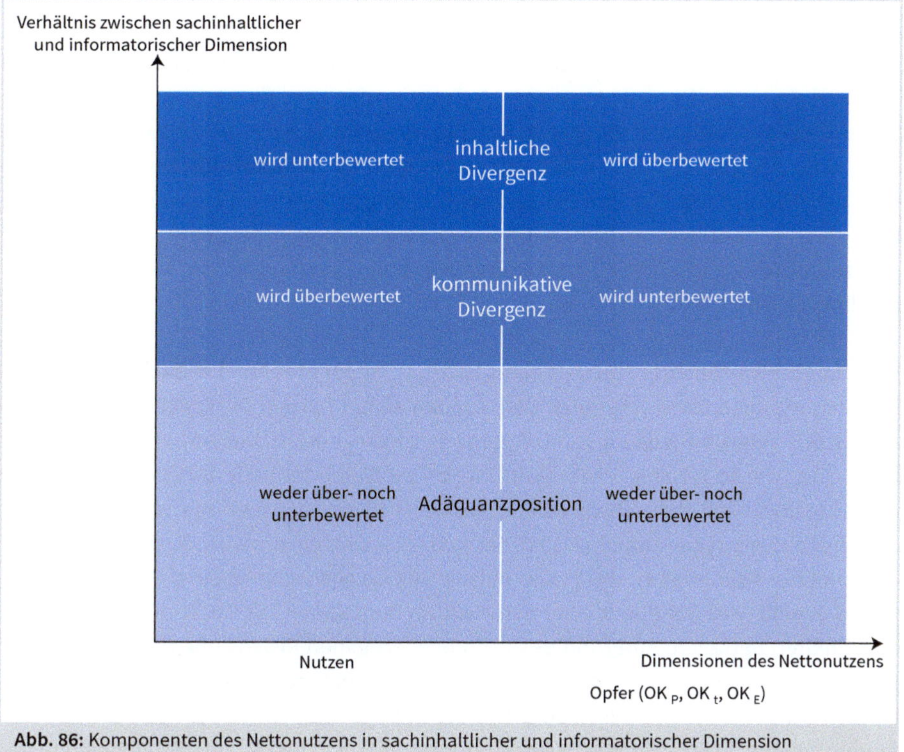

Abb. 86: Komponenten des Nettonutzens in sachinhaltlicher und informatorischer Dimension

- In der Adäquanzposition gibt es keine Abweichungen zwischen informatorischer und sachinhaltlicher Dimension. Der Nutzen wird ebenso wie die drei Opferkomponenten weder über- noch unterbewertet. Entsprechend bestehen keine Optionen, um die Höhe oder Verteilung der Wertschöpfung informatorisch zu verändern. Adäquanzposition
- Bei der kommunikativen Divergenz wird entweder der Nutzen über- oder die Opferkomponenten unterbewertet. Der Kunde erhält faktisch also einen geringeren Nettonutzen als er glaubt. Auf Dauer ist eine solche Position vermutlich nicht stabil, da der Nachfrager aufgrund eigener oder vermittelter Kauferfahrungen früher oder später seine Fehlwahrnehmung realisieren wird. Zudem ist diese Position auch unter mar- Kommunikative Divergenz

ketingethischen Gesichtspunkten (vgl. Attas, 1999; Drumwright, 1996, S.620) höchst fragwürdig. Für den Anbieter stellt sich entsprechend die Aufgabe, eine etwaige kommunikative Divergenz proaktiv zu vermindern.

Inhaltliche Divergenz

- Bei der inhaltlichen Divergenz schließlich ist der Nettonutzen aus sachinhaltlicher Perspektive größer als ihn der Kunde wahrnimmt. Entweder werden der Leitungsnutzen unter- oder die Opferkomponenten überbewertet. Diese Situation ist für ein Unternehmen auf den ersten Blick zwar wenig erfreulich, da seine Bemühungen um eine KKV-Position seitens des Kunden nicht »richtig« wahrgenommen werden. Auf den zweiten Blick ergeben sich hieraus jedoch auch Chancen, wenn es gelingt, die Lücke zwischen sachinhaltlicher und informatorischer Dimension des Nettonutzens zu vermindern. Hierfür gilt es, mögliche Ursachen für die Fehlwahrnehmung seitens des Kunden zu identifizieren und entsprechende Maßnahmen einzuleiten.

Im Zentrum des Kapitels stehen folglich Maßnahmen zur Verringerung respektive Vermeidung einer inhaltlichen Divergenz. Dabei analysieren wir zunächst mögliche Ursachen für eine Unterbewertung des Nutzens und daraus folgende Konsequenzen. Anschließend betrachten wir potenzielle Gründe für eine Überbewertung preis-, zeit- oder energiebasierter Opportunitätskosten und daraus ableitbare Handlungen zur Verringerung der inhaltlichen Divergenz.

Unterbewertung des Nutzens aufgrund von Risiken

Eine Unterbewertung des Nutzens eines Leistungsangebotes kann insbesondere Ergebnis einer Risikoadjustierung durch den Kunden sein. In dieser Perspektive ist der Kundennutzen aufgrund leistungs- oder verhaltensbezogener Ursachen grundsätzlich riskant. Oder wie Tom Hanks es im Kultfilm Forrest Gump formulierte: »Meine Mama hat immer gesagt, das Leben ist wie eine Schachtel Pralinen. Man weiß nie, was man kriegt.« Je höher das wahrgenommene Risiko, desto stärker wird ein potenzieller Kunde den Leistungsnutzen diskontieren. Wenn also beispielsweise alle Pralinen einer Pralinenschachtel lecker sind (was der Kunde aber natürlich vor dem Kauf nicht weiß), möge der Nutzen 10 Einheiten betragen. Aufgrund des leistungsbezogenen Risikos (die Pralinen könnten lecker sein oder eben auch nicht) wird der Kunde der Pralinenschachtel aber keinen Nutzen von 10, sondern einen risikoadjustierten, geringeren Nutzen zubilligen. Je nach vermuteter Wahrscheinlichkeitsverteilung (lecker oder nicht lecker) und Risikoneigung des Kunden (risikoscheu oder risikofreudig), wird dieser Risikoabschlag mehr oder weniger groß ausfallen.

Leistungsbezogenes Risiko

Das von Forrest Gump zum Ausdruck gebrachte Risiko ist leistungsbezogener, genauer informationsökonomischer Natur. Der Geschmack ist eine Erfahrungseigenschaft, die eben erst nach dem Kauf respektive nach dem Verzehr zuverlässig beurteilt werden kann. Wir hatten den Grundgedanken der Informationsökonomie mit ihrem Trias aus Such- (können vor dem Kauf zuverlässig beurteilt werden), Erfahrungs- (können nach dem Kauf zuverlässig beurteilt werden) und Vertrauenseigenschaften (können nie zuverlässig beurteilt werden) bereits bei der Diskussion der Wahrnehmungsdimension des KKV vorgestellt (vgl. Kapitel 2.4.1.1). Je höher der Anteil an Erfahrungs- und Vertrauenseigenschaften, desto größer ist die Gefahr einer inhaltlichen Divergenz.

Verhaltens-bezogenes Risiko

Neben den leistungsbezogenen Risiken existieren für Kunden auch verhaltensbezogene Unsicherheiten, wie sie in der Prinzipal-Agenten-Theorie (vgl. Eisenhardt, 1989) beschrieben werden. Demnach ist der Kunde als Prinzipal aufgrund von Informationsasymmetrien dem Risiko eines opportunistischen Verhaltens seitens des Agenten, hier also des Unternehmens, ausgesetzt. Mit anderen Worten besteht das Risiko, dass ein Unternehmen Informationsvorsprünge gegenüber seinen Kunden, zum Beispiel hinsichtlich der Beschaffenheit der Ware oder der Einhaltung eines Liefertermins, zum eigenen Vorteil ausbeutet. Neben verdeckten Eigenschaften, die gleichsam in der informationsökonomischen Theorie behandelt werden, kennt die Prinzipal-Agenten-Theorie noch Risiken, die aus verdeckten Absichten (z. B. verhält sich ein Anbieter nach Vertragsabschluss anders, als er es vorher versprochen hat) und verdeckten Handlungen (z. B. wird die Wartung eines technischen Gebrauchsgutes nicht ordnungsgemäß durchgeführt) des Unternehmens, resultieren.

Risikosenkung

Sowohl bei leistungs- als auch verhaltensbezogenen Risikoarten können eine Reihe risikoreduzierender Instrumente zum Einsatz kommen, die somit das Potenzial zum Abbau einer inhaltlichen Divergenz besitzen. Die Risiken werden einerseits vom Kunden selber aktiv reduziert, andererseits kann das Unternehmen risikomindernde Mechanismen einsetzen (vgl. Abb. 87). Risikominderndes Verhalten von Kunden und Unternehmen beeinflussen sich dabei gegenseitig.

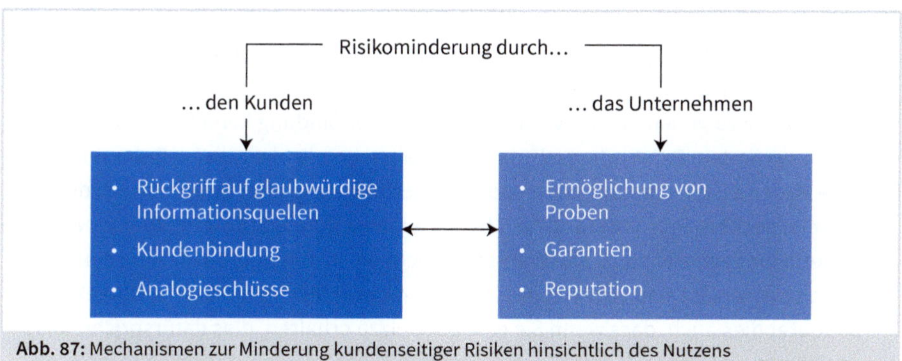

Abb. 87: Mechanismen zur Minderung kundenseitiger Risiken hinsichtlich des Nutzens

Glaubwürdige Informations-quellen

Kunden werden zur Minderung eines leistungs- oder verhaltensbezogenen Risikos regelmäßig auf Informationsquellen zurückgreifen, denen sie im Hinblick auf die Leistungs- bzw. Verhaltensbeurteilung sowohl einen Informationsvorsprung als auch eine hinreichende Glaubwürdigkeit zubilligen. Das Spektrum derartiger Informationsquellen ist sehr groß. Es reicht vom persönlichen Umfeld (z. B. Freunde, Familie), über Experten (z. B. Testzeitschriften, Restaurantführer) bis hin zu Bewertungen anderer Kunden auf Internetplattformen (z. B. Sterne bei Amazon). Für das Unternehmen ist es zur Verminderung einer inhaltlichen Divergenz wichtig, diese Quellen zu kennen und soweit möglich deren Inhalt aktiv zu beeinflussen.

Kundenbindung

Zweitens binden sich Kunden freiwillig an einen Anbieter, um ihr Risiko zu mindern. Der Mechanismus dahinter bezieht sich vor allem auf Erfahrungseigenschaften, also Eigenschaften, die für Kunden erst nach dem Kauf zuverlässig zu beurteilen sind. Nach einer abgeschlossenen Transaktion kann ein Kunde im Hinblick auf diesen Anbieter die Erfahrungseigenschaften der zurückliegenden Transaktion beurteilen. Diese Beurteilung wird nun auf zukünftige Transaktionen projiziert, wodurch das wahrgenommene Risiko für Kunden sinkt. Backhaus (1997) hat dieses Phänomen mithilfe eines einfachen Rechenbeispiels, das auf dem Prinzip bedingter Wahrscheinlichkeiten basiert, sehr schön illustriert, das nachfolgend in modifizierter Form dargestellt ist (vgl. Beispiel 33).

Beispiel 33

Kundenbindung als Mechanismus zur Risikoreduktion

Auf der Suche nach einer guten Pizzeria

Stellen sie sich vor, Sie sind neu in eine Stadt gezogen und suchen eine gute Pizzeria (und das heißt für Sie vor allem, dass die Pizza lecker sein muss). Die Auswahl der Pizzeria ist riskant – nehmen wir an, die Wahrscheinlichkeit, dass Sie eine gute Pizzeria finden, sei 50 %. In guten Pizzerien (und so eine wollen Sie natürlich gerne finden) ist die Pizza in 9 von 10 Fällen gut, in schlechten Pizzerien hingegen nur in 5 von 10. Nun wählen Sie – ganz nach Bauchgefühl und weil Ihnen der Name gut gefällt – das Lokal »Belmonte« und haben Glück: die Pizza war super lecker. Stellen Sie sich nun vor, Sie stehen das nächste Mal vor der Entscheidung, in welche Pizzeria Sie gehen sollen. Die positive Erfahrung vom letzten Mal wird Sie vielleicht dazu bewegen, wieder zu »Belmonte« zu gehen. Dieses Verhalten der Kundenbindung kann man auch statistisch begründen: Es ist ja logisch, dass die Wahrscheinlichkeit, dass »Belmonte« eine gute Pizzeria ist, nach Ihrer ersten positiven Erfahrung größer geworden ist, denn in einer schlechten Pizzeria stand die Chance auf eine gute Pizza 50 zu 50, in einer guten Pizzeria hingegen 90 zu 10. Die Wahrscheinlichkeit, in einer guten Pizzeria eine gute Pizza zu essen, ist also sehr viel größer als in einer schlechten Pizzeria. Umgekehrt bedeutet dies auch, dass wenn Sie eine gute Pizza erhalten, dies dafürspricht, dass es sich um eine generell gute Pizzeria handelt. Diese Argumentation kann man mit dem Satz von Bayes auch formal modellieren: Unter den Zahlenbedingungen des Beispiels steigt die Wahrscheinlichkeit, dass »Belmonte« eine gute Pizzeria ist, nach einer ersten positiven Erfahrung von 50 % auf 64 %:

$$(G/g) = \frac{W(G) * W(g/G)}{W(G) * W(g/G) + W(S) * W(g/s)} = \frac{0{,}5 * 0{,}9}{0{,}5 * 0{,}9 + 0{,}5 * 0{,}5} \approx 0{,}64$$

mit:

W (G/g): bedingte Wahrscheinlichkeit, dass es sich um eine gute Pizzeria (G) handelt, wenn die letzte Pizza gut (g) war.

W (G) bzw. [W (S)]: unbedingte Wahrscheinlichkeit, dass es sich um eine gute [schlechte] Pizzeria handelt

W (g/G) bzw. [W (g/S)]: bedingte Wahrscheinlichkeit, dass in einer guten [schlechten] Pizzeria die Pizza gut ist.

Bedingte Wahrscheinlichkeiten

Im Umkehrschluss sinkt die Wahrscheinlichkeit, dass »Belmonte« eigentlich eine schlechte Pizzeria ist (Sie also beim ersten Mal einfach nur Glück hatten) auf 36 %. Mit jeder weiteren positiven Erfahrung mit »Belmonte« nimmt die bedingte Wahrscheinlichkeit, dass es sich bei der Pizzeria um ein »wirklich« gutes Restaurant handelt, weiter zu. Bei einer zweiten guten Erfahrung steigt die Wahrscheinlichkeit für eine gute Restaurantqualität auf 76 % und bei einem dritten zufriedenstellenden Besuch in Folge kumuliert sie sich auf 85 %. Anders formuliert: So viel Glück, dass Sie einer eigentlich schlechten Pizzeria bei drei Besuchen dreimal eine leckere Pizza erhalten haben, kann man eigentlich nicht haben; es muss sich also wohl um eine wirklich gute Pizzeria handeln.

Anreize für Erstnutzung

Für Unternehmen in der Situation einer inhaltlichen Divergenz ist zu prüfen, welche Anreize für eine Erst- bzw. Zweitnutzung gegeben werden können, die für den Kunden noch relativ riskant ist. So könnte das Unternehmen etwa Garantien geben (bei Nicht-Gefallen Geld zurück) oder die Erst- bzw. Zweitnutzung gratis ermöglichen, um die anfängliche risikobedingte Minderung des Nutzens zu kompensieren. Abb. 88 zeigt Beispiele eines solchen Vorgehens.

Informationssubstitute

Drittens verwenden Kunden zur Minderung ihres Risikos Informationssubstitute. Dabei schlussfolgern sie von Merkmalen, die sie zuverlässig beurteilen können, auf solche, deren Vorhandensein riskant ist. Wir nennen diese Vorgehensweise daher Analogieschlüsse. Da das Spektrum der zur Analogie herangezogenen Merkmale sehr groß sein kann, ist es für Unternehmen in der Situation einer inhaltlichen Divergenz zunächst wichtig, die von Kunden vorzugweise als Substitut verwendeten Informationen zu kennen. Anschließend ist bei diesen Merkmalen ein besonderes Augenmerk auf eine positive Evaluation durch den Kunden zu richten. Investitionen in die Leistungsgüte dieser Merkmale haben aufgrund ihrer risikomindernden Wirkung bezüglich des gesamten Nutzens ein hohes Renditepotenzial. So haben Supermärkte in den letzten Jahren die Präsentation von Obst und Gemüse, vor allem mithilfe von Lichtkonzepten, deutlich aufgewertet, vermutlich nicht zuletzt auch, um das in dieser Warenkategorie wichtige Frischeversprechen für den Kunden greifbar zu machen.

Quelle: www.baerenmarke-gratistesten.de

Quelle: www.gefro.de

Abb. 88: Beispiele für Anreize einer Erstnutzung

Testnutzung

Unternehmen können Risiken senken, indem sie Kunden Testnutzungen ermöglichen (vgl. Abb. 88). Der Klappentext eines Buches, der Trailer für einen Film, das Kosmetiksampling in einer Zeitschrift oder im Briefkasten, die Probefahrt eines Pkw und der Probierstand im Supermarkt sind Beispiele für dieses Vorgehen. Die Kernaufgabe bei dem Angebot von Proben besteht in der Auswahl des unter Effektivitäts- und Effizienzgesichtspunkten geeigneten Kanals für die Probenbereitstellung. Im Hinblick auf Effektivitätsüberlegungen ist insbesondere zu fragen, ob das Probensetting aus Kundensicht zum Probengegenstand adäquat ist. Ein Sampling für eine neue Salami in der Sport-Bild wäre – im Gegensatz zu einem Gutschein für eine probeweise Nutzung der Bundesliga-Konferenz – aus Sicht der meisten Kunden vermutlich eher befremdlich. In Bezug auf die Effizienz sind die Kosten und Kontaktwahrscheinlichkeiten der einzelnen Kanäle zu prüfen. Wie viele potenzielle Kunden können über einen Probenkanal erreicht werden und wie wahrscheinlich führt ein Probenkontakt tatsächlich zu einer Probe, sind hierbei typische Fragen.

Garantien

Weit verbreitet als unternehmensseitiges Instrument zur Risikoreduktion sind Garantien. Im Kern zielen Garantien darauf ab, dass Risiko vom Kunden auf das Unternehmen zu übertragen. Erbringt der Leistungsgegenstand oder der Leistungsanbieter nicht das zugesicherte Nutzenniveau, so können Kunden die Transaktion im Prinzip rückgängig machen.

Reputation

Schließlich können Unternehmen ihren guten Ruf, ihre Reputation einsetzen, um Risiken für Kunden zu mindern. Die Reputation eines Unternehmens ist aufgrund ihres risikomindernden Potenzials ein Vermögensgegenstand, der allerdings in jeder einzelnen Transaktion zunichtegemacht werden kann. Aus dieser Konstellation folgt, dass es für Unternehmen offenbar nicht schlau ist, ihren guten Ruf in einer einzelnen Transaktion aufs Spiel zu setzen. Die Reputation ist quasi die »Geisel in der Gewalt des Kunden« (Kaas, 1990, S. 545). Warum beispielsweise sollte Lufthansa ausgerechnet das Flugzeug, mit dem ich gerade nach Frankfurt fliege, schlecht gewartet haben? Im Falle eines Flugzeugunglücks aufgrund mangelnder Wartung wäre die Reputation von Lufthansa vermutlich stark geschädigt, was die Marktposition des Unternehmens deutlich schwächen würde. Dieses Risiko wird Lufthansa doch nicht ausgerechnet bei »meinem« Flug eingehen. Die risikomindernde Wirkung, die Marken zugesprochen wird (vgl. Woratschek/Roth, 2004, S. 356 ff.), gehört in die Kategorie der Risikosenkung durch den Einsatz von Reputation. Für die Minderung einer inhaltlichen Divergenz folgt daraus, dass Unternehmen sich um den Aufbau von Reputation bemühen und besonderes Augenmerk auf die reputationsschädigende Wirkung einzelner Transaktionen legen müssen. Folgende Anekdote aus dem Leben eines der Autoren soll dies verdeutlichen (vgl. Beispiel 34).

Beispiel 34

Reputationsschädigendes Verhalten

Öko-Strom

Im Rahmen eines Umzugs wechselte besagter Co-Autor zu einem Stromanbieter, der nach eigenem Versprechen ausschließlich Öko-Strom vertreibt. Der Nutzen, der aus der ökologischen Stromerzeugung resultiert, ist aus Sicht potenzieller Kunden sehr riskant, da er letztlich nicht zuverlässig prüfbar ist, mit anderen Worten eine Vertrauenseigenschaft darstellt. Nach einem knapp einjährigen Auslandsaufenthalt wunderte sich der Neu-Kunde über die seiner Ansicht nach relativ hohe Jahresabrechnung, da er ja quasi nicht zu Hause war. Also verglich er den in der Rechnung ausgewiesenen Zählerstand mit dem tatsächlichen Zählerstand des Stromzählers im Keller. Zu seiner Überraschung stellte er fest, dass der tatsächliche Zählerstand geringer war als der in der Rechnung zu Beginn der Abrechnungsperiode ausgewiesene Zählerstand. Auf Nachfrage erklärte das Unternehmen, dass dies sein könne, da es den Stromverbrauch nur schätze … Für den Co-Autor war damit die Reputation des Unternehmens nachhaltig beschädigt: Wie soll man einem Unternehmen vertrauen, dass noch nicht einmal korrekte Rechnungen stellen kann? Er kündigte seinen Vertrag. Aufgrund der relativ geringen Verbreitung des Anbieters kann man unter Effizienzgesichtspunkten nachvollziehen, dass es den Zählerstand nicht abliest, da die Kosten pro Ablesevorgang relativ hoch sind. Gleichwohl hätte das Unternehmen bei dieser Überlegung den potenziellen Reputationsverlust infolge falscher Abrechnungen ins Kalkül einbeziehen sollen. Möglicherweise wäre man dann zu einer anderen Entscheidung gelangt.

Überbewertung der Opferkomponenten

Neben der risikobedingten Unterbewertung des Nutzens ist die Überbewertung der Opferkomponenten des Nettonutzens eine zweite mögliche Ursache für eine inhaltliche Divergenz. Ausschlaggebend dafür ist, dass die verhaltensrelevanten Opportunitätskosten nicht von der objektiven Preisforderung sowie den objektiven Ansprüchen an die Zeit- und Energiebudgets des Kunden abhängen, sondern vielmehr von der subjektiven Transformation der objektiven Parameter in ein Urteil im Sinne von teuer oder günstig, langsam oder schnell schwer oder leicht usw. (vgl. Abb. 89). Es sind also nicht die Preisforderung von 10 Euro, die Fahrtzeit von 2 Stunden, das Gewicht eines Einkaufs von 5 kg, der Schwierigkeitsgrad eines Sprachkurses oder die objektive Sicherheit des Flugzeugs, die den Nettonutzen determinieren, sondern die Urteile hinsichtlich dieser Variablen, die Ergebnis einer subjektiven Transformation sind.

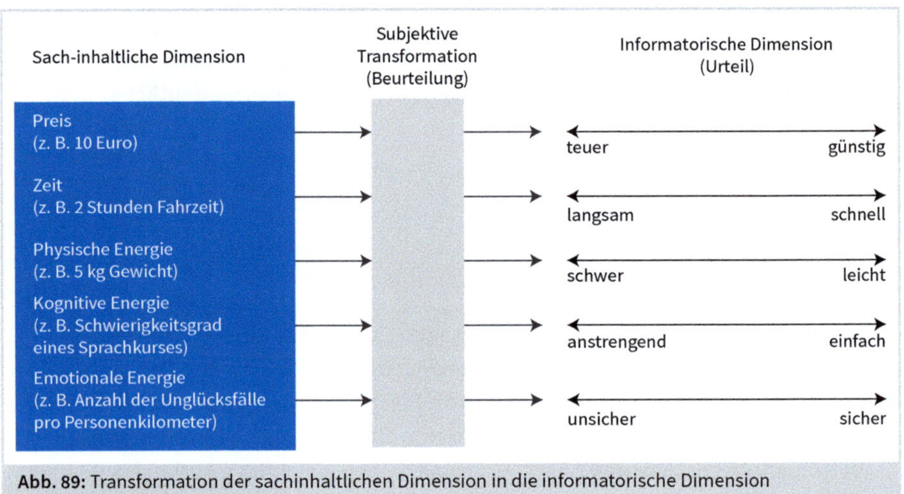

Abb. 89: Transformation der sachinhaltlichen Dimension in die informatorische Dimension

Subjektive Transformation

Insofern ist es grundsätzlich, insbesondere aber im Falle einer inhaltlichen Divergenz, wichtig, diesen Transformationsprozess zu verstehen und dergestalt zu beeinflussen, dass die Lücke zwischen sachinhaltlicher und informatorischer Dimension kleiner wird.

Verhaltenswissenschaftliche Preisforschung

Mit Blick auf Möglichkeiten zur Beeinflussung des Transformationsprozesses objektiver Parameter des Nettonutzens in verhaltensrelevante Urteile können Anleihen in der umfangreichen Forschung zur Verarbeitung von Preisen in Preisurteile gemacht werden (vgl. bspw. Zeithaml, 1988; Shapiro, 1968; Jacoby/Olson, 1977; Hoyer/MacInnis/Pieters, 2018, S. 246). Im Gegensatz zur Beurteilung zeitlicher und energetischer Variablen, existieren im Kontext der Preisforderung zahlreiche Untersuchungen zur Transformation von Preisen in Preisurteile. Auch wir hatten bei der Diskussion einer beurteilungsorientierten Preisführerstrategie in der Vorauflage dieses Buches auf diese Forschungsergebnisse Bezug genommen. Zwar sind einzelne in diesem Zusammenhang diskutierte Elemente, wie etwa die Frage, ob Dauerniedrigpreise oder Sonderangebote vorteilhafter für das

Preisurteil gegenüber einem Anbieter sind, nicht auf Beurteilungsprozesse von Zeit und Energie transferierbar, eine Reihe anderer Erkenntnisse aber sehr wohl. Vor diesem Hintergrund adaptieren wir die Ansatzpunkte zur Beeinflussung eines Preisurteils auf die Beurteilungsprozesse von Zeit und Energie (vgl. Abb. 90).

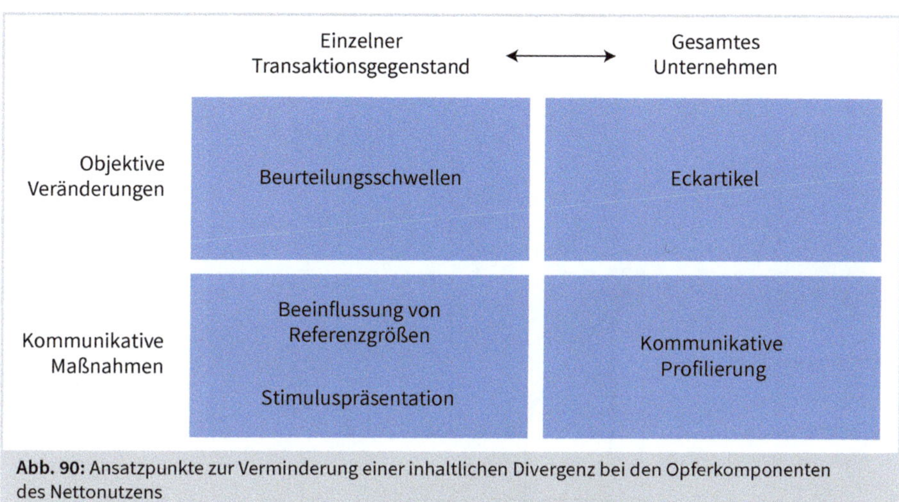

Abb. 90: Ansatzpunkte zur Verminderung einer inhaltlichen Divergenz bei den Opferkomponenten des Nettonutzens

Objekt der Beurteilung

Dabei differenzieren wir zwischen dem Objekt der Beurteilung und den Optionen zur Beeinflussung des Transformationsprozesses. Im Hinblick auf das Urteilsobjekt kann einerseits eine einzelne Transaktion, ein einzelner Kaufprozess Gegenstand der Beurteilung sein. Andererseits bilden Nachfrager im Zeitverlauf generalisierte Urteile über einen Anbieter im Sinne von Einstellungen (vgl. Kroeber-Riel/Gröppel-Klein, 2013, S. 232 ff.), etwa im Hinblick auf sein Preisniveau oder seine Schnelligkeit. Die Unterscheidung zwischen transaktions- und anbieterbezogenen Urteilen erfolgt nicht aus einer wirkungs-, sondern aus einer entscheidungsorientierten Perspektive. Mit anderen Worten wird die Beurteilung einzelner Transaktionen über Lerneffekte auch die Beurteilung des Anbieters insgesamt beeinflussen. Umgekehrt gilt, dass die Beurteilung einer einzelnen Transaktion auch vom Urteil über den Anbieter abhängt. Obgleich somit anbieter- und transaktionsbezogene Beurteilungsprozesse interdependenten Charakter haben (wirkungsorientierte Perspektive), sollen sie hier differenziert erörtert werden, da sich das Spektrum von Maßnahmen zur Beeinflussung je nach Beurteilungsobjekt unterscheidet (entscheidungsorientierte Perspektive).

Art der Beeinflussung

Als zweites Differenzierungsmerkmal wird hier die Art der Beeinflussung herangezogen. Dabei kann zwischen Maßnahmen zur Veränderung des objektiven Stimulus, beispielsweise einer Preissenkung oder reduzierten energetischen Ansprüchen, auf der einen und kommunikativen Maßnahmen im Sinne der Übermittlung beurteilungsrelevanter Informationen auf der anderen Seite unterschieden werden.

Beurteilungs-schwellen

Das Prinzip der Beurteilungsschwellen beruht auf der Annahme, dass zwischen der Höhe der objektiven Opferkomponenten des Nettonutzens und deren Beurteilung ein nichtlinearer Zusammenhang besteht (vgl. zum Prinzip der Preisschwellen bspw. Schneider, 1999, S. 51 ff.). Eine Veränderung des Preises bzw. der Zeit- oder Energieansprüche führt also nicht immer zu einer Veränderung des Urteils, sondern erst dann, wenn bestimmte Schwellenwerte unter- respektive überschritten werden. Abb. 91 soll die Grundidee von Urteilsschwellen verdeutlichen.

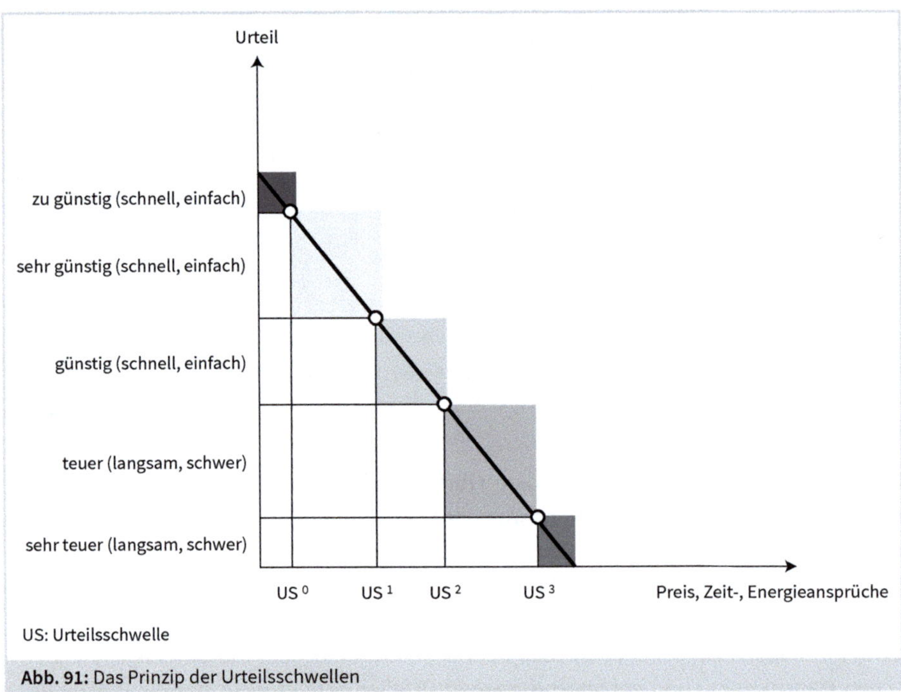

Abb. 91: Das Prinzip der Urteilsschwellen

Erläuterung der Abbildung

Abb. 91 zeigt auf der Y-Achse die objektiven Opferkomponenten des Nettonutzens, also die Höhe der Preisforderung bzw. der Zeit- und Energieansprüche.[20] Auf der Y-Achse ist das Ergebnis der subjektiven Transformation, also das Urteil über die Höhe der Opferkomponenten dargestellt. Wir haben hier vereinfacht zwischen vier Urteilskategorien unterschieden. Die Urteilsskala reicht von »sehr günstig« (bzw. »sehr schnell« oder »sehr einfach«) bis »sehr teuer« (bzw. »sehr langsam« oder »sehr schwer«). Angesichts dieser Skalierung existieren drei Urteilsschwellen (US^1 bis US^3), bei denen das Urteil von einer zu nächsten Kategorie kippt. So würden beispielsweise erhöhte Zeitansprüche erst dann zu einer Veränderung des Zeiturteils von »sehr schnell« zu »schnell« führen, wenn die Urteils-

20 Der Übersichtlichkeit halber haben wir auf eine differenzierte Darstellung der drei Variablen verzichtet, obgleich natürlich weder die Funktionsverläufe noch die Urteilsschwellen für Preis, Zeit und Energie identisch sind.

schwelle 1 (US^1) überschritten wird. Übersteigen die Zeitansprüche die Schwelle US^2, verändert sich das Zeiturteil von »schnell« zu »langsam«. Ab der Schwelle US^3 schließlich wird der Zeitanspruch in das Urteil »sehr langsam« transformiert. Analoge Zusammenhänge gelten für die Höhe des Preises bzw. der physischen, kognitiven oder emotionalen Energieansprüche.

Zu günstig (schnell, einfach)

Aus der Forschung zu Preisschwellen ist bekannt (vgl. Kaas/Hay, 1984), dass eine Preisforderung aus Kundensicht auch zu niedrig sein kann. Preisforderungen unterhalb dieser Schwelle (US^0) erzeugen Misstrauen hinsichtlich Qualität oder Herkunft des Produktes. Das Preisurteil verändert sich an dieser Schwelle von »sehr günstig« in »zu günstig«. Analog ist es denkbar, dass auch für Zeit- und Energieansprüche untere Urteilsschwellen existieren, bei denen das Urteil von »sehr schnell« bzw. »sehr einfach« auf »zu schnell« oder »zu einfach« springt.

Konsequenzen

Für die Verminderung einer inhaltlichen Divergenz folgt aus dem Konzept der Urteilsschwellen, dass erstens empirisch zu prüfen ist, ob derartige Schwellen existieren und wenn ja, bei welchen Ausprägungen der objektiven Opferkomponenten sich das Urteil verändert. Wenn Urteilsschwellen vorhanden sind, ist zweitens die eigene Position hinsichtlich dieser Schwellen in den Blick zu nehmen. So wäre es beispielsweise sinnvoll, Energieansprüche, die geringfügig oberhalb von Schwelle US^2 liegen, zu reduzieren, da damit das Urteil von »schwer« in »leicht« transformiert werden könnte. Entsprechende Überlegungen sind für die Höhe des objektiven Preises bzw. der Ansprüche an das Zeitbudget der Kunden anzustellen.

Eckartikel

In der verhaltenswissenschaftlichen Preisforschung wird die Bedeutung von Eckartikeln insbesondere im Hinblick auf das Preisimage von Handelsunternehmen beleuchtet (vgl. Simon/Fassnacht, 2016, S. 526 ff.). Dem Preisimage als »Urteil über das Preisniveau eines Anbieters« (Diller, 1993, S. 2) wird im Handel große Bedeutung sowohl für die Einkaufsstättenwahl als auch für die Preisbeurteilung einzelner Artikel zugebilligt (vgl. Rudolph/Wagner, 2003, S. 180 ff.). Grundsätzlich gewinnen Preisimages dann an Relevanz, wenn die Komplexität der Vielzahl von Einzelpreisen die einzelpreisbezogene Beurteilung für den Nachfrager sehr aufwendig, wenn nicht unmöglich werden lässt. Dies gilt neben dem Handel auch für zahlreiche Anbieter im Dienstleistungsbereich (Müller, 2003, S. 29; Schneider, 1999, S. 126), die nicht zuletzt aufgrund der angestrebten Auslastungssteuerung häufig komplexe Tarifstrukturen aufweisen, wie z. B. bei Verkehrsdienstleistungen. Entsprechend ist das Preisimage nicht nur für Handelsunternehmen bedeutend.

Eckartikel kennzeichnen jene Teile eines Sortiments, die für die Preisbeurteilung eines Unternehmens besondere Bedeutung besitzen (Haas, 2003, S. 221). Angesichts der Vielzahl von Einzelpreisen im Handel und der damit verbundenen Komplexität einer Preisbeurteilung des gesamten Sortiments, wird angenommen, dass Nachfrager ihr Urteil über das Preisniveau einer Einkaufsstätte an einigen, wenigen Artikeln festmachen.

Generalisierte Kundenurteile

Analog zu den Überlegungen hinsichtlich eines generalisierten Preisurteils ist es wahrscheinlich, dass Kunden auch generalisierte Urteile hinsichtlich der Dimensionen Zeit und Energie treffen. Ein Anbieter wäre in diesem Sinne in den Augen der Kunden nicht nur günstig oder teuer, sondern eben auch einfach oder kompliziert respektive schnell oder langsam. Auch von diesen Urteilen kann ebenso wie beim Preisimage sowohl ein Effekt auf die Wahl des Anbieters als auch auf die Beurteilung einer einzelnen Transaktion ausgehen. In diesem Sinne sind Eckartikel allgemein formuliert, jene Teile eines Leistungsportfolios, anhand derer sich ein Kunde ein generalisiertes Urteil hinsichtlich des Preisniveaus bzw. des Umgangs mit seinen Zeit- und Energieressourcen bildet.

Eine inhaltliche Divergenz ist bei Existenz von Eckartikeln möglicherweise darin begründet, dass das Unternehmen genau bei diesen Artikeln im Vergleich zum Gesamtsortiment relativ schlecht beurteilt wird. In einer solchen Situation wäre es ratsam, bei den Eckartikeln die Opportunitätskosten soweit abzusenken, dass ein positiver Effekt auf das Preis-, Zeit- oder Energieimage eintritt. Die dadurch entstehenden Effizienzverluste könnten durch eine Minderung der inhaltlichen Divergenz und daraus folgenden Preis- oder Mengenprämien beim übrigen Sortiment ausgeglichen werden.

Kommunikative Maßnahmen

Neben objektiven Variationen der Opportunitätskostentreiber kann ihre Beurteilung auch durch kommunikative Maßnahmen verändert werden. Dies gilt sowohl für Urteile, die eine einzelne Transaktion betreffen als auch für solche, die einen gesamten Anbieter zum Gegenstand haben. In der kommunikativen Perspektive sind die objektiven Opportunitätskostentreiber Informationen, deren Verarbeitung seitens des Kunden durch das Hinzufügen weiterer Informationen, z. B. den einfachen Zusatz »nur«, verändert werden kann. In der verhaltenswissenschaftlichen Preisforschung werden im Zusammenhang mit der Beurteilung einzelner Artikel mit Referenzpreisen und Preispräsentation zwei Konzepte diskutiert (vgl. bspw. Biswas/Wilson/Licata, 1993; Siems, 2009, S. 231 ff.), die ein hinreichendes Transferpotenzial für die Beurteilung zeitlicher und energetischer Ansprüche besitzen.

Referenzpreis

Die Grundidee von Referenzpreisen besteht darin, dass Menschen ihr Urteil hinsichtlich eines Beurteilungsobjektes, also auch des Preises, relativ treffen, d. h. vor dem Hintergrund eines internen oder externen Vergleichsmaßstabes, wie Beispiel 35 verdeutlichen soll.

Beispiel 35

Menschen treffen relative Urteile – oder sind 1,88 m groß oder klein?

Vielleicht waren Sie auch schon einmal bei einem Basketballspiel? Typischerweise sind Basketballspieler, der Natur des Spieles entsprechend, relativ groß gewachsen. Die Durchschnittsgröße des aktuellen Kaders (Saison 2018/2019) von Alba Berlin beispielsweise beträgt 1,98 m (Quelle: Alba Berlin, 2019). Daher wirken Spieler, die zum Beispiel 1,88 m groß sind (wie im Alba Kader Joshiko Saibou) auf dem Spielfeld relativ klein (vgl. Abb. 92).

Abb. 92: Joshiko Saibou im Kreis seiner (damaligen) Mitspieler (Quelle: Südwestpresse, 2018)

Jenseits eines Basketballfelds würde vermutlich niemand auf die Idee kommen, einen Menschen mit einer Körpergröße von 1,88 m als klein zu bezeichnen. Aber wie gesagt ... Menschen treffen relative Urteile.

Der Referenzpreis kennzeichnet den Vergleichsmaßstab, anhand dessen ein Preisstimulus als günstig oder teuer bewertet wird (Biswas/Wilson/Licata, 1993). Je höher (niedriger) der Referenzpreis, desto positiver (negativer) fällt die Beurteilung eines Preisstimulus aus. Referenzpreise können interner oder externer Natur sein. Interne Referenzpreise haben Kunden im Gedächtnis abgespeichert, d. h. sie haben eine Vorstellung davon, was ein Produkt normalerweise kostet, respektive kosten darf. Externe Referenzpreise hingegen werden vom Unternehmen als Vergleichsmaßstab an den Konsumenten herangetragen, wie beispielsweise Vergangenheits- oder Wettbewerbspreise.

Vergleichsmaßstäbe

Wie bei der Beurteilung des Preises, sind auch für Zeit und Energie relative Urteile zu erwarten. Einschätzungen wie langsam oder schnell, anstrengend oder leicht, stressig oder entspannend, bedürfen ebenso wie die Bewertung eines Produktes als teuer oder günstig eines Vergleichsmaßstabes (vgl. Pruyn/Smidts, 1998, S. 323). Neben Referenzpreisen existieren also auch Referenzgeschwindigkeiten respektive Referenzenergieniveaus. So haben Sie vielleicht auch schon einmal nach einer längeren Autobahnfahrt die sich

Referenzgeschwindigkeit

Referenzenergieniveau

anschließende Stadtfahrt als furchtbar langsam empfunden. Oder nach dem Ablegen des Rucksacks während einer Wanderung das Gefühl gehabt, zu schweben.

Für die Verminderung einer inhaltlichen Divergenz ist es zunächst wichtig zu wissen, ob Kunden über interne Referenzpreise, -geschwindigkeiten bzw. -energieniveaus verfügen. Die Forschung zum Preiswissen von Konsumenten hat in diesem Zusammenhang gezeigt, dass Kunden häufig nur rudimentäre Vorstellungen über die Preishöhe alltäglicher Güter besitzen (vgl. Schneider/Kenning/Hartleb/Eberhardt, 2009; Kenning/Hartleb/Schneider, 2011), was nicht zuletzt in der Vielzahl von Produkten und der Veränderlichkeit von Preisen im Zeitverlauf begründet ist. Inwieweit dies auch für Referenzgeschwindigkeiten und -energieeinsatz gilt, ist angesichts des Forschungsstandes hier nicht abschließend zu beantworten. Es gibt jedoch Argumente dafür, dass Kunden anders als beim Preis bei Zeit und Energie genauere interne Referenzen gespeichert haben. So muss der Kunde für die Beurteilung von Zeit und Energie weniger Informationen abspeichern als beim Preis, da erstens die Anzahl von Beurteilungsobjekten kleiner ist und zweitens für Prozesse in unterschiedlichen Kontexten identische Referenzen herangezogen werden können. Umfasst ein täglicher Supermarkteinkauf beispielsweise 20 Artikel, müsste der Kunde für die Preisbeurteilung seines Warenkorbes 20 Referenzpreise gespeichert haben, während für die Beurteilung der Wartezeit an der Kasse oder der Schwierigkeit, einzelne Artikel im Kühlregal zu finden, nur jeweils ein Vergleichsmaßstab erforderlich ist. Zudem ist es wahrscheinlich, dass Kunden für die Beurteilung der Kassenwartezeit und Orientierungsschwierigkeit des Supermarktes den gleichen Maßstab verwenden wie für die Bewertung der Kassenwartezeit und Orientierungsschwierigkeit ihres Baumarktes. Im Gegensatz dazu ist der Referenzpreis für Milch bei der Bewertung des Preises einer Bohrmaschine wenig hilfreich.

Externe vs. interne Vergleichsmaßstäbe

Verfügen Kunden über interne Referenzmaßstäbe für die Beurteilung von Preis, Zeit und Energie, ist es für ein Unternehmen in der Position inhaltlicher Divergenz wichtig, die eigene Position im Verhältnis zu diesen Urteilsmaßstäben abzuschätzen. Die internen Referenzgrößen haben quasi die Position einer Beurteilungsschwelle, sodass bei Überschreiten der internen Vergleichsmaßstäbe Möglichkeiten zur objektiven Veränderung der drei Opportunitätskostentreiber zu prüfen sind.

Aktive Kommunikation externer Maßstäbe

Insbesondere wenn Nachfrager keine internen Referenzgrößen abgespeichert haben, kommt für die Schließung einer inhaltlichen Divergenz die aktive Kommunikation externer Vergleichsmaßstäbe in Betracht. Das Unternehmen liefert für die Beurteilung von Preis, Zeit und Energie den Vergleichsmaßstab gleich mit. Häufig besteht dieser externe Vergleichsmaßstab aus Vergangenheitswerten oder Anforderungen von Wettbewerbern. Abb. 93 zeigt einige Beispiele eines solchen Vorgehens.

Vergangenheit | **Wettbewerber**

Zeit

Quelle: www.bahn.de

Quelle: www.ra-plutte.de

Energie

Quelle: www.horizont.net

Quelle: www.ispot.tv

Preis

Quelle: www.mediamarkt.de

Quelle: www.printerest.com

Abb. 93: Beispiele für externe Referenzmaßstäbe bei Zeit, Energie und Preis

Die Bahn dokumentiert in ihrer Werbung die verminderten Reisezeiten infolge der Eröffnung der Hochgeschwindigkeitsstrecke Berlin-München. Easy Jet hebt in dem Plakat die leichtere Nutzung der Fluggesellschaft durch den neuen Abflughafen Berlin-Tegel hervor. Zuvor war Easy Jet nur von dem weiter außerhalb liegenden Flughafen Schönefeld abgeflogen. Der Screenshot von Media Markt schließlich zeigt die Nutzung von Vergangenheitspreisen als Referenzmaßstab. Im Hinblick auf Wettbewerbsangebote nutzt Vodafone die Telekom als Vergleichsmaßstab, um die relativ höhere Netzgeschwindigkeit hervorzuheben. Microsoft hat in einem Spot die (aus Sicht von Microsoft) höhere Leistungsfähigkeit von Cortana im Vergleich zu Siri thematisiert und Media Markt schließlich nutzt Dell als externen Referenzmaßstab, um die Günstigkeit des eigenen Angebotes zu untermauern.

Stimuluspräsentation

Neben externen Vergleichsmaßstäben kann auch die Art der Stimuluspräsentation, also die Art und Weise der Präsentation des Angebotspreises bzw. des Zeit- oder Energiebedarfes die Beurteilung der Opportunitätskosten positiv beeinflussen und so eine inhaltliche Divergenz vermindern. Im Hinblick auf die Preisbeurteilung kommen hier etwa die Farbe des Preisschildes, die Schriftgröße, mit der ein Preis dargestellt ist oder die Ergänzung des Preises um Attribute wie »nur« in Betracht (vgl. Diller, 2008, S. 131 f.). Analog ist es denkbar, dass Zusätze wie »Express« im Hinblick auf die Zeitdimension (z. B. »Evening Express-Lieferung« von Amazon) oder »Easy« bezüglich des Energiebedarfes (z. B. »Easy Credit« der TeamBank AG) geeignet sind, die Beurteilung zeit- oder energiebasierter Opportunitätskosten zu beeinflussen.

Kommunikative Profilierung

Schließlich kann ein Unternehmen eine inhaltliche Divergenz durch eine kommunikative Profilierung in den Dimensionen Preis, Zeit oder Energie verringern. Dabei werden die unternehmensbezogenen Kommunikationsmaßnahmen auf das entsprechende Element des Nettonutzens fokussiert. Häufig manifestiert sich dieses Vorgehen auch in einem Zusatz zum Unternehmenslogo, wie die in Abb. 94 zusammengestellten Beispiele zeigen.

Fazit

Zusammenfassend stand im Fokus dieses Kapitels die subjektive Konstruktion des Nettonutzens durch den Nachfrager. Dabei ist es denkbar, dass zwischen den objektiven Forderungen des Unternehmens hinsichtlich Preis, Zeit und Energie und der subjektiven Wahrnehmung seitens der Nachfrager mehr oder weniger große Divergenzen bestehen. Wird das Unternehmen dabei schlechter beurteilt, als es das objektive Leistungsangebot erwarten ließe, sprechen wir von einer inhaltlichen Divergenz, die eine KKV-Position verhindern kann. Insbesondere in dieser Situation steht ein Unternehmen somit vor der Aufgabe, die inhaltliche Divergenz zu reduzieren. Dabei haben wir in Anlehnung an Erkenntnisse der verhaltenswissenschaftlichen Preisforschung Möglichkeiten aufgezeigt, wie die Beurteilung von Preis, Zeit und Energie sowohl im Hinblick auf eine einzelne Transaktion als auch ein gesamtes Unternehmen durch Variation der objektiven Dimension der Opportunitätskostentreiber oder kommunikative Maßnahmen beeinflusst werden kann.

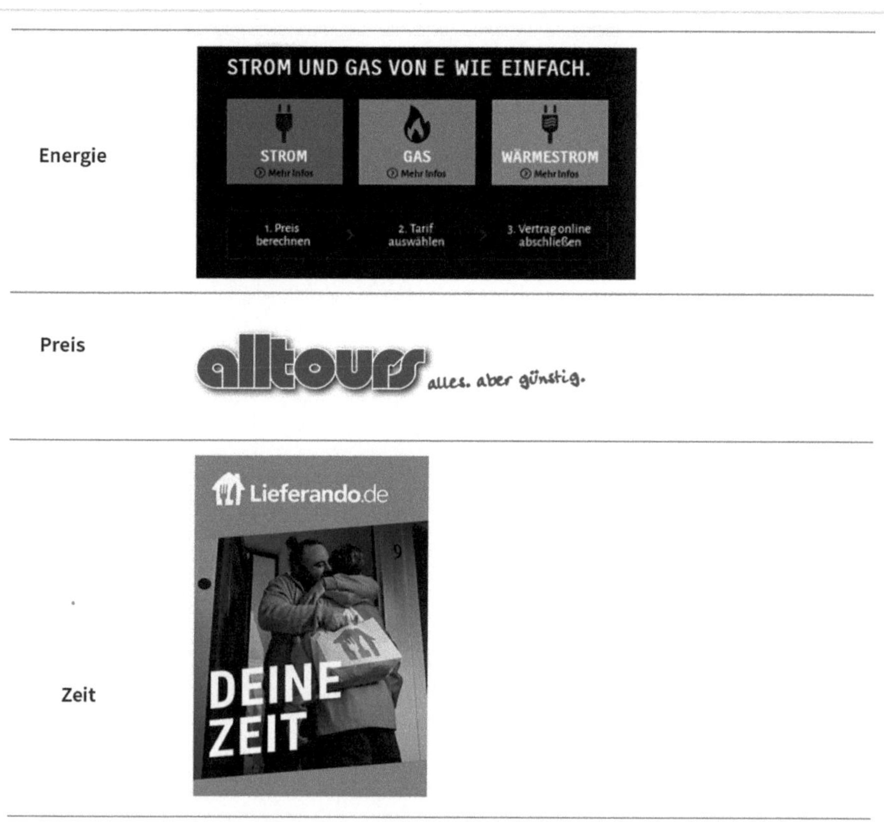

Abb. 94: Beispiele für kommunikative Profilierungen in den Dimensionen Energie, Preis und Zeit

4 Das einzig Beständige ist der Wandel: KKV-Management in einer dynamischen Perspektive

Um die Komplexität realer Entscheidungen im Strategischen Marketing auf ein handhabbares Maß zu reduzieren, haben wir in unseren bisherigen Ausführungen die Dynamik des Wettbewerbs ausgeblendet. Wir haben das Management von KKV-Positionen gleichsam zeitpunktorientiert interpretiert, obwohl es »im echten Leben« natürlich eine Zeitraum-Aufgabe darstellt. Diese Vereinfachung lösen wir nun auf und betrachten das Management von KKV-Positionen in einer dynamischen Perspektive. Mit anderen Worten wechseln wir von der Fotografie zum Film.

Von der Fotografie zum Film

Die Dynamik des Wettbewerbs ist komplex: Sie kann an allen drei unserer marktstrategischen Dimensionen ansetzen und wird in aller Regel Veränderungen bei anderen Dimensionen auslösen oder erforderlich machen. So führen beispielsweise veränderte Spielregeln ebenso zur Notwendigkeit eines modifizierten Spielverhaltens wie eine durch den Eintritt eines Wettbewerbers veränderte Spielarena. Auch wenn wir im Folgenden jede marktstrategische Dimension isoliert betrachten werden, darf diese Vielschichtigkeit marktlicher Veränderungsprozesse nicht aus dem Blick geraten.

Wettbewerbsdynamik

Das Ziel der Lektüre dieses Kapitels ist die Dynamik des Managements von KKV-Positionen zu verstehen und handhaben zu können. Es soll in vier Etappen erreicht werden (vgl. Abb. 95).

Kapitelstruktur

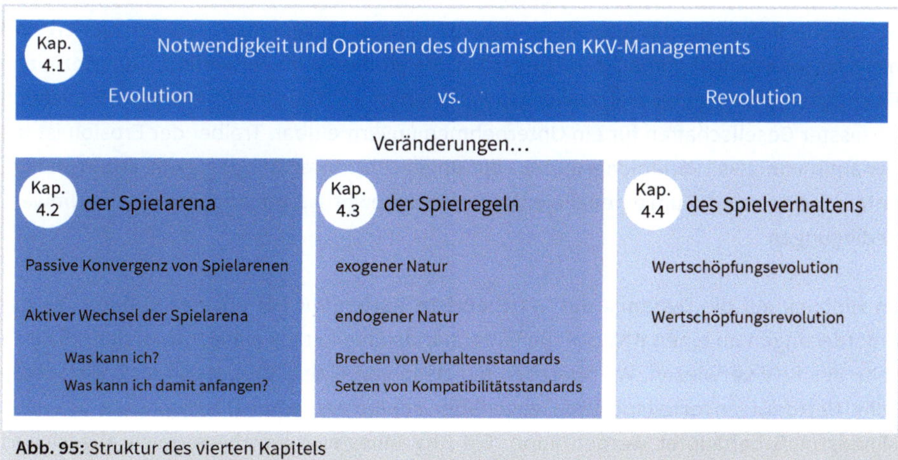

Abb. 95: Struktur des vierten Kapitels

Zunächst verdeutlichen wir in Kapitel 4.1 die Notwendigkeit und die grundsätzlichen Möglichkeiten eines dynamischen KKV-Managements. Von besonderer Bedeutung ist

Kapitel 4.1

dabei die Differenzierung zwischen evolutionärer Weiterentwicklung eines KKVs und seiner revolutionären Neuschaffung. Die nachfolgenden drei Unterkapitel sind jeweils einer marktstrategischen Dimension gewidmet.

Kapitel 4.2

Die Dynamik von Spielarenen analysieren wir in Kapitel 4.2. Dabei geht es neben der Konvergenz von Spielarenen insbesondere um Optionen eines aktiven Spielarenenwechsels. Dies kann zum Beispiel erforderlich sein, weil eine in der Vergangenheit sehr attraktive Spielarena, etwa aufgrund technischer Veränderungen, dem Eintritt neuer Wettbewerber oder veränderter Kundenbedürfnisse, an Attraktivität verloren hat. In Kapitel 4.3 betrachten wir die Dynamik sowohl exogener wie auch endogener Spielregeln. Dabei werden wir ein besonderes Augenmerk auf das aktive Abweichen von endogenen Regeln als Option der revolutionären Neuschaffung eines KKVs legen.

Kapitel 4.3

Kapitel 4.4

In Kapitel 4.4 schließlich beleuchten wir Möglichkeiten eines veränderten Spielverhaltens. Auch dabei differenzieren wir zwischen evolutionärer Weiterentwicklung einer bereits bestehenden Wertschöpfung und einer Wertschöpfungsrevolution, bei der ein bis dato nicht wertschöpfender Prozess nunmehr wertschöpfend wird. In diesem Zusammenhang beleuchten wir auch die Digitalisierung als ein Impuls, der das Potenzial für Wertschöpfungsrevolutionen besitzt.

4.1 Notwendigkeit und Optionen des dynamischen KKV-Managements

4.1.1 Erosion von KKV-Positionen

Erosion von Wettbewerbsvorteilen

So bedauerlich es für das betroffene Unternehmen auch sein mag: KKV-Positionen sind nicht für die Ewigkeit gemacht. Im Gegenteil: Sie erodieren im Zeitverlauf. Die prinzipielle Flüchtigkeit überlegener Wettbewerbspositionen ist als Basisprinzip marktwirtschaftlich verfasster Gesellschaften für ein Unternehmen unvermeidbar. Treiber der Erosion ist die Dynamik von zwei Variablengruppen, die ungeachtet ihrer Abhängigkeit strukturell zu unterscheiden sind. Zum einen diejenige des Wettbewerbs, zum anderen die der Umweltbedingungen.

Im Hinblick auf die Dynamik des Wettbewerbs hatten wir bei unserer Erläuterung der Anforderungen an einen KKV auf die Widerstandsfähigkeit als ein Merkmal der Effizienzseite des KKV verwiesen. Wir sprechen nur dann von einem KKV, wenn eine wirtschaftliche Nettonutzenvorteilsposition gegenüber konkurrierenden Unternehmen in einem Mindestmaß behauptet werden kann. Ein KKV muss also wettbewerblich abgesichert werden, allerdings ist dieser Schutz im Zeitverlauf nicht zu 100 % möglich. Mit anderen Worten weist die KKV-Festung immer mehr oder weniger große Sicherheitslücken auf.

Die wettbewerblich bedingte Erosion eines KKV kann sowohl an seiner Effektivitäts- als auch seiner Effizienzseite ansetzen, wie nachfolgendes Beispiel illustrieren soll. In der Ausgangssituation (vgl. Tab. 25) hat das Beispielunternehmen eine ausgeprägte KKV-Position.

Ein Beispiel

	Nutzen	Preis	Energie	Zeit	Kosten	Effektivität	Wirtschaftlichkeit
Beispielunternehmen	11	4	0,5	0,5	2,5	6	1,5
Wettbewerber	10	5	1	0,5	4	3,5	1

Tab. 25: Ausgangssituation des Beispiels zur Wettbewerbsdynamik

Im Vergleich zum Wettbewerber verfügt es sowohl über Effektivitäts- als auch Effizienzvorteile. So stiftet das Beispielunternehmen einen höheren Nutzen, verlangt einen niedrigeren Preis, belastet Energiebudgets seiner Kunden weniger und hat zudem geringere Stückkosten. Im Ergebnis resultiert daraus ein wettbewerbsüberlegener Nettonutzen (6 zu 3,5) bei gleichzeitig sogar höherer Wirtschaftlichkeit (1,5 zu 1).[21]

Ausgangssituation

Um diesen Komparativen Konkurrenznachteil aufzuholen, muss das Wettbewerbsunternehmen die Wertschöpfung erhöhen. Hierzu hat es in einer analytischen Trennung drei Optionen, die auch in Kombination auftreten können:

Optionen des Wettbewerbers

- Schaffung eines höheren Kundennutzens bei gleichbleibenden oder unterproportional steigenden Produktionskosten sowie zeit- und energiebasierten Opportunitätskosten;
- Verminderung der Kosten bei gleichbleibendem oder unterproportional sinkendem Nutzen und gleichbleibenden bzw. unterproportional steigenden zeit- respektive energiebasierten Opportunitätskosten;
- Verminderung der nicht-preislichen Opportunitätskosten bei gleichbleibenden oder unterproportional steigenden Produktionskosten und gleichbleibenden oder unterproportional sinkendem Nutzen.[22]

Mit Blick auf die erste Option könnte der Wettbewerber beispielsweise latente Bedürfnisse der Kunden entdecken und so bislang nicht adressierte Kundenprobleme lösen. Denkbar wäre auch, dass das Wettbewerbsunternehmen innovative Möglichkeiten entwi-

Höherer Kundennutzen

21 In der Stückbetrachtung müsste das Unternehmen dem Kunden lediglich einen Nettonutzen offerieren, der marginal größer als 3,5 ist (z. B. 3,6). Dann würde die Wirtschaftlichkeit aufgrund der höheren Preisforderung (6,4) von 1,5 auf 3,9 steigen. Hier sind die Zahlen bewusst so gewählt, um in der Ausgangssituation die Effektivitätslücke für das Wettbewerbsunternehmen besonders groß zu machen.

22 Diese Option wird im Beispiel nicht weiter aufgegriffen, da ihre Hebelwirkung vergleichsweise gering ist.

ckelt, wie ein bislang nicht lösbares Kundenproblem nunmehr gelöst werden kann. Auf die eine oder andere Weise könnte das Wettbewerbsunternehmen den Kundennutzen zum Beispiel von 10 auf 14,5 erhöhen. Die Produktionskosten würden infolge des verbesserten Leistungsangebotes von 4 auf 5 anwachsen. Dem Effektivitätsgewinn von 4,5 steht also ein Effizienzverlust von 1 gegenüber; die Wertschöpfung ist somit um 3,5 Einheiten gestiegen. Will das Wettbewerbsunternehmen den ursprünglichen Nettonutzenvorteil des Beispielunternehmens nicht nur marginal, sondern spürbar übertreffen – beispielsweise um den Kunden die veränderte Wettbewerbssituation zu verdeutlichen – könnte es diesen Wertschöpfungszuwachs vollständig dem Kunden überlassen. In der Konsequenz hieße dies, dass dem Nutzenzuwachs von 4,5 eine Preiserhöhung von 1 gegenüberstünde.

Wirkung auf Wettbewerbssituation

Im Ergebnis wäre die ursprüngliche KKV-Position unseres Beispielunternehmens erodiert: Der Wettbewerber stiftet nunmehr einen höheren Nettonutzen (7 zu 6) und ist gleichzeitig wirtschaftlich (vgl. Tab. 26).

	Nutzen	Preis	Energie	Zeit	Kosten	Effektivität	Wirtschaftlichkeit
Beispielunternehmen	**11**	**4**	**0,5**	**0,5**	**2,5**	**6**	**1,5**
Ausgangssituation Wettbewerber	**10**	**5**	**1**	**0,5**	**4**	**3,5**	**1**
Option 1: Fokus Kundennutzen	**14,5**	**6**	**1**	**0,5**	**5**	**7**	**1**

Tab. 26: Dynamik des Wettbewerbs – Fokus Kundennutzen

Ein Einfallstor für die Erosion von KKV-Positionen ist somit ein besseres Verständnis von Kundenproblemen durch Wettbewerbsunternehmen, die diese gleichzeitig wertschöpfend, d.h., der zusätzliche Kundennutzen[23] ist größer als die zusätzlichen Kosten, lösen können.

Kostensenkung

Bei der zweiten Option stehen die Stückkosten im Vordergrund. Ziel des Wettbewerbsunternehmens ist es hierbei, die Wertschöpfung durch eine Verminderung der Kosten bei gleichbleibendem respektive unterproportional sinkendem Nutzen sowie unveränderten bzw. unterproportional steigenden zeit- und energiebasierten Opportunitätskosten zu erhöhen. Ein Teil dieses Wertschöpfungszuwachses wird dann über einen verminderten

23 Respektive verminderte nicht preisliche Opportunitätskosten (bei der im Beispiel nicht weiter erörterten Option 3).

Preis dem Kunden überlassen. In unserem Beispiel müsste der Wettbewerber bei dieser Option seine Kosten etwa von 4 auf 1 reduzieren (zugegebenermaßen eine sehr drastische Kostensenkung) und diesen Wertschöpfungszuwachs über einen ebenfalls um 3 Einheiten reduzierten Preis vollständig an seine Kunden weitergeben. Im Ergebnis hätte der Wettbewerber eine höhere Effektivität als unser Beispielunternehmen (6,5 zu 6) und wäre gleichzeitig nach wie vor wirtschaftlich (vgl. Tab. 27).

	Nutzen	Preis	Energie	Zeit	Kosten	Effektivität	Wirtschaftlichkeit
Beispielunternehmen	11	4	0,5	0,5	2,5	6	1,5
Ausgangssituation Wettbewerber	10	5	1	0,5	4	3,5	1
Option 2: Fokus Kosten	10	2	1	0,5	1	6,5	1

Tab. 27: Dynamik des Wettbewerbs – Fokus Kosten

Wirkung auf Wettbewerbssituation

Ein weiteres Einfallstor für die Erosion von KKV-Positionen sind somit Optionen von Wettbewerbsunternehmen, ihre Wertschöpfung durch Kostenreduktion zu steigern. Dabei kommen vor allem Prozessinnovationen im Kontext der Produktion sowie kostengünstigere, innovative Beschaffungskanäle in Betracht. Bei technologischen Produkten, die häufig fixkostenintensiv sind, spielt zudem das realiserte Absatzvolumen eine zentrale Rolle, da der Fixkostendegressionseffekt die einzig relevante Kostensenkungs-Strategie ist. Es kommt somit nicht nur auf die Höhe der Kosten, sondern auch auf ihre Struktur an.

Veränderungen im Unternehmensumfeld

Neben der Dynamik des Wettbewerbs führen regelmäßig Veränderungen im Unternehmensumfeld zur Erosion eines KKV. Dabei ist jedes Unternehmen in ein Universum von Rahmenbedingungen eingebettet, die KKV-Positionen mittelbar oder unmittelbar mehr oder weniger stark berühren können. Zur Systematisierung der komplexen Variablenstruktur eines Unternehmensumfeldes, wird in der managementorientierten Literatur (vgl. Steuernagel, 2017, S. 61 ff.; Milani, 2019, S. 37 f.; Bentele/Nothhaft, 2014, S. 614) häufig auf das PEST-Schema[24] rekurriert. Entsprechend den Abkürzungen wird die Unternehmensumwelt dabei in vier Gruppen von Variablen eingeteilt, die in gegenseitigen Abhängigkeitsverhältnissen stehen: Politisch (**P**olitical), Ökonomisch (**E**conomic), Sozio-kulturell (**S**ocial-Cultural) und Technologisch (**T**echnology). Welche dieser vielfältigen Einflussgrö-

PEST-Schema

24 Mitunter (vgl. Johnson et al., 2017, S. 34 ff.) wird das Schema um ökologische (Ecological) und rechtliche (Legal) Aspekte erweitert (PESTEL).

ßen KKV-Positionen eines Unternehmens inwieweit beeinträchtigt, kann nicht abstrakt, sondern nur konkret analysiert werden. Um die potenzielle Reichweite von Veränderungen im Umfeld eines Unternehmens für die Stabilität eines KKV dennoch illustrieren zu können, sind in Abb. 96 einige, aus Sicht der Autoren in 2019 besonders hervorstechende, Entwicklungen in den vier Variablengruppen des PEST-Schemas abgebildet.

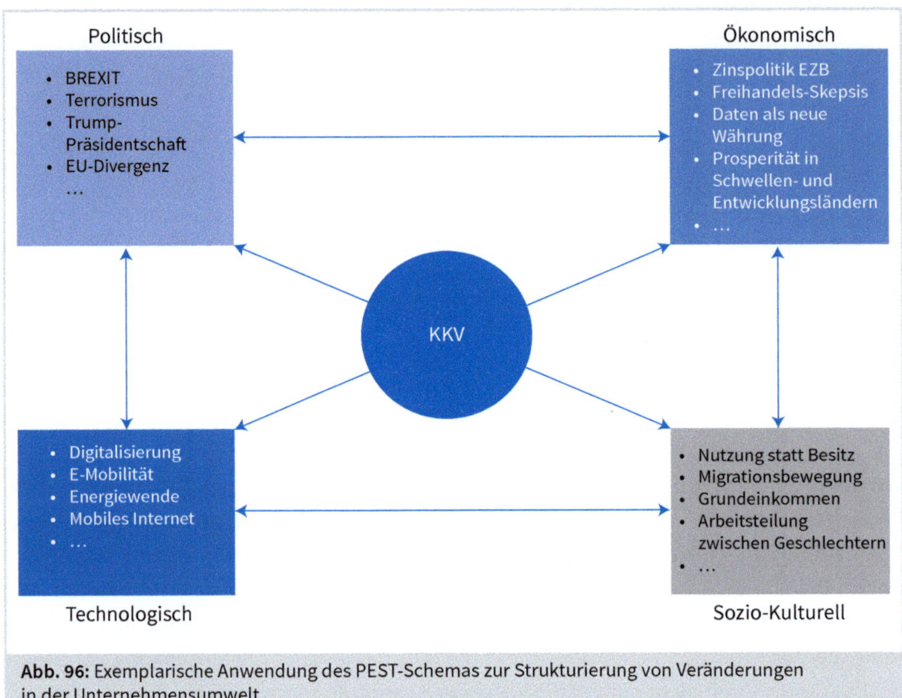

Abb. 96: Exemplarische Anwendung des PEST-Schemas zur Strukturierung von Veränderungen in der Unternehmensumwelt

Hinter jeder der hier nur schlagwortartig aufgeführten Entwicklungen verbergen sich tiefgreifende Veränderungen des Unternehmensumfeldes. Welchen Einfluss diese auf eine KKV-Position ausüben, lässt sich wie gesagt nur im konkreten Einzelfall zuverlässig abschätzen. Daher wird auf eine ausführliche Beschreibung der Veränderungen sowie ihres möglichen Einflusses auf einen KKV hier verzichtet.[25] Gleichwohl soll der Gesamtblick (Abb. 96) die ungeheure Dynamik des Unternehmensumfeldes verdeutlichen. Diese Dynamik reduziert die Wahrscheinlichkeit stabiler KKV-Positionen in einer statischen Interpretation und unterstreicht damit die Notwendigkeit eines dynamischen KKV-Managements.

25 Im Zusammenhang mit der Änderung exogener Regeln wird das PEST-Schema noch einmal konkretisierender aufgegriffen.

Fazit

Zusammenfassend sollte dieses Kapitel aufzeigen, dass KKVs ungeachtet der konstitutiven Anforderung der Widerstandsfähigkeit prinzipiell zeitlich instabil sind. Die Dynamik des Wettbewerbs und der Umweltbedingungen eines Unternehmens ziehen zwangsläufig Erosionsprozesse nach sich. Dem Charakter derartiger Prozesse folgend, wird die Stärke eines KKV dabei zwar in aller Regel nur sukzessive, aber gleichwohl unvermeidlich abnehmen. In der Konsequenz resultiert daraus die Notwendigkeit eines dynamischen KKV-Managements. Welche grundsätzlichen Optionen einem Unternehmen dabei offenstehen, ist Gegenstand des nachfolgenden Kapitels.

4.1.2 Evolutionäre Weiterentwicklung vs. revolutionäre Neuschaffung von KKV-Positionen

Besser oder anders machen

Im dynamischen KKV-Management stehen zwei grundlegend unterschiedliche, gleichwohl komplementäre Optionen zur Verfügung: »besser machen« oder »anders machen« (vgl. Abb. 97).

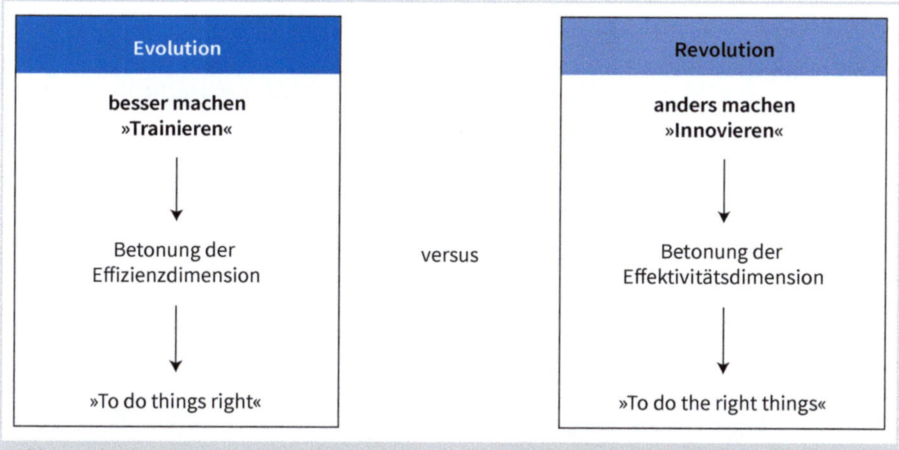

Abb. 97: »Besser-« oder »anders machen« als Optionen dynamischen KKV-Managements

Training

Das Prinzip des »Besser-Machens« ist die evolutionäre Weiterentwicklung eines bestehenden KKVs. Im Sport ist dies gleichzusetzen mit intensivem Training. Auf Basis einer umfassenden Analyse eigener Stärken und Schwächen sowie umweltbezogener Chancen und Risiken wird ein Trainingsprogramm entwickelt, mit dessen Hilfe identifizierte Schwächen gemindert und Stärken beibehalten oder ausgebaut werden. Dieses Training soll den wettbewerblichen Vorsprung sichern, d. h. Chancen nutzbar und Risiken vermeidbar machen.

Diese Denkhaltung, im Management verknüpft mit Begriffen wie Kontinuierlicher Verbesserungsprozess (KVP) oder Total Quality Management (TQM), spiegelt das ökonomische Effizienzdenken wider. Im Kern dieses Denken steht die Verbesserung bestehender Prozesse im Sinne eines »die Dinge richtig machen«. Die Wertschöpfung soll noch ökonomischer werden, das Verhältnis von Input zu Output soll optimiert werden. Im Fokus des Effizienzgedankens steht also nicht das Infragestellen existierender Denkstrukturen, sondern im Gegenteil die Generierung besserer Lösungen im Rahmen der vorhandenen Denkmuster.

Revolutionäre Neuschaffung

Im Gegensatz dazu steht die revolutionäre Neuschaffung einer KKV-Position. Dabei geht es nicht darum, etwas Bestehendes zu verbessern, sondern etwas grundlegend Neues zu machen, sprich zu innovieren. Diese Denkhaltung entspricht dem ökonomischen Prinzip der Effektivität, oder anders formuliert »die richtigen Dinge zu tun«. Revolutionäre Umbrüche sind dem Charakter von Revolutionen entsprechend selten und riskant, da ihnen ein hohes Scheiternspotenzial inhärent ist. Gleichwohl finden sich im sportlichen wie auch ökonomischen Kontext eine Fülle von Beispielen für die revolutionäre Neuschaffung von KKV-Positionen. Im Sport sei etwa auf den Fosbury-Flop (Hochsprung), den V-Stil (Ski-Springen) oder den Sprungwurf (Basketball) verwiesen (vgl. Veenendaal, 2019). Unternehmen wie IKEA, Motel One oder Uber sind Prototypen revolutionären Marktverhaltens. Wir werden diese Form dynamischen KKV-Managements systematisch und ausführlich im Hinblick auf alle drei marktstrategischen Dimensionen beleuchten.

Perspektivischer Unterschied

Für die praktische Umsetzung der Optionen des Besser- und Anders-Machens ist ihr perspektivischer Unterschied von großer Bedeutung (vgl. Abb. 98).

Abb. 98: Perspektivischer Unterschied zwischen Effizienz- und Effektivitätsfragen (Claude Monet (1872): Impression, Sonnenaufgang. Quelle: Wikipedia, 2019e)

Effizienz verlangt Nähe

Die auf Effizienzsteigerung ausgelegte evolutionäre Weiterentwicklung eines KKV erfordert Nähe. Man muss die Prozesse sehr detailliert durchdringen, um etwaige Verbesserungspotenziale zu identifizieren. So können beispielsweise die Sortimentsplanung eines Handelsunternehmens, die Nachfragesteuerung eines Dienstleisters oder die Mediaplanung einer Werbekampagne nur aus einer Nahsicht optimiert werden.

Ob die Art der Warenbündelung durch einen Händler überhaupt noch wertschöpfend ist, der Dienstleister nicht seine Nachfrage steuern, sondern seine Kapazitäten flexibilisieren sollte oder Werbung noch eine zielführende Art der Kommunikation ist, lässt sich indes aus der Nähe nicht erkennen. Für solche Fragen nach der Effektivität braucht es Abstand. Die revolutionäre Neuschaffung von KKV-Positionen verlangt also nach Weitsicht.

Effektivität verlangt Distanz

Effizienzdiskussionen aus der Weitsicht sind ebenso fruchtlos wie Effektivitätsüberlegungen aus der Nahsicht. In praktischen Kontexten ist daher besonderes Augenmerk auf die Auswahl der richtigen Brennweite zu legen. Dies gilt insbesondere für die an Diskussionsprozessen des dynamischen KKV-Managements beteiligten Personen. Effizienzsteigerungen verlangen Nahsicht und damit in aller Regel Experten, Effektivitätssteigerungen hingegen Weitsicht und damit Laien.

Komplementäre Optionen

Der skizzierte perspektivische Kontrast zwischen evolutionärer Weiterentwicklung und revolutionärer Neuschaffung eines KKV darf nicht über die Komplementarität beider Denkrichtungen für das dynamische KKV-Management hinwegtäuschen. Mit anderen Worten erfordert das dynamische Management von KKV-Positionen sowohl Effizienz- als auch Effektivitätsüberlegungen. Entscheidend ist die sinnvolle Kombination beider Perspektiven. Während Effizienzsteigerungen eine kontinuierliche Aufgabe darstellen, sind Fragen der Effektivität eher punktuell zu stellen. Der typische Lebenszyklus eines KKV birgt dabei jedoch das Risiko einer Vernachlässigung der Effektivitätsdimension im Zeitverlauf. Dieses von uns als Effizienzfalle charakterisierte Phänomen wird im nachfolgenden Kapitel beschrieben.

4.1.3 Warum Verbessern ein endlicher Prozess ist oder: Warnung vor der Effizienzfalle!

Entwicklung von Effektivität und Effizienz im Zeitverlauf

Das konstitutive Merkmal des KKV ist die Gleichzeitigkeit von Effektivität und Effizienz. Nur wenn es gelingt, eine aus Kundensicht wettbewerbsüberlegene Problemlösung auch wirtschaftlich und widerstandsfähig anzubieten, sprechen wir von einer KKV-Position. Mit anderen Worten geht es einerseits darum, ein Gespür für die richtigen Dinge, für die richtigen Angebote in seinem Markt zu haben (Effektivität). Andererseits müssen diese richtigen Dinge auch richtig gemacht werden (Effizienz). Die richtigen Dinge falsch zu machen (Effizienzdefizit) ist genauso wenig zielführend wie die falschen Dinge richtig zu machen (Effektivitätsdefizit).[26]

26 Dabei ist klar, dass im Grenzfall einer Effektivität von null (also eines Leistungsangebotes, das dem Kunden gar keinen Nutzen mehr stiftet) automatisch auch die Effizienz den Wert null annimmt, da sie als Verhältnis von Output im Sinne des Leistungsangebotes zu Input im Sinne des dazu erforderlichen Ressourcenverbrauchs definiert ist (vgl. ISO, 2015, Nr. 3.7.10). Ist der Zähler eines Quotienten gleich null, so ist der Quotient auch null. Jenseits dieses Extremfalls sind gleichwohl Konstellationen denkbar, in denen entweder die Effektivität relativ

Ausgehend von einer Situation simultaner Effektivität und Effizienz entwickeln sich beide Variablen im Zeitverlauf jedoch häufig sehr unterschiedlich (vgl. Abb. 99). Hieraus erwachsen weitreichende Konsequenzen für ein dynamisches KKV-Management. Hierzu später mehr – zunächst soll die These einer asymmetrischen Entwicklung von Effektivität und Effizienz erläutert werden.

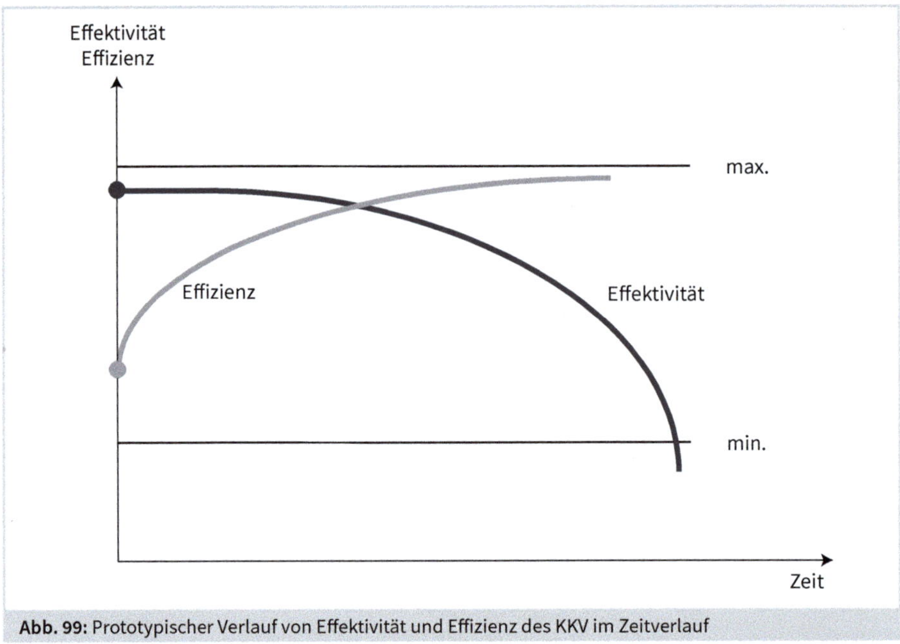

Abb. 99: Prototypischer Verlauf von Effektivität und Effizienz des KKV im Zeitverlauf

Bei der statischen Komposition von KKV-Positionen wird der anfängliche Fokus auf der Effektivität des Markthandelns liegen. Dies ist insofern logisch, da Überlegungen, »wie eine Sache richtig gemacht werden kann« die Kenntnis der »richtig zu machenden Sache« voraussetzt. Gleichwohl wird auch in der gedanklichen Geburtsstunde eines KKV ein Mindestmaß an Effizienz erreicht, anderenfalls würden wir nicht von einem KKV sprechen. Effektivität und Effizienz liegen zu Beginn somit gleichermaßen über der in der Abb. 99 als min. charakterisierten Mindestanforderung an einen KKV.

Fokus Effizienzsteigerung

Abnehmende Grenzeffizienz

Vor dem Hintergrund der angeführten Argumentationskette erscheint es aber wahrscheinlich, dass in dieser frühen Phase des KKV-Lebenszyklus die Effektivität des Markthandelns höher ist als die Effizienz. Folgerichtig wird das Unternehmen im Zeitverlauf nunmehr der Effizienz besondere Aufmerksamkeit schenken. Durch evolutionäre Weiterentwicklungen soll die Effizienz sukzessive gesteigert werden. Diese Entwicklung in Rich-

gering, die Effizienz hingegen relativ hoch (Effektivitätsdefizit) oder umgekehrt die Effektivität relativ hoch, die Effizienz aber vergleichsweise niedrig ausgeprägt ist (Effizienzdefizit).

tung einer gedanklichen Maximaleffizienz ist jedoch wahrscheinlich durch abnehmende Grenzeffizienz gekennzeichnet. Die Effizienzzuwächse gehen somit im Zeitverlauf tendenziell zurück. Ausschlaggebend für diese Vermutung ist das begrenzte Verbesserungspotenzial, das für Effizienzzuwächse zur Verfügung steht. Mit jedem Effizienzgewinn nimmt dieses Potenzial weiter ab, sodass es zunehmend schwieriger wird, weitere Optionen des »Besser-Machens« zu identifizieren respektive zu realisieren.

Nachlassende Effektivität

Gleichzeitig nimmt die Effektivität des Markthandelns nach einer stabilen Phase am Anfang des Lebenszyklus, die durchaus sehr lang sein kann, autonom ab. Insbesondere vor dem Hintergrund der skizzierten Dynamiken im Unternehmensumfeld wird eine anfänglich effektive Lösung eines Kundenproblems zunehmend weniger effektiv. Dabei wird unterstellt, dass die Grenzeffektivität im Zeitverlauf mit wachsenden Raten sinkt. Die Kluft zwischen dem Leistungsangebot des Unternehmens und den sich aufgrund vielfältiger Umwelteinflüsse verändernden Kundenanforderungen wächst annahmegemäß nicht linear, sondern wird zunehmend größer.

Effektivität hat Mindesthaltbarkeitsdatum

In diesem Sinne ist Effektivität eine verderbliche Ware. Sie verliert im Zeitverlauf zunächst an Frische, bis sie irgendwann ihr Mindesthaltbarkeitsdatum überschritten hat, die Minimalanforderung an die Effektivität des Markthandelns also nicht mehr erfüllt ist. In der Konsequenz wird das Unternehmen aus dem Markt ausscheiden. Der ursprünglich angestrebte Migrationspfad von einer Situation relativer hoher Effektivität und relativ niedriger Effizienz zu einer Position mit gleichzeitig hoher Effektivität und Effizienz wird somit durch eine autonom nachlassende Effektivität gefährdet (vgl. Abb. 100).

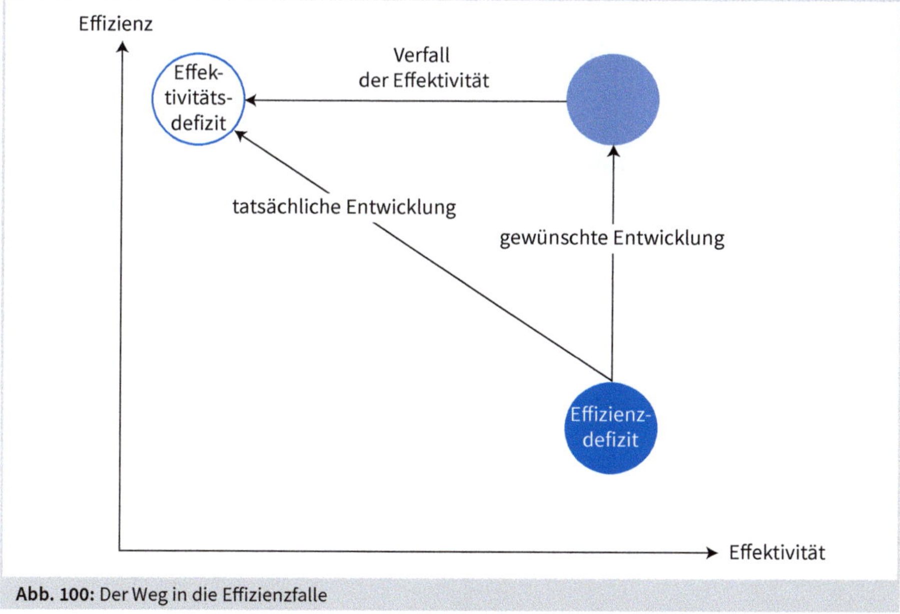

Abb. 100: Der Weg in die Effizienzfalle

Effizienzfalle

Der aufmerksame Leser wird möglicherweise (völlig zu Recht) einwenden, dass die skizzierte Entwicklung nicht zwangsläufig ist. Unsere Argumentation basiert im Wesentlichen auf der unterstellten Effizienzfokussierung des Managements. Zur Vermeidung wäre lediglich ein rechtzeitiger Perspektivwechsel erforderlich. Zumindest ein bestimmter Teil der Management-Kapazität eines Unternehmens müsste von Fragen des »Besser-Machens« in Richtung des »Anders-Machens« gelenkt werden. Dies ist jedoch einfacher gesagt als getan. Das tückische an dem skizzierten Zusammenspiel von Effektivität und Effizienz ist, dass es nicht offensichtlich erfolgt. Die sukzessiv auftretenden Effektivitätsdefizite verbergen sich hinter einem nachlassenden Markterfolg. Da das betreffende Unternehmen aufgrund des skizzierten natürlichen Entwicklungsprozesses häufig schon lange im Effizienzmodus arbeitet, wird es hierauf in der Regel mit vermehrten Bemühungen um eine noch höhere Effizienz reagieren. Angesichts abnehmender Effizienzzuwächse und zunehmender Effektivitätsverluste, sind dabei immer größere Effizienzanstrengungen erforderlich. Das letztlich vergebliche Bemühen um eine Kompensation von Effektivitätsdefiziten durch immer höhere Effizienzanstrengungen nennen wir die Effizienzfalle.

Um diese zu vermeiden, scheinen drei Stellhebel geeignet.

Effektivität nicht aus dem Blick verlieren

Erstens ist nicht nur die Verbesserung eines bestehenden Prozesses eine kontinuierliche Managementaufgabe im Zeitraum, sondern auch die Hinterfragung und gegebenenfalls Kurskorrektur der Effektivität. Die grundsätzlich knappen Ressourcen im Management (Zeit, Aufmerksamkeit, Geld) sollten daher nicht ausschließlich in die Effizienzdimension, sondern zumindest partiell in die Effektivitätsdimension gelenkt werden. Der Gesamtwirkungsgrad aus Effektivität und Effizienz kann dadurch erhöht werden. Angesichts der grundsätzlich abnehmenden Effektivität im Zeitverlauf und gleichzeitig sinkenden Steigerungsraten der Effizienz, wird der Hebel einer Analyse der Effektivität dabei im Zeitverlauf größer.

Passende Kompetenzen

Zweitens erfordert die Reflexion der Effektivitätsdimension grundsätzlich andere Kompetenzen als eine Steigerung der Effizienz. Je länger Effizienz das dominante Denkparadigma ist, desto schwieriger wird eine Hinterfragung der Effektivität. Effizienzsteigerungen brauchen Nahsicht, Effektivitätsüberlegungen erfordern Weitsicht. Am dynamischen KKV-Management sollten dementsprechend Menschen mit jeweils passenden Fähigkeiten beteiligt werden.

Frühzeitig

Drittens sollte die Effektivitätsanalyse auch dann durchgeführt werden, wenn es noch keine Indikationen für eine nachlassende Effektivität eines KKVs gibt. Anders als Effizienzsteigerungen, verlangt eine Neujustierung der Effektivität eine relativ lange Vorlaufzeit. Beginnen Unternehmen mit der Reflexion ihrer Effektivität erst dann, wenn der Markt eindeutige Signale aussendet, wird die »Restlaufzeit« häufig nicht mehr für eine Kurskorrektur ausreichen.

Zusammenfassend sollte das Kapitel Einblick in Notwendigkeit, Möglichkeiten und Fallstricke des dynamischen KKV-Managements geben. Dabei ist erstens festzuhalten, dass KKV-Positionen aufgrund der Dynamik des Wettbewerbs und der Umweltbedingungen zwangsläufig erodieren. KKV-Management ist somit per se dynamisch. Zweitens stehen hierfür mit »Besser-« und »Anders-Machen« zwei komplementäre Optionen zur Verfügung, die sich insbesondere durch die erforderliche Perspektivität unterscheiden. »Besser-Machen« verlangt Nähe, »Anders-Machen« Distanz. Drittens schließlich haben wir auf das Risiko einer einseitigen Fokussierung auf die Option des »Besser-Machens« verwiesen. Die autonom nachlassende Effektivität eines KKV verlangt den zumindest punktuellen Einsatz der Anders-Perspektive. Anderenfalls drohen Unternehmen in die Effizienzfalle zu geraten, indem sie versuchen, Effektivitätsdefizite durch wachsende Effizienzanstrengungen zu kompensieren, was ein absehbar endlicher Prozess ist.

Fazit

4.2 Veränderung der Spielarena

Eine veränderte Spielarena kann erstens das Resultat exogener Veränderungen der Unternehmensumwelt sein. Dabei ist vor allem das Zusammenwachsen bislang getrennter Teilmärkte ein häufig zu beobachtendes Phänomen. In der sich so konstituierenden neuen Arena wird möglicherweise nach anderen Regeln gespielt und sowohl neue Wettbewerber als auch modifizierte Kundenerfordernisse führen zur Erosion von KKV-Positionen der ursprünglichen Spielarena. Diese Form einer Veränderung der Spielarena charakterisieren wir hier als passive Konvergenz von Spielarenen. Das Attribut passiv soll dabei nicht zum Ausdruck bringen, dass Unternehmen den Modifikationen der Spielarena und ihren Konsequenzen »hilflos« ausgesetzt wären, sondern lediglich, dass bei dieser Form der Spielarenenveränderung das Unternehmen eher Objekt als Subjekt ist.

Exogene Veränderungen

Im Kontrast dazu steht die zweite Erscheinungsform veränderter Spielarenen, bei dem ein Wechsel der Spielarena durch ein Unternehmen aktiv herbeigeführt wird. Möglicherweise hat die alte Spielarena an Attraktivität verloren oder neu eingetretene Wettbewerber bringen bisherige KKV-Positionen in Bedrängnis. Die Dynamik des Wettbewerbs zwingt Unternehmen also mitunter dazu, ihre angestammte Spielarena zu verlassen und nach neuen Märkten Ausschau zu halten, die gleichzeitig hinreichend attraktiv sind und für das Unternehmen KKV-Potenziale eröffnen.

Aktiver Wechsel der Spielarena

Beide Formen der Spielarenenveränderungen können sich grundsätzlich auf alle drei im Kontext der Spielarenendefinition diskutierten Dimensionen (räumlich, sachlich, zeitlich) beziehen (vgl. Tab. 28).

Formen veränderter Spielarenen

	Spielarenenveränderung ist eher …	
	passiv	aktiv
räumlich	• Freihandelsabkommen • neue Transport- und Kommunikationsmöglichkeiten	Internationalisierung
sachlich	• Konvergenz von Kundenbedürfnissen • Technologische Konvergenz	Lösen bisher (vom Unternehmen) nicht gelöster Kundenprobleme
zeitlich	veränderte Saisonzyklen bei Lebensmitteln infolge klimatischer Veränderungen	aktiver Versuch, Saisonzyklen zu verändern

Tab. 28: Passive und aktive Spielarenenveränderungen in räumlicher, sachlicher und zeitlicher Hinsicht

Räumliche Veränderung

Räumliche Märkte verändern sich in passiver Hinsicht etwa aufgrund von Freihandelsabkommen oder neuer Transport- und Kommunikationsmöglichkeiten, die zum Beispiel Einfluss auf Kosten und Zeit des Warenaustausches nehmen. In aktiver Hinsicht verschieben sich räumliche Marktabgrenzungen aufgrund der Internationalisierungsentscheidungen von Unternehmen.

Sachliche Veränderung

In Bezug auf die sachliche Dimension können Märkte aufgrund technologischer Konvergenz zusammenwachsen (z. B. infolge der Digitalisierung). Ebenso können Kundenbedürfnisse, die bislang in getrennten Märkten befriedigt wurden, sich in Richtung eines einheitlichen Marktes verändern (z. B. Mobilität). Eine aktive Veränderung der Spielarena in sachlicher Dimension ergibt sich, wenn ein Unternehmen Kundenprobleme löst, die von ihm bislang nicht gelöst wurden.

Zeitliche Veränderung

Schließlich sind Märkte auch im Hinblick auf ihre zeitliche Abgrenzung dynamisch. So können sich zum Beispiel infolge der globalen Erwärmung Saisonzyklen bei der Produktion von Lebensmitteln verändern (z. B. früherer Beginn der Spargelsaison in Deutschland). Denkbar ist auch, dass Unternehmen sich aktiv darum bemühen, die zeitliche Abgrenzung eines Marktes zu modifizieren. So hat es beispielsweise wiederholt Bemühungen gegeben, die Zeitspanne von Weihnachtsmärkten über den 24. Dezember hinaus zu verlängern (vgl. Beispiel 36).

Beispiel 36

Veränderung relevanter Märkte in der zeitlichen Dimension

In den Supermärkten beginnt die Weihnachtszeit bereits im Herbst, nun wollen die Händler sie auch nach hinten verlängern. Viele Weihnachtsmärkte werden auch nach den Feiertagen öffnen.

Die Weihnachtszeit wird immer länger. In den Regalen der Geschäfte beginnt das Fest bereits im Herbst, vielerorts werden nun auch die Weihnachtsmärkte bis zum Jahresende ausgeweitet. Das ergab eine Umfrage der Deutschen Presse-Agentur dpa. »Zwischen den Jahren« halten beispielsweise erstmals Schwerin (bis 29.12.), Magdeburg (bis 30.12.) oder Gotha (bis 31.12.) ihre Märkte offen. Doch nicht nur in Ostdeutschland, auch am Flughafen München, in Lübeck oder Hamburg bleiben einzelne Märkte bis Silvester oder kurz davor geöffnet. In Berlin laden manche der zahlreichen Märkte gar bis Neujahr ein. Für Dortmunder ist der verlängerte Weihnachtsmarkt längst nichts Ungewöhnliches mehr. Dort ist Glühweintrinken bis Silvester bereits zum zehnten Mal möglich.

Quelle: Tagesspiegel (2007)

Im Fokus der folgenden Ausführungen steht mit Blick auf die aktive Veränderung einer Spielarena die sachliche Dimension. Die aktive Beeinflussung der räumlichen Marktabgrenzung ist in einer vernetzten Weltwirtschaft zwar ebenfalls von sehr hoher Bedeutung. Gleichwohl klammern wir diesen Aspekt hier aus, da er für die Diskussion in einem Unter-Unter-Kapitel zu umfangreich ist. Der interessierte Leser sei auf die einschlägigen Werke zum Internationalen Marketing verwiesen (bspw. Backhaus/Voeth, 2010). Die aktive Veränderung eines Marktes in zeitlicher Hinsicht erscheint uns zwar in Einzelfällen sehr interessant, in der Gesamtsicht aber doch eher exotisch. Hinsichtlich der passiven Veränderung eines Marktes ist die Frage der Dimension der Marktveränderung nicht so entscheidend, da die resultierenden präventiven und reaktiven Handlungen für die Unternehmen weitgehend unabhängig von ihrer Ursache sind. Schwerpunktmäßig befassen wir uns daher mit den Konsequenzen einer passiven Marktveränderung. Bei ihren Ursachen beleuchten wir räumliche und sachliche Veränderungsimpulse.

Fokus sachliche Dimension

4.2.1 Das Unternehmen als Objekt – passive Konvergenz von Spielarenen

Ebenso wie das Unternehmen selbst, ist auch seine Spielarena der hohen Umweltdynamik in technologischer, politischer, sozio-kultureller und ökonomischer Hinsicht ausgesetzt. Da sowohl das Spielverhalten als auch die Spielregeln an die jeweilige Spielarena gekoppelt sind, ziehen Modifikationen der Spielarena zwingend eine Neujustierung von KKV-Positionen nach sich. Typische Erscheinungsformen einer passiven Veränderung der Spielarena sind Neudefinitionen des relevanten Marktes in räumlicher und sachlicher Hinsicht. Der Wegfall tarifärer und nicht-tarifärer Handelshemmnisse als Folge von Freihandelsabkommen verändert die räumliche Marktabgrenzung: Zuvor räumlich getrennte Märkte wachsen zusammen.

Räumliches Zusammenwachsen von Märkten

Auch gegenläufige Entwicklungen sind denkbar, wie etwa die Neuausrichtung der US-amerikanischen Handelspolitik unter der Präsidentschaft von Donald Trump oder das Ausscheiden Großbritanniens aus der Europäischen Union demonstriert.

Beispiel 37 zeigt die Reaktion eines großen britischen Lebensversicherungsanbieters auf den angekündigten Brexit.

Beispiel 37

Reaktion von Standard Life auf den Brexit

Komme, was da wolle:
Unsere Brexit-Hausaufgaben haben wir erledigt.

Sehr geehrter Herr Dr. Dr. Schneider,

wir haben gute Nachrichten für Sie: Während die Politiker noch an den letzten Details zum Brexit feilen, haben wir bereits alle notwendigen Vorkehrungen getroffen. Das heißt: Egal ob oder zu welchen Bedingungen das Vereinigte Königreich den Brexit vollzieht – wir werden unsere deutschen, österreichischen und irischen Verträge von Schottland nach Irland übertragen, so dass Ihre persönliche Altersvorsorge in jedem Fall sicher in der EU bleibt.

Wir haben in den vergangenen Monaten hart daran gearbeitet, diesen Wechsel möglich zu machen. Unser Plan wurde von deutschen, österreichischen und britischen Aufsichtsbehörden geprüft und am 19. März 2019 vom schottischen Gericht genehmigt. Die Übertragung wird damit am 29. März 2019 wirksam. Ihr Vertrag wird auch weiterhin in Frankfurt betreut – von denselben Mitarbeitern und Spezialisten wie bisher. Nur sind Sie dann Kunde von Standard Life International DAC, nicht mehr von Standard Life Assurance Limited.

Sie sehen: Kontinuität und dass Sie mit Optimismus in die Zukunft blicken können, ist uns besonders wichtig. Darüber hinaus legen wir größten Wert darauf, in Ihrem Sinne transparent zu handeln. Sollten Sie also Fragen haben, zögern Sie nicht, uns anzusprechen. Wir freuen uns darauf, Sie auf dem Weg in die Zukunft zu begleiten.

Mit freundlichen Grüßen

Chief Executive Officer,
Standard Life International DAC

Chief Executive Officer,
Deutschland und Österreich

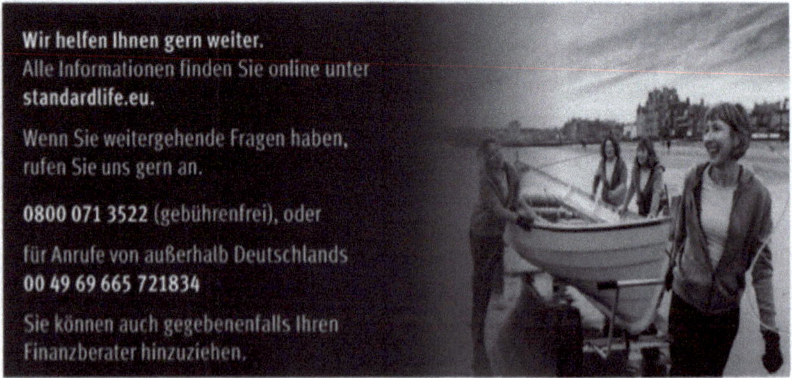

Abb. 101: Kundenanschreiben von Standard Life im Kontext des Brexit

Gleichsam führen reduzierte Transaktionskosten als Konsequenz von Fortschritten in Transport- und Kommunikationstechnologien zu einer Erweiterung räumlich abgegrenzter Märkte. So hat beispielsweise die Digitalisierung aufgrund der enormen Geschwindigkeit, mit der digitale Codes transferiert werden können (vgl. Kapitel 4.4), zu einem neuen Globalisierungsschub geführt (vgl. McKinsey, 2016; World Economic Forum, 2019).

Konvergierende Märkte – Technologie

In sachlicher Hinsicht sind häufig technologische Entwicklungen Ursache für konvergierende Märkte. Geradezu paradigmatisch kann dies im Bereich der Informations- und Kommunikationstechnologien beobachtet werden. Bisher getrennte Märkte der Telekommunikations- und Informationstechnologie, des Multimediabereiches, des Entertainment-Sektors und der Sicherheitsdienstleistungen sind zu den sogenannten TIMES-Märkten zusammengewachsen (vgl. Beispiel 38).

Beispiel 38

Technologisch getriebene Konvergenz von Märkten

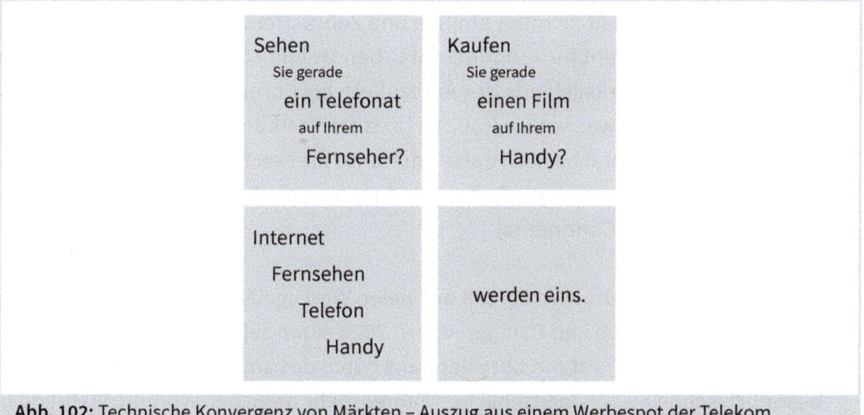

Abb. 102: Technische Konvergenz von Märkten – Auszug aus einem Werbespot der Telekom

Die technologisch getriebene Konvergenz bislang getrennter Spielarenen wird in einem Werbespot der Deutschen Telekom AG pointiert auf den Punkt gebracht, in dem das Zusammenwachsen der Märkte Mobiltelefonieren, Festnetztelefonieren, Internet und TV-Unterhaltungsangebote thematisiert wird (vgl. Abb. 102).

Konvergierende Märkte – Kundenverhalten

Die sachliche Konvergenz von Märkten kann auch kundengetrieben sein. Dabei entwickeln sich Kundenprobleme mitunter dergestalt, dass zuvor in unterschiedlichen Arenen gelöste Probleme nunmehr in einer Arena gelöst werden müssen. Eine solche Entwicklung ist beispielsweise im Automobilmarkt zu beobachten, der sich in Deutschland zunehmend zu einem Mobilitätsmarkt entwickelt, bei dem der Besitz eines PKW nur noch eine Option im Gesamtspektrum der Mobilitätsanforderungen von Kunden darstellt (vgl. Beispiel 39).

Beispiel 39

Sachlich veränderte Märkte infolge veränderter Kundenanforderungen – das Beispiel Mobilität

Robotertaxis, geteilte Vans oder private Mitfahrgelegenheiten: Viele Menschen würden neue Mobilitätsdienste nutzen – sagen sie zumindest. Besonders in Südeuropa sind das aber noch Lippenbekenntnisse.

Cube kommt auf Knopfdruck: Der schwarz-orangefarbene Kastenwagen rollt geräuschlos genau dorthin, wo man ihn mit der App auf dem Smartphone hinbeordert hat. Die Türen öffnen sich und geben den Blick auf das Innere frei, das wie eine Mischung aus einer Seilbahn-Gondel und einem Kleinbus aussieht. An den beiden gegenüberliegenden Seiten sind jeweils drei Sitze nebeneinander angebracht. An der Wand hängt ein kleiner Nothammer, um das Fenster einschlagen zu können.

Drückt man den Startknopf, setzt sich Cube in Bewegung und fährt an das in der App eingestellte Ziel, er hält an roten Ampeln und Zebrastreifen – und das alles komplett ohne Fahrer. Cube steht für »Continental Urban Mobility Experience« und fährt bislang nur auf dem Werksgelände des Autozulieferers Continental in Frankfurt. In der kommenden Woche werden die Robotertaxis erstmals auf der Automesse IAA zu sehen sein. Continental hat sich dafür am französischen Start-up Easymile beteiligt, das die Kastenwagen baut. Die Sensoren, Kameras, die Software und natürlich die Reifen kommen von Continental.

So wie hier in Frankfurt wird derzeit auf vielen Werksgeländen mit Robotertaxis experimentiert: Bosch und Daimler wollen 2023 einen selbstfahrenden Wagen herausbringen, Google fährt mit Chrysler-Vans durch das amerikanische Phoenix, die eigentlich schon keinen menschlichen Fahrer mehr brauchen würden. Während in Deutschland noch heftig über Diesel- und Verbrennungsmotoren diskutiert wird, sind die Entwicklungsabteilungen der Tech-Firmen, Autobauer und Zulieferer schon einen Schritt weiter. Die E-Autos kommen, das ist klar. Die spannende Frage lautet, ob die Menschen dann noch selbst ein Auto besitzen und ob sie es selbst fahren wollen. Neueste Studien legen nahe, dass zumindest in den Städten immer mehr Menschen bereit sind, auf das eigene Auto zu verzichten und nur noch je nach Nutzung für ihre Mobilität zu bezahlen. Auch deshalb starten die Autokonzerne immer neue Mobilitätsdienste, um Erfahrungen zu sammeln und für die Zukunft gerüstet zu sein.

Laut einer Befragung des Meinungsforschungsinstituts ORB im Auftrag des Taxikonkurrenten Uber, die der WELT vorliegt, finden mehr als zwei Drittel (67 Prozent) der Großstädter, dass die Nutzung von Mobilitäts-Apps eine echte Alternative zum Besitz eines eigenen Autos darstellt. Für die Studie wurden insgesamt 10.000 Menschen zwischen

18 und 54 Jahren in zehn europäischen Hauptstädten befragt. Das Ergebnis passt natürlich gut zu Ubers Geschäftsmodell. Das aggressiv expandierende US-Start-up bietet über eine App Mitfahrgelegenheiten in Städten an. Während in den USA und vielen anderen Ländern Amateurfahrer mit ihren eigenen Autos Passagiere mitnehmen, muss Uber in Berlin und München auf professionelle Mietwagenfahrer setzen, da das Personenbeförderungsrecht in Deutschland das ursprüngliche Uber-Modell nicht erlaubt.

Besonders aufgeschlossen dafür, Mobilitäts-Apps oder Carsharing zu nutzen, sind laut der Untersuchung im europäischen Vergleich vor allem die Berliner. Dort haben 75 Prozent der Befragten angegeben, dass die Nutzung von Mobilitäts-Apps für sie eine ernsthafte Alternative zum eigenen Auto darstellt. Damit liegt Berlin zwar in der Spitzengruppe – paradoxerweise ist die Bereitschaft aber auch in den Autoliebhaberstädten Rom und Lissabon ähnlich hoch. Dort handelt es sich aber offenbar um Lippenbekenntnisse, die bislang nicht dazu führen, dass das eigene Auto tatsächlich abgeschafft wird.

Überhaupt zeigen die Berliner im europäischen Vergleich nur eine geringe Liebe zum Auto. In der deutschen Hauptstadt gaben lediglich 30 Prozent der Autobesitzer an, mehr als einen Pkw zu besitzen. Und davon würde auch noch knapp die Hälfte (44 Prozent) in Erwägung ziehen, eines ihrer Fahrzeuge aufzugeben, wenn sie sich mit Apps und den öffentlichen Verkehrsmitteln leichter fortbewegen könnten. Gleichzeitig hat die große Mehrheit (87 Prozent) der Berliner angegeben, lieber weniger Autos auf den Straßen sehen zu wollen. Auch hier gibt es ein ausgeprägtes Nord-Süd-Gefälle. In Brüssel haben beispielsweise nur 29 Prozent der Haushalte mehr als ein Auto, in Stockholm 34 Prozent.

44 Prozent der Berliner würden laut der Umfrage auch sogenannte Carpooling-Angebote, also Mitfahrgelegenheiten in mehrsitzigen Fahrzeugen nutzen, wenn diese verfügbar wären. In Deutschland dürfen Mietwagen allerdings nur im Ganzen gebucht werden, was das Carpooling in Innenstädten weitestgehend verbietet. 41 Prozent der Befragten würden zudem andere Menschen in ihrem eigenen Fahrzeug mitnehmen, wenn sie dafür eine geringe Aufwandsentschädigung erhalten würden.

Der durch die Studie untermauerte Trend bedeutet für die Automobilindustrie eine enorme Herausforderung: Sie machte bislang Milliardenumsätze mit dem Verkauf von Fahrzeugen, die im privaten Eigentum sind. Doch dieses Geschäftsmodell gerät nun in Gefahr. Schon durch reines Carsharing, bei dem der Mensch noch selbst fährt, fallen je nach Studie pro Fahrzeug in der geteilten Flotte bis zu 15 private Autos weg. Bei autonomen Flotten würde diese Zahl wohl noch deutlich steigen. Ein gewaltiger Umsatzeinbruch im klassischen Geschäft wäre die Folge für die Branche.

Quelle: Doll/Vetter (2017)

Frühzeitige Identifikation einer Konvergenz

Für das Management des Zusammenwachsens bislang getrennter Spielarenen ist deren Ursache letztlich irrelevant, da es sich um exogene, d. h. durch das Unternehmen ohnehin nicht beeinflussbare Variablen handelt. Die erste Managementaufgabe im Kontext zusammenwachsender Spielarenen (vgl. Abb. 103) besteht somit darin, frühzeitig Hinweise auf eine derartige Konvergenz zu erhalten. Hierzu ist die technologische, ökonomische, politische und sozio-kulturelle Unternehmensumwelt nach Konvergenzsignalen abzusuchen. Zum Einsatz können dabei Prognose-Methoden, wie etwa die Szenario-Analyse kommen, die wir im Kapitel zu exogenen Regeländerungen detailliert vorstellen werden (vgl. Methodenkasten 9). In der zweiten Stufe müssen die Folgen exogen veränderter Spielarenen für die eigene KKV-Position abgeschätzt werden. Dabei müssen konvergierende Spielarenen nicht zwingend zu einer Erosion bestehender KKV führen, sondern können ebenso neutral oder sogar positiv für die Wettbewerbsposition sein. Handlungsbedarf entsteht insbesondere dann, wenn durch die Konvergenz von Spielarenen der bisherige KKV unter Druck gerät. In diesem Fall sind genau die Überlegungen anzustellen, die Gegenstand des dynamischen KKV-Managements sind, wie wir sie in diesem Hauptkapitel beleuchten. Sinnvoll scheint es in Anbetracht unterschiedlicher Risiken dabei, zunächst die Möglichkeiten zur Stabilisierung des KKV durch eine evolutionäre Weiterentwicklung des Spielverhaltens zu prüfen. Erst wenn eine solche Analyse zu dem Ergebnis führt, dass auch ein verändertes Spielverhalten in der neu konstituierten Spielarena wenig Aussicht auf die Realisation eines KKV besitzt, sollten Möglichkeiten zur revolutionären Neuschaffung eines KKV in Erwägung gezogen werden.

Folgen abschätzen

Optionen abwägen

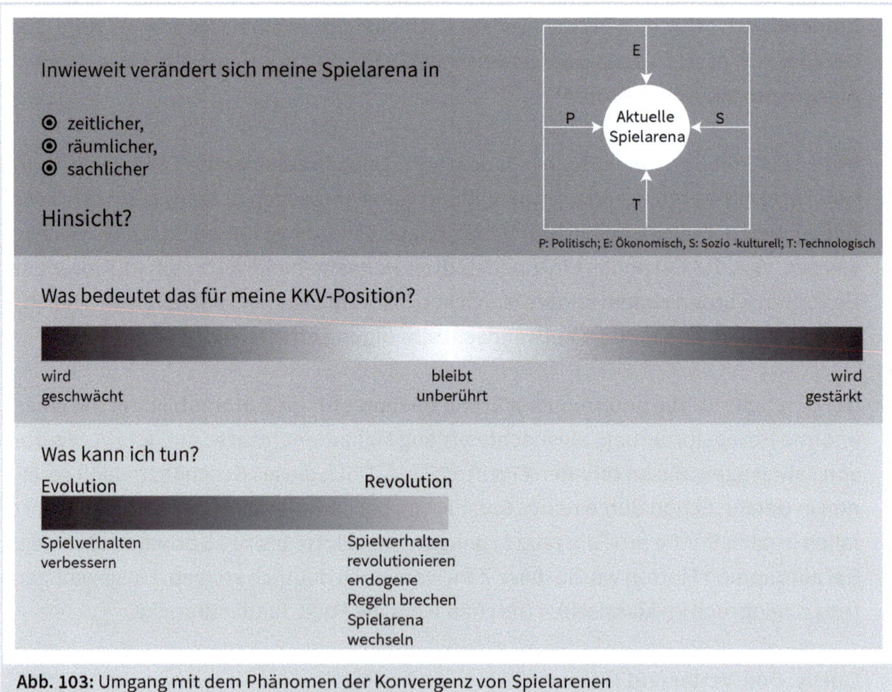

Abb. 103: Umgang mit dem Phänomen der Konvergenz von Spielarenen

Zusammenfassend sind Spielarenen dynamischen Veränderungen ausgesetzt, die eine Modifikation des relevanten Marktes, insbesondere in sachlicher und räumlicher Hinsicht nach sich ziehen können. Für das dynamische Management von KKV müssen solche Modifikationen und ihre Folgen frühzeitig antizipiert werden, um rechtzeitig Maßnahmen zur evolutionären Weiterentwicklung oder revolutionären Neuschaffung eines KKV einleiten zu können.

Fazit

4.2.2 Das Unternehmen als Subjekt – aktiver Wechsel der Spielarena

Akteursbegründeter Spielarenenwechsel

Die Beobachtung der im Zeitverlauf unvermeidbaren Erosion von KKV-Positionen ist eine denkbare Anregungsinformation, um Optionen der revolutionären Neuschaffung eines KKV durch einen Wechsel der Spielarena in Betracht zu ziehen. Die bisherige Spielarena ist in diesem Fall zwar nach wie vor attraktiv, aber die Möglichkeiten des »Besser-Machens« sind soweit ausgeschöpft, dass eine Vorteilsposition gegenüber Wettbewerbern, die möglicherweise Pfade des »Anders-Machens« eingeschlagen haben oder über wettbewerbsüberlegene Kompetenzen verfügen, nicht mehr realisiert werden kann. Wir charakterisieren diese Situation als akteursbegründeten Spielarenenwechsel. Im Sport finden sich hierfür zahlreiche Beispiele, da infolge des menschlichen Alterungsprozesses ein zuvor wettbewerbsüberlegener Sportler sukzessive an Wettbewerbskraft verliert und daher Möglichkeiten eines Spielarenenwechsels erwägen muss. So reichen beispielsweise im Profifußball die körperlichen Fähigkeiten der meisten Spieler ab einem Alter »Mitte bis Ende dreißig« nicht mehr aus, um sich gegen jüngere Konkurrenten zu behaupten, was sie entweder zum Ruhestand oder zum Spielarenenwechsel zwingt. Typisch sind dabei Wechsel in den Trainerberuf (z. B. Zinédin Zidane) oder in die Rolle eines TV-Experten (z. B. Oliver Kahn).

Es finden sich aber auch exotischere Veränderungen, wie die von Manfred Burgsmüller (vgl. Abb. 104).

Beispiel Manfred Burgsmüller

Vom Fußball zum American Football

Burgsmüller war ein erfolgreicher Fußballprofi. Im Zeitraum zwischen 1969 und 1990 absolvierte er mehr als 400 Bundesligaspiele. Mit 213 Toren liegt er in der ewigen Torschützenliste der Bundesliga auf dem vierten Platz (Wikipedia, 2019a). Sechs Jahre nach Beendigung seiner Karriere als Fußballspieler wechselte er als Kicker zum American Football und wurde mit 52 Jahren der älteste aktive Footballprofi der Welt. Die Aufgabe eines Kickers besteht darin, das Spielgerät in Form eines Eies aus großer Distanz durch zwei Stangen zu schießen. Hierfür muss man weder schnell laufen können noch körperlich robust sein, aber eben gut »kicken« können. Insofern verfügte Burgsmüller aufgrund seiner fußballerischen Fähigkeiten in der Spielarena American Football trotz des relativ hohen Alters über eine Wettbewerbsvorteilsposition.

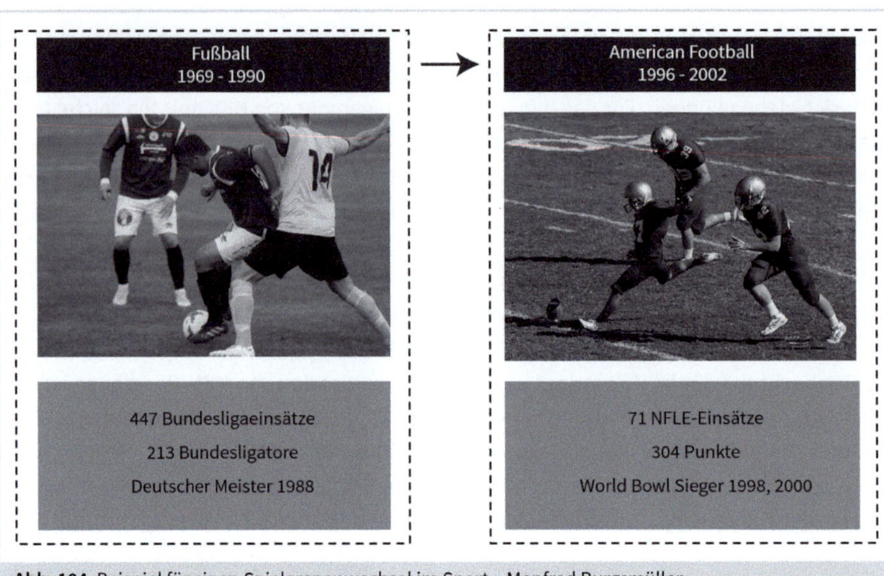

Abb. 104: Beispiel für einen Spielarenenwechsel im Sport – Manfred Burgsmüller

Beispiel SAERTEX

Von Handtüchern zu technischen Textilien

Ähnlich spektakulär wie Manfred Burgsmüller wechselte die Firma SAERTEX aus dem Münsterland die Spielarena: vom Heimtextilienhersteller zum Produzenten sogenannter technischer Textilien. In der Spielarena Heimtextilien (hierzu zählen z. B. Handtücher) konnte sich das Unternehmen gegenüber der Konkurrenz aus Niedriglohnländern zunehmend weniger behaupten. 1982 trat das Unternehmen dann in die Spielarena technischer Textilien ein und produzierte fortan Elemente, die sich durch hohe Festigkeit bei gleichzeitig geringem Gewicht auszeichnen. Solche Bauteile werden beispielsweise für Windräder oder in der Flugzeugindustrie verwendet. Der Spielarenenwechsel war sehr erfolgreich: Mit rund 1.400 Mitarbeitern erzielte das Unternehmen 2018 einen Umsatz von 350 Mio. Euro (SAERTEX, 2019).

Die Beispiele Burgsmüller und SAERTEX zeigen, dass für einen erfolgreichen Spielarenenwechsel offenbar zwei Gedankengänge erforderlich sind: erstens die Reflexion der bislang eingesetzten Ressourcen und Fähigkeiten und andererseits die Identifikation hinreichend attraktiver Spielarenen, in denen eben diese Kompetenzen einen Wettbewerbsvorteil begründen können. Wir werden im weiteren Verlauf des Kapitels eben diese beiden Analyseschritte detaillierter beleuchten.

Arenenbegründeter Spielarenenwechsel

Ein zweiter Anlass zum Spielarenenwechsel resultiert aus einer nachlassenden Attraktivität der bisherigen Spielarena. In diesem Fall verfügt das Unternehmen somit zwar nach wie vor über eine KKV-Position, aber die Spielarena ist zum Beispiel aufgrund veränderter Kundenbedürfnisse zunehmend weniger lukrativ. Typische Indikationen hierfür sind stagnierende oder sogar rückläufige Marktvolumina, die eine Intensivierung des Wettbewerbs nach sich ziehen und in der Regel mit Renditeeinbußen einhergehen. Diese Situation kennzeichnen wir als arenenbegründeten Spielarenenwechsel. Derartig verursachte Spielarenenwechsel sind im ökonomischen Kontext häufig zu beobachten, da vor dem Hintergrund des Produkt- respektive Marktlebenszyklus Spielarenen im Zeitverlauf typischerweise an ökonomischer Attraktivität verlieren. Ein sehr prominentes Beispiel der deutschen Industriegeschichte ist der Wechsel von Mannesmann vom Stahlrohreherssteller zum Mobilfunkanbieter (vgl. Beispiel 40).

Beispiel 40

Aus Mannesmann wird D2

Beispiel Mannesmann

Der Ende des 19. Jahrhunderts gegründete Mannesmann-Konzern war über Jahrzehnte ein weltweit erfolgreicher Produzent von Stahlrohren. Der Wechsel in die Spielarena Mobilfunk begann im Jahre 1990. Zu dieser Zeit erwarb das Unternehmen die Lizenz zum Aufbau und Betrieb des ersten privaten Mobilfunknetzes D2 in Deutschland. Vor dem Hintergrund seinerzeit hoher Wachstumsraten des Mobilfunkgeschäftes beschloss das Unternehmen 1999, sich auf Telekommunikationsgeschäfte zu fokussieren. Alle anderen Unternehmensteile sollten verkauft respektive an die Börse gebracht werden.

Bevor dieser Plan jedoch umgesetzt werden konnte, begann Ende 1999 das britische Mobilfunkunternehmen Vodafone plc mit Bestrebungen zu einer feindlichen Übernahme von Mannesmann (der bis dahin größten in Deutschland). Zunächst bot Vodafone rund 100 Milliarden Euro, was vom damaligen Mannesmann-Chef Klaus Esser als »völlig unangemessen« abgelehnt wurde. Nach einer monatelangen Übernahmeschlacht stimmte der Aufsichtsrat am 4. Februar 2000 dem Aufkauf für letztendlich 190 Milliarden Euro zu. Der Mannesmann-Konzern verlor somit nach dem erfolgreichsten Geschäftsjahr seiner Unternehmensgeschichte (Geschäftsbericht 1999: Umsatz 23,27 Mrd. Euro, 130.860 Beschäftigte weltweit) seine Selbstständigkeit und wurde in der Folge aufgespalten. Die letzte Hauptversammlung unter der Firma Mannesmann AG fand am 22. August 2001 statt.

Quelle: Wikipedia (2019b)

Auch wenn ein Wechsel der Spielarena, nicht zuletzt vor dem Hintergrund der in der Regel hohen Spezifität der Investitionen und damit verbundener Risiken, sicher nicht zum Kanon alltäglicher Entscheidungen im Kontext des Strategischen Marketings zählt, ist es für das dynamische Management von KKV-Positionen eine unverzichtbare Option. Hierzu wird in diesem Kapitel sukzessive ein systematischer Analyserahmen entwickelt.

Kapitelstruktur

Dazu beleuchten wir in Kapitel 4.3.2.1 zunächst das essenzielle Zusammenspiel aus Marktattraktivität potenzieller neuer Spielarenen auf der einen Seite und den zum Markteintritt respektive zur erfolgreichen Marktbearbeitung erforderlichen Kompetenzen auf der anderen Seite. Daran anknüpfend diskutieren wir in Kapitel 4.3.2.2 Methoden, um die eigenen Kompetenzen aufzudecken. Diese Reflexion der Ressourcen und Fähigkeiten ist Grundlage für die Identifikation neuer Spielarenen, die nicht nur ökonomisch attraktiv sind, sondern gleichzeitig vor dem Hintergrund der ermittelten Kompetenzen Potenziale für das Erreichen einer KKV-Position bieten. Diesem Aspekt widmen wir uns in Kapitel 4.3.2.3.

4.2.2.1 Spielarenenwechsel als Dialektik zwischen Marktattraktivität und Kompetenzen

Markt- vs. Ressourcen-orientierte Sicht

In der Suche nach Erklärungen für den unterschiedlichen wirtschaftlichen Erfolg von Unternehmen, wurde in den 1990er Jahren der bis dahin dominierenden marktbasierten Sichtweise eine ressourcenorientierte Perspektive (vgl. bspw. Barney, 1991; Grant, 1991) gegenübergestellt. Während Vertreter der marktbasierten Sichtweise (vgl. Porter, 1979) den Unternehmenserfolg über das »richtige« Verhalten in den »richtigen« Märkten zu erklären versuchten, lenkte die ressourcenorientierte Perspektive das Augenmerk auf die unterschiedliche Ausstattung der Unternehmen mit Kompetenzen (vgl. Prahalad/Hamel, 1990).

Ressourcen und Fähigkeiten

Demnach sind es die Ressourcen und Fähigkeiten als Bestandteile der Kompetenzen, die eine Unternehmung einzigartig machen und den Unternehmenserfolg maßgeblich determinieren (vgl. Müller-Stewens/Lechner, 2016, S. 342). Mit dem Ressourcenbegriff werden dabei alle materiellen und immateriellen Vermögensgegenstände einer Unternehmung beschrieben (vgl. Müller-Stewens/Lechner, 2016, S. 342). Zu den materiellen Ressourcen zählen beispielsweise die Kapitalausstattung, Maschinen und Gebäude. Bestandteile der immateriellen Ressourcen sind unter anderem die Reputation, Patente und das Know-how der Mitarbeiter. Der zweite Kompetenzbestandteil – die Fähigkeiten – beschreibt, inwieweit ein Unternehmen in der Lage ist, seine Ressourcen zielführend einzusetzen. Im Kern bestehen die Fähigkeiten damit im organisatorischen Know-how eines Unternehmens im Hinblick auf die marktgerechte Koordination seiner Ressourcen. Seinen Niederschlag finden die Fähigkeiten eines Unternehmens in seinen Strukturen, Prozessen und Systemen (vgl. Plinke, 2000, S. 75).

Komplementäre Perspektiven

Anfänglich noch als konkurrierende Paradigma des Strategischen Managements diskutiert (vgl. Roquebert/Phillips/Westfall, 1996), werden markt- und ressourcenorientierte Sichtweise heute eher als komplementäre Zugänge interpretiert[27] (vgl. Meffert et al., 2019, S. 38).

27 Die Komplementarität markt- und ressourcenorientierter Sichtweise ist auch bereits im Kontext des Wechsels von Spielarenen aufgezeigt worden. So weisen Palich et al. (2000) anhand einer Analyse von 55 Studien aus den Jahren 1971 bis 1998 nach, dass eine Diversifikation, die an die vorhandenen Fähigkeiten des Unternehmens anknüpft, eine höhere Erfolgswahrscheinlichkeit besitzt als ein Spielarenenwechsel, der hiervon losgelöst ist.

Beide Ansätze versuchen zu erklären, warum Unternehmen überdurchschnittlich erfolgreich sind. Die marktorientierte Perspektive konzentriert die Überlegungen auf die Auswahl der richtigen Märkte und der adäquaten Wettbewerbsstrategie. Daneben spielen die Ressourcen und Fähigkeiten aber ebenfalls eine Rolle. Für Unternehmen, die über besondere Kompetenzen verfügen, geben diese einen Hinweis darauf, welche Märkte für das Unternehmen besonders attraktiv sind. Umgekehrt führen die Auswahl der zu bearbeitenden Märkte und die gewählte Wettbewerbsstrategie dazu, sich zu überlegen, welche Kompetenzen vorhanden sind bzw. sein müssten, um diesem marktgetriebenen Postulat Folge leisten zu können.

Ein Modell

Dömer (2003) hat das Zusammenspiel aus Markt- und Ressourcenorientierung bei der Eroberung neuer Spielarenen in einem anschaulichen Modell zusammengefasst (vgl. Abb. 105).

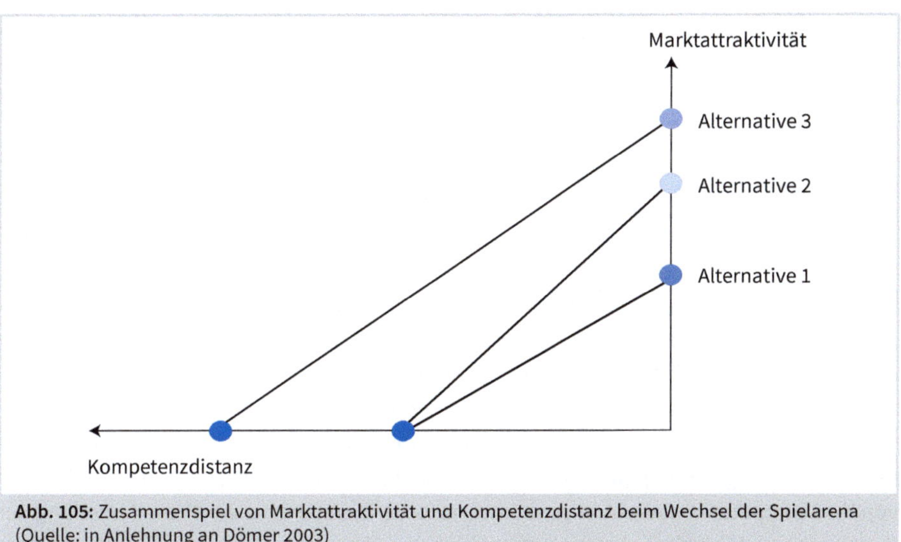

Abb. 105: Zusammenspiel von Marktattraktivität und Kompetenzdistanz beim Wechsel der Spielarena (Quelle: in Anlehnung an Dömer 2003)

Marktattraktivität

Die Vorteilhaftigkeit einer potenziellen neuen Spielarena wird in dem Modell durch zwei Variablen determiniert. Einerseits der Marktattraktivität (marktorientierte Sichtweise), andererseits der Kompetenzdistanz (ressourcenorientierte Sichtweise). Die Marktattraktivität hängt dabei von Kriterien wie Marktgröße, -wachstum, -eintrittsbarrieren und Stärke der Wettbewerber ab. Die Kompetenzdistanz drückt aus, wie groß die Lücke zwischen den Kompetenzanforderungen der neuen Spielarena und dem jetzigen Kompetenzenpool des Unternehmens ist.

Kompetenzdistanz

Logik des Modells

Eine neue Spielarena ist dabei umso vorteilhafter, je höher die Marktattraktivität und je geringer die Kompetenzdistanz. In Abb. 105 wäre demnach Alternative 2 gegenüber Alternative 1 zu bevorzugen, da Spielarena 2 bei gleicher Kompetenzdistanz eine höhere

Attraktivität aufweist. Alternative 3 besitzt im Vergleich zu Alternative 2 zwar eine höhere Attraktivität, dieser Vorteil wird aber durch eine überproportionale Kompetenzdistanz konterkariert. Im Ergebnis wäre demnach Alternative 2 die vielversprechendste Option für einen Spielarenenwechsel. Auch wenn das Modell weniger analytischen als heuristischen Charakter besitzt, insbesondere weil die implizite Gleichgewichtung von Marktattraktivität und Kompetenzdistanz hinterfragt werden muss, zeigt es anschaulich die erforderliche Dialektik zwischen Markt- und Ressourcenperspektive für einen erfolgreichen Spielarenenwechsel. Auf der einen Seite ist zu fragen, wo ökonomisch attraktive Spielarenen zu finden sind. Die marktliche Attraktivität einer neuen Spielarena nützt als alleinige Information jedoch sehr wenig, da damit noch nichts darüber ausgesagt werden kann, ob das Unternehmen in der Lage ist, in dieser Arena wettbewerbsüberlegen zu agieren. Hierfür müssen auf der anderen Seite die Kompetenzen des Unternehmens betrachtet werden. Da die Anzahl potenzieller neuer Spielarenen, die im Hinblick auf ihre Attraktivität bewertet werden müssten, prinzipiell unendlich groß ist, schlagen wir vor, zunächst die eigenen Kompetenzen zu analysieren, um auf Basis dieser Informationen mögliche neue Spielarenen zu entdecken. Diese potenziellen Spielarenen können dann hinsichtlich ihrer Marktattraktivität evaluiert werden.

4.2.2.2 Was kann ich eigentlich? Dekomposition der bisherigen Wertschöpfung in Ressourcen und Fähigkeiten

Erst Kompetenzanalyse

Die Kompetenzanalyse nimmt in der ressourcenorientierten Sichtweise einer Unternehmung einen breiten Raum ein (vgl. Müller-Stewens/Lechner, 2016, S. 194 ff.; Welge/Al-Laham/Eulerich, 2017, S. 85 ff.). Im Fokus steht dabei insbesondere die Identifikation erfolgskritischer Kompetenzen, der sogenannten Kernkompetenzen (vgl. Prahalad/Hamel, 1990). Kernkompetenzen sind eine Teilmenge der Kompetenzen, die sich durch besondere Eigenschaften von den übrigen Kompetenzen abheben. Damit ist offensichtlich, dass die Identifikation von Kernkompetenzen zwei Analyseschritte erfordert: erstens die wertfreie Sammlung der Ressourcen und Fähigkeiten eines Unternehmens und zweitens deren Evaluation mit einem wie auch immer gearteten Bewertungsraster. Einen Schwerpunkt der Diskussion bildet in diesem Kontext die Frage, was aus einer Kompetenz eine Kernkompetenz macht, also die Frage des Bewertungsrasters. Beispielhaft sollen hier drei Vorschläge vorgestellt werden.

Was charakterisiert eine Kernkompetenz?

Barney (1991) schlägt vier Merkmale zur Bewertung einer Kompetenz vor: Value, Rare, No Imitability und Organisation (VRIO). Eine Kompetenz muss damit, um zu einer Kernkompetenz zu werden, maßgeblich zur Wertschöpfung des Unternehmens beitragen (Value), selten sein (Rare), nicht durch Wettbewerber imitierbar sein (No Imitability) und durch das Unternehmen genutzt werden können (Organisation).

Hamel und Prahalad (1997) führen Einzigartigkeit, Fähigkeit zur Generierung eines Kundennutzens und Transferierbarkeit auf neue Produkte als Merkmale einer Kernkompetenz an.

Drei Vorschläge

Hungenberg et al. (2008) modifizieren in ihrem VRILS-Ansatz das Modell von Barney. Die ersten drei Ressourcenkriterien des VRIO-Modells, Wert, Seltenheit und imperfekte Nachahmbarkeit, wurden für das VRILS-Modell übernommen. Das letzte Kriterium, die passende interne Organisation wurde von Hungenberg et al. nicht berücksichtigt, da es aus Sicht der Autoren »eine triviale Grundvoraussetzung für ressourcenbasiertes Wachstum in neue Geschäftsbereiche darstellt« (Hungenberg et al., 2008, S. 18). Dem so entstandenen VRI-Schema fügen sie vor dem Hintergrund der Transferierbarkeit einer Kompetenz in neue Geschäftsfelder noch Leveragebarkeit (L) und Synergiepotenziale (S) als Anforderung hinzu.

Kernkompetenz ist an Spielarena gekoppelt

In allen hier exemplarisch dargestellten Evaluationskriterien zur Abgrenzung der Kernkompetenzen von der Gesamtmenge aller Kompetenzen finden sich mit der Fähigkeit zur Stiftung eines Kundennutzens und der Seltenheit respektive Differenzierungsmöglichkeit zwei Merkmale mit unmittelbarem Bezug zur Spielarena. Inwieweit eine Kompetenz Kundennutzen stiften kann, hängt davon ab, welches Kundenproblem gelöst werden soll. Ob eine Kompetenz zur Differenzierung im Wettbewerb beiträgt, ist abhängig von der Frage, welche Unternehmen Wettbewerber sind. Mit anderen Worten ist eine Kompetenz, die in der aktuellen Spielarena eine Kernkompetenz darstellt, noch lange keine Garantie für ein erfolgreiches Agieren in einer neuen Spielarena. Umgekehrt kann eine Kompetenz, die in der derzeitigen Spielarena nicht relevant für den Kundennutzen ist und/oder nicht gegenüber dem Wettbewerber differenziert, in einer neuen Spielarena durchaus zur Kernkompetenz werden. Insofern ist für den Wechsel in eine neue Spielarena nicht entscheidend, über welche Kernkompetenzen ein Unternehmen vor dem Hintergrund der aktuellen Spielarena mit ihren Kundenanforderungen und Wettbewerbern aktuell verfügt, sondern welche Kompetenzen in welcher Spielarena zu Kernkompetenzen werden können.

Strikte Trennung von Beschreibung und Bewertung

Wir plädieren daher für eine strikte Trennung des beschreibenden und bewertenden Teils der Kompetenzanalyse. Im ersten Schritt gilt es, die bestehenden Ressourcen und Fähigkeiten möglichst umfassend und wertfrei zu erfassen. Im zweiten Schritt ist dann zu fragen, in welchen Spielarenen diese Kompetenzen erfolgversprechend, d. h. mit Aussicht auf das Erreichen einer KKV-Position, eingesetzt werden können. Der erste Schritt ist Gegenstand dieses Kapitels, der zweite wird im Folgekapitel beleuchtet.

Drei Fragen der Kompetenzbeschreibung

Der beschreibende Teil der Kompetenzanalyse gliedert sich in drei aufeinander aufbauenden Fragen (vgl. Tab. 29). Erstens kann logischerweise nur das gefunden werden, was gesucht wird. Mit anderen Worten steht am Anfang der Kompetenzanalyse die Frage, wie Kompetenzen systematisiert werden. Wenn klar ist, wonach gesucht wird, ist im zweiten Schritt zu überlegen, wo gesucht werden soll. Wie können die Aktivitäten eines Unternehmens so strukturiert werden, dass kein »Zimmer« übersehen wird, in dem sich möglicherweise Kompetenzen befinden könnten. Mit den ersten beiden Teilschritten wird also der Suchraum in Form einer Matrix definiert. Auf der einen Achse steht, wonach gesucht wird, auf der anderen, wo gesucht wird. Im dritten und abschließenden Teilschritt ist diese Matrix dann zu füllen. Es muss also überlegt werden, mit welchen Methoden in den definierten Suchräumen die definierten Suchobjekte gefunden werden können. Sucht man – als metaphorisches Beispiel – nach einem bestimmten Geruch, muss der Riechsinn sensibilisiert und eingesetzt werden. Sucht man nach bestimmten Formen, wäre der Riechsinn nicht sehr hilfreich, hier käme es auf das Sehen an.

		Was suche ich? Systematisierung der Kompetenzen				
		a	**b**	**c**	**...**	**n**
Wo suche ich? Systematisierung der Unternehmensaktiviäten	a	Wie suche ich? Wahl der jeweils adäquaten Methode, um im definierten Suchraum das definierte Suchobjekt finden zu können				
	b					
	c					
	...					
	n					

Tab. 29: Teilfragen zur Bestandsaufnahme von Kompetenzen

Nachfolgend werden wir diese Teilschritte sukzessive beleuchten, ohne dabei den Anspruch einer universell gültigen Vorgehensweise zu erheben. Logisch sind nach unserer Überzeugung die drei beschriebenen Teilaufgaben, wie diese im Einzelfall konkret gelöst werden, lässt sich abstrakt nicht definieren.

Typen von Ressourcen

Im Hinblick auf die erste Teilfrage folgen wir dem Vorschlag von Müller-Stewens/Lechner (2016, S. 195 ff.). Die Autoren differenzieren zwischen Ressourcen und Fähigkeiten und unterscheiden anknüpfend an die Arbeiten von Barney (1991) und Grant (1991) sieben Typen von Ressourcen (vgl. Tab. 30. Drei davon sind materieller, vier immaterieller Natur).

materielle Ressourcen			**immaterielle Ressourcen**			
Finanzielle Ressourcen	Physische Ressourcen	IT-basierte Ressourcen	Bestandsressourcen	Humanressourcen	Strukturelle Ressourcen	Kulturelle Ressourcen
zum Beispiel						
Verschuldungsgrad, Bonität	Maschinen, Gebäude, Grundstücke	Hardware, Software, Netze	Reputation, Patente, Daten	Leistungswille und Ausbildungsstand der Beschäftigten	Aufbau- und Ablauforganisation, Management-Systeme	Kooperations- und Konfliktverhalten, Fehlerkultur

Tab. 30: Strukturierung von Ressourcen

Auch wenn diese Ressourcensystematik, insbesondere im Hinblick auf die immateriellen Ressourcen, erstens nicht überschneidungsfrei ist und zweitens Schnittmengen zu den Fähigkeiten aufweist, beschreibt sie einen umfassenden Suchraum für die Inventarisierung des Ressourcenpools eines Unternehmens.

Fähigkeiten

Weniger greifbar als die Ressourcen eines Unternehmens sind seine Fähigkeiten als zweiter Bestandteil der Kompetenzen. Allgemein drücken sich Fähigkeiten in der zielorientierten Koordination der Ressourcen aus (vgl. Hungenberg, 2014, S. 149 f.). Interpretiert man die athletische und spielerische Qualität des Kaders einer Fußballmannschaft als deren Ressourcen, so würde das taktische Spielsystem die Fähigkeiten symbolisieren. Im Unternehmenskontext kann auf abstraktem Niveau keine abschließende Liste von Fähigkeiten erstellt werden. Es geht in den einzelnen Unternehmensaktivitäten stets um die Frage: Was können wir besonders gut? Das könnte im Kontext der Forschung und Entwicklung zum Beispiel die Fähigkeit zur Einbindung von Kunden in Entwicklungsprozesse sein, um Floprisiken zu reduzieren. In der Produktion könnte eine Fähigkeit in der besonders effizienten Planung von Produktionsprozessen liegen. Im Service könnte ein Unternehmen besonders gut in der raschen Beantwortung von Kundenanfragen sein. Für die Bestandsaufnahme der Fähigkeiten geht es also in erster Linie darum, das Unternehmen in seinen vielfältigen Teilaktivitäten systematisch nach »guten« Prozessen zu durchleuchten.

Suche nach »guten« Prozessen

Wo suche ich?

Damit ist die zweite Achse der Definition des Kompetenzsuchraumes angesprochen (Wo suche ich?). Mit anderen Worten müssen die vielfältigen Aktivitäten eines Unternehmens umfassend und systematisch strukturiert werden. In der Literatur (vgl. bspw. Welge/Al-Laham/Eulerich, 2017, S. 368 ff.; Johnson et al., 2017, S. 107 ff.) hat sich hierzu die Wertkette von Porter (vgl. Porter, 1985, S. 36 ff.) als Standard etabliert. Porter systematisiert die wertschöpfenden Tätigkeiten eines Unternehmens in primäre und unterstützende Aktivitäten (vgl. Abb. 106). Primäre Aktivitäten umfassen diejenigen Bereiche, die unmittelbar an der Leistungserstellung und -vermarktung beteiligt sind. Porter zählt hierzu die Eingangslogistik, die Produktion, die Ausgangslogistik, Marketing und Vertrieb sowie den Service. Unterstützende Aktivitäten sind gleichsam die Ermöglicher der primären Aktivitäten. Sie sind zwar nicht unmittelbar an Leistungserstellung und -vermarktung beteiligt, sind aber für das Funktionieren der primären Aktivitäten unabdingbar. Hierzu gehören die Beschaffung, die Technologieentwicklung, die Personalwirtschaft sowie die Unternehmensinfrastruktur. Sowohl primäre als auch unterstützende Aktivitäten können bei Bedarf weiter untergliedert werden (vgl. Hungenberg, 2014, S. 159). Der Bereich Personalwirtschaft etwa in Personalbeschaffung und Personalentwicklung oder der Bereich Marketing in Kundengewinnung, -bindung, -rückgewinnung. Mit zunehmender Detaillierung werden die Unternehmensaktivitäten einerseits konkreter und anschaulicher. Damit sinkt die Wahrscheinlichkeit, dass bei der Suche nach Kompetenzen kein »Zimmer« vergessen wird. Andererseits wächst mit jeder Untergliederung der Aktivitäten der informative Aufwand, um die resultierende Matrix zu füllen. Wenn nach Fähigkeiten und sieben Ressourcenarten gesucht wird, resultieren aus jeder Untergliederung acht zusätzliche Informationsaufgaben.

Wertkette

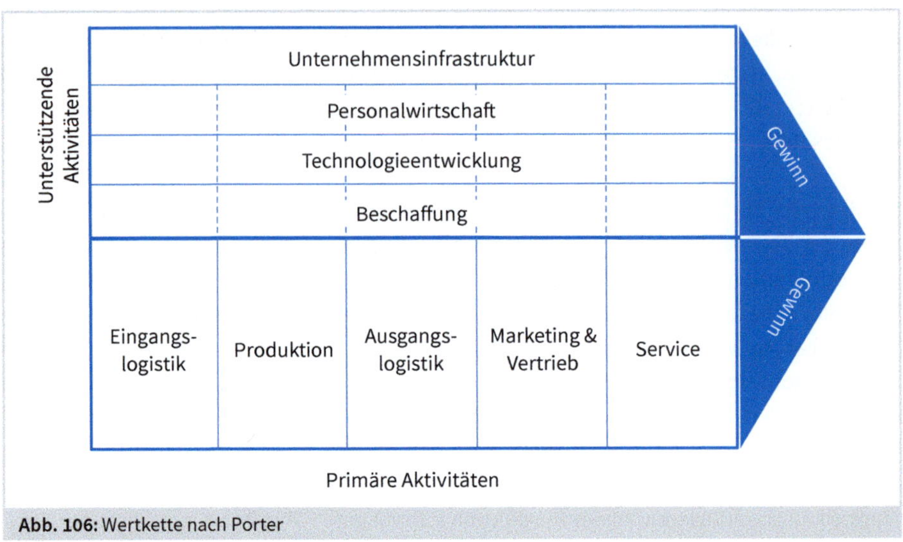

Abb. 106: Wertkette nach Porter

Suchraum für Kompetenzen

Mit der beschriebenen Systematisierung von Ressourcen und Fähigkeiten auf der einen Seite und den Unternehmensaktivitäten auf der anderen Seite kann nun der Suchraum zur Bestandsaufnahme von Kompetenzen aufgespannt werden (vgl. Tab. 31).

Strukturiert man die Unternehmensaktivitäten in vier unterstützende und fünf primäre Funktionen sowie die Kompetenzen in sieben Ressourcentypen und die Fähigkeitsdimension, entsteht eine Rohmatrix mit 72 Zellen (9*8). Bei einzelnen Ressourcenarten wird man im Anwendungsfall vermutlich zu dem Ergebnis gelangen, dass eine Suche in jedem »Zimmer« des Unternehmens wenig sinnvoll ist und stattdessen besser im »Haus« als Ganzes gesucht werden sollte. Relativ wahrscheinlich ist dies beispielsweise für die finanziellen Ressourcen des Unternehmens. In diesem Fall reduziert sich die Matrix auf 65 Zellen (8*8 +1).

Wie suche ich?

Im dritten und letzten Teilschritt der Kompetenzinventarisierung ist die skizzierte Matrix zu füllen. Hierzu muss erstens reflektiert werden, wer über jeweils zelleneinschlägige Informationen verfügt. Wer etwa kann die finanziellen Ressourcen des Unternehmens valide beurteilen, wer kennt die Ressourcen und Fähigkeiten im Bereich Produktion oder Marketing. Für die Analyse der unterstützenden Aktivitäten werden dabei interne Informationsquellen erste Wahl sein, da Außenstehende in Bezug auf diese Variablen in aller Regel über keinen hinreichenden Informationsstand verfügen. Ähnliches gilt für die Produktion als Teil der primären Aktivitäten. Die weiteren vier primären Aktivitäten weisen hingegen Schnittstellen zu Lieferanten oder Kunden auf, sodass es in diesen Feldern sinnvoll erscheint, eine externe Perspektive zumindest ergänzend in die Analyse zu integrieren. Nach Identifikation der Informationsträger ist zweitens die Methode der Informationsgewinnung festzulegen. In aller Regel werden dabei qualitative Verfahren, wie Fokusgruppen (vgl. Methodenkasten 4) oder Leitfadeninterviews, im Vordergrund stehen, da diese im Vergleich zu quantitativen Verfahren eine größere Informationstiefe erlauben (vgl. Schneider, 2015a, S. 21 f.). Der Nachteil qualitativer Verfahren, ihre typischerweise kleinere Fallzahl, ist im hier diskutierten Kontext von nachgelagerter Bedeutung.

		Was wird gesucht?							
		Ressourcen							**Fähigkeiten**
		materiell			**immateriell**				
		f	**p**	**IT**	**B**	**H**	**s**	**k**	
	primäre Aktivitäten								
Wo wird gesucht?	Eingangslogistik								
	Produktion								
	Ausgangslogistik								
	Marketing & Vertrieb								
	Service								
	unterstützende Aktivitäten								
	Beschaffung								
	Technologieentwicklung								
	Personalwirtschaft								
	Infrastruktur								

f: finanzielle Ressourcen; p: physische Ressourcen; IT: IT-basierte Ressourcen; B: Bestandsressourcen; H: Humanressourcen; s: strukturelle Ressourcen; k: kulturelle Ressourcen

Tab. 31: Suchraum für die Bestandsaufnahme von Kompetenzen

Zusammenfassend war dieses Kapitel darauf ausgerichtet, einen Prozess zur Identifikation des Kompetenzenpools eines Unternehmens aufzuzeigen. Dabei wurde zunächst herausgestellt, dass der in der Literatur auszumachende Schwerpunkt hinsichtlich der Frage, was aus einer Kompetenz eine Kernkompetenz macht, für die Kompetenzanalyse im Zusammenhang mit einem Spielarenenwechsel wenig hilfreich ist, da der Status einer Kernkompetenz an eine bestimmte Spielarena geknüpft ist. Anschließend wurde ein dreiteiliger Prozess zur Inventarisierung der Kompetenzen eines Unternehmens entwickelt. Im Kern stehen dabei die Fragen: »Was« suche ich?«, »Wo suche ich?« und »Wie suche ich?«. In Bezug auf das »Was« wurde zwischen sieben Ressourcenarten auf der einen und den Fähigkeiten auf der anderen Seite unterschieden. Bezüglich des »Wo« wurde auf das Konzept der Wertkette mit seinen primären und unterstützenden Funktionen zurückgegriffen. Hinsichtlich des »Wie« schließlich wurde auf die erforderliche Identifikation interner und externer Infor- Fazit mationsträger sowie die Dominanz qualitativer Erhebungsverfahren verwiesen. Im Folgekapitel wird nun beleuchtet, wie ein Unternehmen vor dem Hintergrund seines Kompetenzenpools vielversprechende Optionen für neue Spielarenen entwickeln kann.

4.2.2.3 Was kann ich damit anfangen? Auswahl attraktiver Spielarenen für einen Spielarenenwechsel

Zwei Optionen

Unternehmen stehen zwei prinzipiell unterschiedliche Optionen für den Wechsel in eine neue Spielarena offen. Erstens kann der Wechsel in eine bereits bestehende Spielarena erfolgen. Zweitens kann das Unternehmen durch seinen Wechsel eine neue Spielarena konstituieren. Diese Alternativen verlangen unterschiedliche Prozesse der Entscheidungsunterstützung. Beim Eintritt in bereits bestehende Spielarenen sind zunächst aus dem Universum möglicher Spielarenen ökonomisch hinreichend attraktive Alternativen herauszufiltern und diese dann im Hinblick auf ihr KKV-Potenzial zu prüfen. Will ein Unternehmen hingegen eine neue Spielarena etablieren, müssen zunächst nicht gelöste Kundenprobleme identifiziert werden. Dann ist zu prüfen, inwieweit diese von dem Unternehmen mit seinen Kompetenzen effektiv und effizient gelöst werden können. Wir werden im Folgenden beide hier nur grob skizzierten Entscheidungsprozesse detailliert beleuchten. Wir beginnen dabei mit dem Eintritt in eine bereits bestehende Arena. Anschließend diskutieren wir den Prozess der Identifikation neuer Spielarenen.

Wechsel in bestehende Spielarena

Das Universum existierender Spielarenen ist sehr groß. Jede dieser Spielarenen im Hinblick auf einen möglichen Markteintritt zu prüfen, scheidet daher schon unter informatorischen Gesichtspunkten aus. Zudem soll sich durch den Spielarenenwechsel die ökonomische Situation des Unternehmens verbessern. Im arenenbegründeten Spielarenenwechsel, bei dem ja gerade die nachlassende ökonomische Attraktivität der aktuellen Spielarena die Ursache für den angestrebten Wechsel ist, liegt dies auf der Hand. Aber auch beim akteursbedingten Wechsel der Spielarena muss die neue Arena ein Mindestmaß an ökonomischer Attraktivität aufweisen, damit ein Spielarenenwechsel sinnvoll ist. Insofern sind in einem ersten Schritt Informationen über die ökonomische Attraktivität der einzelnen Elemente des Spielarenenuniversums erforderlich, um auf dieser Basis den Kreis potenzieller neuer Spielarenen einzugrenzen. Der damit einhergehende, immense Informationsbedarf macht Primärerhebungen, bei dem das Unternehmen eigene Daten zur ökonomischen Attraktivität der Spielarenen erheben würde, unmöglich. Vielmehr muss auf Sekundärdaten, wie sie etwa von Banken (vgl. bspw. Deutsche Bank, 2019) respektive Bankenverbänden (vgl. bspw. BVR, 2019a) herausgegeben werden, zurückgegriffen werden. Wegen der notwendigen Verwendung von Sekundärdaten ist es in dieser Analysestufe logischerweise nicht möglich, eigene für die ökonomische Attraktivität als relevant erachtete Kriterien, wie beispielsweise Porters Five Forces (vgl. Porter, 1980), zu definieren. Vielmehr muss mit den Daten gearbeitet

Ökonomische Attraktivität der neuen Spielarena

werden, die zur Verfügung stehen. Das Vorgehen im Rahmen dieser Sekundäranalyse soll an nachfolgendem (fiktivem) Beispiel (vgl. Jordan, 2012) verdeutlicht werden (vgl. Beispiel 41).

Beispiel 41

Beurteilung der ökonomischen Attraktivität auf Grundlage von Sekundärdaten

Rückgriff auf Sekundärdaten

Bei dem Beispielunternehmen handelt es sich um eine fiktive Werbeagentur, die aufgrund einer sich abzeichnenden nachlassenden Attraktivität der Spielarena, erste Überlegungen für einen potenziellen Spielarenenwechsel anstellt. Zur Bewertung der ökonomischen Attraktivität unterschiedlicher Spielarenen greift das Unternehmen auf die vom Bundesverband der Deutschen Volksbanken und Raiffeisenbanken (BVR) herausgegebenen Branchenberichte zurück (vgl. BVR, 2019a). In den in Kooperation mit dem ifo-Institut erstellten Berichten werden rund 160 Branchen hinsichtlich der aktuellen ökonomischen Situation und den Zukunftsaussichten analysiert. Für die erforderliche Verdichtung der Daten zieht das Unternehmen das in jedem Bericht aufgeführten Branchenrating heran (vgl. Abb. 107).

BRANCHEN-RATING	
Lebensmitteleinzelhandel	
Markt-/Branchenentwicklung:	
Umsatzentwicklung (nominal) 2018	gewachsen
Umsatzentwicklung (nominal) 2019	wachsen
Konjunkturabhängigkeit	durchschnittlich
Konkurrenzintensität	hoch
Wirtschaftliche Verhältnisse:	
Ertragslage 2018	schlecht
Ertragslage 2019	schlecht

Abb. 107: Beispielhaftes Branchenrating (Quelle: in Anlehnung an BVR, 2019)

In diesem Rating werden die Umsatzentwicklung und -prognose, die Konjunkturabhängigkeit, die Konkurrenzintensität sowie die aktuelle und zukünftige Ertragslage ausgewiesen. Da ein potenzieller Markteintritt Zukunftsbezug hat, entschließt sich das Unternehmen in den Analysen die aktuelle Umsatz- und Ertragslage nicht zu berücksichtigen. Somit verbleiben vier Kriterien für die Bewertung der ökonomischen Attraktivität: Umsatzprognose, Konjunkturabhängigkeit, Konkurrenzintensität und Ertragsprognose. Um die qualitativen Informationen aggregieren zu können, greift das Unternehmen auf eine Nutzwertanalyse zurück. Hierzu werden die vier Kriterien gewichtet und den einzelnen Ausprägungen Punktwerte zugewiesen (vgl. Tab. 32).

Kriterium	Gewicht	Ausprägung	Punktwert
Umsatzprognose	10 %	leicht rückläufig	1
		stagnierend	2
		wachsend	3
Konjunkturabhängigkeit	20 %	stark	1
		verstärkt	2
		durchschnittlich	3
		gering	4
Konkurrenzintensität	20 %	Verdrängungswettbewerb	1
		sehr hoch	2
		hoch	3
		durchschnittlich	4
Ertragsprognose	50 %	angespannt	1
		ausreichend	2
		zufriedenstellend	3
		gut	4

Tab. 32: Nutzwertanalyse von Merkmalen der Branchenattraktivität

Nachdem in der Projektgruppe aufgrund qualitativ-inhaltlicher Überlegungen, wie zum Beispiel der Frage, ob ein Markteintritt rechtlich überhaupt möglich ist (wie z. B. im Gesundheitsbereich), eine Reihe von Spielarenen eliminiert wurden, verblieben noch 17 potenzielle Spielarenen, die mithilfe des oben dargestellten Bewertungsschemas evaluiert wurden (vgl. Tab. 33).

Branche	NW	Branche	NW
Grundstücks- und Wohnungsverwalter	3,7	Gebäudereinigung	2,0
Unternehmensberater	3,3	Immobilienmakler	1,9
Facility Management	3,3	Reinigungen	1,9
Maschinenvermietung	3,0	Wäschereien	1,9
Autovermietung	2,5	Friseure & Kosmetik	1,8
Sport- und Freizeiteinrichtungen	2,3	Reisebüros	1,8
Werbeagenturen	2,2	Beherbergungsgewerbe	1,8
Versicherungen	2,1	Videotheken	1,7
Logistik	2,1	Gaststättengewerbe	1,6
NW: Nutzwert			

Tab. 33: Ergebnis der Nutzwertanalyse

Im Ergebnis weisen sechs Branchen einen Nutzwert auf, der höher als der der aktuellen Spielarena ist (Werbeagentur: 2,2). Im weiteren Projektverlauf wurden diese sechs potenziellen Zielmärkte eines Spielarenenwechsels weiter analysiert.

Das Ergebnis des ersten Analyseschrittes ist somit eine Liste von Spielarenen, deren ökonomische Attraktivität größer ist als die der jetzigen Spielarena, in die ein Wechsel also prinzipiell lohnenswert wäre. Fraglich ist jedoch, in welcher dieser Arenen das Unternehmen eine KKV-Position entwickeln könnte. Zur Prüfung dieser Frage greifen wir auf das in Kapitel 4.3.2.2 beschriebene Konzept der Kernkompetenzen zurück, also jenem Teil der Kompetenzen, die aufgrund ihrer Einzigartigkeit, ihrer Fähigkeit zur Generierung eines Kundennutzen sowie ihrer Seltenheit Wettbewerbsvorteilspositionen begründen.

In welcher Arena besteht KKV-Potenzial?

Krüger und Homp (1997, S. 32) haben alternative Kernkompetenzen entlang der Wertkette strukturiert. Hieraus ergibt sich ein Anknüpfungspunkt zu unserem Kompetenzinventar, das ebenso die Wertkette als Ordnungsrahmen verwendet. Ausgangspunkt ihrer Analyse sind Wettbewerbsvorteile, die das Ergebnis von Ressourcen-, Interaktions-, Integrations- oder regulatorischen Vorteilen sein können (vgl. Abb. 108). Aus den Wettbewerbsvorteilen resultieren bei den Autoren wiederum Ergebnisvorteile. Im Modell des KKV sind diese Ergebnisvorteile über die Effizienzdimension integrativer Bestandteil eines Wettbewerbsvorteils.

Rückgriff auf Merkmale von Kernkompetenzen

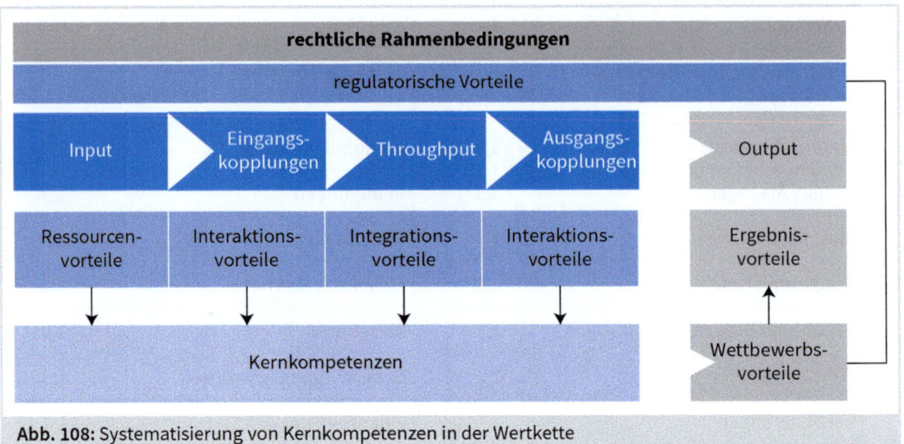

Abb. 108: Systematisierung von Kernkompetenzen in der Wertkette

Ressourcen-vorteile

Ressourcenvorteile sind das Ergebnis von Kernkompetenzen im Beschaffungsbereich. Sie können sich sowohl auf materielle (z. B. Rohstoffe) als auch immaterielle Ressourcen (z. B. Informationen, Mitarbeiter) beziehen. So könnte etwa der Wettbewerbsvorteil einer Unternehmensberatung auf besondere Fähigkeiten in der Akquisition hochqualifizierter und motivierter Mitarbeiter zurückzuführen sein.

Integrations-vorteile

Integrationsvorteile ergeben sich aus der Bündelung der materiellen und immateriellen Produktionsfaktoren zu einem Endprodukt. Kernkompetenzen zur Erreichung von Integrationsvorteilen können in den Bereichen Produktionstechnologie, im Planungs-, Steuerungs- und Kontrollsystem sowie im Informations- und Kommunikationsbereich einer Unternehmung liegen. Beispielsweise könnte der Ergebnisvorteil einer »Low-Cost-Airline« auf einer überlegenen Fähigkeit zur Auslastungssteuerung in Form eines Yield-Management-Systems beruhen.

Interaktions-vorteile

Mit den Interaktionsvorteilen ist die Fähigkeit eines Unternehmens angesprochen, seine Wertkette besonders gut mit den vor- und nachgelagerten Wertketten anderer Unternehmen zu verknüpfen. Im Rahmen der unternehmensübergreifenden Wertschöpfung entstehen zu vor- und nachgelagerten Wertschöpfungspartnern (z. B. Zulieferer, Kunden) personelle, technische und organisatorische Bindungen, deren überlegene Beherrschung potenzielle Kernkompetenzen im Supply Chain Management darstellen. Im Kontext technischer Bindungen geht es beispielsweise um das Management des unternehmensübergreifenden Informationsflusses (z. B. Efficient Consumer Response (ECR)-Kooperationen zwischen Hersteller und Handel oder Just-in-Time-Lieferkonzepte). Organisatorische Bindungen beziehen sich auf Fähigkeiten im Hinblick auf die Organisation von Joint-Ventures (z. B. bei der Markterschließung), Projektteams mit Lieferanten (z. B. in der Forschung und Entwicklung) oder der Einbindung des Kunden (z. B. Kundenclubs). Die personelle Dimension als dritte Quelle möglicher Interaktionsvorteile zielt auf die Fähigkeiten der Mitarbeiter ab, langfristige und vertrauensvolle Beziehungen zu den relevanten Anspruchsgruppen einer Unternehmung (z. B. Kunden, Zulieferer, Gewerkschaften, Kapitalgeber) zu entwickeln und zu pflegen. Schließlich können Ergebnisvorteile eines Unternehmens auch auf regulatorischen Vorteilen basieren. Diese beziehen sich vor allem auf die Fähigkeit eines Unternehmens, seine Kernkompetenzen, beispielsweise durch Patente und Lizenzen, rechtlich abzusichern.

Regulatorische Vorteile

In der Argumentation von Krüger und Homp sind Wettbewerbsvorteile, in unserer Terminologie KKV-Positionen, somit das Ergebnis von Ressourcen-, Integrations- und Interaktionsvorteilen, die ihrerseits auf den Kompetenzen eines Unternehmens basieren. Für die Auswahl eines Zielmarktes im Kontext des Spielarenenwechsels bedeutet dies, dass die zuvor extrahierten Kompetenzen im Hinblick auf ihr Potenzial zur Generierung eines Ressourcen-, Integrations- oder Interaktionsvorteil in den zuvor als ökonomisch attraktiv eingestuften Märkten zu prüfen sind. Methodisch kann hierfür abermals die Nutzwertanalyse eingesetzt werden. Hierzu müssten für jeden der in Analyseschritt 1 als attraktiv eingestuften Märkte die Kompetenzen im Hinblick auf ihr Potenzial zur Schaffung von Ressourcen-, Integrations- und Interaktionsvorteilen beispielsweise auf einer Skala zwischen 0 (Kompetenz kann nicht zu einem Vorteil führen) bis 10 (Kompetenz kann zu einem großen Vorteil führen) bewertet werden. Anschließend wird die Summe über alle Zellen gebildet und so ein »Gesamtvorteilswert« ermittelt, der als Indikator für die Wahrscheinlichkeit einer KKV-Position in der jeweiligen Spielarena interpretiert werden kann. Tab. 34 zeigt schematisch eine solche Bewertung für einen potenziellen Zielmarkt.

Kompetenzbewertung

	Ressourcen-vorteil	Interaktions-vorteil zu Lieferanten	Integrations-vorteil	Interaktions-vorteil zu Kunden	Summe
Ressource 1	0	8	0	2	10
Ressource 2	2	2	0	0	4
Ressource 3	1	4	9	1	15
Ressource 4	0	1	2	1	4
Ressource 5	3	0	3	1	7
Ressource 6	4	0	1	0	5
Fähigkeit 1	0	0	4	1	5
Fähigkeit 2	0	6	2	0	8
Fähigkeit 3	1	2	0	10	13
Fähigkeit 4	0	2	0	2	4
Summe	11	25	21	18	75

Tab. 34: Beispiel für eine Bewertung von Kompetenzen

4-Felder-Matrix

Wird diese Analyse für alle potenziellen Zielmärkte durchgeführt, müssen abschließend noch die Informationen zur ökonomischen Attraktivität einer Arena und der Wahrscheinlichkeit einer KKV-Position in diesem Markt zusammengeführt werden. Zu diesem Zweck könnte beispielsweise eine 4-Felder-Matrix erstellt werden, an deren Achsen diese beiden Bewertungskriterien stehen (vgl. Abb. 109).

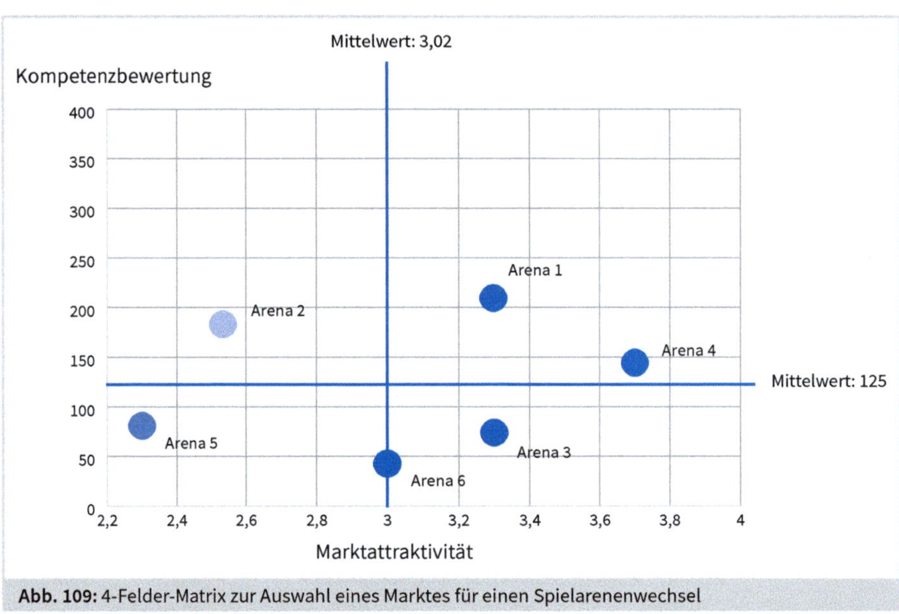

Abb. 109: 4-Felder-Matrix zur Auswahl eines Marktes für einen Spielarenenwechsel

Beispielhafte Anwendung

Die Abbildung zeigt die Bewertung der sechs Spielarenen, deren Attraktivität als höher eingeschätzt wurde als die des Marktes, in dem das Unternehmen aktuell agiert (vgl. das Beispiel 41 der Werbeagentur in diesem Kapitel). Die Marktattraktivität reicht dementsprechend von 2,2 bis zum theoretischen Maximalwert von vier. Die Kompetenzbewertung weist bei sechs Ressourcen, vier Fähigkeiten, vier Vorteilsarten und einer Skalierung zwischen 0 und 10 eine Skala von 0 bis 400 auf ((6+4)*4*10)). Die durchschnittliche Marktattraktivität der sechs potenziellen Zielmärkte beträgt 3,02, der Mittelwert der Kompetenzbewertung beträgt 125. Mit den jeweiligen Mittelwerten als Trennlinie ergibt sich so eine 4-Felder-Matrix, bei der der rechte obere Quadrant Arenen enthält, die sowohl hinreichend attraktiv sind als auch vor dem Hintergrund der Kompetenzen eine KKV-Position wahrscheinlich machen. Im Beispiel sind in diesem Quadranten mit der Arena 4 und der Arena 1 zwei vielversprechende Zielmärkte für einen Spielarenenwechsel auszumachen. Arena 4 hat dabei eine etwas höhere Marktattraktivität als Arena 1, gleichzeitig aber auch eine etwas schlechtere Kompetenzbewertung. Vor einer finalen Auswahl eines Zielmarktes müssten angesichts der Trageweite der Entscheidung weiterführende Informationen über die beiden Märkte eingeholt werden. So wäre es beispielsweise denkbar, die zuvor über Sekundärdaten durchgeführte Analyse der Marktattraktivität nun mithilfe von Primärdaten anzureichern. Ebenso müssten konkrete Pläne für eine KKV-Position in den Märkten entwickelt und auf ihre Umsetzungschancen geprüft werden.

Kompetenzen sind dynamisch

Abschließend sei darauf verwiesen, dass der Kompetenzpool eines Unternehmens nicht statisch ist (vgl. Teece/Pisano/Shuen, 1997). Würden sich in der Analyse sehr attraktive Märkte finden, die aber vor dem Hintergrund der aktuellen Kompetenzen nicht erfolgversprechend bearbeitet werden könnten (Quadrant unten rechts in Abb. 109), wäre zu prüfen, welche Kompetenzen für eine KKV-Position erforderlich sind und wie das Unternehmen diese erlangen kann. Typische Optionen zur Veränderung des Kompetenzprofils sind dabei Kooperationen mit anderen Unternehmen, organisationales Lernen (insbesondere im Hinblick auf Fähigkeiten) sowie schließlich der Kauf eines Unternehmens mit entsprechendem Kompetenzprofil.

Etablierung einer neuen Spielarena

Nachdem wir uns ausführlich mit der Möglichkeit eines Spielarenenwechsels in einen bereits bestehenden Markt befasst haben, wenden wir uns nun der zu Beginn des Kapitels skizzierten zweiten Alternative für einen Spielarenenwechsel zu: dem Wechsel in eine Arena, die bislang noch nicht existiert. Dazu wollen wir zunächst der Frage nachgehen, welche Gründe für die bisherige Nicht-Existenz eines Marktes bestehen können, denn die Kreation einer neuen Spielarena erfordert offenbar die Identifikation und Überwindung einer solchen Ursache.

Ursachen für Nicht-Existenz von Märkten

Wir hatten im statischen Teil unserer Auseinandersetzung mit der Spielarena auf die zentrale Bedeutung des »Kundenproblems« für die Abgrenzung einer Spielarena verwiesen (vgl. Kapitel 3.2.1.2): Aus Marketingsicht werden Märkte über (mehr oder weniger) homogene Kundenprobleme definiert. Hieraus lassen sich zwei zentrale Ursachen für die Nicht-Existenz von Märkten ableiten. Erstens kann die Gesellschaft mehrheitlich der Überzeugung sein, dass ein Kundenproblem unter ethisch-moralischen Gesichtspunkten oder wegen anderer als bedeutsam empfundener Folgekosten nicht beziehungsweise nicht über Märkte gelöst werden soll. Die Lösung von Kundenproblemen (über Märkte) wird in diesem Falle regulatorisch untersagt respektive beschränkt. Zu Kundenproblemen, die aus Sicht der Gesellschaft gar nicht gelöst werden sollen, zählen beispielsweise bestimmte Rauscherlebnisse oder Sexualbedürfnisse. Bei Kundenproblemen, die nicht über Märkte gelöst werden sollen, schränkt der Gesetzgeber den Marktzutritt mehr oder weniger stark ein. Ein historisches Beispiel hierfür sind die Post- und Telekommunikationsmärkte. Ebenso starke Regulierungen galten lange im Mobilitätsbereich (Bahn, Fernbusse, Taxen).

Die zweite Ursache für die Nicht-Existenz eines Marktes liegt in der bisher fehlenden Lösung eines Kundenproblems. Hierfür können analytisch vier verschiedene Gründe maßgeblich sein (vgl. Abb. 110).

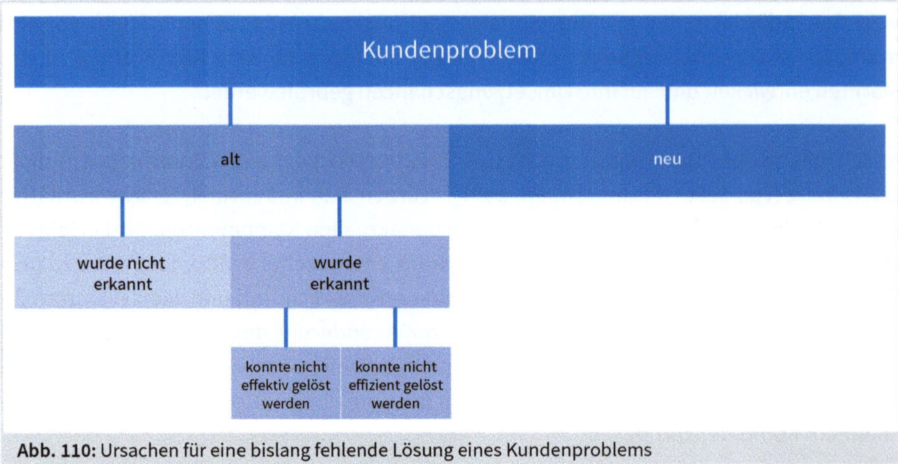

Abb. 110: Ursachen für eine bislang fehlende Lösung eines Kundenproblems

Erstens kann es sich um ein bereits existierendes Kundenproblem handeln, das aber bislang von keinem Unternehmen als solches erkannt wurde. Zweitens wurde das Kundenproblem zwar erkannt, konnte aber bis dato nicht effektiv gelöst werden. Mit anderen Worten sind die bislang angebotenen Problemlösungen aus Sicht der (potenziellen) Kunden unbefriedigend. Drittens könnte das Kundenproblem erkannt sein und die Problemlösung für Kunden attraktiv sein, aber für etwaige Anbieter nicht effizient. In diesem Fall existiert bislang also kein Markt, weil für Kunden zufriedenstellende Problemlösungen nicht wirtschaftlich erzeugt werden konnten. Viertens schließlich kann es sich um ein neues Kundenproblem handeln (z. B. digitale Sicherheit).

Fragen zur Identifikation neuer Spielarenen

Vor dem Hintergrund der aufgezeigten Ursachen resultieren für den Wechsel eines Unternehmens in eine bislang nicht existierende Spielarena somit die folgenden Fragen, um potenzielle neue Märkte zu identifizieren:

- Welche Kundenprobleme durften bislang nicht gelöst werden, bei denen in absehbarer Zeit eine Veränderung der Regulatorik zu erwarten ist?
- Bei welchen bislang regulatorisch nicht zugänglichen »Märkten« ist in absehbarer Zeit eine Liberalisierung des Marktzugangs zu erwarten?
- Welche Kundenprobleme existieren, die bislang nicht erkannt wurden?
- Welche Kundenprobleme konnten bislang nicht effektiv gelöst werden?
- Welche Kundenprobleme konnten bislang nicht effizient gelöst werden?
- Welche neuen Kundenprobleme entstehen in absehbarer Zeit?

Erläuterung der sechs Fragen

Die ersten beiden Fragen berühren den Bereich exogener Regeländerungen, genauer ihre frühzeitige Antizipation, den wir in Kapitel 4.4.1.2 ausführlich erörtern. Ebenso zukunftsbezogen ist die sechste Frage. Anknüpfend an eine Analyse der Veränderungen der Unternehmensumwelt, wie wir sie in Kapitel 4.1 vorgestellt haben, wäre nach daraus resultierenden neuen Kundenproblemen zu suchen: Welche neuen Kundenprobleme folgen beispielsweise aus einer veränderten Arbeitsteilung (im Hinblick auf Erwerbs- und Sorgetätigkeit) zwischen den Geschlechtern oder einer zunehmenden Vernetzung privater Haushalte? Die Suche nach bislang nicht erkannten Kundenproblemen ist ambitioniert, da in wettbewerblich organisierten Marktwirtschaften die Wahrscheinlichkeit eines bislang von keinem Anbieter erkannten Kundenproblems nicht sehr groß ist. Gleichwohl ließen sich etwa durch die strukturierte Analyse internetbasierter »Hilfsportale« (z. B. www.frag-mutti.de) oder Anfragen an Suchmaschinen Hinweise für derartige Kundenprobleme gewinnen. Diese Analyse könnte gleichsam für die Entdeckung bisher nicht effizient lösbarer Kundenprobleme genutzt werden, da auch in diesem Fall das Kundenproblem bis dato ungelöst ist. Indikatoren für bislang nicht effektiv gelöste Kundenprobleme sind beispielsweise überdurchschnittlich häufige negative Erfahrungsberichte in einschlägigen Internet-Foren oder weit unterdurchschnittliche Kundenzufriedenheiten einer Arena.

Prüfung auf KKV-Potenzial

Nach Aufdeckung potenzieller neuer Spielarenen müssten diese analog zum Vorgehen beim Wechsel in eine bereits bestehende Spielarena vor dem Hintergrund der Kompetenzen des Unternehmens bewertet werden. Im Fokus steht dabei die Frage, inwieweit das der Arena zugrunde liegende Kundenproblem durch das Unternehmen effektiv und effizi-

	Inwieweit können wir …			
	das Kundenproblem	**eine aus Kundensicht befriedigende Problemlösung**		**Summe**
	aus Sicht der Kunden befriedigend lösen	wirtschaftlich anbieten	gegenüber Wettbewerbern verteidigen	
Ressource 1	3	6	0	9
Ressource 2	2	7	0	9
Ressource 3	0	2	0	2
Ressource 4	8	0	7	15
Ressource 5	4	0	6	10
Ressource 6	6	9	7	22
Fähigkeit 1	1	5	7	13
Fähigkeit 2	0	2	0	2
Fähigkeit 3	0	1	9	10
Fähigkeit 4	3	0	2	5
Summe	27	32	38	97

Tab. 35: Bewertung von Kompetenzen zur Lösung neuer Kundenprobleme

ent gelöst werden könnte. In Anlehnung an die konstitutiven Merkmale des KKV könnte die Frage nach der Effektivität wie folgt präzisiert werden: Inwieweit können wir das Kundenproblem aus Sicht der Kunden (Merkmal wahrgenommen) befriedigend (Merkmal wichtig) lösen? Analog könnte für die Effizienzdimension formuliert werden: Inwieweit können wir eine aus Kundensicht befriedigende Problemlösung wirtschaftlich anbieten und gegenüber potenziellen Wettbewerbern verteidigen? Jede potenzielle neue Spielarena in Form eines bislang nicht gelösten Kundenproblems könnte nun mithilfe einer Nutzwertanalyse im Hinblick auf diese beiden Fragen bewertet werden (vgl. Tab. 35). Die Effektivitätsdimension besteht dabei aus einer Frage, in welche die Merkmale wichtig und wahrgenommen integriert sind. Die Effizienzdimension hingegen besteht aus zwei Unterfragen. Die Skala könnte, wie schon in den vorangegangenen Beispielen, zwischen 0 (gar nicht) bis 10 (in hohem Maße) definiert werden. Abschließend kann die Bewertung der Effektivitäts- und Effizienzdimension für die potenziellen Spielarenen in einer 4-Felder-Matrix zusammengefasst werden. Für die Effizienzdimension ist dabei der Mittelwert aus den beiden Subfragen zu bilden (vgl. Abb. 111).

Nutzwertanalyse

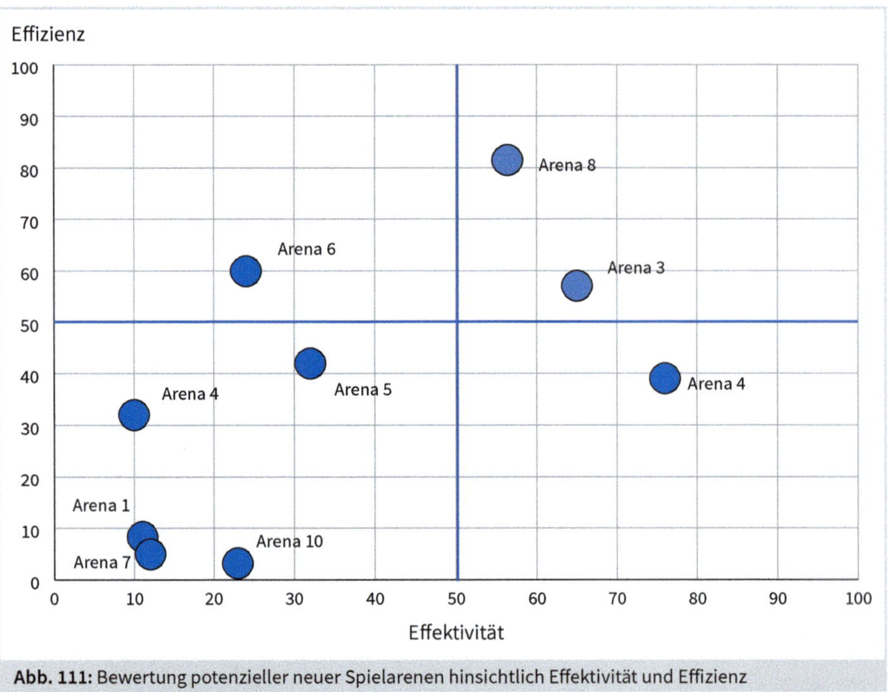

Abb. 111: Bewertung potenzieller neuer Spielarenen hinsichtlich Effektivität und Effizienz

Zusammenführung von Effektivitäts- und Effizienzbetrachtung

Im Beispiel wurden zehn potenzielle neue Spielarenen evaluiert. Angesichts von sechs Ressourcen und vier Fähigkeiten sowie der verwendeten Skala, beträgt sowohl für die Effektivitäts- als auch die Effizienzachse der Minimalwert 0 und der Maximalwert 100. Da ein KKV nicht auf einer relativen Vorteilhaftigkeit der potenziellen Arenen beruhen kann, ist als Grenzwert für die Bildung der vier Felder der jeweilige Skalenmittelpunkt (50) festgelegt worden. Im Ergebnis sind Arena 8 und Arena 3 sowohl unter Effektivitäts- als auch Effizienzaspekten für einen Spielarenenwechsel attraktiv. Beide potenziellen Zielmärkte müssten nunmehr noch im Hinblick auf ihre ökonomische Attraktivität analysiert werden. Da es sich um neu zu etablierende Spielarenen handelt, stehen dabei insbesondere Wachstumspotenziale im Vordergrund. Andere Kriterien für die ökonomische Attraktivität (z. B. Marktgröße, Eintrittsbarrieren für Wettbewerber, Rentabilität) sind bereits in die Effizienzprüfung eingeflossen.

Fazit

Zusammenfassend war es Ziel dieses Kapitels, Optionen zur Identifikation neuer Spielarenen vor dem Hintergrund der bestehenden Kompetenzen aufzuzeigen. In Anlehnung an die im Kontext der Innovationsforschung übliche Unterscheidung zwischen Markt- und Betriebsneuheit (vgl. Fritz, 1986, S. 142), wurde dabei zwischen Spielarenen, die bereits existieren und insofern lediglich für das Unternehmen neu sind (Betriebsneuheit) und Spielarenen, die bislang noch nicht existieren (Marktneuheit), unterschieden. Beim Eintritt in bereits bestehende Spielarenen sind im Kern vier Prozessschritte zu durchlaufen (vgl. Tab. 36).

Vier Prozessschritte

	Eintritt in eine bereits bestehende Spielarena	**Kreation einer neuen Spielarena**
1.	Identifikation von Spielarenen mit höherer ökonomischer Attraktivität als die aktuelle.	Identifikation • nicht bzw. mangelhaft gelöster Kundenprobleme, • neu entstehender Kundenprobleme, • durch Regulierung be- oder verhinderter Märkte.
2.	Bewertung dieser Arenen im Hinblick auf die Frage, ob mit den bestehenden Kompetenzen Ressourcen-, Integrations- oder Interaktionsvorteile erzielt werden können.	Bewertung dieser Kundenprobleme bzw. Märkte hinsichtlich der Frage, ob sie mit den bestehenden Kompetenzen durch das Unternehmen effektiv und effizient gelöst werden können.
3.	• Integration der ersten beiden Analyseschritte in Form einer 4-Felder-Matrix • Auswahl von Spielarenen mit hoher ökonomischer Attraktivität und hoher Wahrscheinlichkeit eines KKVs	• Integration der ersten beiden Analyseschritte in Form einer 4-Felder-Matrix • Auswahl von Spielarenen mit hoher Effektivität und Effizienz der Marktbearbeitung
4.	Detaillierte Analysen zur ökonomischen Attraktivität der in Schritt drei ausgewählten Spielarenen	

Tab. 36: Zusammenfassung der Analyseschritte zur Identifikation von Optionen für einen Spielarenenwechsel

Ablauf bei Eintritt in eine bestehende Arena

Erstens müssen über die Auswertung von Sekundärdaten Spielarenen identifiziert werden, deren ökonomische Attraktivität höher ist als die der aktuellen Spielarena. Zweitens müssen die Kompetenzen des Unternehmens auf ihr Kernkompetenzenpotenzial für diese Märkte überprüft werden. Inwieweit ermöglichen also die bestehenden Kompetenzen die Realisation von Ressourcen-, Integrations- oder Interaktionsvorteilen. Drittens werden über eine Integration der ersten beiden Analyseschritte Arenen ausgewählt, die einerseits hinreichend ökonomisch attraktiv sind und andererseits ein hinreichendes Kernkompetenzenpotenzial aufweisen. Viertens schließlich müssten für die so ausgemachten Zielmärkte weiterführende Analysen, insbesondere zu deren wirtschaftlicher Attraktivität, durchgeführt werden.

Ablauf bei Etablierung einer neuen Arena

Bei der Kreation eines neuen Marktes als Option des Spielarenenwechsels sind ebenfalls vier Analyseschritte zu durchlaufen. Erstens gilt es, Ideen für neue Spielarenen zu generieren. Dabei können einerseits Kundenprobleme in den Blick genommen werden, deren Lösung (noch) regulatorisch be- oder verhindert wird. Andererseits kann nach Kundenproblemen gesucht werden, die entweder bislang schlecht bzw. gar nicht gelöst werden oder erst in absehbarer Zeit entstehen. Im zweiten Schritt erfolgt auch hier eine Evaluation dieser Ideen vor dem Hintergrund der Kompetenzen des Unternehmens. Angesichts der im Fokus stehenden Kundenprobleme sind dabei die KKV-Dimensionen Effektivität und Effizienz maßgeblich. Inwieweit ist das Unternehmen also in der Lage, die identifizierten Kundenprobleme effektiv und effizient zu lösen. Drittens ist über die gleichzeitige Berücksichtigung von Effektivitäts- und Effizienzpotenzial eine Auswahl möglicher Spielarenen zu treffen. Viertens schließlich müssen für eine finale Entscheidung auch hier weiterführende Informationen über die ökonomische Attraktivität der Märkte, insbesondere hinsichtlich ihres Wachstumspotenzials, berücksichtigt werden.

4.3 Veränderung der Spielregeln

Regeländerungen wirken indirekt

Ebenso wie die Spielarena unterliegen auch die Spielregeln sowohl in endogener als auch exogener Ausprägung ständigen Veränderungen. Die Relevanz von Regeländerungen für das Strategische Marketing ist dabei eher mittelbarer Natur. Regeln beeinflussen die Abgrenzung von Spielarenen und determinieren den Möglichkeitenraum des Spielverhaltens. Insofern erfordern modifizierte Regeln in aller Regel (kleines Wortspiel) eine Hinterfragung der bisherigen Spielarenenabgrenzung und insbesondere des bis dato praktizierten Spielverhaltens.

Änderung exogener Regeln frühzeitig erkennen

Obgleich diese primär indirekten Wirkungszusammenhänge gleichermaßen für die Veränderung exogener wie endogener Spielregeln gelten, unterscheiden sich die Managementaufgaben bei diesen beiden Regelgruppen grundlegend. Da exogene Regeln durch einen Marktteilnehmer – abgesehen von dem Versuch politischer Einflussnahme durch Lobbyarbeit – kaum beeinflussbar sind, besteht die Schlüsselaufgabe im Kontext exogener Regeländerungen im frühzeitigen Monitoring solcher Veränderungen und der richtigen Abschätzung möglicher Konsequenzen für die eigene KKV-Position.

Beispielsweise könnte sich ein Pkw-Hersteller in Anbetracht der durch eine EU-Richtlinie aufgeworfenen Feinstaubdiskussion folgende Fragen stellen: Wird es aufgrund der Feinstaubbelastung zukünftig in Innenstädten ein Fahrverbot für Dieselfahrzeuge geben? Wie würde sich eine solche exogene Regeländerung auf die eigene Wettbewerbsposition auswirken? Was wäre zu tun, um über politische Einflussnahme entweder die Regeländerung zu verhindern respektive zu verzögern oder um negative Auswirkungen auf die eigene Wettbewerbsposition zu vermeiden?

Änderung endogener Regeln

Endogene Regeln hingegen sind freiwillig eingegangene Beschränkungen und daher für einen einzelnen Marktteilnehmer auch veränderbar. Im Hinblick auf Verhaltensstandards besteht die zentrale Aufgabe des dynamischen KKV-Managements darin, erstens die endogenen Regeln einer Spielarena zu identifizieren und zweitens das KKV-Potenzial eines etwaigen Regelbruchs abzuschätzen.

Verhaltensstandards

Zentrale Fragestellungen im Kontext des Brechens von Verhaltensstandards lauten daher: Welchen ungeschriebenen Gesetzen gehorcht unser Markt? Welche dieser vermeintlichen Gesetzmäßigkeiten könnten wir brechen, um eine KKV-Position zu erlangen oder zu verteidigen?

Kompatibilitätsstandards

Im Hinblick auf Kompatibilitätsstandards ist angesichts der damit häufig verbundenen hohen finanziellen Risiken zunächst zu fragen, ob der Versuch einer eigenen Standardsetzung unternommen werden soll oder ob es sinnvoller ist, die Etablierung eines Standards abzuwarten. Entscheidet sich ein Unternehmen für die aktive Variante, sind Wege für das Setzen eines neuen respektive die Ablösung eines alten Kompatibilitätsstandards zu eruieren.

Kapitelstruktur

Dieser erste Einblick in die Bedeutung von Regeländerungen für das Strategische Marketing und die Skizze der damit verbundenen Aufgabenstellungen sollte beim Leser »Lust auf mehr« auslösen, denn im Folgenden werden wir uns ausführlicher mit eben dieser Materie befassen. Nach Lektüre des Kapitels soll der Leser den Stellenwert von Regeländerungen für das Management von KKV-Positionen nachvollzogen haben und Möglichkeiten zum Umgang respektive Herbeiführen ebensolcher Modifikationen des Regelwerks einer Spielarena kennen. Aufgrund ihrer grundlegend unterschiedlichen Charakteristika haben wir das Kapitel nach exogenen (Kapitel 4.3.1) und endogenen Regeln (Kapitel 4.3.2) differenziert. Im Hinblick auf exogene Regeln beleuchten wir zunächst die Dynamik und Reichweite von Regeländerungen, um anschließend Möglichkeiten aufzuzeigen, wie mit dem Phänomen exogener Regeländerungen aus unserer Sicht sinnvoll umgegangen werden kann. Bezüglich endogener Regeländerungen differenzieren wir zwischen dem Brechen von Verhaltensstandards und dem Setzen von Kompatibilitätsstandards.

4.3.1 Veränderung exogener Spielregeln

4.3.1.1 Zur Dynamik und Reichweite exogener Regeländerungen

Unspezifische Regeländerungen

Das Unternehmen umgebende Regelwerk ist höchst dynamisch. So hat alleine der Deutsche Bundestag in seiner 18. Legislaturperiode (2013–2017) insgesamt 555 Gesetze beschlossen (vgl. Deutscher Bundestag, 2017). Hinzu kommt die Gesetzgebung der Bundesländer, die Verabschiedung neuer EU-Richtlinien sowie kommunale Verordnungen. Aus Sicht des Strategischen Marketings können diese vielfältigen Modifikationen in Spielarenen-unspezifische und Spielarenen-spezifische Regeländerungen differenziert werden. Von Spielarenen-unspezifischen Regeländerungen ist das Spielgeschehen in mehr oder weniger allen Spielarenen betroffen. Sie adressieren typischerweise Veränderungen im Eigentums-, Vertrags- und Wettbewerbsrecht sowie bei Schutzrechten von Nachfragern und Wettbewerbern (vgl. Kapitel 3.3.1). Beispiele hierfür sind der Wegfall des Rabattgesetzes (2001) oder die in 2018 eingeführte Datenschutzgrundverordnung.

Spezifische Regeländerungen

Demgegenüber sind Spielarenen-spezifische Regeländerungen nur für Akteure einzelner Spielarenen relevant. Eine modifizierte EU-Richtlinie zur Vergabe von Immobilienkrediten ist für Unternehmen des Finanzdienstleistungssektors möglicherweise bedeutsam, für Pharmaunternehmen hingegen wohl eher nicht. Umgekehrt verhält es sich wahrscheinlich mit der Gesetzesnovelle zur Präimplantationsdiagnostik. Für das ein oder andere Pharmaunternehmen ist diese Regeländerung unter Umständen wichtig, für Finanzdienstleistungsanbieter wohl kaum.

Exogene Regeländerung: Risiko oder Chance

Da die Mehrzahl der Änderungen des exogenen Regelwerkes vermutlich eher Spielarenen-spezifisch ist, resultiert der Stellenwert exogener Regeländerungen für ein einzelnes Unternehmen weniger aus deren Quantität, sondern aus ihrer Qualität im Sinne des potenziellen Einflusses auf eine KKV-Position. Exogene Regeländerungen können – je nach Perspektive – bestehende KKVs substanziell gefährden oder elementare Chancen für neue KKV-Positionen eröffnen, wie Beispiel 42 verdeutlichen soll.

Beispiel 42

Liberalisierung des Fernbusmarktes

Veränderung Personenbeförderungsgesetz

Mit der Novelle des Personenbeförderungsgesetzes (PBefG) hat das Bundesministerium für Verkehr und digitale Infrastruktur (BMVI) die Liberalisierung des inländischen Fernbuslinienverkehrs umgesetzt. Die Neuregelung ist am 1. Januar 2013 in Kraft getreten. Bislang unterlag der Markt erheblichen Restriktionen. Nach alter Gesetzeslage (§ 13 PBefG) konnte ein fahrplanmäßiger Busverkehr grundsätzlich nicht genehmigt werden, wenn eine parallele Eisenbahnverbindung vorhanden war (»Verbot der Doppelbedienung«).

Quelle: BMVI (2019)

Konsequenzen für Bahn und Flixbus

Gefährdung: Deutsche Bahn

Der anhaltende Boom im Fernbusverkehr setzt die Deutsche Bahn (DB) zunehmend unter Druck. Nach Angaben des Vorsitzenden des Konzernbetriebsrats Jens Schwarz musste die Fernverkehrssparte der DB durch die oft billigere Konkurrenz auf der Straße bereits 2013 Umsatzeinbußen von 20 Millionen Euro hinnehmen.
Für dieses Jahr rechnet die Bahn schon mit Einnahmeausfällen in Höhe von 40 Millionen Euro. Bei einem Gesamtumsatz von DB-Fernverkehr von gut vier Milliarden Euro wäre dies zwar nur ein Verlust von gerade einmal ein Prozent, dennoch bereitet der anhaltend starke Aufschwung der Fernbusbranche den Bahn-Managern erhebliche Sorgen. Der Fernbusverkehr ist laut Schwarz ein »rasant wachsender Markt«. Würden von Anbietern wie MeinFernbus oder Flixbus in diesem Jahr 150 bis 160 Millionen Euro umgesetzt, könnte 2015 der Umsatz bereits auf 350 Millionen Euro steigen.
Quelle: Fülling (2014)

Chance: Flixbus

Die Revolution kommt pünktlich. Kurz vor acht rollt der grasgrüne Reisebus an die Haltestelle, und Kalle lädt schon mal die Koffer ein. Er stellt sich nur mit Vornamen vor, so machen das alle hier. Die Sitze sind etwas eng, aber bequem, grüne LEDs illuminieren den Dachhimmel, natürlich gibt es WLAN an Bord und eine Steckdose über jeder Reihe.
Kein Unternehmen hat den deutschen Reisemarkt in den vergangenen Jahren so aufgemischt wie das Start-up aus München. Und das mit einem Verkehrsmittel, das seine Zukunft längst hinter sich zu haben schien. Vier Jahre nach der Gründung hat Flixbus 900 Mitarbeiter, einen Umsatz von geschätzten 400 Millionen Euro und einen Marktanteil im Fernbusgeschäft von gut 90 Prozent. Konkurrenten wie Mein Fernbus, City2City, Deinbus oder Postbus wurden einfach überrollt. Als vorerst letzter gab die Deutsche Bahn entnervt den Straßenkampf auf.
(...)
Superniedrigpreise, Internetvertrieb, datenbasierte Streckenplanung: Die Neuen machen so ziemlich alles anders als etablierte Busunternehmen. Dafür erhält der Newcomer den Game Changer Award in der Kategorie »Customer Experience«.
Quelle: Corgs (2017)

Weitere Beispiele

Wenn in den Folgen vielleicht nicht immer so gravierend wie die Liberalisierung des Fernbusmarktes, lassen sich doch eine Vielzahl weiterer Bespiele von exogenen Regeländerungen finden, welche die wettbewerbliche Ausgangssituation der Akteure einer Spielarena signifikant verändert haben: die Einführung des Dosenpfandes, die Festlegung eines gesetzlichen Mindestlohns, die Verschärfung von Emissionsgrenzen für Automobile, die Liberalisierung des Ladenschlussgesetzes oder die Einführung eines Rauchverbotes in Gaststätten sind weitere Beispiele für nicht wettbewerbsneutrale Modifikationen des exogenen Regelwerkes.

Fazit

Zusammenfassend bleibt festzuhalten, dass exogene Regeln sich in vielfältiger Weise kontinuierlich verändern. Dabei ist es weniger die Menge, die Regeländerungen für das Management von KKV-Positionen relevant werden lässt, sondern ihre potenziell große Reichweite. Die Veränderung von exogenen Regeln kann bestehende KKVs substanziell bedrohen (Risikoperspektive), gleichermaßen aber auch Möglichkeiten für neue KKV-Positionen eröffnen (Chancenperspektive). Welche Aufgaben sich hieraus für ein dynamisches KKV-Management ergeben, ist Gegenstand des nachfolgenden Kapitels.

4.3.1.2 Umgang mit dem Phänomen exogener Regeländerungen

Die Maßnahmen zum Umgang mit exogenen Regeländerungen können eher passiver oder eher aktiver Natur sein. Mit aktiv ist gemeint, dass Unternehmen versuchen, den Prozess der Regeländerung in ihrem Sinne zu beeinflussen. Bei einer passiven Position steht weniger die Regeländerung selbst als vielmehr deren Folgen im Vordergrund. Hierbei geht es also um die Abschätzung der Konsequenzen exogener Regeländerungen für KKV-Positionen und die Ableitung geeigneter Maßnahmen, um Risiken zu vermeiden respektive Chancen nutzbar zu machen.

Obgleich sich diese Verhaltensgrundmuster nicht gegenseitig ausschließen und somit komplementären Charakter aufweisen, werden einzelne Unternehmen gegenüber exogenen Regeländerungen aus zwei Gründen typischerweise eine eher passive Position einnehmen.

Unzureichender Einfluss

Erstens reicht in aller Regel der Einfluss eines einzelnen Unternehmens nicht aus, um exogene Regeln zum eigenen Vorteil zu verändern. Versteht man den Prozess der Festlegung exogener Regeln als Interessensausgleich (vgl. Griesser, 2014, S. 61), so wird klar, dass eine Regeländerung zugunsten eines einzelnen Unternehmens mit entsprechender Benachteiligung anderer Unternehmen oder Interessensgruppen den Widerstand eben dieser Gruppen hervorrufen wird. Der Regelsetzer wird in diesem Diskurs um eine prinzipielle Balance divergierender Interessen bemüht sein.

Mangelnde Legitimation

Zweitens muss die Legitimation eines einzelnen Unternehmens zur Beeinflussung exogener Regeln hinterfragt werden. Exogene Regeln, die ihrem Charakter entsprechend für alle Akteure einer Spielarena Gültigkeit besitzen, dürfen nicht einseitig zugunsten eines Unternehmens gestaltet werden. Dies widerspräche fundamentalen Prinzipien der demokratischen Grundordnung, wie zum Beispiel dem Gleichheitsprinzip (vgl. Gröpl/Windthorst/von Coelln, 2017, S. 95 ff.).

Für ein einzelnes Unternehmen ergeben sich somit sehr enge Grenzen zur aktiven Beeinflussung exogener Regeländerungen.[28] Weder wird es diese im Normalfall zum eigenen Vorteil beeinflussen können, noch dürfen.

Verbände

Diese beiden Argumente verlieren an Gewicht, wenn die Akteursperspektive vom Einzelunternehmen zu kollektiv organisierten Interessen im Sinne von Verbänden wechselt. Einzelnen Verbänden, wie zum Beispiel dem Verband Deutscher Maschinen- und Anlagenbau oder dem Verband der Automobilindustrie, kann angesichts der in ihnen gebündelten Wirtschaftsleistung das Potenzial zugesprochen werden, exogene Regeln zugunsten der Verbandsmitglieder zu beeinflussen. Ebenso wächst die Legimitation zur Beeinflussung exogener Regeländerungen, wenn kollektive Interessen vertreten werden, am Prozess der Regeländerung zudem unterschiedliche Interessenvertreter beteiligt sind und eine hinreichende Transparenz gewährt ist (vgl. Greenwood, 2017, S. 34; Michalowitz, 2014, S. 27; Griesser, 2014, S. 65). Die Beteiligung unterschiedlicher Unternehmensverbände an einschlägigen Vorhaben zur Änderung exogener Regeln, zum Beispiel in Form von Anhörungen, gehört dementsprechend zum Standard deutscher und europäischer Gesetzgebung (vgl. Deutscher Bundestag, 2019a; Greenwood, 2017, S. 3 ff.).

Größerer Einfluss

Größere Legitimation

Die aktive Beeinflussung exogener Regeln durch Unternehmensverbände wird in marketing- und kommunikationswissenschaftlicher Literatur mit dem Begriff des Lobbying charakterisiert (vgl. Methodenkasten 8).

Methodenkasten 8

Lobbying

Was ist Lobbying?

Lobbying, Lobbyismus oder auch Governmental Relations bezeichnet die Kommunikation mit Regierungsverantwortlichen, Parlamentariern und Behörden über die Positionen einer Organisation mit dem Ziel, politische, legislative und administrative Entscheidungen zu beeinflussen (Lies, 2015, S. 171).

Lobbyismus wird von Leif und Speth (2006) auch als *fünfte Gewalt* bezeichnet. Dies soll die herausragende Bedeutung des Lobbyings im politischen Prozess unterstreichen. Die Lobbying-Betreibenden sind typischerweise Personengruppen, die selbst an politischen Entscheidungsprozessen nicht direkt beteiligt sind. Trotz der Verwandtschaft mit der Interessenvertretung ist Lobbying nicht damit gleichzusetzen. Während man unter einer Interessenvertretung eine umfassende Darstellung der Interessengruppe mit ihren Werten und Ideologien gegenüber einer breiten Öffentlichkeit versteht, ist Lobbying vielmehr die informelle Artikulation von Einzelinteressen mit dem Ziel, die Gesetzgebung zu beeinflussen. Lobbying hat dadurch eher Projektcharakter und erfolgt punktuell, während Interessenvertretung permanent geschieht. Lobbying

Unterschied zu Interessenvertretung

28 Gleichwohl lassen in der Praxis Fälle beobachten, in denen einzelne Unternehmen sehr massiv auf für sie attraktive Änderungen der exogenen Regeln drängen, da ihr Geschäftsmodell sehr regelanfällig ist (wie zum Beispiel bei Uber und Airbnb).

kann darüber hinaus auch als wechselseitiger Tauschprozess verstanden werden, in welchem Informationen und politische Unterstützung gegen Interessensberücksichtigung eingetauscht werden (ebd. S. 12 ff.).

In Unternehmenskontexten ist Lobbying oft ein Handlungsfeld der Public Relations, auch wenn die Adressaten und die Form des Adressierens eigentlich zwei unterschiedliche sind. Der Adressat von PR ist in der Regel die Öffentlichkeit, die über Journalismus und Medien zu erreichen versucht wird, wohingegen die Adressaten des Lobbyings politische Entscheidungsträger darstellen, die vielmehr ohne Einbezug der Öffentlichkeit angesprochen werden (ebd. S. 29).

Arten des Lobbying

Lianos und Hetzel (2003, S. 16) unterscheiden zwischen zwei Arten von Lobbying: dem Beschaffungs- und dem Gesetzes-Lobbyismus. Der Beschaffungs-Lobbyismus hat die Akquirierung öffentlicher Aufträge zum Ziel, wohingegen der Gesetzes-Lobbyismus die Einflussnahme auf die Ausgestaltung rechtlicher Rahmenbedingungen zum Ziel hat. Wenn von Lobbying die Rede ist, ist damit meist der Gesetzes-Lobbyismus gemeint.

Akteure des Lobbyings

Lobbying kann von unterschiedlichen Akteuren mit höchst unterschiedlichen Absichten betrieben werden. Zu den Betreibern des Lobbyings in Deutschland zählen Verbände (einschließlich NGOs), Unternehmen und Auftragslobbyisten (vgl. Wehrmann, 2007, S. 40). Letztere Gruppe bildet ein überaus diverses Feld von Akteuren ab. Eine in jüngerer Vergangenheit neu entstandene Akteursgruppe sind Aktionsbündnisse, in denen sich branchenübergreifend Organisationen mit gleichartigen Interessen projektbezogen zusammenschließen. Quantitative Angaben zu den Akteuren sind aufgrund der schweren Abgrenzbarkeit des Feldes eher unzuverlässig. Die Lobbyliste des Deutschen Bundestages, eine öffentliche Liste, in der Verbände, die Interessen gegenüber dem Bundestag oder der Bundesregierung vertreten, eingetragen werden können, enthält derzeit 2.320 Einträge (Deutscher Bundestag, 2019b). Die Bedeutung der Verbände für die Lobbyarbeit nimmt jedoch kontinuierlich ab. Vielmehr werden heute Firmenlobbyisten beschäftigt, welche flexibler auftreten und besser auf internationalen Wettbewerb und komplexere Entscheidungsprozesse reagieren können (Lianos/Hetzel, 2003, S. 15). Firmeneigenes Lobbying oder Lobbying durch Kommunikations- und Public Affairs-Agenturen gewinnt dadurch gegenüber dem klassischen Verbandslobbying einen immer größeren Stellenwert.

Lobbyliste

Lobbying-Praxis

In der Lobbying-Praxis wird zwischen direktem und indirektem Lobbying unterschieden. Direktes Lobbying bezeichnet dabei die direkte Artikulation von Interessen gegenüber den Entscheidungsträgern. Indirektes Lobbying stellt die Artikulation von Interessen gegenüber den Entscheidungsträgern über Dritte dar (Köppl, 2003, S. 107 ff.).

Direktes Lobbying

Direktes Lobbying umfasst alle Wege der direkten Kommunikation zwischen Sender und Empfänger wie vor allem persönliche Vier-Augen-Gespräche, Telefonate oder multimediale Kommunikation. Aus Sicht der Lobbyisten stellen direkte Gespräche die wirksamste Methode zur Zielerreichung beim Lobbying dar. In einer US-amerikanischen Studie bezüglich der Effektivität von Lobbying-Instrumenten setzen 52 % der Lobbyisten den persönlichen Vortrag an die erste Stelle aller Lobbying-Maßnahmen. Detailliertes Fachwissen und Kenntnisse der Gegenpartei spielen dabei eine eminente Rolle (Köppl, 2003, S. 108).

Indirektes Lobbying

Indirektes Lobbying kann flankierend zum direkten Lobbying oder als Teil längerfristiger Kampagnen eingesetzt werden. Bei indirektem Lobbying steht zwischen Adressaten und Empfänger mindestens eine weitere Stufe. Für indirektes Lobbying spielen sog. Meinungsführer *(opinion*

leaders) eine bedeutende Rolle. Meinungsführer genießen innerhalb einer Gesellschaft hohe Glaubwürdigkeit mit entsprechendem Einfluss und geben ihre Meinung auch an Dritte weiter. Für Lobbying relevante Meinungsführer können dabei Politiker, Wissenschaftler und Journalisten sein oder aber auch Personen, zu denen die Entscheidungsträger ein persönliches Nahverhältnis haben. Durch sie kann Einfluss auf die Entscheidungsträger ausgeübt werden, indem über sie Informationen kommuniziert oder Barrieren abgebaut werden.
Indirektes Lobbying kann über Interessenskoalitionen (Zusammenschluss mehrerer Unternehmen untereinander, mit Verbänden oder anderen Interessensgruppen), Cross-Lobbying (Lobbying über Verbandsmitgliedschaften), politische Inserate (z. B. offener Brief) oder der direkten Unterstützung von Politikern erfolgen. Ferner kann auch *Grassroot-Lobbying* (*Graswurzel-Lobbying*) betrieben werden. Hierbei werden Stakeholdergruppen des Unternehmens (z. B. Mitarbeiter, Mitglieder, Kunden) mobilisiert, die über Massenbriefe, Petitionen oder Demonstrationen für den Standpunkt des Unternehmens in der Öffentlichkeit einstehen. Maßgeblich für den Erfolg dieser Methode ist dabei die Quantität ihrer Teilnehmer. (Köppl, 2017, S. 101 ff.).

Bedeutung für KKV-Management eher gering

Ungeachtet der hohen Bedeutung des Lobbying für die kollektive Vertretung von Unternehmensinteressen im politischen Willensbildungsprozess, wird ihm für die hier einschlägige Frage von KKV-Positionen nur eine mittlere Reichweite attestiert. Angesichts des Kollektivcharakters werden beim Lobbying eben nicht Interessen einzelner Unternehmen, sondern einer Gruppe von Unternehmen vertreten. Erfolgreiches Lobbying führt demnach zu einer Änderung exogener Regeln, die im Sinne einer Gruppe von Unternehmen ist, nicht eines Einzelunternehmens. Aus einer Verbandstätigkeit wird ein einzelnes Unternehmen zumindest gegenüber anderen Mitgliedern des gleichen Verbandes somit keinen wesentlichen regulatorischen Vorteil ziehen können. So wird beispielsweise BMW aus der Lobbyarbeit des Verbandes der Automobilindustrie keine wettbewerbliche Vorteilsposition gegenüber Mercedes entwickeln können und umgekehrt.

Auch wenn Lobbying die relative Wettbewerbssituation zwischen Unternehmen eines Verbandes nicht berührt, kann es sehr wohl die Wettbewerbsposition eines Unternehmens gegenüber anderen nicht im gleichen Verband organisierten Unternehmen verändern. So hängt die internationale Wettbewerbsfähigkeit der deutschen Automobilindustrie beispielsweise gegenüber asiatischen Wettbewerbern nicht zuletzt von den in Deutschland respektive Europa gültigen exogenen Regeln ab. Und diese können durch verbandliche Interessenvertretung beeinflusst werden. Lobbying kann also durchaus kollektive Vorteilspositionen im Wettbewerb begründen. Aus der Abwägung beider Argumente resultiert die hier unterstellte mittlere Reichweite des Lobbying für KKV-Positionen.

Einzelnes Unternehmen passiv

Somit bleibt festzuhalten, dass einzelne Unternehmen gegenüber KKV-relevanten Änderungen der exogenen Regeln prinzipiell eine eher passive Position einnehmen müssen. Insofern ist die Entwicklung von Maßnahmen zum adäquaten Umgang mit der Veränderung exogener Regeln von zentraler Bedeutung. Da die Konzeption solcher Maßnahmen eine Zeitraumaufgabe darstellt, die je nach Ausmaß der Regeländerung und dem sich daraus ergebenden Handlungsbedarf lange Zeiträume beanspruchen kann, besitzt die frühzeitige

Frühzeitige Identifikation exogener Regeländerungen

Identifikation von Regeländerungen einen hohen Stellenwert. Je früher Unternehmen Hinweise auf die Änderung KKV-relevanter exogener Regeln erhalten, desto mehr Reaktionszeit verbleibt ihnen und infolgedessen steigt die Wahrscheinlichkeit, dass ein geeignetes Maßnahmenpaket zum Umgang mit der Regeländerung konzipiert werden kann.

Fokus politische Umwelt

Die Analyse möglicher exogener Regeländerungen ist eingebunden in die generelle Beobachtung der politischen, ökonomischen, sozio-kulturellen und technologischen Unternehmensumwelt (PEST, vgl. Kapitel. 4.1.1). Im Kontext der Modifikation exogener Regeln richtet sich der Blick insbesondere auf die politische Umwelt, da hier über Veränderungen von Gesetzen, Verordnungen etc. entschieden wird. Angesichts des hohen Internationalisierungsgrades vieler Unternehmen darf sich die Betrachtung dabei nicht auf nationale Gesetzgebungsorgane beschränken, sondern sollte auch inter- (z. B. Welthandelsorganisation) und supranationale Institutionen (z. B. EU) einbeziehen. Darüber hinaus sind Zusammenhänge zwischen dem politischen Bereich und den anderen Teilen der Unternehmensumwelt zu beachten, da Gesetzgebungsprozesse häufig Reaktionen auf Veränderungen in anderen gesellschaftlichen Bereichen sind (z. B. Bedeutung des Klimawandels für die Bevölkerung und Durchsetzung einer CO_2-Steuer). Die in allen vier Bereichen der Unternehmensumwelt auszumachende gestiegene Dynamik und Komplexität sowie die mitunter existenzielle Bedeutung einzelner Parameter der Unternehmensumwelt für den Fortbestand einer Unternehmung haben in Wissenschaft und Praxis zu einer gestiegenen Relevanz von Konzepten der strategischen Frühaufklärung geführt (vgl. Rohrbeck/Gemünden, 2006).

Strategische Frühaufklärung

Environmental Scanning

Welge/Al-Laham/Eulerich (2017) schlagen in Anlehnung an Narajanan und Fahey (1987) ein vierstufiges Vorgehen bei der Analyse der externen Unternehmensumwelt vor. Die erste Stufe wird dabei als Environmental Scanning bezeichnet. Ziel dieser perspektivisch sehr breit ausgelegten Untersuchungsstufe ist vor allem die Identifikation schwacher Signale (vgl. Ansoff, 1975) für mögliche Veränderungen in der Unternehmensumwelt. Schwache Signale sind Informationen, deren Inhalt noch relativ unstrukturiert ist, die Hinweise auf Innovationen oder Diskontinuitäten geben, die eher qualitativer Natur sind und die noch keine Aussagen über Fortentwicklung, Eintrittszeitpunkt oder Konsequenzen erlauben (vgl. Welge/Al-Laham/Eulerich, 2017, S. 306). Dem Nachteil des relativ geringen Informationsgehalts dieser Informationen steht ihr hoher zeitlicher Vorlauf als wesentlicher Vorteil gegenüber. Mögliche Quellen schwacher Signale sind neuartige Ansichten von Schlüsselpersonen oder relevanten Organisationen respektive Verbänden, Tendenzen in der Rechtsprechung oder Gesetzesinitiativen im In- oder Ausland (vgl. Krystek/Müller-Stewens, 1993, S. 178 ff.). Wurden in der ersten, noch eher ungerichteten und informellen Stufe der Informationssuche Hinweise für mögliche Änderungen im exogenen Regelwerk identifiziert, sind diese in der zweiten Stufe, dem Environmental Monitoring, intensiver zu verfolgen und mit weiterführenden Informationen zu konkretisieren. In Bezug auf die im »Radar« des Environmental Scanning ausgemachten relevanten Variablen werden also nunmehr systematisch und fokussiert Informationen gesammelt. Auf Grundlage dieser weiterführenden Informationen sind im dritten Schritt, dem Environmental Forecasting,

Environmental Monitoring

Environmental Forecasting

Prognosen über Veränderungen der relevanten Variablen zu treffen. Das Spektrum der dabei einsetzbaren Methoden reicht von quantitativen Ansätzen, wie der Trendexploration, bis hin zu qualitativen Methoden, wie der Delphi-Methode. Besondere Bedeutung kommt dabei der Szenarioanalyse zu, die nachfolgend vorgestellt wird (vgl. Methodenkasten 9).

Methodenkasten 9

Szenarioanalyse

Unterschied zur Prognose

Anders als traditionelle Prognosemethoden, ist die Szenarioanalyse nicht auf der Suche nach der wahrscheinlichsten zukünftigen Entwicklung, vielmehr akzeptiert sie die Unsicherheit der Zukunft, indem sie nach alternativen, denkbaren Zukünften fragt und dadurch das Vorbereiten auf verschiedene Entwicklungen ermöglicht (vgl. Reibnitz, 1992). Diese Herangehensweise konstituiert einen neuartigen Planungsansatz. Das Denken in Alternativen soll Entscheider für Eventualitäten sensibilisieren und flexibles Agieren in unsicheren, dynamischen Umfeldern ermöglichen.

Mehrere Phasen

Die Szenarioanalyse unterteilt sich in mehrere Phasen, die in ihrer konkreten Ausgestaltung je nach Zeit-, Personal- und Finanzressourcen in einem Projekt unterschiedlich aufgebaut sein können (vgl. Kosow/Gaßner 2008). Unsere Darstellung rekurriert auf dem Grundansatz von Gausemeier et al. Die Autoren verwenden einen fünfphasigen Ansatz. In der Literatur sind auch andere Stufeneinteilungen zu finden. So verwendet Geschka, 2019, acht Stufen.

Szenariofeld-Analyse

In einem ersten Schritt (Szenariofeld-Analyse) gilt es, das derzeitige Umfeld des Untersuchungsgegenstands zu analysieren und *Einflussfaktoren* zu identifizieren, deren Entwicklung das zukünftige Umfeld prägen kann (vgl. Abb. 112). Aus der Vielzahl möglicher Einflussfaktoren werden im Anschluss, durch Verdichten und Filtern, die systemkritischsten Faktoren, sogenannte *Schlüsselfaktoren*, herausgearbeitet. Dies dient der Komplexitätsreduktion. Für jeden Schlüsselfaktor werden in der Phase der Szenario-Prognostik mindestens zwei alternative Entwicklungspfade bis zum Zieljahr (z. B. 2050) erarbeitet.

Szenario-Bildung

In der sich anschließenden Synthesephase *(Szenario-Bildung)* werden diese Projektionen zu konsistenten Szenarien zusammengefasst. Dabei besteht ein Szenario aus je einer Projektion eines jeden Schlüsselfaktors. Die Kombination der einzelnen Projektionen erfolgt auf Basis von Konsistenz-, Plausibilitäts- und Ähnlichkeitsprüfungen. Unter diesen Szenarien können bspw. Trend- oder Extremszenarien beschrieben werden, auf deren Grundlage sich zukunftsrobuste Handlungsempfehlungen erarbeiten lassen (vgl. Gausemeier/Fink/Schlake, 1996 sowie Backhaus et al., 2018).

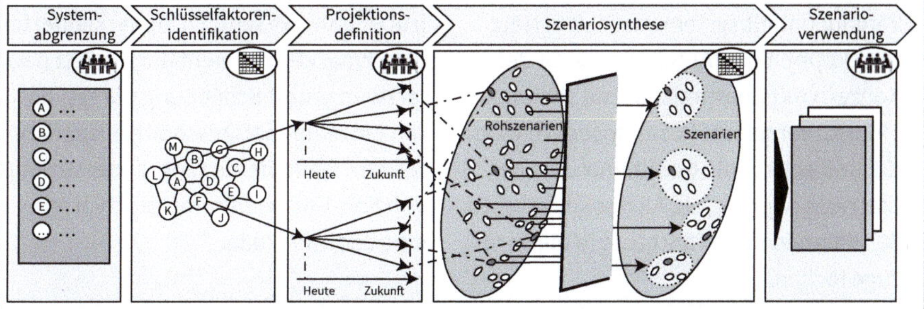

Abb. 112: Teilschritte der Szenario-Analyse (Quelle: eigene Darstellung angelehnt an Gausemeier/Fink/Schlake, 1996)

Regeländerung und eigene KKV-Position

Im vierten und letzten Schritt der Umweltanalyse sind mögliche Auswirkungen der identifizierten potenziellen Regeländerungen auf die eigene Wettbewerbssituation zu prognostizieren. Auf Grundlage einer Abschätzung der Konsequenzen für die Wettbewerbsposition einerseits und die Wahrscheinlichkeit einer Regeländerung andererseits lassen sich mithilfe einer Portfolio-Analyse Aussagen über die Priorisierung einzelner Änderungen treffen (vgl. Wilson, 1983, S. 9–17). Je wahrscheinlicher eine Regeländerung und je größer ihre Auswirkung auf die eigene Wettbewerbsposition, desto größer ist die Bedeutung dieser Regeländerung für das Strategische Marketing. An diese letzte Analysestufe schließt sich die Identifikation geeigneter Maßnahmen zum Umgang mit der Änderung einer exogenen Regel an.

Dabei ist zu prüfen, welche Maßnahmen in der Lage sind, die negativen Konsequenzen einer Regeländerung auf die eigene Wettbewerbsposition abzumildern. Möglicherweise ist das Spielverhalten anzupassen oder sogar die Spielarena zu wechseln, wie Beispiel 43 verdeutlichen soll.

Beispiel 43

Anpassung des Spielverhaltens und Wechsel der Spielarena als Konsequenz veränderter exogener Regeln

Anpassung des Spielverhaltens: Fernverkehr der Deutschen Bahn AG
Wenn die Bahn künftig häufiger, schneller und komfortabler fährt, dann liegt das vor allem – am Bus. Bis 2030 will die Deutsche Bahn ihr Angebot im Fernverkehr um 25 Prozent ausweiten. Dafür sollen die IC- und ICE-Züge die Metropolen künftig im Halbstundentakt miteinander verbinden und zudem wieder stärker die Provinz anfahren, die die Bahn in der Vergangenheit systematisch vom Netz abgekoppelt hat. Außerdem wirbt der Konzern mit Sparpreisen bald schon ab 19 Euro, verspricht kostenloses WLAN im ICE und schafft die Gebühr für die Sitzplatzreservierung ab. All das soll jährlich 50 Millionen neue Fahrgäste in die Fernzüge locken.

Wechsel der Spielarena: Shop Geschäft von ARAL
Tankstellen waren gegenüber anderen Betriebsformen des Einzelhandels lange Zeit durch die rigiden Bestimmungen des Ladenschlussgesetzes bevorzugt. Die inzwischen sehr weitgehende Liberalisierung der Ladenöffnungszeiten hat diese Vorteilsposition erodieren lassen. In Konsequenz hat Aral die Spielarena gewechselt. Während das Sortiment früher ganz wesentlich als verkleinertes Supermarkt-Sortiment auf die Zeit nach (erzwungener) Schließung der regulären Einzelhandelsgeschäfte ausgerichtet war, spielt heute für Aral der Verkauf von Food-Artikeln zum Sofortverzehr eine zentrale Rolle.

Es sei die »größte Kundenoffensive in der Geschichte des Unternehmens«, sagt die Bahn. Allerdings hat sie weniger mit dem Kunden zu tun als vielmehr mit der Konkurrenz. Denn das Geschäft mit den IC- und ICE-Zügen ist in schwerer Bedrängnis, seit der Fernbusmarkt Anfang 2013 liberalisiert wurde und neue Konkurrenten wie FlixBus und andere der Bahn immer mehr Kunden abjagen.
Quelle: Bund (2015)

Der vorerst letzte Schritt dieses Spielarenenwechsels ist das in Kooperation mit REWE umgesetzte ToGo-Konzept. REWE ToGo beinhaltet unter anderem ein deutlich ausgeweitetes Angebot an frischen und frisch zubereiteten, qualitativ hochwertigen Lebensmitteln sowie an warmen Speisen. Ursprünglich sollte das Konzept bis zum Jahr 2021 an 1.000 Standorten realisiert werden. In 2019 hat das Unternehmen aufgrund des hinter den Erwartungen zurückbleibenden Markterfolgs diese Ausbaupläne zunächst »auf Eis gelegt«.
Quelle: Nicolai (2019)

Zum Umgang mit exogenen Regeländerungen stehen Unternehmen aktive und passive Verhaltensoptionen zur Verfügung. Dabei wird für ein einzelnes Unternehmen in der Regel die passive Variante dominieren. Sowohl aus einer Können- wie auch einer Dürfen-Perspektive sind der aktiven Beeinflussung exogener Regeln durch einzelne Unternehmen enge Grenzen gesetzt. Diese Argumente verlieren unter den Bedingungen einer kollektiven Interessenvertretung durch Verbände zwar an Gewicht, jedoch schwindet wegen des Kollektivcharakters die Bedeutung der Einflussnahme für KKV-Positionen. Bei der passiven Verhaltensvariante ist die frühzeitige Identifikation möglicher Regeländerungen zentral. Hierzu wurde ein mehrstufiger Prozess der Beobachtung der Unternehmensumwelt vorgestellt, an die sich die Ableitung von Maßnahmen anschließt, die geeignet sind, Risiken exogener Regeländerungen für KKV-Positionen zu vermeiden respektive Chancen zu nutzen. Fazit

4.3.2 Veränderung endogener Spielregeln

4.3.2.1 Setzen von Kompatibilitätsstandards

Wie im statischen Teil zu endogenen Regeln dargelegt, kann das Setzen eines Kompatibilitätsstandards unter KKV-Gesichtspunkten eine attraktive Option strategischen Marktverhaltens darstellen. Allerdings handelt es sich dabei um kein einfaches Unterfangen. Ausschlaggebend dafür ist das Risiko, das ein Marktteilnehmer eingeht, wenn er sich auf eine Schnittstellenlösung einlässt, in der Hoffnung, dass dies die Standardlösung werden wird. Werden aber andere Schnittstellen dominant und damit zum Standard, dann hat er auf das »falsche Pferd« gesetzt und seine Investitionen sind verloren, wenn er zum neuen Standard wechselt. Im Kern der Bemühungen um eine Standardsetzung Risiko steht daher der intelligente Umgang mit dem Risiko der potenziellen Standardnutzer. Wir unterscheiden mit Reduktion und Kompensation dabei zwei Handlungsalternativen, die sich nicht gegenseitig ausschließen, aber eine jeweils völlig unterschiedliche Herangehensweise erfordern. Anhand eines einfachen Beispiels werden wir im Folgenden zunächst die Bedeutung von Reduktion und Kompensation für den potenziellen Standardnutzer verdeutlichen, um anschließend beide Optionen zu konkretisieren. Dabei modellieren wir zunächst den Fall einer Standardsetzung, also eine Situation, in der noch kein Kompatibilitätsstandard existiert. Anschließend diskutieren wir den Fall einer Standardablösung, bei dem ein Anbieter also versucht, einen bisher gültigen Kompatibilitätsstandard zu ersetzen.

Standardsetzer – ein Modell

In unserem einfachen Modell unterstellen wir, dass ein potenzieller Standardnutzer sich nur dann für einen potenziellen Standard entscheidet, wenn die Kosten einer Standardübernahme kleiner sind als der daraus resultierende Nutzen. Wir beginnen dabei mit der Modellierung der Kosten. Das Kundenproblem im Kontext eines Kompatibilitätsstandards resultiert aus der Notwendigkeit einer Nutzen konstituierenden Kopplung zwischen zwei Elementen A und B, z. B. Drucker und Druckerpatrone, Tennisschläger und Tennisball, EC-Karte und Geldautomat usw. A und B stiften also isoliert keinen Nutzen, sondern nur in ihrem integrativen Zusammenspiel. Für den potenziellen Standardnutzer folgt daraus, dass er für den Fall einer nicht-funktionierenden Schnittstelle zwischen A und B erstens auf den Kopplungsnutzen verzichten muss und zweitens den Wert der Güter A und B vollständig abschreiben muss, da sie ohne ein Zusammenspiel keinen Nutzen stiften können. Aufgrund dieser Argumentation modellieren wir die Kosten einer Standardübernahme wie folgt:

$$K_{SÜ} = a \cdot (K_A + K_B + N_{AB})$$

Kosten der Standardübernahme

Die Kosten der Standardübernahme ($K_{SÜ}$) resultieren aus dem Risiko, dass sich ein potenzieller Standard **nicht** als solcher etabliert (a) und den Kosten für den Erwerb der Produkte A (K_A) und B (K_B) sowie dem Nutzenentgang einer fehlenden Kopplung zwischen A und B (N_{AB}). Der Risikoparameter a variiert dabei zwischen 0 und 1. Die Kosten der Standardübernahme sind also umso größer, je höher das Risiko a, je teurer die Anschaffung der Geräte A und B und je größer der Kopplungsnutzen.

Nutzen der Standardübernahme

Der Nutzen einer Standardübernahme ergibt sich aus dem Kopplungsnutzen N_{AB} und der Wahrscheinlichkeit, dass der potenzielle Standard tatsächlich zum Standard wird (b). Der Parameter b kann ebenso wie die Variable a der Kostenfunktion Werte zwischen 0 und 1 einnehmen. Die Summe der Wahrscheinlichkeiten, dass eine Schnittstellenlösung zum Standard wird (b) bzw. nicht zum Standard wird (a), ist logischerweise Eins (a+b=1).

$$N_{SÜ} = b \cdot N_{AB}$$

Das Gesamtkalkül eines Marktteilnehmers, der vor der Entscheidung steht, eine noch nicht als Standard etablierte Schnittstellenlösung anzuwenden, lässt sich damit wie folgt modellieren. Die linke Seite der Ungleichung zeigt den Nutzen der Standardübernahme, die rechte deren Kosten. Eine Standardübernahme verlangt, dass der Nutzen der Entscheidung größer sind als ihre Kosten.

Gesamtkalkül

$$b \cdot N_{AB} > a \cdot (K_A + K_B + N_{AB})$$

Da a = 1-b ist, lässt sich obiger Term auch wie folgt darstellen:

$$b \cdot N_{AB} > (1 - b) \cdot (K_A + K_B + N_{AB})$$

Vor dem Hintergrund der obigen Ungleichung wird deutlich, dass für den Standardsetzer der Risikoparameter b zur zentralen Handlungsvariable wird. Erstens ist dies die einzige Variable des Modells, die er beeinflussen kann und zweitens ist der Wirkungshebel auf die Ungleichung groß. Mit wachsendem b wird der Nutzen der Standardübernahme größer und die Kosten gleichzeitig kleiner. Je eher es dem Standardsetzer also gelingt, den potenziellen Standardnutzer davon zu überzeugen, dass sich seine Lösung als Standard durchsetzen wird, desto größer wird b und damit die Wahrscheinlichkeit, dass der Nutzen der Standardübernahme größer ist als seine Kosten und der Marktteilnehmer das Angebot des Standardsetzers akzeptiert. Da im Fokus dieses Vorgehens somit die Minderung des »Standardfloprisikos« für den Standardnutzer steht, charakterisieren wir diese Option als Reduktion.

Reduktion des Standardfloprisiko

Gelänge es dem Standardsetzer die Variable b auf Eins zu erhöhen, das Standardfloprisiko also zu eliminieren, ist der Nutzen auf jeden Fall größer als die Kosten und damit keine weiteren Überlegungen zur Durchsetzung des Standards erforderlich. Allerdings ist dies erstens in praktischen Fällen vermutlich kaum möglich und zweitens mit Investitionen verbunden. Aus Sicht des Standardsetzers ist es somit in der Regel erforderlich, auch die zweite Variante zur Beeinflussung obiger Ungleichung zumindest in Erwägung zu ziehen. Bei der von uns als Kompensation bezeichneten Alternative leistet der Standardsetzer an den potenziellen Standardnutzer eine Ausgleichszahlung für dessen Risiko. Der schon bekannten Ungleichung wird also nur eine Variable (KOMP) hinzugefügt.

Kompensation des Standardfloprisikos

$$b \cdot N_{AB} > (1 - b) \cdot (K_A + K_B + N_{AB}) - KOMP$$

Es ist offensichtlich, dass KOMP umso größer ausfallen muss, je kleiner b und je größer K_A, K_B und N_{AB} sind. Im Extremfall, also wenn b den Wert null aufweist, müsste der Standardsetzer eine Kompensationszahlung leisten, die größer ist als die Summe aus Gerätekosten (K_A, K_B) und Kopplungsnutzen (N_{AB}).

Fazit

Zusammenfassend ist die Übernahme einer Schnittstellenlösung, die sich noch nicht zum Standard etabliert hat, für den potenziellen Standardnutzer riskant. Für den Standardsetzer ist somit die Erhöhung der (subjektiven) Wahrscheinlichkeit, dass sich seine Lösung zum Standard etablieren wird, eine zentrale Aufgabe. In aller Regel wird er aber parallel auch reflektieren müssen, ob und in welcher Höhe er dem potenziellen Standardnutzer eine Kompensationsleistung für sein Risiko anbietet.

Nutzerzahl mindert Risiko

Wir werden, beginnend mit der Kompensation, im Folgenden beide Optionen ausführlicher erörtern. Der Grund für die anfängliche Auseinandersetzung mit der Kompensationsleistung ist die Überlegung, dass der Wahrscheinlichkeitsparameter b mit der Zahl der Nutzer, die sich für den Standard entschieden haben, anwächst. Dies lässt sich auf zwei Effekte zurückführen. Erstens stärkt die Entscheidung anderer Nutzer die individuelle Überzeugung, dass es sich um eine »richtige« Entscheidung handelt. Die Standardübernahme durch andere Nutzer wirkt somit quasi wie eine Weiterempfehlung, deren risikomindernde Wirkung in der Forschung ausführlich belegt ist (vgl. Sweeney/Soutar/Mazzarol, 2008, S. 346; Hennig-Thurau/Wiertz/Feldhaus, 2015, S. 377). Zweitens kann die steigende Nutzerzahl als ein informationsökonomisches Signal für alle Marktteilnehmer, also auch für Anbieter der Produkte A und B, interpretiert werden, dass sich ein Kompatibilitätsstandard herausbildet. Diese Entwicklung stärkt ebenfalls das Vertrauen eines Nutzers in die Genese des Standards mit entsprechenden Wirkungen auf die Variable b.

In einer gedanklichen Ausgangssituation, in der ein Erstnutzer vom Standard überzeugt werden soll, ist demzufolge – ceteris paribus – b eher klein, weshalb KOMP für die Standardübernahme eher groß sein muss. Mit steigender Nutzerzahl wächst b dann sukzessive an und die erforderliche Kompensationsleistung kann folglich reduziert werden. Der Zusammenhang zwischen Anzahl der Standardnutzer und b ist dabei zunächst linear. Erreicht die Anzahl der Nutzer eine Menge, die von den Marktteilnehmern als Signal für eine erfolgreiche Standardetablierung interpretiert wird (Kritische Masse), wächst b und infolgedessen auch die Nutzerzahl exponentiell. Entsprechend dem Funktionsverlauf von b, können ab dem Erreichen der Kritischen Masse die Kompensationsleistungen exponentiell vermindert werden.

Erreicht b den Wert 1, kann auf eine Kompensationsleistung gänzlich verzichtet werden, da der Nutzen des Standards in jedem Fall größer als seine Kosten ist.

Risiko, Nutzerzahl und Kompensationsleistung

Abb. 113 zeigt das skizzierte Zusammenspiel aus Nutzerzahl, b und KOMP.

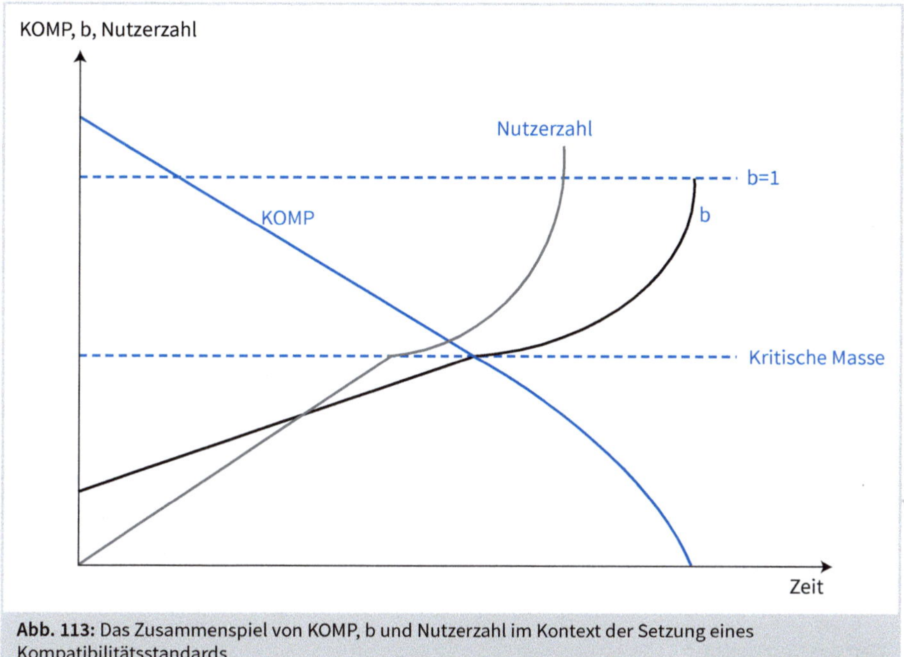

Abb. 113: Das Zusammenspiel von KOMP, b und Nutzerzahl im Kontext der Setzung eines Kompatibilitätsstandards

Konsequenzen

Aus der Modellierung kann relativ schnell ersehen werden, welche Wirkungen aus einem – unabhängig von der Nutzerzahl – höheren b resultieren. Gelänge es dem Anbieter, etwa durch den Aufbau von Reputation, den Basiswert von b zu erhöhen, würde die Kritische Masse entsprechend früher erreicht. Im Ergebnis könnten die Kompensationsleistungen schneller reduziert werden. Aus Sicht des Standardsetzers ist also abzuwägen, wie hoch die erforderlichen Investitionen zur Steigerung von b in Relation zur Minderung der Kompensationsleistungen sind.

Fazit

Die entwickelte Modellierung hat zahlreiche Prämissen und abstrahiert entsprechend von realen Prozessen der Standardsetzung. So werden beispielsweise nur zwei Produkte berücksichtigt, der Nutzen der Produkte ohne Kopplung wird auf null gesetzt und die Perspektive der Hersteller der Produkte A und B wird nicht berücksichtigt. Dennoch macht das Modell das Grundproblem eines Standardsetzers und die daraus resultierenden Handlungsoptionen transparent. Aus Nutzersicht ist die Übernahme einer Schnittstellenlösung, die noch kein Standard ist, grundsätzlich riskant. Aus Anbietersicht gilt es daher, dieses Risiko zu mindern oder den aus dem Risiko drohenden Verlust zu kompensieren. Dabei sinkt das Risiko mit wachsender Nutzerzahl, sodass die Kompensationsleistung für Folgenutzer gleichzeitig eine Investition in die Minderung des Risikos darstellt. Entsprechend kann die Kompensationsleistung im Zeitverlauf reduziert werden. Gleichzeitig ist zu reflektieren, ob das Risiko für den potenziellen Standardnutzer durch weitere Maßnahmen, wie etwa Investitionen in die Reputation, gesenkt werden kann. Den dazu erforderlichen Investitionen sind dann die resultierenden Einsparungen bei den Kompensationsleistungen gegenüberzustellen.

Art der Kompensationsleistung

Wert für Nutzer vs. Kosten für Unternehmen

Abschließend soll noch kurz die Kompensationsleistung näher in den Blick genommen werden (vgl. Abb. 114). Dabei ist es zweckmäßig, zwischen dem Wert der Kompensationsleistung aus Nutzersicht und ihren Kosten aus Unternehmenssicht zu unterscheiden. Im Fall einer monetären Ausgleichszahlung für das Risiko der Standardübernahme sind diese beiden Größen deckungsgleich (Option 4 in Abb. 114). Die Kompensation für den Nutzer muss aber nicht zwangsläufig finanzieller Natur sein, sondern kann auch materiellen oder ideellen Charakter aufweisen. So könnte der Standardsetzer dem potenziellen Standardnutzer beispielsweise die Geräte A und B kostenlos zur Verfügung stellen (materielle Kompensation) oder in einen »Club« der Standardnutzer aufnehmen, dessen Mitgliedern materielle und/oder ideelle Vorteile gewährt werden. Aus Unternehmenssicht erstrebenswert sind dabei Kompensationsleistungen, deren Wert aus Nutzersicht größer ist als die Kosten aus Unternehmenssicht (in Abb. 114 Optionen 1 und 5). Nicht sinnvoll wären hingegen Ausgleichsleistungen, bei denen das Verhältnis genau andersherum ist (Optionen 2 und 3 in Abb. 114).

Abb. 114: Wert aus Nutzersicht und Kosten für Standardsetzer im Kontext der Ausgestaltung von Kompensationsleistungen

Nach Analyse der Aufgabenstellung im Prozess der Etablierung eines Kompatibilitätsstandards, wird im Folgenden das Ablösen eines bereits etablierten Standards beleuchtet.

Standardablösung

Modellerweiterung

Die Grundstruktur unseres Modells zur Standardsetzung ist prinzipiell auch im Fall einer angestrebten Standardablösung gültig. Allerdings muss für eine erfolgreiche Standardablösung nicht nur der Nutzen der Standardübernahme größer als die Kosten sein, sondern die Differenz zwischen Nutzen und Kosten des neuen Standards muss größer sein als die gleiche Differenz des alten Standards. Da der alte Standard für den Nutzer nicht mehr riskant ist, nehmen die Parameter a und b die Werte null respektive eins ein. Damit sehen Kosten ($K_{S\,alt}$) und Nutzen ($N_{S\,alt}$) des alten Standards wie folgt aus:

$$K_{S\,alt} = 0 \cdot (K_A + K_B + N_{AB\,alt})$$

$$N_{S\,alt} = 1 \cdot N_{AB\,alt}$$

Entsprechend besteht die Differenz zwischen Nutzen und Kosten des alten Standards aus seinem Kopplungsnutzen ($N_{AB\,alt}$).

Für eine erfolgreiche Standardablösung muss die Differenz zwischen Nutzen und Kosten des neuen Standards somit größer sein als der Kopplungsnutzen des alten Standards.

$$(b_{neu} \cdot N_{AB\,neu}) - (a_{neu} \cdot (K_A + K_B + N_{AB\,neu})) > N_{AB\,alt}$$

Konsequenzen für Standardablöser

Aus der Ungleichung werden die besonderen Herausforderungen für einen Standardablöser deutlich. Wenn es ihm gelänge, die Parameter a_{neu} auf 0 und entsprechend b_{neu} auf 1 zu setzen, müsste für eine Standardablösung »lediglich« der neue Kopplungsnutzen größer sein als der alte. In aller Regel werden a und b jedoch diese Extremwerte nicht erreichen. Der Kopplungsnutzen des neuen Standards wird entsprechend mit einem Wert kleiner als 1 »diskontiert« und die Kosten der Übernahme des neuen Standards sind größer null. Vor diesem Hintergrund sind für eine erfolgreiche Standardablösung noch eher und dann auch höhere Kompensationsleistungen erforderlich als bei einer Standardetablierung. Dies macht in praktischen Fällen die Ablösung eines etablierten Standards sehr schwer. Nachfolgendes Beispiel (vgl. Beispiel 44) soll die Mechanismen im Kontext der Standardsetzung und Standardablösung veranschaulichen.

Beispiel 44

Kompatibilitätsstandards oder das Stecker-Steckdosen-Problem

Hersteller von Steckdosen

Stellen Sie sich bitte einmal kurz vor, es gäbe für die Verbindung zwischen dem Strommetz und Ihren Elektrogeräten noch keinen Standard, also keine standardisierten Steckdosen. Dies wäre die typische Situation eines Kompatibilitätsstandards: Ein Stromnetz stiftet wenig Nutzen, wenn man keine Elektrogeräte daran anschließen kann und die Elektrogeräte degenerieren zu Dekorationsobjekten, wenn sie sich nicht ans Stromnetz anschließen lassen.

In unserem Beispiel nehmen wir die Perspektive eines Herstellers von Steckdosen ein, der versucht, seine Schnittstelle zwischen Stromnetz und Elektrogeräten, seine Steckdose, zum Kompatibilitätsstandard zu machen. Um das Ganze übersichtlich zu halten, gehen wir von einer Neubausiedlung mit 100 Häusern aus, deren Besitzer dieser Steckdosenhersteller von seiner Lösung überzeugen will. Die entwickelte Steckdose, Modell Stecki plus, kann eine Menge: sie ist in der Wand versenkbar, besitzt einen WLAN-Verstärker, integrierte Kindersicherung und dimmbare Beleuchtung. Stecki plus hat also durchaus das Potenzial, Kunden zu begeistern, wäre da nicht das Problem mit dem Stromnetz. So zeigen sich die Hausbesitzer in den Verkaufsgesprächen von den Eigenschaften der Steckdose zwar grundsätzlich begeistert, kommen aber am Ende doch alle zu der Gretchenfrage, die hier lautet: Welche Elektrogeräte kann ich denn mit Stecki plus nutzen? Nun … Im Moment noch gar keines, da Stecki plus eben noch kein Standard ist, es aber möglicherweise einmal werden wird. Es ist relativ wahrscheinlich, dass die Kunden in dieser Situation eher zurückhaltend reagieren werden, da das Risiko nicht nutzbarer Elektrogeräte vermutlich relativ groß ist. Wir können diese Situation mit den zuvor entwickelten Formeln modellieren. Dabei treffen wir folgende (vereinfachende) Annahmen:

Annahmen

- die Kosten der Elektrogeräte in einem Haushalt belaufen sich auf 20.000 Euro (K_A),
- die Kosten für das Stromnetz betragen für den Hausbesitzer 0 Euro (K_B),
- der Nutzen einer funktionierenden Kopplung zwischen Elektrogeräten und Stromnetz hat für die Kunden einen Wert von 100.000 Euro (N_{AB}),
- in der Ausgangssituation beträgt das Floprisiko (a), also das Risiko, dass Stecki plus sich nicht zum Standard entwickelt, 60 %. Seine Standardwahrscheinlichkeit ist entsprechend 40 % (100-a).

Die Kosten einer Entscheidung für Stecki plus belaufen sich für den (ersten) Hausbesitzer entsprechend auf:

$$\text{Kosten}_{\text{erster Kunde}}: 0{,}6 * (20.000 + 0 + 100.000) = 72.000$$

Der Nutzen einer Übernahme von Stecki plus ergibt sich wie folgt:

$$\text{Nutzen}_{\text{erster Kunde}}: 0{,}4 * 100.000 = 40.000$$

Die Kosten sind also um 32.000 Euro höher als der Nutzen, der Kunde wird sich folglich gegen Stecki plus entscheiden, es sei denn, unser Steckdosenhersteller leistet eine Kompensation in Höhe von 32.001 Euro. Dies macht unser Anbieter, sodass er mit Stolz den ersten Kunden gewonnen hat. Nun unterstellen wir, dass mit jedem gewonnenen Stecki-plus-Kunden das Floprisiko (a) um einen Prozentpunkt zurückgeht, da jeder neu gewonnene Kunde das Vertrauen der bisherigen Nicht-Kunden in das Standardpotenzial von Stecki plus erhöht. Erreicht das Floprisiko den Wert 0,5, führt jeder neu gewonnene Kunde sogar zu einer Verminderung des Risikos um zwei Prozentpunkte (Idee der Kritischen Masse).

Bei dem zweiten Hausbesitzer ergibt sich daher die folgende Kosten-Nutzen-Konstellation:

$\text{Kosten}_{\text{zweiter Kunde}}$: 0,59 * (20.000 + 0 + 100.000) = 70.800

$\text{Nutzen}_{\text{zweiter Kunde}}$: 0,41 * 100.000 = 41.000

Ab 14. Kunden keine Kompensation mehr

Die Kosten sind zwar immer noch deutlich höher als der Nutzen, aber die Differenz (29.800) ist im Vergleich zur Ausgangssituation (32.000) merklich kleiner geworden. Die erforderliche Kompensationsleistung unseres Beispielunternehmens an den Hausbesitzer Nummer zwei vermindert sich entsprechend auf 29.801 Euro. Analog reduzieren sich die erforderlichen Kompensationsleistungen mit jedem neu gewonnenen Kunden. Auf Basis unserer Beispieldaten werden sie ab dem 14. Kunden negativ, nun ist der Nutzen von Stecki plus somit größer als seine Kosten und unser Anbieter muss keine Kompensationsleistungen mehr anbieten, sondern kann im Gegenteil Stecki plus nun verkaufen. Schauen wir uns dazu die Konstellation beim 14. Kunden genauer an:

$\text{Kosten}_{\text{14. Kunde}}$: 0,44 * (20.000 + 0 + 100.000) = 52.800

$\text{Nutzen}_{\text{14. Kunde}}$: 0,56 * 100.000 = 56.000

Der Nutzen ist also um 3.200 Euro höher als die Kosten, unser Anbieter könnte folglich einen Preis von 3.199 Euro für Stecki plus fordern, ohne dass die Nutzen-Kosten-Relation negativ würde. Das einfache Beispiel zeigt die herausragende Bedeutung der Risikoparameter a und b. Je eher es dem Anbieter gelingt, seine potenziellen Kunden davon zu überzeugen, dass sich seine Lösung als Standard etabliert (b), desto eher wird er keine Kompensationszahlungen mehr leisten müssen.

Standardablösung

Abschließend soll die Situation eines Standardwechsels beleuchtet werden. Stecki plus soll also eine existierende Schnittstelle zwischen Elektrogeräten und Stromnetz ablösen.

In dieser Situation muss unser Hersteller einen höheren Kopplungsnutzen offerieren als der alte Standard, denn selbst wenn es ihm gelänge, das Floprisiko (a) auf null zu reduzieren, könnte er ansonsten maximal den gleichen Nutzen erzeugen wie der alte Standard, sodass kein Anreiz zum Standardwechsel bestünde. Aufgrund der beschriebenen Eigenschaften von Stecki plus (WLAN etc.) nehmen wir an, dass der Kopplungsnutzen des neuen Standards um 30.000 Euro höher ist als der des alten Standards. Der Kopplungsnutzen des alten Standards beträgt entsprechend 70.000 Euro. Will unser Hersteller einen Hausbesitzer von einem Standardwechsel überzeugen, muss die Differenz aus Nutzen und Kosten des neuen Standards somit größer sein als 70.000.

Bei dem ersten Hausbesitzer ergibt sich somit folgendes Kalkül:

Kosten neuer Standard $_{\text{erster Hausbesitzer}}$: 0,6 * (20.000 + 0 + 100.000) = 72.000

Nutzen neuer Standard $_{\text{erster Hausbesitzer}}$: 0,4 * 100.000 = 40.000

Nutzen alter Standard: 70.000

Insgesamt hat Stecki plus somit im Vergleich zum alten Standard einen Nachteil von 102.000 Euro (32.000 + 70.000). Unser Hersteller müsste an den ersten Hausbesitzer somit eine Kompensationszahlung von 102.001 Euro leisten, damit dieser sich für den neuen Standard entscheidet. Auch in dieser Konstellation nehmen wir an, dass jeder neu gewonnene Kunde für Stecki plus das Floprisiko reduziert (bis a den Wert von 0,5 erreicht um einen Prozentpunkt, anschließend um je zwei Prozentpunkte). Unter diesen Annahmen wird unser Hersteller erst ab dem 30. Kunden einen Preis für Stecki plus verlangen können. Bei diesem Kunden ergibt sich folgendes Kalkül:

Kosten neuer Standard $_{\text{30. Kunde}}$: 0,12 * (20.000 + 0 + 100.000) = 14.400

Nutzen neuer Standard $_{\text{30. Kunde}}$: 0,88 * 100.000 = 88.000

Nutzen alter Standard: 70.000

Insgesamt hätte der neue Standard für den 30. Kunden somit einen Vorteil von 3.600 Euro (88.000 – 14.400 – 70.000). Unser Anbieter könnte folglich einen Preis von 3.599 Euro verlangen. Aufgrund des mit jedem weiteren Kunden sinkenden Floprisikos (a), wächst dieser Betrag kontinuierlich an. Auf Grundlage unserer Beispieldaten würde das Floprisiko beim 36. Kunden auf null sinken, Stecki plus hätte sich als Standard durchgesetzt und der Anbieter könnte die volle Differenz des Kopplungsnutzens (30.000 Euro) bepreisen.

Fazit

Zusammenfassend haben wir in diesem Kapitel die Herausforderungen im Kontext der Setzung respektive der Ablösung eines Kompatibilitätsstandards beleuchtet. Dabei spielt die Unsicherheit des potenziellen Standardnutzers hinsichtlich der Frage, ob der vermeintliche Standard sich tatsächlich zum Standard entwickelt, eine zentrale Rolle. Wir hatten mit Reduktion und Kompensation zwei komplementäre Optionen zum Umgang mit diesem Risiko vorgestellt. Bei der Reduktion steht die Senkung des »Standardfloprisikos« im Vordergrund. Neben gängigen Risikoreduktionsmechanismen, wie zum Beispiel der Reputation des Standardanbieters, kommt dabei der Menge an faktischen Standardnutzern eine besondere Bedeutung zu. Bei der Kompensation leistet der Standardanbieter dem potenziellen Standardnutzer eine Entschädigungsleistung für das von ihm eingegangene Risiko. Je niedriger (höher) die Sicherheit des potenziellen Standardnutzers, desto größer (kleiner) muss die Kompensationsleistung ausfallen. Bei der Ablösung eines bereits etablierten Kompatibilitätsstandards muss nicht nur der Nutzen des neuen Standards größer sein als seine Kosten, sondern die Differenz aus Nutzen und Kosten des neuen Standards muss größer sein als der Kopplungsnutzen des alten Standards. Dies macht das Ablösen eines etablierten Kompatibilitätsstandards zu einer noch anspruchsvolleren Aufgabe als das ohnehin nicht einfache Unterfangen der Standardsetzung.

4.3.2.2 Brechen von Verhaltensstandards

Abweichen von etablierten Verhaltensweisen

Beim Brechen eines Verhaltensstandards weicht ein Spieler von bislang üblichen Verhaltensweisen in einem Markt, d. h. dessen ungeschriebenen Gesetzen, ab. Im Sport findet sich hierfür eine Vielzahl von Beispielen (etwa V-Stil beim Skisprung, Skater-Schritt beim Skilanglauf). Das wohl prominenteste Beispiel für das Brechen eines sportlichen Verhaltensstandards ist der Wechsel von der sogenannten Straddle- zur Flop-Technik im Hochsprung (vgl. Abb. 115).

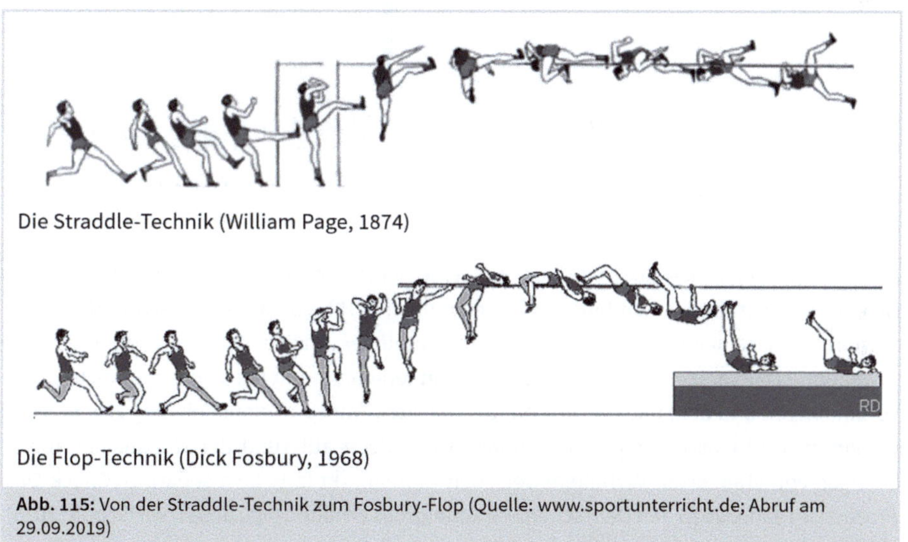

Abb. 115: Von der Straddle-Technik zum Fosbury-Flop (Quelle: www.sportunterricht.de; Abruf am 29.09.2019)

Fosbury-Flop …

… wurde zum neuen Standard

Bei den olympischen Spielen in Mexiko im Jahre 1968 präsentierte Dick Fosbury die neue Sprungtechnik erstmals einer breiten Öffentlichkeit und gewann damit die Goldmedaille. Fosbury hat also mit dem Brechen eines Verhaltensstandards in seiner Arena einen Konkurrenzvorteil erzielen können. Trotz des Erfolgs von Fosbury setzte sich die neue Technik nur zögernd durch, nicht zuletzt auch, da ein Technikwechsel vom Straddle zum Flop mit erheblichen »Rüstkosten« für die Athleten verbunden war, etwa im Hinblick auf Trainingsprogramme etc. Ab dem Jahre 1980 wurde der Fosbury-Flop dann zum Standard bei der Mehrzahl der führenden Hochspringer (vgl. Popp/Holst, 2005, S. 49). Nachdem sich die neue Sprungtechnik im »Markt« etabliert hatte, stiegen die Leistungen der Athleten im Vergleich zu der Zeit vor Einführung des Fosbury-Flops deutlich an. Um nunmehr eine Goldmedaille bei olympischen

Spielen gewinnen zu können, waren und sind Sprunghöhen jenseits von 2,30 Meter erforderlich. Vor Fosbury lag diese kritische Marke bei lediglich 2,10 Meter (vgl. Abb. 116).

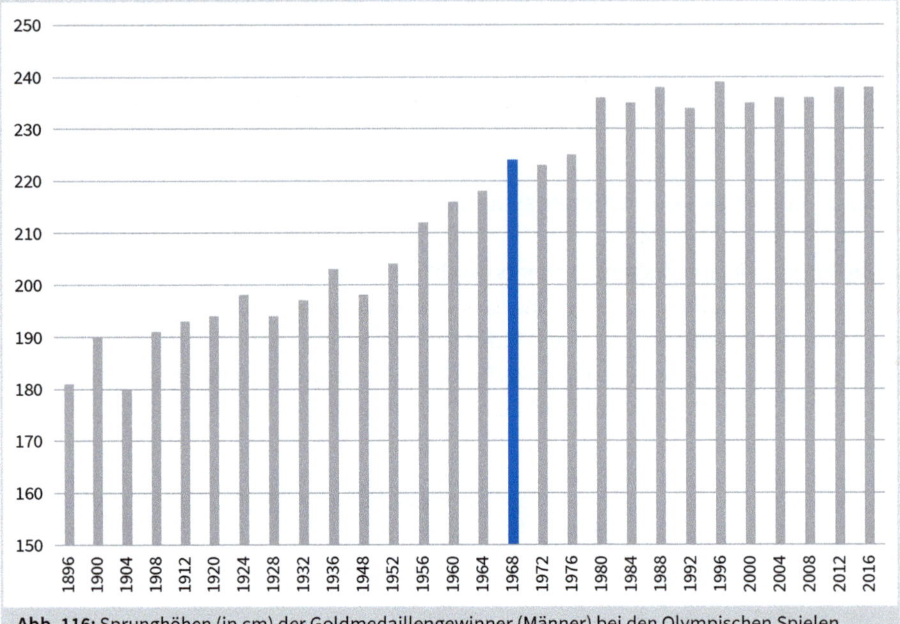

Abb. 116: Sprunghöhen (in cm) der Goldmedaillengewinner (Männer) bei den Olympischen Spielen seit 1896

Beispiele für Brechen von Verhaltensstandards

Auch im ökonomischen Kontext findet sich eine Reihe von Beispielen für das erfolgreiche Brechen von Verhaltensstandards (vgl. Veenendaal, 2019). So hat der IKEA-Gründer Ingvar Kamprad mit seiner Idee »begehbarer Möbelkataloge« (Baltzer 2018) die Möbelbranche revolutioniert. Ryanair hat den europäischen Luftverkehrsmarkt mit seinen Punkt-zu-Punkt-Verbindungen und der Fokussierung auf die »nackte« Transportdienstleistung grundlegend verändert. Und Motel One hat vermutlich nicht zuletzt aufgrund der zahlreichen Abweichungen von etablierten Verhaltensweisen im Hotelmarkt (z. B. kein separater Check-Out-Prozess) im Jahre 2015 den Deutschen Marketingpreis erhalten (vgl. absatzwirtschaft, 2015).

Drei Stufen

Das Brechen eines Verhaltensstandards hat also offenbar das Potenzial zur Erzielung von KKV-Positionen. Vor diesem Hintergrund ist es Ziel des Kapitels, einen Prozess zur systematischen Entwicklung von Optionen regelbrechenden Marktverhaltens zu beschreiben. Dabei unterscheiden wir drei Stufen (vgl. Abb. 117): Identifikation, Kreation und Evaluation.

Identifikation

Die erste Stufe (A) beinhaltet die Identifikation von Verhaltensstandards einer Spielarena. Dies ist eine anspruchsvolle Aufgabe, da den handelnden Akteuren in einer Spielarena die verhaltenssteuernden Regeln ihres Verhaltens häufig nicht bewusst sind. Dru (1996, S. 56) umschreibt die Schwierigkeit der Identifikation von Verhaltensstandards, von ihm als conventions charakterisiert, wie folgt: »The first step is to identify conventions. This is not as easy as it sounds. Although conventions are everywhere, they are generally hard to see. There are things that we don't even notice because they are so familiar«.

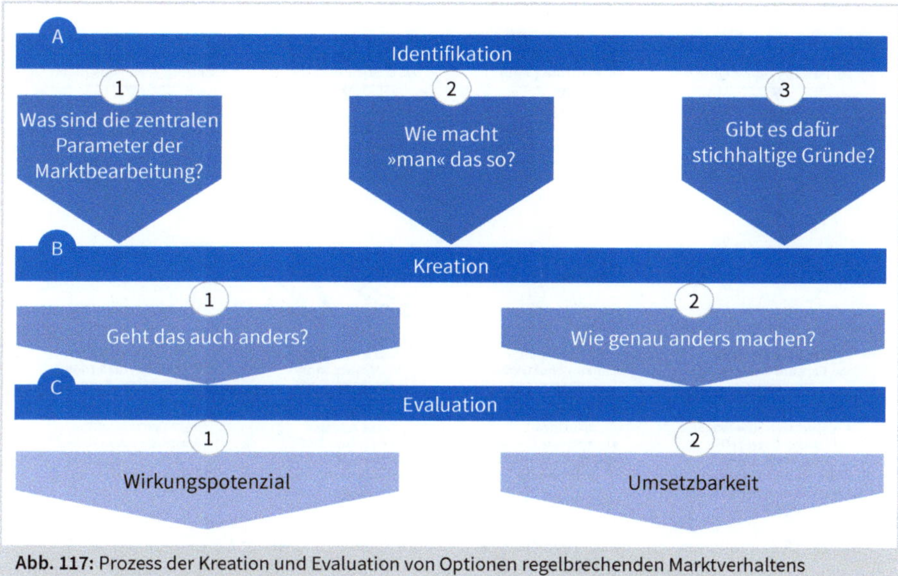

Abb. 117: Prozess der Kreation und Evaluation von Optionen regelbrechenden Marktverhaltens

Gemeinsamkeiten im Spielverhalten suchen

Für die Identifikation endogener Regeln empfiehlt Dru (1996, S. 86 ff.), nach Gemeinsamkeiten im Spielverhalten der Spieler einer Wettbewerbsarena zu suchen: Welche Verhaltensweisen oder Annahmen sind üblich in einer Branche? Für den Betreiber eines Hotels würde die Frage also in etwa wie folgt lauten: Wie werden bestimmte Prozesse (z. B. Einchecken, Zimmerreservierung, Frühstück, Auschecken) in der Branche »üblicherweise« so gemacht? Das Hotelbeispiel macht deutlich, dass vor der Frage »Wie macht man das üblicherweise so?« das »das« konkretisiert werden muss. Daher schlagen wir vor, im ersten Schritt nach zentralen Parametern des Spielverhaltens einer Arena zu suchen (Schritt A1), um anschießend genau für diese Variablen die Frage nach dem »Wie macht man das so?« zu stellen (Schritt A2).

Beispiele aus dem Sport

Einhergehend mit der zugrunde liegenden Analogie in diesem Buch, bedient auch Veenendaal (2019) sich Beispielen aus dem Sport, um Prinzipien regelbrechenden Verhaltens herauszuarbeiten und diese in Handlungsoptionen zu übersetzen (vgl. Methodenkasten 10).

Methodenkasten 10:

Regelbrechendes Verhalten

Der Fosbury Flop im Hochsprung, die Rollwende im Rückenschwimmen, die Rückenstoß- oder Angleittechnik (O'Brien-Technik) im Kugelstoßen, die Skating-Technik im Skilanglauf, der moderne Springsitz im Springreiten, der Sprungwurf im Basketball, der V-Stil im Skispringen und der geschlossene Beinschlag (Delfintechnik) im Schmetterlingsschwimmen haben ihre jeweilige Disziplin grundlegend verändert und sind somit beispielhaft für das Brechen von Verhaltensstandards (vgl. Abb. 118).

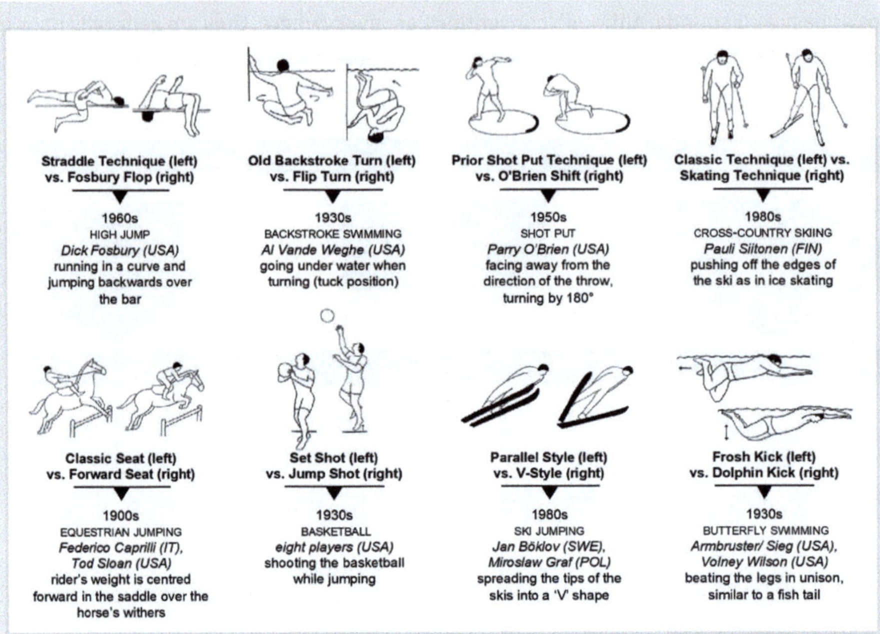

Abb. 118: Beispiele regelbrechenden Verhaltens im Sport (Quelle: angelehnt an Veenendaal, 2019)

Gemeinsamkeiten zwischen den Beispielen

Eine systematische Betrachtung der acht sporthistorischen Regelbrüche zeigt auf, welche zentralen Herausforderungen den Prozess regelbrechenden Verhaltens kennzeichnen, und wie diese überwunden werden können. Wie haben die Athleten erstens grundlegend andersartige Verhaltensweisen erkannt und zweitens für breitflächige Akzeptanz gesorgt? Gelten ähnliche Mechanismen auch im unternehmerischen Kontext?

Neun Wege zu regelbrechendem Verhalten

Die fallbasierten Insights zur ersten Herausforderung, Wege des Anders-Machens zu erkennen, geben vertiefenden Einblick in die soeben aufgezeigte Kreationsphase. Neun verschiedene Ausgangspunkte (Trigger) spielen eine Rolle in den obigen acht Beispielen regelbrechenden Verhaltens im Sport (vgl. Abb. 119): serendipitous, incompatibility, motivational, affective, cognitive, experiential, cultural, functional und external cues. Ein »cue« steht vom Wortursprung her entweder für ein Signal zur Handlung oder einen konkreten Verhaltenshinweis. Cues helfen folglich entweder dabei, den trägen Pfad gewohnter Verhaltensweisen zu verlassen oder geben Anhaltspunkte, wie dieses Abweichen von Verhaltensstandards konkret erfolgen kann.

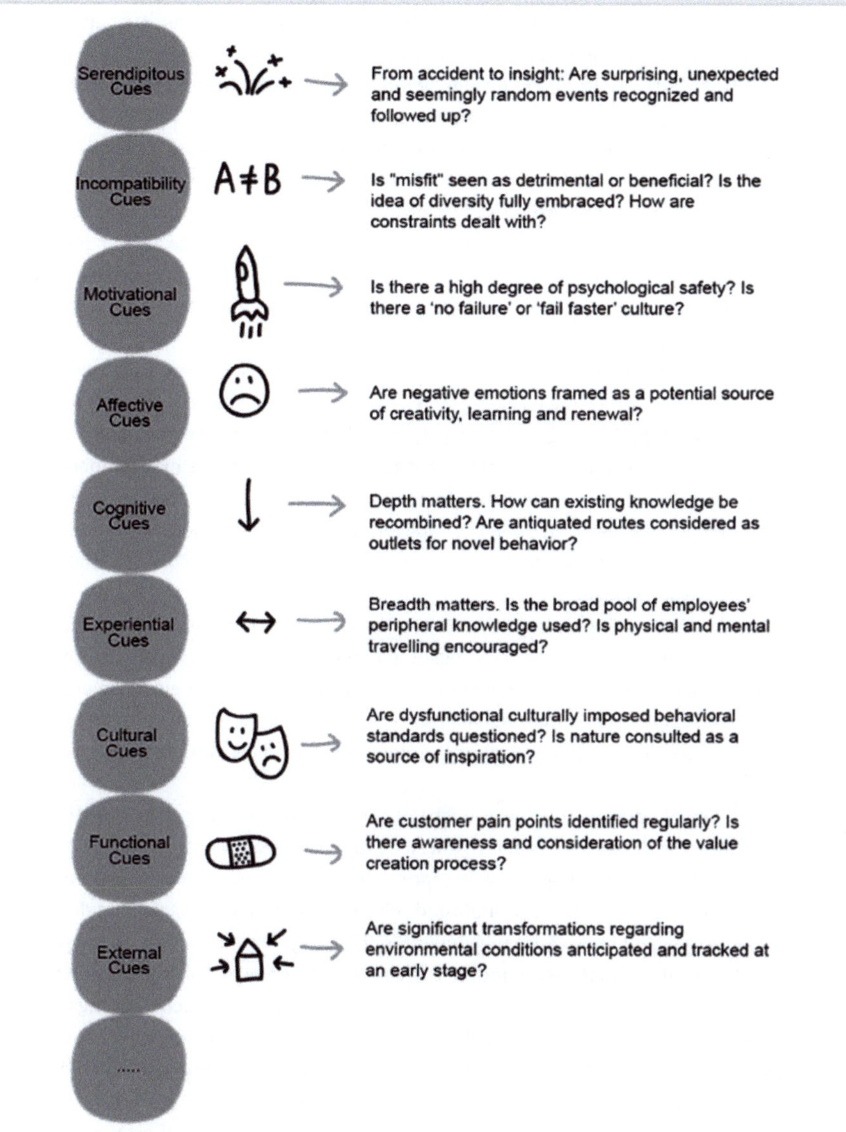

Abb. 119: Creative Cues (Quelle: Auszug aus dem Framework of Rule-Breaking Market Behavior, Veenendaal, 2019)

Serendipitous Cues: Serendipität wird im Sprachgebrauch häufig mit glücklichem Zufall übersetzt, bedeutet jedoch im weiteren Sinne, dass ein plötzliches und unerwartetes Ereignis systematisch weiterverfolgt wird und somit nachfolgendes Entscheiden und Handeln beeinflusst. Das heißt, wenn vermeintlicher Zufall als Unwissenheit über zugrunde liegende Ursache-Wirkungs- Zufall

Beziehungen interpretiert wird, erhalten überraschende Ereignisse Gestaltungscharakter: Sie können in grundlegend andere Verhaltensweisen übersetzt werden, und somit Ausgangspunkt regelbrechenden Verhaltens sein. Beispielsweise öffnete Jan Boklöv erstmalig die Skier zu einem V, nachdem er während eines Sprungs von einer Windböe überrascht wurde. Er versuchte nachfolgend, den Sprungstil zu verstehen und trainieren.

Misfit

Incompatibility Cues: Wahrgenommene Misfits zwischen zwei Parametern, wie z. B. zwischen einem Akteur und dem aktuellen Verhaltensstandard, können Ausgangspunkt für die Kreation eines Regelbruchs sein. Dick Fosbury fühlte sich beispielsweise mit seiner Körpergröße von 1,93 m als zu groß für die seinerzeit dominante Schersprungtechnik und entwickelte auf der Suche nach einem für ihn passenderen Stil peu a peu den Fosbury Flop. So kann, entgegen einer eher tradierten Perspektive, Inkompatibilität zielführend im Hinblick auf die Entdeckung regelbrechender Verhaltensweisen sein.

Motivation

Motivational Cues: Es ist unstrittig, dass Motivation ein bedeutsames Element von Kreationsprozessen ist. In allen Sportbeispielen ist die Motivation zu gewinnen (oder zumindest nicht zu verlieren) zentraler Treiber für die Entwicklung regelbrechender Techniken. Aber auch motivationale Elemente mit zunächst negativer Valenz, wie z. B. Fehler, Misserfolge, mangelndes Talent und situative (Ressourcen)-Beschränkungen, können den Prozess regelbrechenden Verhaltens initiieren. Im Langlauf beispielsweise machte Pauli Siitonen, nachdem er sich während eines Wettbewerbs verwachst hatte, aus der Not eine Tugend, indem er erfolgreich eine Variante der heutigen Skating-Technik einsetzte.

Emotionen

Affective Cues: Auch Emotionen spielen eine Rolle in einschlägigen Innovationstheorien. Inwiefern negative (vs. positive) Emotionen Ausgangspunkt kreativer respektive regelbrechender Verhaltensweisen sein können, wird weniger umfassend diskutiert. Um nur ein Beispiel aus dem Kontext der Sportbeispiele zu nennen, spielte Frustration unter anderem bei einigen der frühen Jump Shooter im Basketball, bei Dick Fosbury im Hochsprung und bei Parry O'Brien im Kugelstoßen eine Rolle.

Wissen

Cognitive Cues: Sowohl breit angelegte als auch tief gehende Wissensaneignung kann Hinweise auf regelbrechende Verhaltensweisen mit sich bringen. Ein Beispiel einer tief gehenden Suchstrategie ist die Reaktivierung und Weiterentwicklung von in Vergessenheit geratenen Verhaltensweisen. Manchmal kann es zielführend sein, vermeintlich antiquierte Vorgehensweisen aus der Vergangenheit als Ausgangspunkt für neue Wege heranzuziehen. So entstand der Fosbury Flop nicht komplett neu, sondern aus einer inkrementellen Weiterentwicklung des aufgrund von Performancedefiziten nicht mehr breitflächig verwendeten Schersprungs.

Erfahrung

Experiential Cues: Erfahrung in anderen (scheinbar völlig unverwandten) Bereichen, auch als peripheres Wissen zu bezeichnen, kann mittels Abstraktion und Analogieschluss auf vorliegende Verhaltensstandards angewandt werden und somit Inspirationsquelle für Regelbrüche sein. Bei der Entwicklung der Rollwende im Rückenschwimmen beispielsweise, war Albert Vande Weghes Erfahrung im Tauchen maßgeblicher Einflussfaktor. Die Hockposition bei der Rollwende soll durch den Rückwärtssalto im Tauchen inspiriert worden sein.

Kultur

Cultural Cues: Kulturell auferlegte Verhaltensweisen sind nicht immer auch funktional, wie das Beispiel klassischer vs. moderner Springsitz im Springreiten anschaulich darstellt. Im klassischen Springsitz hatte der Reiter zwar die Kontrolle über das Pferd, dieses konnte jedoch aufgrund eingeschränkter Beweglichkeit das volle Potenzial nicht ausschöpfen. Ausgangspunkt für die Kreation regelbrechender Wettbewerbsvorteilspositionen kann somit bspw. die »natürliche« Alternative zu aktuellen Verhaltensstandards sein.

Dysfunktionalität

Functional Cues: Aktuelle Problemlösungen können immer auch dysfunktionale Elemente innehaben, die dafür sorgen, dass Akteure aus Gewohnheiten ausbrechen und nach einem anderen Weg suchen. Imperfekte Lösungen in den o. g. Sportbeispielen manifestierten sich unter anderem in Form von Schmerz des Pferdes beim klassischen Springsitz (Springreiten) und der Schwierigkeit, dass der Korbwurf ohne Sprung, insbesondere bei Spielenden mit geringer Körpergröße, leicht abgeblockt werden kann (Basketball).

Externe Veränderungen

External Cues: Veränderungen externer Parameter sind klassischerweise als Initiator von Verhaltensänderungen bekannt. Erst als Landematten beim Hochsprung zulässig wurden, konnten die Athleten einen Sprung wie den Fosbury Flop ohne großes Verletzungsrisiko durchführen.

Kreation

Creative Cues sind also gewissermaßen als Inspirationspool anzusehen, wie das Gewohnte anders gemacht werden, respektive, wie ein Verhaltensstandard gebrochen werden kann. Die Liste ist weder abschließend noch sind die einzelnen Cues zwingend isoliert zu betrachten (bei den Sportbeispielen erfolgte typischerweise eine Kombination verschiedener cues). Abb. 119 stellt die neun Cue-Kategorien gesammelt dar.

Einen umfassenden Einblick in die acht sporthistorischen Regelbrüche, den zugrunde liegenden Prinzipien und unternehmerischen Handlungsoptionen regelbrechenden Verhaltens gibt Veenendaal (2019).

Aus den Stufen A1 und A2 unseres Analyseschemas aus Abb. 117 resultiert eine Liste von üblichen Verhaltensweisen bei wichtigen Variablen der Marktbearbeitung in einer Spielarena. Nicht alle dieser Verhaltensstandards werden vermutlich das gleiche Regelbruchpotenzial aufweisen, da es für manche von ihnen möglicherweise substanzielle Gründe gibt. Daher erscheint es sinnvoll, vor der Kreation möglicher Regelbrüche die Liste von Verhaltensstandards einer Arena zu reduzieren (Schritt A3) und sich auf jene Regeln zu fokussieren, bei denen es schwerfällt, ihre Existenz plausibel zu begründen.

An die Phase der Identifikation von Verhaltensstandards schließt sich die Phase der Formulierung möglicher Regelbrüche an (Kreation). Im Kern geht es also um die Frage, »ob und wie man die Dinge auch anders machen könnte«. Um einerseits den dazu erforderlichen kreativen Prozess nicht zu eng zu kanalisieren, andererseits aber die Ideen für regelbrechendes Verhalten so zu konkretisieren, dass sie einer anschließenden Evaluation zugänglich sind, schlagen wir für die Phase der Kreation eine Zweiteilung vor. In der ersten Stufe (B1) sollen für die zuvor identifizierten Regeln zunächst grobe Ideen des Anders-Machens entwickelt werden. Im Zentrum steht also weniger das »Wie« als vielmehr die prinzipielle Option des Anders-Machens, also das »Ob«. Die zweite Stufe der Kreation (B2) adressiert dann die Konkretisierung der zuvor eher grob skizzierten Ideen. Es geht dabei noch nicht um eine Bewertung, sondern lediglich um eine möglichst nachvollziehbare Umschreibung des Regelbruchs, beispielsweise in vier oder fünf Sätzen. Ziel ist es, den Regelbruch so zu skizzieren, dass er auch für an der Kreationsphase Nicht-Beteiligte nachvollziehbar wird.

Kreativität

Offenbar verlangt die zweite Phase unseres Prozesses, analog zu anderen Innovationsprozessen, bspw. in der Neuproduktplanung, ein hohes Maß an Kreativität. Aufgrund der Relevanz kreativen Denkens für Innovationsprozesse hat sich in Wissenschaft und Praxis eine Vielzahl von Kreativitätstechniken herausgebildet, deren Anwendung die Entwicklung neuer Ideen fördern soll. Ausgehend von der Brainstorming-Methode, die in den 1950er Jahren von Osborn (1957) entwickelt wurde, berichtet Geschka (2002, S. 1196) von mehr als hundert weltweit eingesetzten Kreativitätstechniken. Da viele dieser Methoden (z. B. Exkursionssynektik, morphologische Matrix) auf den Grundregeln des Brainstorming basieren, soll diese »Urmutter« aller Kreativitätstechniken stellvertretend für andere Ansätze nachfolgend kurz vorgestellt werden (vgl. zu den anderen Methoden Geschka, 2002).

Methodenkasten 11

Brainstorming

Gruppe

Brainstorming ist eine Technik der freien Assoziationen, bei der in Gruppen von optimalerweise fünf bis sieben Teilnehmern durch wechselseitige Interaktionen der Gruppenmitglieder Ideen generiert werden sollen. Die mindestens 10 und höchstens 30 Minuten dauernde Brainstorming-Sitzung sollte durch einen Moderator geleitet werden, der insbesondere auf die Einhaltung der eine kreative Atmosphäre sicherstellenden Regeln achten muss. Darüber hinaus sollte der Moderator die von den Teilnehmern geäußerten Ideen für alle sichtbar protokollieren, um den Gruppenmitgliedern die Möglichkeit zu eröffnen, diese aufzugreifen und evtl. weiterzuentwickeln. Für den Erfolg einer Brainstorming Sitzung ist die Einhaltung folgender Spielregeln von großer Bedeutung (vgl. Geschka, 2002, S. 1197):

Moderator

Regeln

- Jegliche Kritik der vorgebrachten Ideen ist zu unterlassen,
- auch »verrückte« Ideen sollten geäußert werden,
- es sollten möglichst viele Ideen gesammelt werden, um die Problemstellung umfassend auszuleuchten,
- die Teilnehmer sollen an bereits geäußerte Ideen anknüpfen, diese weiterentwickeln und sich von ihnen anregen lassen.

Neben der strikten Regeleinhaltung ist die Gruppenzusammensetzung ein wesentlicher Erfolgsfaktor von Brainstorming-Workshops. Um möglichst viele Perspektiven in den Ideenfindungsprozess zu integrieren, ist es dabei ratsam, den Teilnehmerkreis heterogen zu gestalten. Analog zu Benchmarkingprozessen wächst das Innovationspotenzial mit der Entfernung zur eigenen Spielarena. Dementsprechend sollten zu den Kreativworkshops geschäftsfeldfremde Mitarbeiter des eigenen Unternehmens sowie gegebenenfalls auch unternehmensfremde Experten eingeladen werden.

Evaluation

Nach der Kreation möglicher Regelbrüche gilt es abschließend, diese im Hinblick auf die Transformationsmöglichkeit in tragfähige Geschäftsmodelle zu analysieren, oder anders formuliert ihr KKV-Potenzial zu prüfen (Stufe C). Da in der Kreationsphase möglicherweise auch Ideen generiert wurden, die zwar ein prinzipiell hohes Wirkungspotenzial im Hinblick auf einen KKV besitzen (Stufe C1), aber derart massiv regelbrechend sind, dass sie schwer zu realisieren sind, sollte dabei auch die praktische Umsetzbarkeit der Ideen in den Blick genommen werden (Stufe C2).

Externe und interne Perspektive

Für den Evaluationsprozess ist es wichtig, die möglichst weit vom eigenen Unternehmen entfernte, von Entlernprozessen begleitete Kreation endogener Regelbrüche anschließend mit dem unternehmensinternen Know-how, bspw. im Hinblick auf die Kompetenzen eines Unternehmens, zu kombinieren. Bickhoff (2008, S. 25) empfiehlt dennoch die Bewertung möglicher, auf Regelbrüchen basierender neuer Geschäftsmodelle nicht intern, sondern extern, z. B. durch Investmentbanker oder Berater, durchführen zu lassen. Die Befangenheit und Rivalität um Ressourcen der intern Beteiligten verhindere eine objektive Bewertung der entwickelten neuen Geschäftsmodelle.

Beispiel eines TV-Senders

Beispiel 45, das auf einem Workshop mit einem deutschen TV-Sender basiert, soll den vorgestellten Prozess der Entwicklung von Optionen zum Abweichen von Verhaltensstandards illustrieren. Die im Rahmen des Workshops generierten Ideen für regelbrechendes Verhalten sind vor dem Hintergrund von Vertraulichkeitsanforderungen dabei anonymisiert.

Beispiel 45

Workshop zur Identifikation von Optionen regelbrechenden Verhaltens

Heterogenität der Teilnehmer

An dem insgesamt zweitägigen Workshop nahmen insgesamt 30 Teilnehmer aus 12 unterschiedlichen Bereichen (z. B. Content, Produktion, Herstellungsleitung, Forschung, Marketing) des Senders teil. Ziel des Workshops war unter anderem die Generierung von belastbaren Ideen für regelbrechendes Marktverhalten, die anschließend detaillierter geprüft und ausgearbeitet werden sollten. Die Teilnehmer wurden in sechs Gruppen zu je fünf Personen eingeteilt, wobei auf eine möglichst große Heterogenität in der Gruppenzusammensetzung geachtet wurde. Anschließend erhielten die Gruppen »Arbeitsanweisungen«, die wie folgt aufgebaut waren.

Aufgabenstellung

1. Reflektieren Sie zunächst, welche Variablen der Marktbearbeitung (z. B. Programminhalte, zeitliche Planung des Programms, Häufigkeit und Gestaltung von Werbeblöcken etc.) für einen TV-Sender charakteristisch sind (max. 5).
2. Diskutieren Sie anschließend für jede dieser Variablen, wie man das »üblicherweise« im TV-Geschäft so macht, z. B.
   - Wie gestaltet man Werbeblöcke?
   - Wie entwickelt man neue Formate?
   - Wie macht man Programmplanung?
3. Wo sehen Sie Gemeinsamkeiten respektive Ähnlichkeiten im Verhalten aller Marktteilnehmer? Konkretisieren Sie auf Grundlage Ihrer Diskussion drei Regeln des Markthandelns von TV-Sendern:
4. Diskutieren Sie, welche Gründe es für diese Regeln gibt, z. B. ökonomische

Gründe, Gewohnheit der Zuschauer, technische Rahmenbedingungen, Strukturen von Märkten etc. Bei welcher der drei von Ihnen identifizierten Regeln sind Sie am ehesten der Ansicht, dass die Gründe für das Bestehen der Regel nicht stichhaltig sind.

5. Diskutieren Sie, wie ein möglicher Regelbruch aussehen kann. Wie könnte man das durch die Regel »geregelte« Problem auch ganz anders lösen? Geben Sie dem Vorschlag einen konkreten Namen und beschreiben ihn in drei bis vier Sätzen.

Für die Bearbeitung dieser Aufgabe hatten die Teilnehmer 90 Minuten Zeit. Anschließend wurde jede der entwickelten Ideen im Plenum vorgestellt (5 Minuten pro Idee). Im Anschluss an die Vorstellung wurden die Teilnehmer gebeten, die Ideen hinsichtlich des Wirkungspotenzials und der Umsetzbarkeit anonym zu bewerten (jeweils auf einer 10er-Skala) (vgl. Abb. 120).

Bewertung der Ideen

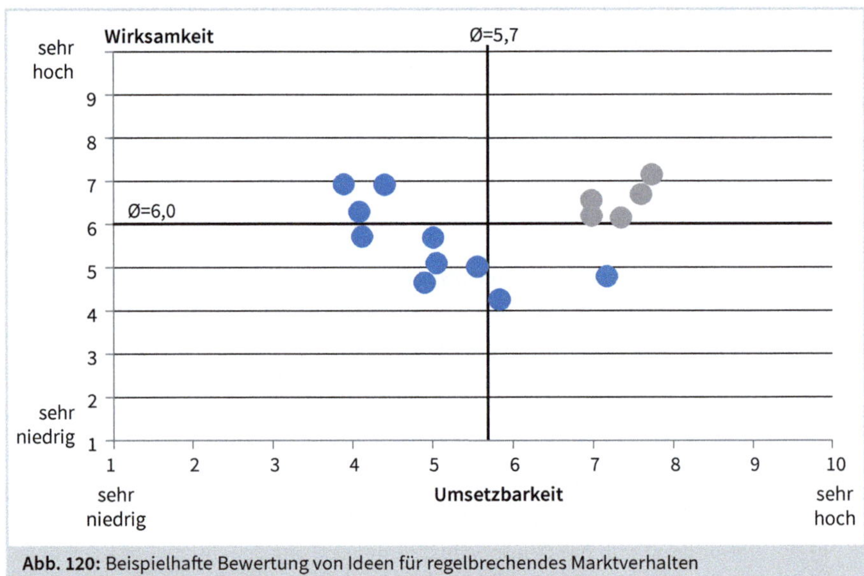

Abb. 120: Beispielhafte Bewertung von Ideen für regelbrechendes Marktverhalten

Fünf der insgesamt 15 generierten Ideen zu regelbrechendem Marktverhalten wurden von den Teilnehmern sowohl hinsichtlich Wirksamkeit als auch Umsetzbarkeit überdurchschnittlich positiv bewertet. Diese wurden dann in einen Prozess der weiteren Konkretisierung und Prüfung gegeben.

Fazit

Zusammenfassend sollte dieses Kapitel Einblicke in den Prozess des Brechens von Verhaltensstandards vermitteln. Da die Orientierung am »Üblichen«, an den ungeschriebenen Gesetzmäßigkeiten einer Arena den Akteuren in aller Regel unbewusst ist, besteht die erste Aufgabe darin, die Verhaltensstandards zu identifizieren. Hieran schließt sich die Stufe der Kreation möglicher Regelbrüche an. Dabei gilt es konsequent die Perspektive des »Anders-Machens« einzunehmen, also in Effektivität und nicht in Effizienz zu denken. Drittens schließlich müssen die potenziellen Regelbrüche sukzessive evaluiert werden.

Neben der Wirksamkeit hinsichtlich einer KKV-Position ist dabei angesichts des revolutionären Charakters regelbrechenden Verhaltens auch die praktische Umsetzbarkeit in den Blick zu nehmen.

4.4 Veränderung des Spielverhaltens

Evolution vs. Revolution

Wie bereits an anderen Stellen unserer Ausführungen zum dynamischen KKV-Management, wollen wir auch beim Spielverhalten zwischen einer evolutionären (Besser-Machen) und revolutionären (Anders-Machen) Perspektive differenzieren (vgl. Tab. 37).

	Wertschöpfungsevolution			**Wertschöpfungsrevolution**		
Ausgangssituation	Input	<	Output	Input	>	Output
Maßnahmen	↓		↑	↓		↑
Ergebnis	Input	<	Output	Input	<	Output

Tab. 37: Wertschöpfungsevolution vs. Wertschöpfungsrevolution

Unterschied

Wertschöpfungsevolution und -revolution unterscheiden sich dabei grundsätzlich nicht durch die eingesetzten Maßnahmen. Bei beiden Optionen geht es um Möglichkeiten, den Wert des Inputs eines Transformationsprozesses zu senken respektive den Wert seines Outputs zu steigern. Die Differenzierung resultiert vielmehr aus dem Ergebnis der Maßnahmen. Bei der Wertschöpfungsevolution wird ein bereits wertschöpfender Prozess noch wertschöpfender gestaltet. Auch wenn im statischen Teil des Spielverhaltens von einer maximalen Wertschöpfungskonfiguration ausgegangen wurde, können beispielsweise veränderte Produktionsverfahren, neue Beschaffungswege oder veränderte Kundenanforderungen Potenziale für eine erhöhte Wertschöpfung eröffnen. Im Gegensatz dazu wird bei einer Wertschöpfungsrevolution durch Minderung des Inputs respektive Steigerung des Outputs eine Wertschöpfung möglich, die zuvor nicht möglich war bzw. von keinem Marktteilnehmer erkannt wurde.

Ein Beispiel

Ein sehr einfaches Zahlenbeispiel soll den Unterschied verdeutlichen. In der Ausgangssituation einer Wertschöpfungsevolution möge der Input den Wert drei haben und der Output den Wert sieben. Der Prozess ist offenbar wertschöpfend. Könnte nun beispielsweise aufgrund neuartiger Produktionsverfahren der Wert des Inputs um eine Einheit reduziert werden, stiege die Wertschöpfung von vier auf fünf Einheiten. Bei der Wertschöpfungsrevolution hingegen gibt es in der Ausgangssituation keinen realen Transformationsprozess, da dieser eben bislang nicht wertschöpfend umsetzbar war. Zum Beispiel beträgt der Wert des Inputs 12, der Wert des Outputs aber nur 10. Um einen solchen Transformationsprozess wertschöpfend zu machen, müsste nun entweder der Input um drei Einheiten gesenkt oder der Output um drei Einheiten gesteigert werden. Selbstverständlich sind auch Kombinationen aus vermindertem Input (z. B. zwei) und erhöhtem Output (z. B. eins) denkbar.

Ausmaß der Wertschöpfungssteigerung

Obgleich wir bei Wertschöpfungsevolution und -revolution prinzipiell kongruente Maßnahmen unterstellen (Wert des Inputs senken und/oder Wert des Outputs steigern), wird sich in aller Regel das erforderliche Ausmaß der Wertschöpfungssteigerung unterscheiden. Bei der Evolution reicht jede marginale Verbesserung für eine erhöhte Wertschöpfung aus, bei der Revolution hingegen werden regelmäßig größere Veränderungen erforderlich sein, um die Ungleichung zwischen Input und Output umzudrehen und so einen bislang nicht wertschöpfenden in einen wertschöpfenden Prozess zu transformieren.

Wertschöpfungsevolution

Die Wertschöpfungsevolution erfordert entsprechend ein kontinuierliches Monitoring der vier Wertschöpfungstreiber im Hinblick auf mögliche Verbesserungspotenziale. Typische Fragen dabei sind:

- Wie lässt sich die Produktion noch effizienter gestalten?
- Wie können Beschaffungsprozesse effizienter gemacht werden?
- Wie können die zeit- oder energiebasierten Opportunitätskosten des Kunden weiter gesenkt werden?
- Wie lässt sich der Nutzen des Produktes weiter steigern?

Im Prinzip kommen dabei alle der im statischen Teil des Spielverhaltens diskutierten Optionen in Betracht. Letztlich verlangt die Wertschöpfungsevolution lediglich das Bewusstsein, dass eine zu einem bestimmten Zeitpunkt maximale Wertschöpfung im Zeitraum in aller Regel nicht maximal bleibt, da sich die Bedingungen des Wertschöpfungsprozesses (Kundenanforderungen, Produktionsprozesse etc.) im Zeitverlauf ändern.

Wertschöpfungsrevolution

Die Managementaufgabe im Kontext von Wertschöpfungsrevolutionen ist grundlegend anders. Da Wertschöpfungsrevolutionen in der Regel einen großen Wertschöpfungsimpuls erfordern, gilt es Veränderungen zu identifizieren, von denen ein starker Effekt auf einen der vier Wertschöpfungstreiber ausgeht.

Nutzen

Im Hinblick auf den Nutzen sind solche Veränderungen insbesondere im Hinblick auf sozio-kulturelle Variablen zu erwarten, da sie Struktur und Dringlichkeit von Kundenproblemen maßgeblich beeinflussen. Der demographische Wandel in Deutschland (vgl. BMI, 2017, S. 4) beispielsweise führt in Kombination mit der im Vergleich zu Frauen kürzeren Lebenserwartung von Männern (vgl. OECD, 2019b; Weber, 2015) zu einem zunehmenden Problem der Vereinsamung älterer Frauen. Die nachlassende Relevanz von Besitz als Nutzendimension hat Optionen für Wertschöpfungsrevolutionen im Sinne einer Sharing Economy eröffnet (beispielsweise für Automobilität).

Kosten

Bezüglich der Kosten richtet sich der Blick in erster Linie auf technische Entwicklungen, die in der Lage sind, Produktionskosten drastisch zu senken und es so ermöglichen, einen bislang nicht wertschöpfenden Prozess nunmehr wertschöpfend zu gestalten. So hat Henry Ford mit seiner bahnbrechenden Idee der Fließfertigung die Kosten der Automobilproduktion signifikant gesenkt und so eine revolutionär neue Wertschöpfung geschaffen. Ebenso hat die dramatische Entwicklung der Leistungsfähigkeit von Microchips die Kosten für Speicherung und Verarbeitung digitaler Daten marginalisiert und so in zahlreichen Anwendungsfeldern (z. B. Fotografie, Kommunikation, Unterhaltung) neue Wertschöpfungsoptionen eröffnet.

Darüber hinaus können auch neue Beschaffungsmöglichkeiten, etwa infolge liberalisierter handelspolitischer Rahmenbedingungen oder veränderter Transportmöglichkeiten, Optionen für eine wertschöpfungsermöglichende Kostensenkung eröffnen. So wäre das Non-Food-Aktionsgeschäft der Discounter ohne den Rückgriff auf kostengünstige Produktions- und Liefermöglichkeiten in »Fernost & Co.« kaum denkbar.

Zeit- und energiebasierte Opportunitätskosten

Zeit- und energiebasierte Opportunitätskosten schließlich werden sowohl von sozio-kulturellen als auch technischen Veränderungen beeinflusst. Die Höhe der Opportunitätskosten pro Zeit- oder Energieeinheit hängt dabei maßgeblich von sozio-kulturellen Variablen ab. So zieht beispielsweise die wachsende Erwerbsbeteiligung von Frauen in Deutschland (vgl. Brenke, 2015, S. 75 f.) im Grundsatz steigende zeitbasierte Opportunitätskosten nach sich, da von der Erwerbstätigkeit »neue« Ansprüche an das konstant gebliebene Zeitbudget ausgehen. Die tendenziell wachsende Aktivitätendichte im Sinne von Aktivitäten pro Zeiteinheit (vgl. Rosa, 2005, S. 114 ff.) resultiert vermutlich in zunehmenden energiebasierten Opportunitätskosten bezüglich kognitiver Energie. Die Höhe der vom Unternehmen geforderten Zeit- und Energiebudgets wird hingegen eher von technischen Veränderungen beeinflusst. So ist beispielsweise die kürzere Reisezeit der Bahn im Hochgeschwindigkeitsverkehr Ergebnis technischer Innovationen. In Bezug auf die energetische Beanspruchung des Kunden sei beispielsweise auf «Plug-and-Play-Technologien« oder Möglichkeiten dynamischer Routenplanung in Navigationssystem verwiesen.

Diese exemplarischen Ausführungen können naturgemäß keinen Anspruch auf Vollständigkeit erheben. Sie sollen lediglich das Prinzip der Managementaufgabe im Zusammenhang mit Wertschöpfungsrevolutionen verdeutlichen. Soll ein bislang nicht wertschöpfender und entsprechend real nicht existierender Transformationsprozess wertschöpfend werden, sind dafür in aller Regel große Veränderungen bei Input und/oder Output erforderlich. Entsprechend müssen Hebel mit Bezug zu Input oder Output gesucht werden, von denen ein wesentlicher Effekt auf die Parameter der Wertschöpfung ausgehen kann.

Digitalisierung …

… ermöglicht revolutionär neue Wertschöpfung

Ein Impuls, dem das Potenzial für grundlegende Umwälzungen sowohl sozio-kultureller als auch technischer Variablen zugesprochen wird, ist die Digitalisierung (vgl. bspw. Floridi, 2015; Hess, 2019; Mahler/Schulz, 2014; Meffert/Meffert, 2017). Nachfolgend werden daher Möglichkeiten revolutionärer Wertschöpfung infolge der Digitalisierung beleuchtet.

Die Diskussion dient dabei in erster Linie dem Verstehen des Vorgehens im Zusammenhang mit der Suche nach Wertschöpfungsrevolutionen. Gleichwohl verlangt dieses Lernziel zunächst eine intensive Auseinandersetzung mit dem Phänomen der Digitalisierung. Quasi als Kuppelprodukt hoffen wir dem Leser mit unserer Argumentation daher auch ein besseres Verständnis der Digitalisierung zu vermitteln (vgl. hierzu und im Folgenden Schneider, 2019).

Der Ausgangspunkt unserer Argumentation ist die Annahme, dass die Digitalisierung nicht nur bestehende Wertschöpfungsmodelle substanziell gefährden kann, sondern gleichzeitig auch Möglichkeiten für revolutionär neue Wertschöpfung eröffnet. Die Entdeckung derartiger Optionen setzt das das Verstehen des Veränderungsimpulses Digitalisierung voraus. Mit anderen Worten ist es ebenso sinnlos über die Folgen der Digitalisierung zu sinnieren wie über die Folgen des Klimawandels, wenn nicht klar ist, was genau die konstitutiven Merkmale der Digitalisierung respektive des Klimawandels sind. Vor dem Hintergrund wird nachfolgend ein Versuch der Dekomposition des Digitalisierungsbegriffs unternommen, auf dessen Basis dann denkbare Wertschöpfungsrevolutionen infolge der Digitalisierung erörtert werden.

Eine Übersetzung in Maschinensprache

Nähert man sich diesem Unterfangen etymologisch, so besteht das Wort Digitalisierung aus zwei Bestandteilen: »Digital« und »sierung«. Die Endung »sierung« ist dabei in der deutschen Sprache häufig zu finden, wie zum Beispiel Urbanisierung, Kommerzialisierung, Internationalisierung oder Globalisierung. Sucht man nach Gemeinsamkeiten dieser Begriffe, so wird deutlich, dass die Wortendung »(i)sierung« offenbar Veränderungsprozesse kennzeichnet und der damit verknüpfte Wortteil die Richtung dieser Veränderung signalisiert. Urbanisierung: Etwas zuvor nicht Urbanes wird urban. Kommerzialisierung: Etwas zuvor nicht Kommerzielles wird kommerziell. Globalisierung: Etwas zuvor nicht Globales wird global. Digitalisierung: Etwas zuvor nicht Digitales, etwas Analoges, wird digital. Versteht man digital als einen spezifischen Code, der aus Nullen und Einsen besteht (vgl. Intveen, 1999, S. 12; Precht/Meier/Tremel, 2004, S. 28), so könnte Digitalisierung in einem ersten Schritt als eine Übersetzung analoger in digitale Signale oder auch etwas plakativer als eine Übersetzung in Maschinensprache interpretiert werden.

Diese Auffassung korrespondiert mit dem englischen Begriff digitization (vgl. Brennen/Kreiss, 2016, S. 1 ff.) und repräsentiert das eher technische Verständnis der Digitalisierung, wie es beispielsweise in folgender Definition zum Ausdruck kommt:

Digitization

»Digitalisierung bedeutet die Elektronifizierung von Informationen. Informationen liegen nicht mehr atomar bzw. physisch vor, sondern werden als Daten elektronisch erzeugt, gespeichert, verarbeitet sowie präsentiert und benutzt. Letztendlich geht es um die grundsätzlichen Möglichkeiten der Transformation von Atomen zu Bits und Bytes und dies schließt damit auch alle Formen von physischen Produktkomponenten und den Produkten selbst sowie von Dienstleistungen ein« (Lemke/Brenner, 2015, S. 13 f.).

In dieser technisch dominierten Interpretation von Digitalisierung kommen die mit der Übersetzung in Maschinensprache einhergehenden Konsequenzen allerdings zu kurz. Digitalisierung ist eben nicht nur ein technischer, sondern auch ein gesellschaftlicher Prozess. Mit anderen Worten ist die Übersetzung in Maschinensprache folgenreich. Die auf den ersten Blick harmlos anmutende Übersetzung analoger in digitale Signale verändert nahezu alle gesellschaftlichen Bereiche fundamental: Bildung, Politik, Freizeit, Familie, Journalismus. In all diesen Feldern können wir infolge der Digitalisierung tief greifende Veränderungen beobachten. Dieses auf seine Folgen fokussierte Verständnis von Digitalisierung korrespondiert mit dem englischen Begriff der digitalization (vgl. Brennen/Kreiss, 2016, S. 1 ff.). In dieser Sichtweise wird Digitalisierung beispielsweise wie folgt definiert:

Digitalization

»Unter Digitalisierung werden alle Veränderungen und deren Ergebnisse in allen Teilen der menschlichen Gesellschaft verstanden, die durch die verstärkte Anwendung von digitalen Technologien entstehen« (Leinmeister, 2015, S. 2 unter Verweis auf Stolterman/Fors, 2004).

Eine folgenreiche Übersetzung in Maschinensprache

In einer Synthese der technischen Perspektive (digitization) einerseits und der auf die gesellschaftlichen Folgen fokussierten Interpretation (digitalization) andererseits soll Digitalisierung hier als eine »folgenreiche Übersetzung in Maschinensprache« (Schneider, 2019) definiert werden. In diesem Verständnis sind die durch die Digitalisierung eröffneten Möglichkeiten revolutionärer Wertschöpfungsmodelle eine ebensolche Folge.

Warum folgenreich?

Insofern ist für die Entdeckung revolutionärer Wertschöpfungsoptionen bis hierhin noch nicht viel gewonnen. Dazu müssen die Folgen der Übersetzung in Maschinensprache weiter dekomponiert werden. Welche Konsequenzen hat also die Übersetzung in Maschinensprache? Und inwieweit resultieren hieraus Möglichkeiten revolutionärer Wertschöpfung? Zur Beantwortung der ersten Frage richtet sich der Blick auf die Eigenschaften digitaler Codes, denn wenn die Digitalisierung erstens eine Übersetzung in Maschinensprache und zweitens folgenreich ist, dann müssen die Gründe für die Folgen logischerweise in den Attributen der Maschinensprache liegen. Mit anderen Worten müssen digitale Codes im Vergleich zu analogen Zeichen Besonderheiten aufweisen, die in ihrer Kombination die Folgen der Digitalisierung determinieren. Dabei sind, ohne den Anspruch einer abschließenden Vollzähligkeit, sechs Attribute digitaler Codes auffällig. Nullen und Einsen sind …

Attribute digitaler Codes

1. schnell transferierbar,
2. leicht zu kopieren,
3. leicht zu lagern,
4. (für Maschinen) universell verständlich,
5. (für Maschinen) leicht zu analysieren,
6. verlustfrei zu kopieren.

Digitale Signale können mit sehr hoher Geschwindigkeit transferiert werden. So benötigt ein Flugzeug für die Strecke Frankfurt-San Francisco ungefähr 11,5 Stunden (vgl. Flugdauer Flugzeit, 2019), ein Datenpaket für die gleiche Entfernung 0,186 Sekunden (vgl. Speedtest, 2019). Nullen und Einsen sind sehr schnell zu kopieren. Wenn Sie dieses Buch mechanisch kopieren, dann schaffen Sie vielleicht 20 Seiten pro Minute (was schon schnell wäre), ein USB 3.0-System kopiert rund 300 MB pro Sekunde (vgl. Wikipedia, 2019d), was ungefähr 148.000 Seiten[29] entspricht. Nullen und Einsen sind leicht zu lagern. In einem konventionellen Bücherregal lassen sich – natürlich abhängig von ihrem Umfang – rund 300 Bücher lagern. Auf einem Rechenrack in Größe eines Bücherregals (Speicherkapazität 5 Petabyte) finden ungefähr 2 Mrd. Bibeln Platz.[30]

Digitale Codes sind für alle Maschinen auf der Welt verständlich, der Mensch hingegen hat ungefähr 7.000 unterschiedliche Sprachen (vgl. Max-Planck-Gesellschaft, 2005). Nullen und Einsen sind für Maschinen sehr leicht zu analysieren. Stellen Sie sich nur die Datenmenge vor, die beispielsweise Amazon nutzt, um Ihnen in Bruchteilen von Sekunden Kaufvorschläge zu unterbreiten und vergleichen Sie dies mit dem Empfehlungsverhalten eines analogen Buchhändlers. Schließlich sind Nullen und Einsen verlustfrei kopierbar, das heißt eine Kopie und die Kopie der Kopie weisen die gleichen Qualitätsmerkmale wie das Original auf.

Gravierende Unterschiede

Die beispielhafte Beschreibung der sechs Attribute digitaler Codes verdeutlicht, dass der Unterschied zwischen analogen und digitalen Signalen nicht marginal, sondern geradezu atemberaubend ist. Nullen und Einsen sind beispielsweise nicht ein bisschen schneller als analoge Signale, sondern sehr, sehr, sehr viel schneller. Entsprechendes gilt für die weiteren fünf Attribute.

Digitale Folgegesetze

Diese Attribute digitaler Codes sind die Basis für unser Verständnis der Folgen der Digitalisierung. Aus ihrer Kombination resultieren acht Digitale Folgegesetze (vgl. Schneider, 2019), die unsere abschließende Dekomposition der Digitalisierung darstellen. Die Folgegesetze haben, wie ihr Name schon sagt, den Anspruch, unabhängig vom Untersuchungsgegenstand zu gelten. Auch wenn sie nicht in allen Kontexten die gleiche Relevanz entfalten, beanspruchen sie somit universelle Gültigkeit, gleichgültig, ob es um die Konsequenzen der Digitalisierung für Politik, Bildung oder eben Wertschöpfung geht. Im Einzelnen handelt es sich um folgende Gesetzmäßigkeiten:

1. **G**renzkostenmarginalisierung
2. **I**nformationssymmetrisierung
3. **N**eue Erkenntnisgalaxien
4. **E**manzipation von Raum und Zeit
5. **N**eue Sicherheitsparadigmen
6. **G**eschwindigkeitsexplosion

29 Ein Megabyte entspricht ungefähr der Datenmenge von 500 DIN A4-Seiten (vgl. Greafen, 2017).

30 5 Petabyte = 5 Mio. Gigabyte, 1 Gigabyte = 1.000 Megabyte, 1 Megabyte entspricht rund 500 DIN A4 Seiten. Unterstellt man für eine Bibel einen Umfang von 1.246 Seiten, so ergibt sich der Wert von 2.006.420.545 Bibeln.

7. **S**chnittstellenzentralisierung
8. **T**ransaktionskostensenkung

Die Reihenfolge sagt nichts über die Bedeutung der einzelnen Folgegesetze aus, sondern soll als kleine Eselsbrücke dienen. Die Anfangsbuchstaben der acht Folgegesetze definieren gleichzeitig eine neue Ginsorte: den GIN ENGST. Alle acht Gesetze werden nachfolgend kurz erläutert (vgl. ausführlich Schneider, 2019).

Grenzkosten-marginalisierung

Grenzkosten sind ein zentraler Begriff der Betriebswirtschaftslehre. Das Präfix »Grenz« in Grenzkosten, den es auch in anderen ökonomischen Zusammenhängen gibt (z. B. Grenzumsatz, Grenzgewinn, Grenznutzen), kennzeichnet allgemein, dass es um Veränderungen geht. Wie also verändern sich die Kosten, der Umsatz, der Gewinn oder der Nutzen, wenn die Inputvariable um eine Einheit steigt? Im Zusammenhang mit Kosten geht es dabei um die Frage, wie sich die Kosten verändern, wenn ein Stück mehr produziert wird. Rechnerisch ergibt sich »Grenz-Anything« aus der ersten Ableitung der zugrunde liegenden Funktion, also der Kosten-, Umsatz-, Gewinn- oder Nutzenfunktion. Grafisch lässt sich »Grenz-Anything« an der Steigung des Funktionsgraphen ablesen.

Im Gegensatz zu analogen Produkten verursacht die Produktion einer zusätzlichen Einheit eines digitalen Produktes kaum zusätzliche Kosten. Insbesondere weil Nullen und Einsen schnell und verlustfrei zu kopieren sowie leicht zu lagern sind, verändern sich die Kosten in Abhängigkeit der produzierten Menge bei einem digitalen Produkt nur marginal. Die Grenzkosten gehen gegen Null. Daher sprechen wir von Grenzkostenmarginalisierung.

Beispiel Buch vs. E-Book

Veranschaulichen wir uns die Grenzkostenmarginalisierung, indem wir beispielhaft ein analoges Druckerzeugnis (z. B. ein Buch) mit seinem digitalen Pendant (z. B. einem E-Book) vergleichen. Bei der zusätzlichen Produktion eines physischen Buches werden zumindest die Kosten für Papier und die Druckfarbe steigen. Weitere Kosten, wie zum Beispiel Arbeits-, Energie-, Lager- oder Transportkosten werden durch die Produktion eines (!) weiteren Buches kaum messbar beeinflusst. Die Grenzkosten für die Produktion eines analogen Buches gehen also im Wesentlichen auf erhöhte Materialkosten zurück. Beim E-Book entfallen die Kosten für Papier und Druckfarbe. Auch weitere Kosten, wie zum Beispiel Energie- oder Serverkosten, werden sich durch die Produktion eines weiteren E-Books kaum verändern. Die Grenzkosten für ein zusätzlich produziertes E-Book betragen also quasi null.

Betriebswirtschaftliche Bedeutung

Anfänglich wurde auf die hohe betriebswirtschaftliche Bedeutung der Grenzkosten hingewiesen. Dies soll über Rückgriff auf die nicht minder wichtige Gewinnfunktion verdeutlicht werden. Im Gewinnmaximum ist der Grenzgewinn (s. o.) gleich null; es gilt daher auch (weil Gewinn = Umsatz minus Kosten): Grenzkosten gleich Grenzumsatz.

Da die Grenzkosten eines digitalen Produktes gegen null konvergieren, folgt daraus, dass das Gewinnmaximum dann erreicht wird, wenn auch der zusätzliche Umsatz gegen null geht. Es ist zu erwarten, dass in einem solchen Fall das Unternehmen darauf ausgerichtet sein wird, deutlich mehr Menge abzusetzen. Selbst bei einer sehr geringen Zahlungsbereitschaft eines Kunden, lohnt sich der Verkauf eines digitalen Produktes, da so gut wie keine zusätzlichen Kosten entstehen.

Niedrigere Grenzkosten, nicht unbedingt Kosten

Mit der Grenzkostenmarginalisierung ist nicht gemeint, dass digitale Produkte immer zu geringeren Gesamtkosten hergestellt werden können. Dazu müssen auch die fixen Kosten berücksichtigt werden (z. B. Entwicklungskosten), die bei einem digitalen Produkt durchaus höher sein können (nicht müssen) als bei einem analogen Produkt. Es heißt also nicht: digital ist immer kostengünstiger als analog, sondern digital ist immer grenzkostengünstiger als analog.

Informationssymmetrisierung

Informationssymmetrisierung kennzeichnet den Prozess des Abbaus von Informationsasymmetrien. Dieses Phänomen ungleich verteilter Informationen zwischen Akteuren wird in der Prinzipal-Agenten-Theorie als einem Teil der Neuen Institutionen Ökonomie beleuchtet (vgl. Hochhold/Bernd, 2009, S. 135 ff.). Die Grundidee der Prinzipal-Agenten-Theorie ist, dass zwischen einem Auftraggeber (dem Prinzipal) und einem Auftragnehmer (dem Agenten) auftragsrelevante Informationen ungleich verteilt sind. So weiß der Auftraggeber zum Beispiel in aller Regel mehr darüber, was er genau wünscht und wie viel er bereit ist, dafür maximal zu zahlen. Der Auftragnehmer wiederum weiß im Normalfall zum Beispiel mehr darüber, welche Anstrengungen erforderlich sind, um ein vom Auftraggeber gewünschtes Ergebnis zu erzielen. Derartige Konstellationen zwischen Auftraggeber und Auftragnehmer sind in vielfältigen Varianten zu beobachten: zwischen Kunde und Unternehmen, Aktionären und Managern, Chef und Mitarbeiter, Arzt und Patient, Wähler und Gewähltem, Studierenden und Professoren usw. Die Annahme der Prinzipal-Agenten-Theorie ist nun, dass die besser informierte Partei ihren Informationsvorsprung zum eigenen Vorteil ausnutzt, sich also opportunistisch verhält (vgl. Alparslan, 2006, S. 17). Ein Kunde wird möglicherweise nicht seine maximale Zahlungsbereitschaft offenbaren, ein Politiker die Nicht-Finanzierbarkeit seiner Wahlversprechen erst nach der Wahl bedauern oder ein Arzt eine Therapie verordnen, die unter medizinischen Gesichtspunkten vielleicht nicht erforderlich war.

Informationsasymmetrie und Opportunismus

Es wimmelt in der echten Welt also nur so von Informationsasymmetrien und die Alltagserfahrung legt es nahe, dass diese teilweise (!) opportunistisch ausgebeutet werden. Die Digitalisierung führt nun dazu, dass Informationsasymmetrien erodieren. Da Nullen und Einsen leicht zu kopieren sind und schnell distribuiert werden können, ist es für die schlechter informierte Partei im Vergleich zur analogen Welt sehr viel leichter möglich, ihre Informationsdefizite zu reduzieren. Mit anderen Worten schwinden in der digitalen Welt Vorteile, die auf dem opportunistischen Ausbeuten eines Informationsvorsprungs basieren.

Informationsasymmetrien erodieren

Dies wird vermutlich sehr folgenreich sein. Ein prominentes historisches Beispiel für die Wirkung des Abbaus von Informationsasymmetrien ist die Übersetzung der Bibel durch

Martin Luther (vgl. Bönisch, 2014). Vor dieser Übersetzung besaß die institutionelle Kirche gegenüber den Gläubigen einen Informationsvorsprung im Hinblick auf das »Wort Gottes«. Und wohl nicht ganz zu Unrecht kann man vermuten, dass sie diesen Vorsprung zu ihrem eigenen Vorteil, beispielsweise im Rahmen des Ablasshandels, ausgebeutet hat. Durch die Luther-Übersetzung wurde die Informationsasymmetrie zwischen Kirche und Gläubigen reduziert; mit den bekannten weitreichenden Folgen für die gesellschaftlich-politische Ordnung in ganz Europa.

Konsequenzen

Im Unternehmenskontext wird von der Informationssymmetrisierung insbesondere das Verhältnis zu Kunden (und weiteren Stakeholdern, wie z. B. Lieferanten, Kapitalgebern) sowie zwischen Mitarbeitern und Führungskräften berührt. Das Ausbeuten von Informationsvorsprüngen gegenüber relevanten Anspruchsgruppen wird für Unternehmen in der digitalen Welt ungleich schwerer. Ebenso ist zu erwarten, dass Führung in einer Welt zunehmend gleich verteilter Informationen grundsätzlich neu gedacht werden muss.

Neue Erkenntnisgalaxien

Unser Wissen um die Zusammenhänge in der Welt (und dem Rest drum herum) hängt im Kern von zwei Variablen ab (vgl. Bardmann, 2015, S. 26): Erstens von der Fähigkeit, Phänomene mit unseren Sinnen erfassen zu können. Und zweitens von der Fähigkeit, diese in kausale Beziehungen zueinander zu setzen. Man könnte auch sagen: von der Fähigkeit Daten zu sammeln und diese durch intelligente Interpretation in Informationen umzuwandeln. Entsprechend sind die großen Sprünge in unserem Wissen um die Welt darauf zurückzuführen, dass wir entweder in der Lage waren, Phänomene mit unseren Sinnen wahrzunehmen, die wir zuvor nicht wahrnehmen konnten (z. B. durch die Erfindung von Teleskop, Mikroskop, Röntgenstrahlen, Hochgeschwindigkeitskameras etc.) oder wir die Daten infolge neuer Ideen intelligenter interpretieren konnten (z. B. Urknalltheorie, Evolutionstheorie, Relativitätstheorie, Psychoanalyse etc.).

Mehr Daten

Es ist wahrscheinlich, dass die Digitalisierung beide Stellschrauben menschlichen Erkenntnisfortschritts massiv beeinflusst. Erstens erbringt die Digitalisierung ein großes Wachstum an Daten. Alle Sachverhalte, die in Maschinensprache übersetzt werden können, können von Maschinen auch gespeichert werden. Dies gilt in hohem Maße für Daten über menschliches Verhalten (z. B. Kauf- und Suchverhalten im Netz, Körperdaten bei Nutzung eines Fitnessarmbandes) und für Aktivitätsdaten von Maschinen (z. B. Fahrdaten eines Pkw). Zweitens sind Maschinen in der Lage, diese Flut an Daten in Beziehung zueinander zu setzen. Mit anderen Worten können Maschinen in ihrer Sprache Muster in einer Menge an Daten erkennen, die die menschliche Fähigkeit zur Mustererkennung um ein Vielfaches übersteigt. Muster signalisieren allerdings nur Zusammenhänge zwischen Daten, keine Kausalitäten. Ein beobachteter positiver Zusammenhang zwischen den Variablen A (z. B. Arbeitszufriedenheit) und B (z. B. glückliche Partnerschaft) kann prinzipiell drei Ursachen haben (vgl. Backhaus et al., 2018, S. 374). Eine höhere Arbeitszufriedenheit kann dazu führen, dass die Partnerschaft glücklicher verläuft. Eine glückliche Partnerschaft kann ursächlich für eine hohe Arbeitszufriedenheit sein. Oder aber, eine dritte

Mehr Muster

Variable, z. B. der Gesundheitszustand, beeinflusst gleichzeitig die Arbeitszufriedenheit und das Glück in der Partnerschaft. Bei der Überführung von Mustern in Kausalitäten im Sinne von Ursache-Wirkungs-Beziehungen ist also nach wie vor die menschliche Intelligenz gefragt, Maschinen können hier (noch) nicht helfen. Gleichwohl wird die Menschheit infolge der Digitalisierung sehr viele Muster in Daten entdecken, die ihr zuvor verborgen geblieben sind. Und ein Teil dieser Muster wird durch intelligente Interpretation zu neuen Erkenntnissen im Sinne von Ursache-Wirkungs-Beziehungen führen.

Konsequenzen

Die Folgen dieses Wissenszuwachses sind auf einem abstrakten Niveau schwer abzuschätzen, da sie maßgeblich vom Inhalt der Entdeckungen abhängen. Als sicher kann aber wohl angenommen werden, dass die Menschheit in nicht allzu ferner Zukunft radikal Neues erfahren wird. Schon heute sind die Möglichkeiten des Wissenszuwachses infolge der Digitalisierung für alle Institutionen und Personen, die sich in herkömmlicher Form mit der Generierung von Wissen befassen (z. B. Forschungs- und Entwicklungsabteilung, Marktforschungsinstitute, Wissenschaftler), von hoher Bedeutung.

Emanzipation von Raum und Zeit

Haben Sie schon einmal von zu Hause gearbeitet oder eine Vorlesung online verfolgt? Und waren Sie auch schon einmal an einem Adventssamstag in einer beliebigen deutschen Innenstadt zum Einkaufen? Wenn Sie beide Fragen mit ja beantwortet haben, haben Sie die Reichweite des Digitalen Folgegesetzes »Emanzipation von Raum und Zeit« erfasst. Das Homeoffice signalisiert dabei die Unabhängigkeit von Raum und Zeit. Wenn sich eine Tätigkeit (respektive der Output der Tätigkeit) in Maschinensprache übersetzen lässt, dann ist es egal, an welchem Ort der Welt sie verrichtet wird. Ebenso steigen die Freiheitsgrade im Hinblick auf die Zeit, in der die Tätigkeit ausgeführt wird. Nullen und Einsen sind leicht zu lagern und sehr schnell zu transferieren, sodass räumliche und zeitliche Distanzen an Bedeutung verlieren. Der Adventssamstag sollte den Kontrast zur analogen Welt aufzeigen. Menschen waren gezwungen, zu bestimmten Zeiten an bestimmten Orten zu sein, um eine gewünschte Tätigkeit (hier das Einkaufen der Weihnachtsgeschenke) auszuüben.

Durch die Digitalisierung verändern sich also Koordinationserfordernisse bzw. -mechanismen hinsichtlich der Zeit- und Raumdimension. Tätigkeiten, die aufgrund der Notwendigkeit einer zeitgleichen Interaktion an einen Ort gekoppelt waren, müssen wegen der hohen Geschwindigkeit, mit der Nullen und Einsen räumliche Distanzen überwinden können, nunmehr nicht raumgleich durchgeführt werden. Prozesse, die aufgrund der Nicht-Lagerfähigkeit in der analogen Welt zeitgleich stattfinden mussten, wie zum Beispiel im Kontext von Bildungsdienstleistungen, können vor dem Hintergrund der einfachen Lagerfähigkeit digitaler Codes, zeitlich entkoppelt werden. Dieses Digitale Folgegesetz wird also insbesondere Bereiche grundlegend verändern, deren Strukturen und Prozesse in der analogen Welt der Zeit- und/oder Raumgleichheit geschuldet waren. Typische Beispiele hierfür sind die Arbeitswelt, der Konsum, der Bildungssektor und das Zusammenleben in Familien.

Neue Sicherheitsparadigmen

Kennen Sie die Panzerknacker aus »good old« Entenhausen? Was hat die Bande nicht alles unternommen, um Onkel Dagobert seinen legendären Goldschatz zu stehlen. Und auf der anderen Seite hat Onkel Dagobert nichts unversucht gelassen, um sein Vermögen vor den Panzerknackern zu schützen. Stellen Sie sich nun einmal kurz vor, Onkel Dagoberts Vermögen hätte nicht aus Gold, sondern aus Nullen und Einsen bestanden ...

Andere Schutzerfordernisse

Vermutlich ist Ihnen sofort klar, dass er dieses Vermögen anders hätte schützen müssen. Nullen und Einsen können sehr schnell gestohlen werden und es gibt viele Wege, auf denen sie »abtransportiert« werden können. Zudem müssen sie gar nicht gestohlen, sondern lediglich kopiert werden, sodass ein »Diebstahl« (der vielleicht besser »Diebkopie« heißen würde) dem Eigentümer möglicherweise gar nicht auffällt. Erstens ist somit festzuhalten, dass Nullen und Einsen sehr viel schwerer zu schützen sind als analoge Vermögensgegenstände. Zweitens wächst durch die Digitalisierung die Menge des Schützenswerten. Es geht nicht mehr nur um Vermögensgegenstände, die auch für andere potenzielle Besitzer einen Wert aufweisen und dementsprechend von Dieben an diese veräußert werden können, sondern zunehmend auch um Daten, die ausschließlich für ihre Besitzer wertvoll sind (z. B. Erinnerungsfotos, Liebesbriefe usw.). Ein Diebstahl macht hier keinen Sinn, eine Erpressung aber schon. So wurden bei diversen Angriffen Computer durch Viren gesperrt (»Erpressungstrojaner«) und erst nach Zahlung eines »Lösegeldes« wieder nutzbar gemacht (vgl. Schmidt, 2018). Ebenso denkbar ist eine Erpressung im Sinne einer angedrohten Veröffentlichung von Daten, die für den Besitzer »peinlich« sind.

Mehr Schützenswertes

Schädigung

Die skizzierten grundsätzlich veränderten Sicherheitsfragen in einer digitalen Welt gelten nicht nur für den Fall, dass Täter die Vermögensgegenstände des Opfers mittel- oder unmittelbar für sich gewinnen wollen, sondern ebenso für den Fall, dass das Ziel der Tat die schlichte Schädigung des Opfers ist. Dies ist im privaten Umfeld (»Rosenkrieg«), aber insbesondere im wirtschaftlichen (Schädigung eines Wettbewerbers) und vor allem im öffentlichen Kontext von hoher Relevanz. So hat die Bundeswehr im Frühjahr 2017 das neue Kommando »Cyber- und Informationsraum« in Dienst gestellt (vgl. Bundeswehr, 2019). Offenbar ist dies eine Reaktion auf die Einsicht, dass es in der digitalen Welt nicht mehr Bomben und Kanonen bedarf, um ein Land bzw. dessen Einwohner substanziell zu schädigen.

Zusammenfassend bedarf es in einer digitalen Welt einer grundlegend veränderten Sicherheitsarchitektur. Die Menge an Schützenswertem nimmt zu und ihre Schädigung respektive Entwendung funktioniert nach ganz anderen Mechanismen als in der analogen Welt.

Geschwindigkeitsexplosion

Die Geschwindigkeitsexplosion geht auf ein einzelnes Attribut von Nullen und Einsen zurück: Sie sind extrem schnell transferierbar. Das gesamte digitale Geschehen der Welt findet vor dem Hintergrund der menschlichen Zeitwahrnehmung somit quasi gleichzeitig statt. Insofern ist die digitale Welt kein Dorf, sondern eher eine Wohngemeinschaft. Die

Folgen dieser dramatischen Geschwindigkeitszunahme sind weitreichend, sowohl für die digitale als auch für die analoge Welt.

In der digitalen Welt gilt zunächst einmal, dass räumliche Distanzen entscheidungsirrelevant werden. Alles was in Nullen und Einsen übersetzbar ist, steht quasi an jedem Ort der Welt sofort zur Verfügung (vorausgesetzt natürlich, dass es »Transportwege« gibt). Räumliche Distanzen spielen in vielen ökonomischen Kontexten eine wichtige Rolle. Denken Sie etwa an die Planung von Produktionsprozessen, an die räumliche Abgrenzung des relevanten Marktes, die Standortplanung im Handel oder die räumliche Konzentration von Mitarbeitern in einer »Firmenzentrale«. Jede dieser Entscheidungen wird in der digitalen Welt grundlegend anders aussehen als in der analogen.

Zeitwettbewerb

Ebenso fundamental verändern sich die auf die Zeit bezogenen Wettbewerbsbedingungen zwischen analogen und digitalen Akteuren. Wenn Geschwindigkeit ein bedeutsames Merkmal in Kaufentscheidungsprozessen ist, besitzen digitale Akteure gegenüber analogen Wettbewerbern einen generischen Vorteil. Beispiele hierfür sind etwa Nachrichten oder die Reaktion eines Unternehmens auf Kundenanfragen. In der analogen Welt gab es das Sprichwort, dass »nichts älter ist als die Zeitung von gestern«. Vor dem Hintergrund der Digitalisierung ist jede Zeitung zum Zeitpunkt ihres Erscheinens bereits »von gestern«. Zeitungen können sich in ihrer analogen Form daher immer weniger als Übermittler von Nachrichten (Newspaper) verstehen, sondern müssen neue Möglichkeiten der Erfüllung von Kundenanforderungen suchen (z. B. Kommentierungen, Erläuterungen etc.).

Analoge Prozessteile kommen unter Geschwindigkeitsdruck

Die Auswirkungen der digitalen Geschwindigkeitsexplosion bleiben jedoch nicht auf die digitale Sphäre beschränkt, sondern berühren auch die analoge Welt. Existieren parallel digitale und analoge Prozesse, die in irgendeiner Form koordiniert werden müssen, so entsteht durch die Digitalisierung massiver Druck auf die Geschwindigkeit des analogen Prozesses, da er zum Engpass der Gesamtprozesszeit wird. Ganz wesentlich gilt dies für menschliche Entscheidungen. Stellen Sie sich ein Unternehmen vor, dessen Prozesse in Einkauf, Produktion und Vertrieb weitestgehend digitalisiert sind, Entscheidungen aber nicht von Maschinen, sondern nach wie vor von Menschen getroffen werden. Es ist offensichtlich, dass es nun zeitlichen Druck auf die Geschwindigkeit dieser Entscheidungen gibt, da sich die entscheidungsrelevanten digitalisierten Parameter schnell ändern. Antworten auf diese Problemstellungen finden sich in den Ansätzen des agilen Arbeitens.

Referenzgeschwindigkeit

Neben dem zeitlichen Integrationserfordernis analoger und digitaler Prozesse, wird die analoge Welt durch digital geprägte Geschwindigkeitserwartungen beeinflusst. Die Echtzeit digitaler Prozesse verändert Referenzgeschwindigkeiten im Hinblick auf die Frage, was »schnell« ist. So wird möglicherweise die Lieferzeit eines online erworbenen, analogen Produktes von einem Tag, trotz der dahinterstehenden komplexen logistischen Prozesse, als langsam empfunden. Gleiches gilt für Reaktionen auf Kundenrückmeldungen, zum Beispiel bei Beschwerden oder Verbesserungsvorschlägen.

Zusammenfassend lässt die Geschwindigkeitsexplosion erstens die Welt sehr viel näher zusammenrücken, da Nullen und Einsen jede Distanz der Welt quasi in Echtzeit überwinden können. Zweitens wird die zeitbezogene Wettbewerbsposition zwischen analogen und digitalen Akteuren grundlegend verändert. Drittens entsteht zeitlicher Druck auf die analogen Elemente eines gemischt digital-analogen Prozesses. Viertens schließlich verändern sich Referenzgeschwindigkeiten.

Schnittstellenzentralisierung

Hatten Sie früher auch mal ein ganz normales »Handy« (also so ein Ding zum mobilen Telefonieren und Simsen)? Und haben Sie es vielleicht mal zu Hause vergessen? Wie hat sich das angefühlt? Schlimm, ok, aber kein Drama. Wahrscheinlich haben Sie, wie die meisten Menschen, heute ein »Smartphone« (also ein Ding mit dem man unter anderem auch Telefonieren und Simsen kann). Haben Sie das auch schon mal zu Hause vergessen? Nun vergleichen Sie mal kurz das »Handy-vergessen-Gefühl« mit dem »Smartphone-vergessen-Gefühl«. Erkennen Sie einen Unterschied in der Schmerzskala? Vermutlich ja. Ohne Smartphone zu sein, ist für die meisten Menschen sehr viel schmerzlicher, als ohne Handy zu sein. Warum ist das so? Wegen der Schnittstellenzentralisierung …

Schnittstelle Mensch – Maschine

Wir hatten die Digitalisierung als eine folgenreiche Übersetzung in Maschinensprache definiert. Für Menschen ist der Code aus Nullen und Einsen vollkommen unverständlich. Computer ihrerseits verstehen weder Deutsch noch Englisch noch sonst eine Menschensprache. An der Schnittstelle zwischen Mensch und Maschine besteht also eine Übersetzungsnotwendigkeit: Für Interaktionen zwischen Mensch und Maschine muss Menschensprache in Maschinensprache und Maschinensprache in Menschensprache übersetzt werden. Je mehr Aktivitäten und Prozesse digitalisiert werden, desto häufiger besteht dieses Übersetzungserfordernis. Und je häufiger eine Übersetzungsaufgabe entsteht, desto wahrscheinlicher ist es, dass damit immer das gleiche Übersetzungsbüro beauftragt wird. Es ist ökonomisch attraktiver, die Übersetzung zwischen Mensch und Maschine zu zentralisieren, da die für den Übersetzungsprozess erforderlichen Investitionen (z. B. das Erlernen des Übersetzungsmechanismus und die erforderliche technische Infrastruktur) sich auf mehr Prozesse verteilen und damit wirtschaftlicher werden. So ist das Smartphone für viele Menschen die zentrale technische Schnittstelle zur digitalen Welt geworden: Banking, Mailing, Informieren, Bildung, Orientierung, Teilhabe, Unterhaltung usw. sind nur ein Auszug der vielen heute bereits digitalisierten Prozesse. Könnten Sie sich vorstellen, für jede dieser Aktivitäten eine eigene Schnittstelle zur Welt der Maschinensprache zu besitzen? Also ein Gerät für Banking, eines für Mailing usw. Wohl kaum.

Gerätebezogen

Kanalbezogen

Neben dieser gerätebezogenen Schnittstellenzentralisierung ist noch eine weitere Facette dieses Digitalen Folgegesetzes zu erkennen, die wir als kanalbezogene Zentralisierung bezeichnen. Menschensprache im Sinne des Ausdrucks von Gedanken und Gefühlen verwendet verschiedene Kanäle: Sprache, Schrift, Mimik und Gestik etwa. Für jeden dieser Kanäle entsteht ein Übersetzungsbedarf, falls er für die Interaktion mit Maschinen genutzt werden soll. Im Kontext des Kanals Schreiben, also der Übersetzung und

Rückübersetzung menschlicher Schriftsprache in Maschinensprache, hat sich Google als zentrale Schnittstelle etabliert.[31] Es wird interessant zu beobachten sein, ob sich für die anderen Kanäle (z. B. sprechen, gestikulieren) andere Übersetzer etablieren (wie z. B. Siri, Echo oder Alexa). Es erscheint vor dem Hintergrund der Beobachtung zur gerätebezogenen Schnittstellenzentralisierung nicht unwahrscheinlich, dass am Ende dieses Prozesses eine Schnittstelle für die Interaktion zwischen Mensch und Maschine existiert, unabhängig vom Kanal der Menschensprache.

Konsequenzen

Schnittstellenzentralisierung ist für alle Unternehmen relevant, die in digital unterstützte Interaktionen mit Menschen treten wollen. Eine eigene Schnittstelle zu etablieren, ist ein sehr aufwendiges und risikoreiches Unterfangen. Die meisten Unternehmen werden daher gezwungen sein, sich an den Vorgaben des Schnittstellenbesetzers (sei es Apple, Samsung, Google oder sonst wer) zu orientieren. Entsprechend hoch ist die Macht der Schnittstelleninhaber, was nicht nur für Unternehmen, sondern auch für andere gesellschaftliche Akteure eine zentrale Problemstellung werden kann.

Transaktionskostensenkung

Transaktionskosten sind ein zentraler Begriff der Neuen Institutionenökonomie (vgl. Richter/Furubotn, 2010, S. 53). Die auf den Nobelpreisträger (1991) Coase (1937) zurückgehende Transaktionskostentheorie beschreibt die Tatsache, dass Transaktionen im Sinne von Austauschprozessen (z. B. ein Kauf oder eine Wahl) für die Beteiligten (z. B. Käufer und Verkäufer oder Wähler und Gewählter) nicht zum Nulltarif zu realisieren sind. Vor einer Transaktion entstehen Such- und Informationskosten: Die Beteiligten müssen sich zunächst einmal finden, anschließend müssen Informationen beispielsweise über die Beschaffenheit des Angebots oder die Zahlungsfähigkeit des potenziellen Kunden eingeholt werden. Nach erfolgter Transaktion können Kosten für die Überwachung der getroffenen Vereinbarung oder die Lösung möglicher Konflikte entstehen. Die Transaktionskosten sind in vielen Austauschprozessen so hoch, dass sich zwischen Käufer und Verkäufer Mittler schalten, deren Wertschöpfung im Kern darin besteht, die Transaktionskosten zu senken. Beispiele hierfür sind etwa Makler, Handelsunternehmen, Partnervermittlungen oder auch politische Parteien.

Mittler

Durch die Digitalisierung werden insbesondere die vor einer Transaktion entstehenden Transaktionskosten drastisch reduziert. Informationen sind in Nullen und Einsen übersetzbar. Da sie leicht zu lagern, schnell zu transferieren und einfach zu kopieren sind, stehen sie quasi jederzeit und an jedem Ort in unbegrenztem Umfang zur Verfügung. Und da Maschinen diesen Code unfassbar gut und schnell lesen können, braucht es nur noch eine funktionierende Schnittstelle zwischen Mensch und Maschine, wie zum Beispiel Google, um informationsbedingte Transaktionskosten zu pulverisieren. So ist heute kaum ein

31 So hat Google in Deutschland (2017) einen Marktanteil von 88 % (Desktop-Suche) respektive 98 % (mobile Suche) (vgl. Frankfurter Allgemeine Zeitung, 2017).

Kaufprozess denkbar, bei dem sich Kunden nicht vor einer Transaktion »mal eben schnell« einschlägige Informationen über das Produkt und/oder den Anbieter eingeholt haben. Auch vor dem ersten Date haben sich die Beteiligten dank Facebook, Xing, LinkedIn und Co. nicht selten umfassend informiert. Und der Charakter von Vorstellungsgesprächen hat sich im digitalen Zeitalter gleichfalls grundlegend verändert.

Konsequenzen

Die betriebswirtschaftlichen Konsequenzen der Transaktionskostensenkung sind weitreichend. So gerät Wertschöpfung, die auf der Senkung von Transaktionskosten basiert (s. o.), durch die Digitalisierung unter Druck. Dies gilt nicht nur für Unternehmen, sondern auch für andere gesellschaftliche Akteure, deren Zweck maßgeblich in der Senkung von Transaktionskosten besteht, wie zum Beispiel Bildungsinstitutionen, politische Parteien oder Medien.

Ebenso grundlegend verändern sich Organisationsstrukturen, da die Frage, wie arbeitsteilig Prozesse gestaltet werden und wie die Arbeitsteilung organisiert wird, ganz maßgeblich von den daraus resultierenden Koordinationskosten determiniert wird (vgl. Picot/Reichwald/Wigand, 2003, S. 24). Die Ausgestaltung von Vertriebskanälen, etwa hinsichtlich der Entscheidung zwischen direktem oder indirektem Vertrieb, hängt gleichfalls wesentlich von den mit den Alternativen verbundenen Transaktionskosten ab (vgl. Voss/Spiller, 2008, S. 13 ff.).

Zwischenfazit

Im Sinne eines Zwischenfazits kann die bisherige Argumentation wie folgt zusammengefasst werden: Das Spielverhalten kann evolutionär weiterentwickelt oder revolutionär neu konzipiert werden. Bezüglich der Evolution gilt es, die Wertschöpfungstreiber kontinuierlich zu monitoren und im Hinblick auf – möglicherweise auch nur marginale – Verbesserungspotenziale zu prüfen. Für eine Wertschöpfungsrevolution, bei der ein bislang nicht wertschöpfender Prozess wertschöpfend wird, sind hingegen in aller Regel substanzielle Veränderungen von Input (Reduzierung) und/oder Output (Erhöhung) erforderlich. Bezüglich des Inputs sind dafür häufig technische Entwicklungen, bezüglich des Outputs sozio-kulturelle Veränderungen maßgeblich. Beispielhaft für eine solche Veränderung mit Potenzial zur Ermöglichung von Wertschöpfungsrevolutionen ist die Digitalisierung, die einerseits eher technisch (digitization), andererseits eher gesellschaftlich (digitalization) interpretiert werden kann. Wir haben Digitalisierung in einer Synthese beider Perspektiven als eine folgenreiche Übersetzung in Maschinensprache definiert und über Rückgriff auf sechs Attribute digitaler Codes acht Digitale Folgegesetze als Dekomposition des Veränderungsimpulses Digitalisierung herausgearbeitet. Nun bleibt nur noch zu prüfen, inwieweit diese Folgegesetze das Potenzial besitzen, den Input (Output) eines bislang nicht wertschöpfenden Prozesses so zu vermindern (erhöhen), dass er wertschöpfend wird. Aus dieser Fragestellung resultiert eine Matrix mit 32 Zellen, deren eine Achse durch die acht digitalen Folgegesetze und deren andere durch unsere vier Wertschöpfungstreiber konstituiert wird (vgl. Tab. 38).

	Kosten	zeitbasierte	energie-basierte	Kunden-nutzen
		Opportunitätskosten		
	↓	↓	↓	↑
Grenzkostenmarginalisierung	Bsp. 1			
Informationssymmetrisierung				
Neue Erkenntnisgalaxien				Bsp. 4
Emanzipation von Raum und Zeit		Bsp. 3		
Neue Sicherheitsparadigmen				
Geschwindigkeitsexplosion		Bsp. 2		
Schnittstellenzentralisierung				
Transaktionskostensenkung				

Tab. 38: Suchraum für Wertschöpfungsrevolutionen infolge der Digitalisierung

Suchraum für Wertschöpfungs-revolutionen

Jede dieser 32 Zellen beinhaltet das Potenzial für eine Wertschöpfungsinnovation. Es reicht mit anderen Worten eine Idee, wie die Kosten bzw. zeit- und energiebasierten Opportunitätskosten durch eines der Digitalen Folgegesetze massiv vermindert respektive der Kundennutzen erhöht werden kann. Dies soll mithilfe jeweils eines Beispiels für die vier Wertschöpfungstreiber verdeutlicht werden.

Beispiel 1

Die Grenzkostenmarginalisierung könnte eine Wertschöpfung ermöglichen, die bislang an prohibitiv hohen Beschaffungskosten gescheitert ist (Bsp. 1). Vermutlich wäre eine Nobelpreisträgeruniversität, also eine Universität, an der ausschließlich Nobelpreisträger unterrichten, für Studierende attraktiv. Allerdings ist eine solche Universität unter analogen Bedingungen wohl kaum wertschöpfend zu gestalten, da Nobelpreisträger Honorare verlangen, die durch Studiengebühren nicht zu finanzieren wären. Unter den Bedingungen marginaler Grenzkosten (und der Emanzipation von Raum und Zeit) könnte eine solche (virtuelle) Universität möglicherweise wertschöpfend konzipiert werden.

Beispiel 2

Die Geschwindigkeitsexplosion hat das Potenzial zeitbasierte Opportunitätskosten des Kunden dramatisch zu reduzieren (Bsp. 2). Folglich müsste für eine Wertschöpfungsinnovation nach Prozessen gesucht werden, deren Wertschöpfung bislang an zu hohen zeitbasierten Opportunitätskosten des Kunden gescheitert ist. Beispielhaft könnte es sich dabei um Prozesse handeln, bei denen Kunden einen sehr dringenden ad hoc Beratungsbedarf haben, etwa weil die Weihnachtsgans partout nicht gar werden will. In Betracht kommen auch Prozesse, bei denen die Überwindung großer Entfernungen zuvor prohibitiv hohe Zeitbudgets erforderte. Der Wegfall physischer Transport- oder Mobilitätserfordernisse infolge der Digitalisierung führt zu einer dramatischen Beschleunigung und macht neue Formen der globalen Arbeitsteilung möglich.

Die Emanzipation von Raum und Zeit hat großes Potenzial zur Senkung zeit- und energiebasierter Opportunitätskosten (Bsp. 3). So können Prozesse, die im »analogen Altland« zwar ein hohes Kundennutzenpotenzial besaßen, dort aber aufgrund des Erfordernisses von Gleichzeitigkeit oder Gleichräumigkeit für Kunden unattraktiv waren, im »digitalen Neuland« wertschöpfend gestaltet werden. Im Medienkontext zählen dazu etwa die schon heute existierenden Angebote nicht-linearen Fernsehens (z. B. Netflix, DAZN), die Zeitgleichheit überwunden haben. Ebenso kann der Erfolg des Online-Handels vermutlich zu einem wesentlichen Teil auf seine Entkopplung von Raum- und Zeitgleichheit zurückgeführt werden. Zukünftig ist zu erwarten, dass ähnliche Geschäftsmodelle für andere Prozesse entstehen, bei denen bislang Zeit- oder Raumgleichheit Konsum- respektive Nutzungsengpässe waren (z. B. im Bildungssektor). Beispiel 3

Neue Erkenntnisgalaxien können einen Kundennutzen ermöglichen, der ohne Digitalisierung nicht möglich war (Bsp. 4). So ergeben sich etwa im Sport- oder Gesundheitsbereich Möglichkeiten zur Informationsgenerierung, die vermutlich für viele Menschen so wertvoll sind, dass hieraus neue Optionen der Wertschöpfung resultieren. Fitnessarmbänder und unterschiedliche Apps zur Überwachung von Vitalfunktionen sind in diesem Zusammenhang vermutlich nur erste Vorboten vielfältiger neuer Wertschöpfungsmodelle. Beispiel 4

Vielleicht inspirieren diese Beispiele den ein oder anderen Leser dazu, selber über revolutionäre Geschäftsmodelle nachzudenken und möglicherweise sogar in die Tat umzusetzen. Sollte hieraus das nächste Uber, Facebook oder airbnb entstehen, würde dies die Autoren explizit freuen.

Zusammenfassend sollte das Kapitel Möglichkeiten des dynamischen Spielverhaltens aufzeigen. In der evolutionären Perspektive gilt es, die vier Wertschöpfungstreiber kontinuierlich im Hinblick auf Möglichkeiten einer Wertschöpfungssteigerung zu prüfen. In der revolutionären Perspektive können Veränderungen in der Unternehmensumwelt, insbesondere bezüglich technischer und sozio-kultureller Variablen, eine Wertschöpfung ermöglichen, die zuvor unmöglich war. Am Beispiel der Digitalisierung, die als ein wirkmächtiger Veränderungsimpuls unter anderem neue Wertschöpfungspotenziale eröffnet, wurde das Vorgehen im Rahmen der Suche nach Wertschöpfungsrevolutionen illustriert. Fazit

Literaturverzeichnis

Aaker, D. A./Kumar, V./Leone, R./Day, G. S. (2012), Marketing Research, 11. Aufl., New York 2012.

Absatzwirtschaft (2015), 42. Deutscher Marketing Preis geht an Motel One, https://www.absatzwirtschaft.de/42-deutscher-marketing-preis-geht-an-motel-one-63387/, Abruf am 18.06.2019.

Adam, D. (1996), Planung und Entscheidung, 4. Aufl., Wiesbaden 1996.

Ahlert, D./Kenning, P./Brock, C. (2018), Handelsmarketing. Grundlagen der marktorientierten Führung von Handelsbetrieben, 2. Aufl., Berlin 2018.

Alba Berlin (2019), Kader Alba Berlin, https://www.albaberlin.de/team/alba-team/aktueller-kader/, Abruf am 25.06.2019.

Alparslan, A. (2006), Strukturalistische Prinzipal-Agent-Theorie. Eine Reformulierung der Hidden-Action-Modelle aus der Perspektive des Strukturalismus, Wiesbaden 2006.

Amazon.de (2019), Arcelik Telve Türkische Kaffemaschiene [sic], https://www.amazon.de/dp/B078HGVKJ6/, Abruf am 25.06.2019.

Anderson, E. W./Mittal, V. (2000), Strengthening the Satisfaction-Profit Chain, in: Journal of Service Research, 3. Jg., Nr. 2, 2000, S. 107–120.

Anderson, J. C./Narus, J. A./van Rossum, W. (2006), Customer Value Propositions in Business Markets, in: Harvard Business Review, 84. Jg., Nr. 3, 2006, S. 90–99.

Andrews, K. R. (1971), The Concept of Corporate Strategy, Homewood 1971.

Andrews, K. R. (1987), The Concept of Corporate Strategy, 3. Aufl., Homewood 1987.

Ansoff, H. I. (1965), Corporate Strategy. An Analytic Approach to Business Policy for Growth and Expansion, New York 1965.

Ansoff, H. I. (1975), Managing Strategic Surprise by Response to Weak Signals, in: California Management Review, 18. Jg., Nr. 2, 1975, S. 21–33.

Arndt, H. (1958), Anpassung und Gleichgewicht am Markt, in: Jahrbücher für Nationalökonomie und Statistik, Nr. 170, 1958, S. 217–465.

Arnold, V. (1976), Kuppelprodukte, öffentliche Ungüter und externe Effekte, in: Zeitschrift für die gesamte Staatswissenschaft, Bd. 132, Nr. 1, 1976, S. 90–104.

Attas, D. (1999), What's Wrong with »Deceptive« Advertising?, in: Journal of Business Ethics, 21. Jg., Nr. 1, 1999, S. 49–59.

Aufderheide, D./Müller, U. (2007), Hybride Marktabgrenzung in der Internetökonomie, unveröffentlichtes Manuskript, Münster 2007.

Auto Motor und Sport (2019), Dieselfanfare für Sportwagenfans, https://www.auto-motor-und-sport.de/fahrbericht/klangwunder-audi-a6-avant-3-0-tdi-biturbo-dieselfanfare-fuer-sportwagenfans/, Abruf am 18.06.2019.

Backhaus, K. (1988), Grundbegriffe des Industrieanlagen- und Systemgeschäfts, 2. Aufl., Münster 1988.

Backhaus, K. (1997), Relationship Marketing – Ein neues Paradigma im Marketing?, in: *Bruhn, M./Steffenhagen, H.* (Hrsg.), Marktorientierte Unternehmensführung. Reflexionen – Denkanstöße – Perspektiven, Wiesbaden 1997, S. 20–35.

Backhaus, K. (1998), Die Fixkostenfalle, in: Manager Magazin, 11. Jg., Nr. 3, 1998, S. 134–137.

Backhaus, K. (2006), Vom Kundenvorteil über die Value Proposition zum KKV, in: Thexis, 23. Jg., Nr. 3, 2006, S. 7–10.

Backhaus, K. (2007), Rechtlicher Markenschutz und seine ökonomische (Re-)Interpretation, in: *Backhaus, K./Hoeren, T.* (Hrsg.), Marken im Internet – Herausforderung und Rechtliche Grenzen für das Marketing, München 2007, S. 1–19.

Backhaus, K./Erichson, B./Plinke, W./Weiber, R. (2018), Multivariate Analysemethoden. Eine anwendungsorientierte Einführung, 15. Aufl., Berlin 2018.

Backhaus, K./Plinke, W. (1986), Rechtseinflüsse auf betriebswirtschaftliche Entscheidungen, Stuttgart 1986.

Backhaus, K./Schlüter, S. (1994), Die Marktorientierung deutscher Investitionsgüterhersteller: eine empirische Analyse, Münster 1994.

Backhaus, K./Schneider, H. (2009), Strategisches Marketing, 2. Aufl., Stuttgart 2009.

Backhaus, K./Voeth, M. (1995), Internationales Investitionsgütermarketing, in: *Hermanns, A./ Wissmeier, K.K.* (Hrsg.), Internationales Marketing-Management, München 1995, S. 387–409.

Backhaus, K./Voeth, M. (2010), Internationales Marketing, 6. Aufl., Stuttgart 2010.

Backhaus, K./Voeth, M. (2014), Industriegütermarketing. Grundlagen des Business-to-Business-Marketings, 10. Aufl., München 2014.

Bagwell, L. S./Bernheim, B. D. (1996), Veblen Effects in a Theory of Conspicuous Consumption, in: The American Economic Review 86. Jg., Nr. 3, 1996, S. 349–373.

Balderjahn, I. (1995), Bedürfnis, Bedarf, Nutzen, in: *Tietz, B./Köhler, R./Zentes, J.* (Hrsg.), Handwörterbuch des Marketing, 2. Aufl., Stuttgart 1995, S. 179–190.

Balderjahn, I. (2013), Wie viel Moral braucht die BWL?, in: Die Betriebswirtschaft, 73. Jg., Nr. 3, 2013, S. 161–163.

Baltzer, S. (2018), Das Testament eines Möbelhändlers, http://www.faz.net/aktuell/wirtschaft/unternehmen/ingvar-kamprad-das-testament-eines-moebelhaendlers-15421279.html, Abruf am 28.06.2019.

Bardmann, T. M. (2015), Die Kunst des Unterscheidens. Eine Einführung ins wissenschaftliche Denken und Arbeiten für soziale Berufe, Wiesbaden 2015.

Barney, J. (1991), Firm Resources and Sustained Competitive Advantage, in: Journal of Management, 17. Jg., Nr. 1, 1991, S. 99–120.

Bartling, H./Luzius, F. (2014), Grundzüge der Volkswirtschaftslehre, 17. Aufl., München 2014.

Bauer, H. H. (1986), Das Erfahrungskurvenkonzept. Möglichkeiten und Problematik der Ableitung strategischer Handlungsalternativen, in: Wirtschaftswissenschaftliches Studium, 15. Jg., Nr.1, 1986, S. 1–10.

Bauer, H. H. (1989), Marktabgrenzung. Konzeption und Problematik von Ansätzen und Methoden zur Abgrenzung und Strukturierung von Märkten unter besonderer Berücksichtigung von marketingtheoretischen Verfahren, in: Schriften zum Marketing, Bd. 23, Berlin 1989.

Beans (2014), Türkischer Kaffee – die Kunst der Zubereitung, https://beans.at/de/blog/turkischer-kaffee-anleitung-zubereitung/, Abruf am 18.06.2019.

Becker, J. (2019), Marketing-Konzeption, 11. Aufl., München 2019.

Becker, S. W./Ronen, J./Sorter, G. H. (1974), Opportunity Costs. An Experimental Approach, in: Journal of Accounting Research, 12. Jg., Nr. 2, 1974, S. 317–329.

Benkenstein, M./Uhrich, S. (2009), Strategisches Marketing. Ein wettbewerbsorientierter Ansatz, 3. Aufl., Stuttgart 2009.

Bentele, G./Nothhaft, H. (2014), Konzeption von Kommunikationsprogrammen, in: *Zerfaß, A./ Piwinger, M.* (Hrsg.), Handbuch Unternehmenskommunikation: Strategie – Management – Wertschöpfung. 2. Aufl., Wiesbaden 2014, S. 607–632.

Berliner Morgenpost (2016), Edeka und Rewe haben sich bei Kaiser‹s Tengelmann geeinigt, https://www.morgenpost.de/wirtschaft/article208856523/Edeka-und-Rewe-haben-sich-bei-Kaisers-Tengelmann-geeinigt.html, Abruf am 18.06.2019.

Bernard, A./Kniebe, T. (2007), Das Prinzip. 100 Phänomene der Gegenwart, München 2007.

Berry, L. L. (1983), Relationship Marketing, in: *American Marketing Association* (Hrsg.), Emerging Perspectives on Services Marketing, Chicago 1983, S. 25–28.

Bertelsmann (2019), https://www.bertelsmann.de/unternehmen/grundwerte/unser-leitbild/, *Abruf am 15.08.2019 sowie* https://www.bertelsmann.de/strategie/, *Abruf am 15.08.2019.*

Bickhoff, N. (2008), Quintessenz des strategischen Managements. Was Sie wirklich wissen müssen, um im Wettbewerb zu überleben, Berlin 2008.

Biswas, A./Wilson, E. J./Licata, J. W. (1993), Reference Pricing Studies in Marketing: A Synthesis of Research Results, in: Journal of Business Research, 27. Jg., Nr. 3, 1993, S. 239–256.

Bönisch, G. (2014), Sendlinge Satans, https://www.spiegel.de/spiegelgeschichte/bibel-die-kirche-des-mittelalters-versuchte-ihr-monopol-zu-sichern-a-1005419.html, Abruf am 18.06.2019.

Braun, T., Cornelsen, J. (2006), Was sind Kunden-Empfehlungen wert? Messung und Management monetärer Referenzwerte von Automobilbesitzern aus Sicht der Marktforschung, in: *Günter, B./Helm, S.* (Hrsg.), Kundenwert, 3. Aufl., Wiesbaden 2006, S. 625–653.

Brenke, K. (2015), Wachsende Bedeutung der Frauen auf dem Arbeitsmarkt, in: DIW Wochenbericht, Nr. 5., 2015, S. 75–86.

Brennen, J. S./Kreiss, D. (2016), Digitalization, in: *Jensen, K. B./Craig, R. T./Pooley, J./Rothenbuhler, E.* (Hrsg.), The International Encyclopedia of Communication Theory and Philosophy. Oxford 2016, S. 1–11.

Brews, P. J./Hunt, M. R. (1999), Learning to Plan and Planning to Learn: Resolving the Planning School/Learning School Debate, in: Strategic Management Journal, 20. Jg., Nr. 10, 1999, S. 889–913.

Bruhn, M. (2016), Relationship Marketing, 5. Aufl., München 2016.

Bruhn, M./Meffert, H./Hadwich, K. (2019), Handbuch Dienstleistungsmarketing. Planung – Umsetzung – Kontrolle, 2. Aufl., Wiesbaden 2019.

Brunstein, J. C./Heckhausen, H. (2018), Leistungsmotivation, in: *Heckhausen, J./Heckhausen, H.* (Hrsg.), Motivation und Handeln, 5. Aufl., Berlin 2018, S. 163–221.

Büchelhofer, R. (2002), Markenführung im Volkswagen-Konzern im Rahmen der Mehrmarkenstrategie, in: *Meffert, H./Burmann, C./Koers, M.* (Hrsg.), Markenmanagement, Wiesbaden 2002, S. 525–541.

Bucksch, R./Rost, P. (1985), Einsatz der Wertanalyse zur Gestaltung erfolgreicher Produkte, in: Zeitschrift für betriebswirtschaftliche Forschung, 37. Jg., Nr. 3, 1985, S. 350–361.

Bund, K. (2015), Bus gegen Bahn: Vergesst es!, https://www.zeit.de/2015/13/fernbus-bahn-auto-verkehr, Abruf am 18.06.2019.

Bundesministerium des Innern (2017), Jedes Alter zählt: »Für mehr Wohlstand und Lebensqualität aller Generationen« – Eine demografiepolitische Bilanz der Bundesregierung zum Ende der 18. Legislaturperiode, Berlin 2017.

Bundesministerium für Verkehr und digitale Infrastruktur (2019), Liberalisierung des Fernbuslinienverkehrs, https://www.bmvi.de/SharedDocs/DE/Artikel/StV/fernbusse-liberalisierung.html?nn=12830, Abruf am 18.06.2019.

Bundeswehr (2019), Cyber- und Informationsraum, https://cir.bundeswehr.de/, Abruf am 18.06.2019.

Burmann, C. (2002), Customer Equity als Steuerungsgröße für die Unternehmensführung, in: *Meffert, H./Backhaus, K./Becker, J.* (Hrsg.), Arbeitspapier Nr. 155 der Wissenschaftlichen Gesellschaft für Marketing und Unternehmensführung e. V., Münster 2002.

Burmann, C./Halaszovich, T./Schade, M./Piehler, R. (2018), Identitätsbasierte Markenführung. Grundlagen – Strategie – Umsetzung – Controlling, 3. Aufl., Wiesbaden 2018.

BVR (2019a), VR Branchen special, https://www.bvr.de/Publikationen/Branchen, Abruf am 18.06.2019.

BVR (2019b), VR Branchen special, Lebensmitteleinzelhandel, https://www.bvr.de/p.nsf/0/90A4FC22D12EB85FC1257CED003CA7B1/$file/5.11_A01-Lebensmitteleinzelhandel-Februar-2019-final.pdf, Abruf am 03.10.2019.

Chandler, A. D. (1962), Strategy and Structure: Chapters in the History of the Industrial Enterprise, Cambridge 1962.

Coase, R. H. (1937), The Nature of the Firm, in: Economica, 4. Jg., Nr. 16, 1937, S. 386–405.

Coenenberg, A. G./Fischer, T. M./Günther, T. W. (2016), Kostenrechnung und Kostenanalyse, 9. Aufl., Stuttgart 2016.

Coenenberg, A. G./Fischer, T. M./Schmitz, J. (1997), Erfolgsfaktoren der Qualität und Instrumente zur Analyse qualitätsbezogener Kosten und Kennzahlen, in: *Wildemann, H.* (Hrsg.), Qualität und Unternehmenserfolg, München 1997, S. 57–95.

Corgs, C. (2017), Wie Flixbus den Reisemarkt aufmischt, https://www.manager-magazin.de/magazin/artikel/fernbusmarkt-flixbus-der-monopolist-a-1142889.html, Abruf am 18.06.2019.

Cornelsen, J. (2000), Kundenwertanalyse im Beziehungsmarketing. Theoretische Grundüberlegungen und Ergebnisse einer empirischen Studie im Automobilbereich, Nürnberg 2000.

Deisenhofer, T. (1993), Marktorientierte Kostenplanung auf Basis von Erkenntnissen der Marktforschung bei der Audi AG, in: *Horváth, P.* (Hrsg.), Target Costing – Marktorientierte Zielkosten in der deutschen Praxis, Stuttgart 1993, S. 93–118.

Deppe, D. (2013), Verkleisterte Verbraucher, klebrige Kundenwut, https://wunderblog.daniel-deppe.de/verkleisterte-verbraucher-klebrige-kundenwut/, Abruf am 18.06.2019.

DeSarbo, W. S./Grewal, R./Wind, J. (2006), Who Competes with Whom? A Demand-based Perspective for Identifying and Representing asymmetric Competition, in: Strategic Management Journal, 27. Jg., Nr. 2, 2006, S. 101–129.

Deshpandé, R./Webster, F. E. (1989), Organizational Culture and Marketing. Defining the Research Agenda, in: Journal of Marketing, 53. Jg., Nr. 1, 1989, S. 3–15.

Deutsche Bank (2019), Branchen und Ressourcen, https://www.dbresearch.de/PROD/RPS_DE-PROD/Branchen_und_Ressourcen__konjunkturelle_und_strukturelle_Entwicklungen/BRANCHEN.alias, Abruf am 18.06.2019.

Deutscher Bundestag (2012), Achter Familienbericht: Zeit für Familie – Familienzeitpolitik als Chance einer nachhaltigen Familienpolitik. Erster Teil: Stellungnahme der Bundesregierung zum Bericht der Sachverständigenkommission. Zweiter Teil: Bericht der Sachverständigenkommission. BT-Drucksache 17/9000 v. 15. 03. 2012. Berlin; http://www.bmfsfj.de/BMFSFJ/root,did=187428.html, Abruf am 18.06.2019.

Deutscher Bundestag (2017), Statistik der Gesetzgebung – Überblick 18. Wahlperiode, https://www.bundestag.de/resource/blob/194870/cf6769441cb2c733ca5f3948644d25e9/gesetzgebung_wp18-data.pdf, Abruf am 18.06.2019.

Deutscher Bundestag (2019a), Glossar: Anhörung. https://www.bundestag.de/services/glossar/glossar/A/anhoerungen-245328, Abruf am 15.06.2019.

Deutscher Bundestag (2019b), Öffentliche Liste über die beim Bundestag registrierten Verbände, https://www.bundestag.de/resource/blob/189476/94a42e251b45c5576eedbaa7d9595d2f/lobbylisteaktuell-data.pdf, Abruf am 27.06.2019.

Deutscher Werberat (2019), Verhaltensregeln des Deutschen Werberats für die Werbung vor und mit Kindern und Jugendlichen in Fernsehen, Radio und Telemedien (Fassung von März 2017), https://www.werberat.de/werbekodex/kinder-jugendliche, Abruf am 03.10.2019.

DFB (2019), Fußball-Regeln 2018/2019, https://www.dfb.de/fileadmin/_dfbdam/179710-AU1801301_Fussballregeln_2018_LowRes.pdf, Abruf am 28.06.2019.

Diederichsen, D./Feddersen, J. (2003), Die Ballkönige, in: McK Wissen, Heft 7, 2003, S. 92–97.

Diller, H. (1993), Preisimage und Preiswerbung im Reifenhandel, Arbeitspapier Nr. 18 des Lehrstuhls für Marketing an der Universität Erlangen-Nürnberg, Nürnberg 1993.

Dobbs, I. M. (2006), Defining Markets for Ex Ante Regulation Using the Hypothetical Monopoly Test, in: International Journal of the Economics of Business, 13. Jg., Nr. 1, 2006, S. 83–109.

Doll, N./Vetter, P. (2017), Wo sich Uber und Co. noch besonders schwertun, https://www.welt.de/wirtschaft/article168348901/Wo-sich-Uber-und-Co-noch-besonders-schwertun.html, Abruf am 18.06.2019.

Dömer, M. (2003), Ressourcenbasierte Erschließung neuer Märkte: dargestellt am Beispiel der Textilindustrie, Frankfurt a. M. 2003.

Dru, J.-M. (1996), Disruption. Overturning conventions and shaking up the marketplace, New York 1996.

Drumwright, M. E. (1996), Ethical Issues in Advertising and Sales Promotion, in: *Smith, N. C./Quelch, J. A.* (Hrsg.), Ethics in Marketing, Chicago 1996, S. 607–625.

Ehrlenspiel, K. (1985), Kostengünstig konstruieren, Berlin 1985.

Eisenhardt, K. (1989), Agency Theory: An Assessment and Review, in: The Academy of Management Review, 14. Jg., Nr. 1, 1989, S. 57–74.

Engelhardt, W. H./Kleinaltenkamp, M. (1995), Analyse der Erfolgspotentiale, in: *Kleinaltenkamp, M./Plinke, W.* (Hrsg.), Technischer Vertrieb – Grundlagen, Berlin 1995, S. 195–286.

Fahrrad-Wiki (2019), Ungeschriebene Gesetze des Radsports, https://fahrrad.fandom.com/de/wiki/Ungeschriebene_Gesetze_des_Radsports, Abruf am 16.06.2019.

Fiegenbaum, A./Sudharshan, D./Thomas, H. (1990), Strategic Time Periods and Strategic Groups Research. Concepts and an Empirical Example, in: Journal of Management Studies, 27. Jg., Nr. 2, 1990, S. 133–148.

Fischer-Winkelmann, W. F./Rock, R. (1977), Konsumerismus, Verbraucherinteressen und Marketinglehre. Zum Stand der deutschen absatzwirtschaftlichen Konsumerismusdiskussion, in: Zeitschrift für Betriebswirtschaftslehre, 47. Jg., Nr. 3, 1977, S. 129–152.

Floridi, L. (2015), Die 4. Revolution. Wie die Infosphäre unser Leben verändert, Berlin 2015

Flugdauer Flugzeit (2019), Flugzeit (Flugdauer) nach San Francisco – Kalifornien, http://www.flugdauer-flugzeit.de/san-francisco-kalifornien.htm, Abruf am 18.06.2019.

Frankfurter Allgemeine Zeitung (2017), Die Deutschen lieben Google, https://www.faz.net/aktuell/wirtschaft/grafik-des-tages-die-deutschen-lieben-google-14999842.html, Abruf am 18.06.2019.

Friedl, G./Hoffmann, C./Pedell, B. (2017), Kostenrechnung. Eine entscheidungsorientierte Einführung, 3. Aufl., München 2017.

Fritsch, M. (2018), Marktversagen und Wirtschaftspolitik, 10. Aufl., München 2018.

Fritz, W. (1986), Determinanten der Produktinnovation, in: Die Unternehmung, 40. Jg., Nr. 2, 1986, S. 134–147.

Fülling, T. (2014), Deutsche Bahn verliert viel Umsatz an Fernbusse, https://www.morgenpost.de/berlin/article129068076/Deutsche-Bahn-verliert-viel-Umsatz-an-Fernbusse.html, Abruf am 18.06.2019.

Gälweiler, A. (2005), Strategische Unternehmensführung, 3. Aufl., Frankfurt a. M. 2005.

Gausemeier, J./Fink, A./Schlake, O. (1996), Szenario-Management. Planen und Führen mit Szenarien, 2. Aufl., München 1996.

Gerichtshof der Europäischen Union (2017), PRESSEMITTEILUNG Nr. 132/17, https://curia.europa.eu/jcms/upload/docs/application/pdf/2017-12/cp170132de.pdf, Abruf am 18.06.2019.

Geschka, H. (2002), Kreativitätstechniken, in: *Küpper, H.-U./Wagenhofer, A.* (Hrsg.), Handwörterbuch Unternehmensrechnung und Controlling, 4. Aufl., Stuttgart 2002, S. 1195–1204.

Geschka, H. (2019), Szenariotechnik. Eine Methode der Zukunftsforschung zur systematischen Analyse zukünftiger Entwicklungen und Erarbeitung von qualitativen alternativen Prognosen, https://geschka.de/wp-content/uploads/2018/11/Szenariotechnik_20120607.pdf, Abruf am 29.05.2019.

Glismann, H. H./Horn, E.-J. (1984), Tarifäre und nicht-tarifäre Handelshemmnisse, in: *Dichtl, E./Issing, O.* (Hrsg.), Exporte als Herausforderung für die deutsche Wirtschaft, Köln 1984, S. 73–103.

González, M. E./Quesada, Q./Bahill, A. T. (2003), Improving Product Design Using Quality Function Deployment. The School Furniture Case in Developing Countries, in: Quality Engineering Journal, 16. Jg., Nr. 1, 2003, S. 45–56.

Gordon, W. (1999), Goodthinking. A Guide to Qualitative Research, Oxfordshire 1999.

Grant, R. M. (1991), The Resource-Based Theory of Competitive Advantage: Implications for Strategy Formulation, in: California Management Review, 33. Jg., Nr. 3, 1991, S. 114–135.

Grant, R. M./Nippa, M. (2006), Strategisches Management. Analyse, Entwicklung und Implementierung von Unternehmensstrategien, 5. Aufl., München 2006.

Graefen, R. (2017), Speichergrößen verständlich dargestellt – vom Bit zum Yottabyte, https://www.storage-insider.de/speichergroessen-verstaendlich-dargestellt-vom-bit-zum-yottabyte-a-517817/, Abruf am 18.06.2019.

Green, P. E./Tull, D. S./Albaum, G. (1988), Research for Marketing Decisions, 5. Aufl., Englewood Cliffs 1988.

Greenwood, J. (2017), Interest Representation in the European Union, 4. Aufl., London 2017.

Griesser, P. (2014), Lobbying im Mehrebenensystem der EU. Licht und Schatten, in: *Dialer, D./Richter, M.* (Hrsg.), Lobbying in der Europäischen Union. Zwischen Professionalisierung und Regulierung, Wiesbaden 2014, S. 59–69.

Grönroos, C. (1994), From Marketing Mix to Relationship Marketing. Towards a Paradigm Shift in Marketing, in: Management Decisions, 32. Jg., Nr. 2, 1994, S. 4–20.

Gröpl, C./Windthorst, K./von Coelln, C. (2017), Grundgesetz: Studienkommentar, 3. Aufl., München 2017.

Grunberg, B. (2004), Zeitbezogene Nutzenkomponenten von Verkehrsdienstleistungen: Erklärung und Wirkung am Beispiel von Bahnreisen, Frankfurt a. M. 2004.

Gummesson, E. (1994), Making Relationship Marketing Operational, in: International Journal of Service Industry Management, 5. Jg., Nr. 5, 1994, S. 5–20.

Gummesson, E. (2007), Exit services marketing – enter service marketing, in: Journal of Customer Behaviour, 6. Jg., Nr. 2, 2007, S. 113–141.

Haas, A. (2003), Discounting als strategische Konzeption, in: *Diller, H./Hermann, A.* (Hrsg.), Handbuch Preispolitik, Wiesbaden 2003, S. 213–240.

Haase, M. (2011), Service-dominant logic for marketing, in: *Marketing ZFP, 33. Jg., Nr. 2, 2011, S. 98–110.*

Hair, J. F. Jr./Bush, R. P./Ortinau, D. J. (2003), Marketing Research: Within a Changing Information Environment, 2. Aufl., Boston 2003.

Hamel, G./Prahalad, C. K. (1997), Wettlauf um die Zukunft, Wien 1997.

Hannig, U. (1993), Die Entwicklung wettbewerbsorientierter Marketingstrategien auf Basis des Konzepts der strategischen Gruppen: dargestellt am Beispiel der Hersteller von Hochleistungs-PCs und PC-Standardanwendungssoftware, Frankfurt a. M. 1993.

Hatten, K. J./Hatten, M. L. (1987), Strategic Management. Analysis and Action, Englewood Cliffs 1987.

Hax, A. C./Majluf, N. S. (1996), The Strategy Concept and Process. A Pragmatic Approach, 2. Aufl., Englewood Cliffs 1996.

Hein, T. (2004), Das kommt Chinesen spanisch vor, in: Die Zeit vom 30.09.2004.

Heinen, E. (1969), Zum Wissenschaftsprogramm der entscheidungsorientierten Betriebswirtschaftslehre, in: Zeitschrift für Betriebswirtschaft, 39. Jg., Nr. 4, 1969, S. 207–220.

Heinen, E. (1992), Einführung in die Betriebswirtschaftslehre, 9. Aufl., Wiesbaden 1992.

Heinen, K. C./Hoffjan, A. (2004), Zur strategischen Relevanz wettbewerberbezogener Kosteninformationen, in: Die Betriebswirtschaft, 64. Jg., Nr. 2, 2004, S. 211–227.

Heinonen, K./Strandvik, T./Mickelsson, J./Edvardsson, B./Sundström, E./Andersson, P. (2010), A Customer-Dominant Logic of Service, in: Journal of Service Management, 21. Jg., Nr. 4, 2010, S. 531 548.

Henderson, B. D. (1984), Die Erfahrungskurve in der Unternehmensstrategie, 2. Aufl., Frankfurt a. M.1984.

Hennig-Thurau, T./Wiertz, C./Feldhaus, F. (2015), Does Twitter matter? The impact of microblogging word of mouth on consumers' adoption of new movies, in: Journal of the Academy of Marketing Science, 43. Jg., Nr. 3, 2015, S. 375–394.

Herdzina, K. (1999), Wettbewerbspolitik, 5. Aufl., Stuttgart 1999.

Hess, T. (2019), Digitale Transformation strategisch steuern. Vom Zufallstreffer zum systematischen Vorgehen, Wiesbaden 2019.

Hilton, T./Hughes, T. (2008), Co-production and co-creation using self service technology. The application of service-dominant logic. Otago Forum 2 – Academic Papers, Paper 2, 2008, S. 21–40.

Hinterhuber, H. H. (2015), Strategische Unternehmensführung, 9. Aufl., Berlin 2015.

Hochhold, S./Bernd, R. (2009), Prinzipal-Agent-Theorie, in: *Schwaiger, M./Meyer, A.* (Hrsg.), Theorien und Methoden der Betriebswirtschaft. Handbuch für Wissenschaftler und Studierende, München 2009, S. 135–148.

Hofer, C. W./Schendel, D. (1978), Strategy Formulation. Analytic Concepts, St. Paul 1978.

Homburg, C. (2017), Marketingmanagement. Strategie – Instrumente – Umsetzung, 6. Aufl., Wiesbaden 2017.

Homburg, C./Pflesser, C. (2000), A Multiple-Layer Model of Market-Orientated Organizational Culture. Measurement Issues and Performance Outcomes, in: Journal of Marketing Research, 37. Jg., Nr. 4, 2000, S. 449–462.

Homma, N. (2014), Eine Unternehmenskultur verändern, in: *Homma, R./Bauschke, R./Hofmann, L. M.* (Hrsg.), Einführung Unternehmenskultur. Grundlagen, Perspektiven, Konsequenzen, S. 49–66, Wiesbaden 2014.

Hörstrup, R. (2012), Anbieterintegration: Ein konzeptioneller Ansatz zur Analyse und Gestaltung kundenseitiger Nutzungsprozesse, Hamburg 2012.

Horváth, P./Gleich, R./Seiter, M. (2019), Controlling, 14. Aufl., München 2019 (im Druck).

Horváth, P./Niemand, S./Wolbold, M. (1993), Target Costing. State of the Art, in: *Horváth, P.* (Hrsg.), Target costing. Marktorientierte Zielkosten in der deutschen Praxis, Stuttgart 1993, S. 1–27.

Hoyer, W. D./MacInnis, D. J./Pieters, R. (2018), Consumer Behavior, 7. Aufl., Boston 2018.

Hungenberg, H. (2014), Strategisches Management in Unternehmen. Ziele – Prozesse – Verfahren, 8. Aufl., Wiesbaden 2014.

Hungenberg, H./Weiss, M./Döbrich, C./Warnecke, D. (2008), Identifikation von immateriellen Unternehmensressourcen zum Wachstum durch Diversifikation. Das VRILS-Modell – ein konzeptioneller Ansatz, https://docplayer.org/4352660-Identifikation-von-immateriellen-unternehmensressourcen-zum-wachstum-durch-diversifikation.html, Abruf am 28.06.2019.

Hunt, M. S. (1972), Competition in the Major Home Appliance Industry 1960–1970, unveröffentlichte Dissertation, Cambridge 1972.

Intveen, C. (1999), Internationales Urheberrecht und Internet. Zur Frage des anzuwendenden Urheberrechts bei grenzüberschreitenden Datenübertragungen, Baden-Baden 1999.

ISO (2015), ISO 9000:2015, https://www.iso.org/obp/ui/#iso:std:iso:9000:ed-4:v1:en:term:3.7.10, Abruf am 28.06.2019.

Jacoby, J./Olson, J. C. (1977), Consumer Response to Price: An Attitudinal Information Processing Perspective, in: *Wind, Y./Greenberg, M.* (Hrsg.), Moving Ahead in Attitude Research, Chicago 1977, S. 73–86.

Johnson, G./Whittington, R./Scholes, K./Angwin, D./Regnér, P. (2017), Exploring Strategy. Text and Cases, 11. Aufl., Harlow 2017.

Jordan, A. (2012), Spielarenenwechsel als Strategieoption unter Berücksichtigung von KKV-Potenzialen am Beispiel einen Werbeagentur, unveröffentlichte Master Thesis, Steinbeis-Hochschule Berlin 2012.

Journal of Consumer Research (2019), General Information, http://www.ejcr.org/general.htm, Abruf am 02.06.2019.

Kaas, K. P. (1990), Marketing als Bewältigung von Informations- und Unsicherheitsproblemen im Markt, in: Die Betriebswirtschaft, 50. Jg., Nr. 4, 1990, S. 539–548.

Kaas, K. P./Busch, A. (1996), Inspektions-, Erfahrungs- und Vertrauenseigenschaften von Produkten. Theoretische Konzeption und empirische Validierung, in: Marketing ZFP, 18. Jg., Nr. 4, 1996, S. 243–252.

Kaas, K. P./Hay, C. (1984), Preisschwellen bei Konsumgütern. Eine theoretische und empirische Analyse, in: Zeitschrift für betriebswirtschaftliche Forschung, 36. Jg., Nr. 5, 1984, S. 333–346.

Kamenz, U. (2001), Marktforschung. Einführung mit Fallbeispielen, Aufgaben und Lösungen, 2. Aufl., Stuttgart 2001.

Kenning, P. (2014), Consumer Neuroscience, Ein transdisziplinäres Lehrbuch, Stuttgart 2014.

Kenning, P./Hartleb, V./Schneider, H. (2011), An empirical multi-method investigation of price knowledge in food retailing, in: International Journal of Retail & Distribution Management, 39. Jg., Nr. 5, 2011, S. 363–382.

Kenning, P./Plassmann, H./Deppe, M./Kugel, H./Schwindt, W. (2005), Wie eine starke Marke wirkt, in: Harvard Business Manager, Heft März, 2005, S. 53–57.

Kepper, G. (1996), Qualitative Marktforschung. Methoden, Einsatzmöglichkeiten und Beurteilungskriterien, 2. Aufl., Wiesbaden 1996.

Kepper, G. (2000), Methoden der Qualitativen Marktforschung, in: *Herrmann, A./Homburg, C./Klarmann, M.* (Hrsg.), Marktforschung. 3. Aufl., Wiesbaden 2007, S. 175–212.

Kern, W./Schröder, H.-H. (1978), Konzept, Methoden und Probleme der Wertanalyse, in: Das Wirtschaftsstudium, 7. Jg., Nr. 8, 1978, S. 375–381.

Kleinaltenkamp, M. (1993), Institutionenökonomische Begründung der Geschäftsbeziehung, in: *Backhaus, K./Diller, H.* (Hrsg.), Dokumentation des 1. Workshops »Beziehungsmanagement« vom 27.–29.09.1993 in Frankfurt a. M., Frankfurt a. M. 1993, S. 8–39.

Kleinaltenkamp, M. (2002), Wettbewerbsstrategie, in: *Kleinaltenkamp, M./Plinke, W.* (Hrsg.), Strategisches Business-to-Business Marketing, 2. Aufl., S. 57–189, Berlin 2002.

Koers, M. (2001), Steuerung von Markenportfolios. Ein Beitrag zum Mehrmarkencontrolling am Beispiel der Automobilwirtschaft, Frankfurt a. M. 2001.

Kohli, A. K./Jaworski, B. J. (1990), Market Orientation. The Construct, Research Propositions and Managerial Implications, in: Journal of Marketing, 54. Jg., Nr. 2, 1990, S. 1–8.

Köppl, P. (2003), Power Lobbying: Das Praxishandbuch der Public Affairs. Wie professionelles Lobbying die Unternehmenserfolge absichert und steigert, Wien 2003.

Kosow, H./Gaßner, R. (2008), Methoden der Zukunfts- und Szenarioanalyse. Überblick, Bewertung und Auswahlkriterien, Institut für Zukunftsstudien und Technologiebewertung, Werkstattbericht Nr. 103, Berlin 2008.

Kotler, P. (1999), Kotler on Marketing, New York 1999.

Kotler, P./Armstrong, G./Saunders, J./Wong, V. (2007), Grundlagen des Marketing, 4. Aufl., München 2007.

Kotler, P./Keller, K. L./Opresnik, M. O. (2017), Marketing-Management. Konzepte – Instrumente – Unternehmensfallstudien, 15. Aufl., Hallbergmoos 2017.

Kreuz, W. (2002), Kosten-Benchmarking. Konzept und Praxisbeispiele, in: *Franz, K.-P./Kajüter, P.* (Hrsg.), Kostenmanagement. Wettbewerbsvorteile durch systematische Kostensteuerung, 2. Aufl., Stuttgart 2002, S. 277–291.

Kroeber-Riel, W./Gröppel-Klein, A. (2013), Konsumentenverhalten, 10. Aufl., München 2013.

Krüger, W./Homp, C. (1997), Kernkompetenz-Management. Steigerung von Flexibilität und Schlagkraft im Wettbewerb, Wiesbaden 1997.

Krystek, U./Müller-Stewens, G. (1993), Frühaufklärung für Unternehmen. Identifikation und Handhabung zukünftiger Chancen und Bedrohungen, Stuttgart 1993.

Lasko, W. W./Busemann, F./Busch, P. (2005), Zehnkampf-Power für Manager. Wie Sie die Erfolgsprinzipien des Sports für sich und Ihr Business nutzen, Wiesbaden 2005.

Laufen.de (2018), In 28 Wochen zum ersten Marathon, www.laufen.de/trainingsplan/15/in-28-wochen-zum-ersten-marathon?start=14-02-2018&end=14-03-2018, Abruf am 14.02.2018.

Leif, T./Speth, R. (2006), Die fünfte Gewalt. Anatomie des Lobbyismus in Deutschland, in: *Leif, T./Speth, R.* (Hrsg.), Die fünfte Gewalt. Lobbyismus in Deutschland, Wiesbaden 2006.

Leinmeister, J. M. (2015), Einführung in die Wirtschaftsinformatik, Berlin 2015.

Leite Ferreira, J. K. (2017), Die Wertkette des Konsumenten. Analyse der Wertentwicklung in kundenseitigen Nutzungsprozessen, Hamburg 2017.

Lemke, C./Brenner, W. (2015), Einführung in die Wirtschaftsinformatik. Band 1: Verstehen des digitalen Zeitalters, Berlin 2015.

Levitt, T. (1960), Marketing Myopia, in: Harvard Business Review, 38. Jg., Nr. 4, 1960, S. 45–56.

Lewin, K. (1947), Frontiers in Group Dynamics. Resolving Social Conflicts Field Theory in Social Science, Psychological Association, Washington DC 1947.

Lianos, M./Hetzel, R. (2003), Die Quadratur der Kreise. So arbeitet die Firmen- Lobby in Berlin, in: politik & kommunikation, Februar 2003, S. 14–17.

Lies, J. (2015), Praxis des PR-Managements. Strategien – Instrumente – Anwendung, Wiesbaden 2015.

Lin, F. H./Tsai, S. B./Lee, Y. C./Hsiao, C. F./Zhou, J./Wang, J./Shang, Z. (2017), Empirical research on Kano's model and customer satisfaction, in: PLOS ONE, 12. Jg., Nr. 9, 2017, e0183888.

Lischka, K. (2008), Der Staubbeutel-Wahnsinn, https://www.spiegel.de/netzwelt/tech/technikaergernis-der-staubbeutel-wahnsinn-a-558480.html, Abruf am 18.06.2019.

Lusch, R. F./Vargo, S. L. (2006), Service-dominant logic: reactions, reflections and refinements, in: Marketing Theory, 6. Jg., Nr. 3, 2006, S. 281–288.

Lynch, J. G./Netemeyer, R. G./Spiller, S. A./Zammit, A. (2010), A Generalizable Scale of Propensity to Plan. The Long and the Short of Planning for Time and for Money, in: Journal of Consumer Research, 37. Jg., Nr. 1, 2010, S. 108–128.

Macharzina, K./Wolf, J. (2008), Unternehmensführung. Das internationale Managementwissen. Konzepte – Methoden – Praxis, 6. Aufl., Wiesbaden 2008.

Mahler, A./Schulz, T. (2014), Digitale Revolution, Hamburg 2014.

Mateer, D./Coppock, L. (2014), Principles of Microeconomics, New York 2014.

Max-Planck-Gesellschaft (2005), »Weltatlas der Sprachstrukturen« erschienen, https://www.mpg.de/497637/pressemitteilung200507211, Abruf am 18.06.2019.

Mayer, H. W. (2016), Warum die Deutschen kein Automatikgetriebe mögen, https://www.welt.de/motor/article156787031/Warum-die-Deutschen-kein-Automatikgetriebe-moegen.html, Abruf am 27.06.2019.

McKinsey (2016), Digital Globalization. The Era of Global Flows, March 2016, https://www.mckinsey.com/business-functions/digital-mckinsey/our-insights/digital-globalization-the-new-era-of-global-flows, Abruf am 28.06.2019.

McNamara, G./Deephouse, D./Luce, R. (2003), Competitive Positioning Within and Across a Strategic Group Structure. The Performance of Core, Secondary, and Solitary Firms, in: Strategic Management Journal, 24. Jg. Nr. 2, 2003, S. 161–181.

Meffert, H. (1994), Lexikon der aktuellen Marketingbegriffe, Wien 1994.

Meffert, H./Bruhn, M./Hadwich, K. (2018), Dienstleistungsmarketing. Grundlagen – Konzepte – Methoden, 9. Aufl., Wiesbaden 2018.

Meffert, H./Burmann, C./Kirchgeorg, M./Eisenbeiß, M. (2019), Marketing. Grundlagen marktorientierter Unternehmensführung. Konzepte – Instrumente – Praxisbeispiele, 13. Aufl., Wiesbaden 2019.

Meffert, J./Meffert, H. (2017), Eins oder Null. Wie Sie Ihr Unternehmen mit Digital@Scale in die digitale Zukunft führen, Berlin 2017.

Michalowitz, I. (2014), Warum die EU-Politik Lobbying braucht? Der Tauschansatz als implizites Forschungsparadigma, in: *Dialer, D./Richter, M.* (Hrsg.), Lobbying in der Europäischen Union: Zwischen Professionalisierung und Regulierung, Wiesbaden 2014, S. 17–28.

Milani, F. (2019), Digital Business Analysis, Cham 2019.

Miller, K./Brand, C./Heathcote, N./Rutter, B. (2005), Quality Function Deployment and Its Application to Automotive Door Design, in: Proceedings of the Institution of Mechanical Engineers, Part D: Journal of Automobile Engineering, Vol. 219, Nr. 12, 2005, S. 1481–1493.

Mintzberg, H. (1977), Policy as a Field of Management Theory, in: Academy of Management Review, 2. Jg., Nr. 1, 1977, S. 88–103.

Mintzberg, H. (1978), Patterns in Strategy Formation, in: Management Science, 24. Jg., Nr. 9, 1978, S. 934–948.

Mintzberg, H. (1987), Crafting Strategy, in: Harvard Business Review, 65. Jg., Nr. 4, 1987, S. 66–75.

Morrison, M. A./Haley, E./Sheehan, K. B./Taylor, R. E. (2012), Using Qualitative Research in Advertising, Thousand Oaks 2012.

Müller, I. (2003), Die Entstehung von Preisimages im Handel. Eine theoretische und empirische Analyse, Nürnberg 2003.

Müller-Stewens, G./Lechner, C. (2016), Strategisches Management. Wie strategische Initiativen zum Wandel führen, 5. Aufl., Stuttgart 2016.

Narayanan, V. K./Fahey, L. (1987), Environmental Analysis for Strategy Formulation, in: *King, W. R./Cleland, D. J.* (Hrsg.), Strategic Planning and Management Handbook, New York 1987, S. 147–176.

Narver, J. C. (1967), Conglomerate Mergers and Market Competition, Berkeley 1967.

Narver, J. C./Slater, S. F. (1990), The Effect of a Market Orientation on Business Profitability, in: Journal of Marketing, 54. Jg., Nr. 4, 1990, S. 20–35.

Nerdinger, F. W./Blickle, G./Schaper, N. (2011), Arbeits- und Organisationspsychologie, 2. Aufl., Heidelberg 2011.

Nicolai, B. (2019), Rewe to go bereitet Tankstellenpächtern große Probleme, https://www.welt.de/wirtschaft/article190793787/Aral-Rewe-to-go-bereitet-Tankstellenpaechtern-grosse-Probleme.html, Abruf am 18.06.2019.

Nicolini, H. J. (1978), Untersuchungen zur Erfassung unternehmerischer Marktmacht, Göttingen 1978.

Nieschlag, R./Dichtl, E./Hörschgen, H. (1971), Marketing, 4. Aufl., Berlin (1.-3. Aufl. erschienen unter dem Titel »Einführung in die Lehre der Absatzwirtschaft«).

OECD (2019a), Gross domestic product (GDP) (indicator), https://doi.org/10.1787/dc2f7aec-en, Abruf am 25.05.2019.

OECD (2019b), Life expectancy at birth (indicator). https://doi.org/10.1787/27e0fc9d-en, Abruf am 25.05.2019.

OECD (2019c), »Pharmaceutical market«, OECD Health Statistics (database), https://doi.org/10.1787/data-00545-en, Abruf am 25.05.2019.

Osborn, A. F. (1957), Applied Imagination. Principles and Procedures of Creative Thinking, 2. Aufl., New York 1957.

Palich, L./Cardinal, L./Miller, C. (2000), Curvilinearity in the diversification-performance linkage. An examination of over three decades of research, in: Strategic Management Journal, 21. Jg., Nr. 2, 2000, S. 155–174.

Perloff, J. (2018), Microeconomics, 8. Aufl., Harlow 2018.

Perrey, J. (1998), Nutzenorientierte Marktsegmentierung. Ein integrativer Ansatz zum Zielgruppenmarketing im Verkehrsdienstleistungsbereich, Wiesbaden 1998.

Perridon, L./Steiner, M./Rathgeber, A. W. (2017), Finanzwirtschaft in der Unternehmung, 17. Aufl., München 2017.

Pfisterer, L. (2017), Wertkreation in Kundennutzungsprozessen, Wiesbaden 2017.

Picot, A./Reichwald, R./Wigand, R. T. (2003), Die grenzenlose Unternehmung. Information, Organisation und Management. Lehrbuch zur Unternehmensführung im Informationszeitalter, 5. Aufl., Wiesbaden 2003.

Plinke, W. (1989), Die Geschäftsbeziehung als Investition, in : *Specht, G./Silberer, G./Engelhardt, W. H.* (Hrsg.), Marketing-Schnittstellen, Stuttgart 1989, S. 305–326.

Plinke, W. (2000), Grundlagen des Marktprozesses, in: *Kleinaltenkamp, M./Plinke, W.* (Hrsg.), Technischer Vertrieb. Grundlagen des Business-to-Business Marketing, 2. Aufl., Berlin 2000, S. 3–100.

Popp, M. S./Holst, D. (2005), American Men of Olympic Track and Field. Interviews with Athletes and Coaches, Jefferson 2005.

Porter, M. E. (1979), The Structure Within Industries and Companies' Performance, in: Review of Economics and Statistics, 61. Jg., Nr. 2, 1979, S. 214–227.

Porter, M. E. (1980), Competitive Strategy. Techniques for Analyzing Industries and Competitors, New York 1980.

Porter, M. E. (1985), Competitive Advantage. Creating and Sustaining Superior Performance, New York 1985

Prahalad, C. K./Hamel, G. (1990), The Core Competence of the Corporation, in: Harvard Business Review, 68. Jg., Nr. 3, 1990, S. 79–91.

Precht, M./Meier, N./Tremel, D. (2004), EDV-Grundwissen. Eine Einführung in Theorie und Praxis der modernen EDV, 7. Aufl., Boston 2004.

Pruyn, A./Smidts, A. (1998), Effects of waiting on the satisfaction with the service. Beyond objective time measures, in: International Journal of Research in Marketing, 15. Jg., Nr. 4, 1998, S. 321–334.

Reeves, R. (1963), Werbung ohne Mythos. Reality in Advertising, München 1963.

Reibnitz, U. (1992), Szenario-Technik. Instrumente für die unternehmerische und persönliche Erfolgsplanung, 2. Aufl., Wiesbaden 1992.

Reichheld, F. F./Sasser, W. E. (1990), Zero Defections. Quality comes to Services, in: Harvard Business Review, 68. Jg., Nr. 5, 1990, S. 105–111.

Rese, M. (2000), Anbietergruppen in Märkten. Eine ökonomische Analyse, Tübingen 2000.

Richter, R./Furubotn, E. G. (2010), Neue Institutionenökonomik. Eine Einführung und kritische Würdigung, 4. Aufl., Tübingen 2010.

Ries, A./Trout, J. (1981), Positioning. The Battle for your Mind, New York 1981.

Robinson, J. (1948), The Economics of Imperfect Competition, London 1948.

Rohrbeck, R./Gemuenden, H. G. (2006), Strategische Frühaufklärung. Modell zur Integration von markt- und technologieseitiger Frühaufklärung, in: *Gausemeier, J.* (Hrsg.), Vorausschau und Technologieplanung, Heinz Nixdorf Institut, Paderborn 2006, S.159–176.

Roquebert, J. A./Phillips, R. L./Westfall, P. A. (1996), Markets vs. Management: What ‹Drives' Profitability?, in: Strategic Management Journal, 17. Jg., Nr. 8, 1996, S. 653–664.

Rosa, H. (2005), Beschleunigung. Die Veränderung der Zeitstrukturen in der Moderne, Frankfurt a. M. 2005.

Roth, S./Pfisterer, L. (2014), Die Bedeutung von Nutzungsprozessen für den Service Value, in: *Bruhn, M./Hadwich, K.* (Hrsg.), Service Value als Werttreiber, Wiesbaden 2014, S. 223–243.

Rudolph, T./Wagner, T. (2003), Preisimage-Politik im Handel, in: *Diller, H./Herrmann, A.* (Hrsg.), Handbuch Preispolitik. Strategien – Planung – Organisation – Umsetzung, Wiesbaden 2003, S. 177–198.

Sabel, H. (1998), Die hundertjährige Geschichte des Marketing in Deutschland, Bonn Working Papers in Business Administration, Bonn 1998.

Säcker, F. J. (2008), The Concept of the Relevant Product Market. Between demand-side substitutability and supply-side substitutability in competition law, Frankfurt a. M. 2008.

Sackman, A. (1998), Political Marketing and the Labour Party: The Development of Campaign Strategy 1983–1992, unveröffentlichte Dissertation, University of Manchester 1998.

SAERTEX (2019), Zahlen & Geschichte, https://www.saertex.com/de/ueber-saertex/zahlen-geschichte, Abruf am 18.06.2019.

Sargeant, A. (2009), Marketing Management for Nonprofit Organizations, 3. Aufl., Oxford 2009.

Schalke (2001), http://www.schalke.de, Abruf am 12.04.2007.

Scheibehenne, B./Greifeneder, R./Todd, P. M. (2010), Can There Ever Be Too Many Options? A Meta-Analytic Review of Choice Overload, in: Journal of Consumer Research, 37. Jg., Nr. 3, 2010, S. 409–425.

Schein, E. H. (1984), Coming to a New Awareness of Organizational Culture, in: Sloan Management Review, 25. Jg., Nr. 2, 1984, S. 3–16.

Schembri, S. (2006), Rationalizing service logic, or understanding services as experience?, in: Marketing Theory, 6. Jg., Nr. 3, 2006, S. 381–392.

Schengber, R. A. (1996), Marktabgrenzung und Machtmessung. Eine Analyse von Methoden und Indikatoren für das Koordinationsmängel-Diagnosekonzept, Lohmar 1996.

Schmalen, H./Pechtl, H. (2013), Grundlagen und Probleme der Betriebswirtschaft, 15. Aufl., Stuttgart 2013.

Schmidt, J. (2018), Die fiesen Tricks der Verschlüsselungstrojaner, https://www.spiegel.de/netzwelt/web/ransomware-die-fiesen-tricks-der-verschluesselungstrojaner-a-1188432.html, Abruf am 18.06.2019.

Schmidt, S. J. (2003), Kognitive Autonomie und soziale Orientierung. Konstruktivistische Bemerkungen zum Zusammenhang von Kognition, Kommunikation, Medien und Kultur, Münster 2003.

Schnabel, G./Harre, H.-D./Krug, J. (2014), Trainingslehre – Trainingswissenschaft, 3. Aufl., Aachen 2014.

Schneider, D. J. G./Müller, R. U. (1989), Datenbankgestützte Marktselektion. Eine methodische Basis für Internationalisierungsstrategien, Stuttgart 1989.

Schneider, H. (1999), Preisbeurteilung als Determinante der Verkehrsmittelwahl. Ein Beitrag zum Preismanagement im Verkehrsdienstleistungsbereich, Wiesbaden 1999.

Schneider, H. (2015a), HWAIW. Eine kommentierende Einführung ins Marketing, Norderstedt 2015.

Schneider, H. (2015b), Vereinbarkeitsmanagement. Ein integratives Handlungskonzept betrieblicher Familienpolitik, Norderstedt 2015.

Schneider, H. (2019), Digitalisierung. Eine folgenreiche Übersetzung in Maschinensprache, Norderstedt 2019.

Schneider, H./Kenning, P./Hartleb, V./Eberhardt, T. (2009), Implizites Preiswissen von Konsumenten – wirklich genauer als ihr explizites Preiswissen?, in: Marketing ZFP, 31. Jg., Nr. 4, 2009, S. 219–233.

Schobert, R. (1979), Die Dynamisierung komplexer Marktmodelle mit Hilfe von Verfahren der Mehrdimensionalen Skalierung, Berlin 1979.

Schulz, N. (2003), Wettbewerbspolitik. Eine Einführung aus industrieökonomischer Perspektive, Tübingen 2003.

Schumpeter, J. (1997 [1912]), Theorie der wirtschaftlichen Entwicklung. Eine Untersuchung über Unternehmergewinn, Kapital, Kredit, Zins und den Konjunkturzyklus, 9. Aufl., Berlin 1997.

Seidenschwarz, W. (1991), Target Costing. Ein japanischer Ansatz für das Kostenmanagement, in: Controlling, 3. Jg., Nr. 4, 1991, S. 198–203.

Seidenschwarz, W. (1993), Target Costing. Marktorientiertes Zielkostenmanagement, Stuttgart 1993.

Shapiro, B. P. (1968), The Psychology of Pricing, in: Harvard Business Review, 46. Jg., Nr. 4, 1968, S. 14–25, 160.

Siems, F. (2009), Preismanagement. Konzepte – Strategien – Instrumente, München 2009.

Simon, H. (1989), Markteintrittsbarrieren, in: *Macharzina, K./Welge, M. K.* (Hrsg.), Handwörterbuch Export und internationale Unternehmung, Stuttgart 1989, Sp. 1441–1453.

Simon, H./Fassnacht, M. (2016), Preismanagement. Strategie – Analyse – Entscheidung – Umsetzung, 4. Aufl., Wiesbaden 2016.

Speedtest (2019), Speedtest, https://www.speedtest.net, Abruf am 18.06.2019.

Spiegel Online (2017a), ICE-Strecke München-Berlin – Ab durch die Mitte, https://www.spiegel.de/reise/aktuell/ice-strecke-muenchen-berlin-das-vierteljahrhundert-bauwerk-a-1181874.html, Abruf am 18.06.2019.

Spiegel Online (2017b), Markenstreit – Darum darf nur Ritter Sport quadratisch sein, https://www.spiegel.de/wirtschaft/unternehmen/ritter-sport-warum-ist-ein-quadrat-als-patent-rechtens-a-1173595.html, Abruf am 16.06.2019.

Spiegel Online (2017c), Motorenentwicklung – Volvo verabschiedet sich vom Diesel, https://www.spiegel.de/auto/aktuell/volvo-will-den-diesel-verabschieden-a-1148035.html, Abruf am 16.06.2019.

Spiller, S. A. (2011), Opportunity Cost Consideration, in: Journal of Consumer Research, 38. Jg., Nr. 4, 2011, S. 595–610.

Statista (2019), Ranking der auflagenstärksten Programmzeitschriften in Deutschland im 1. Quartal 2019, https://de.statista.com/statistik/daten/studie/373674/umfrage/programmzeitschriften-mit-den-hoechsten-auflagen/, Abruf am 04.06.2019.

Statistisches Bundesamt (2018), Unternehmensregister, https://www.destatis.de/DE/Themen/Branchen-Unternehmen/Unternehmen/Unternehmensregister/Tabellen/unternehmen-beschaeftigte-umsatz-wz08.html, Abruf am 28.06.2019.

Statistisches Bundesamt (2019a), Bruttoinlandsprodukt 2018 für Deutschland, Begleitmaterial zur Pressekonferenz am 15. Januar 2019 in Berlin, https://www.destatis.de/DE/Presse/Pressekonferenzen/2019/BIP2018/pressebroschuere-bip.pdf?__blob=publicationFile&v=3, Abruf am 20.05.2019.

Statistisches Bundesamt (2019b), Volkswirtschaftliche Gesamtrechnungen Bruttoinlandsprodukt (BIP), https://www.destatis.de/DE/Themen/Wirtschaft/Volkswirtschaftliche-Gesamtrechnungen-Inlandsprodukt/Methoden/bip.html, Abruf am 20.05.2019.

Stauss, B. (1991), Dienstleister und die vierte Dimension, in: Harvard Business Manager, 13. Jg., Nr. 2, 1991, S. 81–89.

Steffenhagen, H. (2004), Marketing. Eine Einführung, 5. Aufl., Stuttgart 2004.

Steinmann, H./Schreyögg, G. (2005), Management. Grundlagen der Unternehmensführung. Konzepte, Funktionen, Fallstudien, 6. Aufl., Wiesbaden 2005.

Steuernagel, A. (2017), Strategische Unternehmenssteuerung im digitalen Zeitalter. Theorien, Methoden und Anwendungsbeispiele, Wiesbaden 2017.

Stock-Homburg, R. (2013), Personalmanagement. Theorien, Konzepte, Instrumente, 3. Aufl., Wiesbaden 2013.

Stolterman, E./Fors, A. C. (2004), Information Technology and the Good Life, in: *Kaplan, B./ Truex, D. P./Wastell, D./Wood-Harper, A. T./DeGross, J. I.* (Hrsg.), Information Systems Research. IFIP International Federation for Information Processing, Vol. 143, Boston 2004, S. 687–692.

Süddeutsche Zeitung (2017), Rekord-Kartellstrafe – Google muss 2,42 Milliarden Euro Strafe an die EU zahlen, https://www.sueddeutsche.de/wirtschaft/rekord-kartellstrafe-google-muss-2-42-milliarden-euro-strafe-an-die-eu-zahlen-1.3562501, Abruf am 16.06.2019.

Südwestpresse (2018), ALBA Berlin zieht ins Finale ein – Sieg gegen Ludwigsburg, https://www.swp.de/sport/basketball/alba-berlin-zieht-ins-finale-ein-sieg-gegen-ludwigsburg-26836716.html, Abruf am 03.10.2019.

Sweeney, J. C./Soutar, G. N./Mazzarol, T. (2008), Factors influencing word of mouth effectiveness: receiver perspectives, in: European Journal of Marketing, 42. Jg. Nr. 3/4, 2008, S. 344–364.

Tagesspiegel (2007), Weihnachtsmärkte auch nach Weihnachten, https://www.tagesspiegel.de/gesellschaft/panorama/umfrage-weihnachtsmaerkte-auch-nach-weihnachten/1092274.html, Abruf am 18.06.2019.

Tarlatt, A. (2001), Implementierung von Strategien im Unternehmen, Wiesbaden 2001.

Teece, D. J./Pisano, G./Shuen, A. (1997), Dynamic Capabilities and Strategic Management, in: Strategic Management Journal, 18. Jg., Nr. 7, 1997, S. 509–533.

Thompson, A. A./Strickland, A. J. (1999), Strategic Management. Concepts and Cases, 11. Aufl., Boston 1999.

Trommsdorff, V. (2009), Konsumentenverhalten, 7. Aufl., Stuttgart 2009.

Ulrich, P./Baltzer, B. (2019), Wertschöpfung in der BWL, Wiesbaden 2019.

Unckrich, B. (2015), Deutsche Bahn wagt die große Werbe-Offensive, https://www.horizont.net/marketing/nachrichten/Mega-Kampagne-Deutsche-Bahn-wagt-die-grosse-Werbe-Offensive-133557, Abruf am 18.06.2019.

Vargo, S. L./Lusch, R. F. (2004), Evolving to a new dominant logic for marketing, in: Journal of Marketing, 68. Jg., Nr. 1, 2004, S. 1–17.

Veblen, T. (1899), The Theory of the Leisure Class, London 1899.

Veenendaal, A.-K. (2019), Toward a Better Understanding of Rule-Breaking Market Behavior, Cham 2019.

Verband der Hochschullehrer für Betriebswirtschaft e. V. (2019), Mitgliederliste, https://vhbonline.org/nc/mitgliederbereich/mitgliederliste/, Abruf am 20.05.2019.

Voeth, M./Herbst, U. (2015), Verhandlungsmanagement, 2. Aufl., Stuttgart 2015.

Voeth, M./Herbst, U./Bertels, V./Scholz, H. (2011), Die Entwicklung der Marketing-Community an deutschsprachigen Universitäten (1969–2008), in: Die Betriebswirtschaft, 71. Jg., Nr. 1, 2011, S. 63–82.

von Clausewitz, C. (1973), Vom Kriege, 18. Aufl., Bonn 1973.

von der Oelsnitz, D. (1999), Marktorientierter Unternehmenswandel. Managementtheoretische Perspektiven der Marketingimplementierung, Wiesbaden 1999.

von Oetinger, B. (2003), Das Boston Consulting Group Strategie-Buch, 8. Aufl., Düsseldorf 2003.

Voss, J./Spiller, A. (2008), Die Wahl des richtigen Vertriebswegs in den Vorleistungsindustrien der Landwirtschaft. Konzeptionelle Überlegungen und empirische Ergebnisse, Diskussionsbeitrag No. 0804, Göttingen 2008.

Weber, C. (2015), Warum leben Frauen länger als Männer? Zeit: https://www.zeit.de/zeit-wissen/2015/03/lebensdauer-frauen-maenner, Abruf am 28.06.2019.

Wehrmann, I. (2007), Lobbying in Deutschland. Begriff und Trends, in: *Kleinfeld, R./Zimmer, A./ Wilemms, U.* (Hrsg.), Lobbying. Strukturen, Akteure, Strategien, Wiesbaden 2007, S. 36–64.

Weiber, R. (2017), Anbieterintegration. Das Management der Wertkette des Konsumenten, in: *Corsten, H./Roth, S.* (Hrsg.), Handbuch Dienstleistungsmanagement, München 2017, S. 631–657.

Weiber, R./Ferreira, K. (2014), Wertschöpfung des Anbieters im konsumentenseitigen Wertschaffungsprozess im Rahmen der Anbieterintegration, in: *Gössinger, R./Zäpfel, G.* (Hrsg.), Management integrativer Leistungserstellung, Berlin 2014, S. 261–286.

Weiber, R./Ferreira, K. (2015), Von der interaktiven Wertschöpfung zur interaktiven Wertschaffung, in: *Bruhn, M./Hadwich, K.* (Hrsg.), Interaktive Wertschöpfung durch Dienstleistungen, Wiesbaden 2015, S. 31–55.

Weiber, R./Hörstrup, R. (2009), Von der Kundenintegration zur Anbieterintegration, in: *Bruhn, M.* (Hrsg.), Kundenintegration, Wiesbaden 2009, S. 281–312.

Weineck, J. (2019), Optimales Training: Leistungsphysiologische Trainingslehre unter besonderer Berücksichtigung des Kinder- und Jugendtrainings, 17. Aufl., Balingen 2019.

Welge, M. K./Al-Laham, A./Eulerich, M. (2017), Strategisches Management. Grundlagen – Prozess – Implementierung, 7. Aufl., Wiesbaden 2017.

Wien, A./Franzke, N. (2014), Unternehmenskultur. Zielorientierte Unternehmensethik als entscheidender Erfolgsfaktor, Wiesbaden 2014.

Wikipedia (2019a), Manfred Burgsmüller, https://de.wikipedia.org/wiki/Manfred_Burgsm%C3 %BCller, Abruf am 18.06.2019.

Wikipedia (2019b), Mannesmann, https://de.wikipedia.org/wiki/Mannesmann, Abruf am 18.06.2019.

Wikipedia (2019c), Rückpassregel, https://de.wikipedia.org/wiki/R%C3 %BCckpassregel, Abruf am 28.06.2019.

Wikipedia (2019d), Universal Serial Bus, https://de.wikipedia.org/wiki/Universal_Serial_Bus, Abruf am 18.06.2019.

Wikipedia (2019e), Impression, Sonnenaufgang, https://de.wikipedia.org/wiki/Impression,_Sonnenaufgang, Abruf am 03.10.2019.

Wilson, I. (1983), The Benefits of Environmental Analysis, in: *Albert, K. J.* (Hrsg.), Strategic Management Handbook, New York 1983, S. 9–19.

Winterkorn, M. (2012), Die Bedeutung der Marke in der Automobilindustrie und die Mehrmarkenstrategie des Volkswagen Konzerns, Vortrag an der Technischen Universität München, 16. Mai 2012.

Wöhe, G./Döring, U./Brösel, G. (2016), Einführung in die Allgemeine Betriebswirtschaftslehre, 26. Aufl., München 2016.

Woratschek, H./Roth, S. (2004), Informationsökonomischer Erklärungsansatz der Markenführung, in: *Bruhn, M.* (Hrsg.), Handbuch Markenführung: Kompendium zum erfolgreichen Markenmanagement. Strategien — Instrumente — Erfahrungen, 2. Aufl., Wiesbaden 2004, S. 347–370.

World Economic Forum (2019), A brief history of globalization, https://www.weforum.org/agenda/2019/01/how-globalization-4-0-fits-into-the-history-of-globalization/, Abruf am 09.06.2019.

Wündrich, H. (1977), Strategie-Begriff kritisch betrachtet, in: absatzwirtschaft, Heft 11, 1977, S. 84–90.

Wüthrich, H. A. (1991), Neuland des strategischen Denkens. Von der Strategietechnokratie zum mentalen Management, Wiesbaden 1991.

Zauberman, G./Lynch, J. G. (2005), Resource Slack and Propensity to Discount Delayed Investments of Time Versus Money, in: Journal of Experimental Psychology: General, 134. Jg., Nr. 1, 2005, S. 23–37.

ZEIT ONLINE (2015), »Einfach einsteigen!«, https://www.zeit.de/gesellschaft/zeitgeschehen/2015-03/flugangst-seminar-germanwings-absturz, Abruf am 18.06.2019.

Zeithaml, V. A. (1988), Consumer Perceptions of Price, Quality, and Value. A Means-End Model and Synthesis of Evidence, in: Journal of Marketing, 52. Jg., Nr. 3, 1988, S. 2–22.

Stichwortverzeichnis